从新手到高手


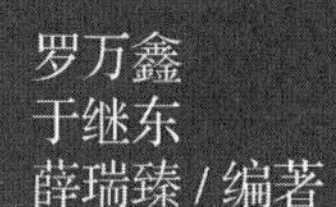
罗万鑫
于继东
薛瑞臻 / 编著


# SolidWorks 2022 机械与钣金设计

## 从新手到高手




清華大學出版社
北 京

## 内 容 简 介

本书从软件的基本应用及行业知识入手，以SolidWorks 2022的模块和插件的应用为主线，以实例为引导，按照由浅入深、循序渐进的方式，讲解软件的新特性和操作方法，使读者能快速掌握SolidWorks的绘图与设计技巧。

通过基础知识和实例操作的有机结合，使本书内容既有操作上的针对性，也有方法上的普遍性。本书图文并茂，讲解深入浅出，避繁就简，贴近工作，把众多专业和软件知识点有机地融入每章的具体内容中。本书的体例结构生动而不涩滞，内容编排张弛有度，实例叙述实用，能够开拓读者思路，提高学习兴趣，使其掌握方法，提高对知识综合运用的能力。通过对本书内容的学习、理解和练习，能使读者真正具备SolidWorks设计者的水平和素质。

本书既可以作为相关院校机械CAD、钣金设计、模具设计、数控加工、产品设计等专业的教材，也可以作为对制造行业有兴趣的读者自学的参考用书。



**图书在版编目（CIP）数据**

Solidworks 2022机械与钣金设计从新手到高手 / 罗万鑫, 于继东, 薛瑞臻编著. —北京 : 清华大学出版社,2023.4

（从新手到高手）

ISBN 978-7-302-62928-3

Ⅰ. ①S… Ⅱ. ①罗… ②于… ③薛… Ⅲ. ①机械设计－计算机辅助设计－应用软件 Ⅳ. ①TH122

中国国家版本馆CIP数据核字(2023)第036684号

**责任编辑：**陈绿春
**封面设计：**潘国文
**责任校对：**胡伟民
**责任印制：**杨 艳

**出版发行：**清华大学出版社

**网 址：**http://www.tup.com.cn， http://www.wqbook.com
**地 址：**北京清华大学学研大厦A座 **邮 编：**100084
**社 总 机：**010-83470000 **邮 购：**010-62786544
**投稿与读者服务：**010-62776969，c-service@tup.tsinghua.edu.cn
**质量反馈：**010-62772015，zhiliang@tup.tsinghua.edu.cn

**印 装 者：**三河市春园印刷有限公司
**经 销：**全国新华书店
**开 本：**188mm×260mm **印 张：**20.75 **字 数：**560千字
**版 次：**2023年6月第1版 **印 次：**2023年6月第1次印刷
**定 价：**79.00元

---

产品编号：092112-01

# 前言
PREFACE

SolidWorks 三维设计软件是法国达索公司的旗舰产品。自问世以来，以其优异的性能、易用性和创新性，极大地提高了机械工程师的工作效率。SolidWorks 在与同类软件的激烈竞争中，确立了其市场地位，成为三维机械设计软件的标准，其应用范围涉及机械、航空航天、汽车、船舶、通用机械、医疗器械和电子等诸多领域。

## 本书内容

本书是以 SolidWorks 2022 为基础，向读者详细讲解 SolidWorks 的基本功能及插件功能的使用方法。

全书共 11 章，内容从软件简介开始，详细介绍了 SolidWorks 软件的基础操作、零件草图绘制、零件实体建模、零件参数化设计、零件装配设计、机械工程图设计、机构运动仿真、有限元分析、质量评估与分析、钣金零件设计、数控加工与制造等。各章内容安排如下。

第 1 章：主要介绍 SolidWorks 2022 机械设计入门知识，包括软件界面、软件基本操作、模型对象的操作与修改等，这些内容可以帮助读者熟练操作软件。

第 2 章：主要讲解 SolidWorks 2022 草图环境界面、绘图工具、草图约束工具及绘图的操作步骤等。

第 3 章：主要讲解 SolidWorks 2022 零件设计环境中，与实体建模相关的指令及零件设计高级案例。

第 4 章：主要讲解 SolidWorks 2022 基于零件参数化设计的全部功能，包括利用方程式进行参数化设计，利用 Toolbox 内部插件进行标准件的参数化设计和利用外部插件进行参数化零件设计。

第 5 章：主要讲解 SolidWorks 的两种装配设计方法——自上而下装配设计和自底向上装配设计，并全面介绍了相关装配设计指令的使用方法。

第 6 章：主要讲解 SolidWorks 的机械工程图设计全流程，包括工程图环境介绍、工程图视图的创建、图纸尺寸的标注、图纸注释及材料明细表的添加等。

第 7 章：主要讲解 SolidWorks 的 Motion 机构运动仿真全流程，内容包括运动算例用户界面、时间线、时间栏的编辑与操作及 3 种运动仿真案例。

第 8 章：主要讲解 SolidWorks Simulation 有限元分析的知识。SolidWorks Simulation 是一款基于有限元（FEA 数值）技术的分析软件，本章介绍的内容包括 Simulation 工作界面、有限元分析步骤、有限元分析工具指令及静应力分析案例等。

第 9 章：主要讲解如何利用 SolidWorks 的零件质量评估工具和尺寸、公差分析系统对零件和产品进行分析，以帮助提升产品质量与性能。

第 10 章：主要介绍 SolidWorks 的钣金设计工具及其钣金零件的设计方法。

第 11 章：主要讲解 SolidWorks CAM 零件加工与制造知识，内容涉及 CAM 数控加工基本知识、SolidWorks CAM 通用参数的设置方法和数控加工的真实案例。

## 本书特点

本书基于 SolidWorks 2022 软件与机械设计相关的功能模块，对机械产品的零件建模和装配设计进行全面、细致的讲解。本书由浅到深、循序渐进地介绍了 SolidWorks 2022 的软件基本操作及功能命令的使用方法，并配合大量的制作实例进行讲解。

本书突破了以往 SolidWorks 书籍的写作模式，主要针对使用 SolidWorks 2022 的广大初中级用户，同时配备了多媒体教学文件，将案例制作过程制作为教学视频，讲解形式活泼，方便实用，便于读者学习使用。同时教学文件中还提供了所有实例及练习的源文件，并按章节放置，以便读者练习使用。

通过对本书内容的学习、理解和练习，能使读者真正具备工程设计者的水平和素质。

## 配套资源和技术支持

本书的配套素材、教学视频请用微信扫描下面的二维码进行下载。如果在下载过程中碰到问题，请联系陈老师，联系邮箱为 chenlch@tup.tsinghua.edu.cn。

如果有技术性的问题，请扫描下面的技术支持二维码，联系相关技术人员进行处理。

配套素材

教学视频

技术支持

## 作者信息

本书由山东博物馆的罗万鑫、空军航空大学的于继东和沃尔沃建筑设备技术（中国）有限公司的薛瑞臻编著。

感谢您选择了本书，希望我们的努力对您的工作和学习有所帮助，也希望您把对本书的意见和建议告诉我们。

编者

2023 年 5 月

# 目录
CONTENTS

# 第 1 章 SolidWorks 2022 机械设计入门

项目导读

学习使用 SolidWorks 软件，首先要了解 SolidWorks 2022 软件与机械设计相关的入门知识。读者可以通过对入门知识的学习，为后续的机械零件、装配及制图设计打下良好基础。

## 1.1 SolidWorks 2022 简介

SolidWorks 软件是法国达索公司出品的一款世界上第一个基于 Windows 平台开发的三维 CAD 系统软件，目前其最新版本为 SolidWorks 2022。

### 1.1.1 SolidWorks 2022 功能概览

SolidWorks 采用了参数化和特征造型技术，能方便地创建复杂的实体、快捷组成装配体、灵活生成工程图，并可以进行装配体干涉检查、碰撞检查、钣金设计、生成爆炸图。利用 SolidWorks 插件还可以进行管道设计、工程分析、高级渲染、数控加工等。可见，SolidWorks 不只是一个简单的三维建模软件，而是一套高度集成的 CAD/CAE/CAM 一体化软件，是一个产品级的设计和制造系统，为工程师提供了一个功能强大的模拟工作平台。

对于习惯了操作以绘图为主的二维 CAD 软件的设计师来说，三维的 SolidWorks 的功能和特点主要表现在以下几个方面。

#### 1. 参数化尺寸驱动

SolidWorks 采用的是参数化尺寸驱动建模技术，即尺寸控制图形。当改变尺寸时，相应的模型、装配体、工程图的形状和尺寸将随之发生改变，非常有利于新产品在设计阶段的反复修改，如图 1-1 所示。

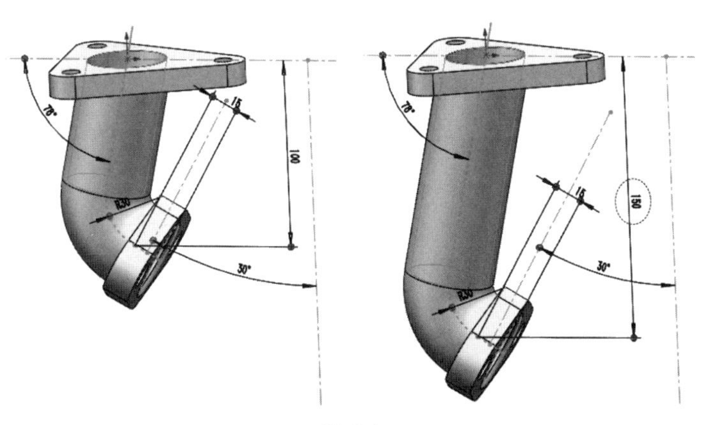


图 1-1

## 2. 三维实体造型

在传统的二维 CAD 设计过程中，设计师如果要绘制一个复杂的零件工程图，由于不可能一下子记住所有的设计细节，必须经过“三维→二维→三维→二维”这样反复调整的过程，时刻都要进行投影关系的校正，这就使设计师的工作十分枯燥和乏味。

而在使用 SolidWorks 进行设计工作时，直接从三维空间开始，设计师可以立刻知道自己的操作会得到的零件形状。由于把大量烦琐的投影工作让计算机来完成，设计师可以专注于零件的功能和结构，工作过程轻松了许多，也增加了工作中的趣味性。实体造型模型中包含精确的几何、质量等特性信息，可以方便、准确地计算零件或装配体的体积和重量，从而轻松地进行零件模型之间的干涉检查，如图 1-2 所示。

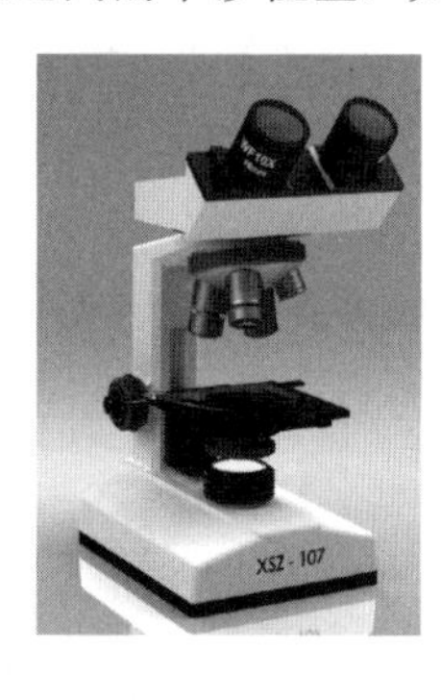

图 1-2

## 3. 三个基本模块联动

SolidWorks 具有三个功能强大的基本模块，即零件模块、装配体模块和工程图模块，分别用于完成零件设计、装配体设计和工程图设计。虽然这三个模块处于不同的工作环境，但依然保持了二维与三维几何数据的全相关性，如图 1-3 所示。

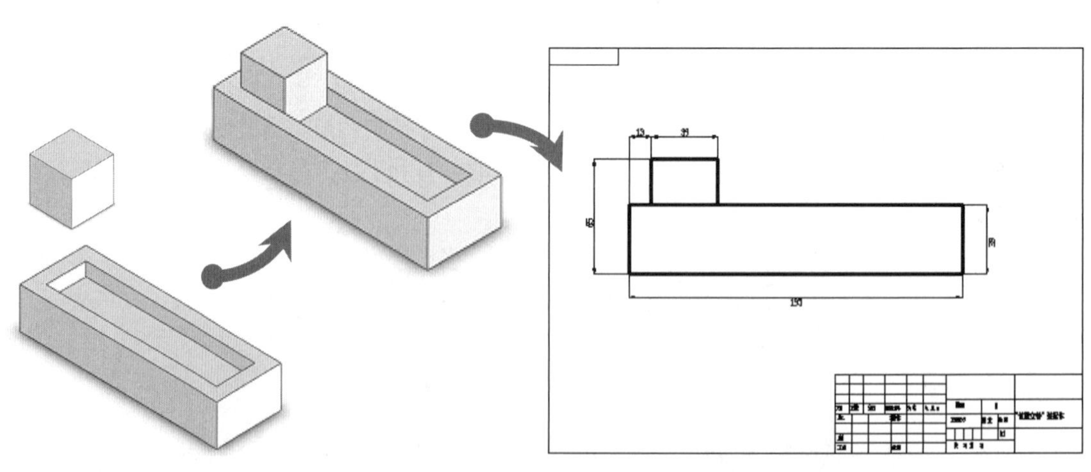

图 1-3

## 4. 特征管理器（设计树）

设计师完成的二维 CAD 图纸，表现不出线条绘制的顺序、文字标注的先后，也不能反映设计师的操作过程。

与之不同的是，SolidWorks 采用了特征管理器（设计树）技术，如图 1-4 所示。可以详细地记录零件、装配体和工程图环境下的每一个操作步骤，非常有利于设计师在设计过程中的修改与编辑。设计树各节点与图形区的操作对象相互联动，为设计师的操作带来了极大便利。

### 5. 源于合作伙伴的高效插件

SolidWorks 在 CAD 领域的出色表现以及在市场销售上的迅猛势头，吸引了世界上许多著名的专业软件公司成为自己的合作伙伴。

SolidWorks 向合作伙伴开放了自己软件的底层代码，使其所开发的世界顶级的专业化软件与自身无缝集成，为用户提供了高效且具有特色的 COSMOS 系列插件（图 1-5）——有限元分析软件 COSMOSWorks、运动与动力学动态仿真软件 COSMOSMotion、流体分析软件 COSMOSFloWorks、动画模拟软件 MotionManager、高级渲染软件 PhotoWorks、数控加工控制软件 CAMWorks 等。

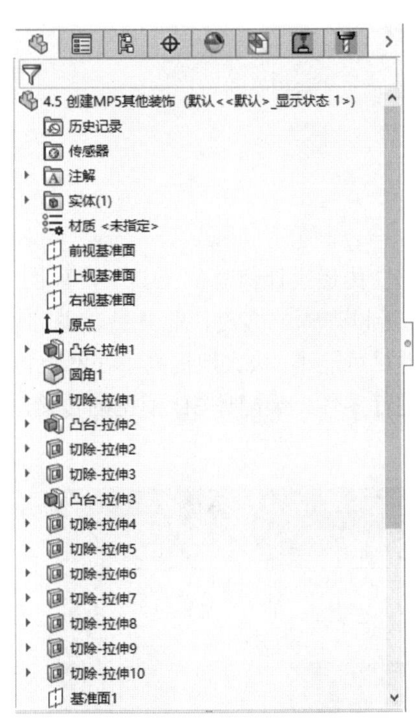


图 1-4

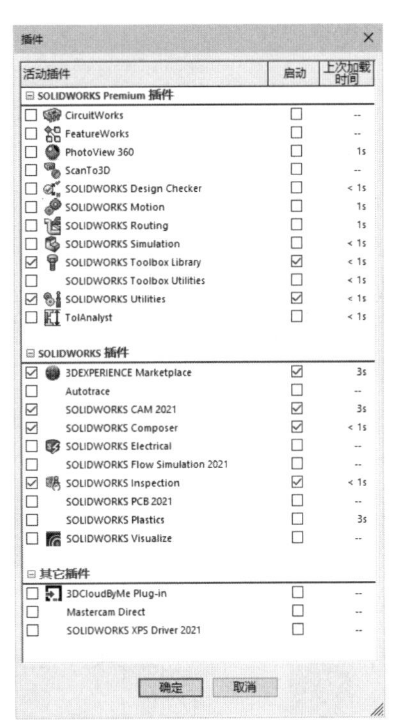


图 1-5

### 6. 支持中国国家标准（GB）的智能化标准件库 Toolbox

Toolbox 是与 SolidWorks 完全集成的三维标准零件库。

SolidWorks 中的 Toolbox 支持中国国家标准（GB），如图 1-6 所示。Toolbox 包含了机械设计中常用的型材和标准件，例如，角钢、槽钢、紧固件、联接件、密封件、轴承等。在 Toolbox 中，还有符合国际标准（ISO）的三维零件库，包含了常用的动力件——齿轮，与中国国家标准（GB）一致，调用非常方便。Toolbox 是充分利用了 SolidWorks 的智能零件技术而开发的三维标准零件库，与 SolidWorks 的智能装配技术相配合，可以快速进行大量标准件的装配工作，其速度之快，令人瞠目。

有了 Toolbox，无须再翻阅《机械设计手册》来查找标准件的规格和尺寸，无须进行零件模型设计，无须逐个进行垫片、螺栓、螺母的装配。当打开 Toolbox，看到鲜艳的五星红旗标志时，会倍感亲切。

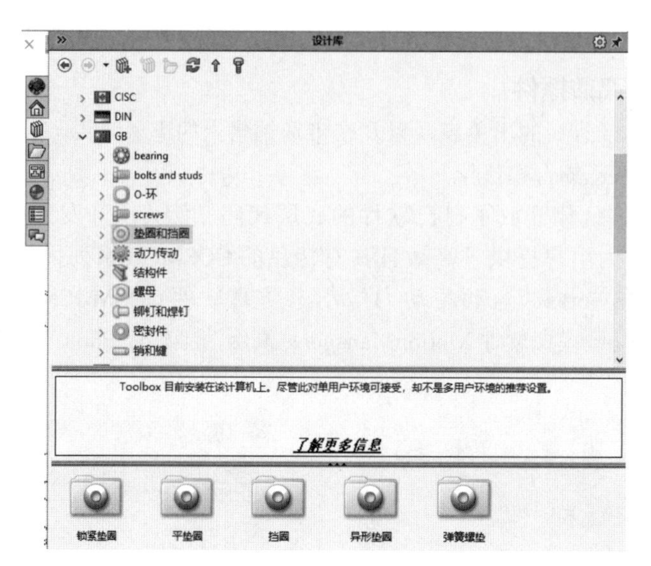


图 1-6

## 7．eDrawings ——网上设计交流工具

SolidWorks 免费提供了 eDrawings（通过电子邮件传递设计信息的工具），如图 1-7 所示。该工具专门用于设计师在网上交流，当然也可以用于设计师与客户、业务员、主管领导之间的沟通，共享设计信息。eDrawings 可以使所传输的文件尽可能小，极大地提高了在网上传输的速度。eDrawings 可以在网上传输二维工程图形，也可以进行零件、装配体 3D 模型的传输。eDrawings 还允许将零件、装配体文件转存为 .exe 类型文件。

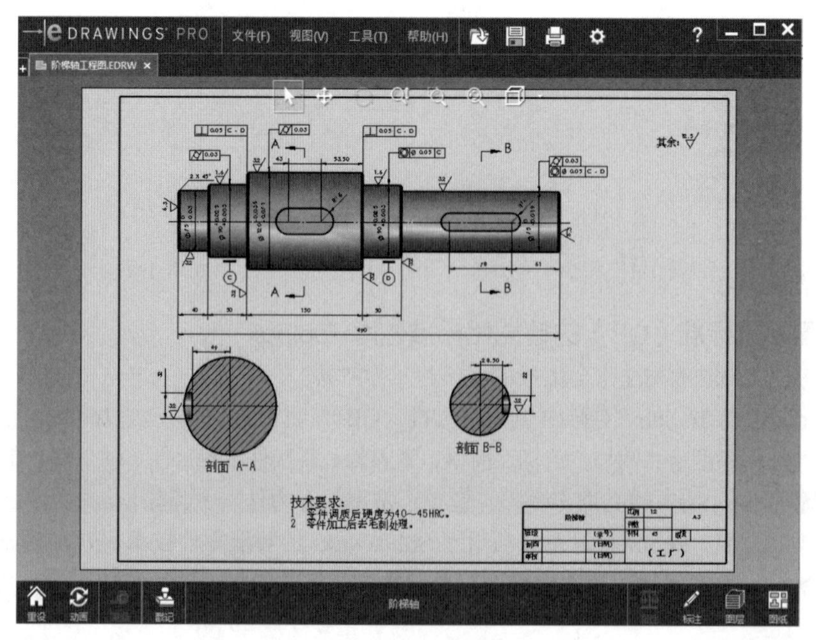


图 1-7

浏览者无须安装 SolidWorks 和其他任何 CAD 软件，就可以在网上快速地浏览 eDrawings

的 .exe 文件，随心所欲地旋转查看三维零件和装配体模型，轻松接收设计信息。eDrawings 还提供了在网上进行信息反馈的功能，允许浏览者在图纸需要更改处夸张地圈红批注，并用留言的方式提出自己的建议，发给设计者进行修改，因而 eDrawings 是一个非常有用的设计交流工具。

### 8. API 开发工具接口

SolidWorks 提供了自由、开放、功能完整的 API 开发工具接口，可以选择 Visual C++、Visual Basic、VBA 等开发程序进行二次开发。通过数据转换接口，可以很容易地将几乎所有的机械 CAD 软件集成到现在的设计环境中。支持的数据标准包括：IGES、STEP、SAT、STL、DWG、DXF、VDAFS、VRML、Parasolid 等，可以直接与 Pro/E、UG 等软件生成的文件进行数据交换。

### 9. SolidWorks 3D 打印

SolidWorks 3D 打印技术可以访问丰富的商用 3D 打印机列表，并基于 SolidWorks 几何体，直接创建切片并用于 3D 打印。

### 10. 云端互联的从设计到制造生态系统

通过基于云端的 3D EXPERIENCE 平台，轻松地将 SolidWorks 2022 与关键工具连接起来。其优势是构建无缝的产品开发工作流程，并随着业务需求的变化，使用新工具轻松扩展这些工作流程。

- 数据共享和协作：在 SolidWorks 和 3D EXPERIENCE 平台之间共享模型，在世界各地通过任何设备实时协作。
- 扩展的工作流程：在云端使用新功能轻松扩展设计生态系统，如细分建模、概念设计、产品生命周期和项目管理等。

### 11. SolidWorks 2022 新增功能

SolidWorks 2022 提供了许多增强和改进功能，其中大多数是直接针对用户要求而做出的增强和改进。这些增强功能可以加速和改进产品开发流程（从概念设计到制造产品）。

- 详图模式：使用改进的工程图创建性能，充分利用添加孔标注、编辑现有尺寸和注解，以及添加局部视图、断开视图和剪裁视图相关的性能改进。
- 装配体：将干涉检查报告及图像导入 Excel 中；编辑装配体时，更改配合对齐后可通过翻转已编辑的配合对齐来避免错误并及时发出警告；将已消除特征的模型保存为配置，在完整版本和简化版本之间进行更改以及模拟其他配置；充分利用系列零件设计表、爆炸视图、镜像和阵列特征等来改进、打开、保存和关闭装配体；沿路径在链阵列中使用曲线长度，而不是弦长；检测和报告循环参考引用。
- 模型显示：使用改进的遮挡剔除、侧影轮廓边线和工程图，以及配置快速切换性能。
- 用户界面：从外部应用程序选取颜色；在“自定义”对话框中的快捷方式栏和命令选项卡中搜索工具；在 FeatureManager 设计树中显示已翻译的特征名称。
- 零件和特征：对零件中的 60 多个特征和工具使用重做；在钣金零件中的非平面相切边线上添加边线法兰并平展复杂法兰；在文件属性和切割清单属性中添加方程式并求值；在插入或镜像零件、派生零部件零件或镜像零部件零件时，转移零件级别的材料。

## 1.1.2 SolidWorks 2022 用户界面

初次启动 SolidWorks 2022 软件时会弹出“欢迎 -SOLIDWORKS”对话框，在该对话框中可以选择 SolidWorks 文件创建类型或打开已有的 SolidWorks 文件，即可进入 SolidWorks 2022 界面，如图 1-8 所示。

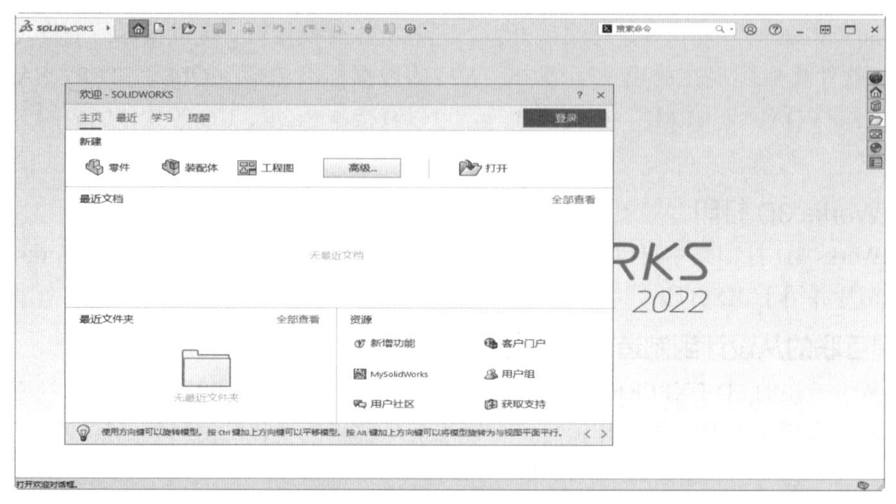


图 1-8

SolidWorks 2022 界面经过重新设计，充分利用了空间。虽然功能增加不少，但整体界面并没有太大变化，基本上与 SolidWorks 2021 保持一致，如图 1-9 所示。

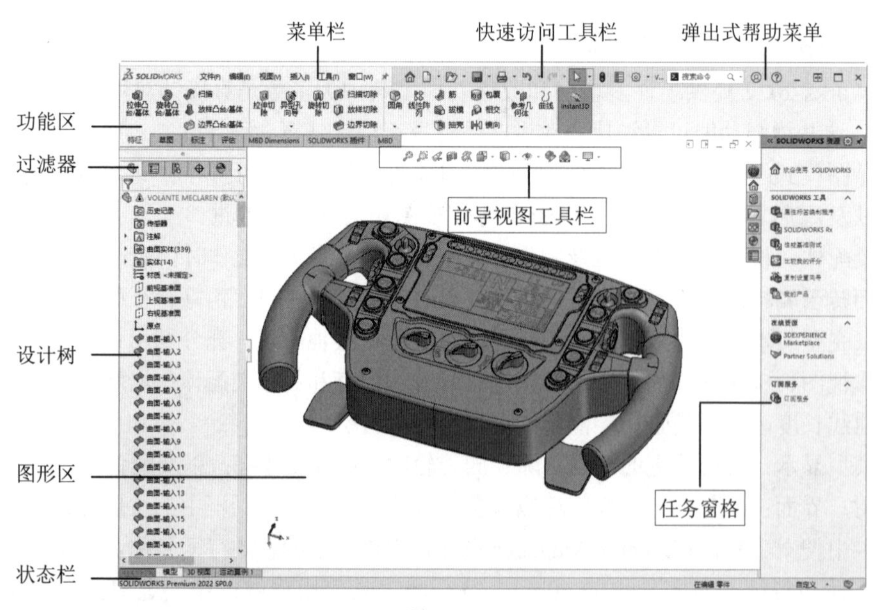


图 1-9

SolidWorks 2022 界面中包括菜单栏、功能区、过滤器、设计树、图形区、状态栏、前导视图工具栏、任务窗格及弹出式帮助菜单等组件。

## 1. 菜单栏

菜单栏中几乎包含了 SolidWorks 2022 的所有命令，如图 1-10 所示。

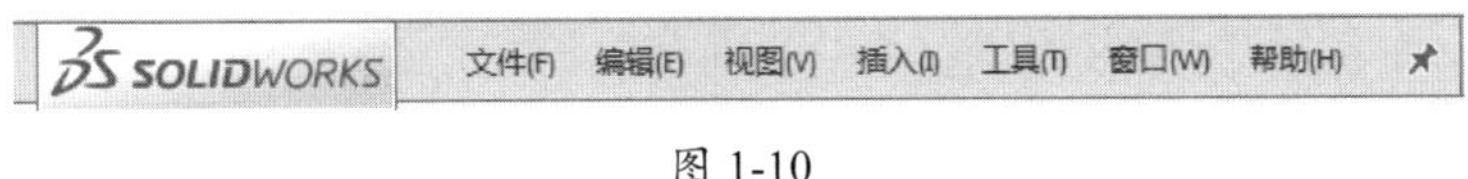


图 1-10

菜单栏中的命令，可以根据操作的文档类型和工作流程来调用，菜单栏中的许多命令也可以通过命令选项卡、功能区、快捷菜单和任务窗格进行调用。

## 2. 功能区

功能区对于大部分 SolidWorks 工具以及插件产品均可使用。命名的工具选项卡有助于进行特定的设计任务，如应用曲面或工程图曲线等。由于命令选项卡中的命令显示在功能区中，并占用了功能区的大部分空间，所以其余工具栏在一般情况下默认是关闭的。若要显示其余 SolidWorks 工具栏，则可以通过右击，在弹出的快捷菜单中选择相应的选项，将 SolidWorks 工具栏调出来，如图 1-11 所示。

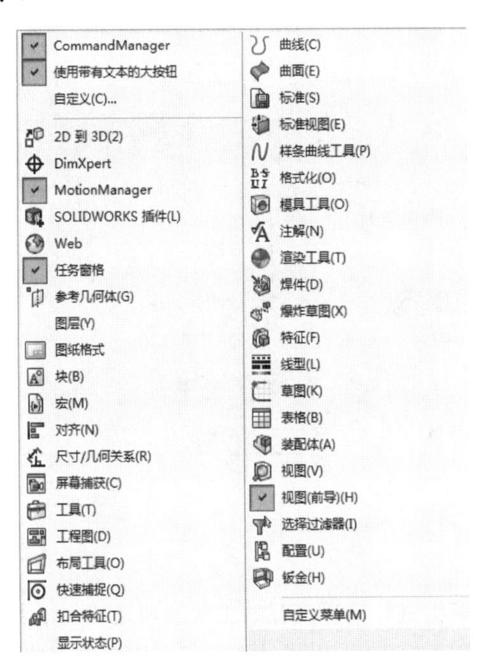


图 1-11

功能区中包含若干命令选项卡，即上下文相关工具选项卡，它可以根据要使用的工具栏进行动态更新。在默认情况下，它根据文档类型嵌入相应的工具栏，例如导入的文件是实体模型，在功能区“特征”选项卡中将显示用于创建特征的所有命令，如图 1-12 所示。

图 1-12

若需要使用其他命令选项卡中的命令，可以单击位于命令选项卡下面的选项卡按钮，它将更新以显示该功能区。例如，选择“草图”选项卡，草图工具将显示在功能区中，如图 1-13 所示。

图 1-13

**技术要点**

在选项卡中右击，在弹出的快捷菜单中选择“使用不带有文本的大按钮”选项，此时选项卡中将不显示工具命令的文本。

### 3. 设计树

SolidWorks 界面左侧的设计树提供激活零件、装配体或工程图的大纲视图。通过设计树将使观察模型设计状态或装配体如何建造以及检查工程图中的各个图纸和视图变得更容易。设计树控制面板包括特征管理器（Feature Manager）、属性管理器（Property Manager）、配置管理器（Configuration Manager）和尺寸管理器（DimXpert Manager），如图 1-14 所示。特征管理器设计树如图 1-15 所示。

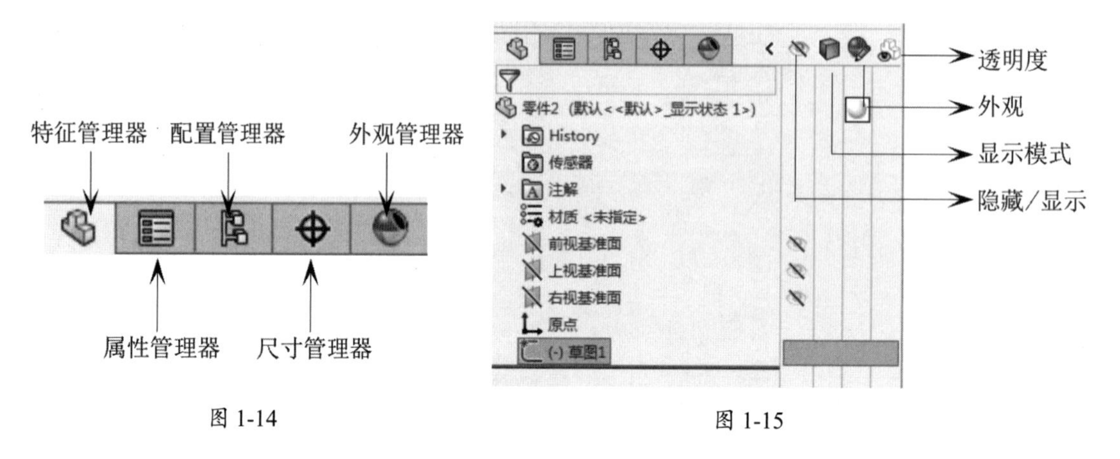


图 1-14

图 1-15

### 4. 状态栏

状态栏是设计人员与计算机进行信息交互的主要窗口之一，很多系统信息都在这里显示，包括操作提示、警告信息、出错信息等，所以设计人员在操作过程中要养成随时浏览提示栏的习惯，如图 1-16 所示。

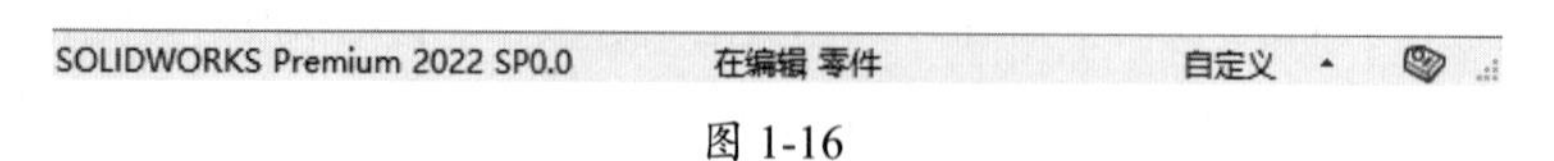


图 1-16

### 5. 前导视图工具栏

图形区是设计、编辑及查看模型的操作区域。图形区中的前导视图工具栏提供了模型外观编辑和视图操作工具，包括“整屏显示全图”“局部放大视图”“上一视图”“剖面视图”“动态注解视图”“视图定向”“显示样式”“显示 / 隐藏项目”“编辑外观”“应用布景”及“视图设定”等视图工具，如图 1-17 所示。

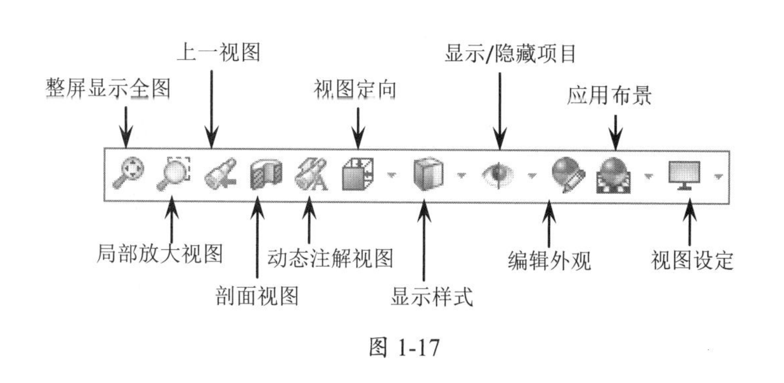


图 1-17

### 6. 任务窗格

任务窗格提供了当前设计状态下的多重任务工具，包括SolidWorks资源、设计库、文件探索器、查看调色板、外观 / 布景、自定义属性等工具面板，如图 1-18 所示。

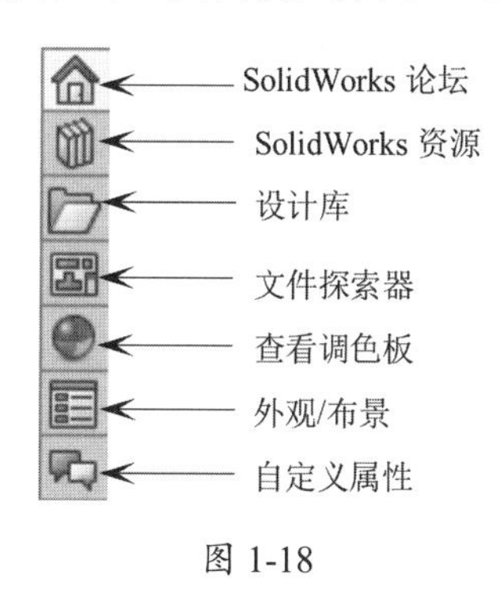


图 1-18

## 1.1.3 机械设计与 SolidWorks

机械设计是机械工程中最重要的组成部分，是机械生产的首要步骤，是决定机械性能的主要因素。机械设计是根据使用要求对机械的工作原理、运动方式、结构、力与能量的传递方式、各零件材质和形状尺寸、润滑方法等进行构思、分析和计算，并将其转化为具体的描述，以作为制造依据的工作过程。

SolidWorks 是一个专用于机械设计的工业软件，其建模功能十分强大、简单易学，是目前国内应用较广泛的机械设计软件之一。SolidWorks 可以为不同的用户群体提供专业化设计方案，以减少设计过程中出现的错误并提高产品质量。

SolidWorks 已经被广泛应用到航空航天、机车、食品、国防、交通、模具、电子通信、医疗器械等领域，其中要提到的一个领域就是机械设计，据不完全统计，国内已经有几万家机械制造企业正在了解 SolidWorks 或者已经应用 SolidWorks。

SolidWorks 拥有一整套完整的动态界面和鼠标拖动控制系统，还有一个软件体系结构非常独特的配置管理系统，可以通过互联网进行协同工作，还可以将设计数据存放在云端的文件夹中。它利用智能化装配技术自动捕捉并定义装配关系，还能动态查看装配体的所有运动，并且可以对运动的零部件进行动态的干涉检查和间隙检测，还提供了生成完整的、车间认可的详细工程图的工具，可以自动产生工程图，包括视图、尺寸和标注。

# 1.2 SolidWorks 软件基本操作

软件的基本操作是学好、用好软件的关键，软件操作的具体内容包括文件管理、视图控制、选择对象等。

## 1.2.1 文件管理

SolidWorks 文件类型包括零件模型文件、装配体文件和工程图文件，在 SolidWorks 中能轻松进行新建文件、打开已有文件、保存文件和关闭文件的操作。

### 1. 新建和打开文件

在启动 SolidWorks 2022 软件后，跟随软件窗口一起弹出的还有“欢迎 -SOLIDWORKS”对话框，如图 1-19 所示。通过“欢迎 -SOLIDWORKS”对话框可以新建模型文件、装配体文件和工程图文件。单击“打开”按钮，可以通过浏览本地文件打开已有的 SolidWorks 文件，也可以在“最近文档”列表中快速打开最近使用过的文件。

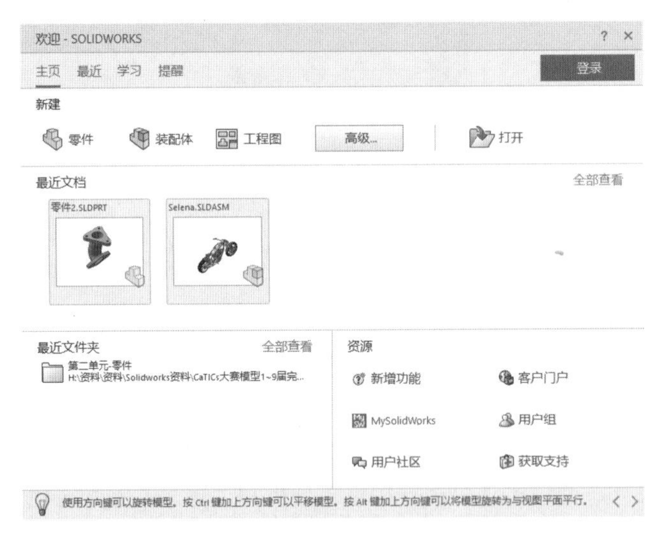


图 1-19

进入 SolidWorks 2022 用户界面后，可以在快速访问工具栏中单击“新建”按钮或“打开”按钮，新建 SolidWorks 文件或打开已有的 SolidWorks 文件。

### 2. 保存和关闭文件

保存文件有“即时保存”和“另存为”两种方式。“即时保存”（单击“保存”按钮）就是将当前工作中的 SolidWorks 文件数据保存，以免因计算机死机、断电等引起的计算机重启导致数据丢失；“另存为”（单击“另存为”按钮）就是将当前 SolidWorks 文件重新以新的名称或文件类型进行数据存储，以便与其他三维工程软件进行文件互导。

若要关闭当前已打开的 SolidWorks 文件，可以在图形区的右上角单击“关闭”按钮；若要关闭软件，可以在软件窗口的右上角单击“关闭”按钮。

另外，还可以在 SolidWorks 用户界面的“文件”菜单中执行相关的文件管理命令，进行 SolidWorks 文件的新建、打开、保存及关闭操作。

## 1.2.2 操控模型视图

在 SolidWorks 中进行相关设计工作时，可以通过前导视图工具栏中的工具进行视图操作，或者利用键盘和鼠标功能来快速操作视图。

### 1. 视图的基本操作

常见的视图基本操作包括平移视图、旋转视图和缩放视图。键盘和鼠标按键在 SolidWorks 中的应用频率非常高，可以用来快速操作视图。

表 1-1 列出了三键滚轮鼠标在建模工作中的使用方法，也包括操作视图的方法。

表 1-1 使用三键滚轮鼠标控制视图

| 鼠标按键 | 作　用 | 操作说明 |
| --- | --- | --- |
| 左键 | 用于选择命令、单击按钮，以及绘制几何图元等 | 单击或双击鼠标左键，可以执行不同的操作 |
| 中键（滚轮） | 放大或缩小视图（相当于） | 按住 Shift 键 + 中键并上下拖曳鼠标，可以放大或缩小视图；直接滚动滚轮，可以放大或缩小视图 |
|  | 平移（相当于） | 按住 Ctrl 键 + 中键并拖曳鼠标，可以将模型按鼠标移动的方向平移 |
|  | 旋转（相当于） | 按住中键并拖曳鼠标，即可旋转模型 |
| 右键 | 按住右键，可以通过“指南”在零件或装配体模式中设置上视、下视、左视和右视 4 个基本定向视图 |  |
|  | 按住右键，可以通过“指南”在工程图模式中设置 8 个工程图指导 |  |

此外，可以通过键盘中的 ←、→、↑ 和 ↓ 方向键来翻滚视图。

### 2. 利用鼠标笔势来操作视图

使用鼠标笔势作为执行命令的快捷方式，类似键盘快捷键。按文件模式的不同，按住鼠标右键并拖动可以弹出不同的鼠标笔势。

在零件及装配体环境中，当按住鼠标右键并拖动时，会弹出如图 1-20 所示的包含 4 种定向视图的笔势指南。当鼠标移至一个方向的命令映射时，“指南”会高亮显示你选取的命令。

还可以为笔势指南添加其他笔势。通过执行自定义命令，在“自定义”对话框的“鼠标笔势”选项卡的“笔势”下拉列表中选择笔势选项即可。例如，选择“4 笔势”选项，将显示 4 笔势的预览，如图 1-21 所示。

当选择“8 笔势”选项后，再在零件模式视图或工程图视图中按住右键并拖动鼠标，则会弹出如图 1-22 所示的 8 笔势指南。

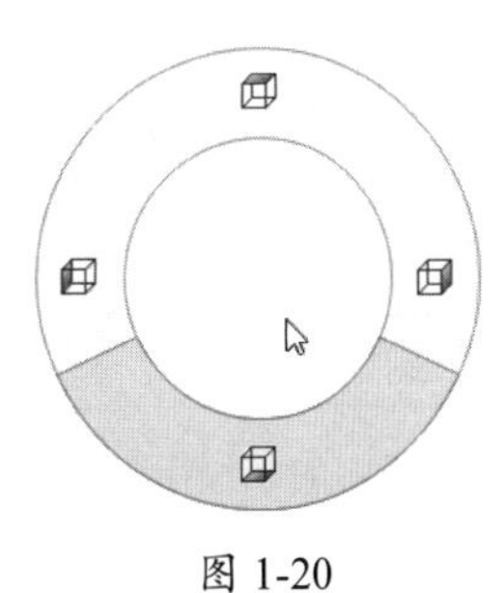

图 1-20

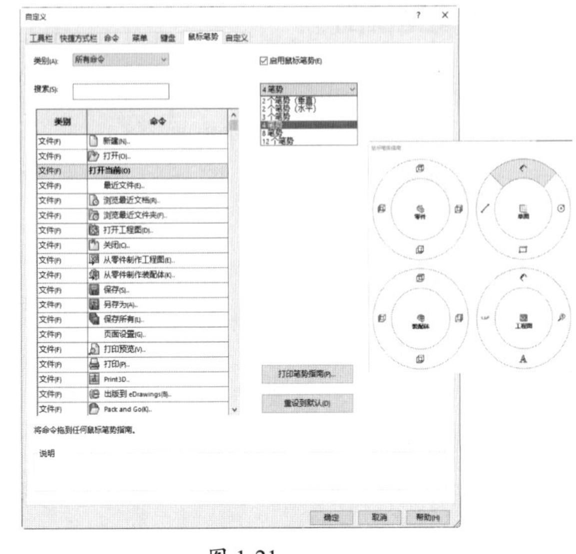

图 1-21

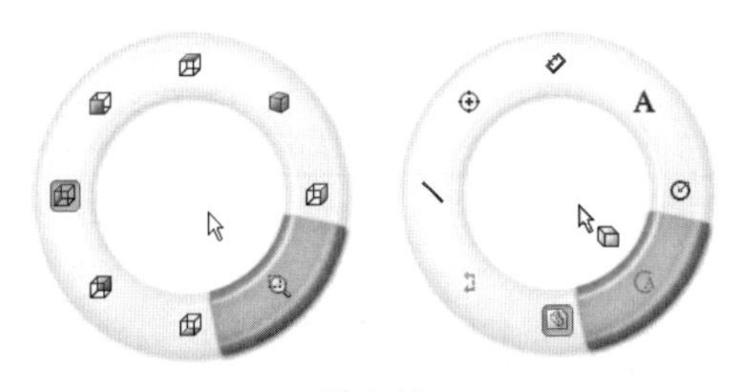

图 1-22

## 技术要点

如果要取消使用鼠标笔势，在鼠标笔势指南中放开鼠标即可。或者选择一个笔势后，鼠标笔势指南会自动消失。

### 3. 定向视图

在设计过程中，通过改变视图的定向可以方便地观察模型。在前导视图工具栏中单击“视图定向”按钮，弹出定向视图命令菜单，如图 1-23 所示。

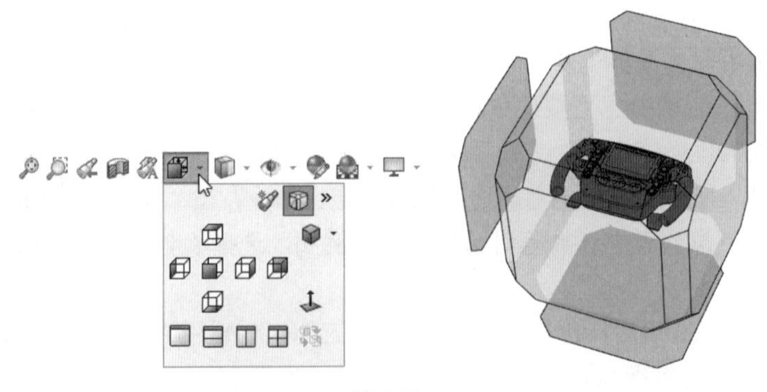

图 1-23

## 4. 控制模型视图的显示样式

在前导视图工具栏中单击“显示样式”按钮，弹出视图显示样式命令菜单，如图1-24所示，可以让模型以线框图或着色图来显示，有利于模型分析和设计操作。

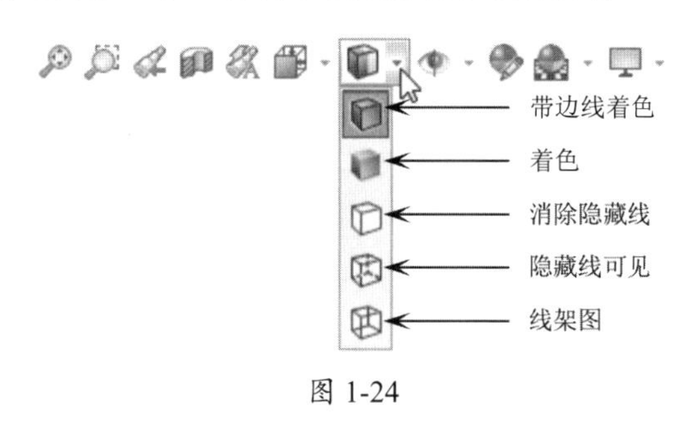


图 1-24

## 5. 创建剖面视图

剖面视图功能以指定的基准面进行模型切除，从而显示模型的内部结构，通常用于观察零件或装配体的内部结构。

在前导视图工具栏中单击“剖面视图”按钮，并在弹出的属性管理器“剖面视图”面板中选择剖面选项（或者在弹出式设计树中选择基准面选项），再单击面板中的“确定”按钮，即可创建模型的剖面视图，如图 1-25 所示。

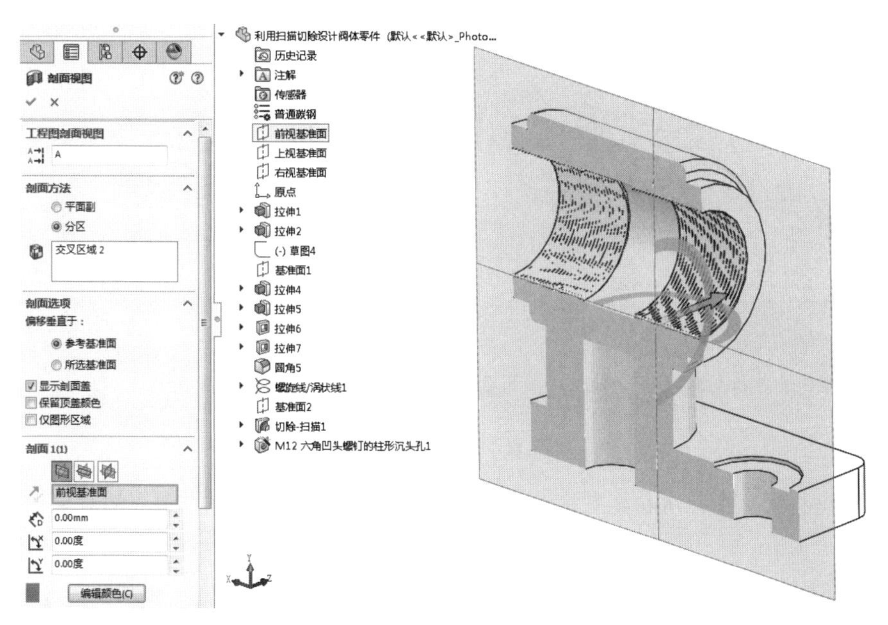


图 1-25

## 1.2.3 选择对象

在默认情况下，退出命令后SolidWorks中的箭头光标始终处于激活状态。当激活选择模式时，可使用鼠标指针在图形区域或特征管理器（FeatureManager）设计树中选择图形元素。下面介绍几种常见的对象选择方法。

### 1. 单选

最常见的就是按下鼠标左键单选对象，被选中的对象会高亮（橙色）显示。将鼠标指针移至某个边线或面上时，边线则以粗实线高亮显示，面的边线以细实线高亮显示，如图 1-26 所示。

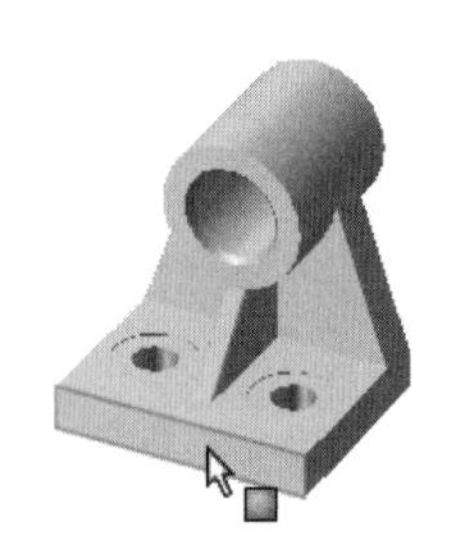

面的边线以细实线高亮显示

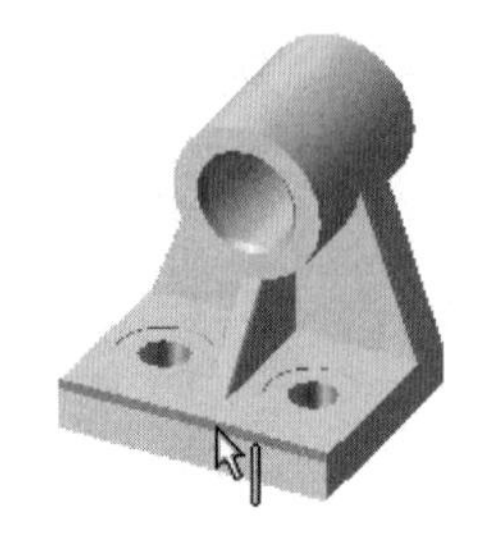

边线以粗实线高亮显示

面的边线以单色线高亮显示

图 1-26

### 2. 框选

框选是将鼠标指针从左至右拖动，完全位于矩形框内的独立项目被选中，如图 1-27 所示。在默认情况下，框选只能选择零件模式下的边线、装配体模式下的零部件及工程图模式下的草图实体、尺寸和注解等。

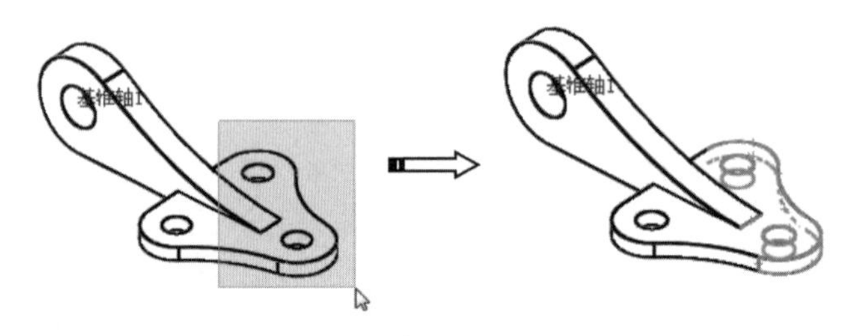

图 1-27

**技术要点**

框选方式只能选中框内独立的特征—如点、线及面，非独立的特征不会被选中。

### 3. 交叉选择

交叉选择是将鼠标指针从右至左拖动，除矩形框内的对象外，穿越框边界的对象也会被选中，如图 1-28 所示。

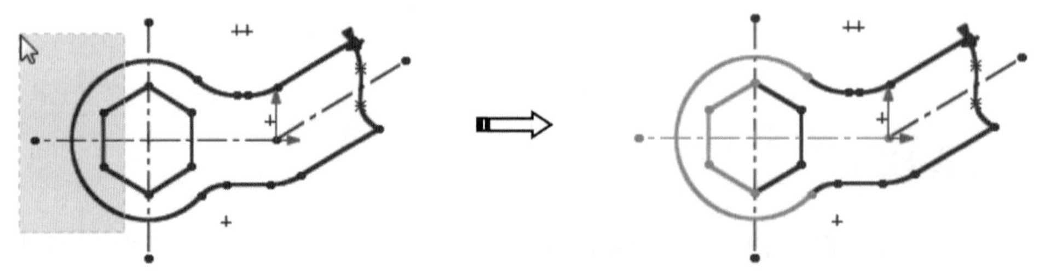

图 1-28

**技术要点**

当选择工程图中的边线和面时，隐藏的边线和面不会被选中。若想选择多个实体，在第一次选择后按住Ctrl键再进行第二次选取即可。

### 4. 逆转选择（反转选择）

在某些情况下，当一个对象内部包含许多的元素，且需要选择其中大部分的元素时，逐一选择会比较费时，此时就需要使用逆转选择方法。

先选择少数不需要的元素，然后在“选择过滤器”工具栏中单击“逆转选择”按钮，即可将需要选中的多数元素选中，如图 1-29 所示。

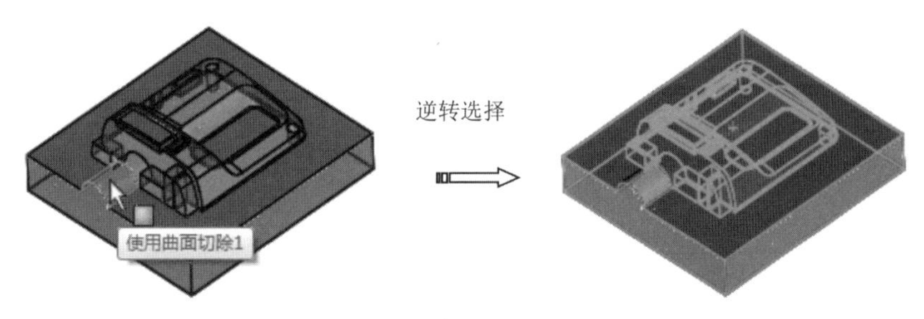


图 1-29

### 5. 选择环

使用选择环可以在零件上选择一个相连边线环组，隐藏的边线在所有视图模式中都将被选中。如图 1-30 所示，在一条实体边上右击，在弹出的快捷菜单中选择“选择环”选项，与之相切或相邻的实体边则被自动选取。

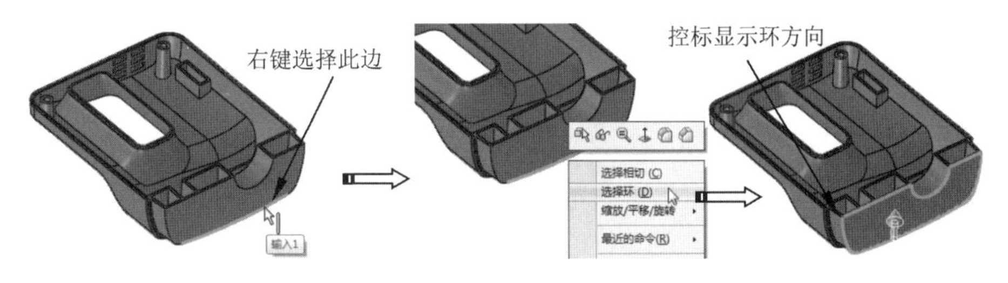


图 1-30

**技术要点**

在模型中选择一条边线，此边线可能是几个环共用的。因此，需要单击控标更改环选择。如图1-31所示，单击控标来改变环的高亮选取。

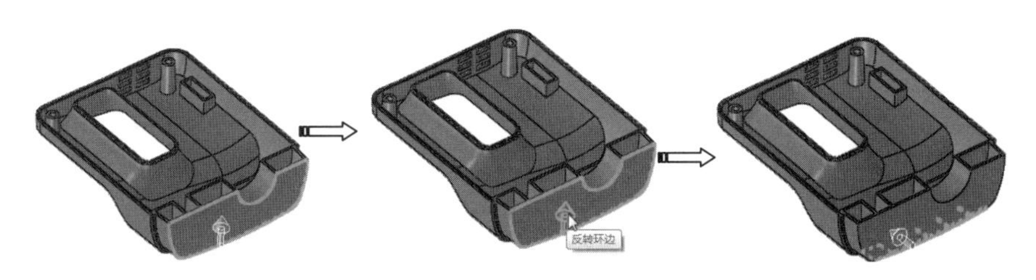


图 1-31

### 6. 选择链

选择链与选择环的方法相似，不同的是选择链仅针对草图曲线，如图 1-32 所示。而选择环仅在模型实体中适用。

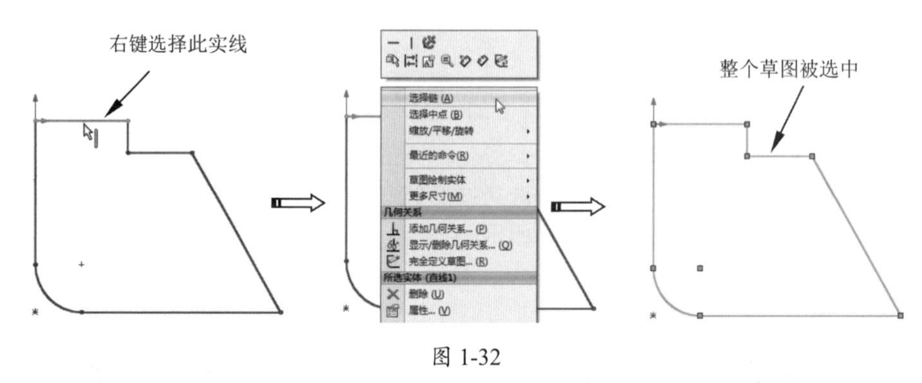


图 1-32

**技术要点**

在零件设计模式中，使用曲线工具创建的曲线是不能以选择环或选择链的方法进行选择的。

### 7. 选择其它

当模型中要进行选择的对象元素被遮挡或隐藏后，可以利用“选择其它”方法进行选择。在零件或装配体中，在图形区域右击模型，在弹出的快捷菜单中单击“选择其它”按钮，随后弹出“选择其它”对话框，在该对话框中列出模型中指针欲选范围的项目，同时鼠标指针由变成形状（仅当指针在“选择其它”对话框外才显示），如图 1-33 所示。

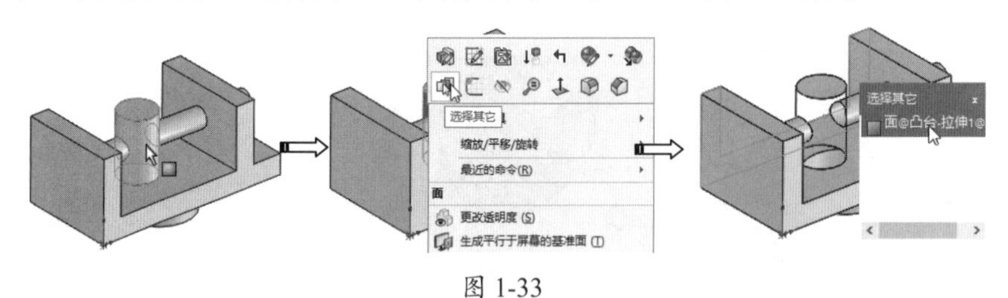

图 1-33

### 8. 选择相切

利用选择相切方法，可以选择一组相切曲线、边线或面，然后将诸如圆角或倒角之类的特征应用于所选项目，隐藏的边线在所有视图模式中都被选中。

在具有相切连续面的实体中，右击边、曲线或面时，在弹出的快捷菜单中选择“选择相切”选项，软件自动将与其相切的边、曲线或面全部选中，如图 1-34 所示。

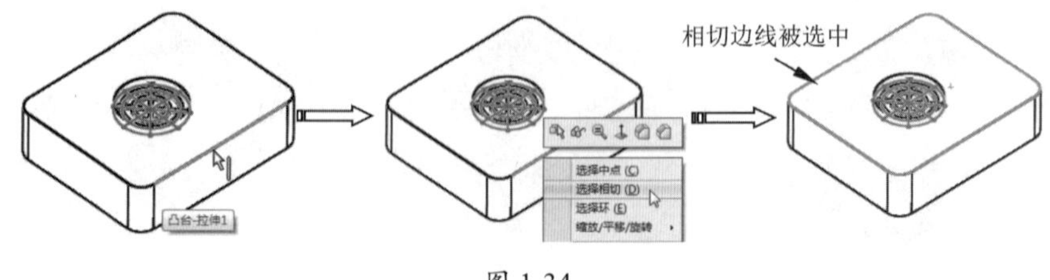


图 1-34

### 9. 通过透明度选择

与前面的“选择其它”方法原理相似，通过透明度选择方法也是在无法直接选择对象的情况下进行的。通过透明度选择方法可以透过透明物体选择非透明对象，这包括装配体中通过透明零部件的不透明零部件，以及零件中通过透明面的内部面、边线及顶点等。

如图 1-35 所示，当要选择长方体内的球体时，直接选择是无法完成的，此时就可以右击遮蔽球体的长方体面，并在弹出的快捷菜单中选择“更改透明度”选项，在修改了遮蔽面的透明度后，即可顺利选中球体。

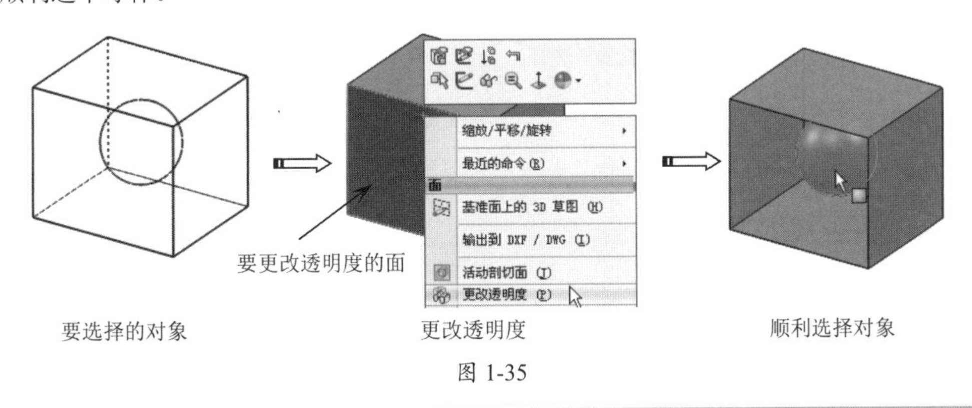


图 1-35

**技术要点**

为便于选择，透明度为10%以上为透明，具有10%以下透明度的实体被视为不透明。

### 10. 强劲选择

强劲选择方法是通过预先设定的选择类型来强制选择对象。执行“工具”|“强劲选择”命令，或者在 SolidWorks 界面顶部的标准选项卡中选择“强劲选择”选项，软件将在右侧的任务窗格中显示“强劲选择”面板，如图 1-36 所示。

在“强劲选择”面板的“选择什么”选项组中选中要选择的实体选项，再通过“过滤器与参数”选项列表中的过滤选项，过滤出符合条件的对象。当单击“搜寻”按钮后，软件会将自动搜索出的对象列于下面的“结果”列表框中，且“搜寻”按钮变成“新搜索”按钮。如要重新搜索对象，单击“新搜索”按钮即可重新选择实体类型。

例如，在选中“边线”和“边线凸形”复选框后，单击“搜寻”按钮，在图形区高亮显示所有符合条件的对象，如图 1-37 所示。

**技术要点**

要使用“强劲选择”方法选择对象，必须在“强劲选择”面板的“选择什么”选项组和“过滤器与参数”选项组中至少选中一个选项，否则会弹出信息提示对话框，提示“请选择至少一个过滤器或实体选项”。

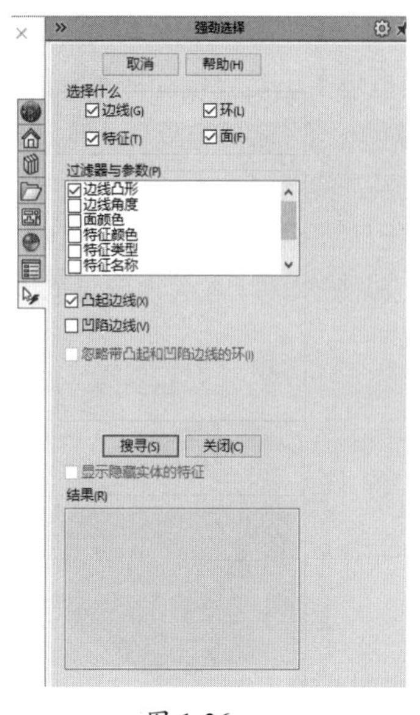


图 1-36

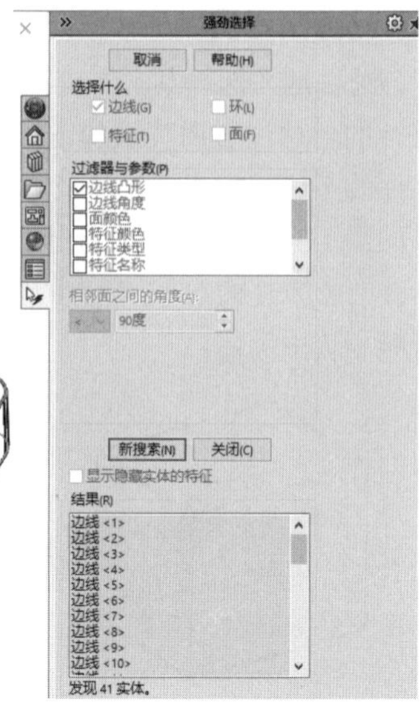


图 1-37

## 1.2.4 系统环境配置

尽管在前面介绍了一些常用的界面及工具命令，但对于 SolidWorks 这个功能十分强大的三维软件来说，它所有的功能不可能都逐一罗列在界面上供用户调用。此时就需要在特定情况下，通过对 SolidWorks 的环境配置选项进行设置，来满足具体的设计需求。

### 1. 选项设置

在使用零件、装配及工程图模块功能时，可以对软件系统环境进行设置，其中包括系统选项设置和文档属性设置。

执行“工具”|“选项”命令，弹出“系统选项（S）- 普通”对话框，其中包含“系统选项”和“文档属性”选项卡。

“系统选项”选项卡中主要包括工程图、颜色、草图、显示 / 选择等选项，如果在左侧选项列表中选择一个选项，该选项名将在对话框顶端显示。

同理，若单击“文档属性”选项卡，对话框顶部将显示“文档属性（D）-××××”名称，破折号后面显示的是选项列表框中所选择的设置项目名称，如图 1-38 所示。在“文档属性”选项卡中主要包括注解、尺寸、表格、单位等选项。

### 2. 自定义功能区

合理利用功能区设置，既可以让操作方便快捷，又不会使操作界面过于复杂。执行“工具”|“自定义”命令或在功能区右击，在弹出的快捷菜单中选择“自定义”选项，弹出如图 1-39 所示的“自定义”对话框。

在“自定义”对话框的“工具栏”选项卡中，选择希望显示的每个工具复选框，同时取消选中想隐藏的工具复选框。当鼠标指针指在工具按钮时，就会出现对此工具的说明。

如果显示的功能位置不理想，可以将鼠标指针指向功能区上按钮之间的空白位置，然后拖动功能区到想要的位置。如果将功能区拖到 SolidWorks 窗口的边缘，功能区就会自动靠齐该边缘。

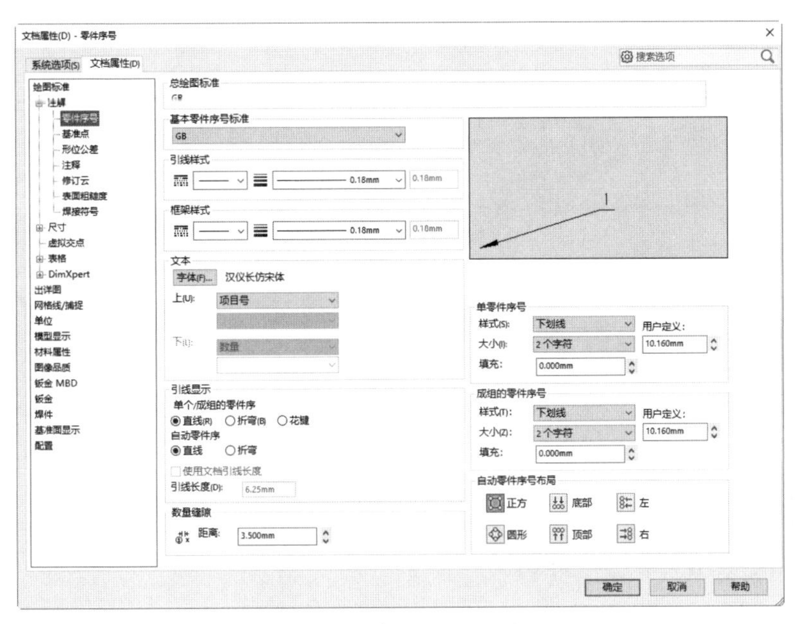


图 1-38

图 1-39

### 3. 自定义命令

在“自定义”对话框的“命令”选项卡中，通过选择左侧的命令“类别”，右侧将显示该类别的所有命令按钮。选中要使用的命令按钮图标，将其拖至功能区上的新位置，从而实现重新安排功能区上的按钮的目的，如图 1-40 所示。

图 1-40

## 1.3 模型对象的操作与修改

SolidWorks 中有许多便捷的模型对象操作和修改工具，熟练使用它们可以提升工作效率。

### 1.3.1 利用三重轴操作对象

三重轴可用于模型对象的控制与属性的修改。三重轴包括环、中心球、轴和侧翼等元素。在零件模式下显示的三重轴如图 1-41 所示。

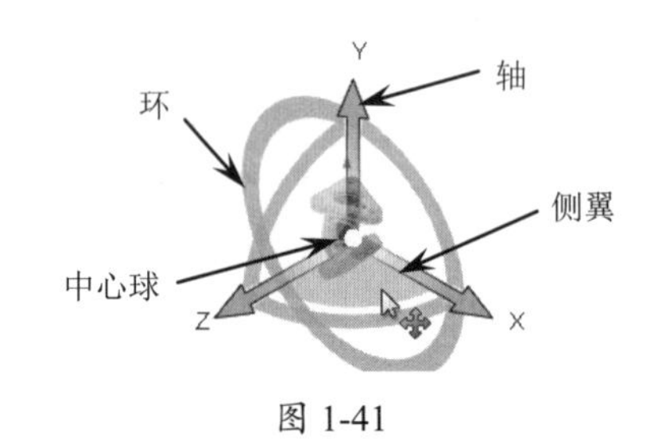


图 1-41

要使用三重轴，必须满足下列条件。

- 在装配体中，右击可移动零部件并在弹出的快捷菜单中选择“以三重轴移动”选项。
- 在装配体爆炸图编辑过程中，选择要移动的零部件。
- 在零件模式下，在属性管理器的“移动 / 复制实体”面板中单击“平移 / 旋转”按钮。
- 在 3D 草图中，右击实体并在弹出的快捷菜单中选择“显示草图程序三重轴”选项。

表 1-2 中列出了三重轴的操作方法。

表 1-2 三重轴的操作方法

| 三重轴 | 操作方法 | 图 解 |
|---|---|---|
| 环 | 拖动环可以绕环的轴旋转对象 | |

续表

| 三重轴 | 操作方法 | 图　解 |
| --- | --- | --- |
| 中心球 | 拖动中心球可以自由移动对象 | |
| | 按住 Alt 键并拖动中心球可以自由地拖动三重轴，但不移动对象 | |
| 轴 | 拖动轴可以朝 *X*、*Y* 或 *Z* 方向自由地平移对象 | |
| 侧翼 | 拖动侧翼可以沿侧翼的基准面拖动对象 | |

**技术要点**

如果要精确移动三重轴，可以右击三重环并在弹出的快捷菜单中选择“移至选择”选项，然后选择一个精确位置即可。

## 1.3.2　利用 Instant3D 操作对象

在 SolidWorks 中，可以使用 Instant3D 功能来拖动几何体和尺寸操纵杆，以生成和修改特征。在草图模式或工程图模式中是不支持使用 Instant3D 功能的。

在“特征”选项卡中单击 Instant3D 按钮，即可使用 Instant3D 功能。

使用 Instant3D 功能可以进行以下操作。

- 在零件模式下，拖动几何体和尺寸操纵杆来调整特征大小。
- 对于装配体，可以装配装配体内的零部件，也可以编辑装配体层级草图、装配体特征以及配合尺寸。
- 使用标尺可以精确测量修改。
- 从所选的轮廓或草图生成拉伸或切除凸台。
- 使用拖动控标来捕捉几何体。
- 通过动态切割模型几何体来查看和操纵特征。
- 编辑内部草图轮廓。

- 操纵镜像或阵列几何体。
- 用于对 2D 和 3D 的焊件零件进行操作。

### 1. 拖动控标指针生成特征

在特征上选择线或面，随后显示拖动控标。选择边线与面所显示的控标有所不同。若选择边线，则会显示双箭头的控标，表示可以从 4 个方向拖动；若选择面，则会显示一个箭头的控标，意味着只能从 2 个方向拖动，如图 1-42 所示。

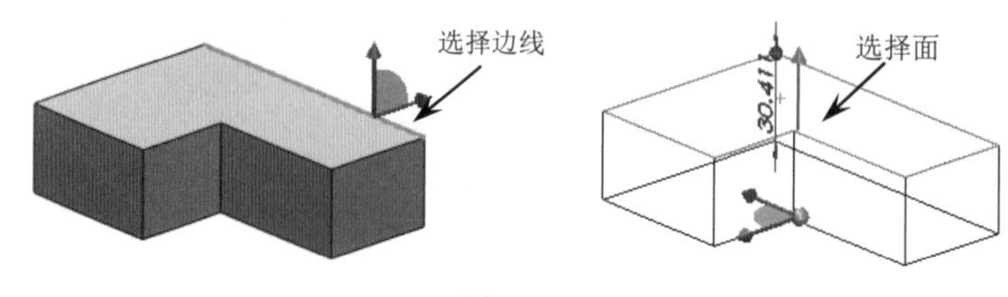


图 1-42

若是双箭头的控标，可以任意拖动而不受特征厚度的限制，如图 1-43 所示。在拖动过程中，尺寸操纵杆上黄色显示的距离段为拖动距离。

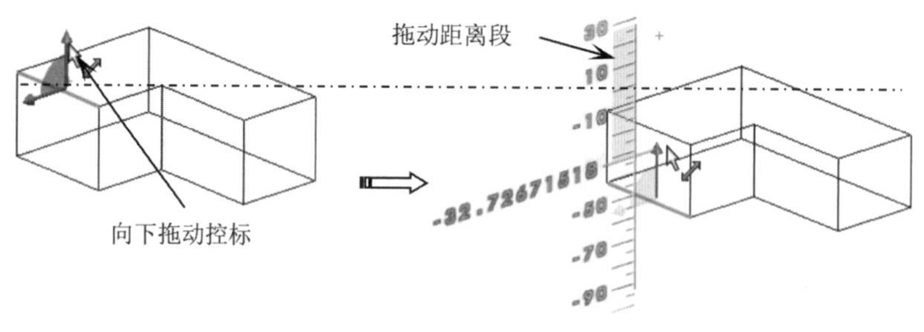


图 1-43

若是单箭头的控标，在拖动面时则要受厚度的限制，拖动后生成的新特征不能低于 5 mm，如图 1-44 所示。

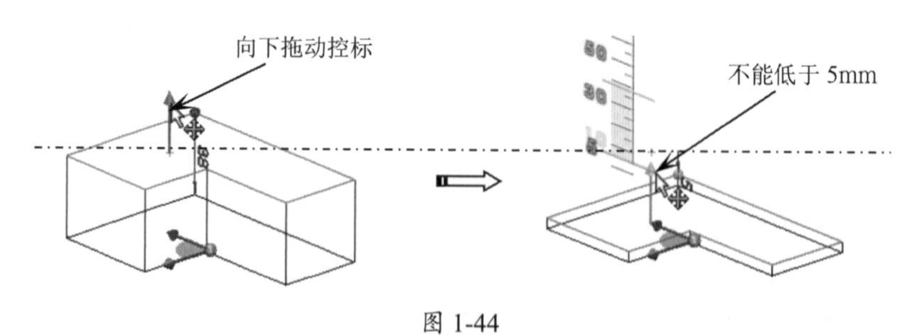


图 1-44

**技术要点**

当选择的边为竖直方向的边时，拖动控标可创建拔模特征，即绕另一侧的实体边旋转。

### 2. 拖动草图至现有几何体生成特征

将草图轮廓拖至现有几何体时，草图轮廓拓扑和选择轮廓的位置，将决定所生成的特征的默认类型。表 1-3 列出了草图曲线与现有几何体的位置关系，以及拖动控标所生成的默认特征类型。

表 1-3　草图曲线与现有几何体的位置关系及生成的默认特征

| 选择原则 | 生成的默认特征 | 图　解 |
|---|---|---|
| 选择在面内的草图曲线 | 切除拉伸 | |
| 选择在面外的草图曲线 | 凸台拉伸 | |
| 草图曲线一半接触面，选择接触面的区域 | 切除拉伸 | |
| 草图曲线一半接触面，选择不接触面的区域 | 凸台拉伸 | |

## 3. 拖动控标创建对称特征

选择草图轮廓，拖动控标并按住 M 键，可以创建具有对称性的新特征，如图 1-45 所示。

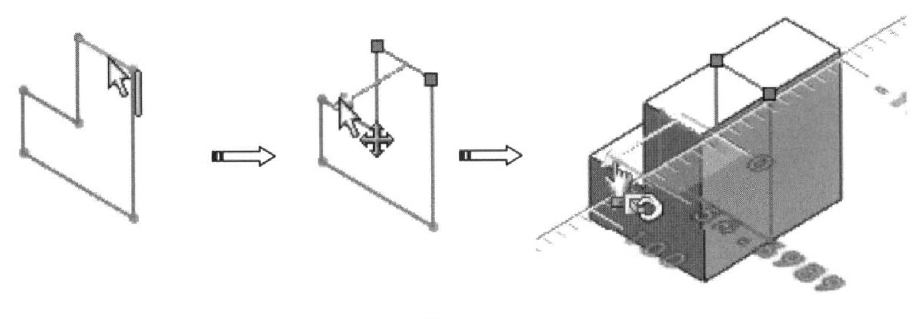

图 1-45

## 4. 修改特征

拖动控标来修改面和边线。使用三重轴中心可以将整个特征移动或复制（复制特征需要按住 Ctrl 键）到其他面上，如图 1-46 所示。

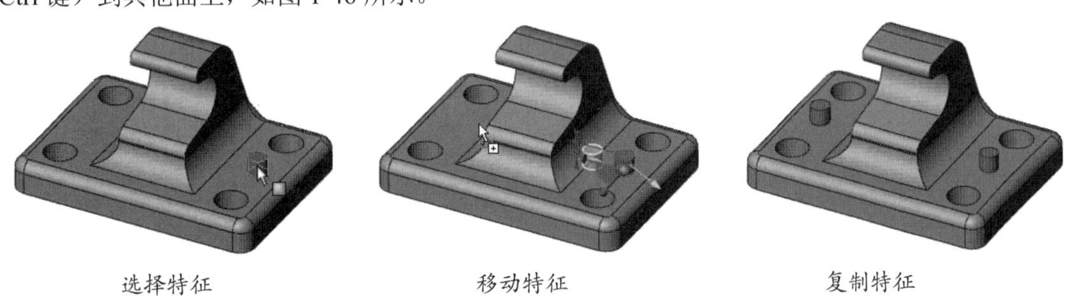


图 1-46

先按住 Ctrl 键，同时拖动圆角，可以将其复制到模型的另一条边线上，如图 1-47 所示。

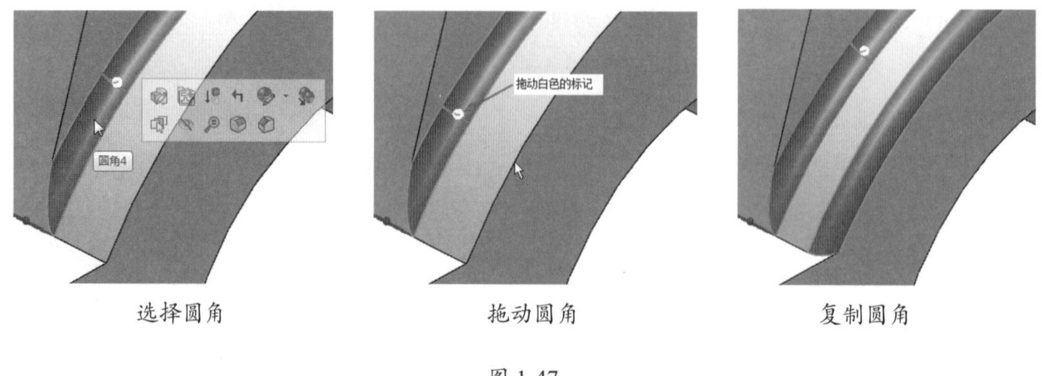


图 1-47

**技术要点**

如果某实体不可移动，该控标就会变为黑色，或者在尝试移动实体时出现⃠图标。此时，特征不支持或受到限制。

## 1.3.3 利用控标创建对象

控标允许在不退出图形区域的情形下，动态单击、移动和设置某些参数。拖动控标跨越拉伸的总长度，控标表达了可以拉伸的方向。

当在创建拉伸特征时，在默认情况下只显示一个箭头的控标，但在属性管理器中设置第二个方向后，将会显示两个箭头的控标，如图 1-48 所示。

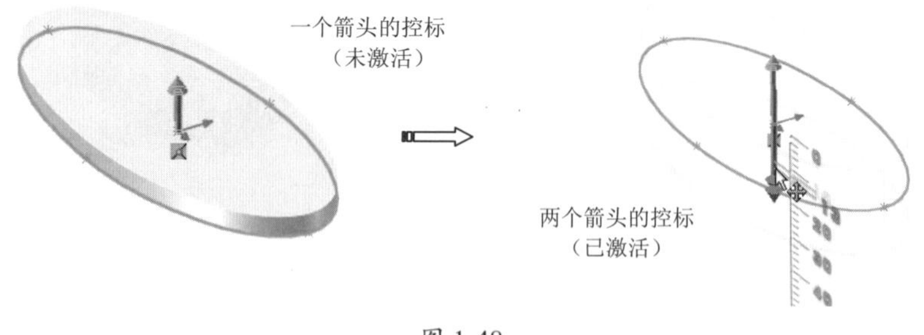


图 1-48

**技术要点**

当利用拖动控标创建拉伸特征时，所能创建的单方向的特征厚度最小值为0.000，最大厚度值为1000000。

## 1.3.4 创建参考几何体

在 SolidWorks 中，参考几何体定义曲面或实体的形状或组成，其包括基准面、基准轴、坐标系、点、质心、边界框和配合参考等。

### 1．基准面

基准面是用于草绘曲线、创建特征的参照平面。SolidWorks 提供了 3 个基准面：前视基准面、右视基准面和上视基准面，如图 1-49 所示。

除使用 SolidWorks 提供的 3 个基准面来绘制草图外，还可以在零件或装配体中生成基准面，如图 1-50 所示为以零件表面为参考创建的新基准面。

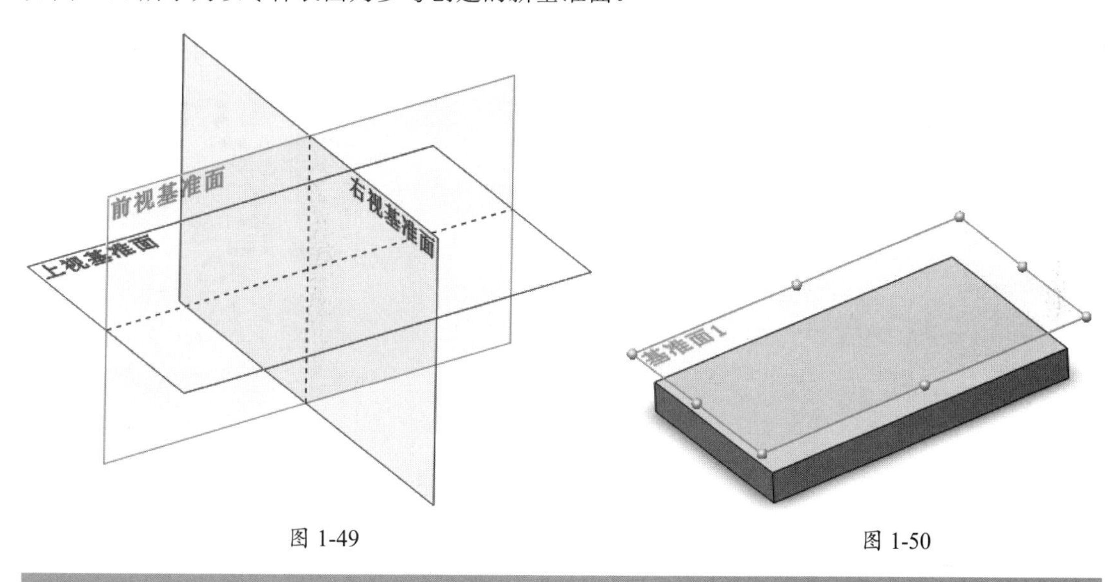


图 1-49　　　　图 1-50

**技术要点**

在一般情况下，软件提供的3个基准面为隐藏状态，若想显示基准面，右击并在弹出的快捷菜单中单击“显示”按钮，如图1-51所示。

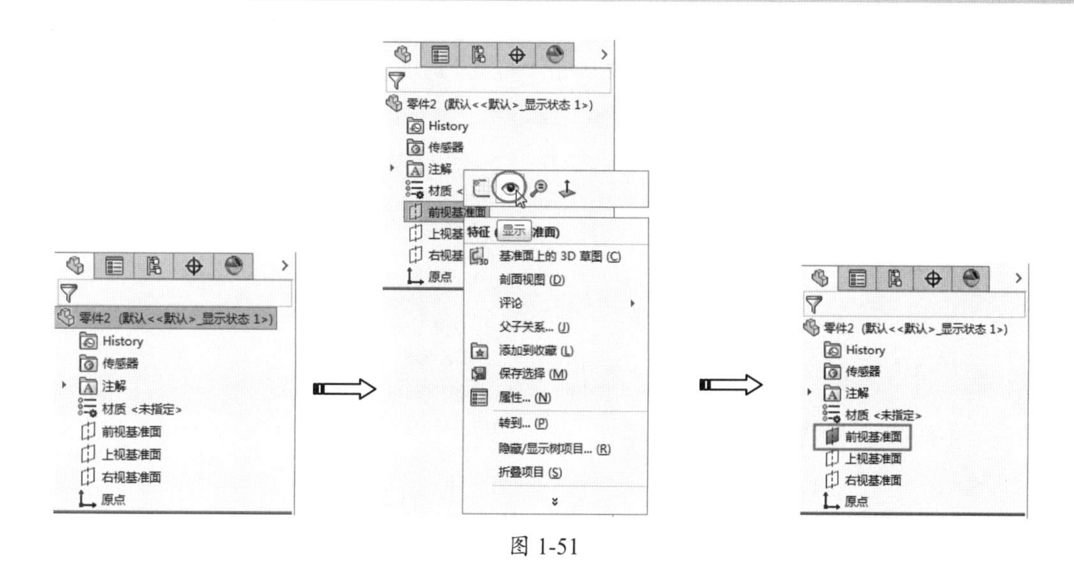


图 1-51

在“特征”命令功能区的“参考几何体”菜单中单击“基准面”按钮，在设计树的属性管理器选项卡中显示“基准面”面板，如图 1-52 所示。

当选中的参考为平面时，“第一参考”选项区将显示如图 1-53 所示的约束选项。当选中的参考为实体圆弧表面时，“第一参考”选项区将显示如图 1-54 所示的约束选项。

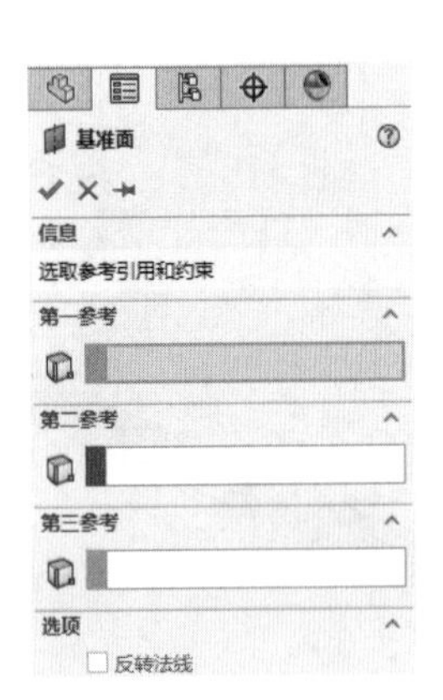


图 1-52

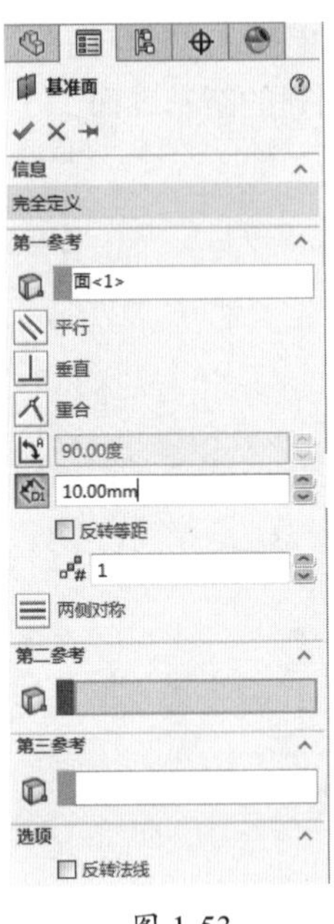


图 1-53

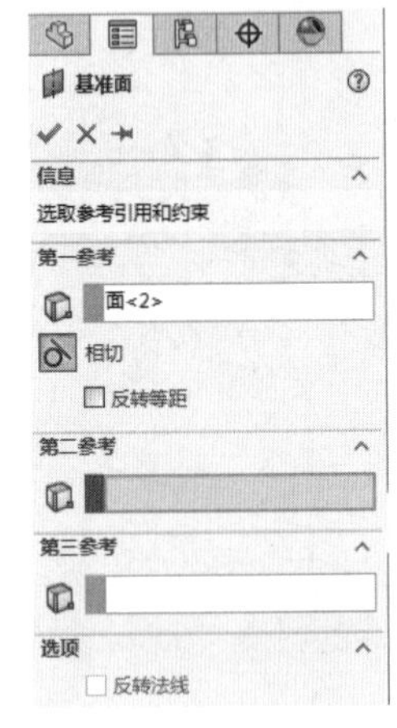


图 1-54

## 2. 基准轴

通常在创建几何体或阵列特征时会使用基准轴。当创建旋转特征或孔特征后，软件会自动在其中心显示临时轴，如图 1-55 所示。通过执行“视图”|“临时轴”命令，或者在前导功能区的“隐藏 / 显示项目”菜单中单击“观阅临时轴”按钮，可以即时显示或隐藏临时轴。

另外，还可以创建参考轴（也称构造轴）。在“特征”选项卡的“参考几何体”菜单中单击“基准轴”按钮，在属性管理器选项卡中显示“基准轴”面板，如图 1-56 所示。

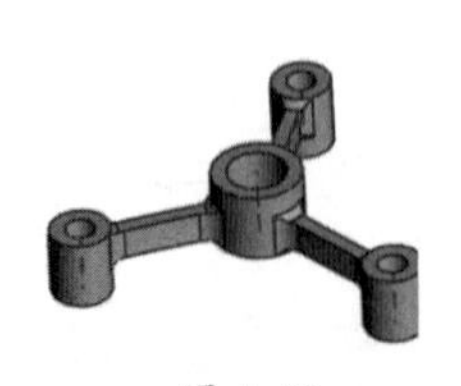

图 1-55

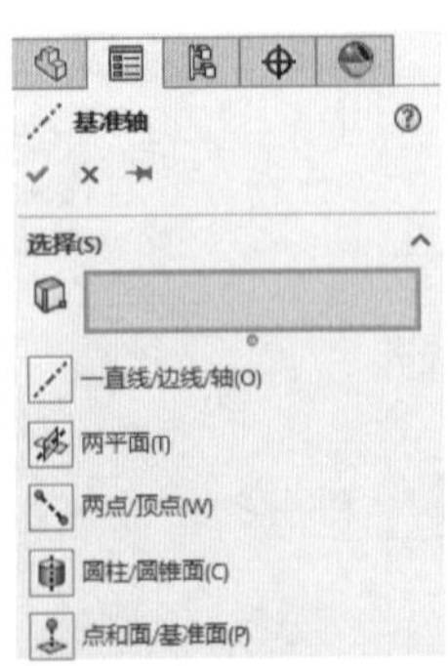


图 1-56

## 3. 坐标系

在 SolidWorks 中，坐标系用于确定模型在视图中的位置，以及定义实体的坐标参数。在“特征”选项卡的“参考几何体”菜单中单击“坐标系”按钮，在设计树的属性管理器选项卡中显示“坐标系”面板，如图 1-57 所示。在默认情况下，坐标系建立在原点，如图 1-58 所示。

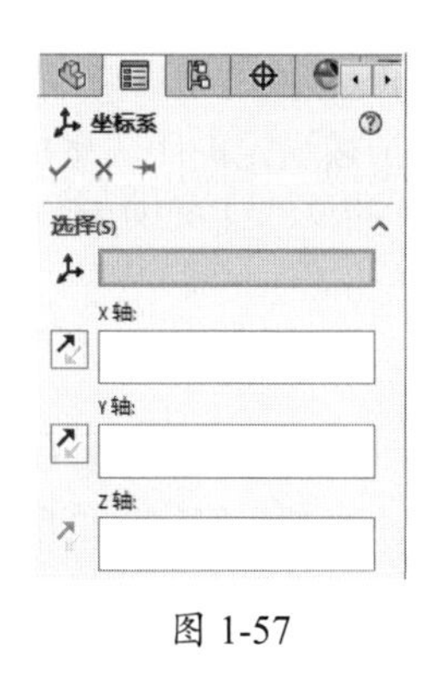


图 1-57

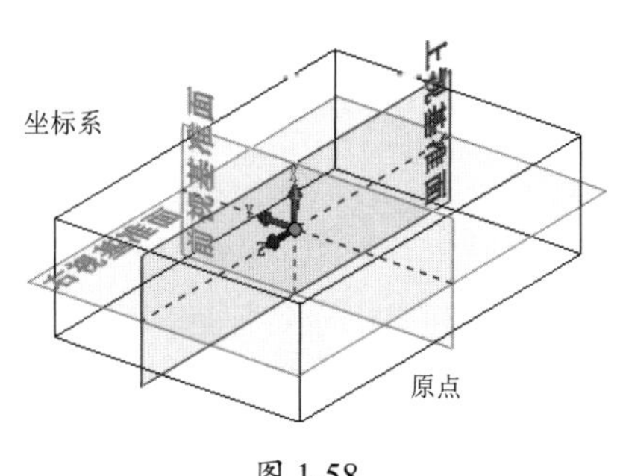


图 1-58

若要定义零件或装配体的坐标系，可以按以下方法选择参考。

- 选择实体中的一个点（边线中点或顶点）。
- 选择一个点，再选择实体边或草图曲线，以指定坐标轴方向。
- 选择一个点，再选择基准面，以指定坐标轴方向。
- 选择一个点，再选择非线性边线或草图实体，以指定坐标轴方向。

当生成新的坐标系时，最好定义一个有意义的名称，以说明其用途。在特征管理器设计树中的坐标系图标位置右击，在弹出的快捷菜单中选择“属性”选项，在弹出的“特征属性”对话框中可以输入新的名称，如图 1-59 所示。

## 4. 点

SolidWorks 参考点可以用作构造对象，例如用作直线起点、标注参考位置、测量参考位置等。

通过多种方法可以创建点。在“特征”选项卡的“参考几何体”菜单中单击“点”按钮，在设计树的属性管理器选项卡中将显示“点”面板，如图 1-60 所示。

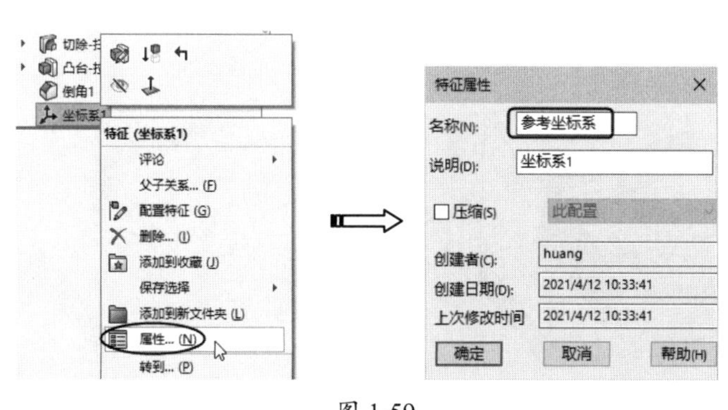


图 1-59

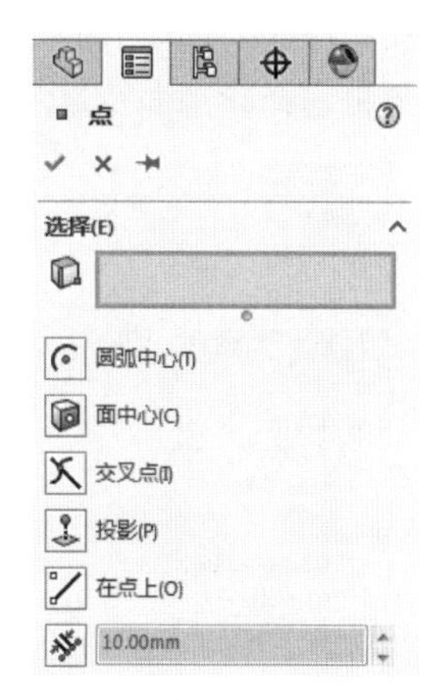


图 1-60

“点”面板中主要选项含义如下。

- 参考实体：显示用来生成参考点的所选参考。
- 圆弧中心：在所选圆弧或圆的中心生成参考点。
- 面中心：在所选面的中心生成参考点，这里可选择平面或非平面。
- 交叉点：在两个所选实体的交点处生成参考点，可以选择边线、曲线及草图线段。
- 投影：生成从一个实体投影到另一个实体的参考点。

- 沿曲线距离或多个参考点：沿边线、曲线或草图线段生成一组参考点。此方法包括“距离”“百分比”和“均匀分布”。其中，“距离”是指按设定的距离生成参考点数；“百分比”是指按设定的百分比生成参考点数；“均匀分布”是指在实体上均匀分布的参考点数。

## 5. 质心

当在 SolidWorks 中创建第一个特征后，可以为其创建质心、边界框和配合参考。质心就是特征对象的质量中心。当创建零件后，在“特征”选项卡的“参考几何体”菜单中单击“质心”按钮，软件自动创建该零件的质心，如图 1-61 所示。

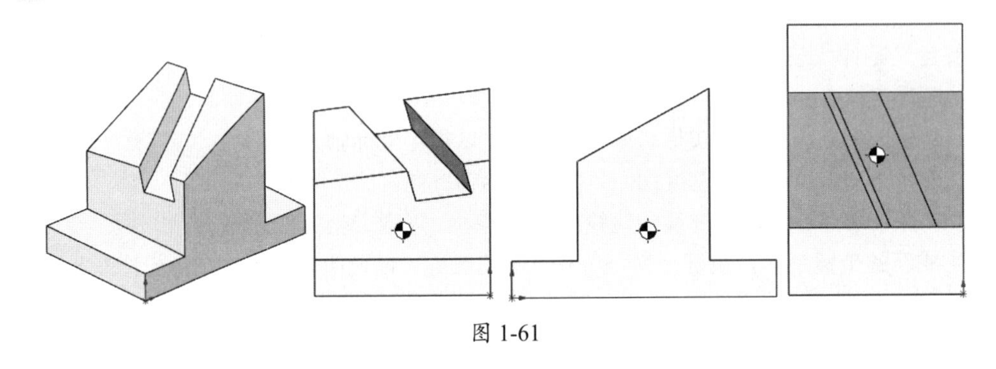

图 1-61

## 6. 边界框

边界框是完全包容零件或单个特征的最小包容框。当创建零件边界框后，边界框尺寸可以用作零件配置的属性参考，例如通过边界框可以确定该零件在切削加工前所需的毛坯尺寸，并帮助了解最终产品的包装尺寸。

在“特征”选项卡的“参考几何体”菜单中单击“边界框”按钮，弹出“边界框”面板，为边界框选择参考面及选项后，单击“确定”按钮，自动创建该零件的边界框，如图 1-62 所示。

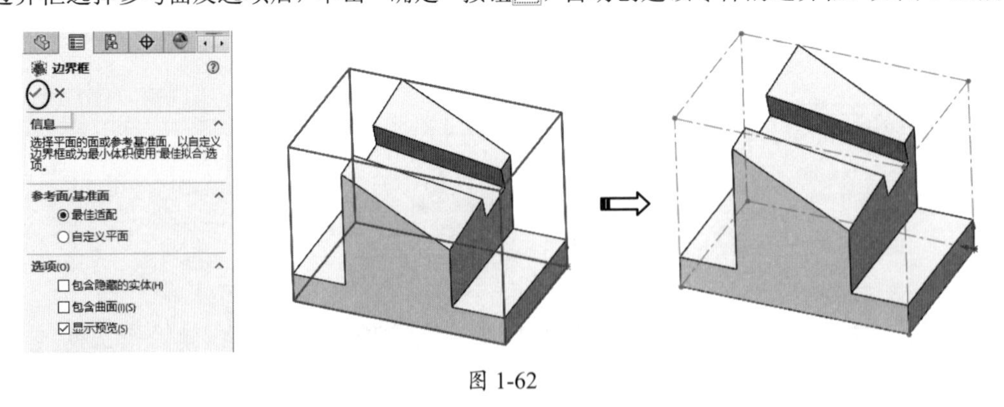


图 1-62

## 7. 配合参考

配合参考用于零件装配。如果需要多次参考某个零件中的某个面来装配其他零部件，那么就可以在这个零件中定义配合参考。

在“特征”选项卡的“参考几何体”菜单中单击“配合参考”按钮，弹出“配合参考”面板，在零件中选取要用作配合参考的实体面（可以选取 3 个面来创建配合参考）后，单击“确定”按钮✓，自动创建该零件的配合参考，如图 1-63 所示。在特征设计树的“配合参考”文件夹中包含了创建的所有配合参考。

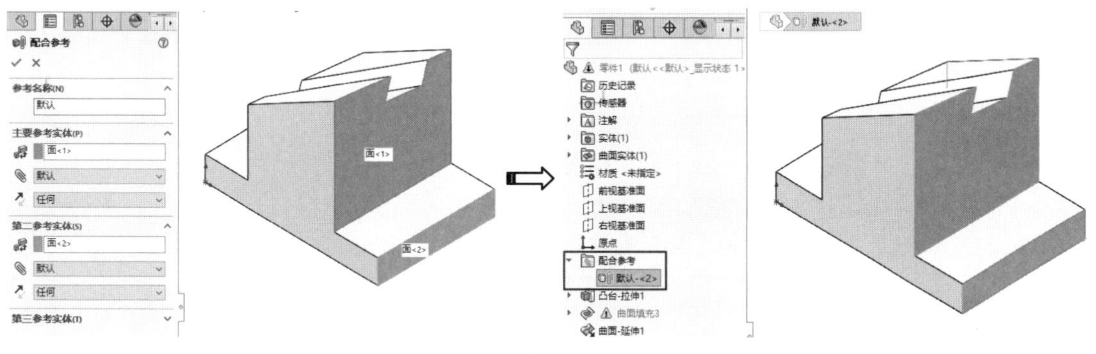


图 1-63

## 1.4 入门案例——支撑脚设计

本节利用 SolidWorks 2022 的草图和实体功能来创建一个机械零件模型。作为入门案例，希望能让大家对 SolidWorks 建模流程有一个初步的认识。

如图 1-64 所示为管件设计的参考图纸与结果。

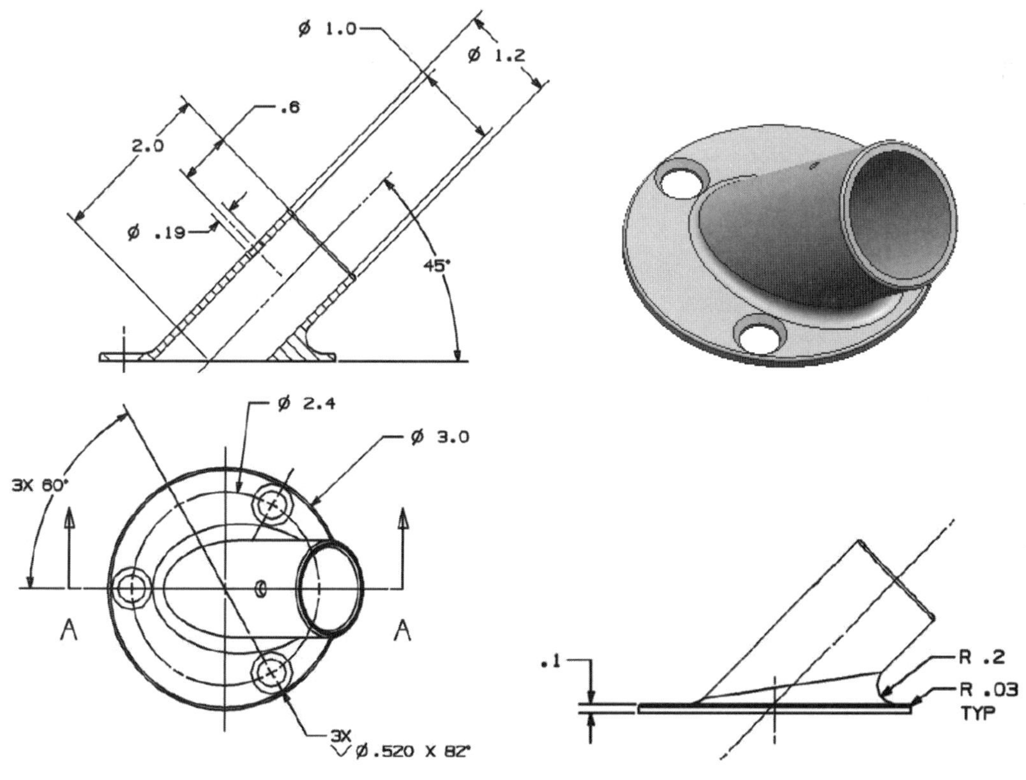


图 1-64

**操作步骤：**

**01** 在标题栏单击“新建”按钮，新建一个零件文件，如图 1-65 所示。

图 1-65

**02** 在功能区的“特征”选项卡中单击“拉伸凸台 / 基体”按钮，弹出“拉伸”面板，按提示指定前视基准平面作为草图平面，绘制如图 1-66 所示的草图。

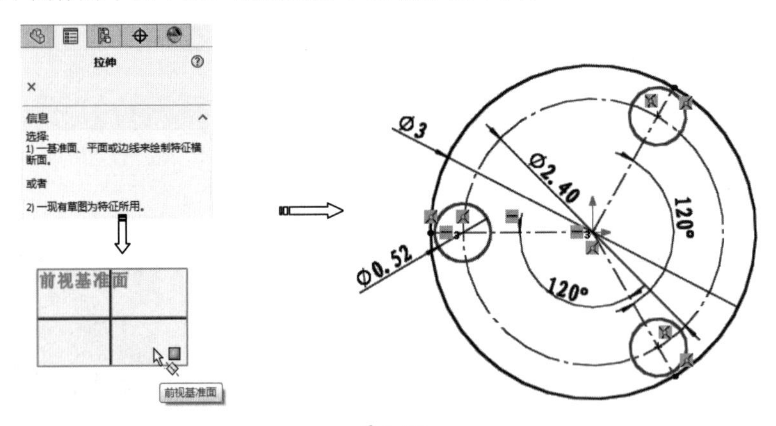


图 1-66

**03** 退出草图环境后，在“凸台 - 拉伸 1”面板中输入拉伸深度值为 0.10 mm，单击“确定”按钮，完成拉伸特征的创建，如图 1-67 所示。

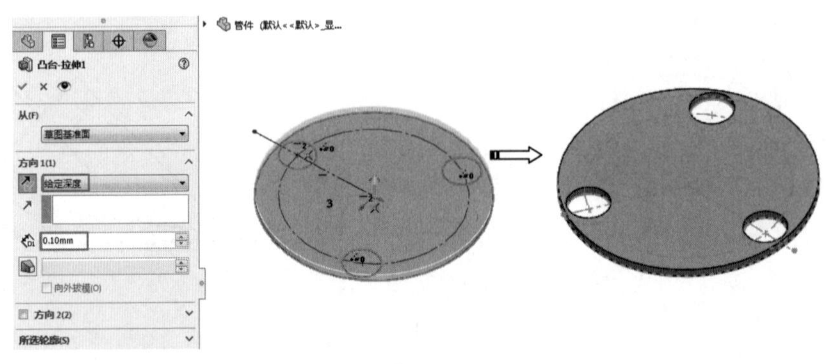


图 1-67

**04** 在“特征”选项卡中单击“旋转凸台/基体”按钮，打开“旋转”面板。选择“上视基准平面”作为草图平面，绘制如图 1-68 所示的草图。

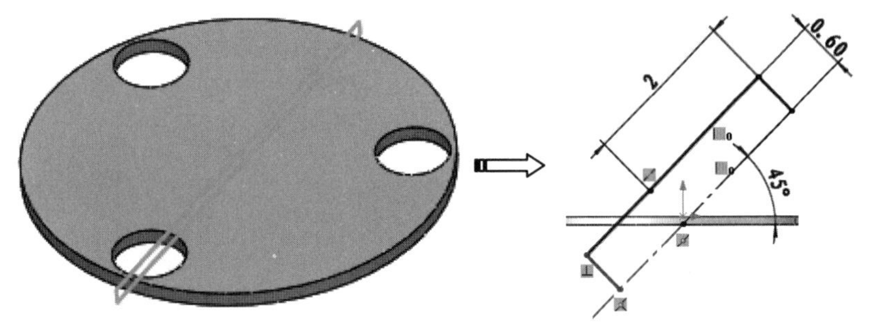


图 1-68

## 技术要点

在默认情况下，3个基准平面是隐藏的，可以通过特征树选取基准平面。

## 技术要点

旋转截面可以是封闭的，也可以是开放的。当截面为开放时，如果要创建旋转实体而非旋转曲面，系统会提示是否将截面封闭，如图1-69所示。

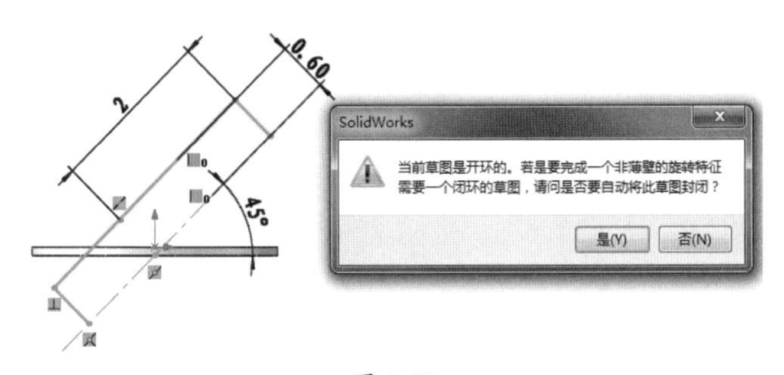


图 1-69

**05** 退出草图环境，在“旋转 1”面板中选择旋转轴和轮廓，如图 1-70 所示。

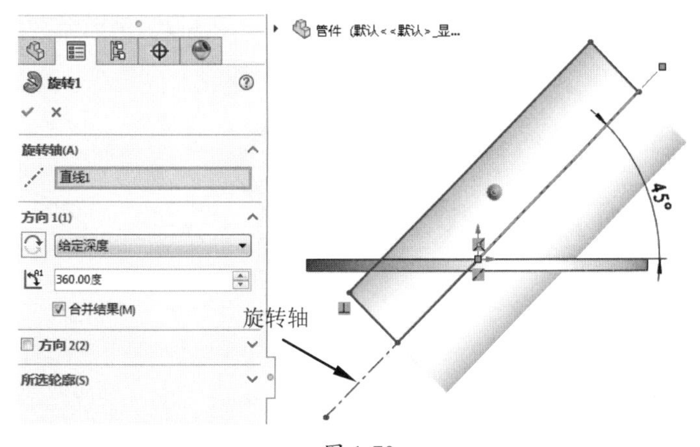


图 1-70

**06** 单击“确定”按钮✔，完成旋转凸台基体的创建。

**07** 单击“抽壳”按钮，在“抽壳 1”面板中设置抽壳厚度值为 0.10 mm，选择旋转基体的两个端面作为要移除的面，如图 1-71 所示。

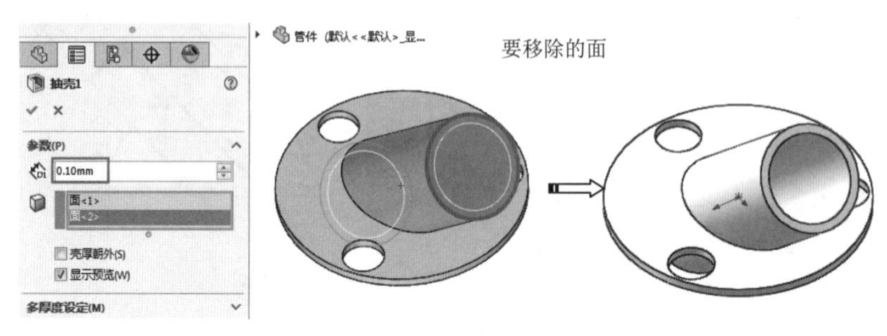


图 1-71

**08** 单击“抽壳 1”面板中的“确定”按钮✔，完成抽壳。

**09** 单击“基准面”按钮，打开“基准面 1”面板。选择拉伸凸台的底端面为参考平面，输入偏距值为 0.00 mm，单击“基准面 1”面板中的“确定”按钮，完成基准平面的创建，如图 1-72 所示。

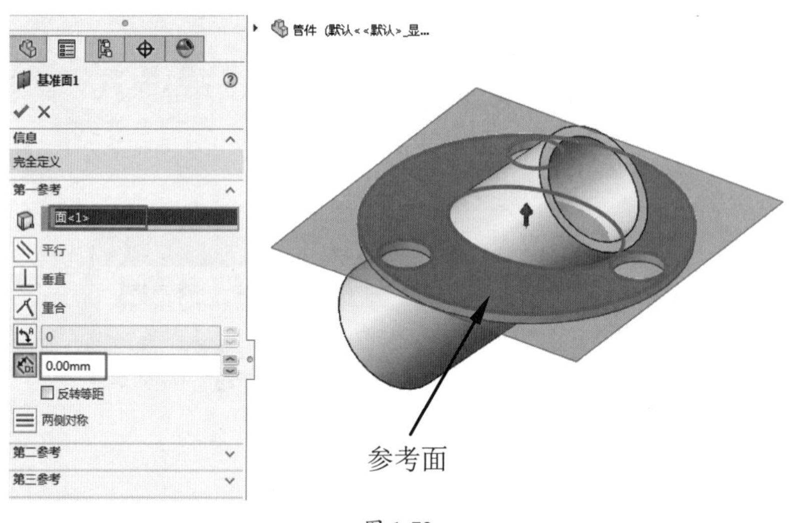


图 1-72

**10** 单击“曲面切除”按钮，打开“使用曲面切除”面板。选择基准平面，切除旋转凸台特征，切除方向向下，单击“确定”按钮，完成切除操作，结果如图 1-73 所示。

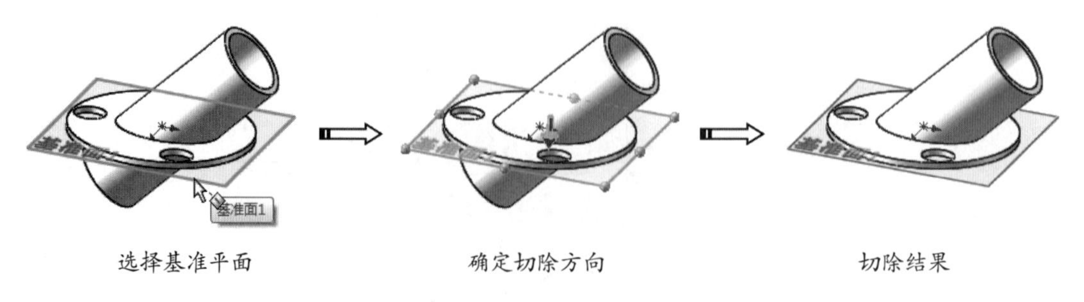


图 1-73

**11** 单击“旋转切除”按钮，在上视基准平面上绘制旋转截面，如图 1-74 所示。

**12** 退出草图后指定旋转轴，再单击“确定”按钮，完成旋转切除特征的创建，如图 1-75 所示。

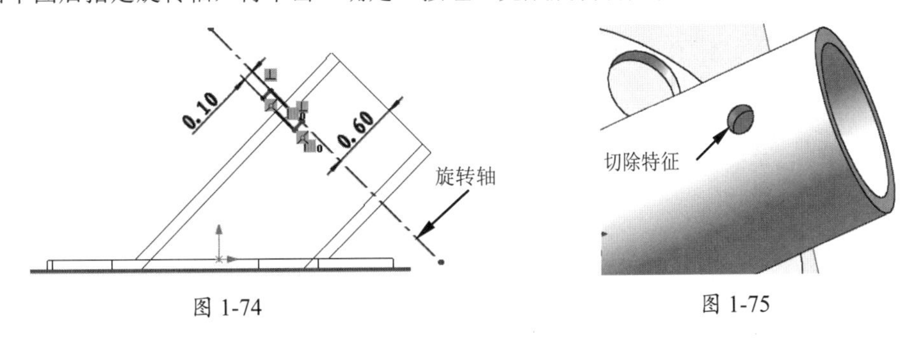


图 1-74　　图 1-75

**13** 单击“拔模”按钮，打开“拔模 1”面板，选择中性面和拔模面后单击“确定”按钮完成创建，如图 1-76 所示。

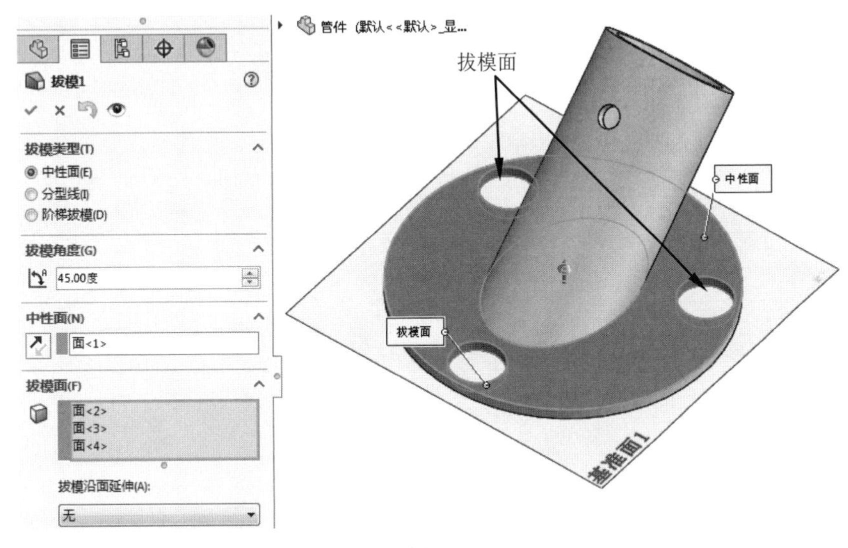


图 1-76

**14** 单击“圆角”按钮，打开“圆角”面板。选择要倒圆的边，并输入圆角半径值为 0.03 mm，单击“确定”按钮，完成圆角的创建，如图 1-77 所示。

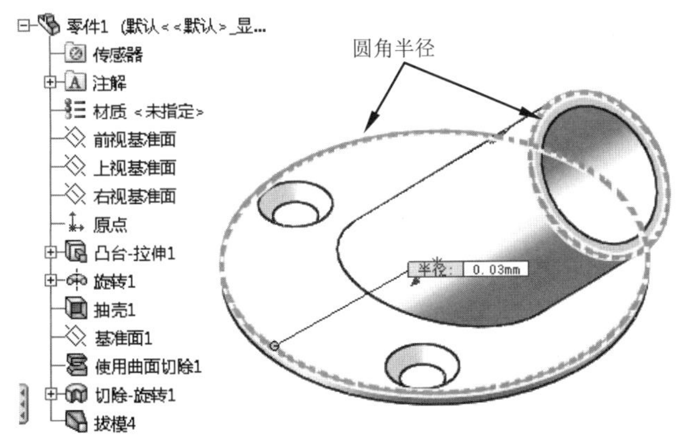


图 1-77

**15** 同理，再选择实体边创建半径值为 0.20 mm 的圆角，如图 1-78 所示。至此，完成了支撑脚零件的设计。

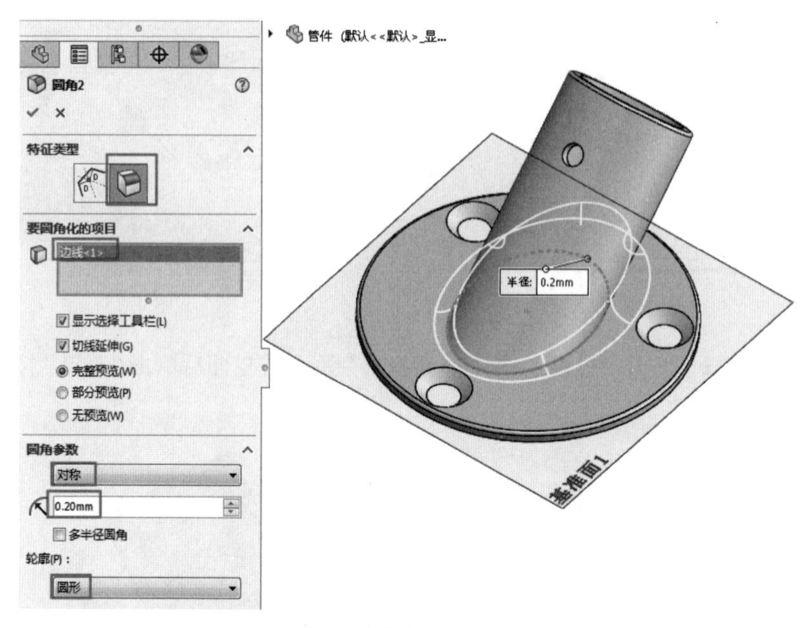


图 1-78

# 第 2 章 绘制零件草图

项目导读

草图是建立实体模型的基础，本章学习的内容包括基本草图曲线、草图编辑与修改、草图约束和 3D 曲线等。

## 2.1 SolidWorks 草图

草图是由直线、圆弧等基本几何元素构成的几何实体，它构成了特征的截面轮廓或路径，并由此生成特征。常见的 SolidWorks 草图表现形式有两种——2D 草图和 3D 草图。

### 2.1.1 进入 SolidWorks 草图环境

草图是在平面上进行绘制的，平面既可以是 SolidWorks 的 3 个基准面，也可以是用户定义的特征平直面，或者由用户定义的参考基准面。因此，进入草图环境有以下 3 种方式 。

#### 1. 由“草图”选项卡进入

在功能区的“草图”选项卡中单击“草图绘制”按钮，系统提示“选择一基准面为实体生成草图”，此时在图形区中选择 SolidWorks 默认建立的 3 个基准面中的一个基准面，随即进入草图环境，如图 2-1 所示。

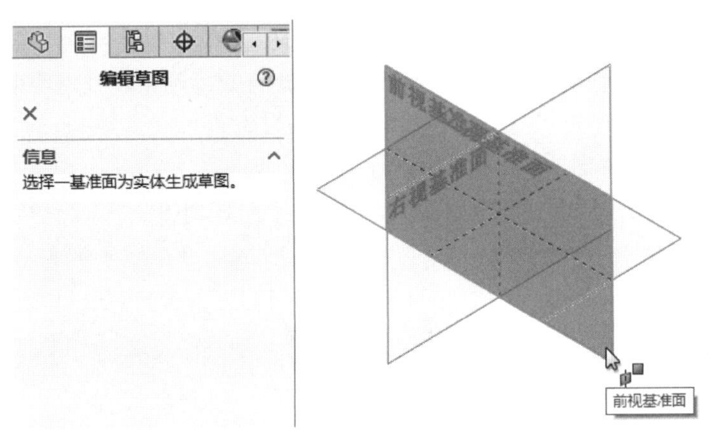


图 2-1

#### 2. 直接执行草图曲线绘制命令

用户还可以在“草图”选项卡中执行任何一个草图曲线的绘制命令（如“直线”命令），根据系统提示选择草图基准面后，即可进入草图环境，如图 2-2 所示。

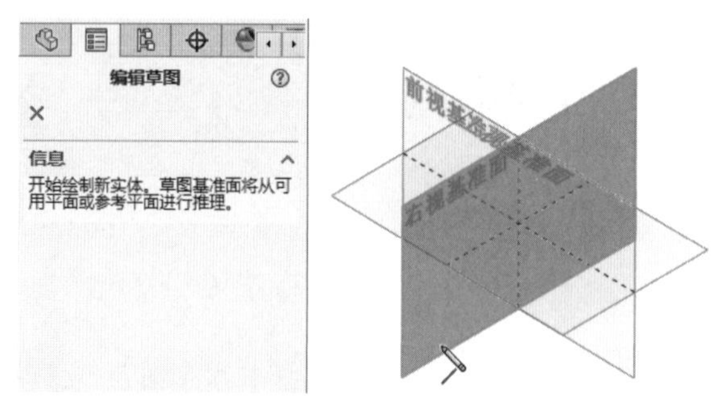


图 2-2

### 3. 由特征设计树或实体表面进入

最为方便、快捷地进入草图环境的方法是，在特征设计树中单击或右击某一个基准面，或者将鼠标指针放置在实体表面上单击或右击，在弹出的快捷菜单中单击“草图绘制”按钮，随即进入草图环境，如图 2-3 所示。

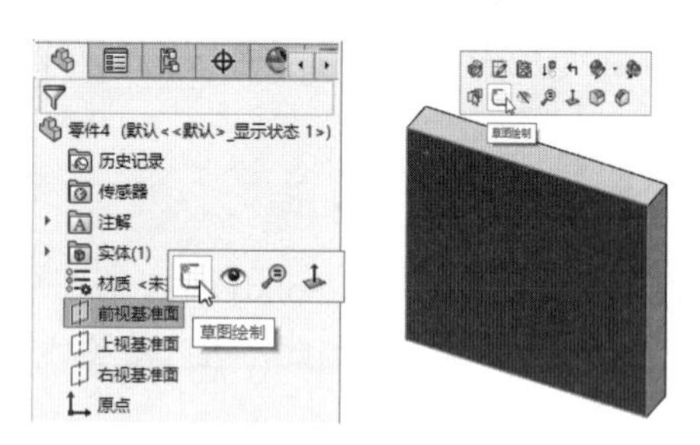


图 2-3

## 2.1.2 SolidWorks 草图环境界面

SolidWorks 提供了直观、便捷的草图环境。在草图环境中，可以使用草图绘制工具绘制曲线，可以选择已绘制的曲线进行编辑，可以对草图几何体进行尺寸约束和几何约束，还可以修复草图等。

SolidWorks 草图环境界面如图 2-4 所示。

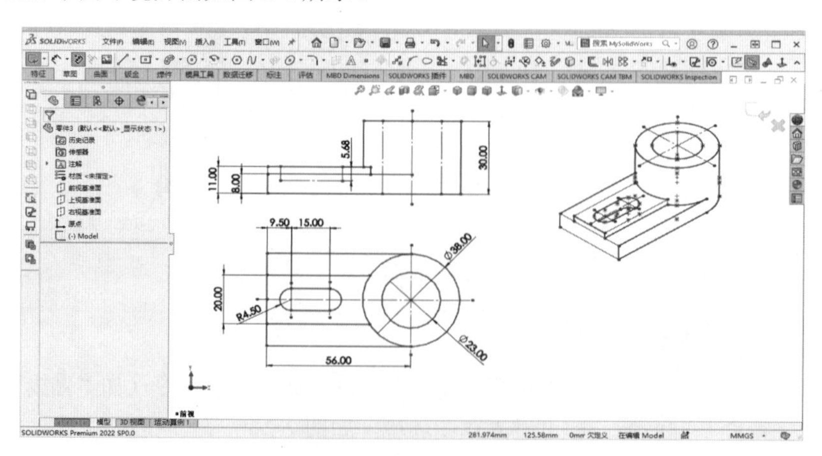


图 2-4

## 2.1.3　草图绘制的难点分析与技巧

若要掌握草图的绘制要领，除了熟练使用草绘环境中的各种绘图命令，还要对二维图形做出形状分析，以便合理地使用绘图命令进行精准、高效的绘图，并确保二维草图图形表达清晰、整齐、完整、合理。

对于新手，最大的问题并非软件绘图命令的掌握程度，而是不知该如何绘制、从哪儿开始绘制。下面就来讲述新手碰到的一些常见问题。

### 1. 从何处着手

二维图形的绘制首先要找到参考基准，从参考基准（绘制参照）开始绘制。

- 在有圆、圆弧或椭圆的图中，参考基准就是其圆心，例如图2-5所示的图形。如果有多个圆，那么以最大圆的圆心作为参考基准中心。
- 如果整个图形中没有圆，那么从测量基准点开始绘制，也就是左下角角点或者左上角角点（从左到右的绘图顺序），如图 2-6 所示。

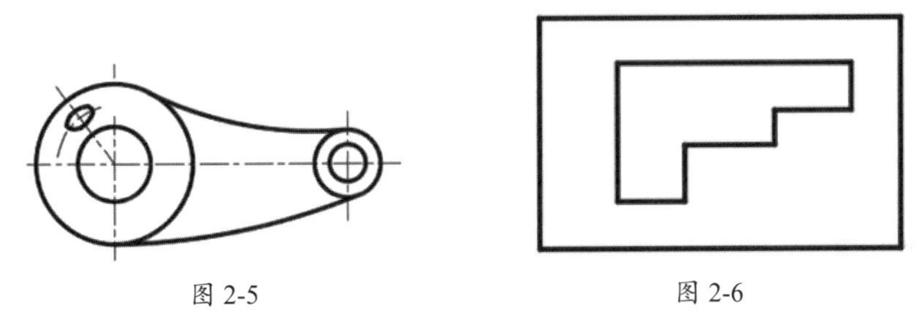

图 2-5　　　　图 2-6

- 某些图形中有圆、圆弧或椭圆等，但不是测量基准，不足以作为参考基准使用，那么仍然以左下角角点为参考基准中心，如图 2-7 所示。

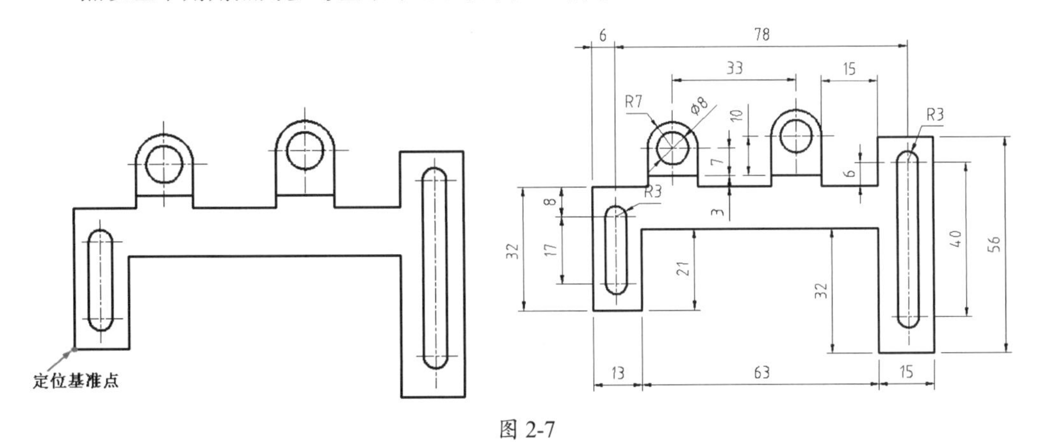


图 2-7

> **技术要点**
>
> 综上所述，对于参考基准不是很明确的情况，要进行综合分析，首先确定图形中的圆是不是主要的轮廓线；其次确定是不是测量基准（对于有尺寸的图形来讲）；若没有尺寸标注，则需要分析这个圆是不是主要轮廓圆（主要轮廓是以此截面是否为主体特征截面而言的），不是主要轮廓，就以直线型图形的角点作为参考基准中心。

## 2. 图形的形状分析

新手绘图的第二个难点莫过于“图形的形状分析”，这个问题若解决了你也就不再是新手了。看见一个图形，首先要分析此图形的形状。为什么要分析图形形状呢？理由很简单，就是要找到快速绘图的捷径，下面举例说明。

- 对称形状：绘制对称形状的图形会用到草绘环境中的“镜像”工具，先绘制对称中心线一侧的图形，再镜像出另一侧的图形，如图 2-8 所示。
- 旋转形状：绘制旋转形状图形，可以先在水平或者垂直方向上绘制图形，然后使用“旋转调整大小”工具旋转一定角度即可，这样可以减少倾斜绘制图形的麻烦，如图 2-9 所示。

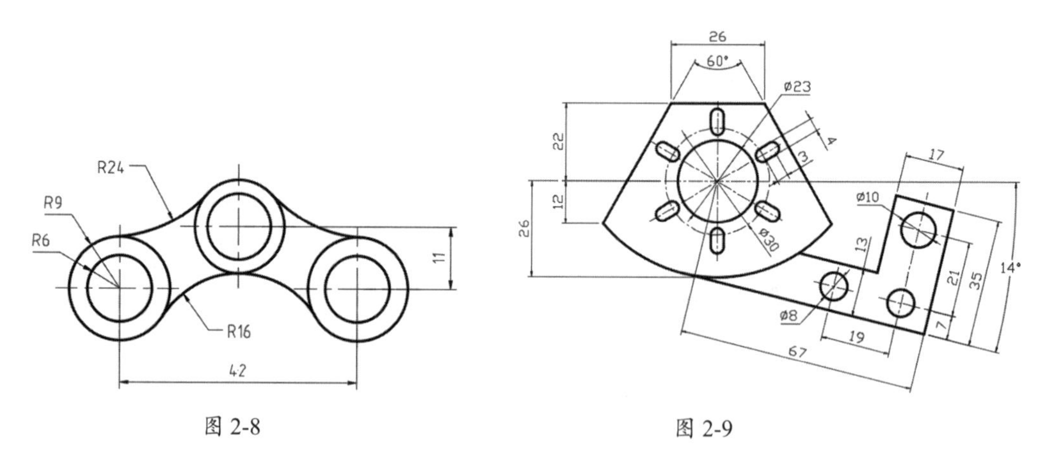


图 2-8　　　　图 2-9

- 阵列特性：具有阵列特性的图形可以分为线性阵列和圆形阵列，绘制时按照相应方法进行阵列即可，如图 2-10 所示。

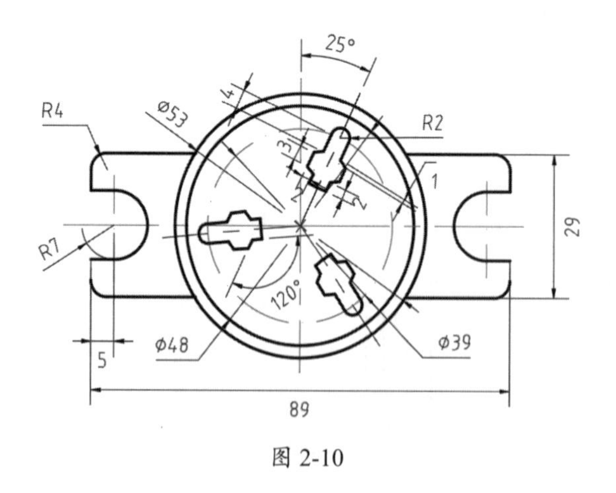


图 2-10

## 3. 确定绘图顺序

每一个二维几何图形都由已知线段、中间线段和连接线段构成。找到绘制的基准中心后，就以“已知线段→中间线段→连接线段”的顺序进行绘制，例如下面这个案例。

绘制手柄支架草图的步骤如下。

**01** 先绘制出基准线和定位线，如图 2-11 所示。

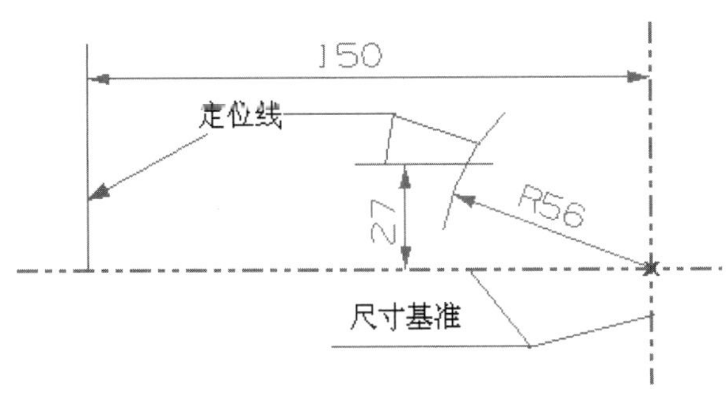


图 2-11

**02** 绘制已知线段，如标注尺寸的线段，如图 2-12 所示。

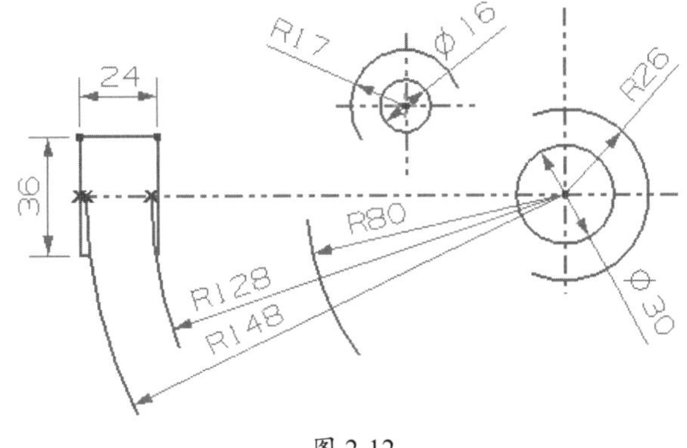


图 2-12

**03** 绘制中间线段，如图 2-13 所示。

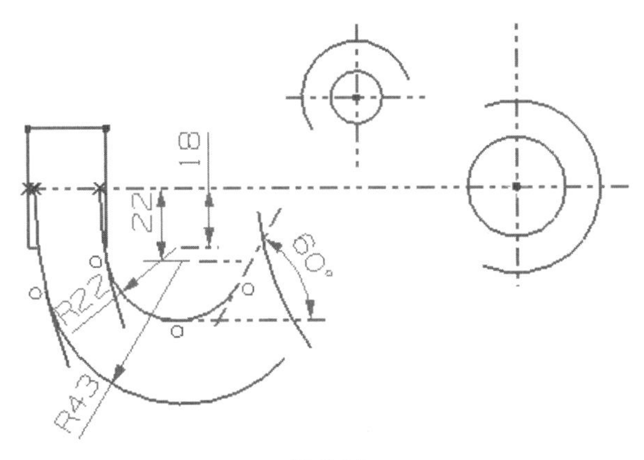


图 2-13

**04** 绘制连接线段，如图 2-14 所示。

不同线段的定义如下。

- 已知线段：在图形中起定形和定位作用的主要线段，定形尺寸和定位尺寸齐全。
- 中间线段：主要起定位作用，定形尺寸齐全，定位尺寸只有一个。另一个定位由相邻的已知线段来确定。
- 连接线段：起连接已知线段和中间线段的作用，只有定形尺寸，无定位尺寸。

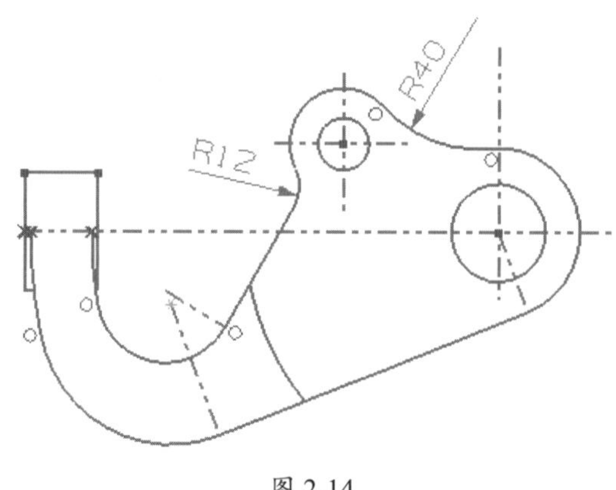


图 2-14

**技术要点**

一个完整图形的尺寸包括定形尺寸和定位尺寸。定形尺寸是指用于确定几何图形中图元形状大小的尺寸，如直径/半径尺寸、长度尺寸、角度尺寸等。定位尺寸是指从基准点、基准线引出的距离尺寸，例如用来表达圆弧圆心位置、圆弧轮廓位置等，如图2-15所示。

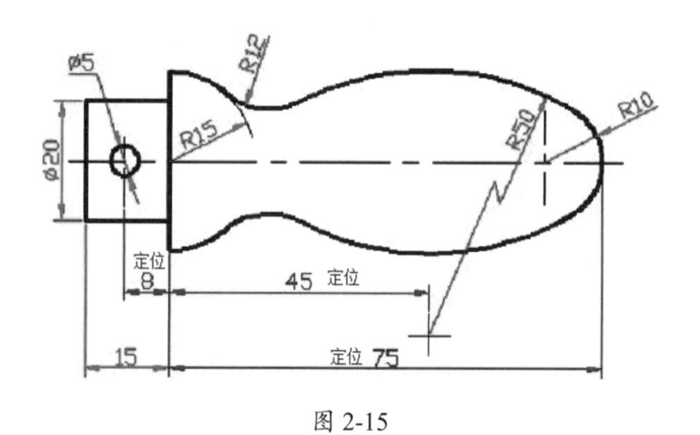


图 2-15

## 2.2 绘制与编辑草图曲线

在 SolidWorks 中，通常将草图曲线分为基本曲线和高级曲线。若只是利用草图曲线命令仅能绘制简单的草图图形，需要结合曲线编辑与修改命令才能得到复杂的草图图形。

### 2.2.1 绘制草图曲线

#### 1. 直线与中心线

在所有的图形实体中，直线或中心线是最基本的图形实体。

在“草图”选项卡中单击“直线”按钮，出现“插入线条”面板，同时鼠标指针由变为，如图 2-16 所示。

当选择一种直线方向并绘制直线起点后，属性管理器中出现“线条属性”面板，如图2-17所示。

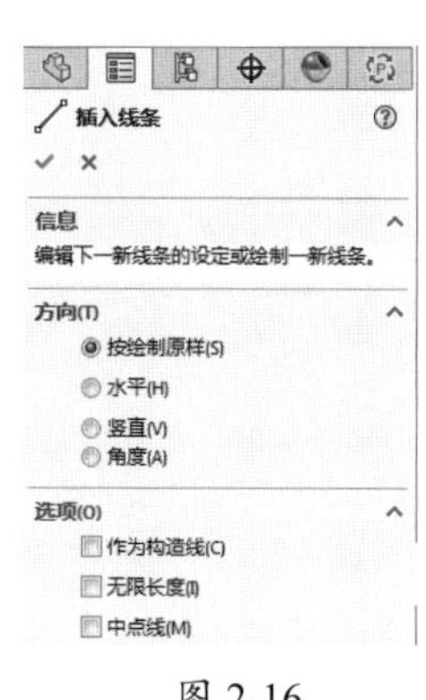


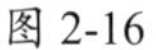

图 2-16

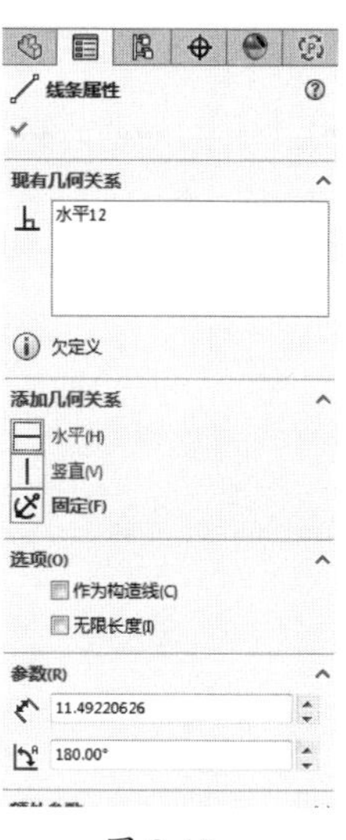


图 2-17

## 2. 圆与周边圆

在草图模式中，SolidWorks 提供了两种圆绘制工具——圆和周边圆。按绘制方法，圆可分为“中心圆”类型和“周边圆”类型。实际上“周边圆”工具就是“圆”工具中的一种圆绘制类型（周边圆）。

在“草图”选项卡中单击“圆”按钮，弹出“圆”面板，同时鼠标指针由变为。绘制圆后，“圆”面板变成如图 2-18 所示的选项设置样式。在“圆”面板中，包括两种圆的绘制类型——圆和周边圆。

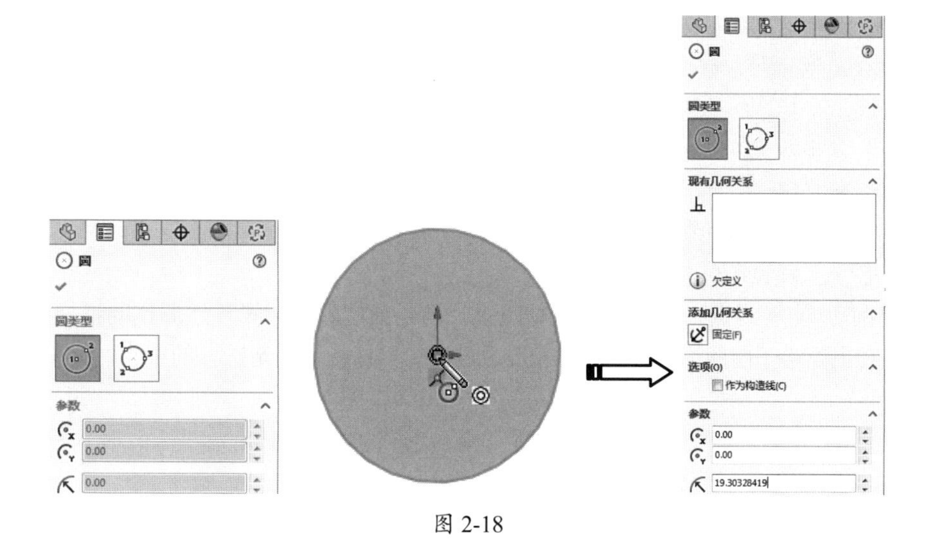


图 2-18

## 3. 圆弧

圆弧为圆上的一段弧，SolidWorks 提供了 3 种圆弧绘制方法——圆心 / 起 / 终点画弧、切线弧和 3 点圆弧。

在“草图”选项卡中单击“圆心 / 起 / 终点画弧”按钮，弹出“圆弧”面板，同时鼠标指针由变为，如图 2-19 所示。

图 2-19

在“圆弧”面板中，包括 3 种圆的绘制类型——圆心 / 起 / 终点画弧、切线弧和 3 点圆弧，具体介绍如下。

（1）圆心 / 起 / 终点画弧。

“圆心 / 起 / 终点画弧”类型是以圆心、起点和终点方式来绘制圆的。如果圆弧不受几何关系约束，可以在“参数”选项区中指定以下参数。

- X 坐标置：圆心在 *X* 轴坐标上的参数值。
- Y 坐标置：圆心在 *Y* 轴坐标上的参数值。
- 开始 X 坐标：起点在 *X* 轴坐标上的参数值。
- 开始 Y 坐标：起点在 *Y* 轴坐标上的参数值。
- 结束 X 坐标：终点在 *X* 轴坐标上的参数值。
- 结束 Y 坐标：终点在 *Y* 轴坐标上的参数值。
- 半径：圆的半径值，可以更改此值。
- 角度：圆弧所包含的角度。

选择“圆心 / 起 / 终点画弧”类型绘制圆弧，首先指定圆心位置，然后拖动鼠标指针指定圆弧起点（同时也确定了圆的半径），指定起点后再拖动鼠标指针指定圆弧的终点，如图 2-20 所示。

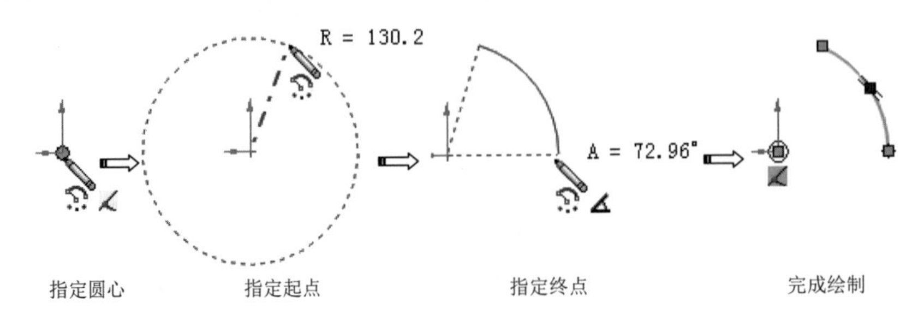


图 2-20

## 技术要点

在绘制圆弧的面板还没有关闭的情况下，是不能使用鼠标指针来修改圆弧的。若要使用鼠标指针修改圆弧，必须先关闭面板，再编辑圆弧。

（2）切线弧。

切线弧是与直线、圆弧、椭圆或样条曲线相切的圆弧。“切线弧”类型的选项与“圆心 / 起 / 终点画弧”类型的选项相同。

绘制切线弧的过程是：首先在直线、圆弧、椭圆或样条曲线的终点上单击，以指定圆弧起点，接着拖动鼠标指针指定相切圆弧的终点，释放鼠标后完成一段切线弧的绘制，如图 2-21 所示。

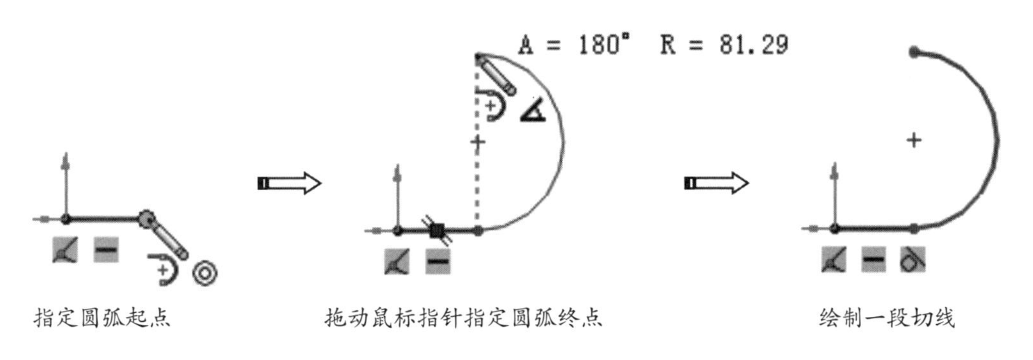


图 2-21

## 技术要点

“切线弧”命令不能单独使用。在绘制切线弧之前，必须先绘制参照曲线，如直线、圆弧、椭圆或样条曲线，否则会弹出警告提示对话框，如图2-22所示。

当绘制第一段切线弧后，圆弧命令仍然处于激活状态。若需要创建多段相切圆弧，在没有中断绘制切线弧的情况下继续绘制第 2 段、第 3 段…切线弧，此时可以按 Esc 键、双击或右击，在弹出的快捷菜单中选择“选择”选项，以结束切线弧的绘制。如图 2-23 所示为按实际需要绘制的多段切线弧。

图 2-22　　图 2-23

（3）3 点圆弧。

“3 点圆弧”类型是以指定圆弧的起点、终点和中点的绘制方法。“3 点圆弧”类型也具有与“圆心 / 起 / 终点画弧”类型相同的选项。

绘制 3 点圆弧的过程是：首先指定圆弧起点，接着拖动鼠标指针指定相切圆弧的终点，最后拖动鼠标指针指定圆弧中点，如图 2-24 所示。

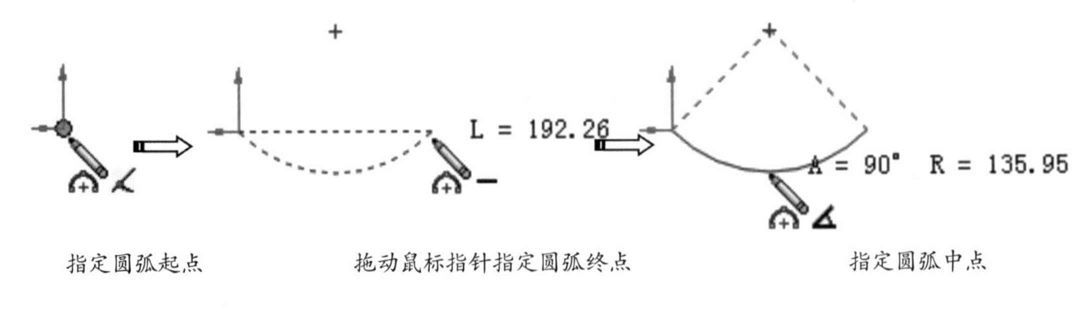


图 2-24

## 4. 椭圆与部分椭圆

椭圆或椭圆弧是由两个轴和一个中心点定义的，椭圆的形状和位置由 3 个因素决定——中心点、长轴、短轴。椭圆轴决定了椭圆的方向，中心点决定了椭圆的位置。

（1）椭圆。

在“草图”选项卡中单击“椭圆”按钮，指针由变成。

在图形区指定一点作为椭圆中心点，属性管理器中出现灰显的“椭圆”面板（相关选项不可用），直至在图形区依次指定长轴端点和短轴端点完成椭圆的绘制后，“椭圆”面板才亮显（变为可用），如图 2-25 所示。

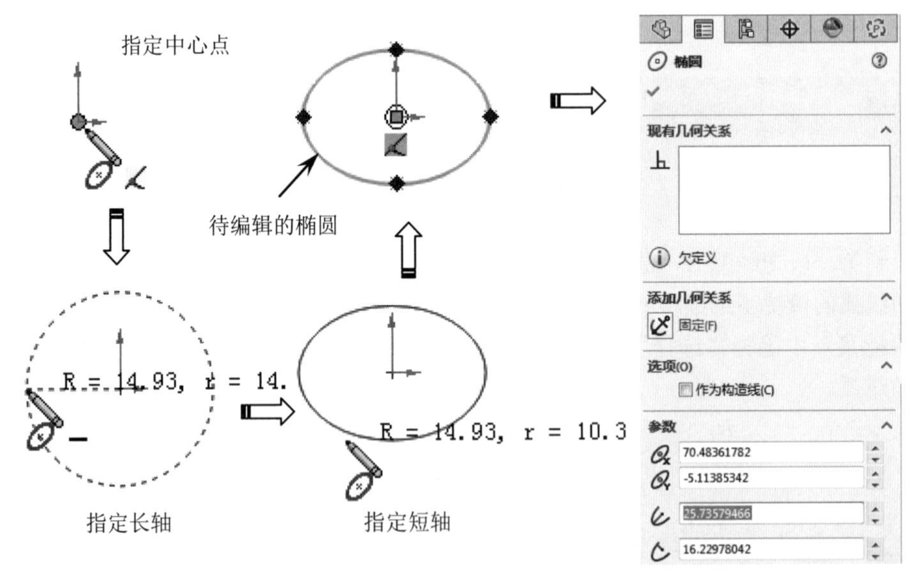


图 2-25

（2）部分椭圆。

与绘制椭圆的过程类似，部分椭圆不但要指定中心点、长轴端点和短轴端点，还需要指定椭圆弧的起点和终点。“部分椭圆”的绘制方法与“圆心 / 起 / 终点画弧”相同。

在“草图”选项卡中单击“部分椭圆”按钮，指针由变成。在图形区指定一点作为椭圆中心点，属性管理器中出现灰显的“椭圆”面板，直至在图形区依次指定长轴端点、短轴端点、椭圆弧起点和终点，并完成椭圆弧的绘制后，属性管理器才亮显“椭圆”面板，如图 2-26 所示。

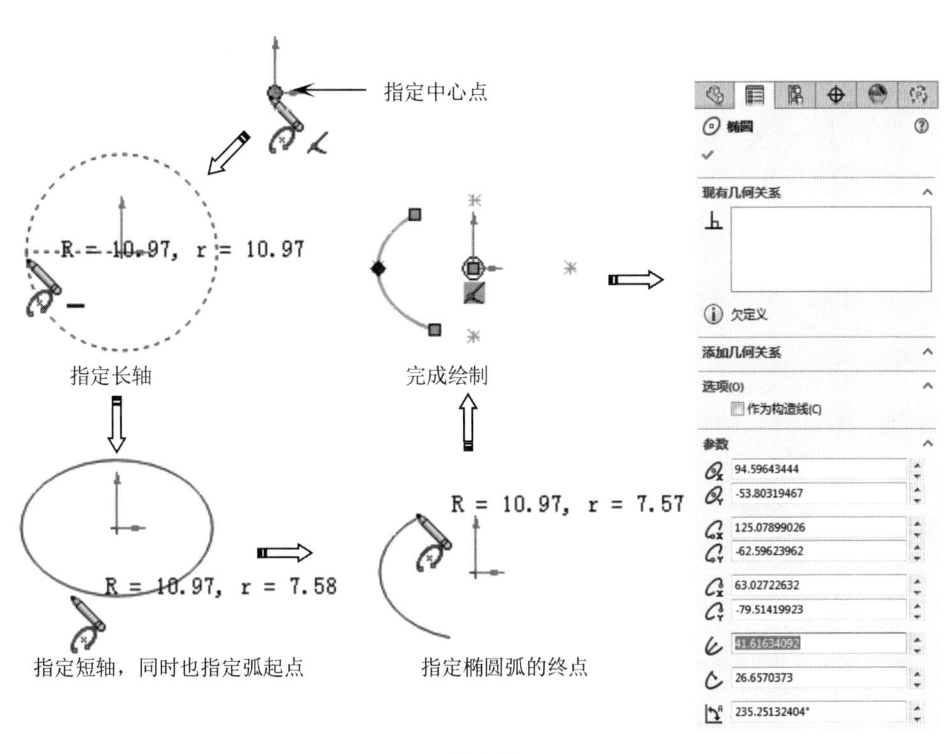


图 2-26

## 技术要点

在指定椭圆弧的起点和终点时，无论鼠标指针是否在椭圆轨迹上，都将产生弧的起点与终点。这是因为起点和终点是按中心点至鼠标指针的连线与椭圆相交而产生的，如图2-27所示。

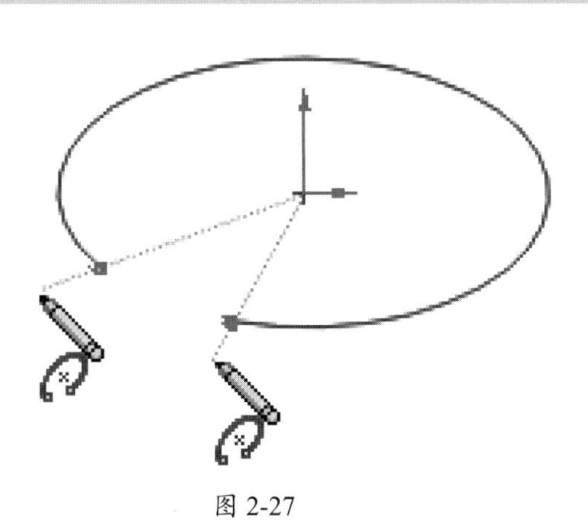

图 2-27

### 5．矩形

SolidWorks 提供了 5 种矩形绘制方法，包括边角矩形、中心矩形、3 点边角矩形、3 点中心矩形和平行四边形。

在“草图”选项卡中单击“矩形”按钮，指针由变成。此时，弹出的“矩形”面板和“参数”选项区灰显，当绘制矩形后面板完全亮显，如图 2-28 所示。

通过“矩形”面板可以为绘制的矩形添加几何关系，“添加几何关系”选项区如图 2-29 所示。还可以通过参数设置对矩形进行重定义，“参数”选项区如图 2-30 所示。

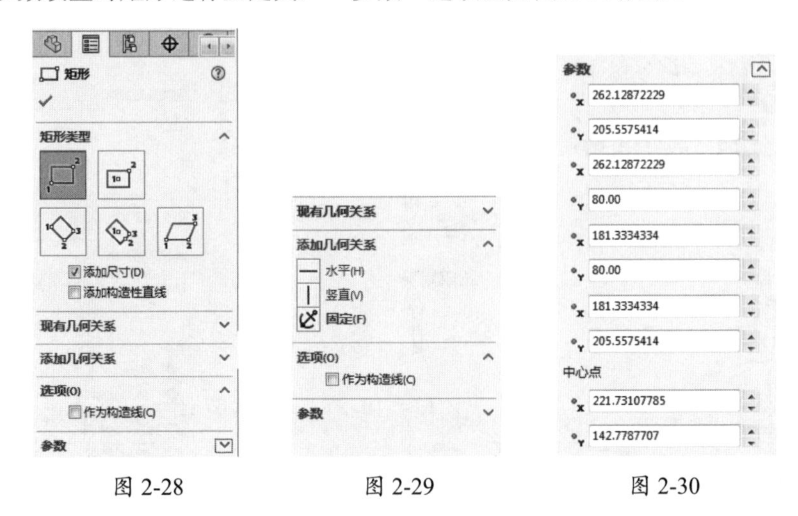


图 2-28　　图 2-29　　图 2-30

在“矩形”面板的“矩形类型”选项区中包含 5 种矩形绘制类型，见表 2-1。

**表 2-1　5 种矩形的绘制类型**

| 类型 | 图解 | 说明 |
| --- | --- | --- |
| 边角矩形 | | “边角矩形”类型需要指定矩形对角点来绘制标准矩形。在图形区指定一点放置矩形的第一个角点，拖动鼠标指针使矩形的大小和形状正确时单击，以指定第二个角点，完成边角矩形的绘制 |
| 中心矩形 | | “中心矩形”类型是以指定中心点与一个角点的方法来绘制矩形的。在图形区指定一点放置矩形中心点，拖动鼠标指针使矩形的大小和形状正确时单击，以指定矩形的一个角点，完成边角矩形的绘制 |
| 3 点边角矩形 | | “3 点边角矩形”类型是以 3 个角点来确定矩形的方式。其绘制过程是，在图形区指定一点作为第一个角点，拖动鼠标指针指定第二个角点，再拖动鼠标指针指定第三个角点，指定 3 个角点后立即生成矩形 |
| 3 点中心矩形 | | “3 点中心矩形”类型是以所选的角度绘制带有中心点的矩形。其绘制过程是，在图形区指定一点作为中心点，拖动鼠标指针在矩形平分线上指定中点，然后拖动鼠标指针，以一定角度指定矩形角点 |
| 平行四边形 | | “平行四边形”类型是以指定 3 个角度的方法绘制 4 条边两两平行且相互不垂直的平行四边形。平行四边形的绘制过程是，首先在图形区指定一点作为第一个角点，拖动鼠标指针指定第二个角点，然后再拖动鼠标指针以一定角度指定第三个角点，完成绘制 |

### 6. 槽口曲线

槽口曲线工具用来绘制机械零件中键槽特征的草图。

在“草图”选项卡中单击“直槽口”按钮，鼠标指针由变成，且弹出“槽口”面板，如图 2-31 所示。

“槽口”面板中提供了 4 种槽口类型：“直槽口”“中心点槽口”“3 点圆弧槽口”和“中心点圆弧槽口”。

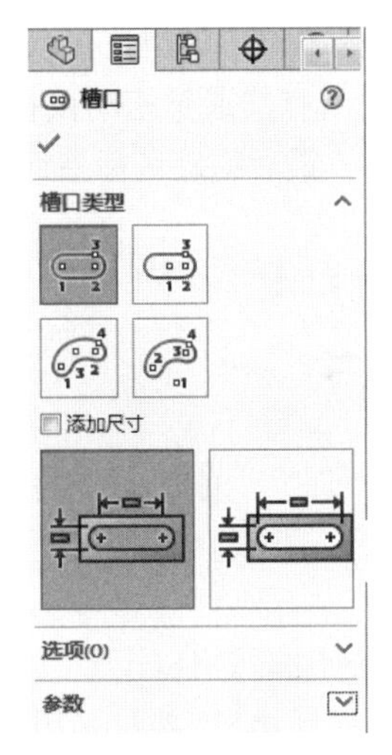


图 2-31

（1）直槽口。

“直槽口”类型是以两个端点来绘制槽的，绘制过程如图 2-32 所示。

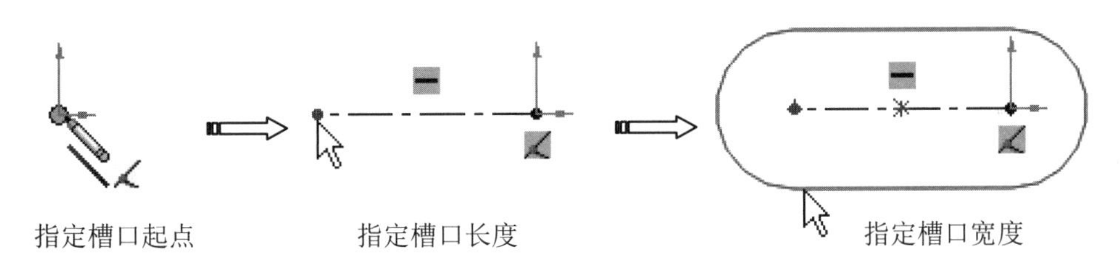


图 2-32

（2）中心点槽口。

“中心点槽口”类型是以中心点和槽口的一个端点来绘制槽的。绘制方法是，在图形区中指定作为槽口的中心点，然后拖动鼠标指针指定槽口的另一端点，在指定端点后再拖动鼠标指针指定槽口宽度，如图 2-33 所示。

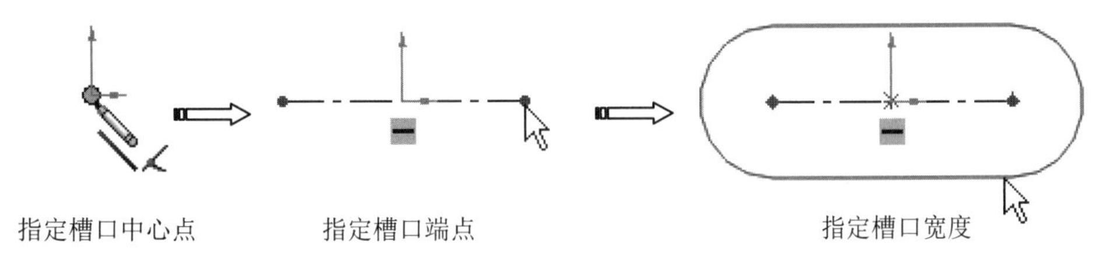


图 2-33

**技术要点**

在指定槽口宽度时，指针无须在槽口曲线上，也可以是离槽口曲线很远的位置（只要是在宽度水平延伸线上即可）。

（3）3 点圆弧槽口。

“3 点圆弧槽口”类型是在圆弧上用 3 个点绘制圆弧槽口的。其绘制方法是，在图形区单击以指定圆弧的起点，通过拖动鼠标指针指定圆弧的终点并单击，接着拖动鼠标指针指定圆弧的第三点再单击，最后拖动鼠标指针指定槽口宽度，如图 2-34 所示。

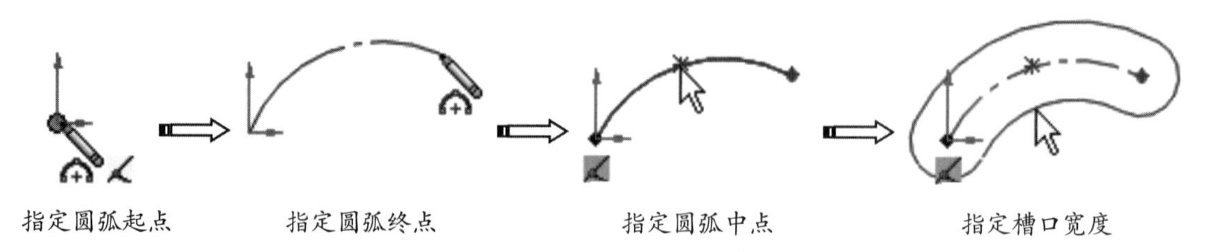


图 2-34

（4）中心点圆弧槽口。

“中心点圆弧槽口”类型是用圆弧半径的中心点和两个端点绘制圆弧槽口的。其绘制方法是，在图形区单击以指定圆弧的中心点，通过拖动鼠标指针指定圆弧的半径和起点，接着拖动鼠标指针指定槽口长度并单击，再拖动鼠标指针指定槽口宽度并单击，以生成槽口，如图 2-35 所示。

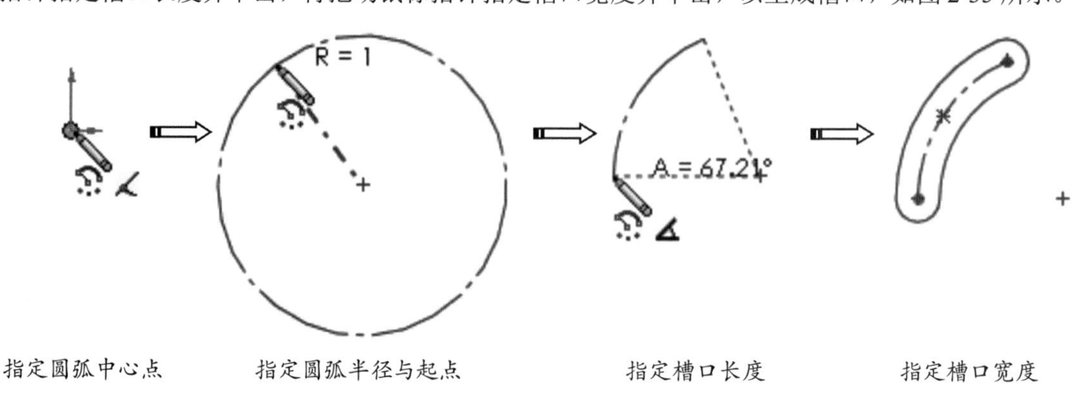


图 2-35

## 7. 多边形

在“草图”选项卡中的“多边形”工具，是用来绘制圆的内切或外接正多边形的，边数为 3 ～ 40。

在“草图”选项卡中单击“多边形”按钮，鼠标指针由变成，且弹出“多边形”面板，如图 2-36 所示。

图 2-36

绘制多边形需要指定 3 个参数——中点、圆直径和角度。例如，要绘制一个正三角形，首先在图形区指定正三角形的中点，然后拖动鼠标指针指定圆的直径，并旋转正三角形使其符合要求，如图 2-37 所示。

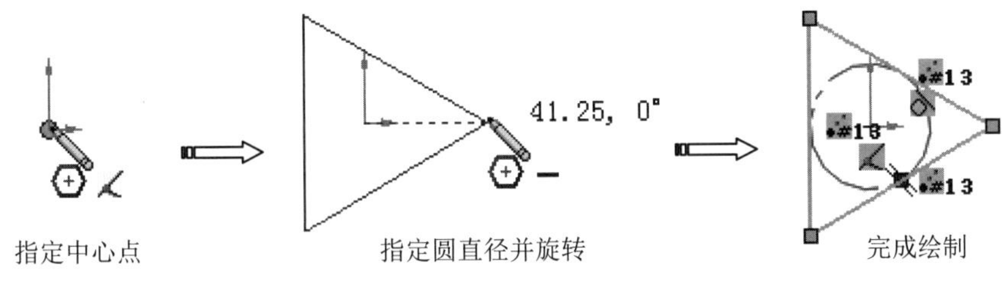


图 2-37

## 8. 绘制圆角曲线

绘制圆角曲线工具在两个草图曲线的交叉处裁掉角部，从而生成一个切线弧。该工具在 2D 和 3D 草图中均可使用。

在“草图”选项卡中单击“绘制圆角”按钮，显示“绘制圆角”面板，如图 2-38 所示。

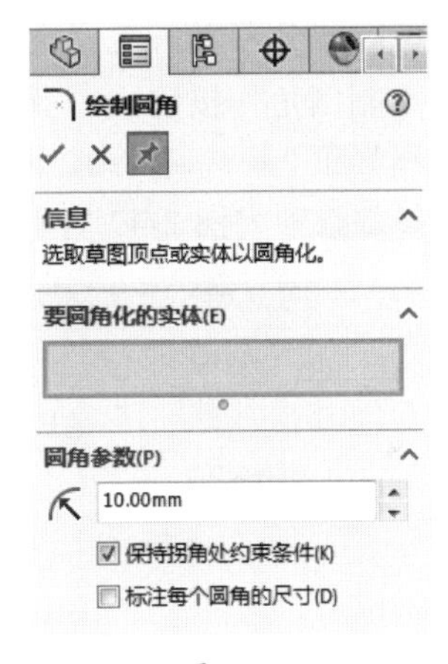


图 2-38

“绘制圆角”面板中主要选项含义如下。

- 要圆角化的实体：当选取一个草图实体时，它会出现在该列表中。
- 圆角参数：利用输入值控制圆角半径。
- 保持拐角处约束条件：如果顶点具有尺寸或几何关系，将保留虚拟角点。如果取消选中该复选框，且顶点具有尺寸或几何关系，将会询问是否要在生成圆角时删除这些几何关系。
- 标注每个圆角的尺寸：将尺寸添加到每个圆角，当取消选中该复选框时，在圆角之间添加相等几何关系。

**技术要点**

具有相同半径的连续圆角不会单独标注尺寸，它们自动与该系列中的第一个圆角具有相等几何关系。

要绘制圆角，需要先绘制要圆角处理的草图曲线。例如，要在矩形的一个顶点位置绘制圆角曲线，其鼠标指针选择的方法大致有两种：一种是选择矩形的两条边，如图 2-39 所示；另一种是选取矩形顶点，如图 2-40 所示。

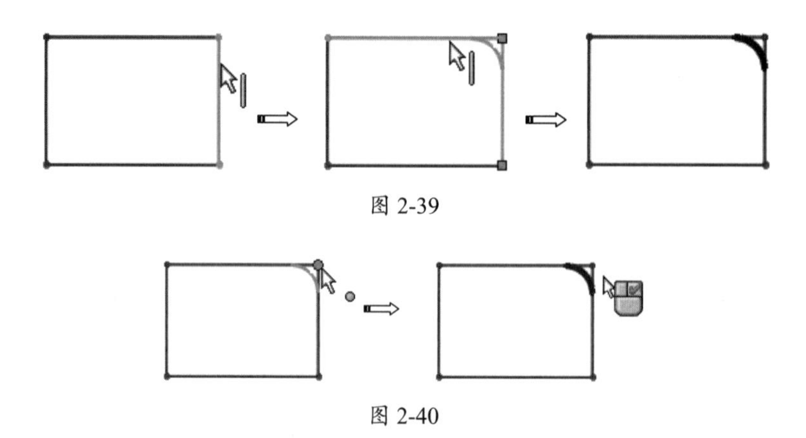

图 2-39

图 2-40

## 9. 绘制倒角

SolidWorks 提供了两种定义倒角参数的类型：角度距离、距离 - 距离。

单击“绘制倒角”按钮，弹出“绘制倒角”面板，该面板的“倒角参数”选项区中包括“角度距离”和“距离 - 距离”两个单选按钮。“角度距离”参数选项如图 2-41 所示；“距离 - 距离”参数选项如图 2-42 所示。

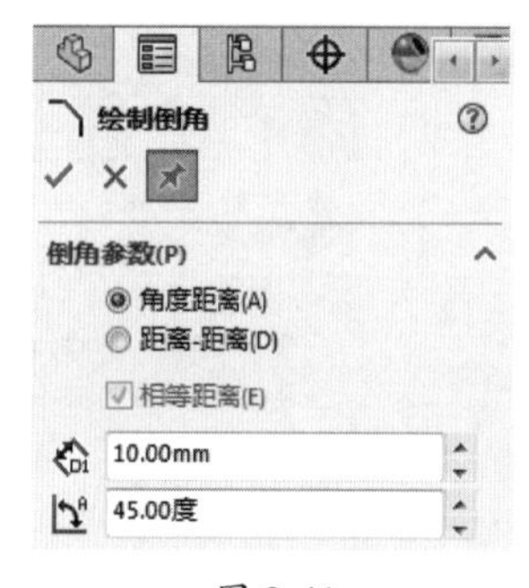


图 2-41

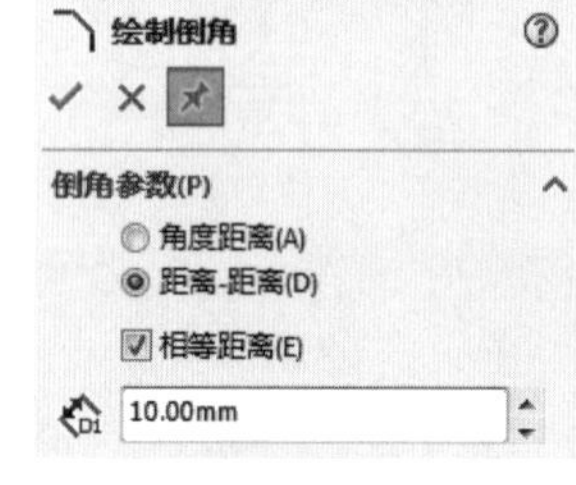


图 2-42

两种参数选项的主要含义如下。

- 角度距离：将按角度参数和距离参数定义倒角，如图 2-43（a）所示。
- 距离 - 距离：将按距离参数和距离参数定义倒角，如图 2-43（b）所示。
- 相等距离：将按相等的距离定义倒角，如图 2-43（c）所示。

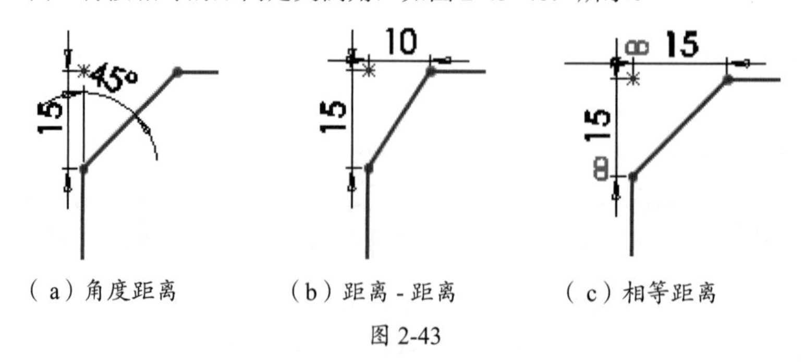


（a）角度距离　（b）距离 - 距离　（c）相等距离

图 2-43

- 距离 1：设置“角度距离”的距离参数。
- 方向 1 角度：设置“角度距离”的角度参数。

- 距离 1：设置“距离 - 距离”的距离 1 参数。
- 距离 2：设置“距离 - 距离”的距离 2 参数。

与绘制倒圆的方法相同，绘制倒角也可以通过选择边或选取顶点来完成。

**技术要点**

在为绘制倒角而选择边时，可以逐一选择，也可以按住Ctrl键连续选择。

### 10. 文字

使用“文字”工具在任何连续曲线或边线组上（包括零件面上由直线、圆弧或样条曲线组成的圆或轮廓）输入字，并且拉伸或剪切文字以创建实体特征。

单击“文字”按钮，弹出“草图文字”面板，如图 2-44 所示。

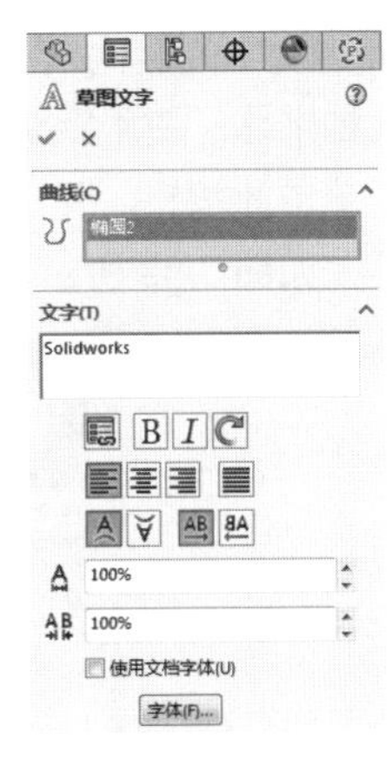


图 2-44

“草图文字”面板中主要选项含义如下。

- 曲线：选择边线、曲线、草图或草图段，所选对象的名称会显示在列表框中，文字沿所选对象排列。
- 文字：在“文字”文本框中输入文字，可以切换输入法输入中文。
- 链接到属性：将草图文字链接到自定义属性。
- 加粗、倾斜、旋转：将选中的文字加粗、倾斜、旋转，如图 2-45 所示。

默认文字

文字加粗

文字倾斜

文字旋转

图 2-45

- 左对齐、居中、右对齐、两端对齐：使文字沿参照对象左对齐、居中对齐、右对齐、两端对齐，如图 2-46 所示。

左对齐

居中对齐

右对齐

两端对齐

图 2-46

- 竖直反转 、水平反转 ：使文字沿参照对象竖直反转、水平反转，如图 2-47 所示。

图 2-47

- 宽度因子 ：文字宽度比例。仅当取消选中“使用文档字体”复选框时才可用。
- 间距 ：文字间距比例。仅当取消选中“使用文档字体”复选框时才可用。
- 使用文档字体：使用默认输入的字体。
- 字体：单击此按钮，弹出“选择字体”对话框，在该对话框中设置自定义的字体样式和大小等，如图 2-48 所示。

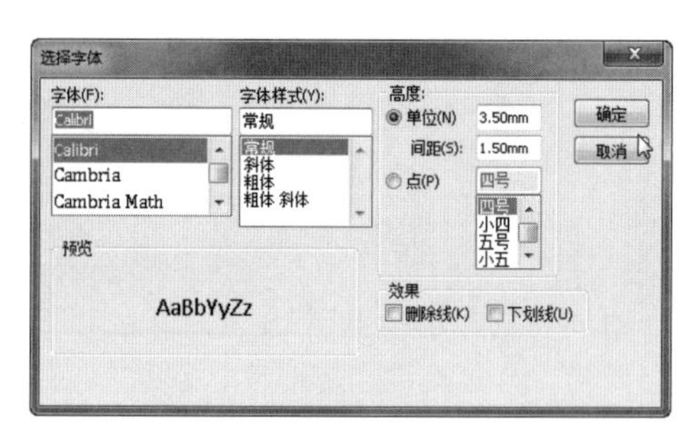


图 2-48

**技术要点**

文字对齐方式只能在有参照对象时可用，在没有选中任何参照且直接在图形区中绘制文字时，这些命令将灰显。

## 2.2.2 草图编辑与修改

在 SolidWorks 中，草图实体（这里主要是指草图曲线）的编辑与修改工具是用来对草图进行修剪、延伸、移动、缩放、偏移、镜像、阵列等操作和定义的工具，如图 2-49 所示。

图 2-49

### 1. 剪裁实体

“剪裁实体”工具用于剪裁或延伸草图曲线，该工具提供的多种剪裁类型适用于 2D 草图和 3D 草图。

单击“剪裁实体”按钮 ，弹出“剪裁”面板，如图 2-50 所示。在“剪裁”面板的“选项”选项区中包含 5 种剪裁类型：“强劲剪裁”“边角”“在内剪除”“在外剪除”和“剪裁到最近端”，其中“强劲剪裁”类型最为常用。

图 2-50

（1）“强劲剪裁”选项。

“强劲剪裁”选项用于大量曲线的修剪。修剪曲线时，无须逐一选取要修剪的对象，可以在图形区中单击并拖动鼠标指针，与鼠标指针画线相交的草图曲线将被自动修剪。

此修剪曲线的方法是最常用的一种快捷修剪方法。如图 2-51 所示为“强劲剪裁”草图曲线的操作过程示意图。

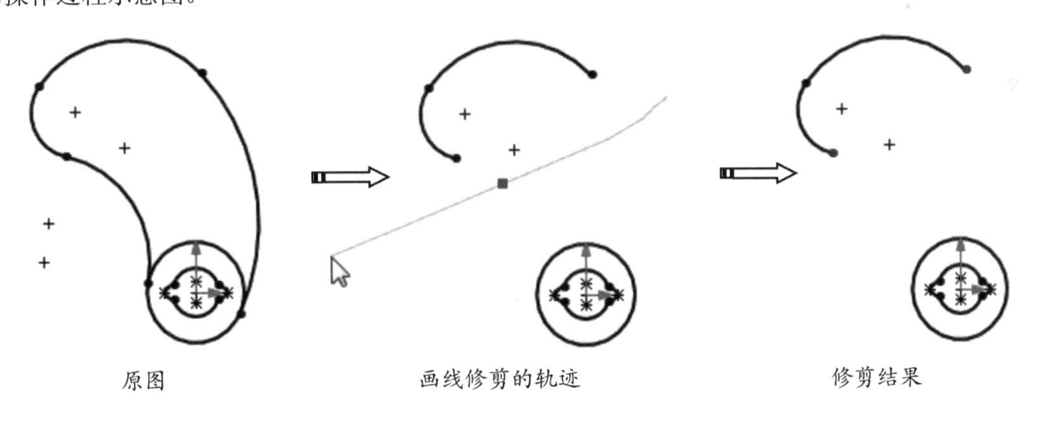


图 2-51

## 技术要点

此方法没有局限性，可以修剪任何形式的草图曲线，只能画线修剪，不能单击修剪，是目前应用最广泛的曲线剪裁方法。

（2）“边角”选项。

“边角”选项主要用于修剪相交曲线并需要指定保留部分。选取曲线的位置就是保留的区域，如图 2-52 所示。方法是：先选择交叉曲线一，再选择交叉曲线二。

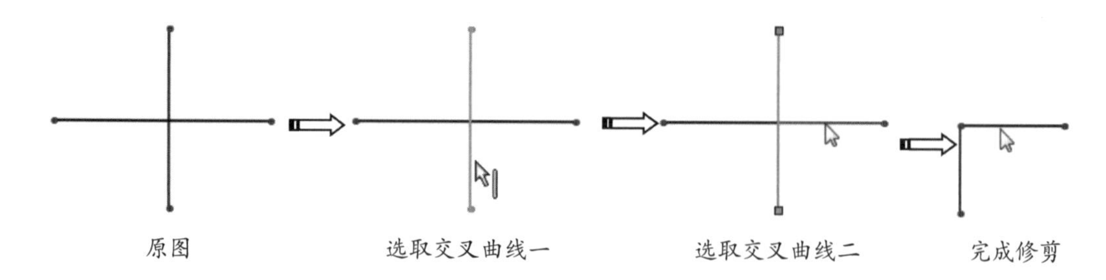


图 2-52

（3）“在内剪除”选项。

“在内剪除”选项是选择两条边界曲线或一个面，然后选择要修剪的曲线，修剪的部分为边界曲线内，操作过程如图 2-53 所示。

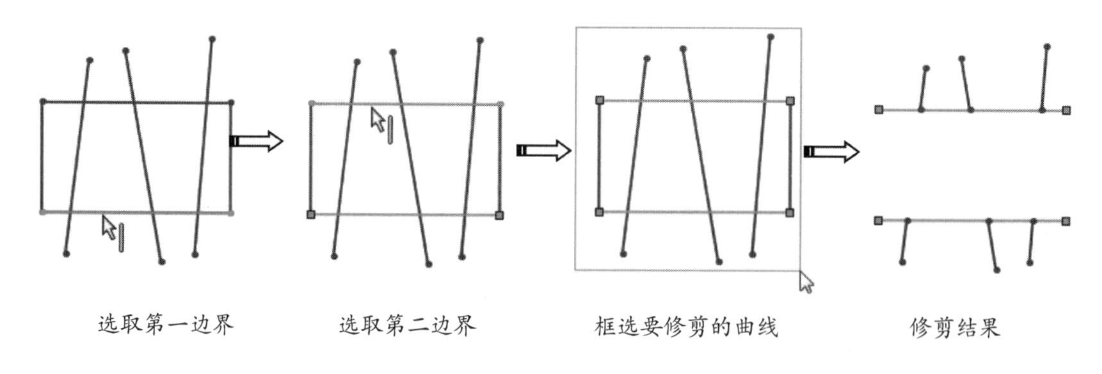


图 2-53

（4）“在外剪除”选项。

“在外剪除”选项与“在内剪除”选项修剪的结果正好相反，操作过程如图 2-54 所示。

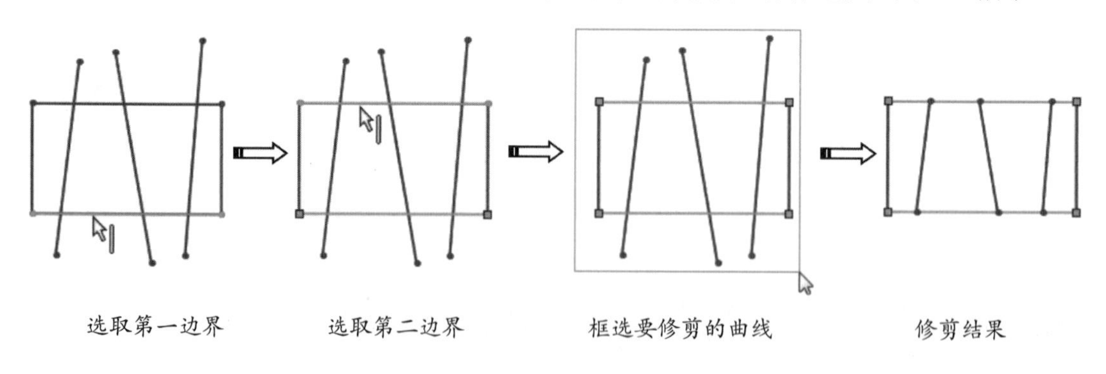


图 2-54

（5）“剪裁到最近端”选项。

“剪裁到最近端”选项也是一种快速修剪曲线的方法，操作过程如图 2-55 所示。

**技术要点**

此方法是剪裁选取的曲线，与“强劲剪裁”的剪裁方法不同，“剪裁到最近端”是单击剪裁，一次仅修剪一条曲线，“强劲剪裁”是画线剪裁。

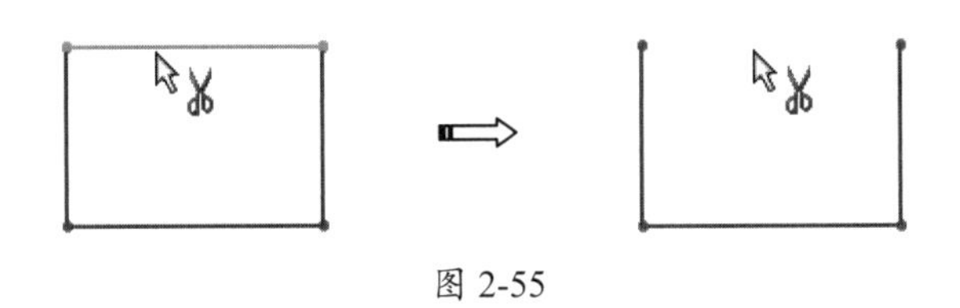

图 2-55

## 2. 延伸实体

使用“延伸实体”工具可以增加草图曲线（直线、中心线或圆弧）的长度，使要延伸的草图曲线延伸至与另一草图曲线并相交。

单击“延伸实体”按钮，鼠标指针由变为。在图形区将鼠标指针靠近要延伸的曲线，随后将显示红色的延伸曲线预览，单击曲线将完成延伸操作，如图 2-56 所示。

图 2-56

**技术要点**

若要将曲线延伸至多条曲线，第一次单击要延伸的曲线可以将其延伸至第一条相交曲线，再单击可以延伸至第二条相交曲线。

## 3. 等距实体

“等距实体”工具可以将一个或多个草图曲线、所选模型边线或模型面按指定距离值等距离偏移、复制。

单击“等距实体”按钮，弹出“等距实体”面板，如图 2-57 所示。

“等距实体”面板的“参数”选项区中主要选项含义如下。

- 等距距离：设定数值以特定距离来等距草图曲线。
- 添加尺寸：选中此复选框，等距曲线后将显示尺寸约束。
- 反向：选中此复选框，将反转偏距方向。当选中“双向”复选框时，此复选框不可用。
- 选择链：选中此复选框，将自动选择曲线链作为等距对象。
- 双向：选中此复选框，双向生成等距曲线。
- “构造几何体”：选中“基本几何体”复选框或“偏移几何体”复选框，等距曲线将变成构造曲线，如图 2-58 所示。
- 顶端加盖：为“双向”的等距曲线生成封闭端曲线，包括“圆弧”和“直线”两种封闭形式，如图 2-59 所示。

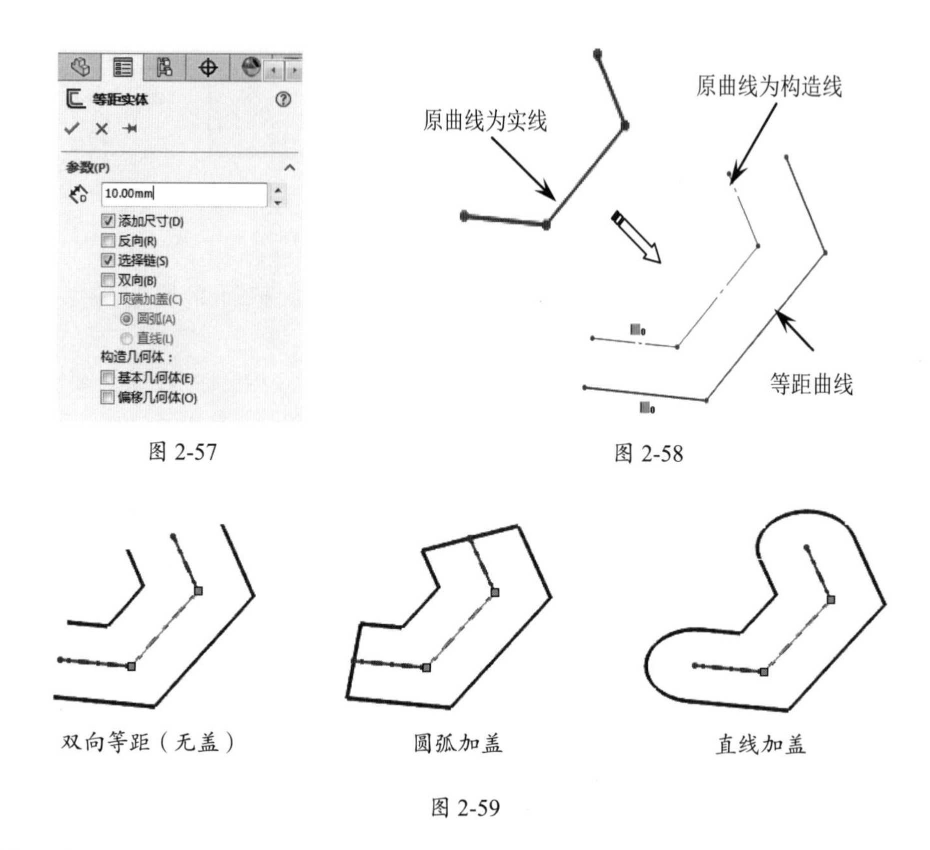

图 2-57

图 2-58

双向等距（无盖）　　圆弧加盖　　直线加盖

图 2-59

## 4. 镜像 * 实体

“镜像实体”工具是以直线、中心线、模型实体边及线性工程图边线作为对称中心来镜像复制曲线的。在“草图”选项卡中单击“镜像实体”按钮，弹出“镜像”面板，如图 2-60 所示。

“镜像”面板的“选项”选项区中主要选项含义如下。

- 要镜像的实体：将选择的要镜像的草图曲线对象列于列表框中。
- 复制：选中此复选框，镜像曲线后仍保留原曲线。反之，将不保留原曲线，如图 2-61 所示。

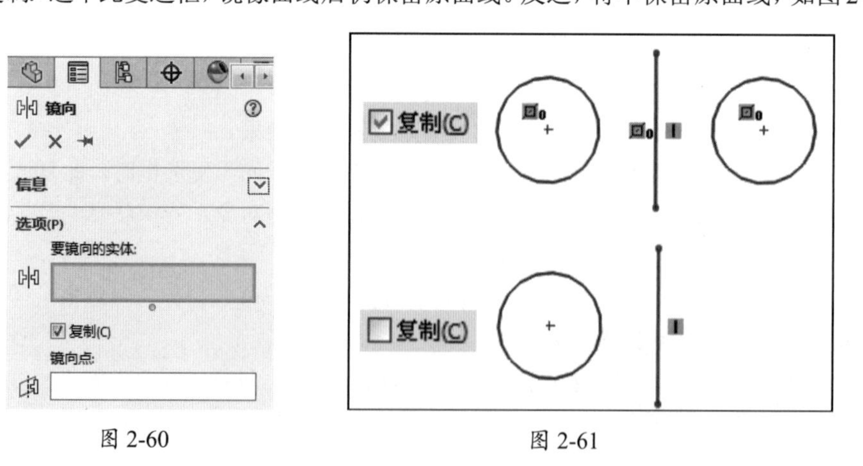

图 2-60

图 2-61

*：镜像一词本软件错误翻译为镜向，软件界面图为了与读者的计算机屏幕显示保持一致，故不进行修改，正文一律修改为镜像，特此说明。

- 镜像点：选择镜像中心线。

要绘制镜像曲线，先选择要镜像的对象曲线，然后选择镜像中心线（选择镜像中心线时必须激活“镜像点”列表框），最后单击“镜像”面板中的“确定”按钮，完成镜像操作，如图 2-62 所示。

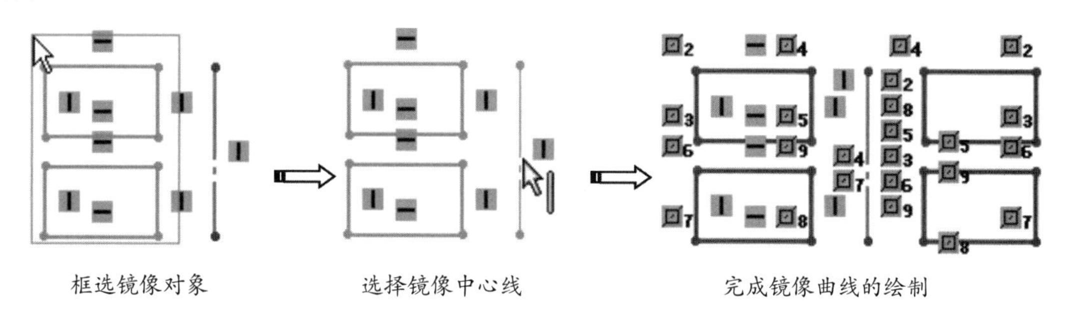


图 2-62

## 5. 移动、复制实体

“移动实体”是将草图曲线在基准面内按指定方向进行平移操作；“复制实体”是将草图曲线在基准面内按指定方向进行平移的，但要生成对象副本。

在“草图”选项卡中单击“移动实体”按钮或“复制实体”按钮后，弹出“移动”面板，如图 2-63 所示，或者“复制”面板，如图 2-64 所示。

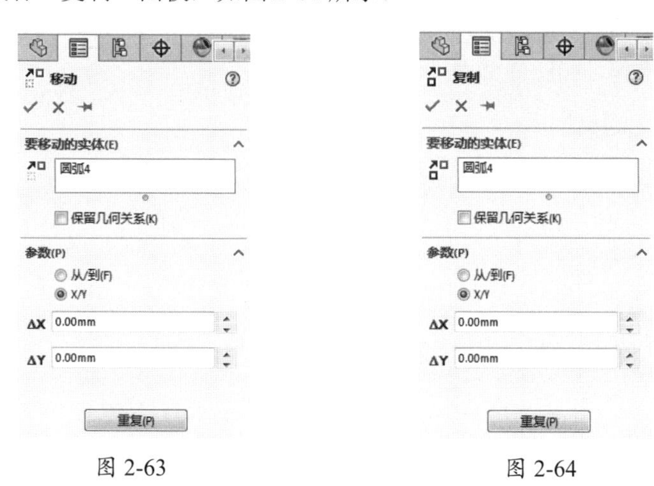


图 2-63　　　　图 2-64

“移动实体”工具的应用示例如图 2-65 所示。

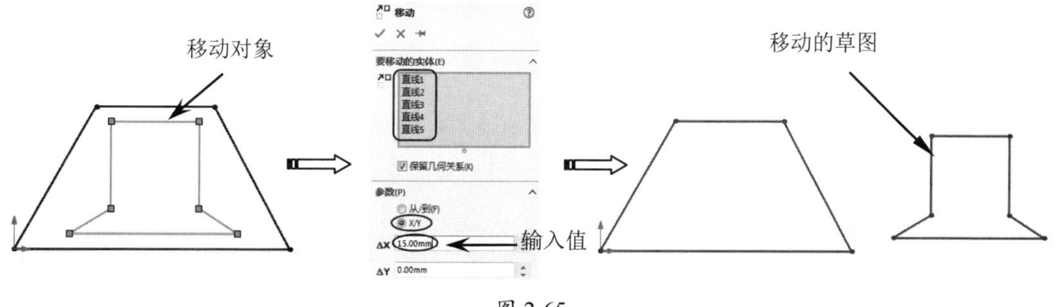


图 2-65

“复制实体”工具的应用示例如图 2-66 所示。

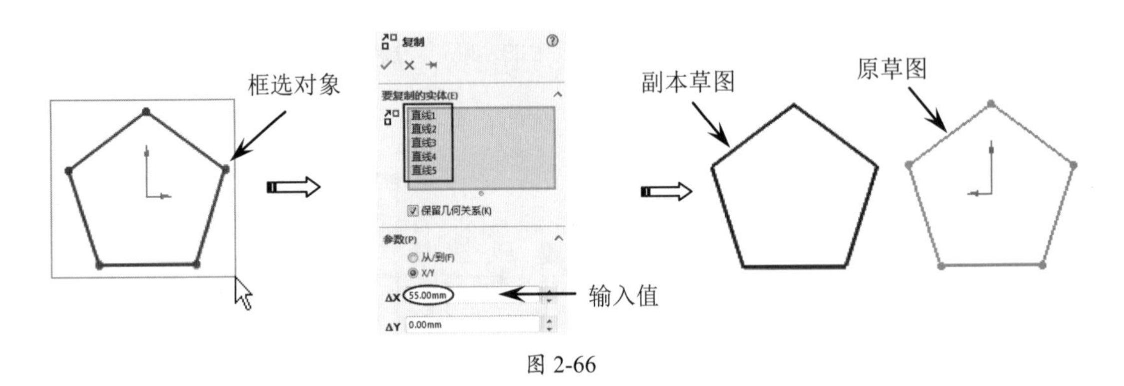


图 2-66

## 技术要点

“移动”和“复制”操作将不生成几何关系。若想生成几何关系，则可以使用“添加几何关系”工具为其添加新的几何关系。

### 6. 旋转实体

使用“旋转实体”工具可以将选择的草图曲线绕旋转中心进行旋转，但不生成副本。在“草图”选项卡中单击“旋转实体”按钮，弹出“旋转”面板，如图 2-67 所示。

通过“旋转”面板，选取要旋转的曲线并指定旋转中心点及旋转角度后，单击“确定”按钮，完成旋转实体操作，如图 2-68 所示。

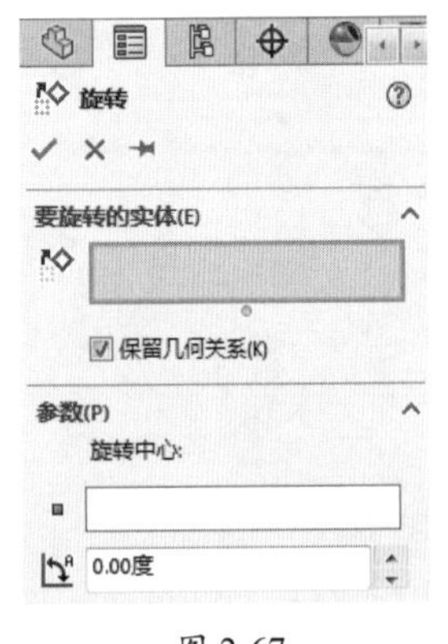


图 2-67

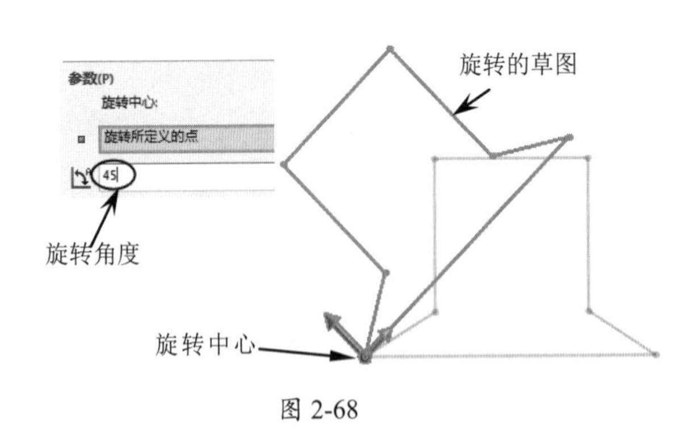


图 2-68

### 7. 缩放实体比例

“缩放实体比例”是指将草图曲线按设定的比例因子进行缩小或放大。“缩放实体比例”工具可以生成对象的副本。

在“草图”选项卡中单击“缩放实体比例”按钮，弹出“比例”面板，如图 2-69 所示。通过该面板，选择要缩放的对象，并为缩放操作指定基准点，再设定比例因子，即可对参考对象进行缩放，如图 2-70 所示。

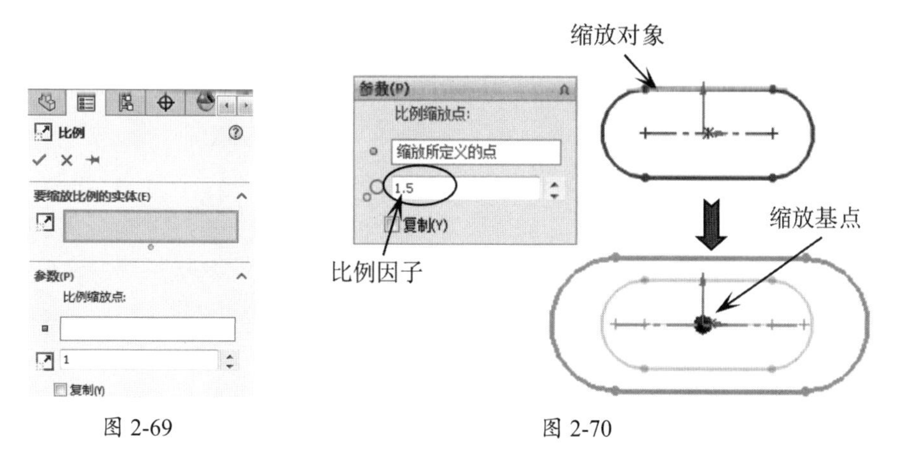


图 2-69　　　　图 2-70

## 8. 伸展实体

“伸展实体”是指将草图中选定的部分曲线按指定的距离进行延伸，使其整个草图被伸展。

单击“伸展实体”按钮，弹出“伸展”面板，如图 2-71 所示。通过该面板，在图形区选择要伸展的对象，并设定伸展距离，即可伸展选定的对象，如图 2-72 所示。

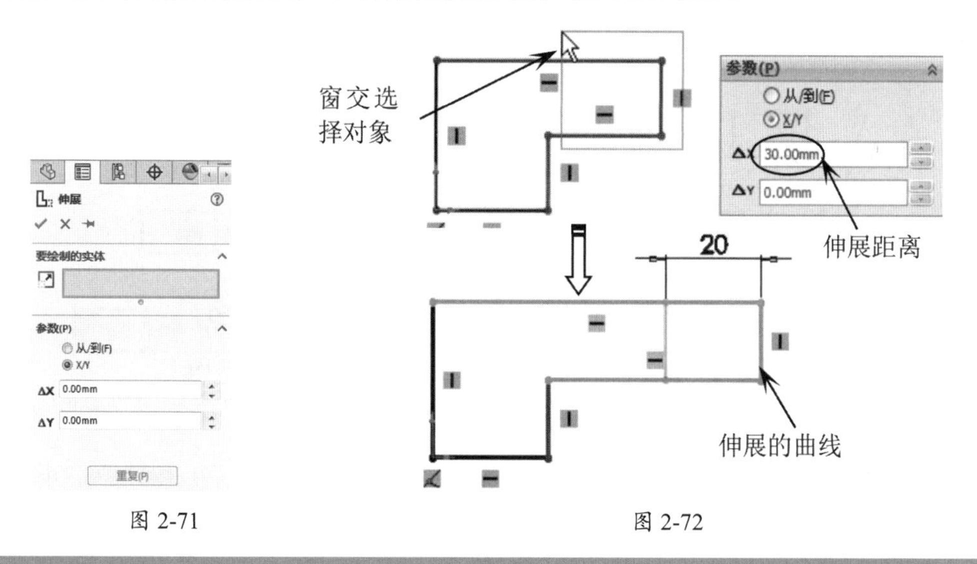


图 2-71　　　　图 2-72

**技术要点**

若选择草图中所有的曲线进行伸展，最终结果是对象没有被伸展，而仅按指定的距离进行平移。

## 9. 草图实体的阵列

对象的阵列是一个对象复制过程，阵列的方式包括圆形阵列和矩形阵列，它可以在圆形或矩形阵列上创建多个副本。

在“草图”选项卡中单击“线性草图阵列”按钮，属性管理器中将显示“线性阵列”面板，如图 2-73 所示；单击“圆周草图阵列”按钮后，鼠标指针由变为，属性管理器中将显示“圆周阵列”面板，如图 2-74 所示。

图 2-73

图 2-74

（1）线性草图阵列。

使用“线性阵列”工具进行线性阵列的操作，如图 2-75 所示。

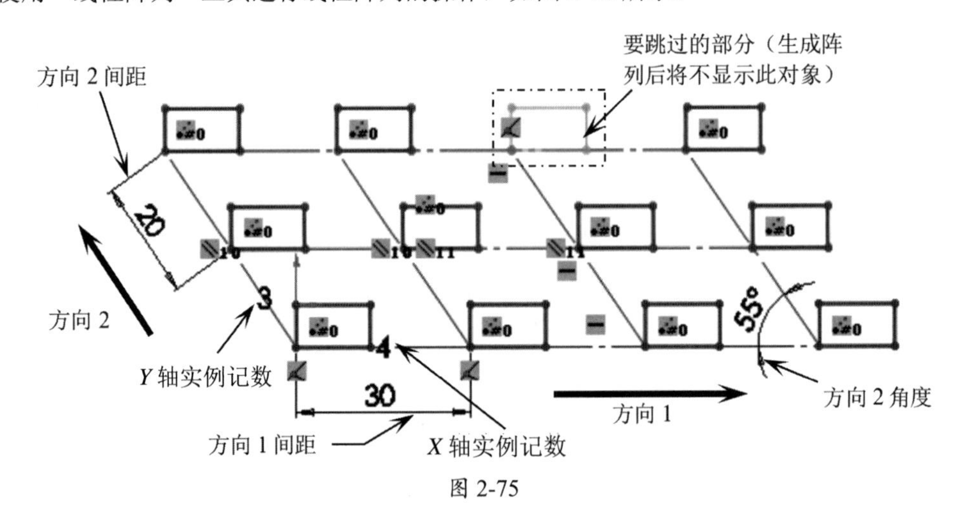


图 2-75

（2）圆周草图阵列。

使用“圆周阵列”工具进行圆周阵列的操作，如图 2-76 所示。

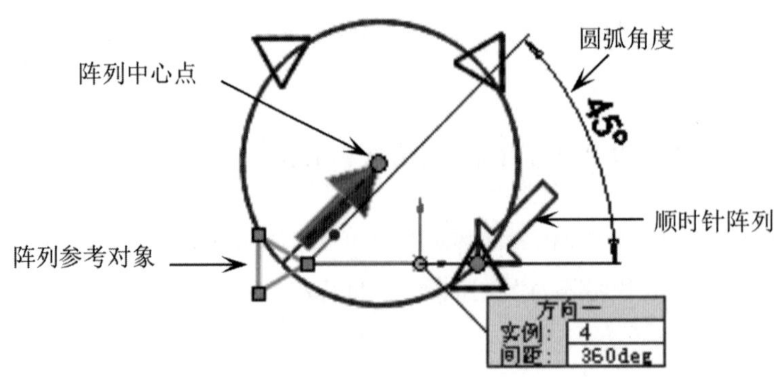


图 2-76

# 2.3 草图约束

一个完全定义的草图包括齐全的尺寸约束和几何约束。草图中允许“欠定义”，但不能“过定义”。

## 2.3.1 几何关系约束

草图几何关系约束为草图实体之间或草图实体与基准面、基准轴、边线或顶点之间的几何约束，可以自动或手动添加几何关系。在 SolidWorks 的 2D 和 3D 草图中，草图曲线和模型几何体之间的几何关系是设计意图中重要的创建手段。

### 1. 几何约束类型

几何约束其实也是草图捕捉的一种特殊方式，几何约束类型包括推理和添加类型。表 2-2 列出了 SolidWorks 草图模式中所有的几何关系。

表 2-2　草图几何关系

| 几何关系 | 类型 | 说明 | 图解 |
|---|---|---|---|
| 水平 | 推理 | 绘制水平线 | |
| 垂直 | 推理 | 按垂直于第一条直线的方向绘制第二条直线。草图工具处于激活状态，因此草图捕捉中点显示在直线上 | |
| 平行 | 推理 | 按平行几何关系绘制两条直线 | |
| 水平和相切 | 推理 | 添加切线弧到水平线 | |
| 水平和重合 | 推理 | 绘制第二个圆。草图工具处于激活状态，因此，草图捕捉的象限显示在第二个圆弧上 | |
| 竖直、水平、相交和相切 | 推理和添加 | 按中心推理到草图原点绘制圆（竖直），水平线与圆的象限相交，添加相切几何关系 | |

续表

| 几何关系 | 类型 | 说明 | 图解 |
|---|---|---|---|
| 水平、竖直和相等 | 推理和添加 | 推理水平和竖直几何关系，添加相等几何关系 | 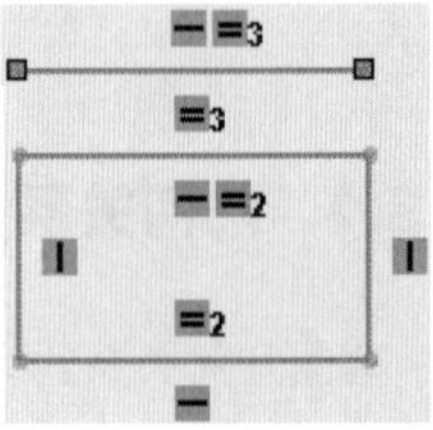 |
| 同心 | 添加 | 添加同心几何关系 | 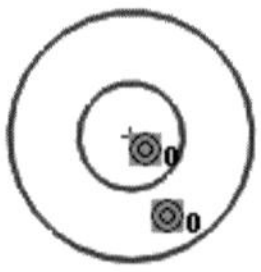 |

推理类型的几何约束，仅在绘制草图的过程中自动出现，而添加类型的几何约束则需要手动添加。

**技术要点**

推理类型的几何约束，仅选中“系统选项”对话框的“草图”选项区中的“自动几何关系”复选框的情况下才显示。

## 2. 添加几何关系

一般说来，在绘制草图的过程中，软件会自动添加其几何约束关系，但是当“自动添加几何关系”的选项（系统选项）未被设置时，就需要手动添加几何约束关系了。

在“草图”选项卡中单击“添加几何关系”按钮上，属性管理器中将显示“添加几何关系”面板，如图 2-77 所示。当选择要添加几何关系的草图曲线后，“添加几何关系”选项区将显示几何关系选项，如图 2-78 所示。

图 2-77

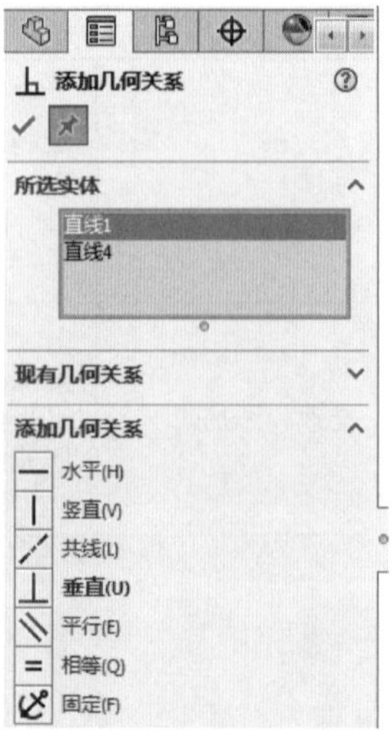

图 2-78

根据所选的草图曲线不同，则“添加几何关系”面板中的几何关系选项也会不同。表 2-3 说明了可以为几何关系选择的草图曲线以及所产生的几何关系的特点。

**表 2-3 选择草图曲线所产生的几何关系及特点**

| 几何关系 | 图标 | 要选择的草图 | 所产生的几何关系 |
|---|---|---|---|
| 水平或竖直 | | 一条或多条直线，以及两个或多个点 | 直线会变成水平或竖直线（由当前草图的空间定义），而点会水平或竖直对齐 |
| 共线 | | 两条或多条直线 | 项目位于同一条无限长的直线上 |
| 全等 | | 两个或多个圆弧 | 项目会共用相同的圆心和半径 |
| 垂直 | | 两条直线 | 两条直线相互垂直 |
| 平行 | | 两条或多条直线，3D 草图中一条直线和一个基准面 | 项目相互平行，直线平行于所选基准面 |
| 沿 X | | 3D 草图中一条直线和一个基准面（或平面） | 直线相对于所选基准面与 *YZ* 基准面平行 |
| 沿 Y | | 3D 草图中一条直线和一个基准面（或平面） | 直线相对于所选基准面与 *ZX* 基准面平行 |
| 沿 Z | | 3D 草图中一条直线和一个基准面（或平面） | 直线与所选基准面的面正交 |
| 相切 | | 一条圆弧、椭圆或样条曲线，以及一条直线或圆弧 | 两个项目保持相切 |
| 同轴心 | | 两个或多个圆弧，或者一个点和一个圆弧 | 圆弧共用同一个圆心 |
| 中点 | | 两条直线或一个点和一条直线 | 点保持位于线段的中点 |
| 交叉 | | 两条直线和一个点 | 点位于直线、圆弧或椭圆上 |
| 重合 | | 一个点和一条直线、圆弧或椭圆 | 点位于直线、圆弧或椭圆上 |
| 相等 | | 两条或多条直线，或者两个或多个圆弧 | 直线长度或圆弧半径保持相等 |
| 对称 | | 一条中心线和两个点、直线、圆弧或椭圆 | 项目保持与中心线相等距离，并位于一条与中心线垂直的直线上 |
| 固定 | | 任何实体 | 草图曲线的大小和位置被固定。然而，固定直线的端点可以自由地沿其下无限长的直线移动 |

## 2.3.2 草图尺寸约束

尺寸约束就是创建草图的尺寸约束，使草图满足设计要求并让草图固定。SolidWorks 尺寸约束共有 6 种，在“草图”选项卡就包含了这 6 种尺寸约束类型，如图 2-79 所示。

图 2-79

## 2.3.3 草图尺寸设置

在“草图”选项卡中单击“智能尺寸”按钮或其他尺寸约束按钮，可以在图形区为草图标注尺寸，标注尺寸后，在属性管理器中将显示“尺寸”面板。

**技术要点**

在标注尺寸的过程中，属性管理器将显示“线条属性”面板，通过该面板可以为草图曲线定义几何约束。

“尺寸”面板中包括 3 个选项卡：数值、引线和其他。“数值”选项卡的选项设置如图 2-80 所示；“引线”选项卡的选项设置如图 2-81 所示；“其它”选项卡的选项设置如图 2-82 所示。

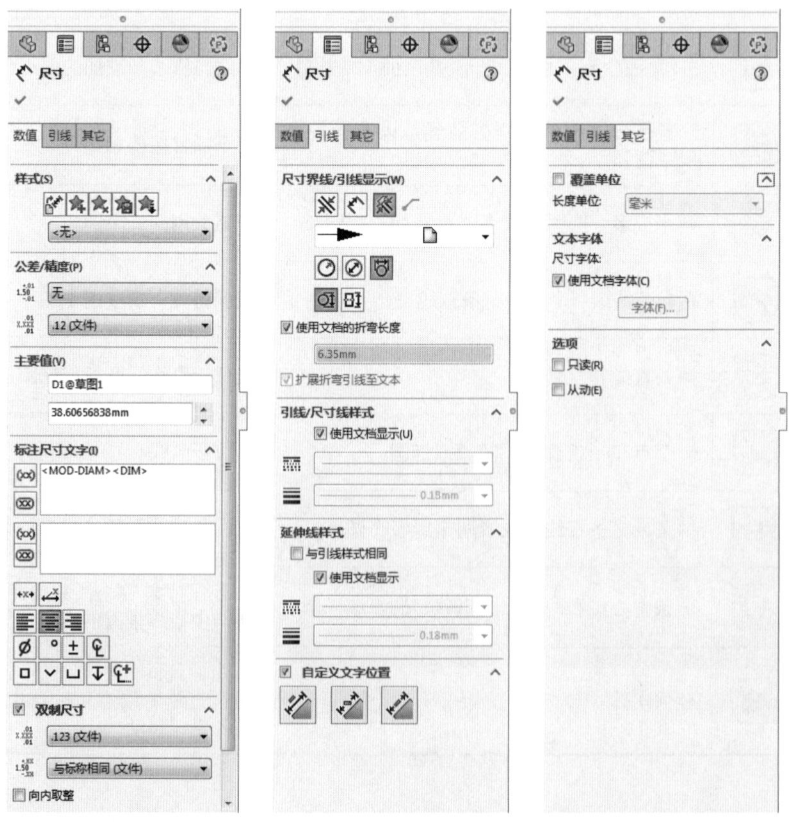


图 2-80　　图 2-81　　图 2-82

## 1. 尺寸约束类型

SolidWorks 提供了 6 种尺寸约束类型：智能尺寸、水平尺寸、竖直尺寸、尺寸链、水平尺寸链和竖直尺寸链。其中，智能尺寸类型包含了水平尺寸类型和竖直尺寸类型。

智能尺寸是软件自动判断选择对象并进行对应的尺寸约束。这种类型的好处是标注灵活，由一个对象可以标注出多个尺寸约束。但是，由于此类型几乎包含了所有的尺寸约束类型，所以针对性不强，有时还会产生不便。

表 2-4 中列出了 SolidWorks 的所有尺寸约束类型。

**表 2-4　尺寸约束类型**

| 尺寸约束类型 | | 图标 | 说明 | 图解 |
|---|---|---|---|---|
| 竖直尺寸链 | | | 竖直标注的尺寸链组 | 0 30 60 |
| 水平尺寸链 | | | 水平标注的尺寸链组 | 0 56 113 |
| 尺寸链 | | | 从工程图或草图中的零坐标开始测量的尺寸链组 | 0 30 60 |
| 竖直尺寸 | | | 标注的尺寸总是与坐标系的 $Y$ 轴平行 | 50 |
| 水平尺寸 | | | 标注的尺寸总是与坐标系的 $X$ 轴平行 | 100 |
| 智能尺寸 | 平行尺寸 | | 标注的尺寸总是与所选对象平行 | 100 |
| | 角度尺寸 | | 指定以线性尺寸（非径向）标注直径尺寸，且与轴平行 | 25° |

续表

| 尺寸约束类型 | | 图标 | 说明 | 图解 |
| --- | --- | --- | --- | --- |
| 智能尺寸 | 直径尺寸 | | 标注圆或圆弧的直径尺寸 | Ø70 |
| | 半径尺寸 | | 标注圆或圆弧的半径尺寸 | R35 |
| | 弧长尺寸 | | 标圆弧的弧长尺寸。标注方法为：先选择圆弧，然后依次选择圆弧的两个端点 | 120 |

## 2. 尺寸修改

当尺寸不符合设计要求时，就需要重新修改。尺寸的修改可以通过“尺寸”面板修改，也可以通过“修改”对话框修改。

在草图中双击标注的尺寸，将弹出“修改”对话框，如图 2-83 所示。

“修改”对话框中主要按钮的含义如下。

- 保存：单击此按钮，保存当前的数值并退出此对话框。
- 恢复：单击此按钮，恢复原始值并退出此对话框。
- 重建模型：单击此按钮，以当前的数值重建模型。
- 反转尺寸方向：单击此按钮，反转尺寸方向。
- 重设增量值：单击此按钮，重新设定尺寸增量值。
- 标注：单击此按钮，标注要输入进工程图中的尺寸。此按钮仅在零件和装配体模式中可用。当插入模型项目到工程图中时，可插入所有尺寸或只插入标注的尺寸。

要修改尺寸数值，可以输入数值，可以单击微调按钮，可以单击微型旋轮，还可以在图形区滚动鼠标滚轮。

在默认情况下，除直接输入尺寸值外，其他几种修改方法都是以 10 的递增量在增加或减少尺寸值。单击“重设增量值”按钮，在随后弹出的“增量”对话框中设置自定义的尺寸增量值，如图 2-84 所示。

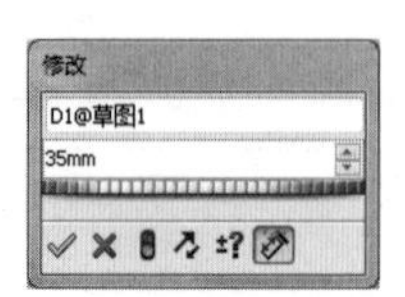

图 2-83

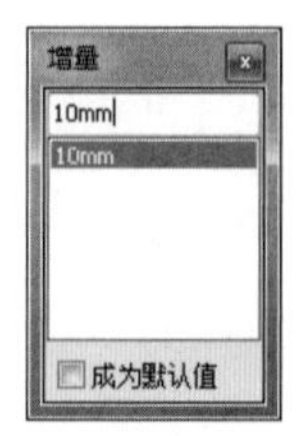

图 2-84

修改增量值后，选中“增量”对话框中的“成为默认值”复选框，新设定的值就成为以后的默认增量值。

## 2.4 绘制 3D 草图

如图 2-85 所示为利用直线命令在 3 个基准平面（前视基准面、右视基准面和上视基准面）绘制的空间连续直线。

在功能区的“草图”选项卡中单击“3D 草图”按钮，即可进入 3D 草图环境并利用 2D 草图环境中的草图工具绘制 3D 草图，如图 2-86 所示。

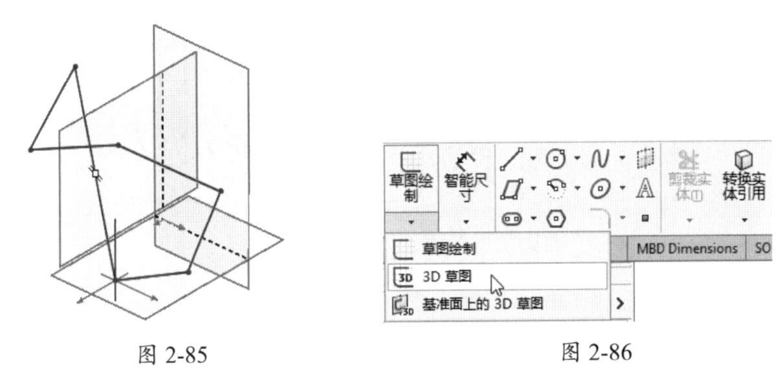


图 2-85　　图 2-86

在 3D 草图绘制中，图形空间控标可以帮助在数个基准面上绘制时保持方位。在所选基准面上定义草图实体的第一个点时，空间控标就会出现。控标由两个相互垂直的轴构成，红色高亮显示，表示当前的草图平面。

在 3D 草图环境中，当执行绘图命令并定义草图的第一个点后，图形区显示空间控标，且指针由变为，如图 2-87 所示。

**技术要点**

控标的作用除了显示当前所在的草图平面，另一个作用就是可以选择控标所在的轴线，以便沿该轴线绘图，如图2-88所示。

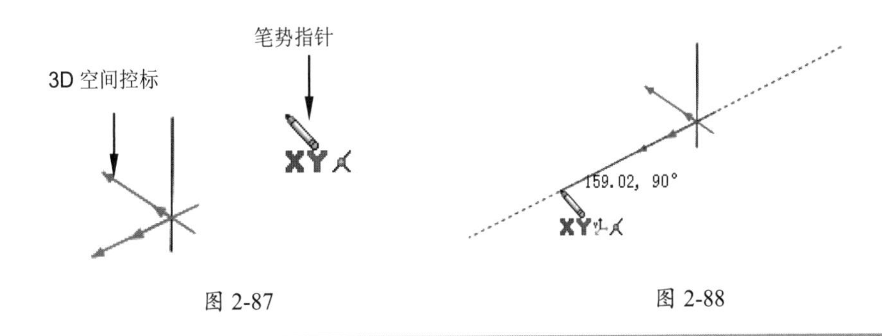


图 2-87　　图 2-88

**技术要点**

还可以按键盘中的→、←、↑、↓键自由旋转3D控标，当按住Shift键，并按→、←、↑、↓键时，可以将控标旋转90°。

# 2.5 草图绘制综合案例

前面介绍了草图的相关知识，本节将讲述草图绘制过程和作图经验。

## 2.5.1 案例一：零件草图 1

参照如图 2-89 所示的图纸来绘制草图，未标注的圆弧半径均为 *R*3。

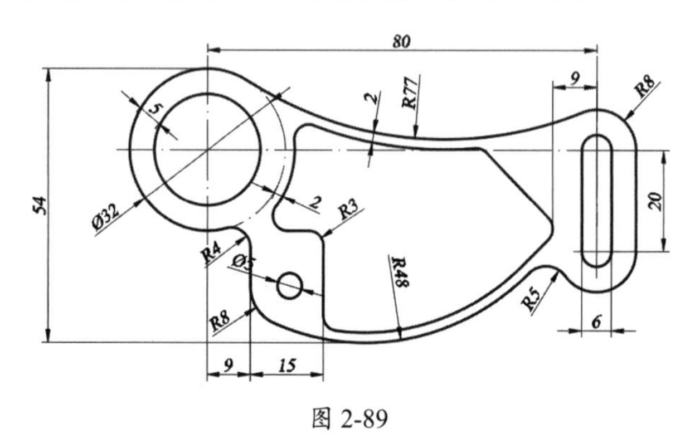


图 2-89

### 绘图分析

（1）此图形结构比较特殊，许多尺寸都不是直接给出的，需要经过分析得到，否则容易出错。

（2）由于图形的内部有一个完整的封闭环，这部分图形也是一个完整图形，但这个内部图形的定位尺寸参考均来自外部图形中的“连接线段”和“中间线段”。所以，绘图顺序是先绘制外部图形，再绘制内部图形。

（3）此图形很轻易地就可以确定绘制的参考基准中心位于 Ø32 圆的圆心，从标注的定位尺寸可以看出。作图顺序图解如图 2-90 所示。

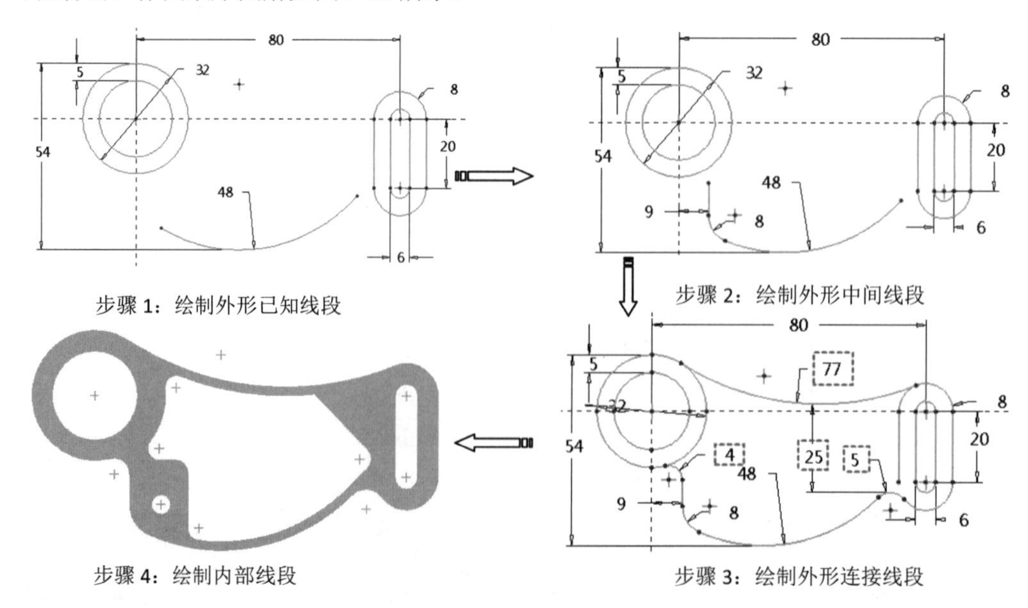


图 2-90

## 设计步骤

**01** 新建 SolidWorks 零件文件。在“草图”选项卡中单击“草图绘制”按钮，选择上视基准面作为草图平面，进入草绘环境中，如图 2-91 所示。

**02** 绘制图形基准中心线。本例以坐标系原点作为Ø32 圆的圆心，绘制的基准中心线如图 2-92 所示。

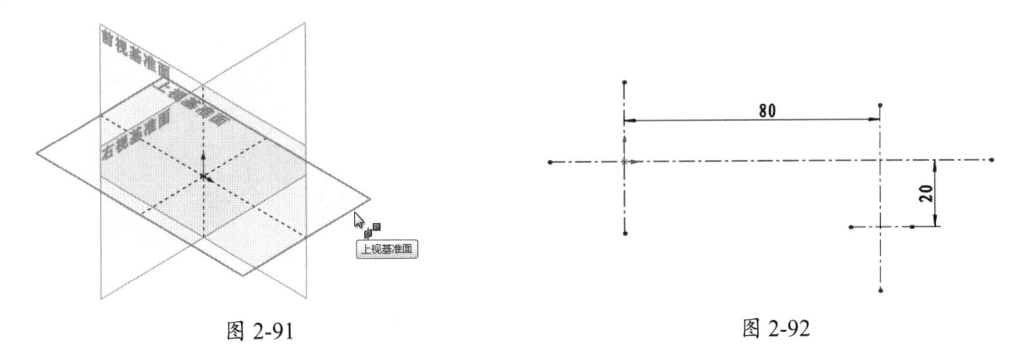


图 2-91　　　　图 2-92

**03** 首先绘制外部轮廓的已知线段（既有定位尺寸，也有定形尺寸的线段）。

- 单击“圆”按钮，在坐标系原点绘制两个同心圆，并进行尺寸约束，如图 2-93 所示。
- 单击“直线”按钮、“圆”按钮、“等距实体”按钮、“剪裁实体”按钮等，绘制右半部分（虚线框内部分）的已知线段，然后单击“删除段”按钮修剪，如图 2-94 所示。

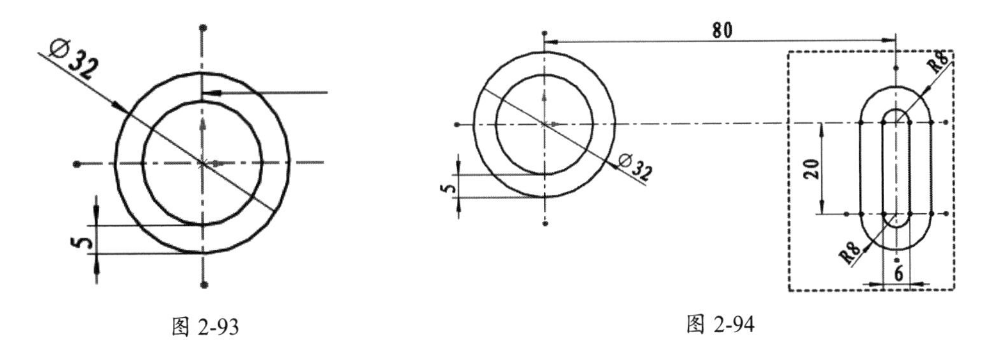


图 2-93　　　　图 2-94

- 单击“3 点圆弧”按钮，绘制下方的已知线段（*R*48）的圆弧，如图 2-95 所示。

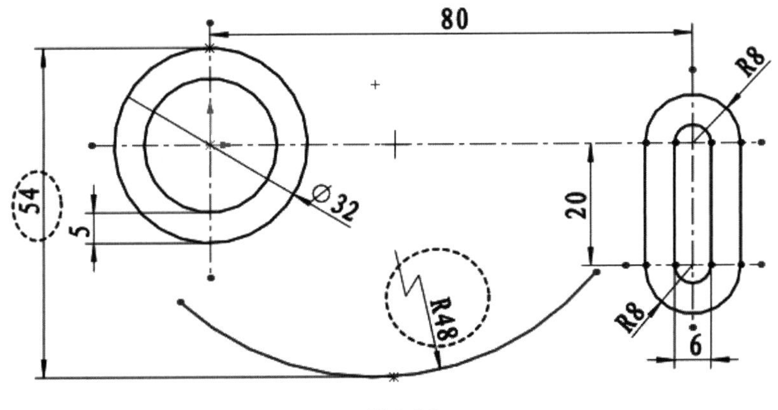


图 2-95

**04** 绘制外部轮廓的中间线段（只有定位尺寸的线段）。

- 单击“直线”按钮，绘制标注距离为9的竖直直线，如图2-96所示。
- 单击“绘制圆角”按钮，在竖直线与圆弧（半径为48 mm）交点处创建圆角（半径为8 mm），如图2-97所示。

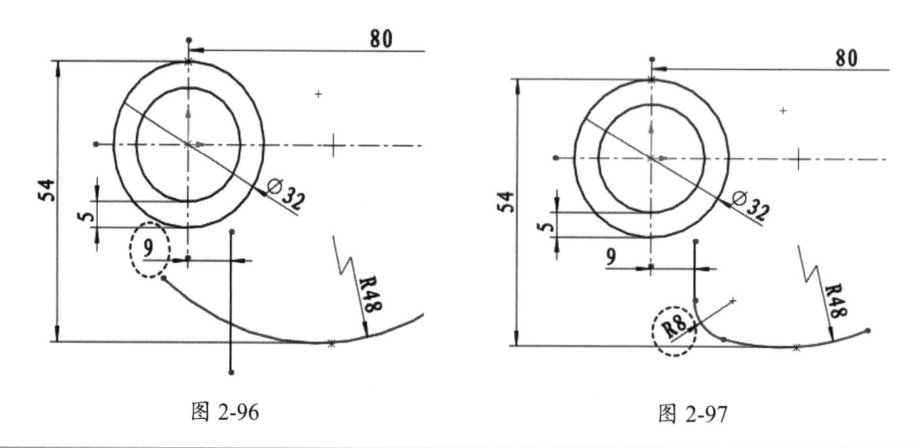


图2-96　　　　图2-97

## 技术要点

本来这个圆角曲线（Ø8）属于连接线段，但它的圆心同时也是内部Ø5圆的圆心，起到定位作用，所以这段圆角曲线又变成了“中间线段”。

**05** 绘制外部轮廓的连接线段。

- 绘制一条水平直线，如图2-98所示。

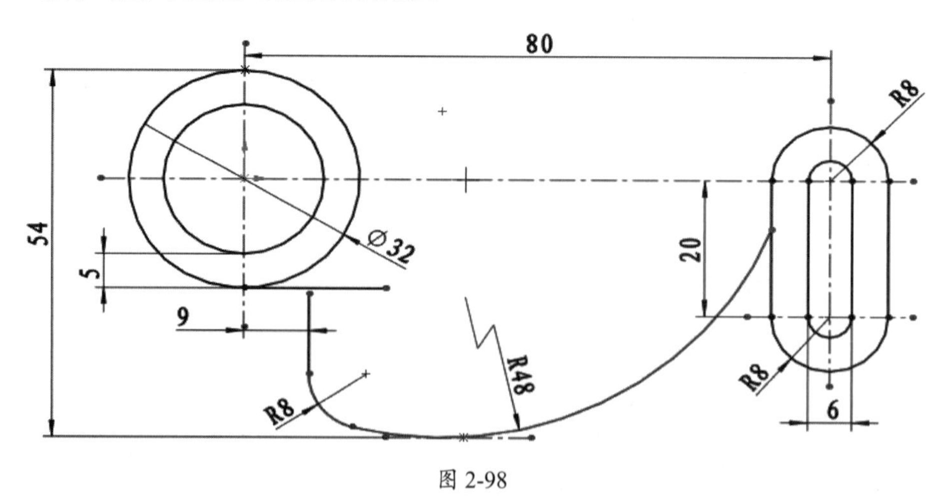


图2-98

- 单击“绘制圆角”按钮，创建第一段连接线段曲线（圆角半径为4）。
- 单击“三点圆弧”按钮，创建第二段连接线段圆弧曲线（圆半径为77），两端与相接圆分别相切，如图2-99所示。
- 单击“圆”按钮，绘制直径为10的圆，进行水平辅助构造线。先将上水平构造线与*R*77圆弧进行相切约束，再设置两条水平构造线之间的尺寸约束（尺寸为25），最后将Ø10圆分别与*R*48圆弧、水平构造线和*R*8圆弧进行相切约束，如图2-100所示。

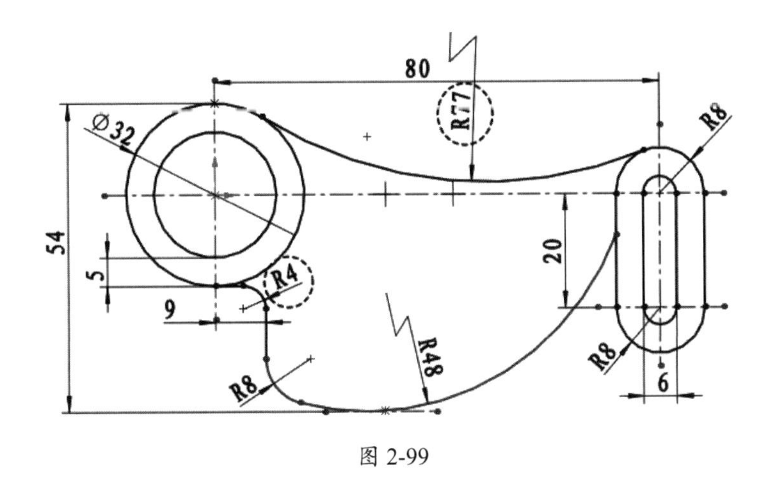


图 2-99

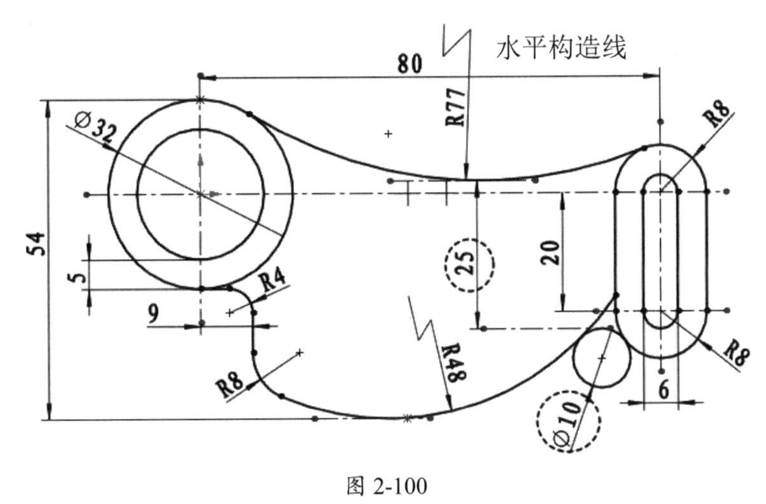


图 2-100

- 修剪 Ø10 圆，并重新尺寸约束修剪后的圆弧，如图 2-101 所示。

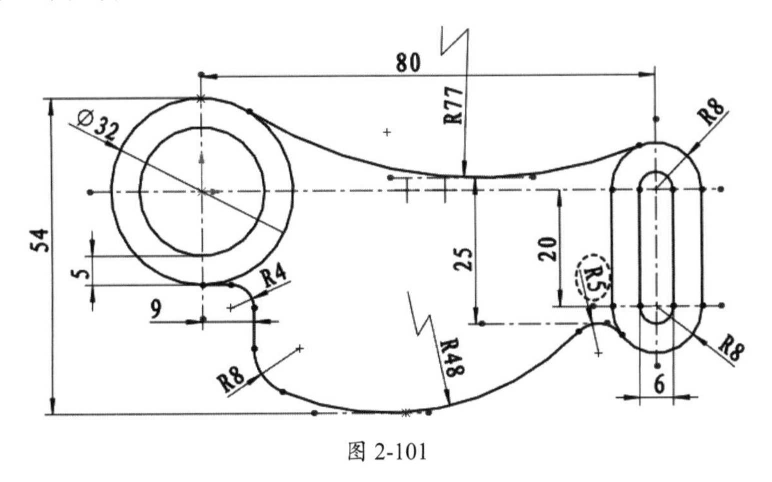


图 2-101

**06** 绘制内部图形轮廓。

- 单击“等距实体”按钮，偏移出如图 2-102 所示的内部轮廓中的中间线段。
- 单击“直线”按钮，绘制 3 条直线，如图 2-103 所示。

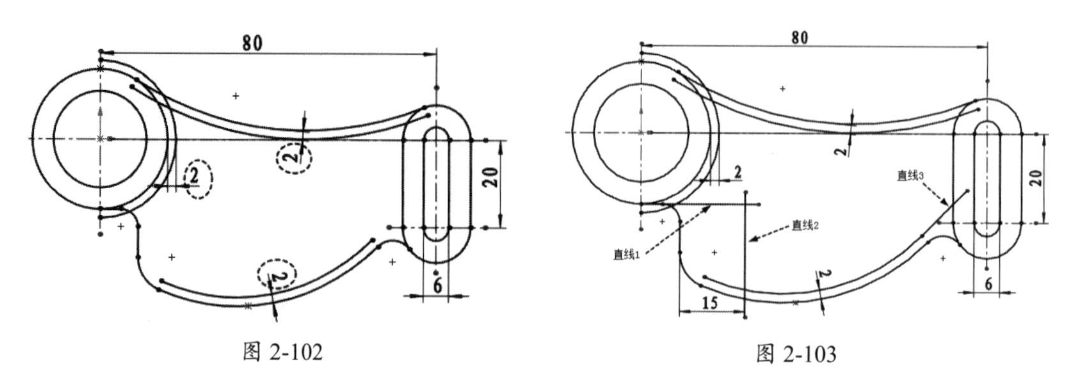


图 2-102　　图 2-103

- 单击“直线”按钮，绘制第 4 条直线，利用垂直约束使直线 3 与直线 4 垂直约束，如图 2-104 所示。
- 单击“绘制圆角”按钮，创建内部轮廓中相同半径（$R$3）的圆角，如图 2-105 所示。

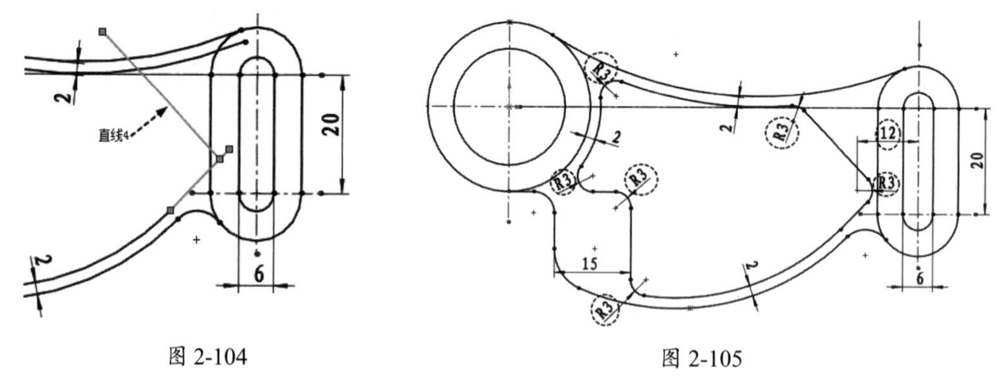


图 2-104　　图 2-105

- 单击“剪裁实体”按钮，修剪图形，结果如图 2-106 所示。
- 单击“圆心和点”按钮，在左下角圆角半径为 8 的圆心位置绘制直径为 5 的圆，如图 2-107 所示。

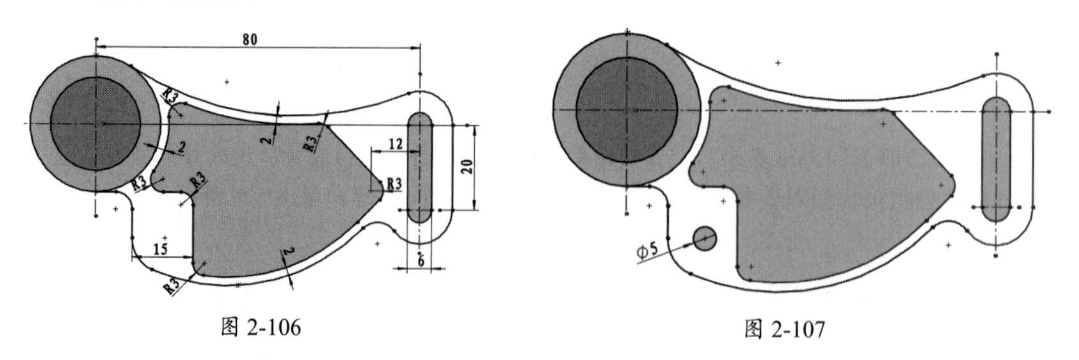


图 2-106　　图 2-107

完成本例草图的绘制。

## 2.5.2　案例二：零件草图 2

本例要绘制的手柄支架草图如图 2-108 所示。

要绘制一个完整的平面图形，需要对图形进行尺寸分析。在本例中，手柄支架图形主要包括尺寸基准、定位尺寸和定形尺寸。从对图形进行线段分析来看，主要包括已知线段、连接线段和中间线段。

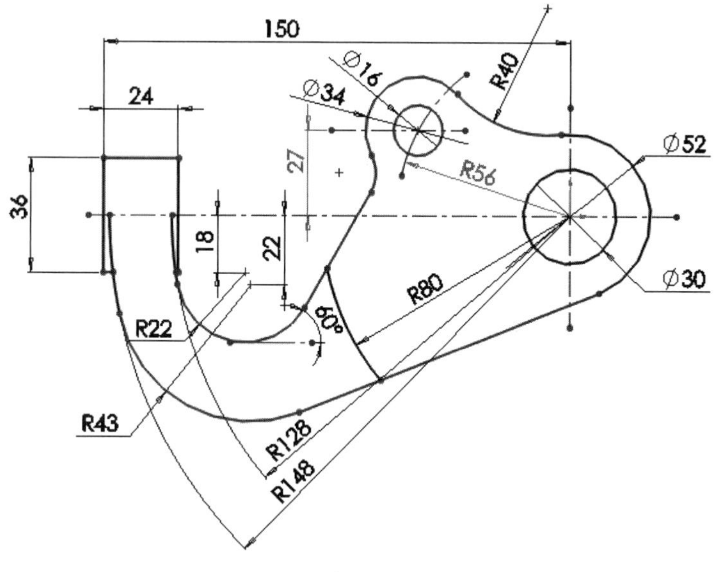

图 2-108

绘制手柄支架草图的步骤如下。

（1）先绘制出基准线和定位线，如图 2-109 所示。

（2）绘制已知线段，如标注尺寸的线段，如图 2-110 所示。

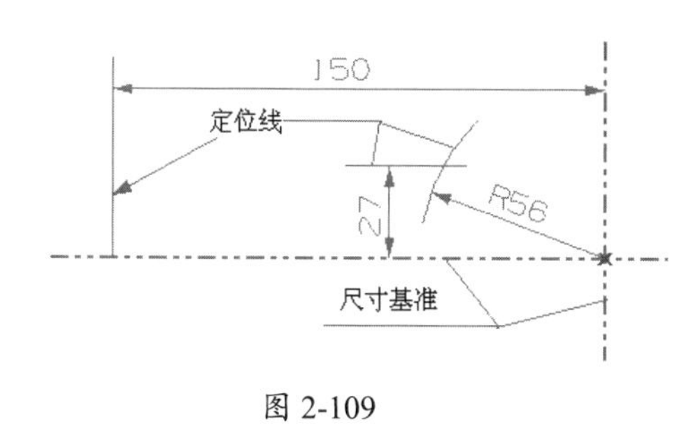

图 2-109

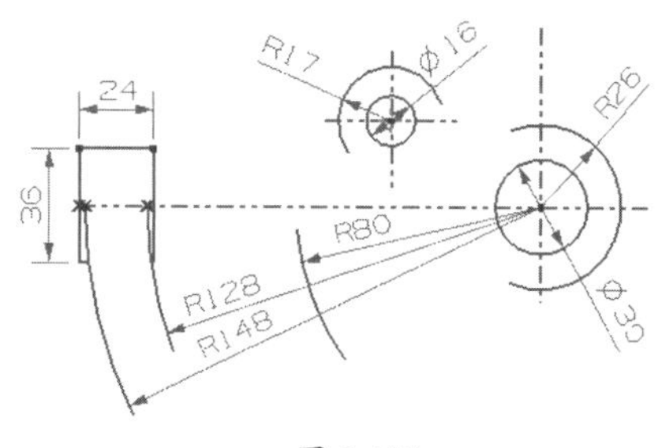

图 2-110

（3）绘制中间线段，如图 2-111 所示。

（4）绘制连接线段，如图 2-112 所示。

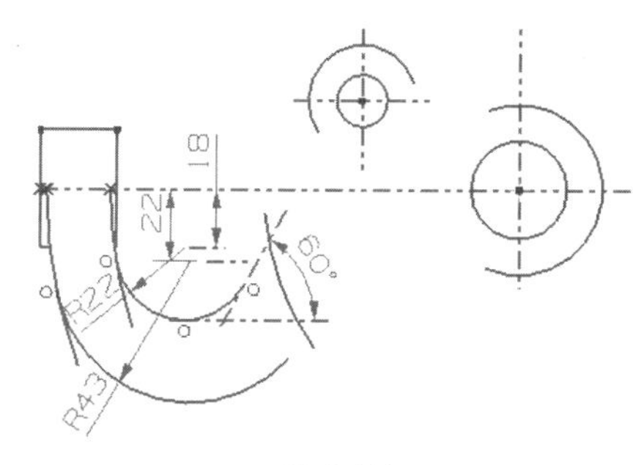

图 2-111

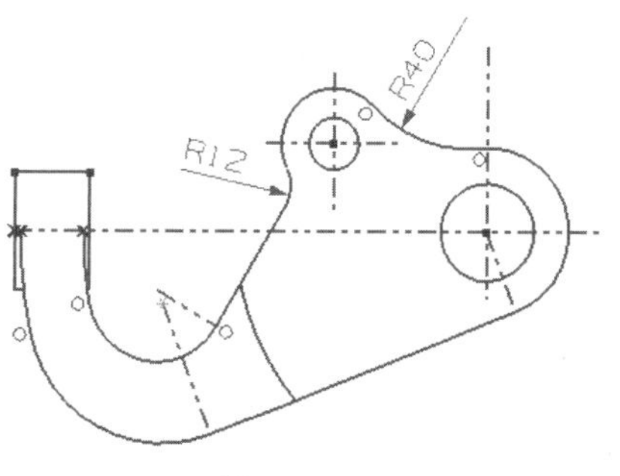

图 2-112

## 设计步骤

**01** 新建 SolidWorks 零件，选择前视视图为草绘平面，并进入草图模式。

**02** 使用“中心线”工具，在图形区中绘制如图 2-113 所示的中心线。

**03** 使用“圆弧”工具，以“圆心 / 起 / 终点画弧”类型在图形区中绘制半径为 56 的圆弧，并将此圆弧设为构造线，如图 2-114 所示。

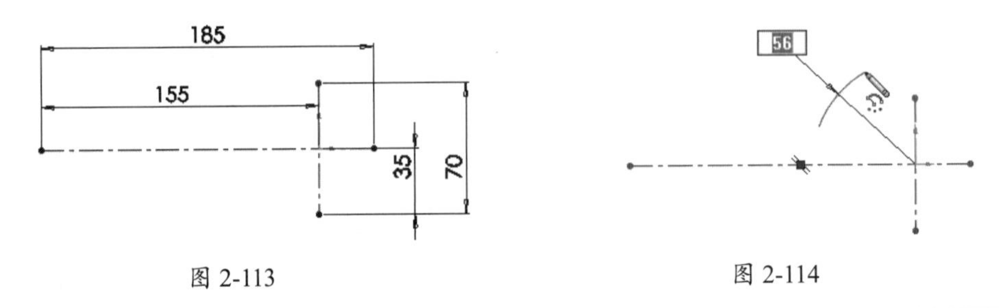


图 2-113　　图 2-114

## 技术要点

将圆弧设为构造线，是因为圆弧将作为定位线而存在。

**04** 使用“直线”工具，绘制一条与圆弧相交的构造线，如图 2-115 所示。

**05** 使用“圆”工具在图形区中绘制 4 个直径分别为 52 mm、30 mm、34 mm、16 mm 的圆，如图 2-116 所示。

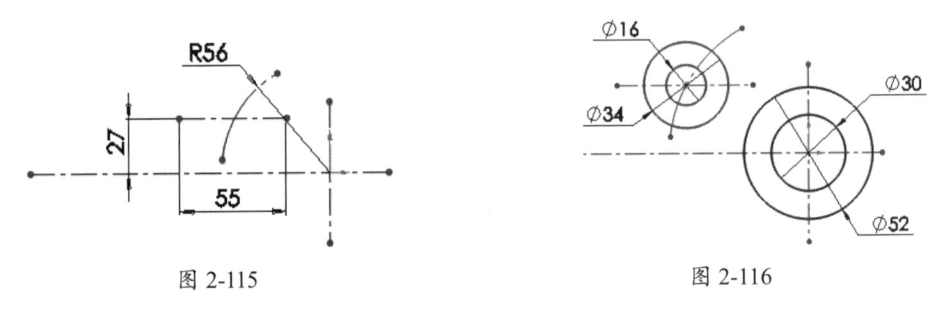


图 2-115　　图 2-116

**06** 使用“等距实体”工具，选择竖直中心线作为等距参考，绘制出两条偏距分别为 150 mm 和 126 mm 的等距实体，如图 2-117 所示。

**07** 使用“直线”工具绘制如图 2-118 所示的水平直线。

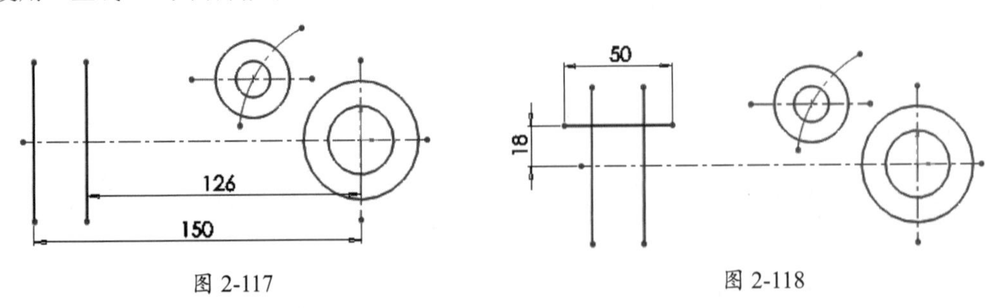


图 2-117　　图 2-118

**08** 在“草图”选项卡中单击“镜像实体”按钮，属性管理器中显示“镜像实体”面板。按信息提示在图形区选择要镜像的实体，如图 2-119 所示。

**09** 选中“复制”复选框，并激活“镜像点”列表，然后在图形区选择水平中心线作为镜像中心，如图 2-120 所示。

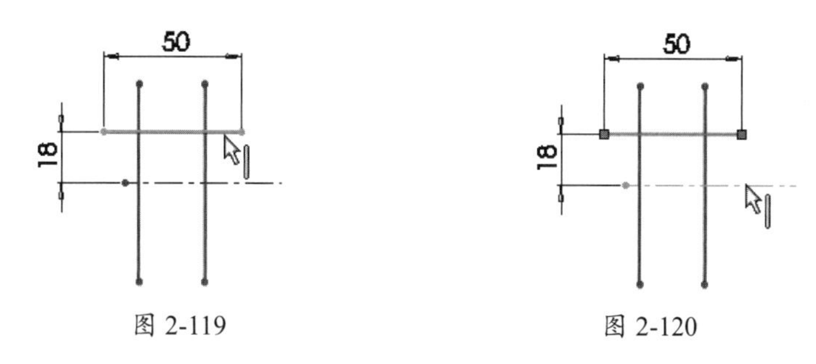


图 2-119　　　　图 2-120

**10** 单击“确定”按钮✓，完成镜像操作，如图 2-121 所示。

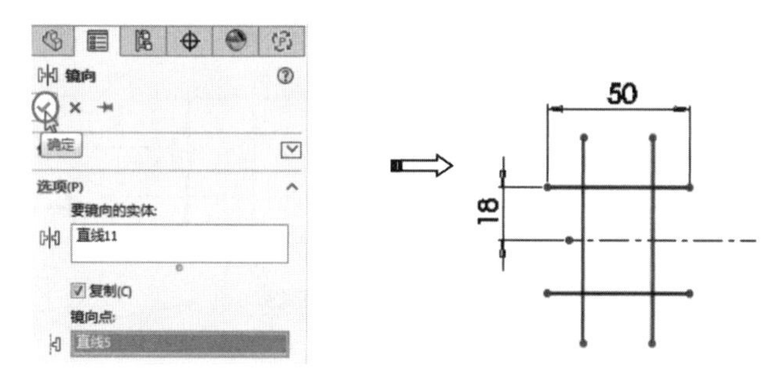


图 2-121

**11** 使用“圆弧”工具，以“圆心 / 起 / 终点”类型在图形区绘制两条半径分别为 148 mm 和 128 mm 的圆弧，如图 2-122 所示。

## 技术要点

如果绘制的圆弧不是希望的圆弧，而是圆弧的补弧，那么在确定圆弧的终点时，可以顺时针或逆时针地调整，从而得到所需圆弧。

**12** 使用“直线”工具，绘制两条水平短直线，如图 2-123 所示。

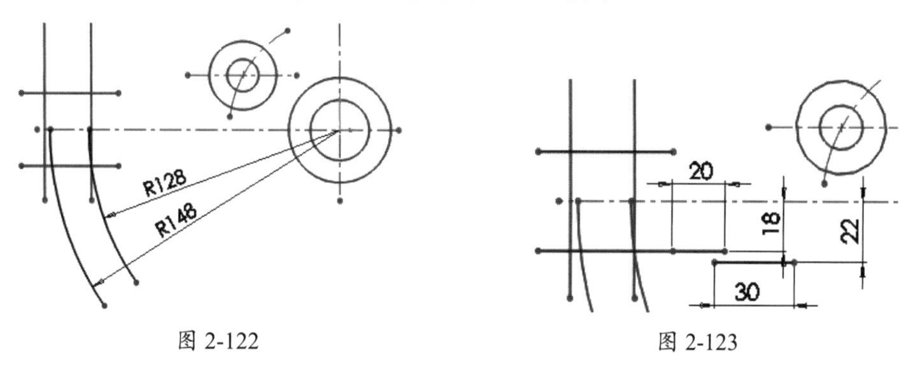


图 2-122　　　　图 2-123

**13** 使用“添加几何关系”工具，将前面绘制的所有图线固定。

**14** 使用“圆弧”工具，选择以“圆心 / 起 / 终点”类型在图形区中绘制半径为 22 mm 的圆弧，如图 2-124 所示。

**15** 使用“添加几何关系”工具，选择如图 2-125 所示的两段圆弧，并将其几何约束为“相切”。

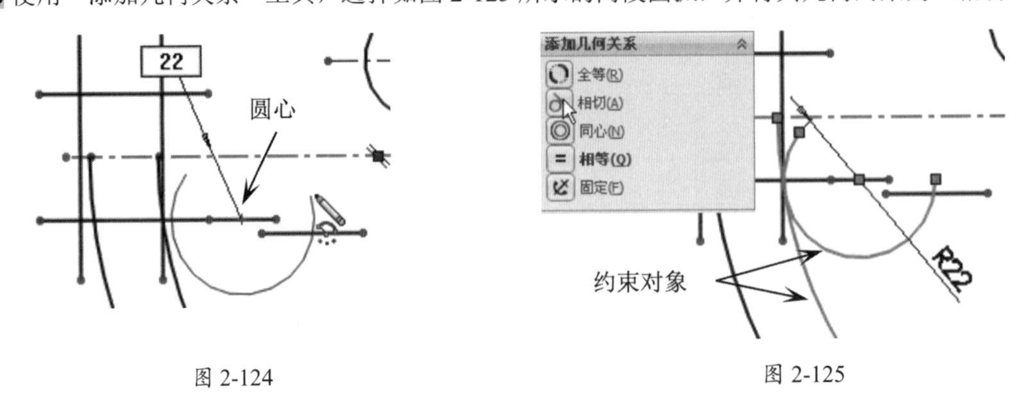


图 2-124　　　　图 2-125

**16** 同理，再绘制半径为 43 mm 的圆弧，并添加几何约束将其与另一个圆弧相切，如图 2-126 所示。

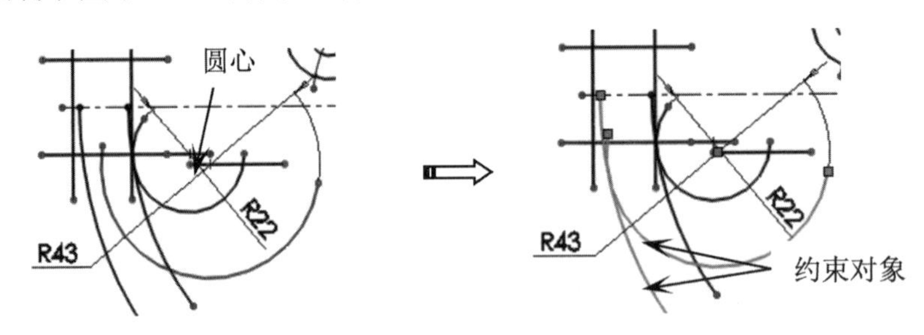


图 2-126

**17** 使用“直线”工具，绘制一条直线构造线，使其与半径为 22 的圆弧相切，并与水平中心线平行，如图 2-127 所示。

**18** 使用“直线”工具绘制直线，使该直线与上一步绘制的直线构造线呈 60°。添加几何关系，使其相切于半径为 22 mm 的圆弧，如图 2-128 所示。

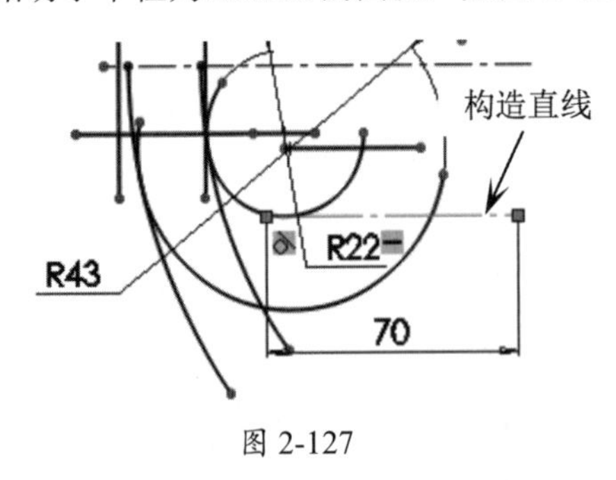


图 2-127

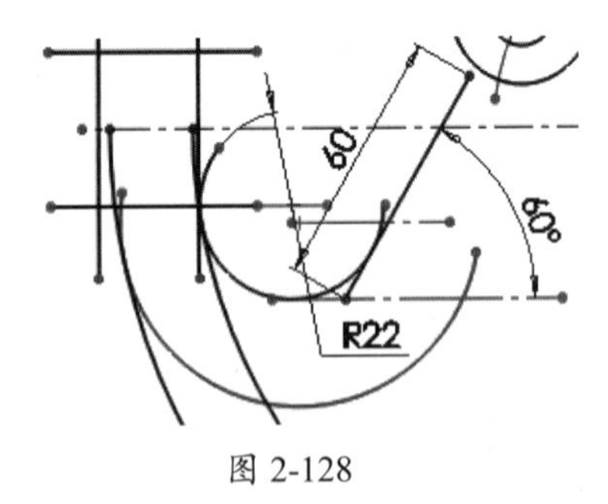


图 2-128

**19** 使用“剪裁实体”工具，先将图形修剪，结果如图 2-129 所示。

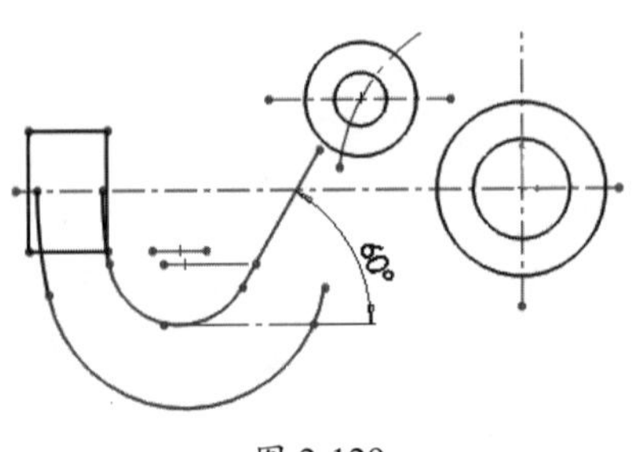


图 2-129

**20** 使用“直线”工具，绘制一条角度直线，并添加几何约束关系，使其与另一个圆弧和圆相切，如图 2-130 所示。

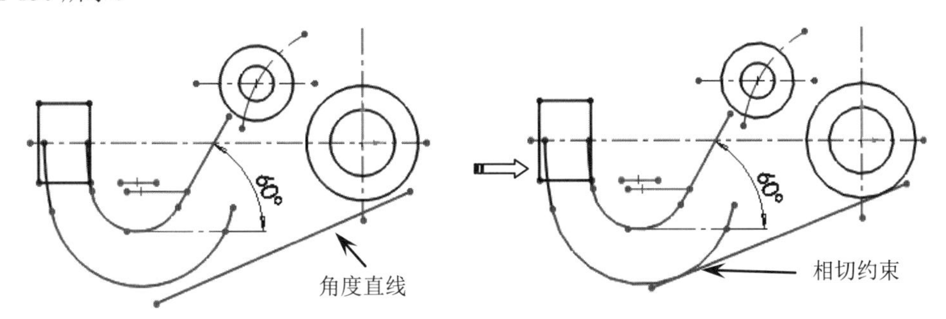


图 2-130

**21** 使用“圆弧”工具，以“3 点圆弧”类型，在两个圆之间绘制半径为 40 的连接圆弧，并添加几何约束关系使其与两个圆均相切，如图 2-131 所示。

## 技术要点

绘制圆弧时，圆弧的起点与终点不要与其他图线中的顶点、交叉点或中点重合，否则无法添加新的几何关系。

**22** 同理，在图形区的另一个位置绘制半径为 12 mm 的圆弧，添加几何约束关系，使其与角度直线和圆均相切，如图 2-132 所示。

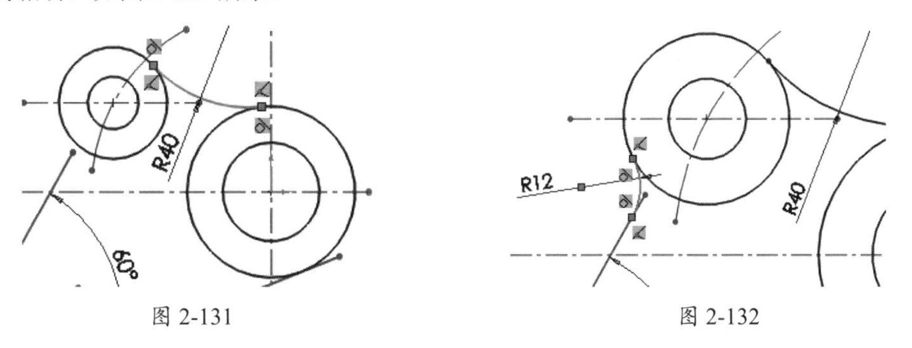


图 2-131　　图 2-132

**23** 使用“圆弧”工具，以基准线中心为圆弧中心，绘制半径为 80 mm 的圆弧，如图 2-133 所示。

**24** 使用“剪裁实体”工具，将草图中多余的图线全部修剪，完成结果如图 2-134 所示。

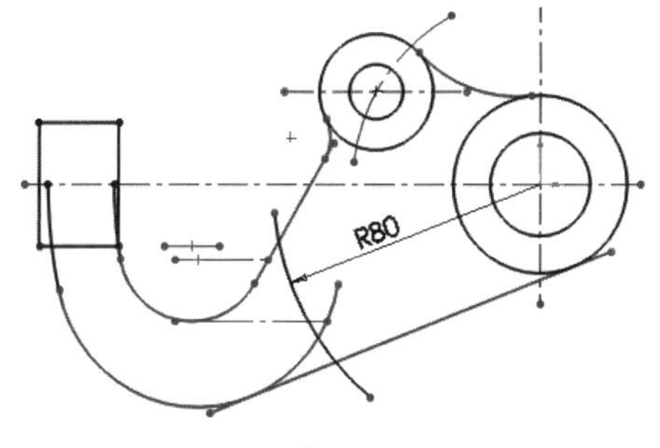


图 2-133

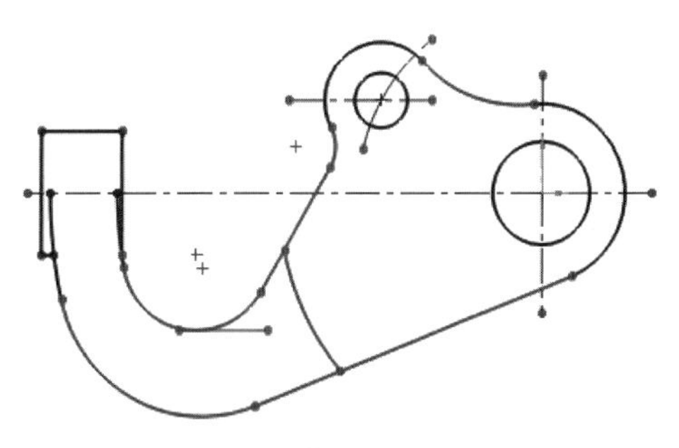

图 2-134

**25** 使用“显示 / 删除几何关系”工具，删除除中心线外的其余草图图线的几何关系，并对草图进行尺寸约束，完成结果如图 2-135 所示。

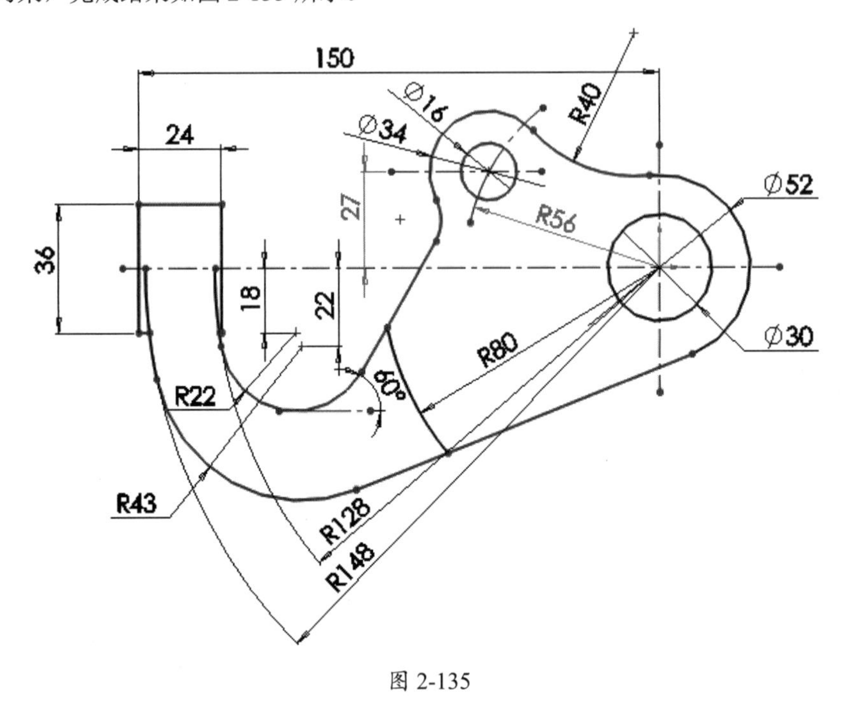


图 2-135

**26** 至此，手柄支架草图绘制完成。最后，在“标准”选项卡中单击“保存”按钮，将草图保存。

# 第3章　零件实体建模

**项目导读**

实体建模是 SolidWorks 提供的三维模型数据的一种途径，可以通过实体建模了解产品的真实形状与结构，还可以通过实体建模修改和完善机械设计，大幅提高了设计的效率。

## 3.1 实体建模相关特征指令

SolidWorks 的实体建模是将草图作为模型截面，再通过拉伸、旋转、扫描及放样等操作后得到实体模型的过程。

SolidWorks 2022 中的实体建模指令包括基于草图的加材料特征指令、基于草图的减材料特征指令、高级特征指令、特征变换操作指令及特征编辑指令等，这些常用的实体建模指令在功能区的“特征”选项卡中都能找到，如图 3-1 所示。

图 3-1

### 3.1.1　基于草图的加材料特征指令

任何一款三维建模软件中都有拉伸、旋转、扫描、放样及边界等特征建模工具，这些工具都是最基本的实体建模工具，均是通过将草图作为零件特征截面，再进行拉伸、旋转、扫描或放样等操作而得到零件中的某一个实体特征。

所谓“加材料特征”是指，利用“特征”选项卡中的“拉伸凸台 / 基体”“旋转凸台 / 基体”“扫描”“放样凸台 / 基体”和“边界凸台 / 基体”工具，可以在已有特征基础上添加新特征，而新特征与已有特征会自动进行布尔求和运算，从而得到新的特征集合体。第一次创建的实体特征称作“基体”，加材料特征称作“凸台”。

#### 1. “拉伸凸台 / 基体”指令

执行“拉伸凸台 / 基体”指令可以将草图（特征截面）沿着指定的方向进行拉伸，从而得到实体特征。若草图中存在多个封闭轮廓，可以拉伸单个轮廓，也可以拉伸所有轮廓。在拉伸过程中，还可以创建拔模、薄壁等附加特征。

若特征建模环境中没有任何草图，当在“特征”选项卡中单击“拉伸凸台 / 基体”按钮时，会弹出如图 3-2 所示的“拉伸”面板，再依照该面板中的信息提示，在图形区中选择一个基准平面后自动转入草图环境，接着绘制出零件特征的截面形状，退出草图环境后会弹出“凸台 - 拉伸”面板。

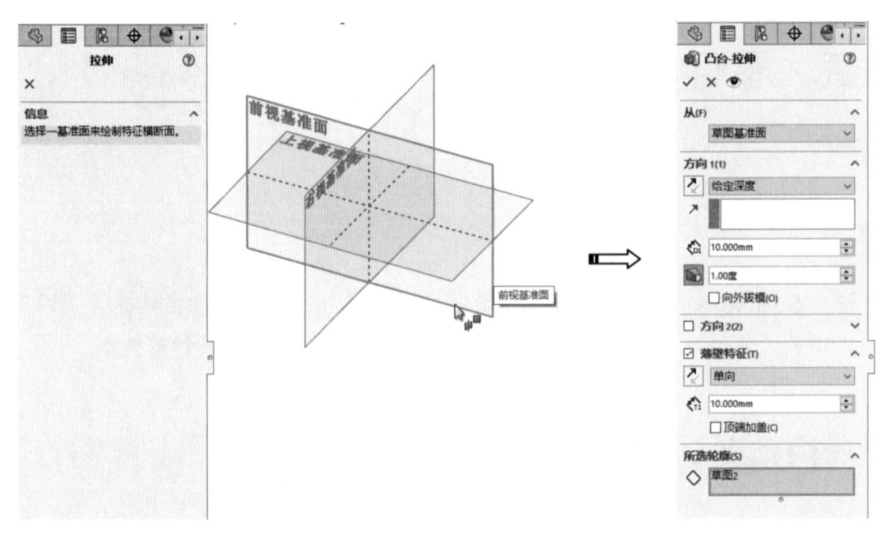


图 3-2

若事先已完成了草图绘制，那么执行“拉伸凸台 / 基体”命令后，就会弹出“拉伸”面板。该面板中提示可以选择现有草图作为特征截面使用，也可以另外选择基准面重新绘制草图（特征截面），如图 3-3 所示。

在特征截面的拉伸过程中，可以从“凸台 - 拉伸”面板中定义截面起始位置、截面终止位置、拉伸方向、拉伸深度、拔模、薄壁及选取特征轮廓等。在图形区中可以拖动控制手柄来修改拉伸深度参数及拉伸方向，如图 3-4 所示。

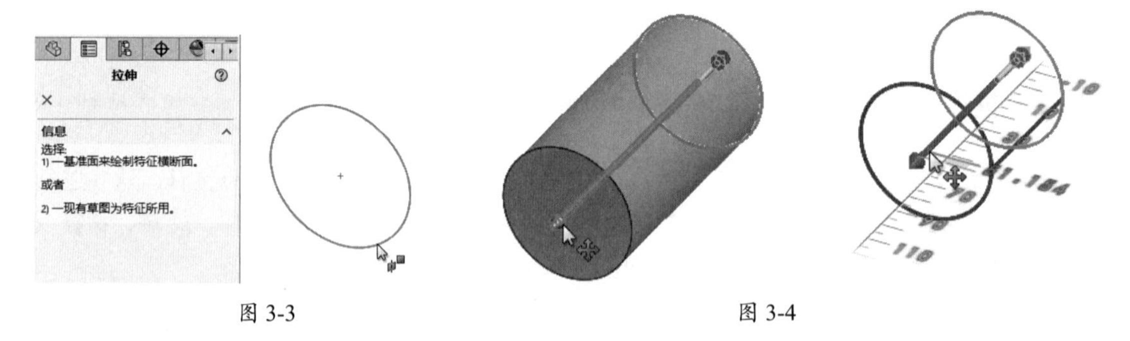


图 3-3　　图 3-4

定义特征的拔模效果及薄壁效果如图 3-5 所示。

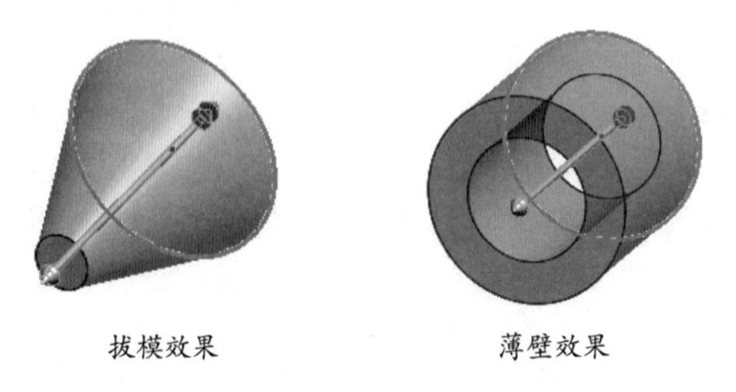

拔模效果　　薄壁效果

图 3-5

### 2. “旋转凸台/基体”指令

执行“旋转凸台/基体”指令可以将草图（特征截面）绕指定的旋转中心轴（简称“旋转轴”）旋转，从而得到回转特征。旋转轴可以是草图中的某一条实线、中心线，也可以是基准轴（或临时轴），还可以是已有特征中的某一条边。

**技术要点**

临时轴是创建旋转特征或圆角特征后，隐含在特征中的一条轴线。该轴线在默认状态下是不显示的，若要显示该临时轴，就需要执行“视图”|“隐藏/显示”|“临时轴”命令。

旋转凸台特征的创建过程与拉伸凸台特征的创建步骤完全相同。在“特征”选项卡中单击“旋转凸台/基体”按钮，当在图形区中选中旋转截面后会弹出“旋转”面板，如图3-6所示。选择旋转截面后软件会自动识别草图中的中心线，并将其作为旋转轴，如果在草图中没有绘制中心线，则在“旋转”面板中软件会提示选择旋转轴，否则不能正确创建旋转特征。

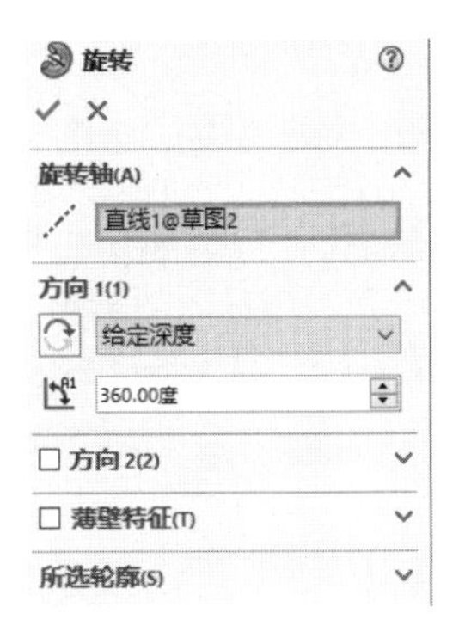

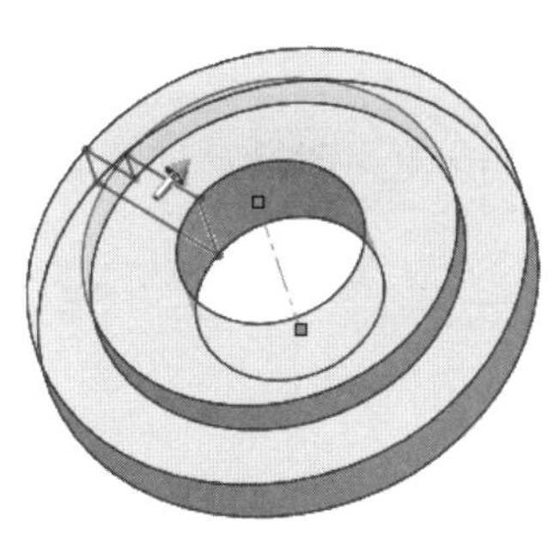

图3-6

从“旋转”面板中可以看出，除常规的旋转特征外，“旋转凸台/基体”指令不能创建拔模附加特征，但可以创建薄壁附加特征。旋转截面的起始位置是固定的，即草图基准面。可以在“方向1（1）”和（或）“方向2（2）”中定义旋转截面的终止位置，如图3-7所示。

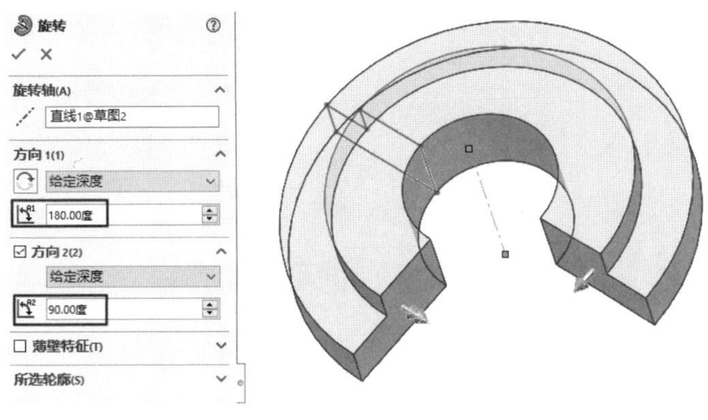


图3-7

### 3. “扫描”指令

执行“扫描”指令可以将轮廓曲线（特征截面）沿指定的线性或非线性路径曲线（也称“扫描轨迹”）进行扫描，从而得到扫描实体特征。

**技术要点**

要创建扫描特征，必须先绘制轮廓曲线和路径曲线，轮廓曲线和路径曲线不能在同一幅草图中绘制。

要合理创建扫描特征，需要注意以下几点。

- 对于扫描实体特征，其轮廓曲线必须是封闭的。
- 路径曲线可以是封闭或开放的。
- 路径曲线所在的草图平面必须与轮廓曲线所在的草图平面垂直且相交。
- 轮廓、路径或引导线不能产生自相交，否则不能正确创建扫描特征。
- 引导线必须与轮廓曲线或者轮廓草图中的某个点重合（即添加“穿透”约束）。

在“特征”选项卡中单击“扫描”按钮，弹出“扫描”面板。在“轮廓和路径”选项组中，若选中“草图轮廓”单选按钮，则必须选择已有轮廓（草图 1）和路径（草图 2）来创建扫描特征，如图 3-8 所示。

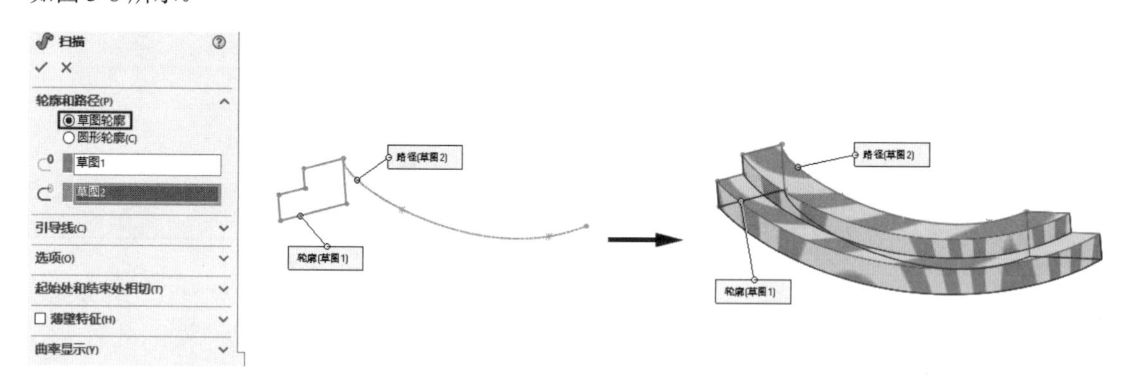


图 3-8

在“轮廓和路径”选项组中，若选中“圆形轮廓”单选按钮，则可以仅选择已有路径（草图 1）并定义圆心轮廓参数后创建扫描特征，软件自动定义路径曲线的端点为圆形轮廓的中心，如图 3-9 所示。

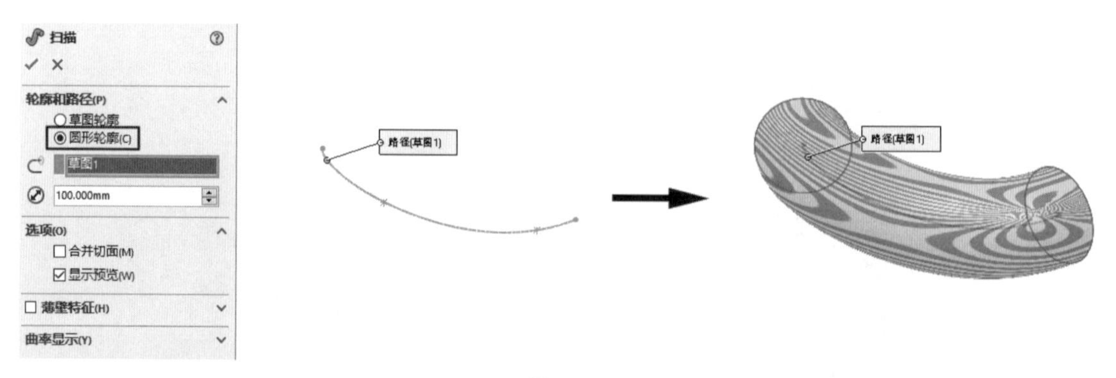


图 3-9

### 4. “放样 / 凸台基体”指令

执行“放样 / 凸台基体”指令可以将两个或两个以上的特征截面沿着所有特征截面的中心点连线进行放样（也称“平滑过渡”），从而得到实体特征。

要创建放样特征，需要事先绘制多个轮廓草图（特征截面）。在“特征”选项卡中单击“放

样 / 凸台基体”按钮，弹出“放样”面板。在图形区中选择多个轮廓后，可以创建放样实体特征，如图 3-10 所示。

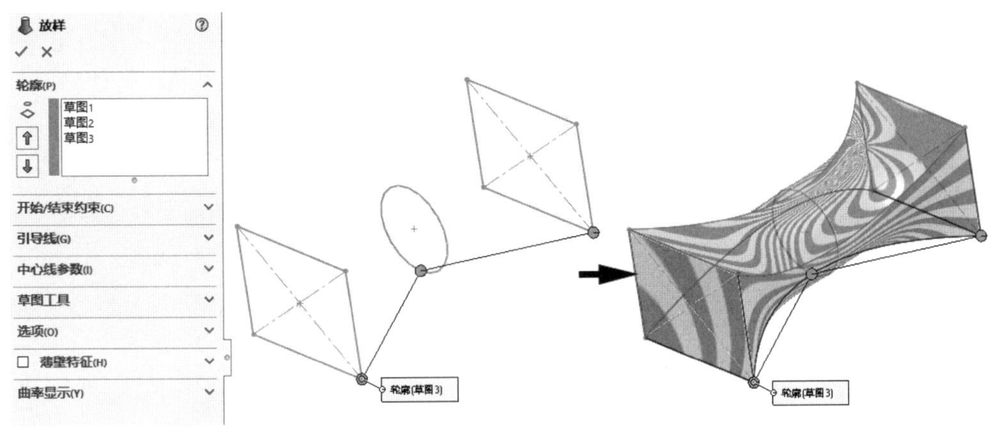


图 3-10

如果存在引导线，可以选取引导线来改变放样特征的外形。对于中心线，软件会默认多个特征截面的中心点连线作为中心线，也可以自定义中心线。

## 5. “边界 / 凸台基体”指令

执行“边界 / 凸台基体”指令可以通过选择两个或两个以上截面来创建混合形状特征。“边界 / 凸台基体”指令与“放样 / 凸台基体”指令有相似之处，也有不同之处。相似之处在于两者都能创建基于多个轮廓截面的实体特征；不同之处在于，“放样 / 凸台基体”可以使用引导线或中心线来改变外形，而“边界 / 凸台基体”却不能。但“边界 / 凸台基体”可以通过定义截面与截面之间的方向属性来改变外形。

在“特征”选项卡中单击“边界凸台 / 基体”按钮，弹出“边界”面板。在单个方向上选择多个截面草图后，可以创建默认形状的边界特征，如图 3-11 所示。

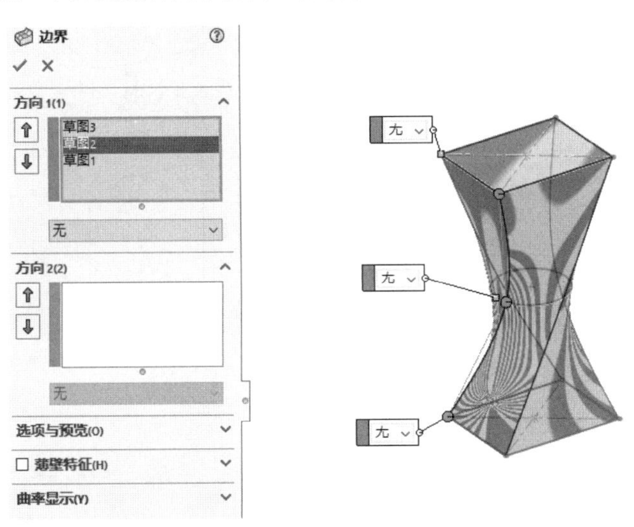


图 3-11

当为每个截面定义方向属性后，可以创建不同的边界特征，如图 3-12 所示。

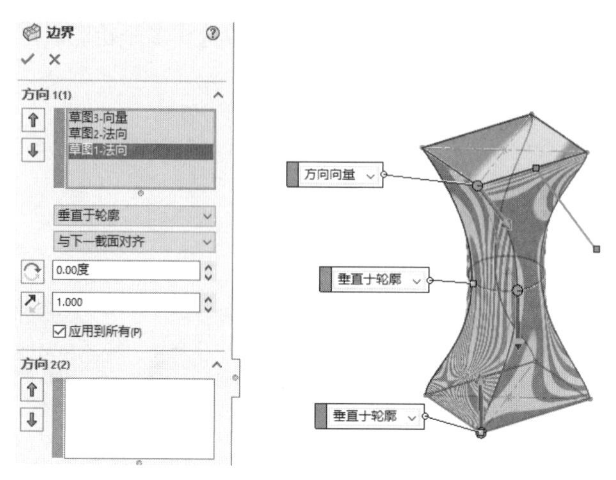


图 3-12

## 3.1.2 基于草图的减材料特征指令

基于草图的减材料特征指令是在已有实体特征上进行的二次建模指令，是通过从已有特征上切除材料来获得新的实体。加材料是特征的累加过程，而减材料则是切除特征的过程。

减材料特征指令仅当在创建凸台或基体特征后才可用，包括常见的“拉伸切除”指令、“旋转切除”指令、“扫描切除”指令、“放样切除”指令和“边界切除”指令。创建减材料特征的操作步骤与加材料特征的操作步骤完全相同，只是结果不同而已，如图 3-13 所示为减材料特征的典型范例。

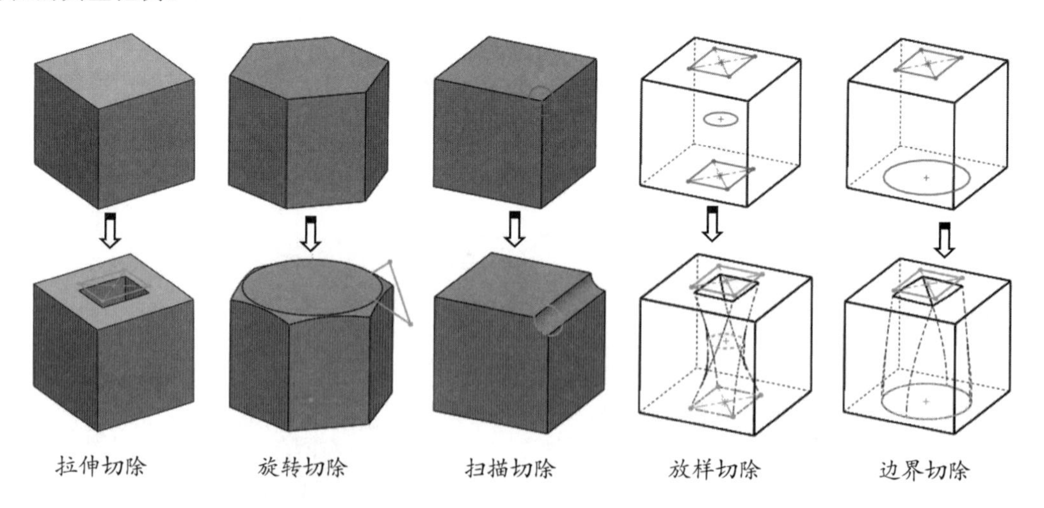


图 3-13

## 3.1.3 高级特征指令

所谓“高级特征”是通过基于已有特征的形变过程而得到的新特征，常见的高级特征包括自由形特征、变形特征、压凹特征、弯曲特征、包覆特征及圆顶特征等。

## 1. “圆顶”指令

执行“圆顶”指令，可以在实体面（包括平面或非平面）上创建凸起形状的特征。在“特征”选项卡中单击“圆顶”按钮，并在实体上选取一个面，在弹出的“圆顶”面板中定义圆顶的凸起高度值后，单击“确定”按钮，即可创建圆顶特征，如图 3-14 所示。

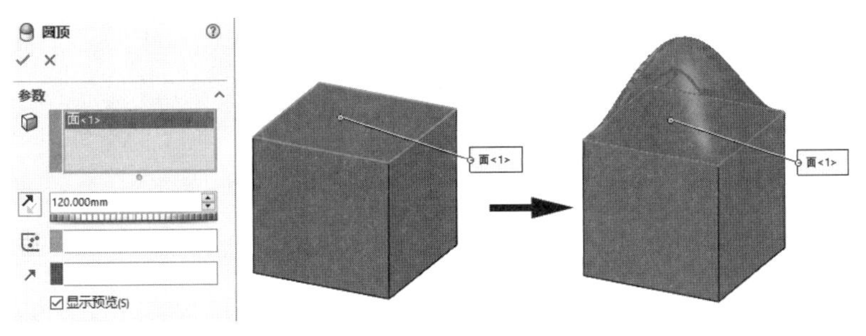


图 3-14

## 2. “自由形”指令

执行“自由形”指令，可以在要变形的面上通过改变控制点和控制曲线的位置来变形实体上的面。在“特征”选项卡中单击“自由形”按钮，并在实体上选取一个面，在弹出的“自由形”面板中添加控制曲线和控制点，然后定义控制点的位置参数或拖动控制点，单击“确定”按钮，即可创建自由形特征，如图 3-15 所示。

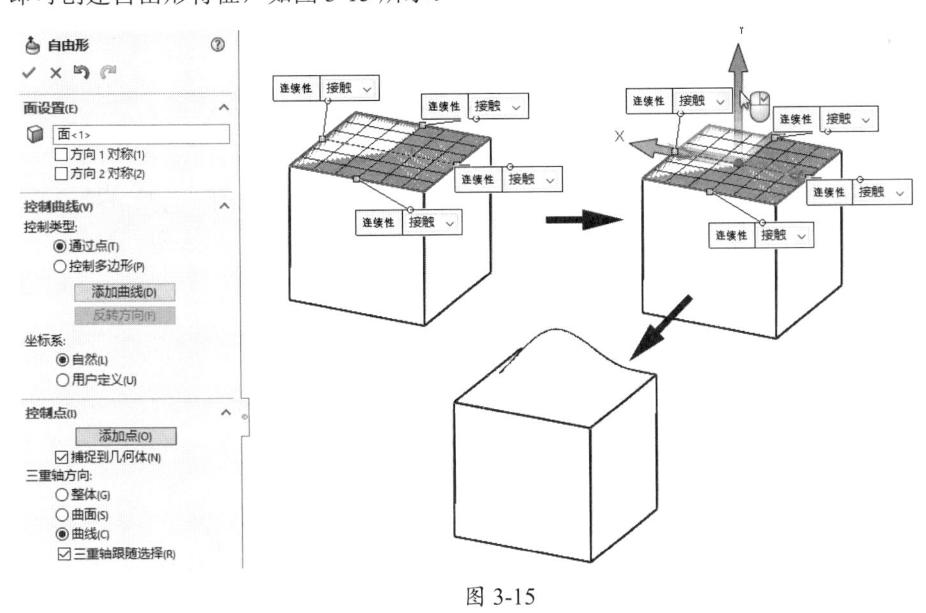


图 3-15

## 3. “变形”指令

执行“变形”指令，通过选取的点、曲线或曲面将变形应用到实体面上。“变形”指令提供 3 种变形类型：“点”变形、“曲线到曲线”变形和“曲面推进”变形。

- “点”变形：“点”变形是改变复杂形状的最简单方法。选择模型面、曲面、边线或顶点上的一点，或者选择空间中的一点，然后选择用于控制变形的距离和球形半径，如图 3-16 所示。

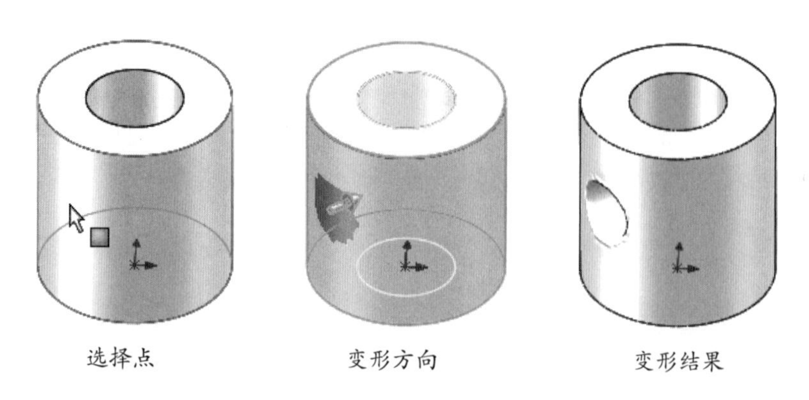


图 3-16

- “曲线到曲线”变形：“曲线到曲线”变形是改变复杂形状的更为精确方法。通过将几何体从初始曲线（可以是曲线、边线、剖面曲线或草图曲线组等）映射到目标曲线组，可以变形对象，如图 3-17 所示。

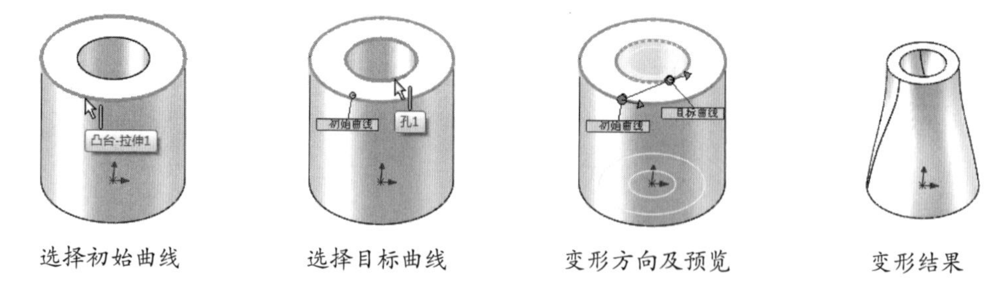


图 3-17

- “曲面推进”变形：“曲面推进”变形是通过使用工具实体曲面，替换（推进）目标实体的曲面来改变其形状。目标实体曲面接近工具实体曲面，但在变形前后每个目标曲面之间保持一对一的对应关系，如图 3-18 所示。

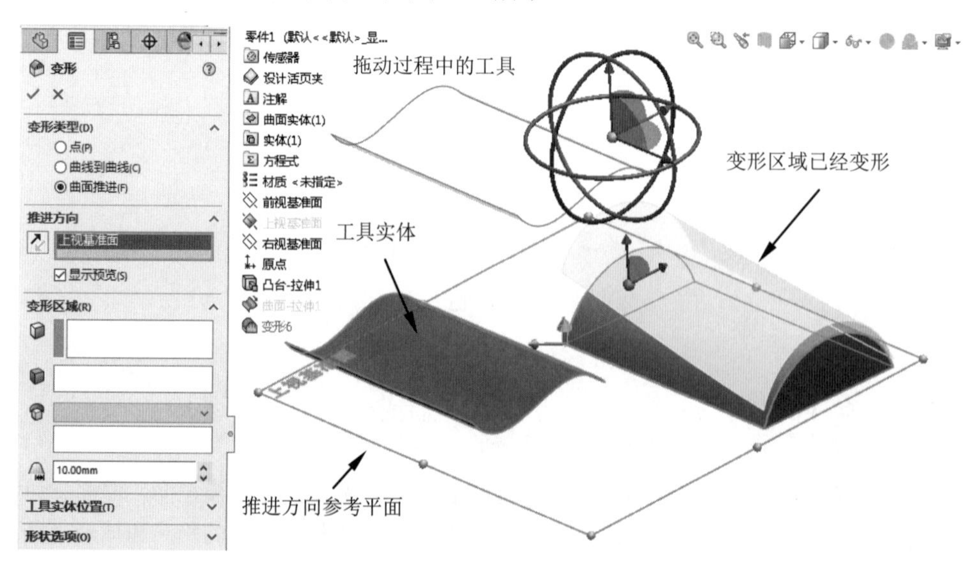


图 3-18

### 4. “压凹”指令

执行“压凹”指令，可以用一个实体特征（工具实体）作为切除工具，去切除另一个实体特征（目标实体），从而得到新实体。“压凹”特征也是布尔差集运算的结果。通常应用“压凹”指令进行电子元器件的封装、冲印及模具的成型零件设计等。图 3-19 所示为创建模具凹模零件的范例，其中，目标实体为毛坯，工具实体为产品零件。

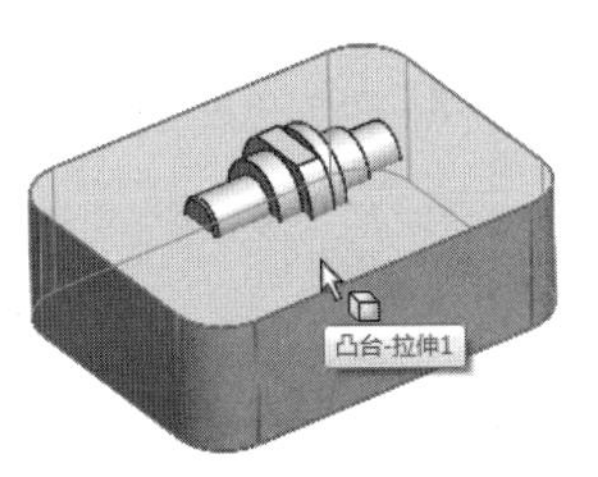

选择目标实体

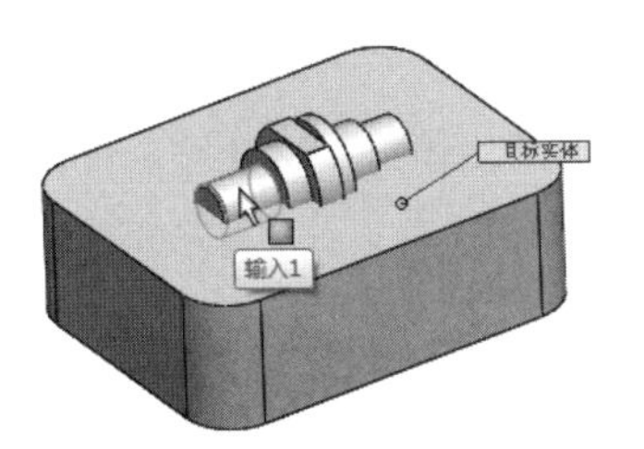


选择切除工具

模具凹模零件

图 3-19

### 5. “弯曲”指令

执行“弯曲”指令，可以将常规形体的实体进行折弯、扭曲、锥削和伸展等操作，以此获得外形非常复杂的新实体。

单击“特征”选项卡中的“弯曲”按钮，弹出“弯曲”面板，如图 3-20 所示。

图 3-20

“弯曲”面板中提供了以下 4 种弯曲类型。

- 折弯：利用两个剪裁基准面的位置来决定弯曲区域，绕一条折弯线改变实体，此折弯线相当于三重轴的 $X$ 轴，如图 3-21 所示。

**技术要点**

创建折弯时，如果选中“粗硬边线”复选框，则仅折弯曲面。反之，创建折弯实体。

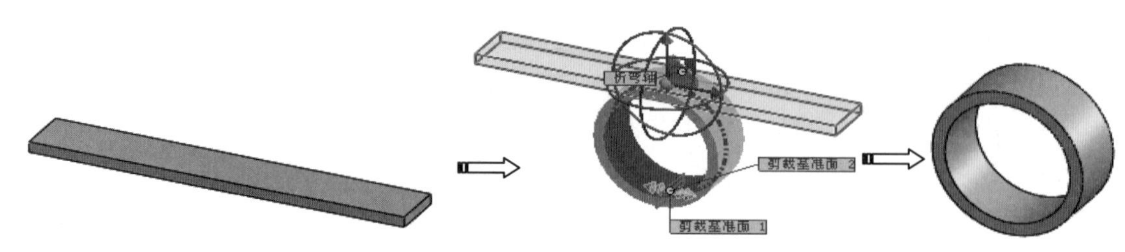


图 3-21

- 扭曲：绕三重轴的 Z 轴扭曲几何体，如麻花钻，如图 3-22 所示。

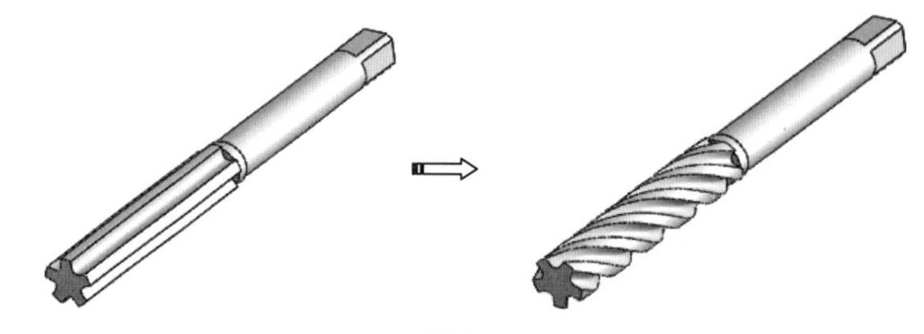

图 3-22

- 锥削：使模型随着比例因子的缩放，产生具有一定锥度的变形，如图 3-23 所示。

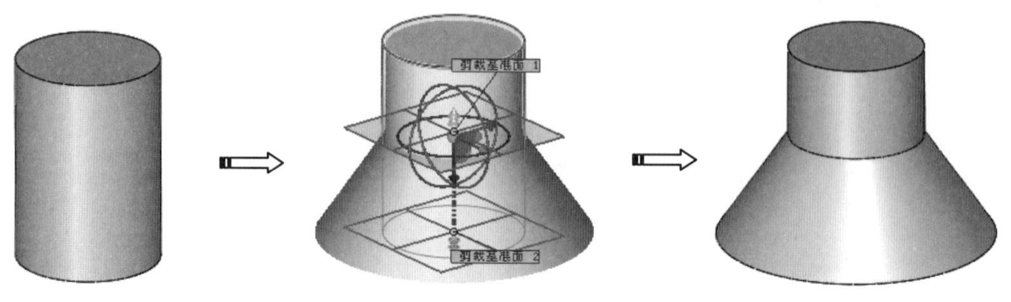


图 3-23

- 伸展：将实体模型沿着指定的方向进行延伸，如图 3-24 所示。

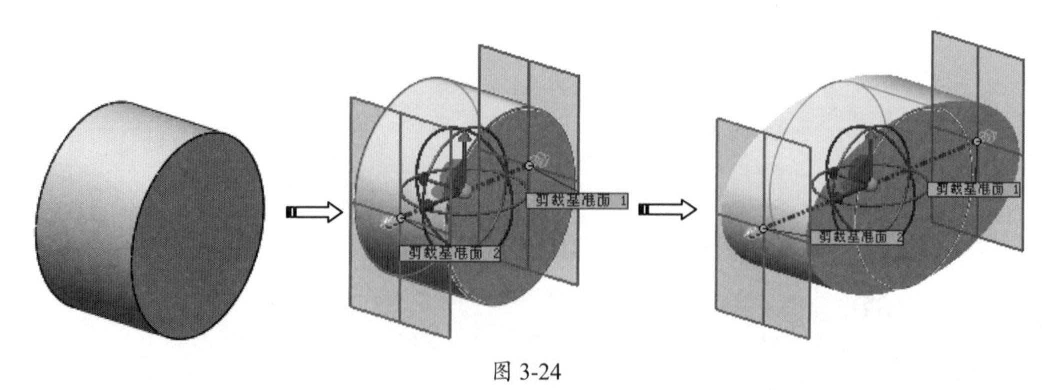


图 3-24

### 6. “包覆”指令

执行“包覆”指令，可以将封闭轮廓草图投射并包裹到指定的目标实体面上，从而在目标实体表面生成新的特征。

单击“特征”选项卡中的“包覆”按钮并绘制草图后，弹出“包覆”面板，如图 3-25 所示。

图 3-25

“包覆”面板中提供了 3 种包覆类型和 2 种包覆方法，具体介绍如下。

- “浮雕”类型：在面上生成一个凸起特征，如图 3-26 所示。
- “蚀雕”类型：在面上生成一个凹陷特征，如图 3-27 所示。
- “刻划”类型：在面上生成一个草图轮廓的压印，如图 3-28 所示。

图 3-26

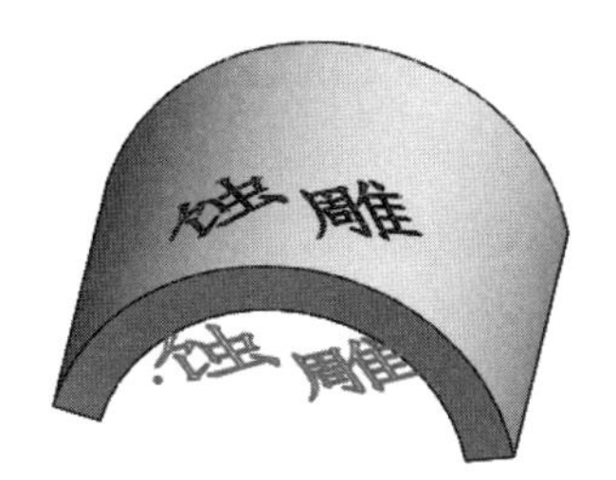


图 3-27

图 3-28

- “分析”方法：指针对圆柱体、圆锥体、矩形体、圆台等常规形状的实体面而进行的轮廓草图覆盖方法。
- “样条曲面”方法：指针对异形的实体面而进行的轮廓草图覆盖方法。

## 3.1.4　工程特征指令

工程特征就是在机械零件上常见的用于保护零件、支撑零件、增加零件强度等功能性特点的结构特征。工程特征只能依附在主体零件上，所以也称为“附加特征”或“子特征”。常见的工程特征如圆角、倒角、孔、抽壳、拔模及筋等。

### 1．圆角

圆角与倒角（斜角）是机械工程中常见的一种用于保护零件、保护工作人员手指及增强机械力学性能的加工工艺。

执行“圆角”指令可以为一个面的所有边线、所选的多组面、单一边线或者边线环生成圆角特征，如图 3-29 所示。

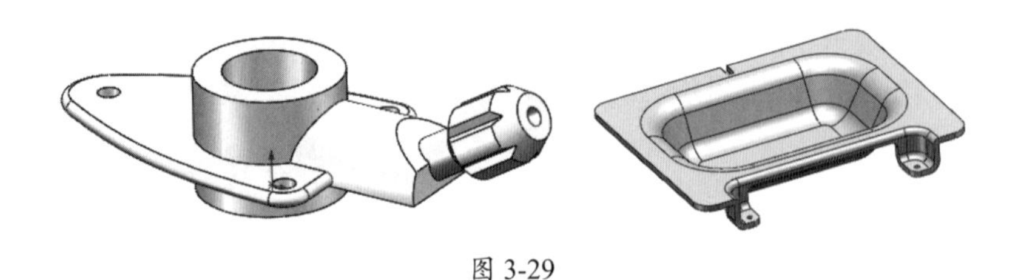

图 3-29

在“特征”选项卡中单击“圆角”按钮，弹出“圆角”面板，如图 3-30 所示。该面板中提供了 4 种常见的圆角类型。

- 等半径：利用此圆角类型可以生成整个圆角都有等半径的圆角，如图 3-31 (a) 所示。若选中“多半径圆角”复选框，可以为每条边线设置不同的圆角半径值并进行倒圆角操作。
- 变半径：利用此圆角类型可以生成可变半径的圆角，如图 3-31 (b) 所示。
- 面圆角：利用此圆角类型可以混合非相邻、非连续的面，如图 3-31 (c) 所示。
- 完整圆角：利用此圆角类型可以生成相切于 3 个相邻面组的圆角，如图 3-31 (d) 所示。

若在“逆转参数”选项组中设置逆转圆角参数，可以在混合曲面之间沿着零件边线进入圆角，生成平滑过渡，如图 3-31（e）所示。

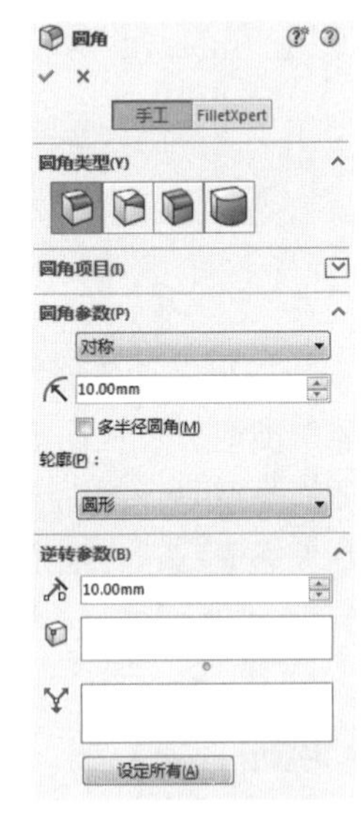


图 3-30

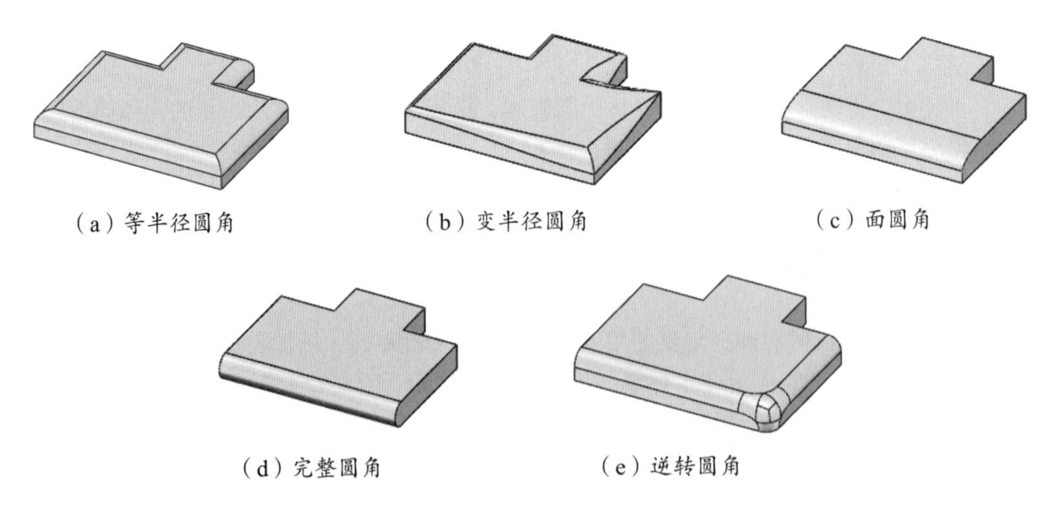

（a）等半径圆角　（b）变半径圆角　（c）面圆角

（d）完整圆角　（e）逆转圆角

图 3-31

## 2. 倒角

单击“特征”选项卡中的“倒角”按钮，弹出“倒角”面板。在该面板中提供了 5 种倒角类型，如图 3-32 所示，分别介绍如下。

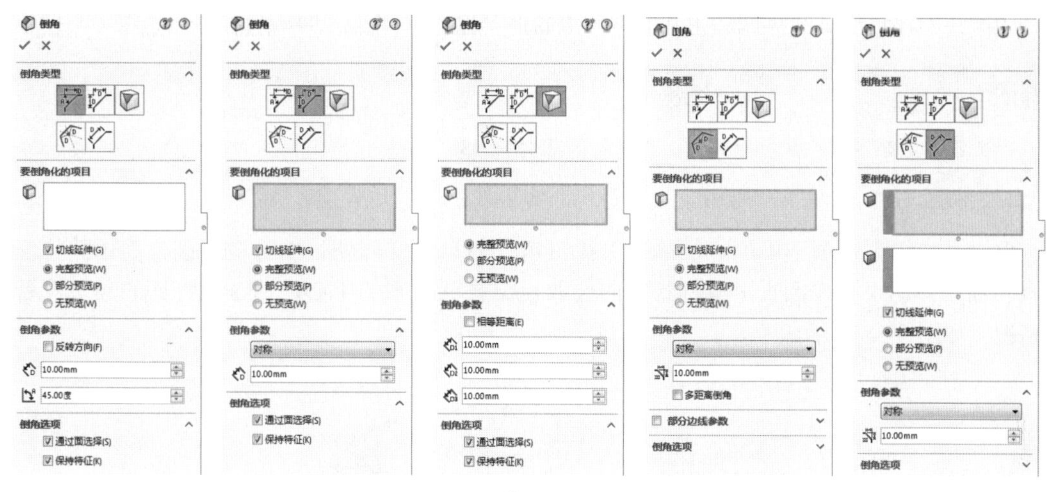


图 3-32

- “角度距离”类型：该类型是以某一个长度和角度建立的倒角特征，如图 3-33 所示。可以从“倒角参数”选项组中定义“距离”和“角度”值。
- “距离 - 距离”类型：该类型是以斜三角形的两条直角边的长度定义的倒角特征，如图 3-34 所示。
- “顶点”类型：该类型是以相邻的 3 条相互垂直的边定义的顶点圆角，如图 3-35 所示。

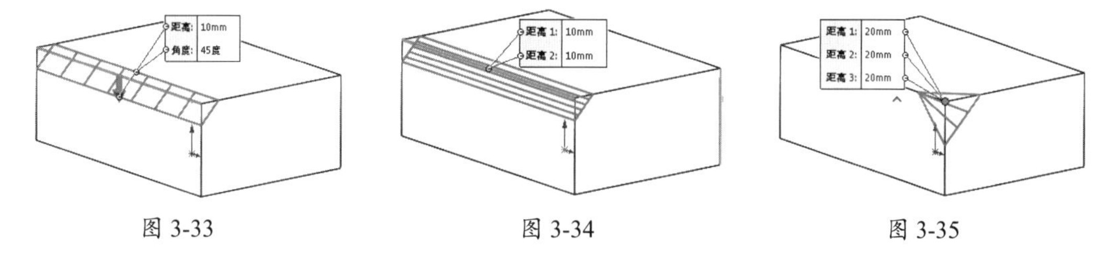


图 3-33　　图 3-34　　图 3-35

- “等距面”类型：该类型通过偏移选定边线旁边的面求解等距面倒角。如图 3-36 所示，可以选择某一个面创建等距偏移。
- “面 - 面”类型：该类型选择带有角度的两个面创建刀具，如图 3-37 所示。

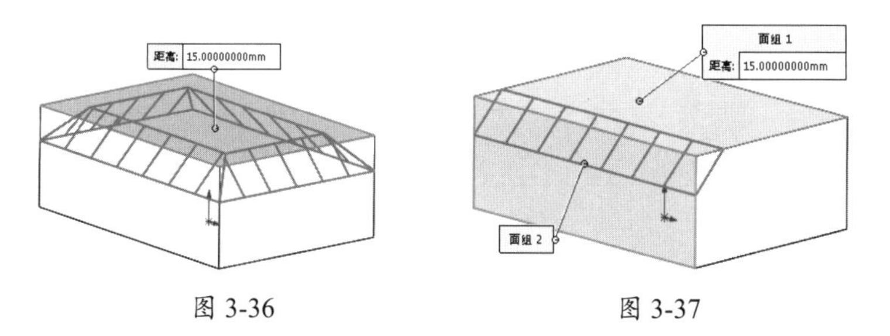


图 3-36　　图 3-37

### 3. “简单孔”指令

SolidWorks 提供了 4 种类型的孔特征创建指令：“简单孔”“高级孔”“异形孔向导”和“螺纹线”。其中，“简单孔”指令用来创建非标孔；“高级孔”指令和“异形孔向导”指令用来创建标准孔；“螺纹线”指令用来创建圆柱内、外螺纹特征。

简单孔类似拉伸切除特征，不同的是简单孔的草图是参数定义的，不是在草图中绘制的。

**提示**

若“简单孔”命令不在默认功能区的“特征”选项卡中，则需要从“自定义”面板的“命令”选项卡中调用此命令。

单击“特征”选项卡中的“简单孔”按钮，然后在实体特征中选取要创建简单孔特征的平直表面，弹出“孔”面板。鼠标指针的选取点位置就是孔的中心，通过孔特征的预览查看生成情况，如图 3-38 所示。

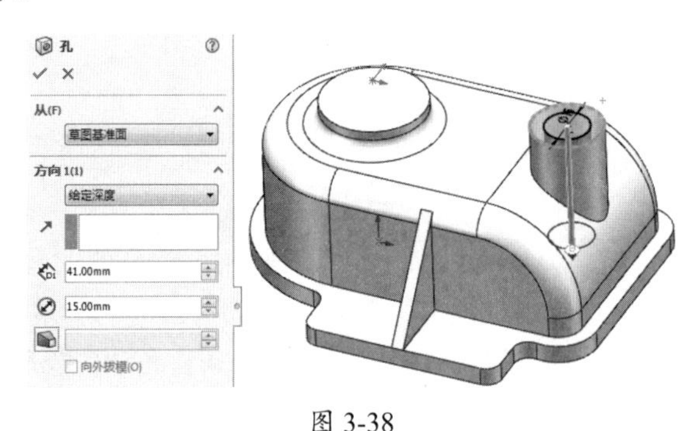


图 3-38

“孔”面板的选项含义与“凸台 - 拉伸”面板中的选项含义完全相同，设置孔参数后单击“确定”按钮，完成简单孔的创建。如果要定义孔中心的位置，可以通过后期编辑孔特征的草图曲线来实现。

### 4. “高级孔”指令

执行“高级孔”指令可以创建沉头孔、直孔、锥形孔及螺纹孔等标准孔类型。

“高级孔”与“简单孔”所不同的是，“高级孔”工具可以在曲面上创建孔特征。

单击“高级孔”按钮，在实体特征的表面（可以是平面也可以是曲面）选择孔位置并放置孔，随后弹出“高级孔”面板。定义孔标准、规格及参数后，即可创建高级孔特征，如图 3-39 所示。

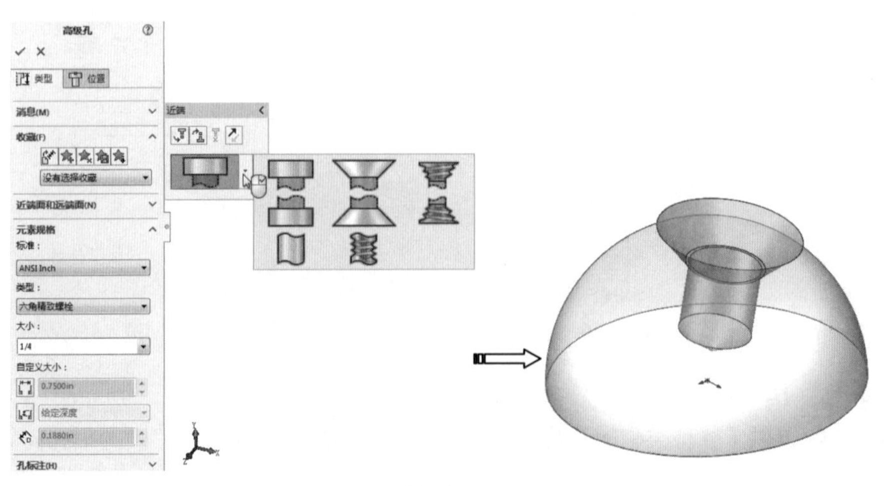


图 3-39

## 5. “异形孔向导”指令

异形孔类型包括：柱形沉头孔、锥形沉头孔、孔、螺纹孔、锥螺纹孔、旧制孔、柱孔槽口、锥孔槽口及槽口等，如图 3-40 所示。根据需要可以选定异形孔的类型。与“高级孔”工具不同的是，“异形孔向导”工具只能选择标准孔规格，不能自定义孔尺寸。

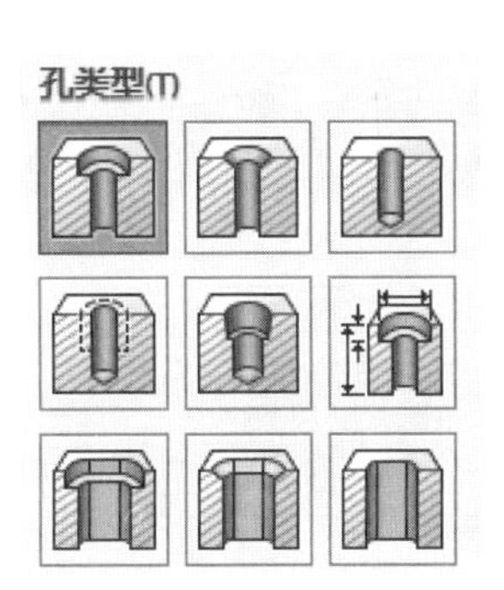


图 3-40

当使用“异形孔向导”生成孔时，孔的类型和大小出现在“孔规格”面板中。

通过使用“异形孔向导”可以生成基准面上的孔，或者在平面和非平面上生成孔。生成异形孔的步骤包括：设定孔类型参数、孔的定位及确定孔的位置这 3 个步骤。

## 6. “筋”指令

执行“筋”指令可以在实体中创建加强筋（也称为“肋”）特征。加强筋存在于常见的金属零件产品及塑料件产品中。根据作用不同，加强筋分两种布置情况，一种是创建在零件外部作为斜支撑；另一种是创建在零件内部作为结构加强，如图 3-41 所示。

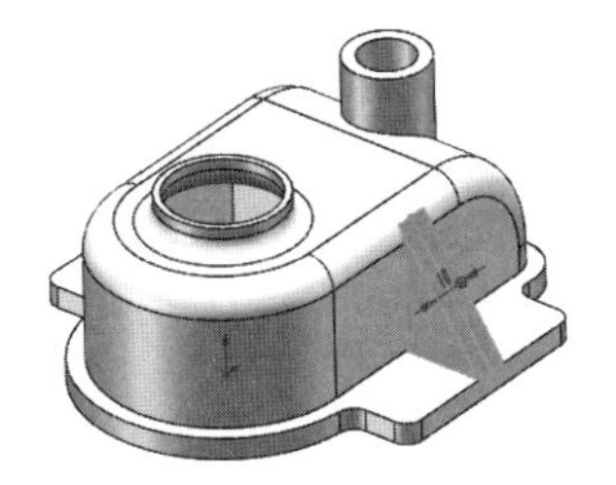

创建在零件外部

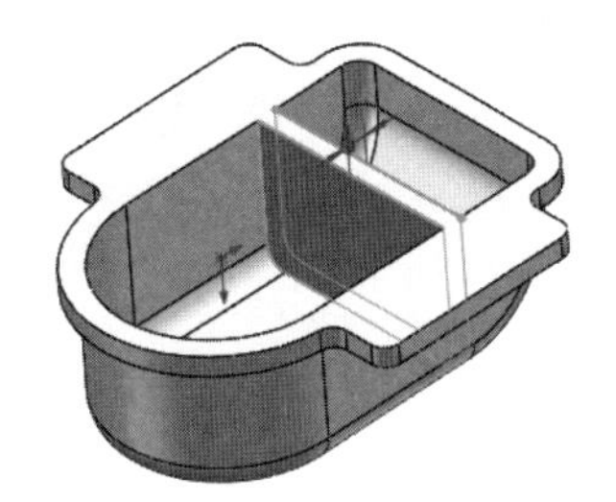

创建在零件内部

图 3-41

要创建加强筋，必须绘制加强筋的外形轮廓（零件以外的轮廓）草图，草图可以提前绘制，也可以在单击“筋”按钮后选择草图平面来绘制筋轮廓草图，筋轮廓草图为开放曲线的草图。如图 3-42 所示为两种加强筋布置的轮廓草图。

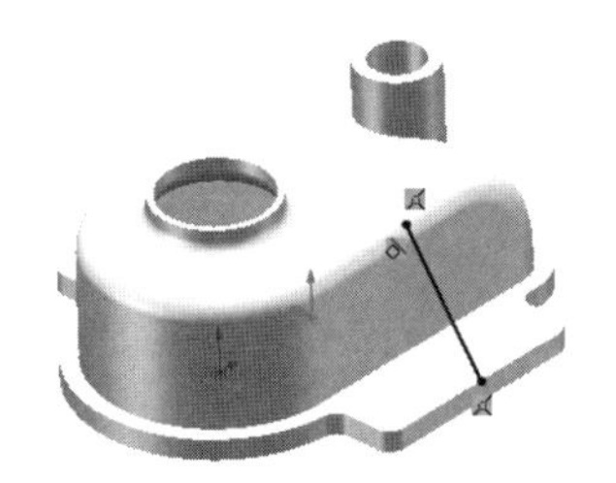

零件外部的筋轮廓草图

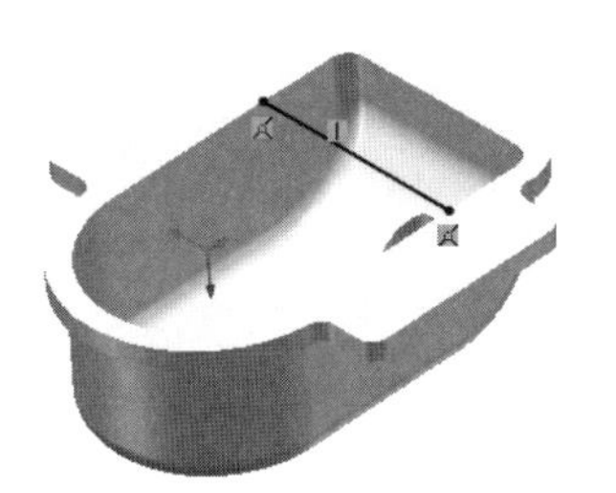

零件内部的筋轮廓草图

图 3-42

**技术要点**

仅轮廓草图为开放线，可以是直线，也可以是曲线。曲线两端可以无限延伸，但曲线必须经过零件表面，不能远离零件表面，否则不能创建筋特征，如图3-43所示。

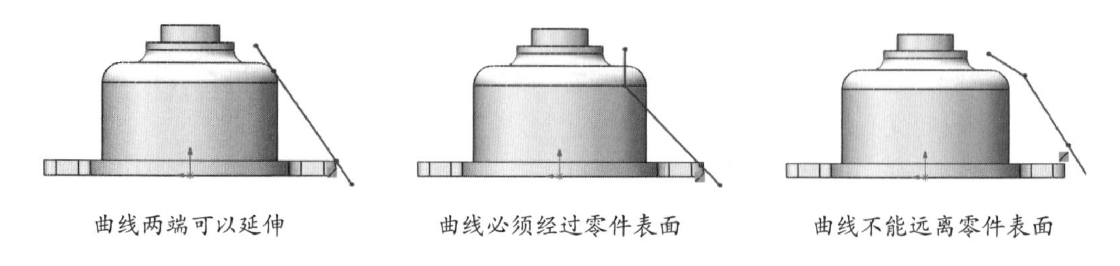


图 3-43

绘制筋轮廓草图后，单击“筋”按钮，弹出“筋”面板。在“筋”面板中设置筋厚度方向、厚度值、拉伸方向及拔模角度后，单击“确定”按钮，即可完成筋特征的创建，如图 3-44 所示。

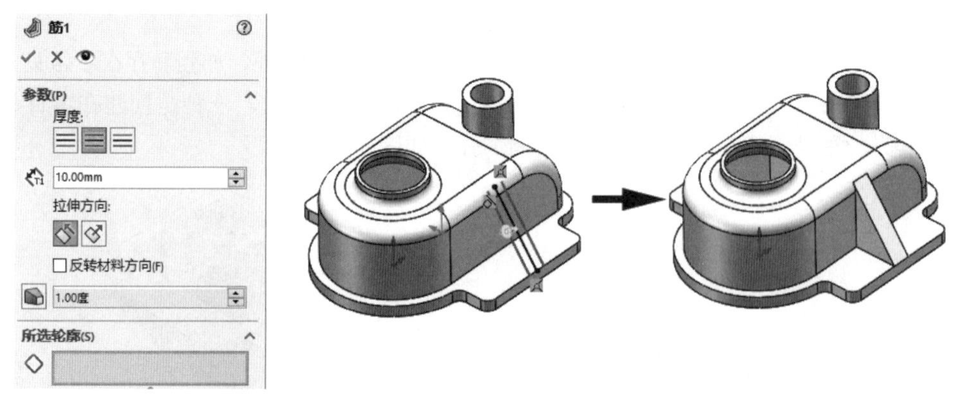


图 3-44

## 7. “拔模”指令

执行“拔模”指令可以在实体上创建具有倾斜角度面的拔模特征。创建拔模特征是为了使铸造零件或塑料产品制件能够从模具型腔中顺利脱出，同时也是为了保护模具型腔零件不受反复摩擦而导致损坏。在零件中创建拔模特征的前提是，该零件是一个深腔件或长度较长的直筒件。

在“特征”选项卡中单击“拔模”按钮，弹出“拔模”面板。在该面板中提供 3 种拔模类型：中性面、分型线和阶梯拔模，如图 3-45 所示。

- 中性面：“中性面”就是与拔模方向垂直的平面，可以在该平面的两侧进行正向或反向拔模，如图 3-46（a）所示。这种拔模类型适用于大部分零件中的简单拔模。
- 分型线：“分型线”全称“模具分型线”，要选择这种拔模类型，可以选择产品的边线或是事先在产品上创建的模具分型线，选择分型线后才能进行实体面的拔模，如图 3-46（b）所示。
- 阶梯拔模：阶梯拔模是“分型线”拔模类型的一种特殊类型，其特殊在于可以创建锥形拔模和垂直拔模，如图 3-46（c）所示。

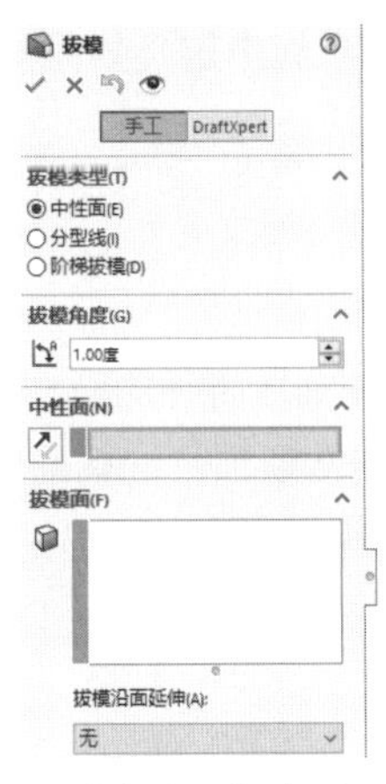


“中性面”类型

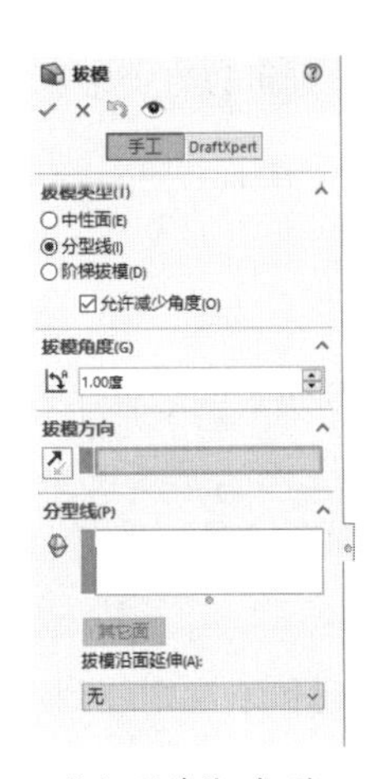


“分型线”类型

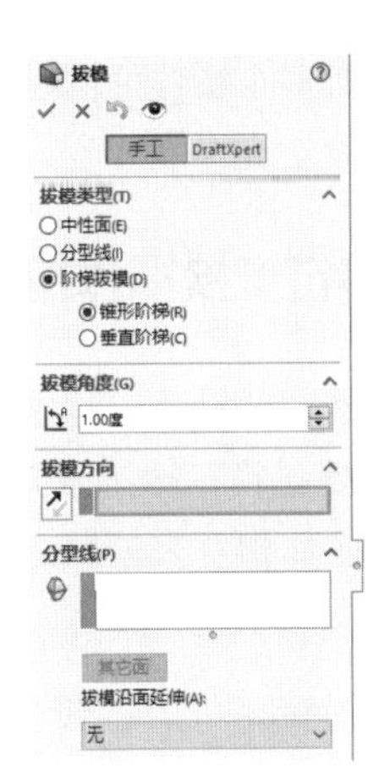


“阶梯拔模”类型

图 3-45

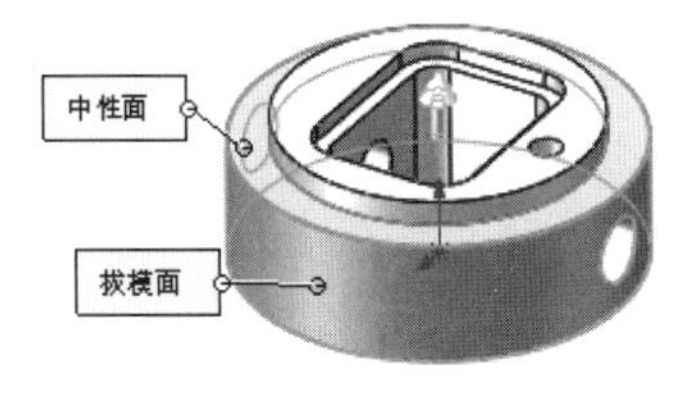


（a）“中性面”拔模类型

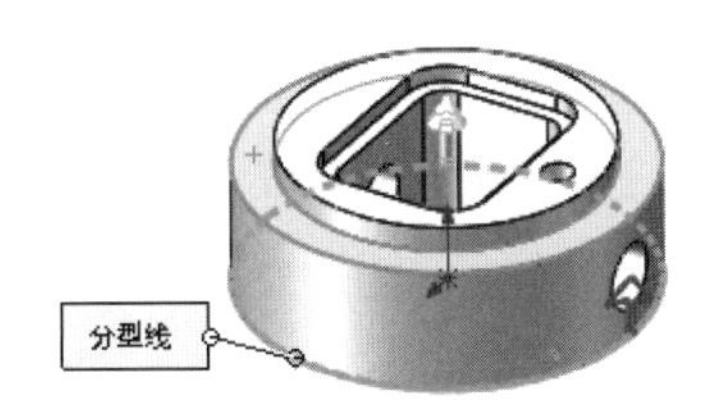


（b）“分型线”拔模类型

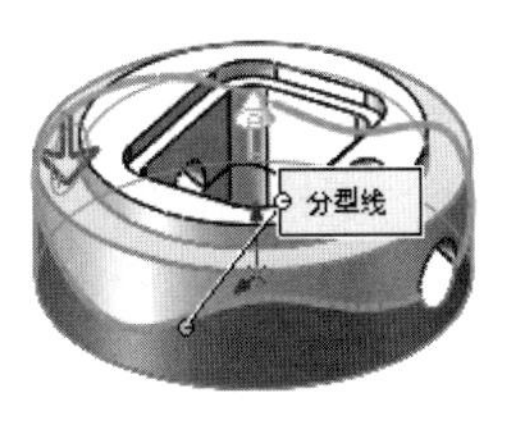


（c）“阶梯拔模”拔模类型

图 3-46

**技术要点**

“拔模”面板中的“拔模方向”选项组是用来定义拔模方向的参考面的，只需要选择一个与拔模方向垂直的平面、基准面或平直的实体面即可，其性质与中性面相同。

## 8. “抽壳”指令

执行“抽壳”指令可以创建壳体、钣金或镂空的零件。抽壳是从实体表面上去除一个面，其余面则相应加厚，形成具有一定厚度的薄壁实体。

在“特征”选项卡中单击“抽壳”按钮，弹出“抽壳”面板。在图形区中选取实体上的一个面作为要去除的面，然后在“抽壳”面板中设置壳厚度，单击“确定”按钮，即可完成抽壳操作，如图 3-47 所示。

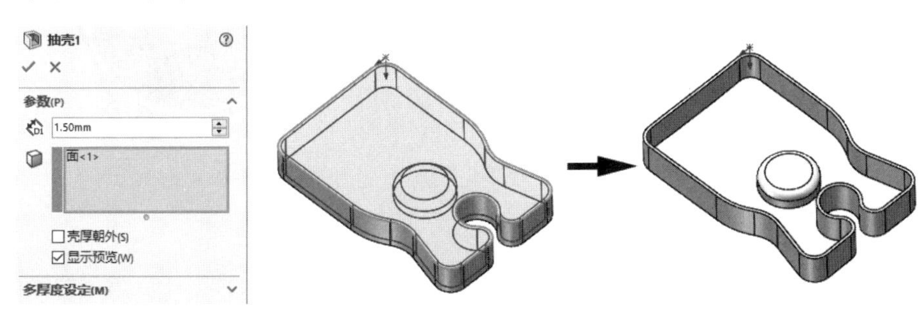


图 3-47

若要选取多个实体面同时进行抽壳，则可以在“多厚度设定”选项组中定义其他要移除的面，并为这些面设定壳厚度。

## 3.1.5 特征变换操作指令

在机械零件的设计过程中，可能会发现某些零件中存在对称、阵列等特性的结构，若使用前面介绍的特征建模指令来设计零件，可能无法创建或者创建过程非常烦琐，这就需要使用一些便捷的变换操作指令来辅助建模。下面具体介绍 SolidWorks 的变换操作指令。

### 1. 阵列

在 SolidWorks 中，阵列包括规则阵列和不规则阵列。

规则阵列包括：

- 线性阵列。
- 圆周阵列。

不规则阵列则包括：

- 曲线驱动的阵列。
- 表格驱动的阵列。
- 草图驱动的阵列。
- 填充阵列。
- 随形阵列。

在机械设计过程中，可以采用不同的阵列方式来完成零件设计。有时也可以多种阵列方式组合使用，以达到事半功倍的效果。下面仅介绍常见的两种阵列方式，包括线性阵列和圆周阵列。

（1）线性阵列。

线性阵列是将特征在零件实体中进行线性方向阵列，阵列方向可以是草图直线、直线、实体边或轴。线性阵列的范例（阵列孔）如图 3-48 所示。

（2）圆周阵列。

圆周阵列是绕指定的基准轴进行旋转复制而得到的阵列特征，圆周阵列的范例如图 3-49 所示。

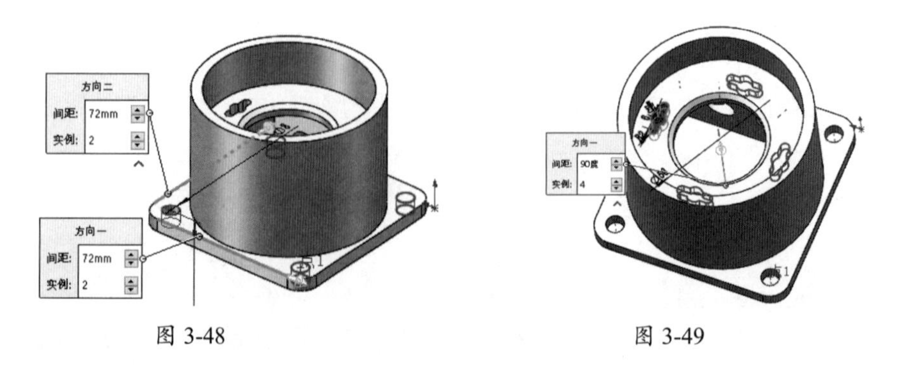


图 3-48　　图 3-49

### 2. 镜像

执行“镜像”命令，可以将实体上的某个特征（也可以是整个实体），以指定的镜像平面进行对称复制。

单击“特征”选项卡中的“镜像”按钮，弹出“镜像”面板。如图 3-50 所示，在图形区指定一个基准平面（可以是实体面、基准面或平面曲面）作为特征镜像面，再选取加强筋特征作为要镜像的特征，单击“确定”按钮，即可完成加强筋特征的镜像操作。

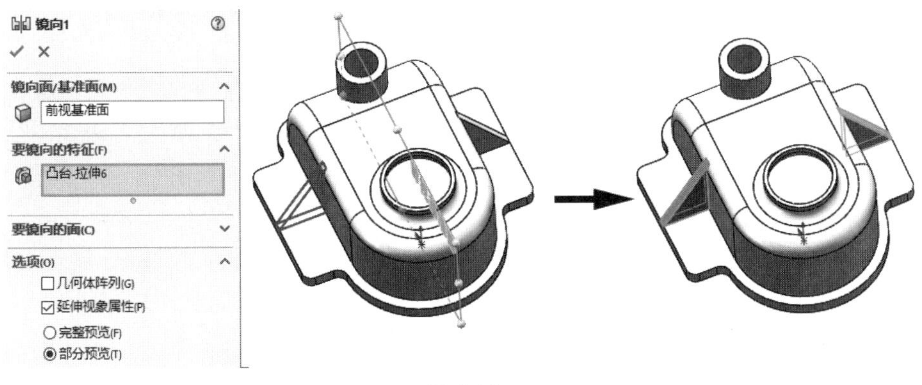


图 3-50

## 3.2 实体建模高级训练

学习诸多的实体建模指令后，为了让读者对这些建模指令有更深的理解，下面结合一些塑料产品和机械零件的建模方法进行综合讲解。

### 3.2.1 实体建模技术要点

初学者在建模时经常因找不到解析思路而无从下手，虽然任何一个复杂模型都是由简单的几何特征构造而成的，但是采取何种方法进行组拼还需要详细分析。本节依据作者的工作经验总结一些建模理念及技巧，当然，在掌握这些技巧后还需要根据实际情况进行方法延伸，达到举一反三的学习目的。

对于新手而言，快速、有效地建立三维模型是一大难题，其实归纳起来无非以下几点。

- 不熟悉软件中的建模指令。
- 视新手掌握工程制图知识的程度，看图纸有不同的难度。
- 模型建立的先后顺序模糊不清，无从下手。

对于同样的一个模型，我们可以用不同的建模思路（思路不同所利用的指令也会不同）去建立，“条条道路通罗马”就是这个意思。

基于以上列出的 3 点，前两点可以在长期的建模操作中得到解决或加强，最关键的就是第 3 点——建模思路的确定。接下来讲解相关的基本建模思路。

目前，建模手段分 3 种：参照图纸建模、参照图片建模和逆向点云构建曲面建模。其中，参照图片建模和逆向点云建模主要在曲面建模中得到了完美体现，故本节不进行重点讲解，下面仅讲解参照图纸建模的手段。

#### 1. 参照一张图纸建模

当需要为一张机械零件图纸进行三维建模时，图纸是唯一的参照，下面举例说明看图分析方法。模型建立完成的方式也分两种——叠加法和消减法。

（1）叠加法。

如图 3-51 所示，这是一个典型的机械零件立体视图，立体视图中标清、标全了尺寸。虽然只有一个视图，但尺寸一个也没有少，据此是可以建立三维模型。问题是如何逐步去实现它呢？叠加法建模思路如下。

- 首先查找建模的基准，也就是建模的起点。此零件（或者说此类零件）都是有“座”的，我们称为“底座”。凡是有底座的零件，一律从底座开始建模。
- 找到建模起点，那么就可以遵循“从下至上”“从上至下”“由内至外”或者“由外至内”的顺序依次建模。
- 在遵循建模原则的同时，还要判断哪些是主特征（软件中称为“父特征”），哪些是附加特征（软件中称为“子特征”）。先有主特征，再有子特征（不过有些子特征可以和主特征一起建立，省略操作步骤），千万要记住！

就此零件，可以给出一个清晰的建模流程，如图 3-52 所示。

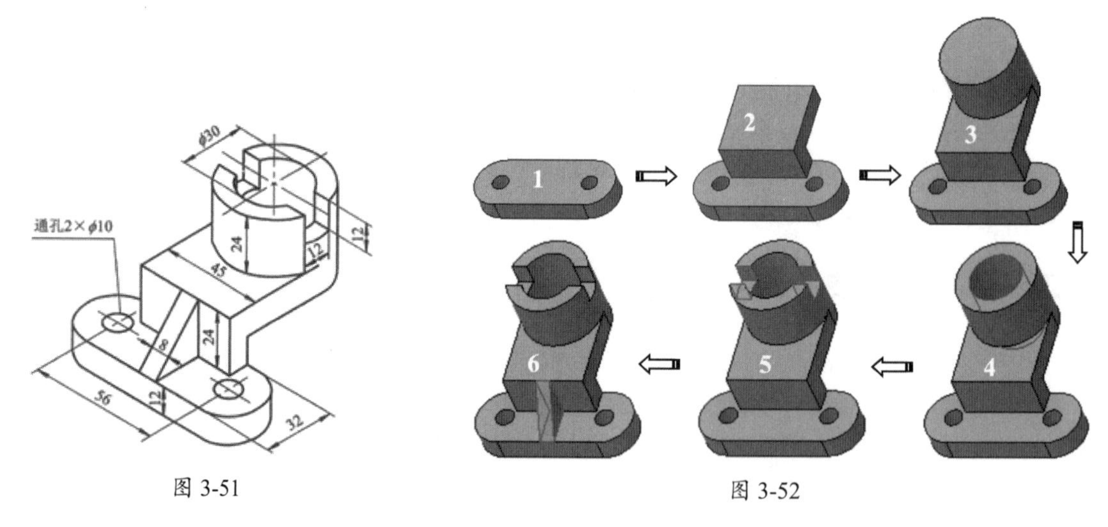


图 3-51

图 3-52

（2）消减法。

消减法建模与叠加法建模恰恰相反，此法应用的案例要少于叠加法，主要的原因是建模的逻辑思维是逆向的，不便于掌握。

如图 3-53 所示的机械零件，也仅是一个立体视图。观察模型得知，此零件有底座，那么建模从底座开始，但由于采用了消减法建模，所以必须先建立基于底座的底面至模型的顶面之间的高度模型，然后才逐一按照从上至下的顺序依次减除多余部分，直至得到最终的零件模型，如图 3-54 所示为消减法的建模流程分解图。

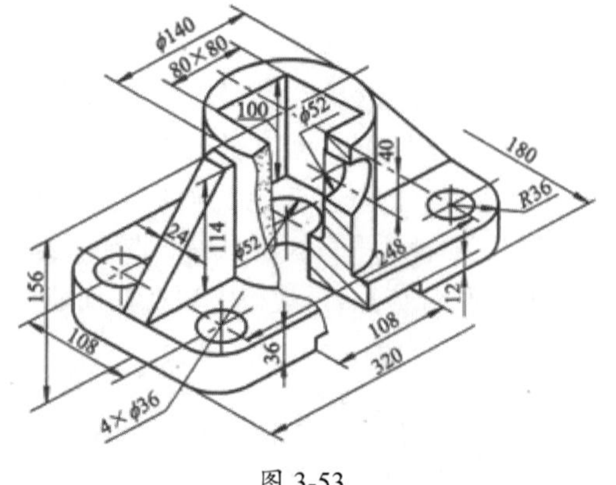


图 3-53

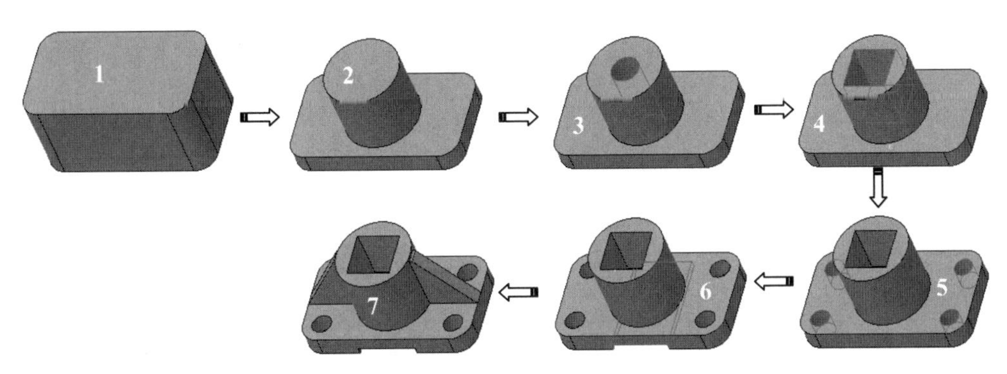


图 3-54

前面介绍的两种建模方法从建模流程的图解中就可以看出，并非完全都用叠加法或消减法进行操作，而是两者相互融合使用。例如“叠加法”中第 4 步和第 5 步就是消减步骤，而“消减法”建模流程中的第 7 步就是叠加的特征。说明在建模的时候，不能单纯依靠某一种方式去解决问题，而是要多方面分析，当然能够单独使用某一种建模方法解决的，也不必再用上另一种方式，总之，是以“最少步骤”完成设计为根本。

## 2. 参照三视图建模

如果得到的图纸是多视图，能完整、清晰地看出零件各个方向的视图及内部结构的情况，那么建模就变得相对容易了。

如图 3-55 所示为一组完整的三视图及模型立体视图（轴侧视图）。图纸中还直接给出了建模起点，也就是底座所在平面。这个零件属于对称型零件，用“拉伸凸台 / 基体”命令即可完成，结构还是比较简单的，如图 3-56 所示为建模思路图解。

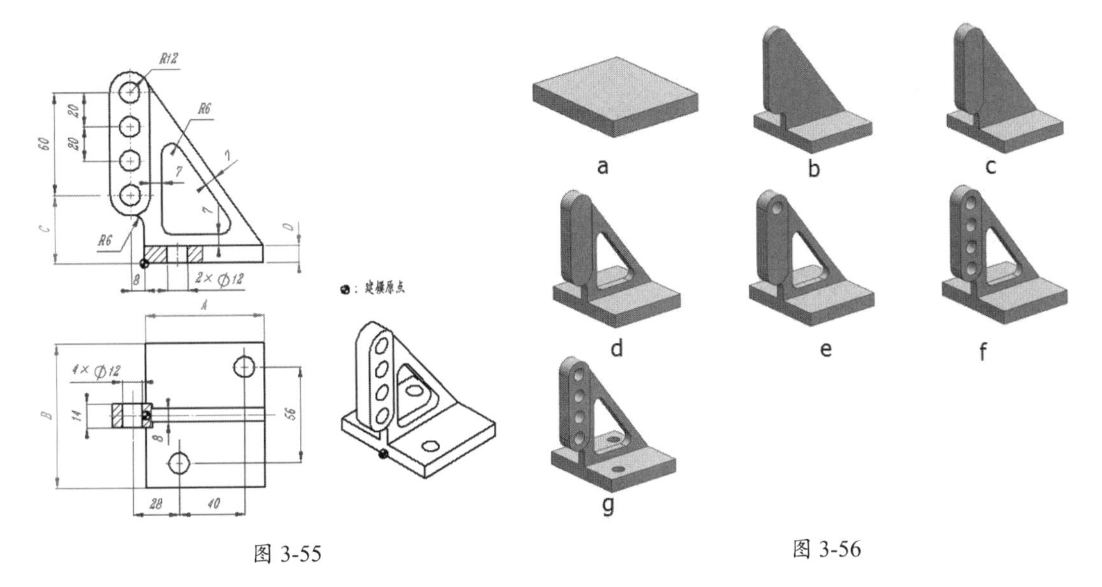


图3-55　　　　图 3-56

再接着看如图 3-57 所示的零件三视图。此零件的建模起点虽然在底部，但是由于底座由 3 个小特征组合而成，那么就要遵循由大至小、由内至外的建模原则，以此完成底座部分的创建，然后才是从下至上、由父到子的建模顺序，如图 3-58 所示为建模思路图解。

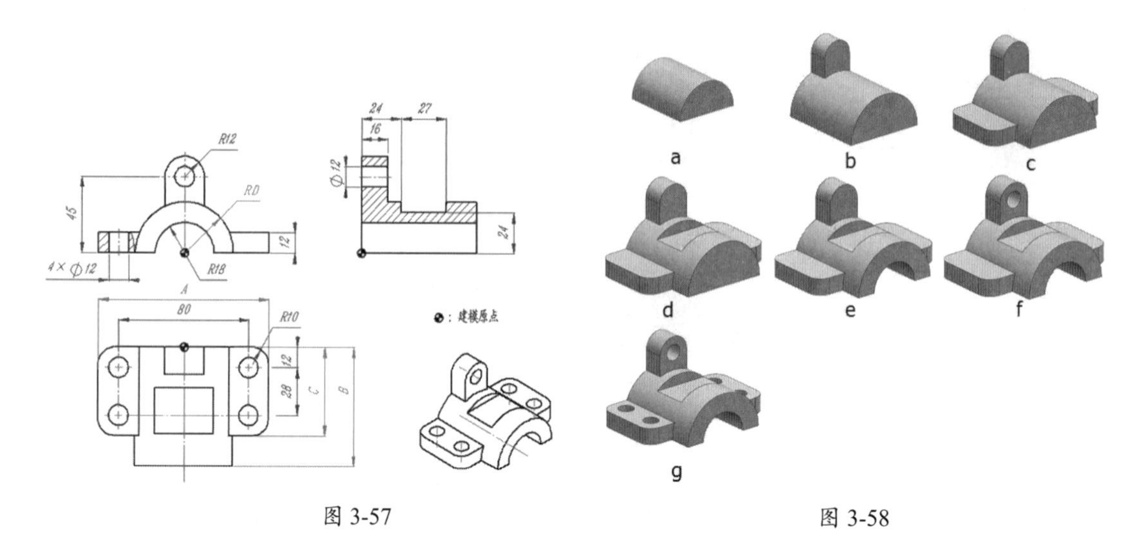


图 3-57　　　　图 3-58

最后再看一组零件的三视图，如图 3-59 所示。此零件与图 3-58 的模型结构类似，不过，在本零件中可以采用从上至下建模的顺序，理由是顶部的截面是圆形的，圆形在二维图纸中通常充当尺寸基准、定位基准。此外，顶部的这个特征是圆形，是可以独立创建出来的，无须参照其他特征来完成，在 SolidWorks 中通常可以使用 3 种不同命令来创建——“拉伸凸台 / 基体”“旋转凸台 / 基体”或者“扫描”。

如图 3-60 所示为零件的建模思路图解。

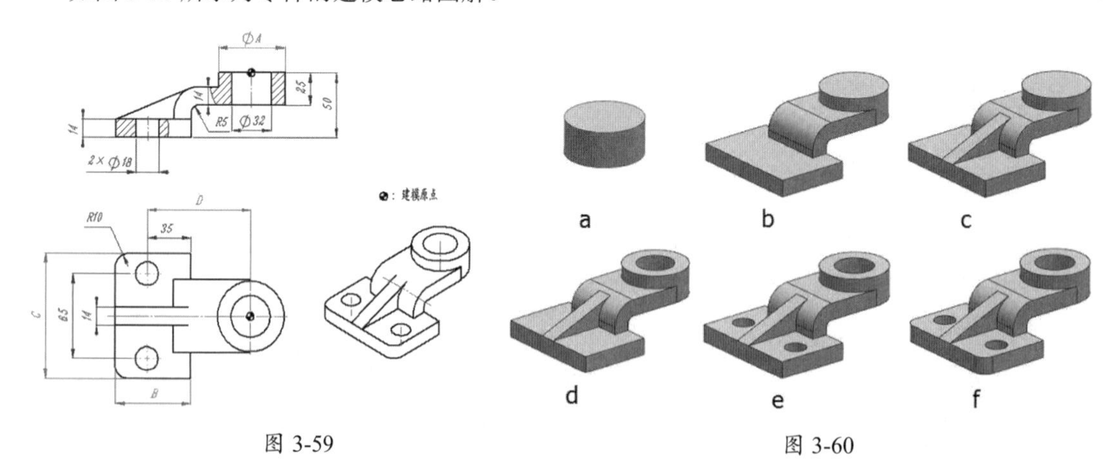


图 3-59　　　　图 3-60

## 3.2.2　建模训练一

参照如图 3-61 所示的三视图构建摇柄零件模型，注意其中的对称、相切、同心、阵列等几何关系。

### 绘图分析

- 参照三视图，确定建模起点在“剖面 A-A”主视图 Ø32 圆柱体底端平面的圆心上。
- 基于“从下至上”“由内至外”的建模顺序。
- 所有特征的截面曲线都来自各个视图的轮廓。

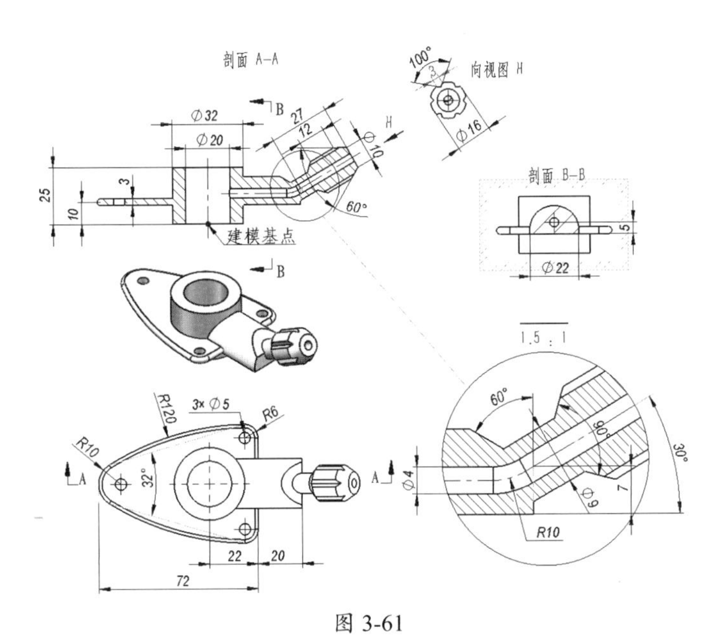


图 3-61

建模流程的图解如图 3-62 所示。

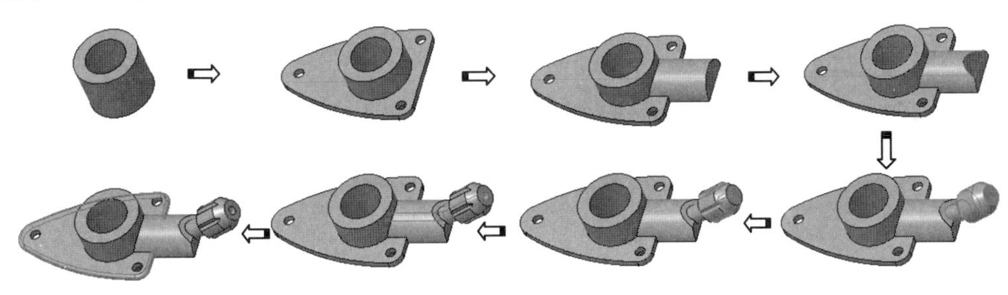

图 3-62

## 设计步骤

（1）创建第 1 个主特征——拉伸特征。

**01** 新建 SolidWorks 零件文件。

**02** 单击“拉伸凸台 / 基体”按钮，选择上视基准面为草图平面，进入草图环境中绘制如图 3-63 所示的草图曲线。

**03** 退出草图环境，在“方向 1（1）”面板中设置拉伸深度为 25 mm，最后单击“确定”按钮，完成创建，如图 3-64 所示。

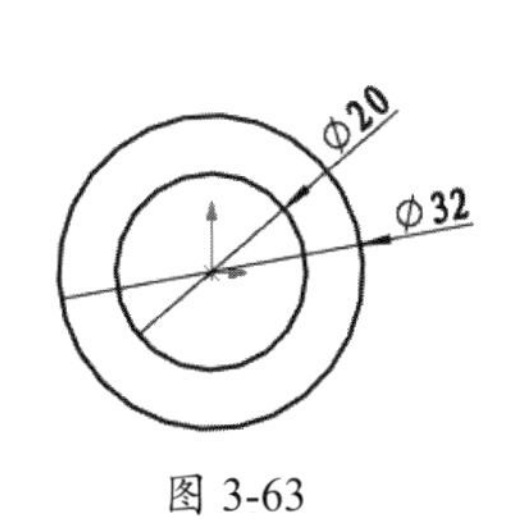

图 3-63

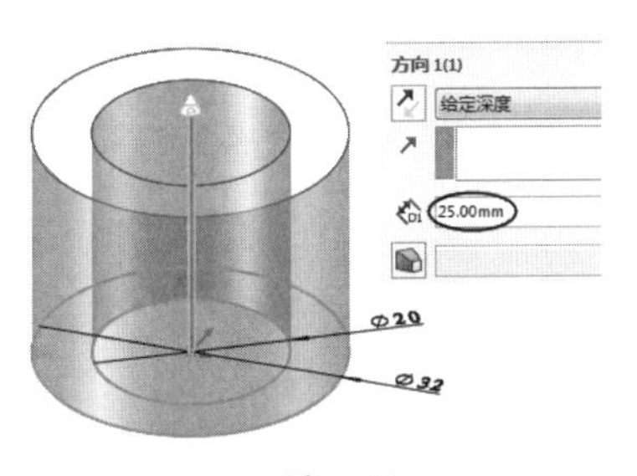


图 3-64

（2）创建第 2 个主特征。

**01** 单击“基准面”按钮，新建一个基准面 1，如图 3-65 所示。

**02** 单击“拉伸凸台 / 基体”按钮，在“基准面”面板中选择基准面 1 为草图平面，进入草图环境绘制如图 3-66 所示的草图曲线。

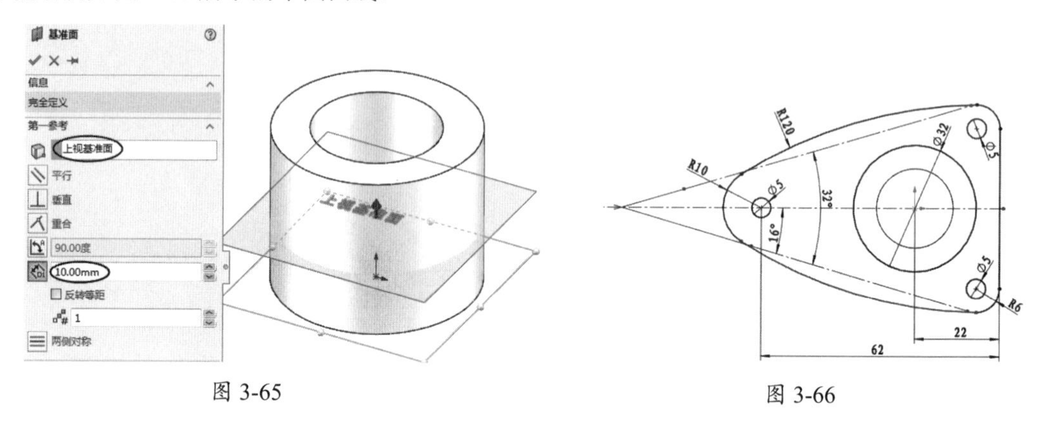


图 3-65　　　　图 3-66

**03** 退出草图环境后，在“凸台 - 拉伸 2”面板中设置拉伸深度类型为“两侧对称”，深度为 3.00 mm，最后单击“确定”按钮，完成创建，如图 3-67 所示。

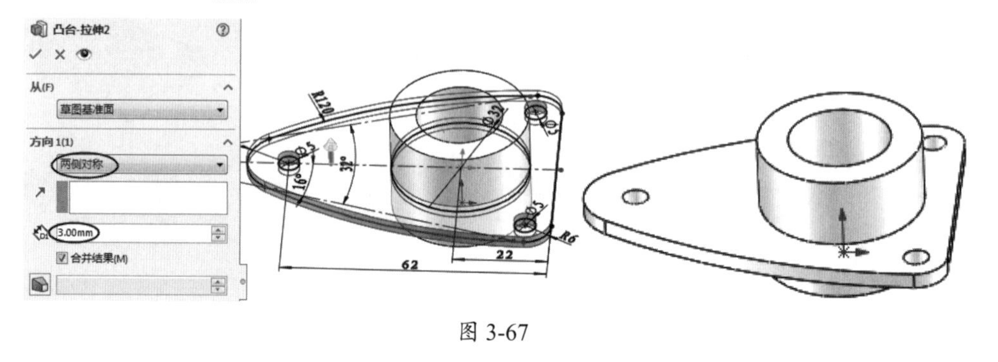


图 3-67

（3）创建第 3 个特征。

**01** 单击“基准面”按钮，新建“基准面 2”，如图 3-68 所示。

**02** 单击“拉伸凸台 / 基体”按钮，选择“基准面 2”为草图平面，进入草图环境中绘制如图 3-69 所示的草图曲线。

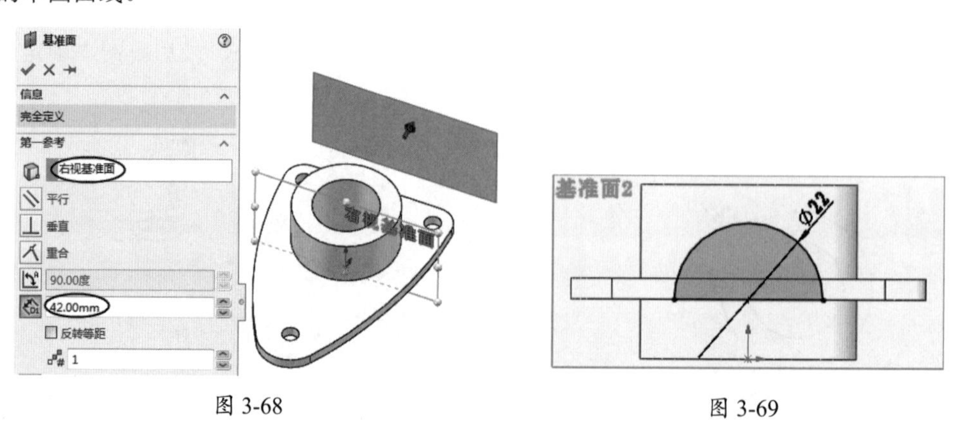


图 3-68　　　　图 3-69

**03** 退出草图环境，在“凸台 - 拉伸”面板中设置拉伸深度类型为“成形至下一面”，更改拉伸方向，最后单击“确定”按钮✓，完成创建，如图 3-70 所示。

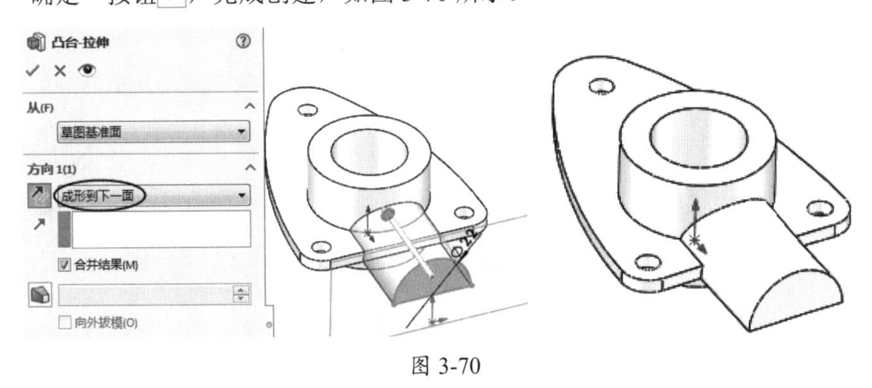


图 3-70

（4）创建第 4 个主特征（拉伸切除特征）。

**01** 单击“拉伸切除”按钮，选择前视基准面平面为草图平面，进入草图环境绘制如图 3-71 所示的草图曲线。

**02** 退出草图环境，在拉伸面板中设置拉伸深度类型为“两侧对称”，最后单击“确定”按钮✓，完成拉伸切除，如图 3-72 所示。

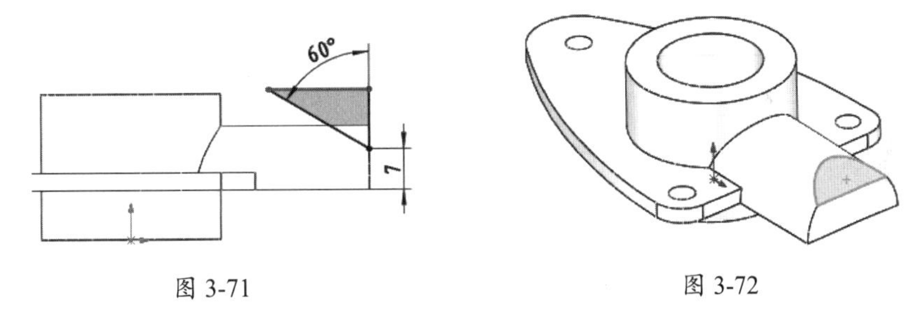


图 3-71　　图 3-72

（5）创建第 5 个主特征。

**01** 单击“旋转凸台 / 基体”按钮，选择前视基准面平面为草图平面，进入草图环境绘制如图 3-73 所示的草图曲线。

**02** 退出草图环境后，在旋转面板中单击“确定”按钮✓，完成创建，如图 3-74 所示。

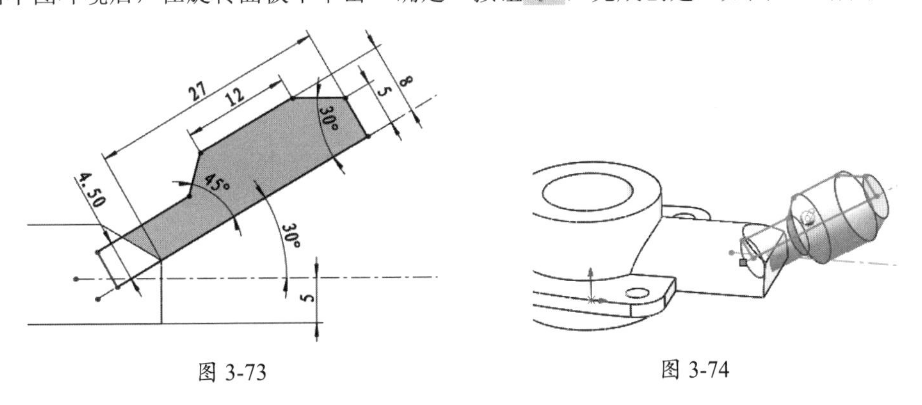


图 3-73　　图 3-74

（6）创建子特征——拉伸切除。

**01** 单击“拉伸切除”按钮，选择上一步绘制的旋转特征外端面作为草图平面，进入草图环境绘制如图 3-75 所示的草图曲线。

**02** 退出草图环境，在拉伸面板中设置拉伸深度类型，单击“确定”按钮✔，完成拉伸减除操作，如图 3-76 所示。

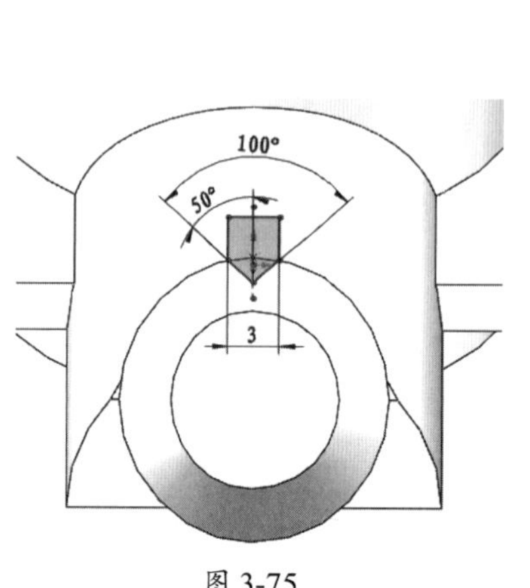

图 3-75

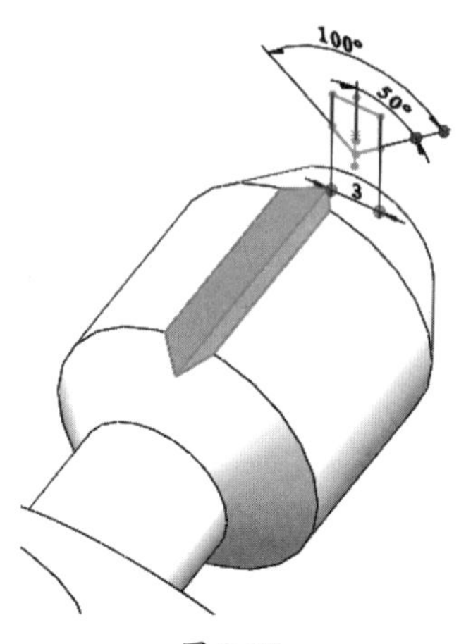

图 3-76

**03** 选中上一步创建的拉伸减除特征，单击“圆周阵列”按钮，弹出“阵列（圆周）1”面板。

**04** 拾取旋转特征 1 的轴作为阵列参考，输入阵列个数为 6，成员之间的角度为 60.00 度，单击“确定”按钮✔，完成阵列操作，如图 3-77 所示。

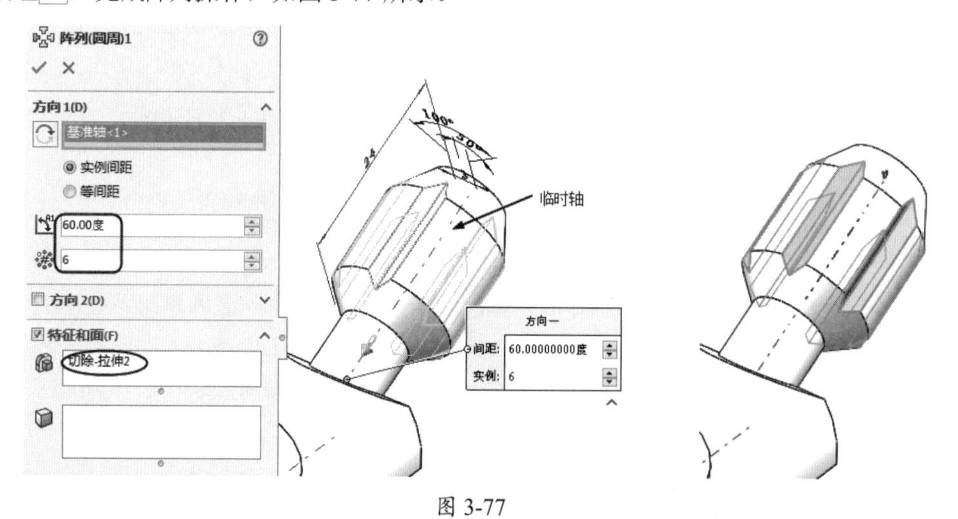

图 3-77

## 技术要点

要显示旋转特征1的临时轴，可以在前导视图选项卡的“隐藏/显示项目”列表中单击“观阅临时轴”按钮。

（7）创建子特征——扫描切除特征。

**01** 在“草图”选项卡中单击“草图绘制”按钮，选择前视基准面平面为草图平面，绘制如图 3-78 所示的草图曲线。

**02** 同理，在旋转特征端面绘制如图 3-79 所示的草图曲线。

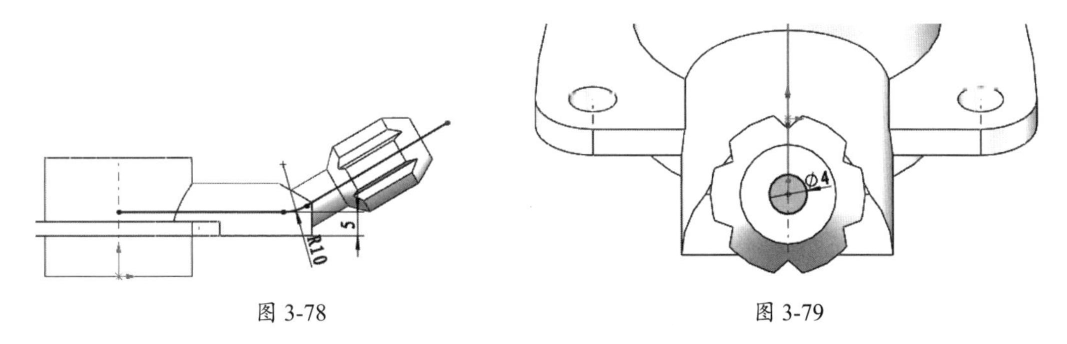


图 3-78　　　　图 3-79

03 单击“扫描切除”按钮，弹出“切除 - 扫描 1”面板。选取上一步绘制的圆曲线作为轮廓，再选择扫描路径曲线，如图 3-80 所示。

04 单击“方向 2”按钮改变切除侧，最后单击“确定”按钮，完成扫描切除特征的创建，如图 3-81 所示。

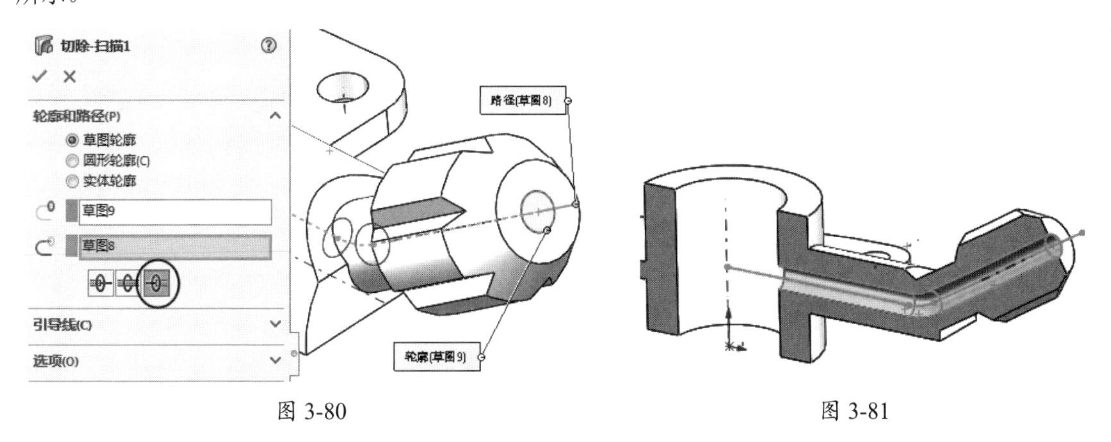


图 3-80　　　　图 3-81

（8）在拉伸特征 2 上创建倒圆角特征。

01 单击“圆角”按钮，弹出“圆角”面板。

02 单击“恒定大小圆角”按钮。按住 Ctrl 键选取拉伸特征 2 的上下两条模型边作为圆角化对象，如图 3-82 所示。

03 设置圆角半径为 1.5 mm，单击“确定”按钮，完成整个摇柄零件的创建，如图 3-83 所示。

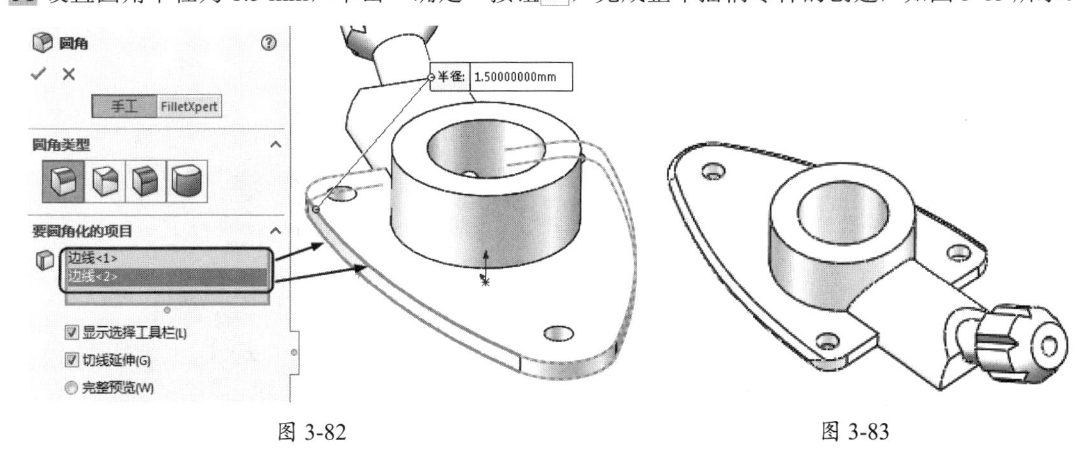


图 3-82　　　　图 3-83

## 3.2.3 建模训练二

参照如图 3-84 所示的三视图构建底座零件模型，本例需要注意模型中的对称、阵列、相切、同心等几何关系。除底座部分是 8 mm 厚外，其他区域壁厚均为 5 mm。

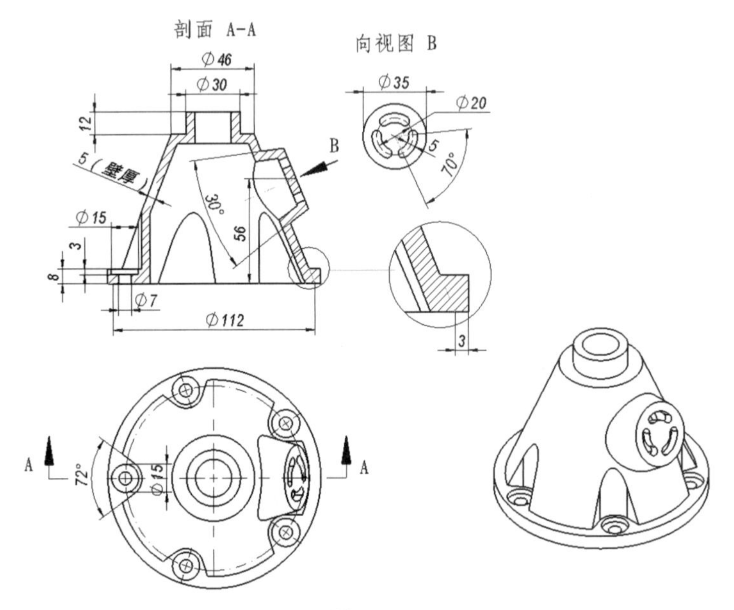


图 3-84

本例需要注意模型中的对称、阵列、相切、同心等几何关系。

### 建模分析

- 首先观察剖面图中所显示的壁厚是否是均匀的。如果是均匀的，则建模相对比较简单，通常会采用“凸台→抽壳”一次性完成主体建模；如果不均匀，则要采取分段建模方式。从本例图形看，底座部分与上半部分薄厚不同，需要分段建模。
- 建模的顺序为：主体→侧面拔模结构→底座→底座沉头孔。
- 主体部分是回转体，底座部分和主体上的斜凸台采用“拉伸凸台/基体”创建。

底座零件模型的建模流程图解如图 3-85 所示。

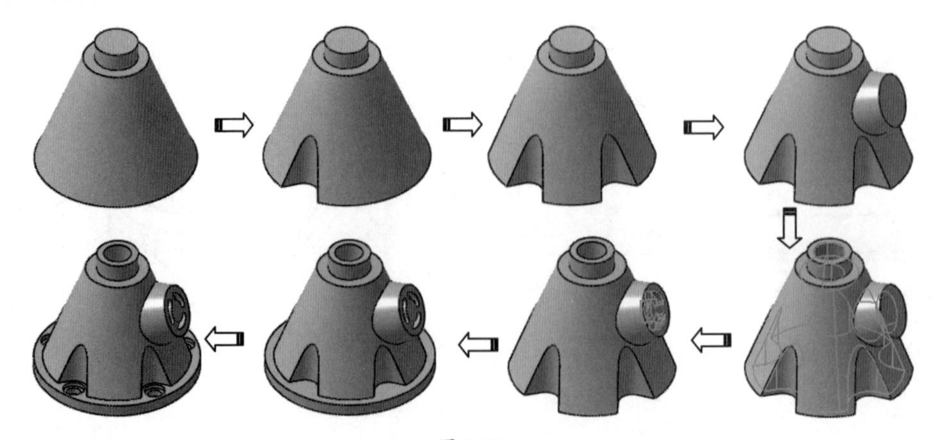

图 3-85

## 设计步骤

（1）首先创建主体部分结构。

**01** 新建 SolidWorks 零件文件。

**02** 在“草图”选项卡中单击“草图绘制”按钮，选择前视基准面作为草图平面进入草图环境，绘制如图 3-86 所示的草图（草图中要绘制旋转轴）。

**03** 单击“旋转 / 凸台基体”按钮，弹出“旋转 1”面板。选择绘制的草图作为旋转轮廓，选择草图中的轴线或者竖直线作为旋转轴，单击“确定”按钮，完成旋转凸台的创建，如图 3-87 所示。

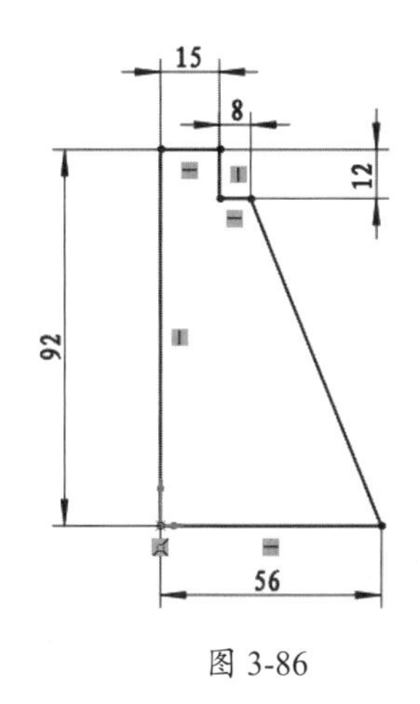


图 3-86

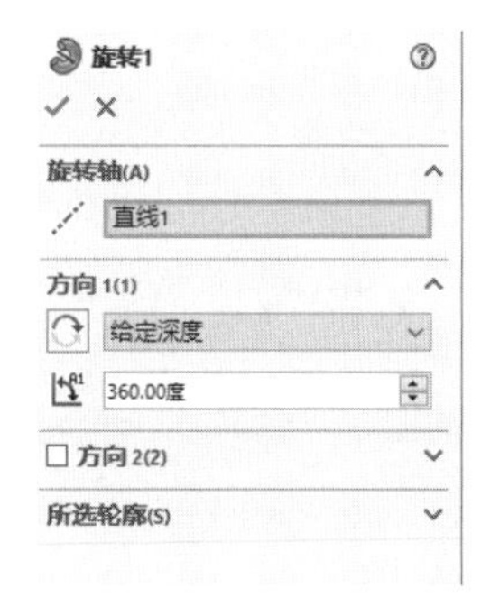


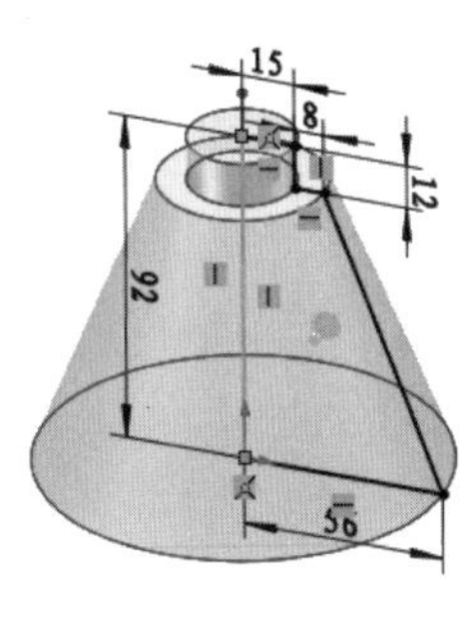


图 3-87

**04** 选择旋转凸台的底面作为草图平面，进入草图环境绘制如图 3-88 所示的草图。

### 技术要点

绘制草图时要注意，必须先建立旋转体轮廓的偏移曲线（偏移尺寸为3 mm），这是绘制直径为19 mm圆弧的重要参考。

**05** 单击“拉伸切除”按钮，弹出“切除 - 拉伸 1”面板。选择上一步绘制的草图作为拉伸轮廓，输入拉伸深度为 50.00 mm，单击“确定”按钮，完成拉伸切除特征的创建，如图 3-89 所示。

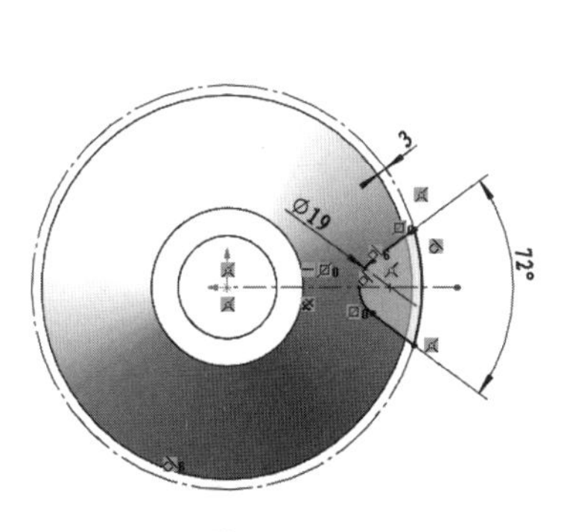


图 3-88

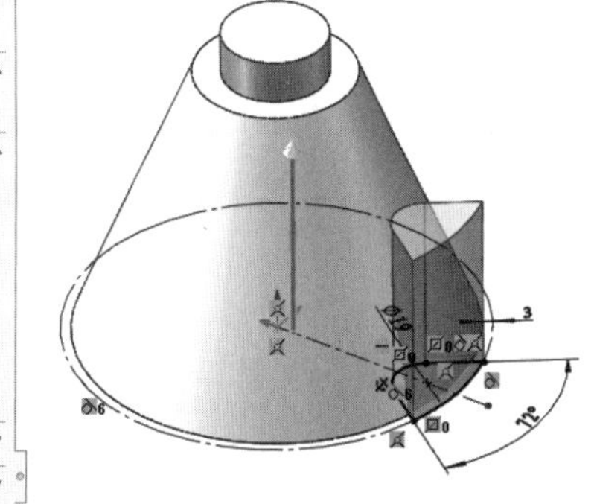


图 3-89

**06** 选中拉伸切除特征，在“特征”选项卡中单击“圆周阵列”按钮，将拉伸切除特征圆周阵列，如图 3-90 所示。

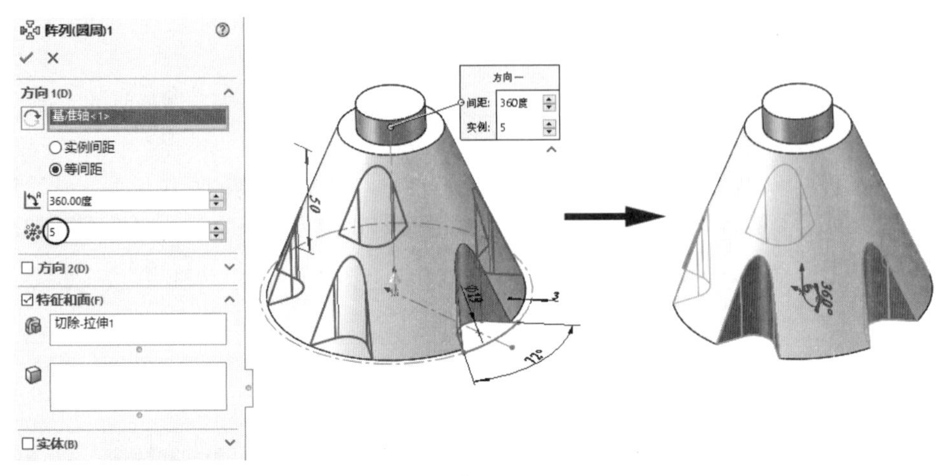


图 3-90

## 技术要点

选取阵列轴时，需要提前执行“视图”|“隐藏/显示”|“临时轴”命令，将旋转凸台的临时轴显示出来，以便于选取。

（2）创建侧面斜向的结构。

**01** 选择前视基准面为草图平面，绘制如图 3-91 所示的草图。

**02** 单击“旋转 / 凸台基体”按钮，弹出“旋转”面板。选择绘制的草图作为旋转轮廓，选择草图中的中心线作为旋转轴，单击“确定”按钮，完成旋转凸台的创建，如图 3-92 所示。

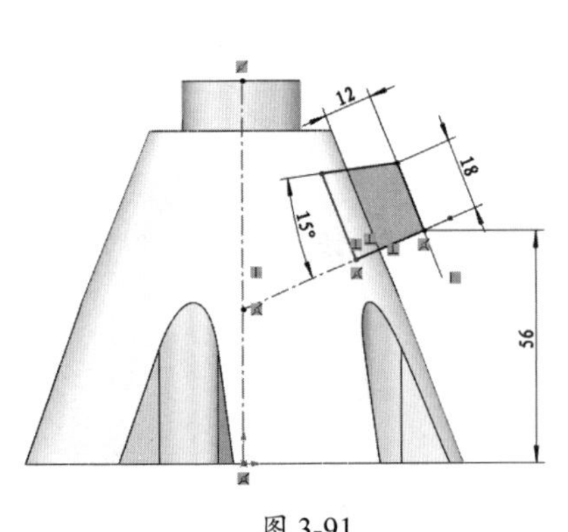


图 3-91

图 3-92

**03** 在“特征”选项卡中单击“抽壳”按钮，弹出“抽壳 1”面板。选取第一个旋转体（主体）的上下两个端面作为“移除的面”，设置壳体厚度 5.00 mm，单击“确定”按钮，完成抽壳特征的创建，如图 3-93 所示。

**04** 单击“拉伸切除”按钮，弹出“切除 - 拉伸”面板。选择第二个旋转凸台（斜凸台）的端面作为草图平面，进入草图环境绘制如图 3-94 所示的草图。退出草图环境后，设置拉伸切除的深度为 10.00 mm，最后单击“确定”按钮，完成拉伸切除特征的创建。

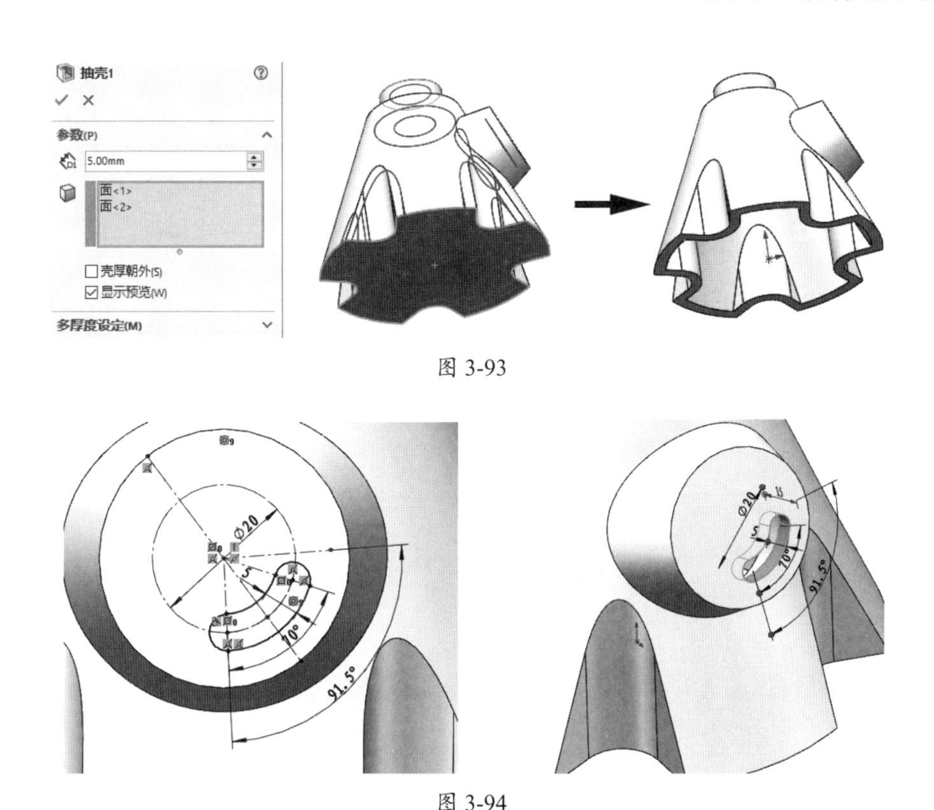


图 3-93

图 3-94

**05** 利用“圆周阵列”工具，将上一步创建的拉伸切除特征进行圆周阵列，如图 3-95 所示。

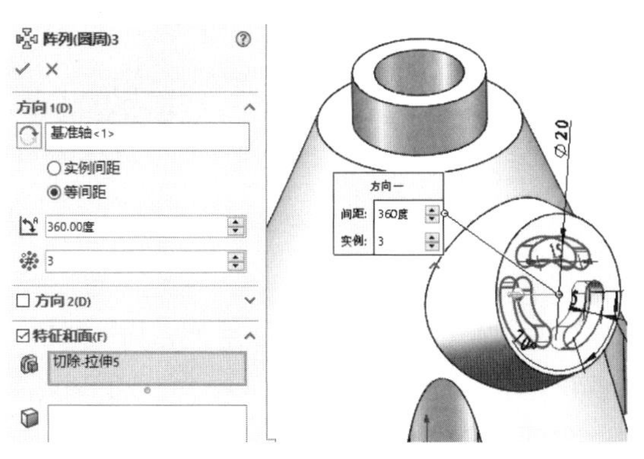


图 3-95

（3）创建底座部分结构。

**01** 选择主体底平面作为草图平面，单击“草图绘制”按钮，进入草图环境，并绘制如图 3-96 所示的草图。

**02** 单击“拉伸凸台 / 基体”按钮，弹出“凸台 - 拉伸 4”面板。选择上一步绘制的草图为轮廓，设置深度为 8.00 mm，单击“确定”按钮，完成凸台的创建，如图 3-97 所示。

**03** 单击“异型孔向导”按钮，弹出“孔规格”面板，在该面板的“类型”选项卡中选择“柱形沉头孔”类型，再定义孔规格及其他参数。在“位置”选项卡中单击“3D 草图”按钮，选择底座的上表面为孔位置面绘制 3D 草图点，如图 3-98 所示。单击“孔规格”面板中的“确定”按钮，即可完成沉头孔的创建。

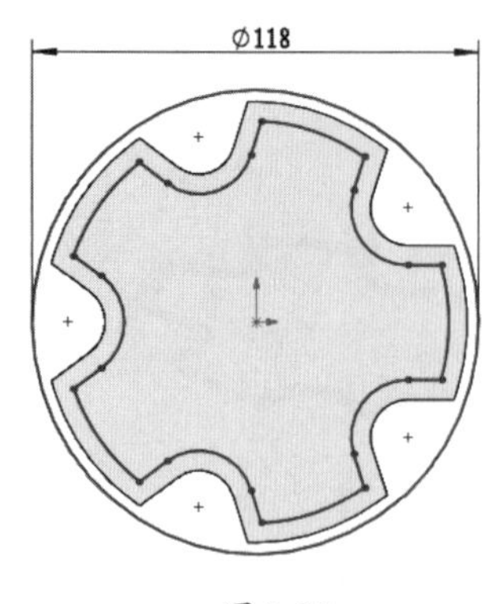


图 3-96

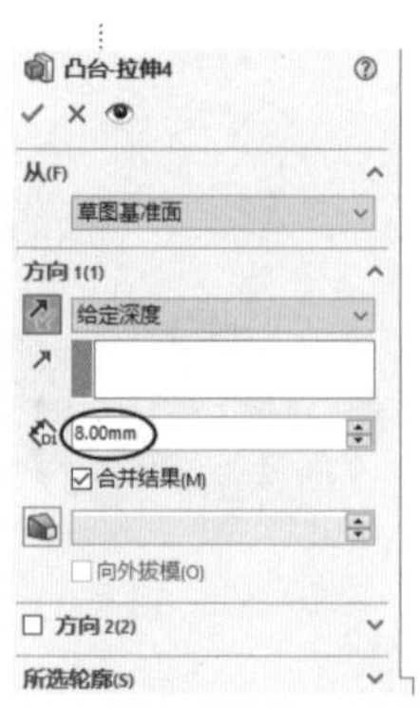


图 3-97

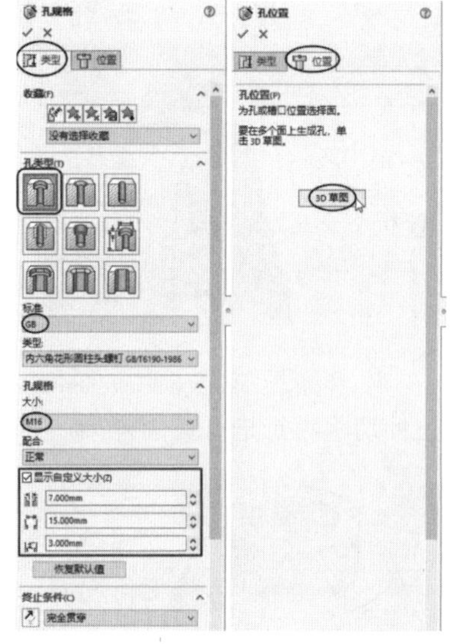


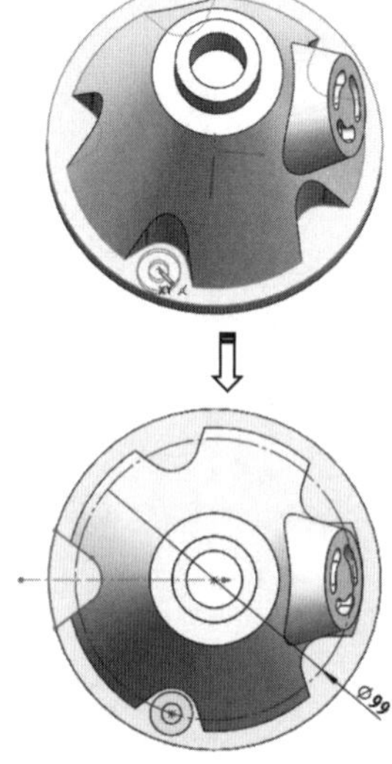


图 3-98

（4）将沉头孔圆形阵列。

选中沉头孔特征，单击“圆周阵列”按钮，弹出“阵列（圆周）2”面板。选择主体的临时轴作为阵列轴，设置实例数为 5，单击“确定”按钮，完成圆周阵列的创建，如图 3-99 所示。

至此，完成了本例底座零件的建模，最终效果如图 3-100 所示。

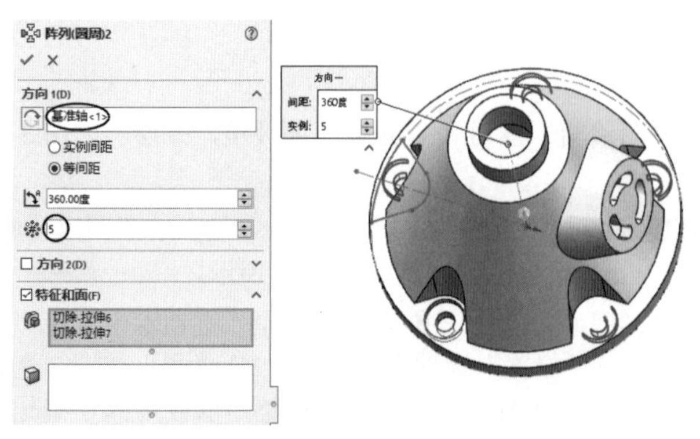


图 3-99

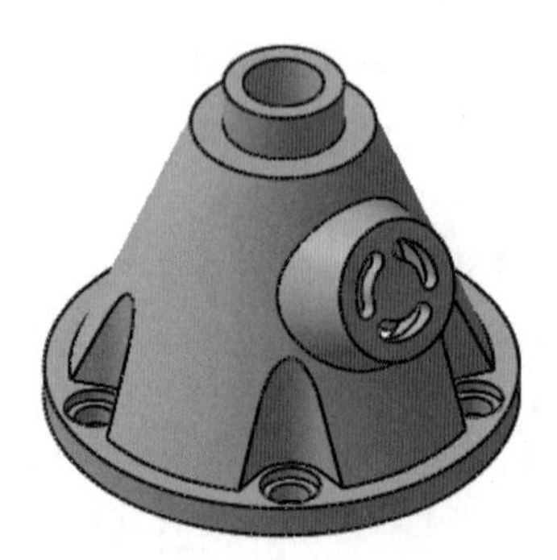

图 3-100

## 3.2.4　建模训练三

本例的散热盘零件模型如图 3-101 所示。

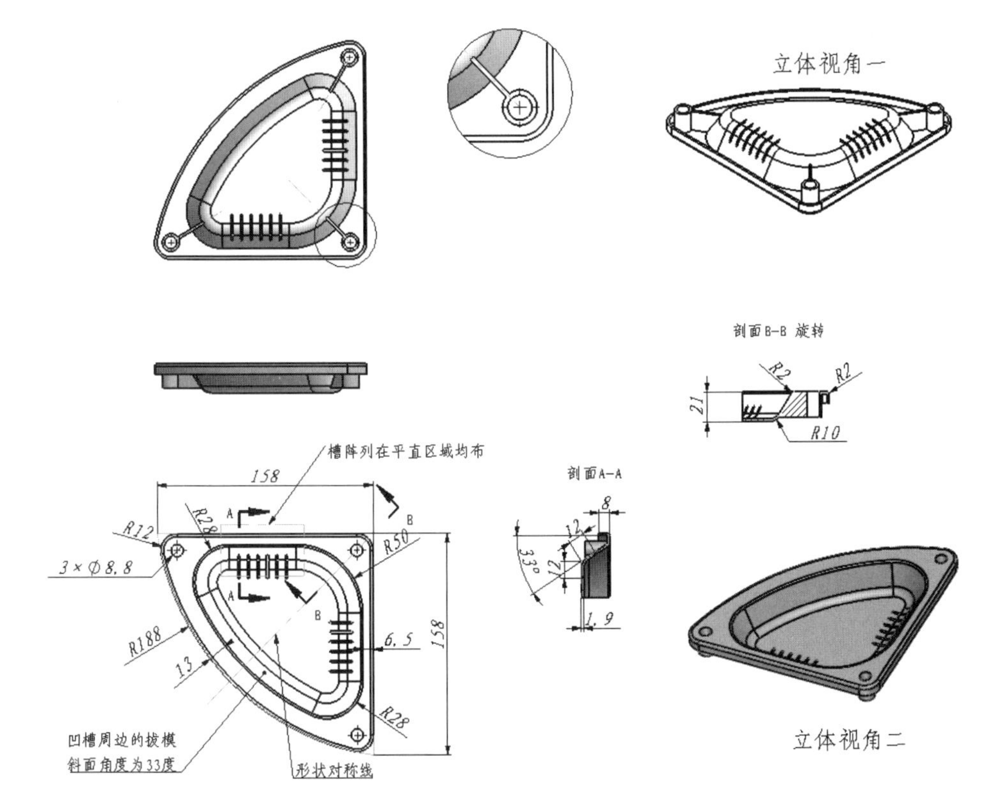


图 3-101

构建本例零件模型，需要注意以下几点。

- 模型厚度及红色筋板厚度均为 1.9 mm（等距或偏移关系）。
- 图中同色表示的区域，其形状大小相同。其中，底侧部分的黄色和绿色圆角面为偏移距离为 $T$ 的等距面。
- 凹陷区域周边拔模角度相同，均为 33°。
- 开槽阵列的中心线沿凹陷斜面平直区域均匀分布，开槽端部为完全圆角。

### 建模分析

- 本例零件的壁厚是均匀的，可以采用先建立外形曲面再进行加厚的方法，也可以先创建实体特征，再在其内部进行抽壳（创建盒体特征）。本例将采取后一种方法进行建模。
- 从模型图可以看出，本例模型的两面都有凹陷，说明实体建模时需要在不同的零件几何体中分别创建形状，然后进行布尔运算。所以将以上视基准面为界限，在 $+Z$ 方向和 $-Z$ 方向各自建模。
- 建模的起始平面为上视基准面。
- 建模时需要注意先后顺序。

散热盘零件的建模流程图解如图 3-102 所示。

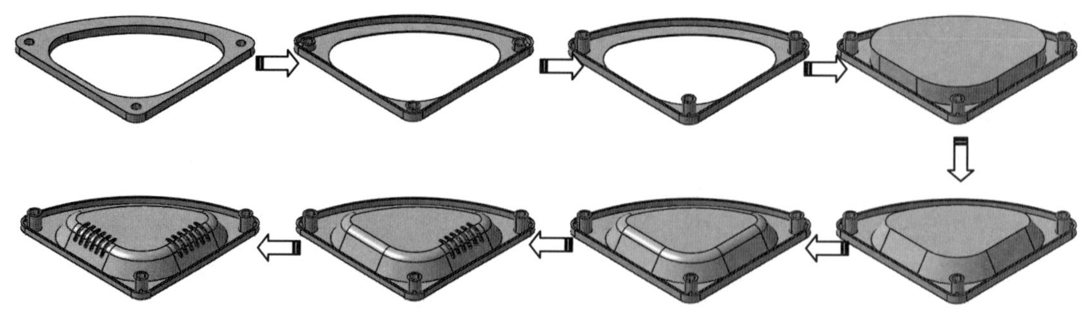

图 3-102

## 设计步骤

（1）创建主体结构（拉伸凸台特征）。

**01** 新建 SolidWorks 零件文件。

**02** 在“草图”选项卡中单击“草图”按钮，选择上视基准面作为草图平面，进入草图环境，绘制图 3-103 所示的草图。

**03** 单击“拉伸凸台 / 基体”按钮，选择草图创建拉伸深度为 8.000 mm 的凸台特征，如图 3-104 所示。

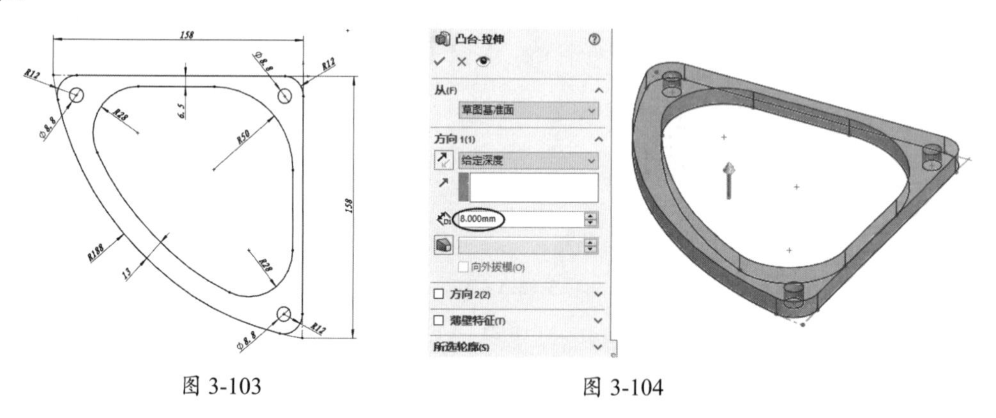


图 3-103　　　　图 3-104

**04** 单击“拔模斜度”按钮，弹出“拔模”面板。在该面板中选择“中性面”拔模类型，设定拔模角度为 33.00 度，选择上视基准面为中性面并单击“反向”按钮，再在凸台特征中选取要拔模的面（内部洞壁面），最后单击“确定”按钮，完成拔模特征的创建，如图 3-105 所示。

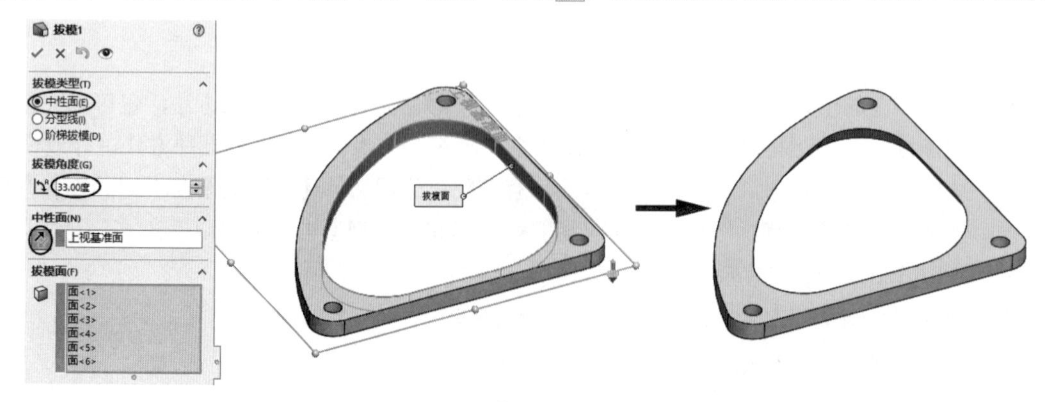


图 3-105

（2）创建抽壳特征。

**01** 单击“抽壳”按钮，弹出“抽壳”面板。

**02** 设定抽壳的厚度值为 1.900 mm，再选择要移除的面，单击“确定”按钮，完成抽壳特征的创建，如图 3-106 所示。

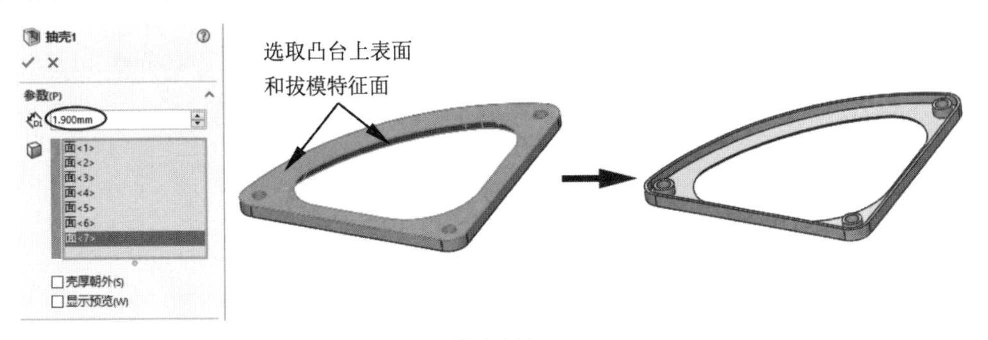


图 3-106

（3）创建中间的拔模凸台。

**01** 单击“拉伸凸台 / 基体”按钮，弹出“拉伸”面板。选择上视基准面后进入草图环境，绘制如图 3-107 所示的草图（即利用“等距实体”工具选取拔模面在上视基准面上的边）。

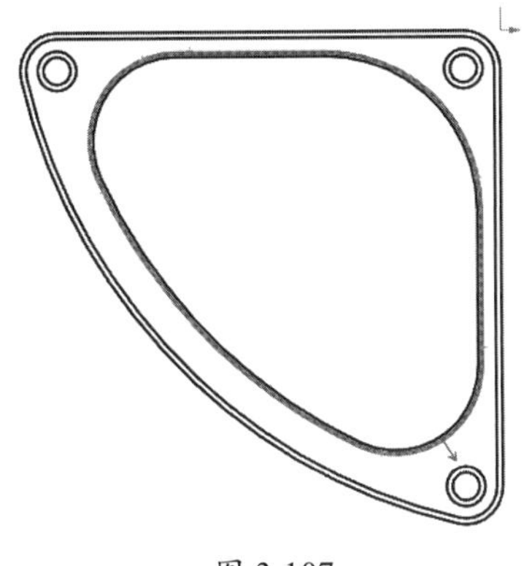

图 3-107

**02** 完成草图后，退出草图环境并在随后弹出的“凸台 - 拉伸 2”面板中设置拉伸深度为 21.000 mm，取消选中“合并结果”复选框，单击“拔模开 / 关”按钮，设定拔模角度为 33.00 度，最后单击“确定”按钮，完成拔模凸台的创建，如图 3-108 所示。

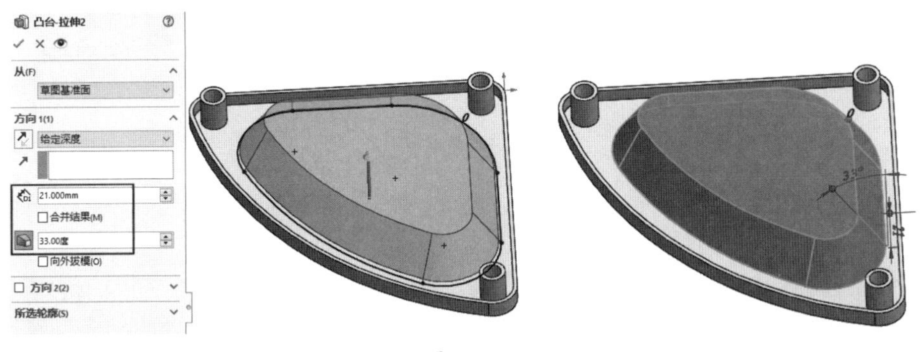


图 3-108

## 技术要点

由于在“凸台-拉伸”面板中取消选中“合并结果”复选框，拔模凸台和第一个凸台特征是分离的，那么在拔模凸台中进行抽壳操作时，就不会影响第一个凸台特征了。

（4）创建拔模凸台的抽壳特征。

**01** 单击“圆角”按钮，弹出“圆角”面板。选择凸台边，设置圆角半径为10.000 mm，单击“确定”按钮，完成圆角特征的创建，如图3-109所示。

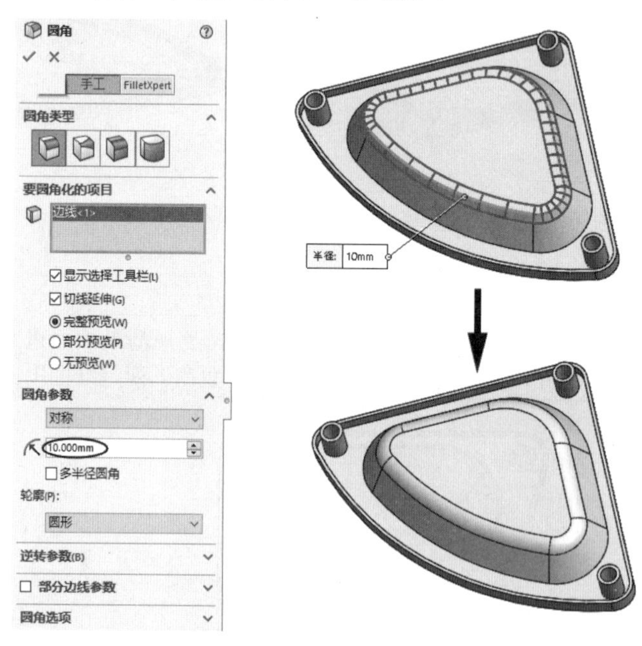


图 3-109

**02** 翻转模型，选中拔模凸台的底面，再单击“抽壳”按钮，在弹出的“抽壳2”面板中设置抽壳厚度值为1.900 mm，单击“确定”按钮，完成抽壳特征的创建，如图3-110所示。

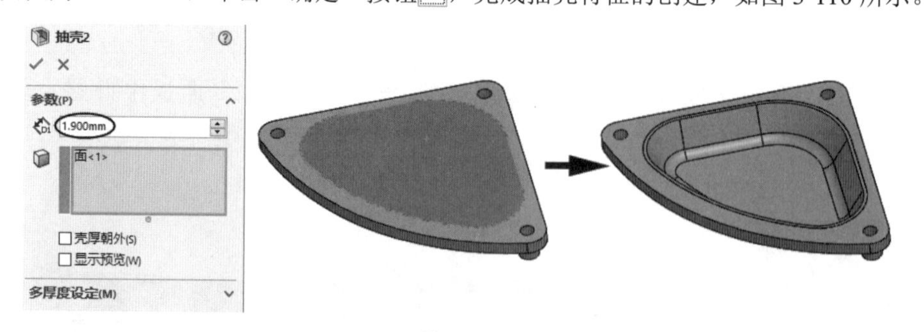


图 3-110

**03** 执行“工具”|“自定义”命令，在弹出的“自定义”对话框的“命令”选项卡中，将“特征”工具栏中的“组合”命令拖至功能区“特征”选项卡中，以便后续使用。

**04** 在“特征”选项卡中单击“组合”按钮，弹出“组合1”面板，选择第一个主体凸台（被“移动面”特征替代）和第二个拔模凸台（被“抽壳2”特征替代）并合并，得到一个完整实体，如图3-111所示。

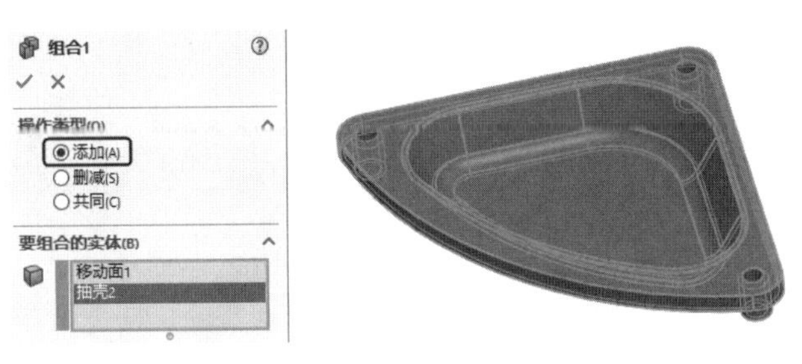


图 3-111

（5）创建加强筋。

**01** 在功能区的空白位置右击，在弹出的快捷菜单中选择“选项卡”|“直接编辑”选项，将“直接编辑”选项卡调出并显示在功能区中，如图 3-112 所示。

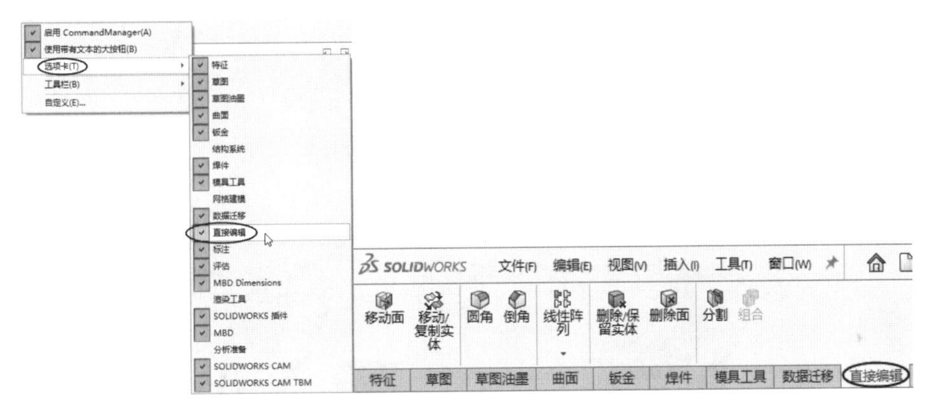


图 3-112

**02** 在“直接编辑”选项卡中单击“移动面”按钮，弹出“移动面”面板。

**03** 按住 Ctrl 键选择 3 个 BOSS 立柱的顶面作为要移动的面，选择上视基准面作为方向参考，再将移动面的距离值设置为 10.000m，单击“确定”按钮，完成移动面操作，如图 3-113 所示。

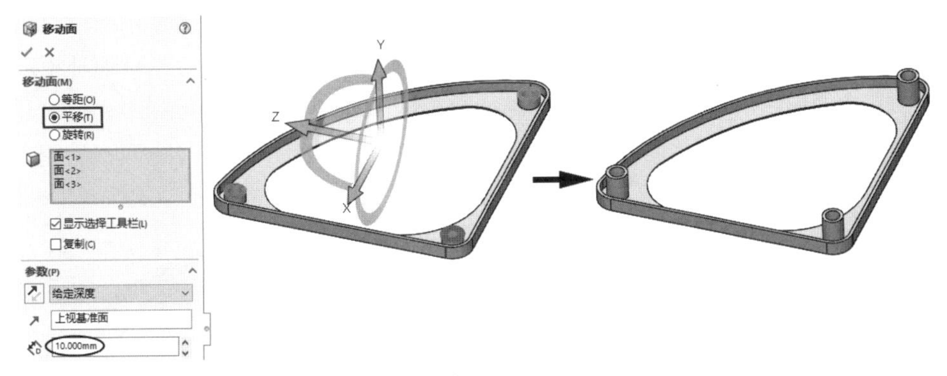


图 3-113

## 技巧点拨

移动面的目的是将BOSS柱拉长到图纸要求的尺寸。

**04** 在“特征”选项卡中单击“筋”按钮，弹出“筋”面板。选择的立柱顶面作为草图平面，进入草图环境绘制加强肋截面的草图，如图 3-114 所示。

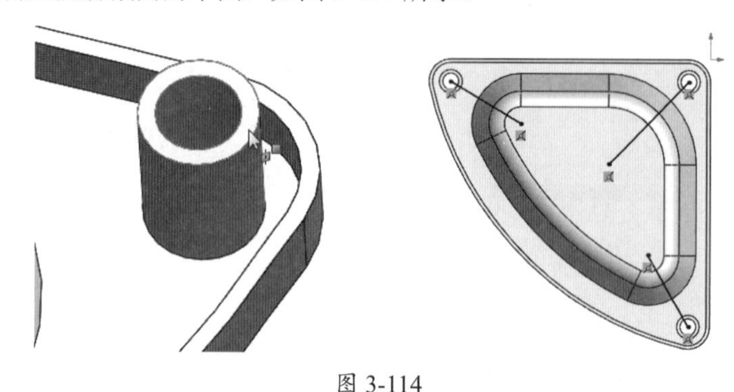

图 3-114

**技巧点拨**

绘制的实线长度不能超出整个实体的外轮廓边界。

**05** 退出草图环境，在“筋 1”面板中选择“两侧”厚度方法，设置厚度值为 1.900 mm，单击“确定”按钮，完成加强筋的创建，如图 3-115 所示。

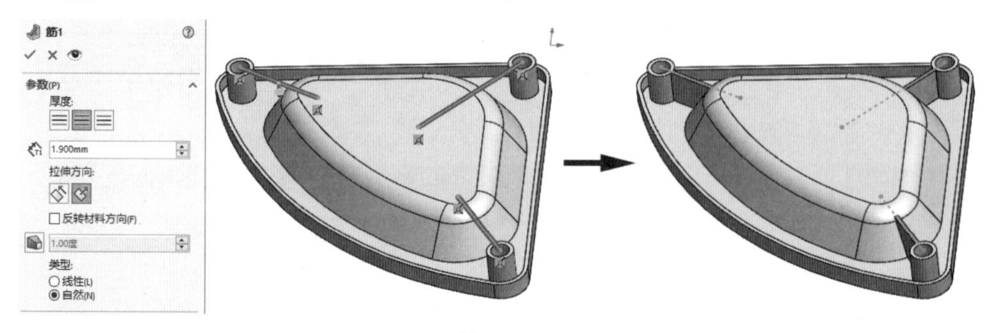


图 3-115

（6）创建拔模凸台上的拉伸切除特征。

**01** 单击“草图”按钮，选择如图 3-116 所示的拔模斜面为草图平面，进入草图环境后绘制一条直线，并在实线上再绘制 6 个等距点。

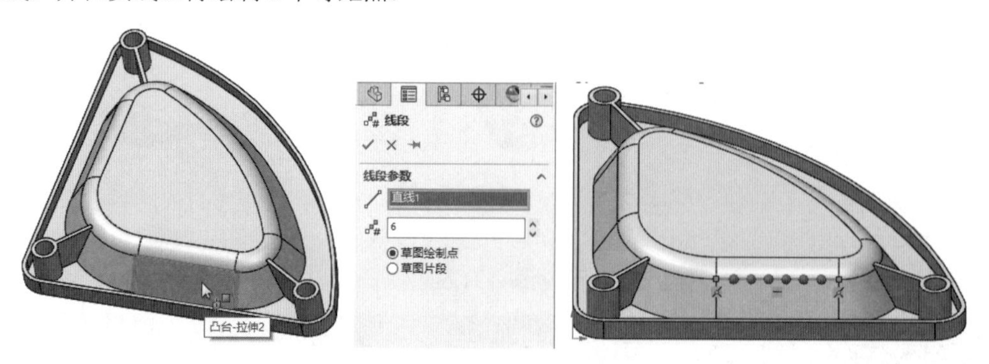


图 3-116

**02** 单击“基准面”按钮，弹出“基准面 1”面板。选择右视基准面作为第一参考，再选择拔模斜面上的一个草图点作为第二参考，单击“确定”按钮，创建基准面 1，如图 3-117 所示。

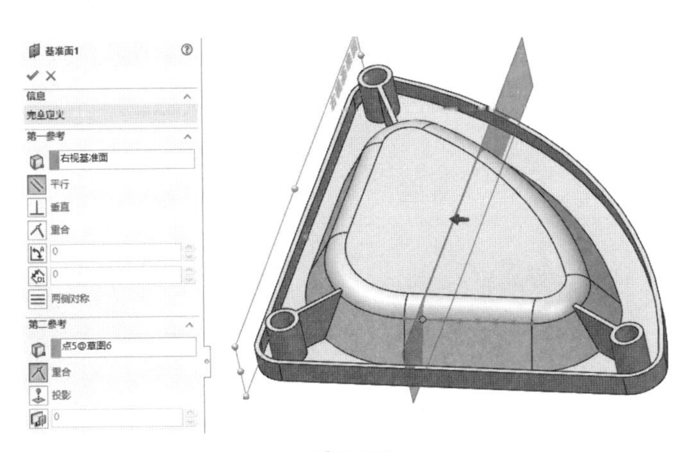


图 3-117

**03** 单击“拉伸切除”按钮，选择上一步创建的基准面1为草图平面，在草图环境中绘制如图3-118所示的草图。

**04** 退出草图环境后，在“切除-拉伸”面板中设置拉伸方向为“两侧对称”，拉伸深度为1.500 mm，单击“确定”按钮，完成拉伸切除特征的创建，如图3-119所示。

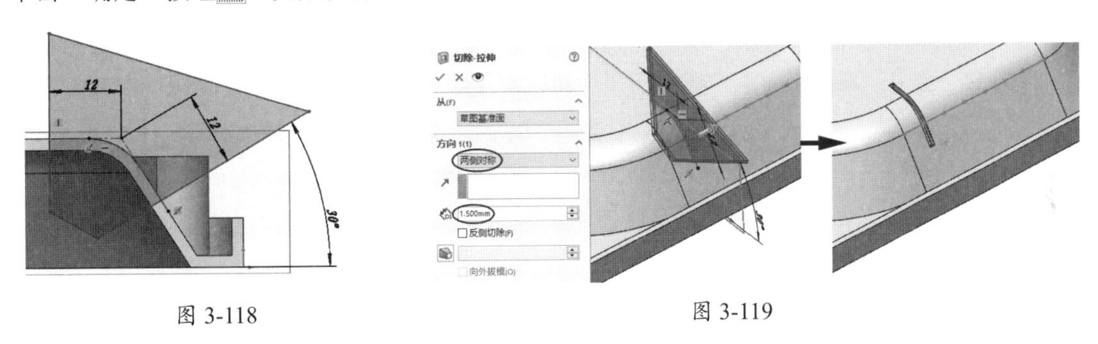


图 3-118　　图 3-119

（7）创建拉伸切除特征的阵列。

**01** 在特征树中选择拉伸切除特征，再单击“线性阵列”按钮，弹出“线性阵列”面板。

**02** 在“线性阵列”面板中选中“到参考”单选按钮，并选取矩形阵列的方向参考选中“重心”单选按钮，再单击“设置实例数”按钮，输入阵列的实例数为6，最后单击“确定”按钮，完成拉伸切除特征的线性阵列，如图3-120所示。

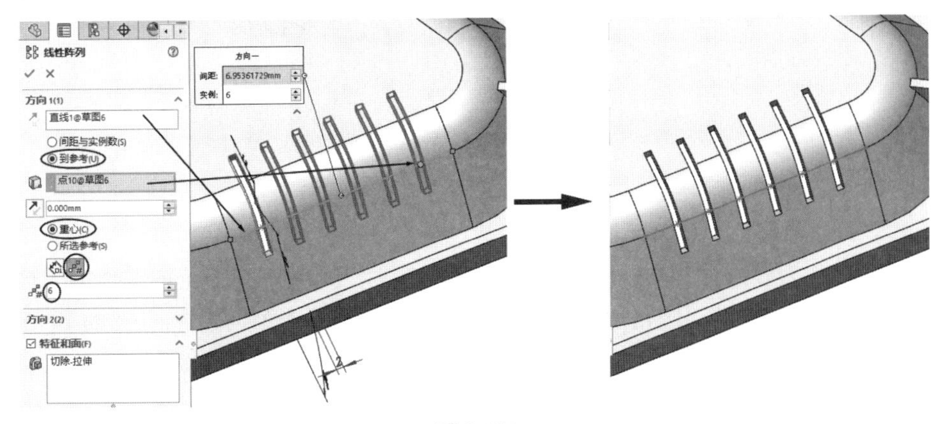


图 3-120

**03** 单击“圆角”按钮，在弹出的“圆角”面板中单击“完整圆角”按钮，然后依次选取拉伸切除特征中的 3 个面来创建完整圆角，如图 3-121 所示。同理，其余拉伸切除特征中的完整圆角也按此方法处理。

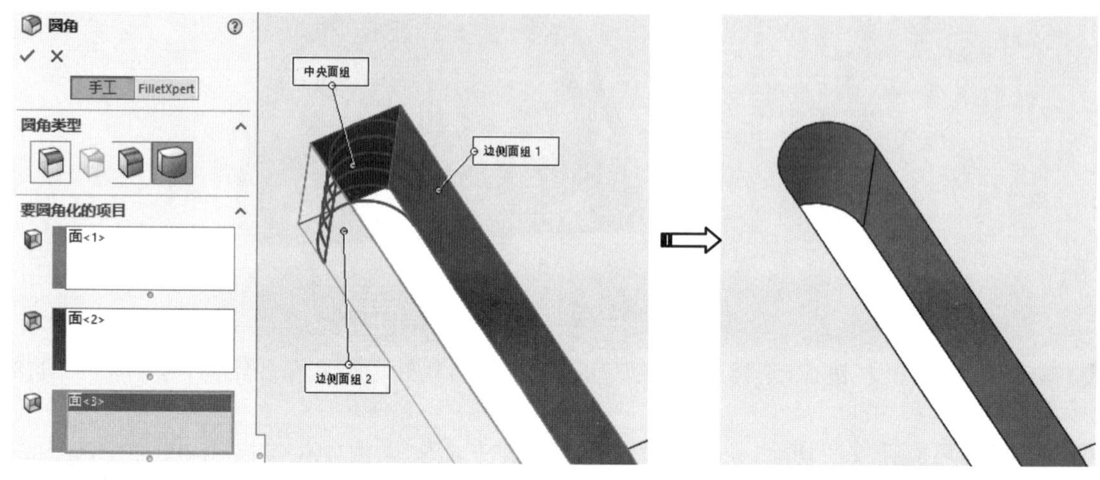


图 3-121

**04** 单击“基准面”按钮，选择加强筋草图中的一条直线作为第一参考，选择加强筋上的一个侧面作为第二参考，单击“确定”按钮，完成基准面 2 的创建，如图 3-122 所示。

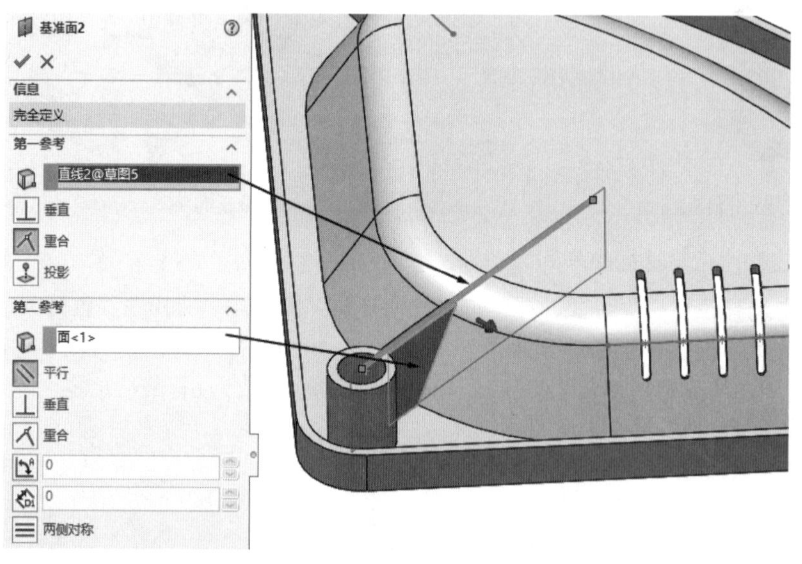


图 3-122

**05** 在特征树中选取拉伸切除特征、阵列特征和所有完整圆角特征，并在“特征”选项卡中单击“镜像”按钮，弹出“镜像”面板。

**06** 选择基准面 2 作为镜像面，单击“确定”按钮，完成所选特征的镜像创建，如图 3-123 所示。

**07** 单击“圆角”按钮，弹出“圆角”面板。以“固定大小圆角”类型创建如图 3-124 所示的圆角。至此完成了本例机械零件的建模操作。

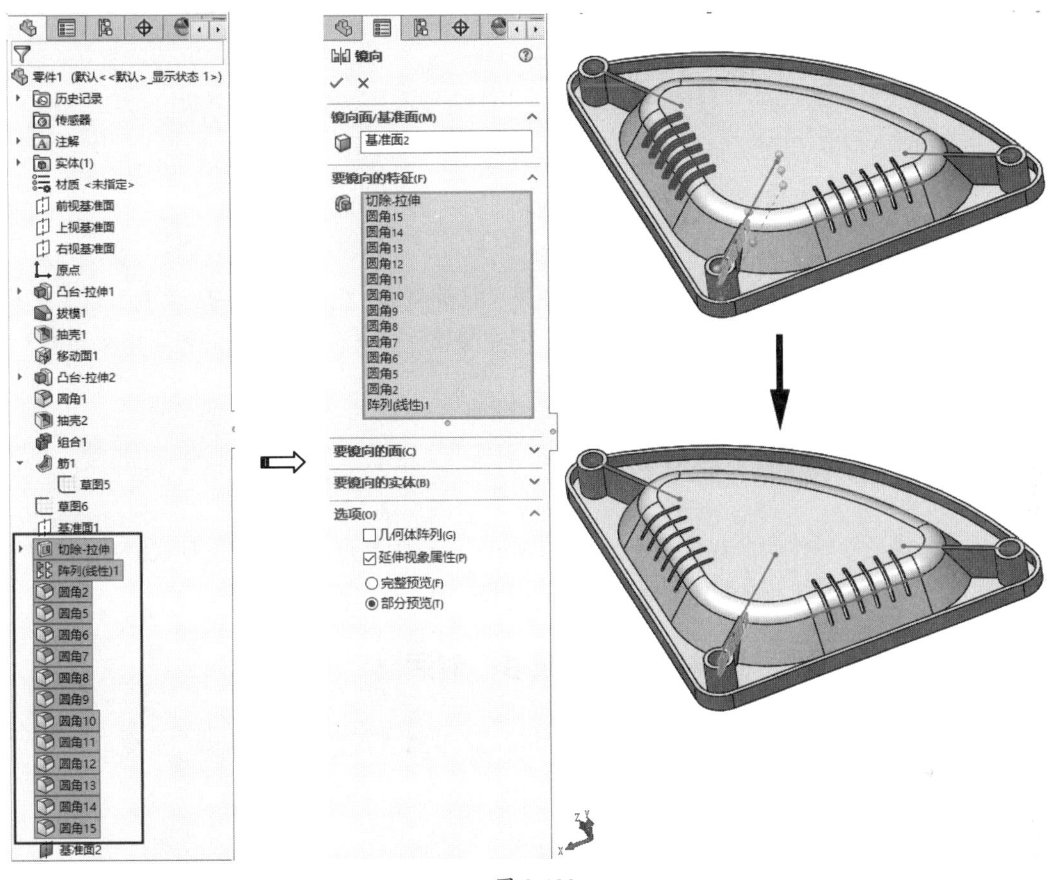
零件1 (默认<<默认>_显示状态 1>)
历史记录
传感器
注解
实体(1)
材质 <未指定>
前视基准面
上视基准面
右视基准面
原点
凸台-拉伸1
拔模1
抽壳1
移动面1
凸台-拉伸2
圆角1
抽壳2
组合1
筋1
草图5
草图6
基准面1
切除-拉伸
阵列(线性)1
圆角2
圆角5
圆角6
圆角7
圆角8
圆角9
圆角10
圆角11
圆角12
圆角13
圆角14
圆角15
基准面2
镜向
镜向面/基准面(M)
基准面2
要镜向的特征(F)
切除-拉伸
圆角15
圆角14
圆角13
圆角12
圆角11
圆角10
圆角9
圆角8
圆角7
圆角6
圆角5
圆角2
阵列(线性)1
要镜向的面(C)
要镜向的实体(B)
选项(O)
几何体阵列(G)
延伸视象属性(P)
完整预览(F)
部分预览(T)

图 3-123

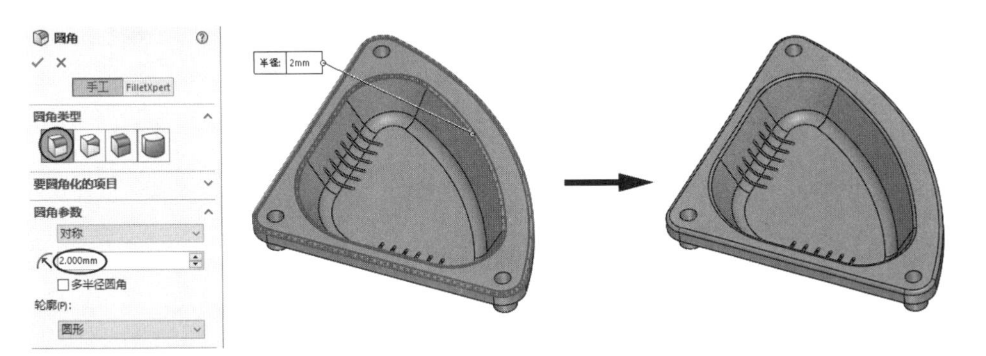
圆角
手工
FilletXpert
圆角类型
要圆角化的项目
圆角参数
对称
2.000mm
多半径圆角
轮廓(P):
圆形
半径: 2mm

图 3-124

# 第 4 章　零件参数化设计

项目导读

参数化是 SolidWorks 提供的一种重要的参数驱动设计理念。在一个模型中，参数可以是变量，也可以是方程式，通过“尺寸”的形式来体现。参数化设计的突出优点在于，可以通过变更参数的方法来方便地修改设计图，从而修改设计结果。

## 4.1 通过方程式进行参数化设计

通过方程式进行零件的参数化设计是 SolidWorks 的一大亮点，可以将方程式添加到零件或装配体中，达到修改零件、标准化管理装配体的目的。

### 4.1.1 访问“方程式、整体变量、及尺寸”对话框

创建 SolidWorks 零件文件并进入零件设计环境后，执行“工具”|“方程式”命令，弹出“方程式、整体变量、及尺寸”对话框，如图 4-1 所示。

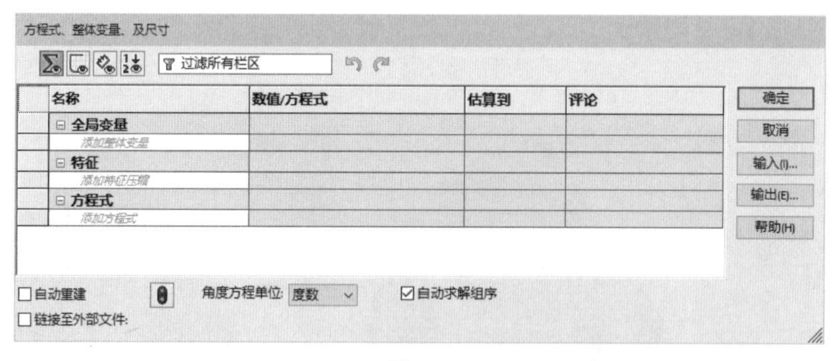


图 4-1

**技术要点**

这里有必要说明一下“方程式”命令，这个“方程式”的原意是指“表达式”，表达式包含了方程式、数学不等式、函数解析式、物理属性常量及数学变量式等。所以，此处应该是一个因软件语言翻译不够精确而导致的小失误。另外，可以通过自定义命令，将“方程式”命令和“方程式驱动的曲线”命令调出来放置到“特征”或“草图”选项卡中，以便快速执行相关命令。

#### 1. 4 种视图模式

在“方程式、整体变量、及尺寸”对话框中有 4 种视图模式，可以通过不同的视图模式进行参数化设计的相关操作，这 4 种视图模式分别为方程式视图、草图方程式视图、尺寸视图和按序排列的视图。

- 方程式视图：方程式视图是默认的视图模式（图 4-1 中显示的就是这种视图模式）。通过此视图模式，可以添加零件或装配体中的全局变量及方程式，添加特征压缩可以帮助解决方程式中所出现的问题。
- 草图方程式视图：草图方程式视图如图 4-2 所示。草图方程式仅用于草图中的图形尺寸约束、几何约束，解出方程式后会自动更新草图。与方程式视图中的全局变量和方程式不同，当添加“全局变量”和“方程式”表达式后，模型不会自动更新，需要在“方程式、整体变量、及尺寸”对话框底部单击“重建模型”按钮或按快捷键 Ctrl+B 执行“重建模型”命令后才会更新。

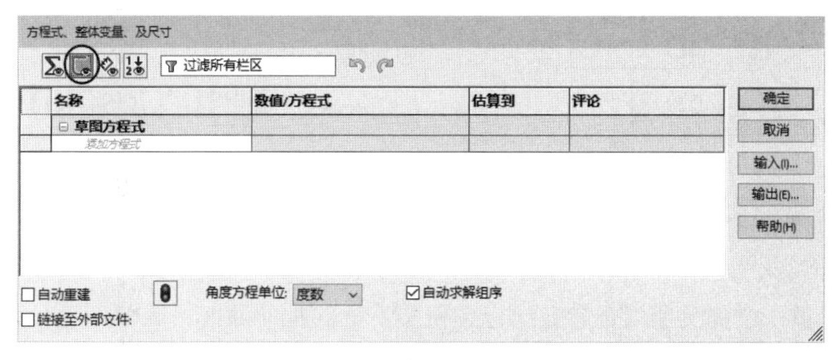


图 4-2

- 尺寸视图：尺寸视图如图 4-3 所示。尺寸视图中的“全局变量”“特征”和“尺寸”等表达式用于活动草图、零件或装配体中的所有可见尺寸，包括带有设定值和由方程式所决定的尺寸。

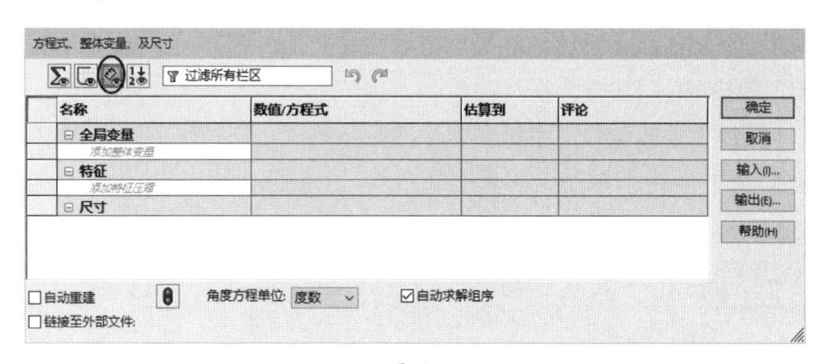


图 4-3

- 按序排列的视图：按序排列的视图如图 4-4 所示，该视图模式按照求解顺序显示方程式和全局变量。

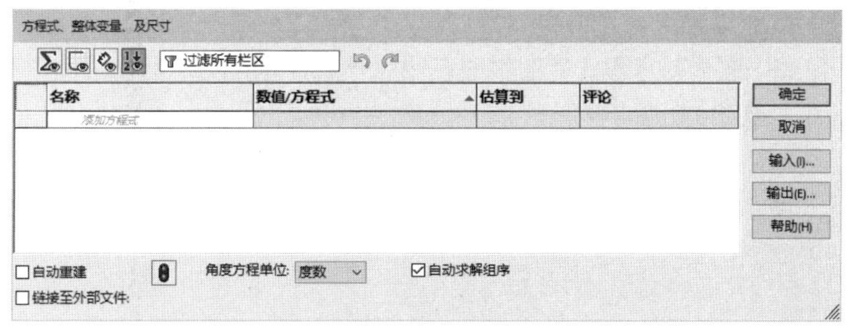


图 4-4

## 2. 表达式名称

表达式是定义关系的语句，它由两部分组成——左侧为变量名，右侧为组成表达式的字符串。表达式字符串经计算后将值赋予左侧的变量。如图 4-5 所示为全局变量表达式的常见组成结构。

一个全局变量表达式或方程式的右侧可以是含有变量、函数、数字、运算符和符号的组合或常数。用于表达式右侧中的每个变量，必须作为一个表达式名称出现在某处。如图 4-6 所示为常见的方程式组成结构。

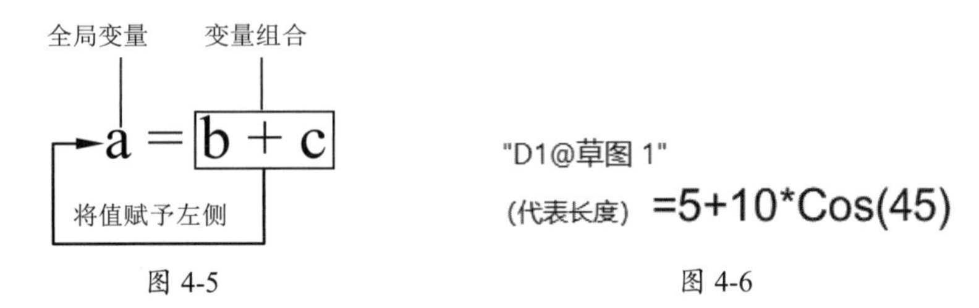


图 4-5　　图 4-6

无论何种视图模式，都可以在视图表格的“名称”列中输入表达式名，下面简要介绍这些表达式名的含义及输入方法。

- 全局变量：全局变量用于参数化定义模型特征的拉伸深度、旋转角度、筋厚度、抽壳厚度、圆角半径、偏距、间距、孔距、拔模角度、变形距离等，这些变量值一般存在于各特征面板中。例如“凸台 - 拉伸”面板中的“深度”文本框，在此可以添加全局变量来控制拉伸特征的深度变化。全局变量服务于方程式，方程式中包含了全局变量。
- 特征：当需要压缩零件中的某个特征时，可以对该特征进行压缩，如图 4-7 所示。在此添加压缩后，特征管理器中是不能对该特征进行任何操作的，除非在“方程式、整体变量、及尺寸”对话框中对该特征解除压缩。在添加方程式时若遇到求解错误的情况，可以适当压缩无关联的部分特征。
- 方程式：指包含未知量（用字母表示）的数学等式，在特殊的方程式中还包含函数表达式。如图 4-8 所示中的数学表达式，就包括了全局变量和方程式。

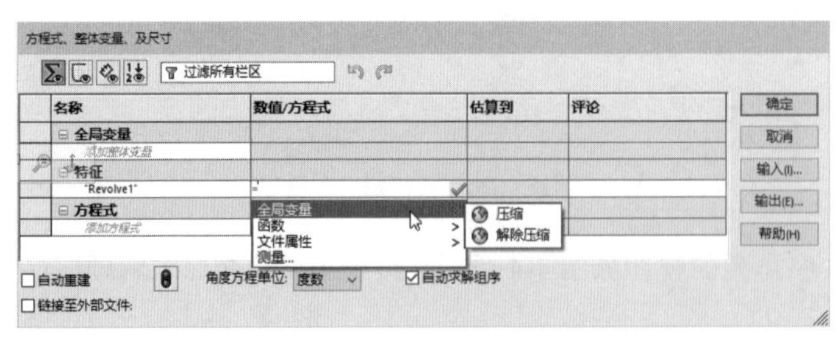


图 4-7

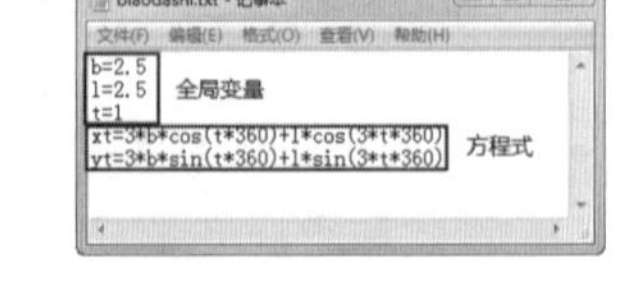


图 4-8

- 草图方程式：在草图方程式视图中的草图方程式，是在当前活动草图中为相关的草图尺寸添加的方程式，如图 4-9 所示。
- 尺寸：在尺寸视图中的“尺寸”表达式，是零件或装配体中的所有固定尺寸的表达式，如图 4-10 所示。可以从这些表达式常量中添加全局变量、常量值或函数表达式。

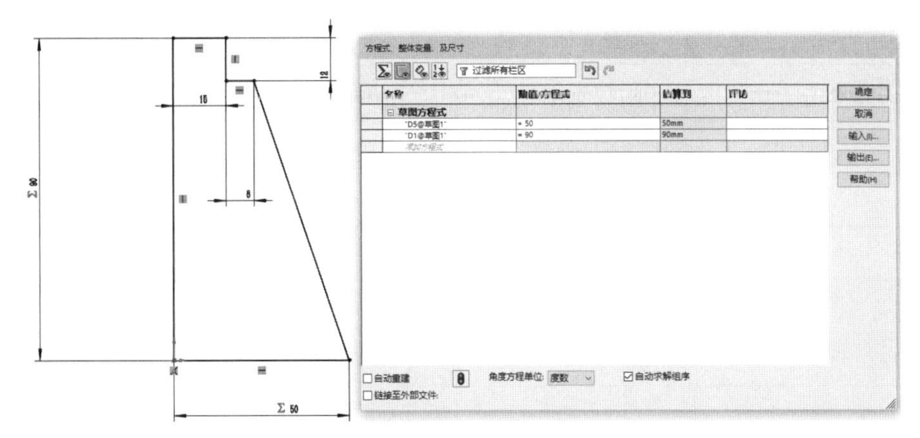


图 4-9

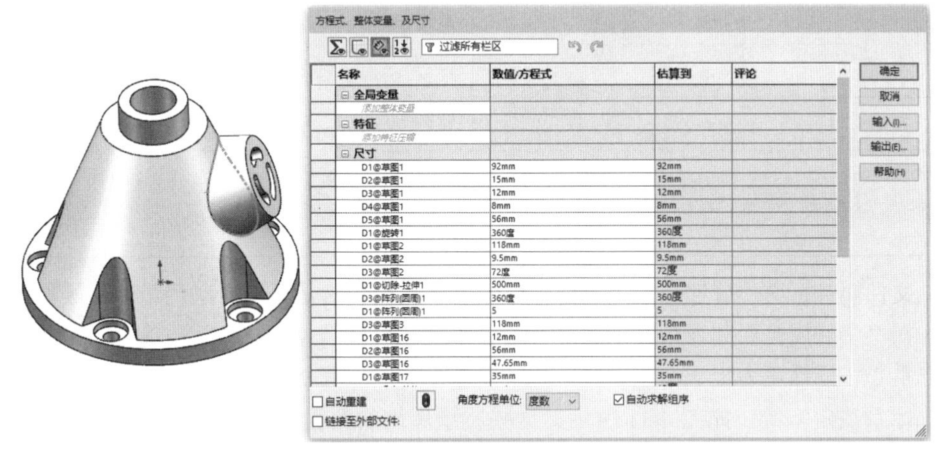


图 4-10

### 3. 数值 / 方程式

在确定表达式名后，可以为表达式名定义数值、函数、文件属性、单位或测量，SolidWorks表达式中常见的运算符有 +（加号）、-（减号）、=（等号）、/（除法）、^（求幂）等。

- 数值：数值就是输入的常量及运算符，例如 $a$=20 mm，表示将数值 20 mm 赋予变量 $a$。
- 函数：可以为全局变量赋值函数表达式，SolidWorks 中内置的函数见表 4-1。

**表 4-1 SolidWorks 中常见的内置函数**

| 函数名 | 函数表示 | 函数意义 | 备注 |
| --- | --- | --- | --- |
| sin | sin（$x/y$） | 正弦函数 | $x$、$y$ 为角度函数 |
| cos | cos（$x/y$） | 余弦函数 | $x$、$y$ 为角度函数 |
| tan | tan（$x/y$） | 正切函数 | $x$、$y$ 为角度函数 |
| sec | sec（$x/y$） | 正割函数 | $x$、$y$ 为角度函数 |
| cosec | cosec（$x/y$） | 余割函数 | $x$、$y$ 为角度函数 |

续表

| 函数名 | 函数表示 | 函数意义 | 备注 |
|---|---|---|---|
| abs | abs（x）= | 绝对值函数 | 结果为弧度 |
| arcsin | arcsin（x/y） | 反正弦函数 | x、y 为正弦率函数 |
| arccos | arccos（x/y） | 反余弦函数 | x、y 为余弦率函数 |
| atan | atan（x/y） | 反正切函数 | x、y 为正切率函数 |
| arccotan 2 | arccotan （x/y） | 反余切函数 | x、y 为余切率函数 |
| arcsec | arcsec （x/y） | 反正割函数 | x、y 为正割率函数 |
| arccosec | arccosec （x/y） | 反余割函数 | x、y 为余割率函数 |
| log | log （x） | 常用对数 | 返回 x 的自然对数 |
| exp | exp （x） | 指数 | 返回 e 的 n 次方 |
| int | int（x） | 整数 | 返回 x 的整数部分 |
| sqr | sqrt（x） | 平方根 | 返回 x 的平方根 |
| pi | Pi（） | 圆周率 π | 3.14159265358 |

- 文件属性：文件属性指的是当前零件的质量属性，这是系统自动测量零件模型的结果。在“文件属性”列表中显示的是各项质量属性数据，包括密度、质量、体积、表面积、重心、惯性主力矩（由重心决定）、惯性张量（由重心决定）及惯性张量（由输出的坐标系决定）等，如图 4-11 所示。这些质量属性的数据也可以通过在“评估”选项卡中单击“质量属性”按钮，打开“质量属性”对话框来查看，如图 4-12 所示。

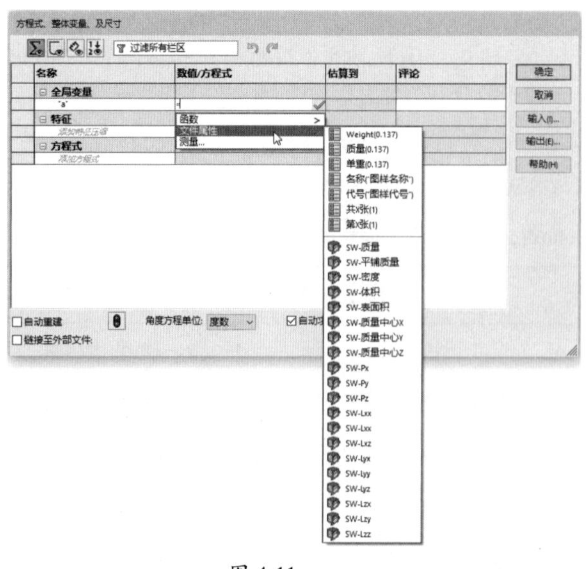
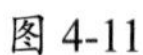

图 4-11

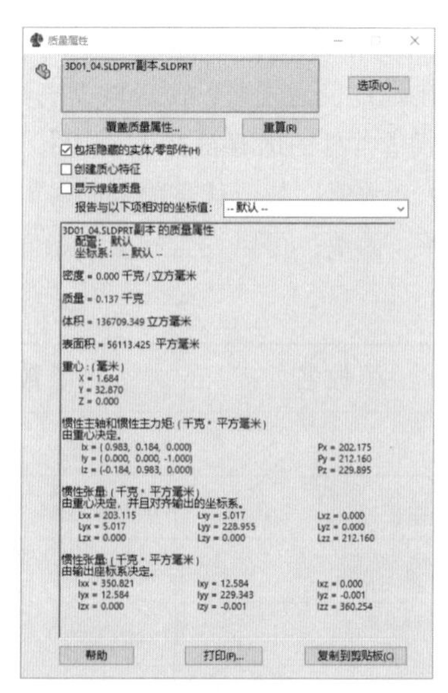

图 4-12

- 测量：若选择“测量”赋值类型，可以在当前零件中通过尺寸测量工具测量对象（主要测量边线长度或顶点之间的距离），以获取测量数据并自动添加到“数值 / 方程式”列中，如图 4-13 所示。

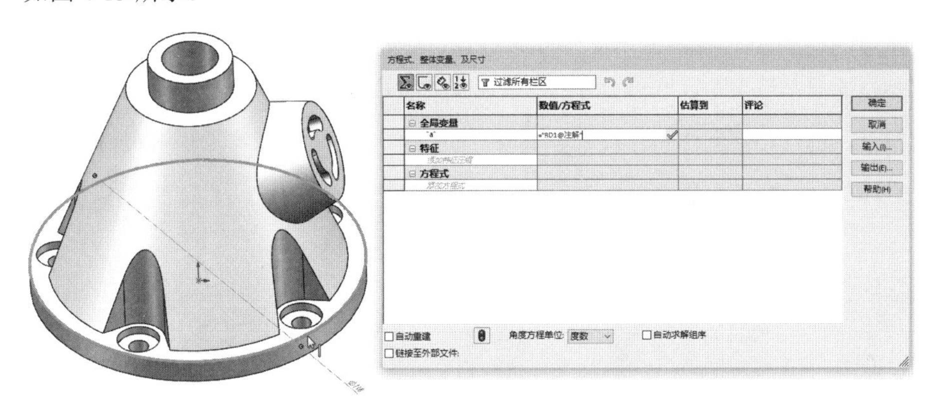

图 4-13

## 4．估算到

在表达式表格中，“估算到”列会显示表达式名在赋值后系统自动计算的结果。例如 $a$=10，“估算到”的值则为 10，如图 4-14 所示。

图 4-14

## 5．其他选项

在“方程式、整体变量、及尺寸”对话框中，除了前面介绍的选项，其余选项的含义介绍如下。

- 自动重建：选中此复选框，每修改一个全局变量，系统会自动重建模型，将修改应用到新模型中。
- 重建模型 ：单击此按钮，在添加全局变量或方程式后，可以将修改结果应用到零件模型中。
- 角度方程单位：当在方程式中使用三角函数时，可以在“角度方程单位”下拉列表中选择“角度”或“弧度”选项来指定函数单位。
- 自动求解组序：选中此复选框，自动将方程式以系统所决定的顺序产生精确结果。
- 链接至外部文件：选中此复选框，可以为当前方程式生成外部文件链接，若修改外部文件，会将修改扩展到当前模型。
- 确定：单击此按钮，将方程式应用到模型中。

- 输入：单击此按钮，将外部的方程式文件（.txt 格式）导入当前项目。
- 输出：单击此按钮，将方程式导出为外部方程式文件，以便用到其他项目中。

## 4.1.2 方程式参数化设计案例：深沟球轴承设计

深沟球轴承是用于支承轴的标准部件，具有结构紧凑、摩擦阻力小的特点。一般由外圈（座圈）、内圈（轴圈）、滚动体和保持架等组成，如图 4-15 所示为深沟球轴承实物图像。

图 4-15

利用 SolidWorks 参数化表达式的建模功能，改变深沟球轴承的基本参数，并通过特征操作建立不同的滚动轴承三维模型，从而真正实现滚动轴承的全参数化设计，提高深沟球轴承的设计效率。

### 1. 案例分析

下面以深沟球轴承 GB/T 276—2013 60000 型代号 6000 为例，详解其参数化建模过程，深沟球轴承零件图如图 4-16 所示。

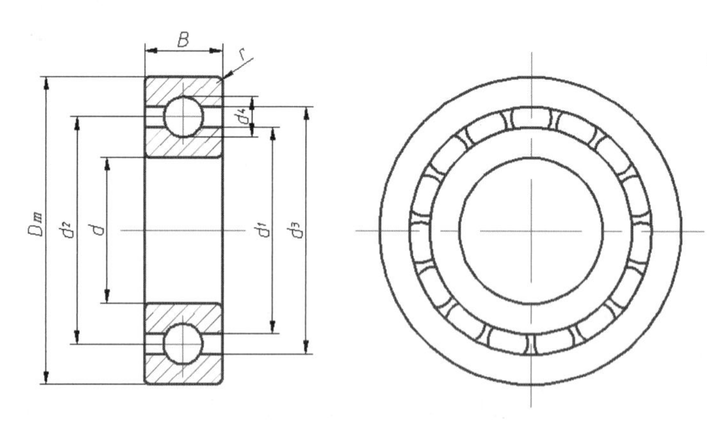


图 4-16

60000 型代号为 6000 的深沟球轴承的规格尺寸见表 4-2 所示。

**表 4-2 深沟球轴承的规格尺寸**

| 变量 | *Dm* | *B* | *d* | $d_1$ | $d_2$ | $d_3$ | $d_4$ | *r* |
|---|---|---|---|---|---|---|---|---|
| 值 | 26 | 8 | 10 | *d*+（*Dm*-*d*）/3 | *Dm*-（*Dm*-*d*）/2 | *Dm*-（*Dm*-*d*）/3 | （*Dm*-*d*）/3 | 0.3 |

通过修改轴承的几个变量（外径 *Dm*、内径 *d*、宽度 *B* 以及圆角半径 *r*），能够实现轴承的快速更新，并且滚珠的数量为：取大于等于“滚珠中心圆的周长”除以“1.5 倍的滚珠直径”的最小整数。

由表 4-2 可知，轴承的主变量为 *Dm*、*d*、*B*、*r*，其他固定参数都可以由这几个变量参数通过程序计算获得。但对于轴承中滚珠的数量，可以利用 SolidWorks 内置函数 int() 和 pi() 进行表达。

**技术要点**

int ( ) 为取整函数，返回一个大于等于给定数字的最小整数，int ( 7.2 ) =8；pi ( ) 为圆周率，可以直接输入3.14159265替代pi ( ) 。

## 2. 创建深沟球轴承的表达式

创建深沟球轴承表达式的具体操作方法如下。

**01** 在计算机系统的桌面上新建名为 zhoucheng 的记事本文件。打开该记事本文件，输入深沟球轴承的表达式，如图 4-17 所示。

**技术要点**

这些表达式也可以在“方程式、整体变量、及尺寸”对话框的“全局变量”表达式中输入。

**02** 在 SolidWorks 中新建名为“轴承”的零件文件，执行“工具”|“方程式”命令，弹出“方程式、整体变量、及尺寸”对话框。

**03** 在方程式视图模式中，单击“输入”按钮，将 zhoucheng 记事本文件打开，如图 4-18 所示。

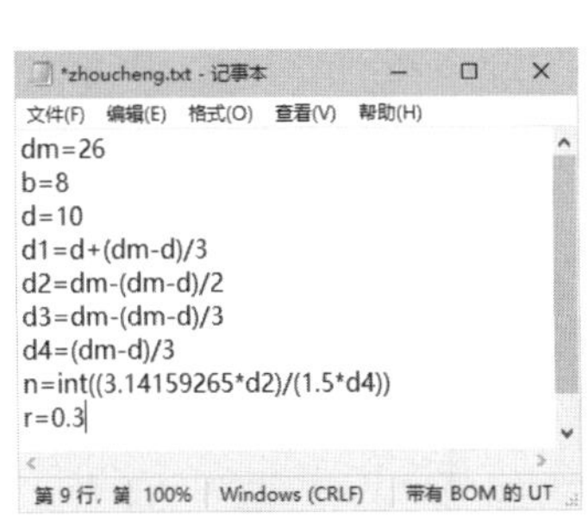


图 4-17

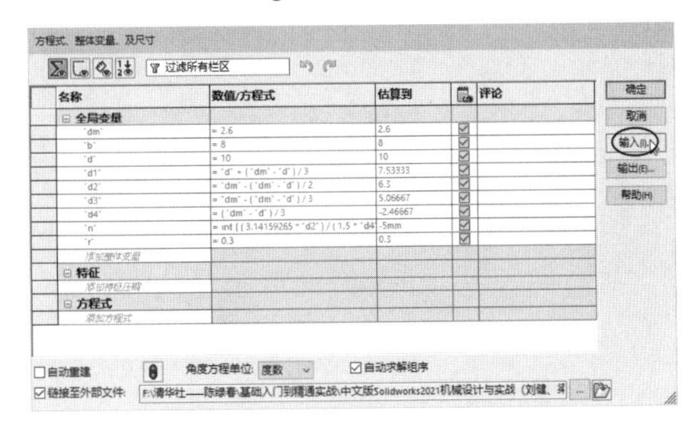


图 4-18

**04** 单击“确定”按钮完成表达式的创建。

## 3. 建立模型

建立模型的具体操作方法如下。

**01** 在“特征”选项卡中单击“旋转凸台 / 基体”按钮，弹出“旋转”面板。

**02** 选择前视基准面作为草图平面并进入草图环境。

**03** 利用矩形、直线、圆、快速修剪等命令，创建如图 4-19 所示的基本草图（仅绘制内、外圈的截面，且尺寸任意）。

**04** 由于前面创建的是“全局变量”表达式，主要用于面板中的参数修改，在草图中还需要添加方程式。执行“工具”|“方程式”命令，弹出“方程式、整体变量、及尺寸”对话框。在“名称”列的“方程式”表达式中激活文本框，在草图中选取一个草图尺寸，将其添加到“方程式”表达式的文本框中，如图 4-20 所示。

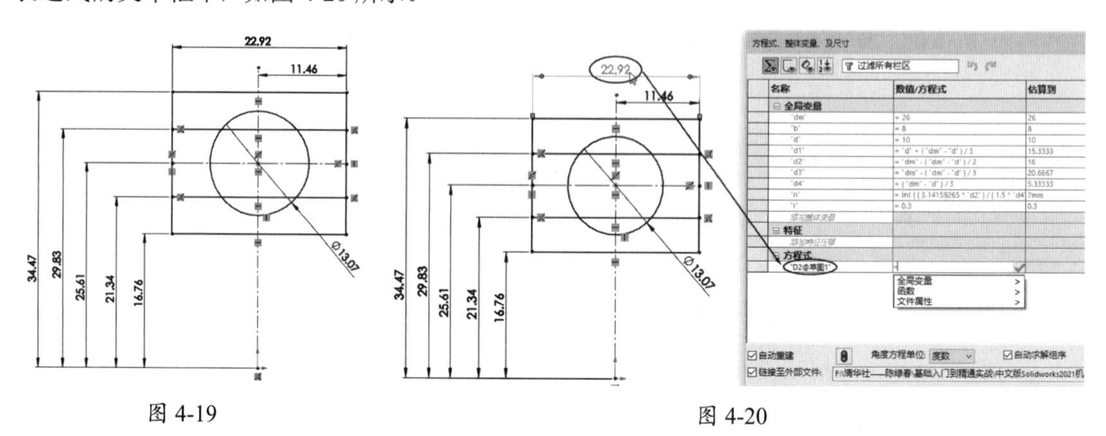

图 4-19　　　　图 4-20

**05** 为该方程式赋值，选择全局变量中的 B 即可，如图 4-21 所示。同理，依次选取尺寸添加到“方程式”文本框中，并逐一为其赋值，结果如图 4-22 所示。

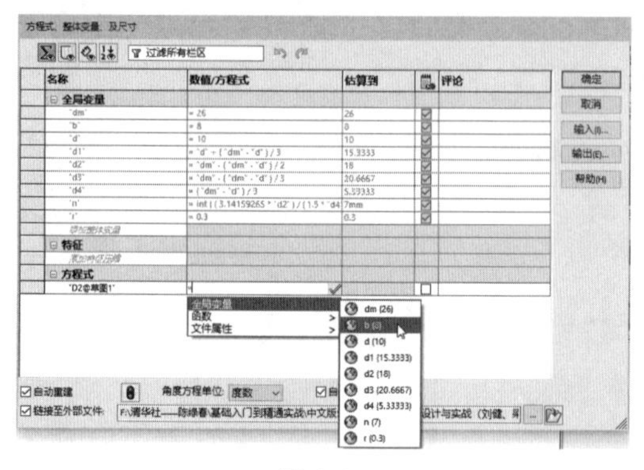

图 4-21

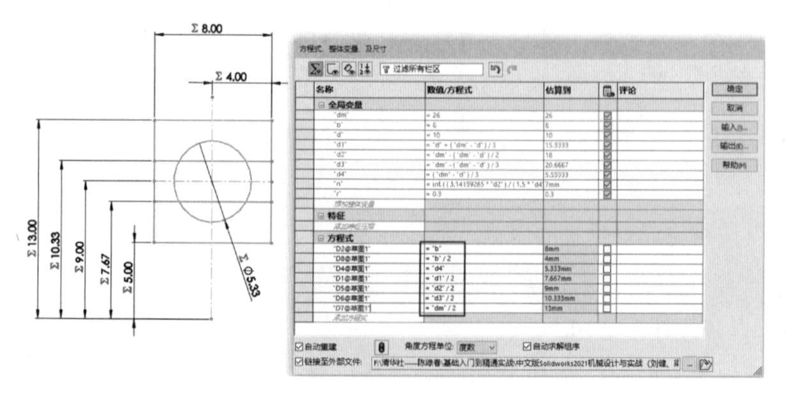

图 4-22

**06** 修剪草图并退出草图环境，在弹出的“旋转”面板中，按信息提示选择旋转轴（*Y* 轴），随后显示预览。单击“旋转”面板中的“确定”按钮✓，完成旋转 1 特征（轴承内外圈）的创建，如图 4-23 所示。

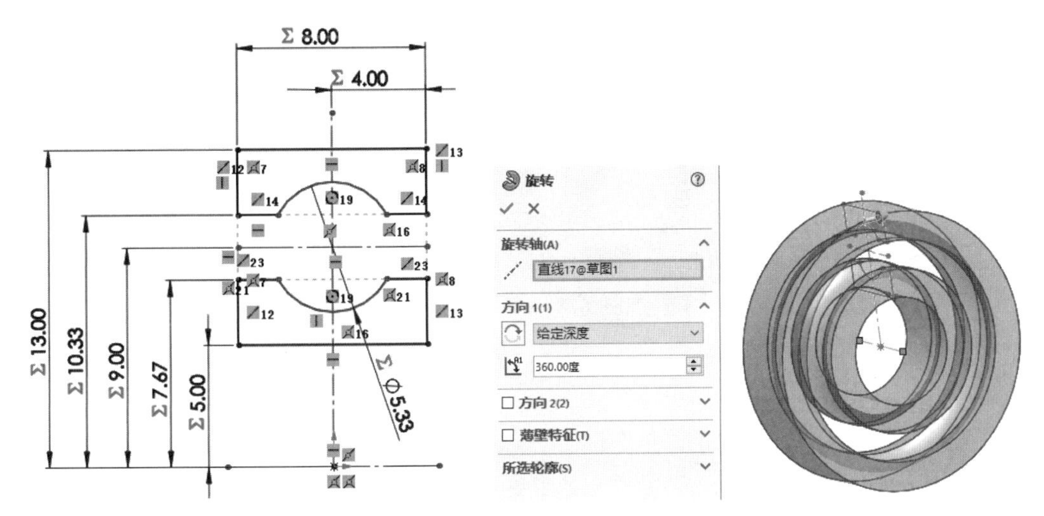


图 4-23

**07** 重复执行“旋转凸台 / 基体”命令，选择前视基准面为草图平面，进入草图环境后绘制如图 4-24 所示的草图，并为草图中的两个尺寸添加方程式。

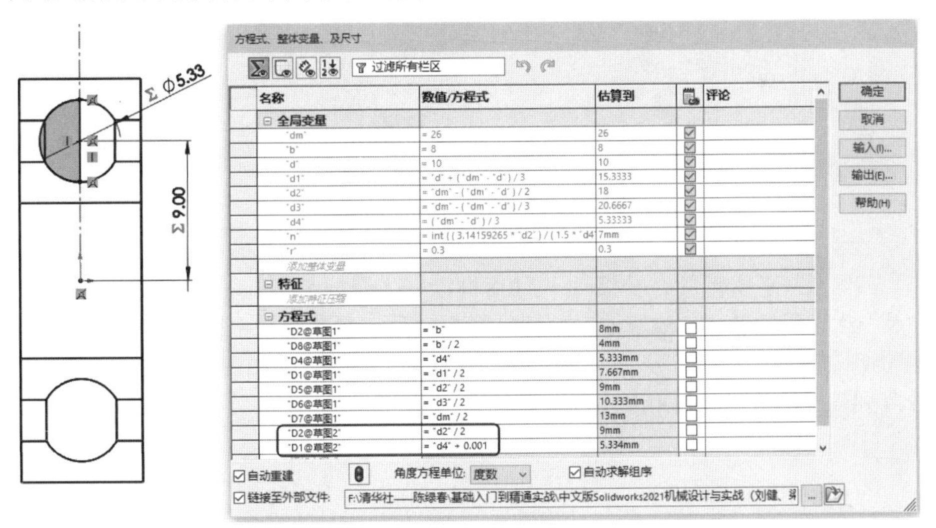


图 4-24

## 技术要点

在设置截面直径表达式时，需要增加0.001，以此在后续布尔运算时可以与内外圈实体形成相交完成操作，并在阵列操作中利用“阵列特征”功能完成阵列。

**08** 退出草图环境后，完成旋转 2 特征（轴承滚动体）的创建。执行“视图”|“隐藏 / 显示”|“临时轴”命令，显示旋转 1（轴承内外圈）特征的临时轴。

**09** 在“特征”选项卡中单击“圆周阵列”按钮，弹出“阵列（圆周）1”面板。首先选择要阵列的特征——轴承滚动体，选择阵列轴为临时轴，然后设置“实例数”的值为 "n"，设置间距角度为 360/"n"，最后单击“确定”按钮✓，完成滚动体的阵列，如图 4-25 所示。

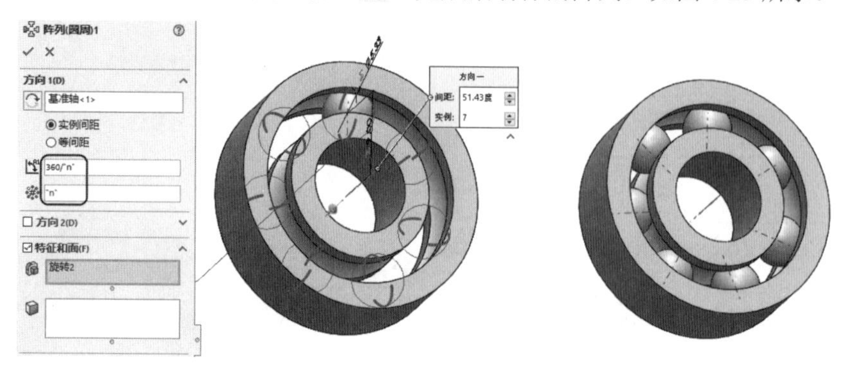


图 4-25

**10** 在“特征”选项卡中单击“倒圆角”按钮，对外圈和内圈的几条边倒圆，选择半径参数为全局变量中的 "r"，单击“确定”按钮✓，完成圆角的创建，如图 4-26 所示。

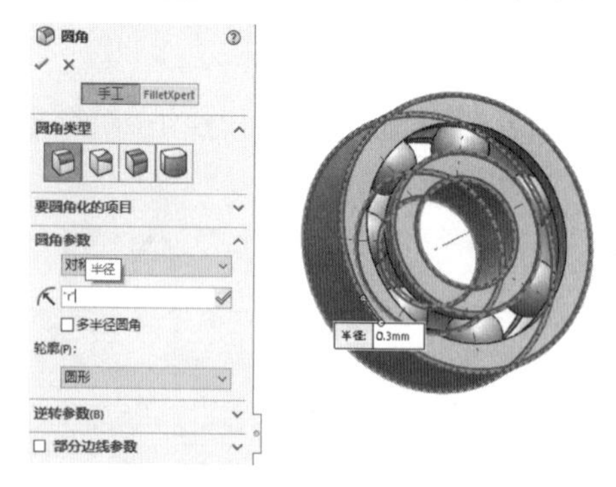


图 4-26

**11** 打开“方程式、整体变量、及尺寸”对话框，在“全局变量”表达式中可对 "Dm"、"d"、"B"、"r" 及 "n" 等变量进行参数修改，随后立即更新为新参数的轴承模型。例如，60000 型代号 6002 的深沟球轴承的 *d* 为 15，*Dm* 为 32，*B* 为 9，更新后的轴承如图 4-27 所示。滚动体的数量需要修改阵列的实例数和阵列角度才可以。

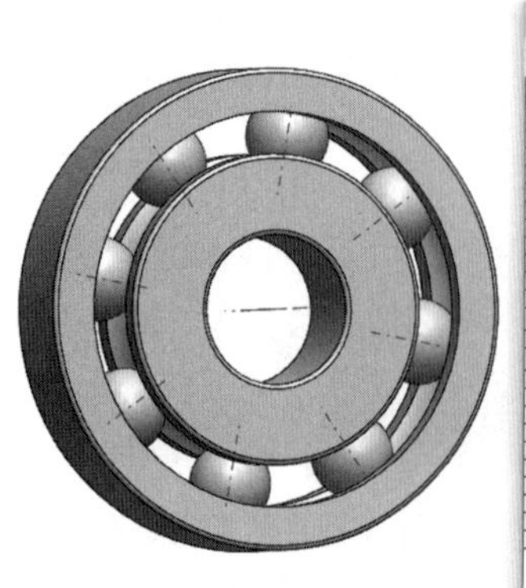

方程式、整体变量、及尺寸

过滤所有栏区

| 名称 | 数值/方程式 | 估算到 | 评论 |
|---|---|---|---|
| 全局变量 | | | |
| "dm" | = 32 | 32 | |
| "b" | = 9 | 9 | |
| "d" | = 15 | 15 | |
| "d1" | = "d" + ( "dm" - "d" ) / 3 | 20.6667 | |
| "d2" | = "dm" - ( "dm" - "d" ) / 2 | 23.5 | |
| "d3" | = "dm" - ( "dm" - "d" ) / 3 | 26.3333 | |
| "d4" | = ( "dm" - "d" ) / 3 | 5.66667 | |
| "n" | = int ( ( 3.14159265 * "d2" ) / ( 1.5 * "d4" ) ) | 8mm | |
| "r" | = 0.3 | 0.3 | |
| 添加整体变量 | | | |
| 特征 | | | |
| 添加特征压缩 | | | |
| 方程式 | | | |
| "D2@草图1" | = "b" | 9mm | |
| "D8@草图1" | = "b" / 2 | 4.5mm | |
| "D4@草图1" | = "d4" | 5.667mm | |
| "D1@草图1" | = "d1" / 2 | 10.333mm | |
| "D5@草图1" | = "d2" / 2 | 11.75mm | |
| "D6@草图1" | = "d3" / 2 | 13.167mm | |
| "D7@草图1" | = "dm" / 2 | 16mm | |
| "D2@草图2" | = "d2" / 2 | 11.75mm | |
| "D1@草图2" | = "d4" + 0.001 | 5.668mm | |
| 添加方程式 | | | |

确定 取消 输入(I)... 输出(E)... 帮助(H)

自动重建　角度方程单位: 度数　自动求解组序

链接至外部文件: F:\清华社——陈绿春\基础入门到精通实战\中文版Solidworks2021机械设计与实战（刘健、

图 4-27

## 4.2 应用 Toolbox 标准件库设计标准件

Toolbox 是 SolidWorks 的内置标准件库，与 SolidWorks 软件合为一体（在安装 SolidWorks 时将会一起安装）。利用 Toolbox，可以快速生成并应用标准件，或者直接向装配体中调入相应的标准件。SolidWorks Toolbox 包含螺栓、螺母、轴承等标准件，以及齿轮、链轮等动力件。

### 4.2.1 启用 Toolbox 插件

要使用 Toolbox 插件，需要执行“工具” | “插件”命令，在弹出的“插件”对话框中选中 SOLIDWORKS Toolbox Library 复选框，即可在“SOLIDWORKS 插件”选项卡中导入 Toolbox 插件，同时在任务窗格的“设计库”窗格标签中会载入标准件，如图 4-28 所示。

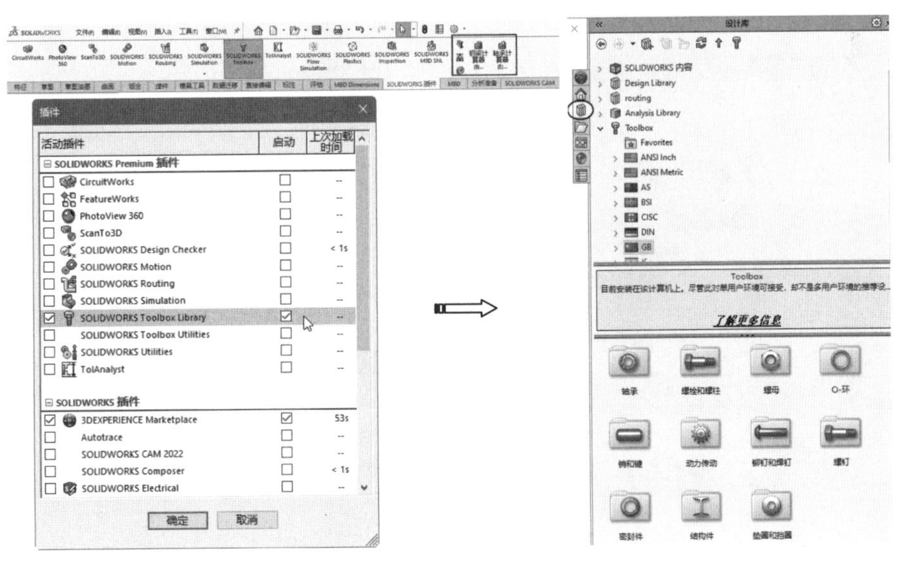

图 4-28

#### 1. 生成 Toolbox 标准件的方式

Toolbox 可以通过两种方式生成标准件——基于主零件建立配置或者直接复制主零件为新零件。

Toolbox 中提供的主零件文件包含用于建立零件的几何形状信息，每个文件最初安装后只包含一个默认配置。对于不同规格的零件，Toolbox 利用包含在 Access 数据库文件中的信息来建立。

在向装配体中添加 Toolbox 标准件时，若基于主零件建立配置，则装配体中的每个实例为单一文件的不同配置；若直接通过复制的方法生成单独的零件文件，则装配体中每个不同的 Toolbox 标准件为单独的零件文件。

#### 2. Toolbox 标准件的只读选项

Toolbox 标准件是基于现有标准生成的，因此，为了避免修改 Toolbox 零件，通常应该将 Toolbox 标准件设置为只读。

但是如果零件为只读属性，就无法保存可能生成的配置，并且不能使用“生成配置”选项。为了解决这个问题，可以使用“写入到只读文档”选项中的“写入前使始终更改文档的只读状态”选项。SolidWorks 临时将 Toolbox 零件的权限改为写入权，从而写入新的配置。保存零件后，Toolbox 标准件又将返回到只读状态。

“只读”选项只用于 Toolbox 标准件，对其他文件没有影响。

## 4.2.2 Toolbox 参数化设计案例：凸轮设计

具体操作步骤如下。

**01** 新建 SolidWorks 零件文件。

**02** 在“SOLIDWORKS 插件”选项卡中单击“凸台”按钮，弹出“凸轮 - 图形”对话框。

**03** 设置“设置”选项卡中的选项，如图 4-29 所示。

**04** 进入“运动”选项卡，单击“添加”按钮，弹出“运动生成细节”对话框，选择“运动类型”为“匀速位移”，设置“结束半径”值为 65、“度运动”值为 110，如图 4-30 所示。

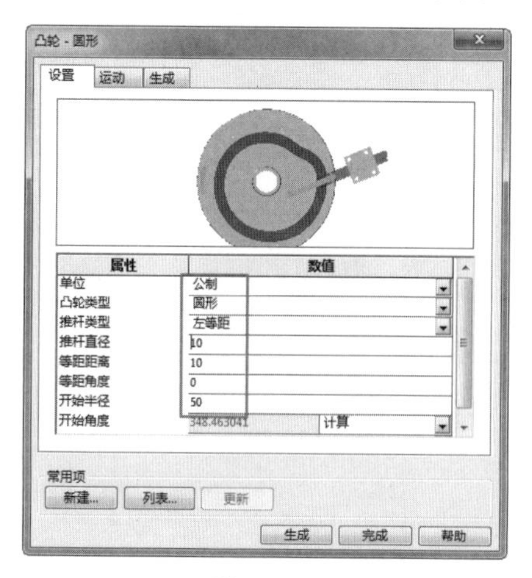


图 4-29

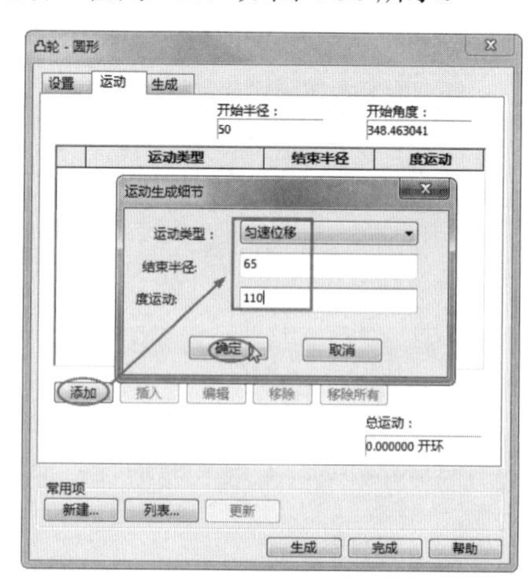


图 4-30

**05** 同理，继续添加其他 3 个运动，如图 4-31 所示。

**06** 在“生成”选项卡中设置属性和数值，完成后单击“生成”按钮，如图 4-32 所示。

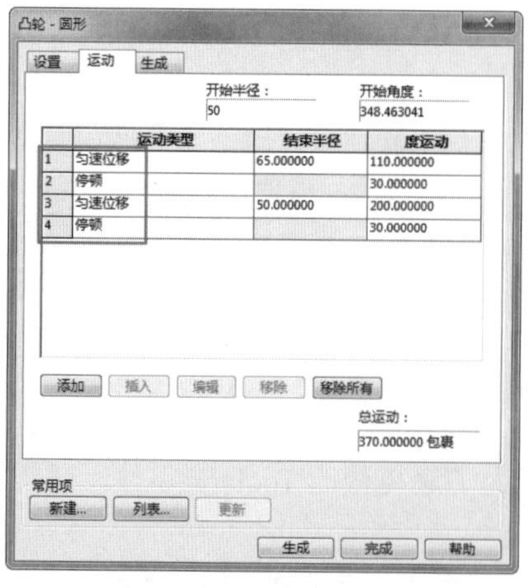


图 4-31

图 4-32

**07** 最终自动创建的凸轮零件如图 4-33 所示。

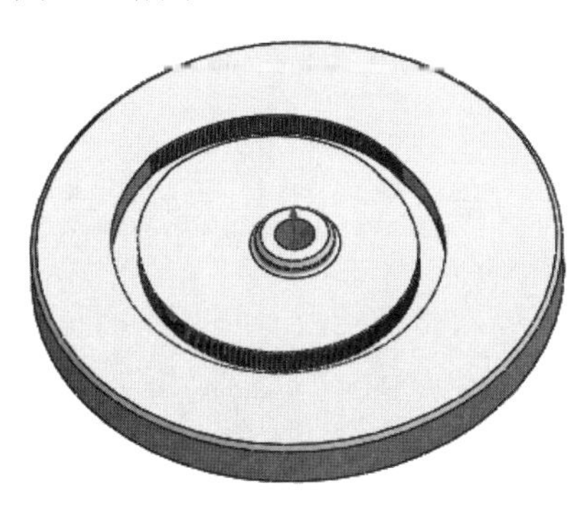

图 4-33

## 4.3 应用外部插件设计标准件

在前面介绍的 Toolbox 插件应用的过程中，诸如一些齿轮、螺钉、螺母、销钉及轴承等标准件，均可直接从库中拖放到图形区中，操作非常简便。尽管如此，由于其提供的标准类型不够丰富（例如皮带轮、涡轮涡杆、链轮、弹簧等标准件就没有提供），本节将使用 GearTrax（齿轮插件）、弹簧宏程序这样的外部插件来帮助完成诸多系列的传动件、常用件的设计。

### 4.3.1 GearTrax 齿轮插件的应用

GearTrax 2022 是一个独立的插件，需要安装，暂不能从 SolidWorks 中启动，在设置好齿轮参数准备创建模型时，必须先启动 Geartrax 软件。

**提示**

GearTrax 2022目前没有简体中文版，但有繁体中文版。初次打开GearTrax 2022为英文界面，需要单击“选项”按钮，选择CHI界面语言，如图4-34所示。

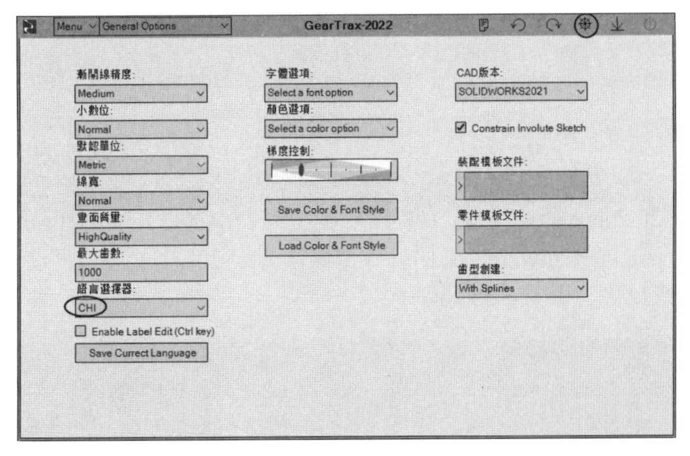


图 4-34

GearTrax 2022 的繁体中文界面如图 4-35 所示。

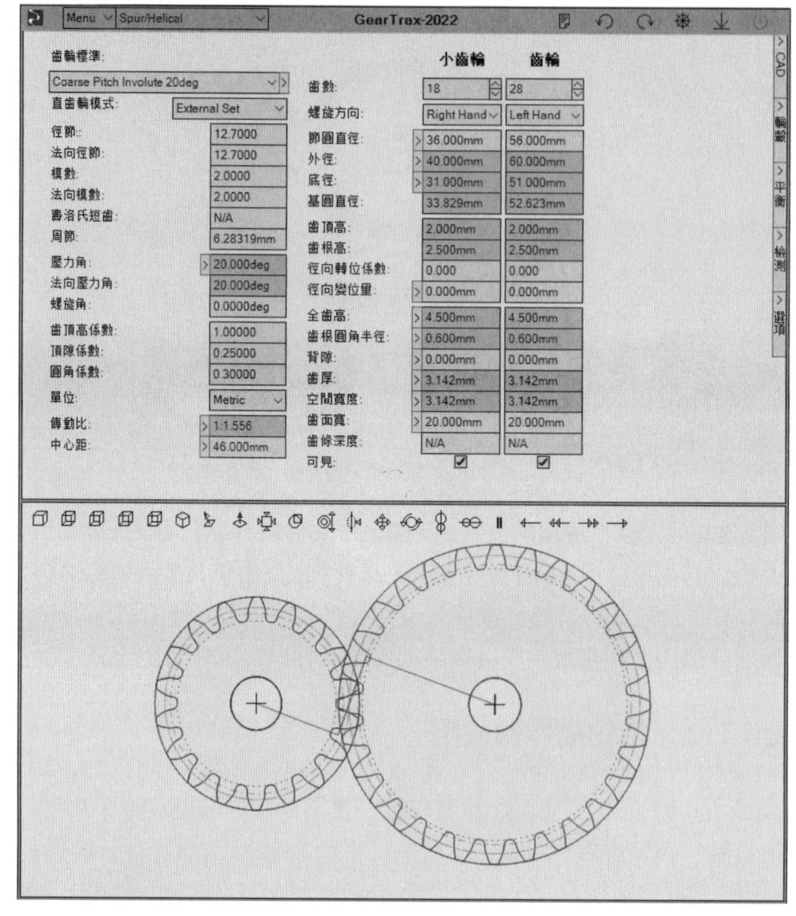


图 4-35

GearTrax 2022 齿轮插件可以设计各种齿轮、带轮及涡轮涡杆、花键等标准件，当然也可以自定义非标准件。利用 GearTrax 设计齿轮非常简单，要设置的参数不多，有机械设计基础的人理解这些参数的定义没有问题。

## 上机实践：设计外啮合齿轮标准件

具体的操作步骤如下。

**01** 启动 SolidWorks 2022 软件。

**02** 再启动 GearTrax-2022.exe 插件程序，在标准件类型列表中选择 Spur/Helical（直 / 斜齿轮）选项，首选齿轮标准为 Coarse Pitch Involute 20deg（大节距渐开线 20° ）类型，再选择单位为 Metric（公制），其余参数保持默认，如图 4-36 所示。

### 技术要点

若要创建一对内啮合齿轮，则可以在“直齿轮模式”列表中选择Internal Set（内齿轮）选项，即可创建内啮合齿轮组，如图4-37所示。

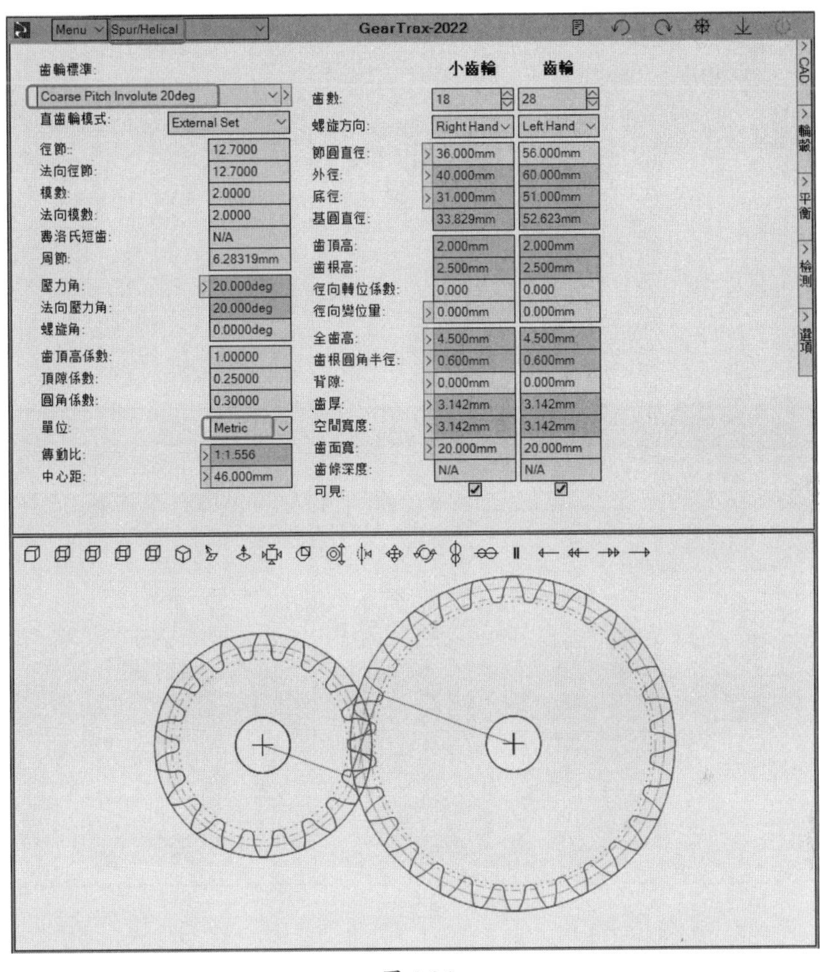


图 4-36

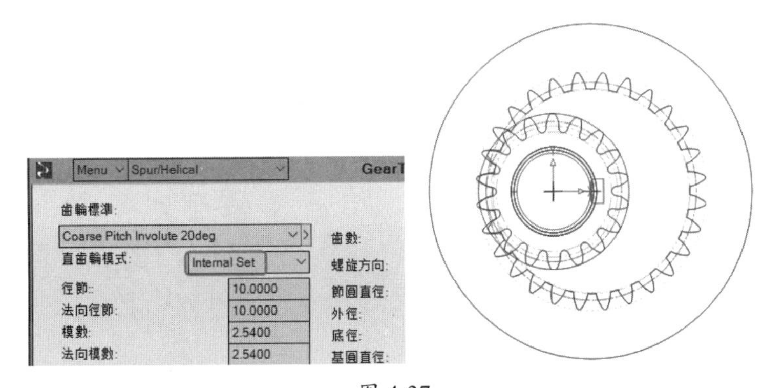


图 4-37

**03** 在GearTrax窗口右侧选择“轮毂”选项卡，出现“轮毂安装”选项区，设置轮毂的参数，如图4-38所示。

**04** 在CAD选项卡中设置两个输出选项，单击Greate in SolidWorks按钮（SOLIDWORKS按钮图标），如图4-39所示。

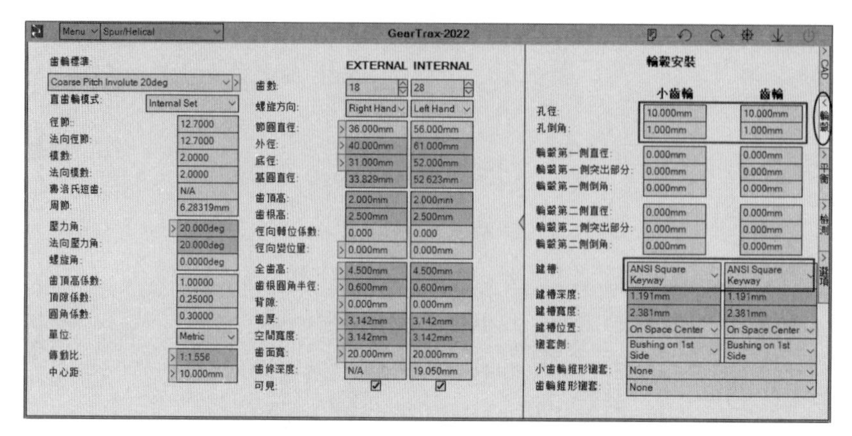

图 4-38

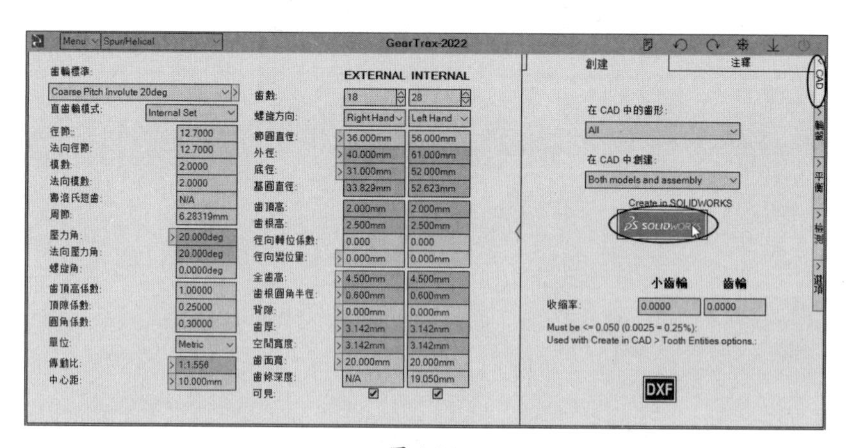

图 4-39

**05** 自动在 SolidWorks 2022 软件中依次创建外啮合齿轮组的两个零件模型和装配体，如图 4-40 所示。

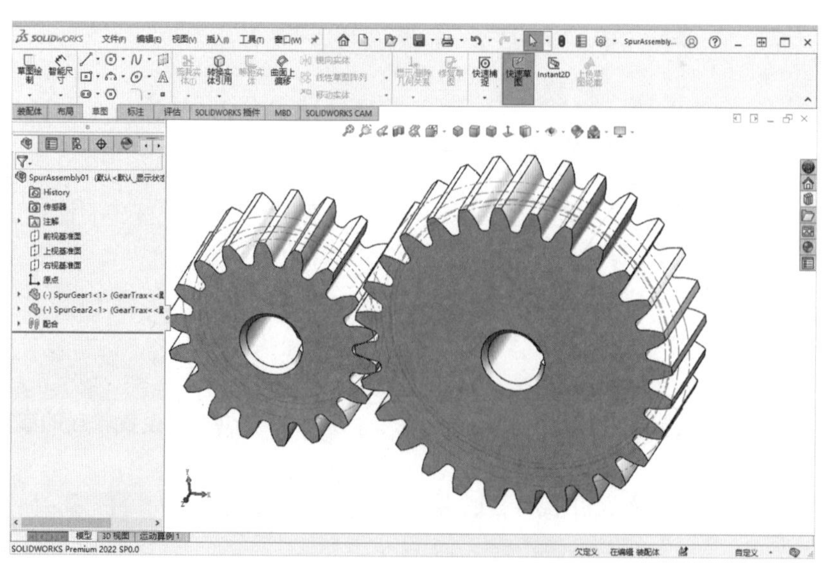

图 4-40

## 4.3.2　SolidWorks 弹簧宏程序

宏程序是运用 Visual Basic for Applications (VBA) 编写的程序，也是在 SolidWorks 中录制、执行或编辑宏的引擎。录制的宏以 .swp 项目文件的形式保存。

即将介绍的 SolidWorks 弹簧宏程序就是通过 VBA 编写的弹簧标准件设计的程序代码。下面介绍操作步骤。

### 上机实践——利用 SolidWorks 弹簧宏程序设计弹簧

**01** 新建 SolidWorks 文件。

**02** 在前视基准面上绘制草图，如图 4-41 所示。

**03** 执行“工具”|“宏”|“运行”命令，并打开本例源文件“Solidworks 弹簧宏程序 .swp”，如图 4-42 所示。

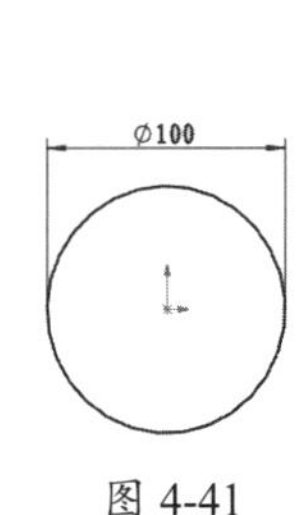


图 4-41

图 4-42

**04** 弹出“弹簧参数”面板，如图 4-43 所示。该面板中包含 4 种弹簧类型：压力弹簧、拉力弹簧、扭力弹簧和涡卷弹簧。

**05** 选择前面绘制的圆形草图，随后可以预览弹簧，默认为“压力弹簧”，如图 4-44 所示。

**06** 选择“拉力弹簧”类型，可以保留弹簧参数直接单击“确定”按钮✓，完成创建，也可以修改弹簧参数，如图 4-45 所示。

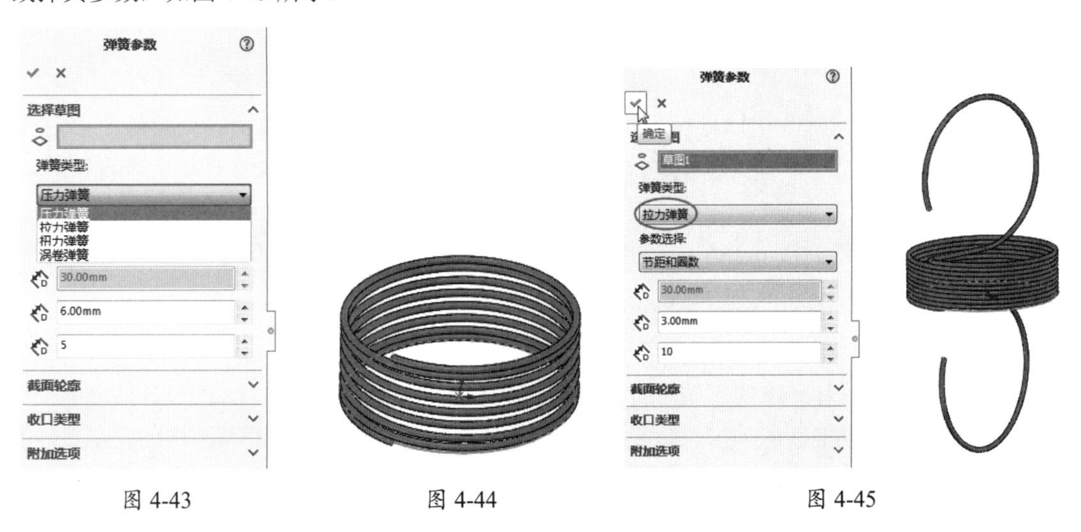


图 4-43　　图 4-44　　图 4-45

# 第 5 章　零件装配设计

项目导读

当完成多个零部件的建模设计后，可以通过 SolidWorks 装配设计功能在装配设计环境中，按照预设的装配流程和装配要求进行组装，即可得到最终的机械产品，机械产品的完整装配过程称为“零件装配设计”。本章将介绍两种常见的装配设计方法——自底向上装配设计和自上而下装配设计。

## 5.1 SolidWorks 装配设计简介

装配设计是根据一定的间隙尺寸和配合约束关系，在 SolidWorks 装配环境中将零件进行组装的操作过程。依据机械产品的零件数量和相关人员的协同配合情况，可以将装配设计分为自底向上装配设计和自上而下装配设计。

### 5.1.1 SolidWorks 2022 装配设计环境

进入 SolidWorks 装配环境有两种方法。第一种方法是在新建 SolidWorks 文件时，在“新建 SOLIDWORKS 文件”对话框中选择“装配体”模板，单击“确定”按钮即可进入装配环境，如图 5-1 所示；另一种方法则是在零件设计环境中，当完成一个零部件设计时，执行“文件”|“从零部件制作装配体”命令，可切换到装配设计环境。

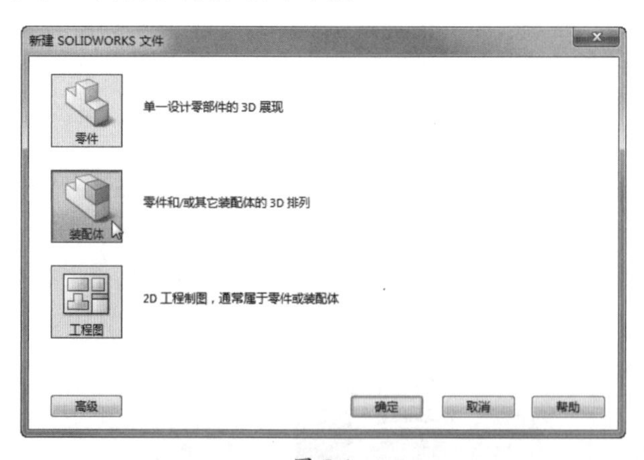


图 5-1

SolidWorks 装配设计环境的工作界面和零件设计环境的工作界面相似，装配设计环境的工作界面也是由菜单栏、功能区选项卡、装配设计树、图形区、信息栏和任务窗格组成的。在左侧的装配设计树中列出了组成产品总装配体的所有零部件。在装配设计树底部还有一个配合文件夹，其中包含所有零部件之间的配合关系，如图 5-2 所示。

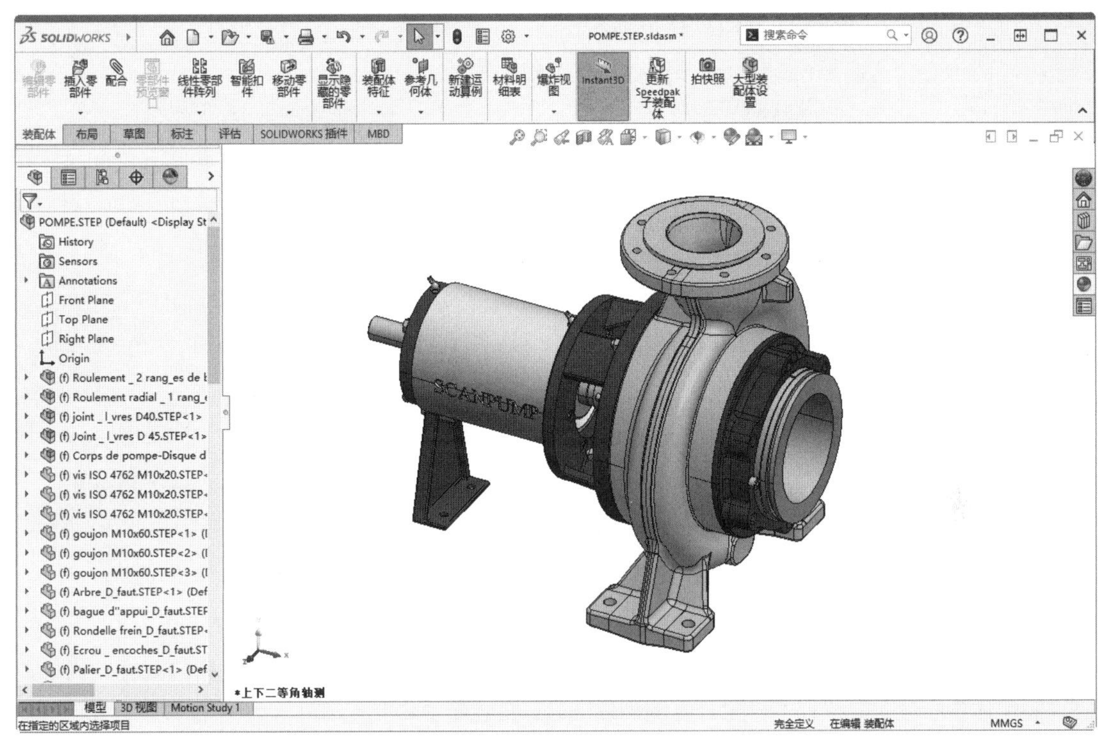


图 5-2

## 5.1.2　装配设计相关指令

### 1．插入零部件

插入零部件功能可以将零部件添加到新的或现有装配体中。插入零部件功能是自底向上装配设计环节中最重要的操作指令。

当确定自底向上的装配设计方式后，可以执行“插入零部件”命令，将之前创建的零部件模型依次插入当前装配设计环境，然后使用“配合”工具来定位、组装零部件。在“装配体”选项卡中单击“插入零部件”按钮，弹出“插入零部件”面板，如图 5-3 所示。随后在图形区中放置第一个零部件，完成插入操作。

### 2．新零部件

执行“新零部件”命令，可以在当前装配设计环境中创建新的零部件模型。此命令用于自上而下装配设计方法，即创建一个顶层装配体（空的总装配体文件），然后逐一在装配体环境中，根据草图布局或模型参考来创建零件模型。

在“装配体”选项卡中单击“新零部件”按钮，装配设计树中显示一个空的“[ 零部件 1^装配体 1]”的虚拟装配体文件，如图 5-4 所示。

为创建新零件指定一个参考后，软件就会自动切换到零件设计环境，并创建零件的各个特征。

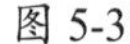


图 5-3

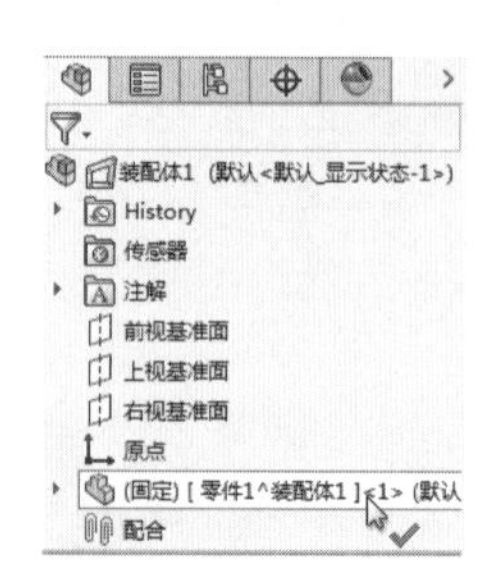


图 5-4

### 3. 新装配体

当需要在任何层级的装配体中插入子装配体时，可以执行“新装配体”命令来完成操作。当创建了子装配体后，可以用多种方式将零部件添加到子装配体中。

无论是采用自底向上或者自上而下的装配设计方法，都可以插入新装配体作为子级。

### 4. 随配合复制

当单击“随配合复制”按钮复制零部件或子装配体时，可以同时复制其关联的配合。例如，在“装配体”选项卡中执行“随配合复制”命令后，在装配体中复制其中一个零部件时，弹出“随配合复制”面板，该面板中显示了该零部件在装配体中的配合关系，如图 5-5 所示。

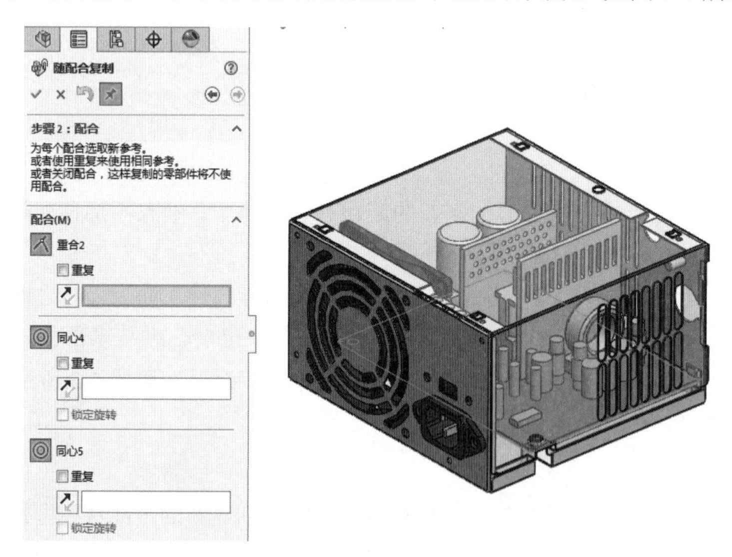


图 5-5

### 5. 配合

“配合”就是为装配体各零部件之间添加对应的装配约束关系。

当零部件插入装配体时，除了第一个插入的零部件或子装配体会自动添加“固定”约束关系，其他零部件都不会自动产生配合关系，将处于“浮动”状态。处于“浮动”状态的零部件可以分别沿 3 个坐标轴移动，也可以分别绕 3 个坐标轴转动，即共有 6 个自由度。

添加“配合”关系的目的就是消除零部件的某些自由度，即限制零部件在某些方向上的平移或旋转。当添加配合关系并将零部件的6个自由度都消除时，称为“完全约束”，零部件将处于“固定”状态。若不能完全固定零部件，此种情况称为“不完全约束”。

**技术要点**

在默认情况下，第一个插入的零部件位置是固定的，但也可以右击，在弹出的快捷菜单中选择“浮动”选项，取消其“固定”状态。

在“装配体”选项卡中单击“配合”按钮，弹出“配合”面板。在该面板中的“配合”选项卡中包括了用于添加标准配合、机械配合和高级配合的选项。“分析”选项卡中的选项用于分析所选的配合，如图5-6所示。

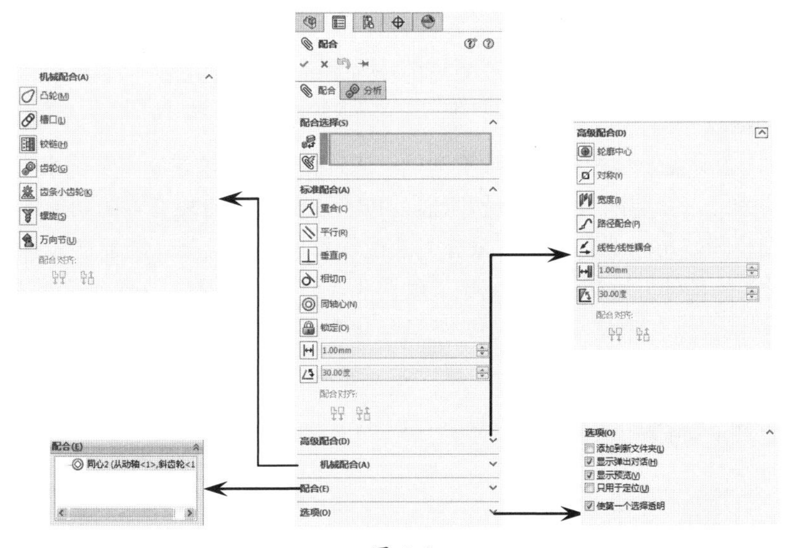


图 5-6

## 5.1.3　布局草图

布局草图对装配体的设计是一个非常有用的工具，使用装配布局草图可以控制零部件和特征的尺寸和位置。对装配布局草图的修改会引起所有零部件的更新，如果再采用装配设计表还可以进一步扩展此功能，自动创建装配体的配置。

### 1. 布局草图的功能

装配环境的布局草图有如下功能。

（1）确定设计意图。

所有的产品设计都有一个设计意图，无论它是创新设计还是改良设计。总设计师最初的想法、草图、计划、规格及说明都可以用来构成产品的设计意图。它可以帮助每个设计者更好地理解产品的规划和零部件的细节设计。

（2）定义初步的产品结构。

产品结构包含了一系列的零部件，以及它们所继承的设计意图。产品结构可以这样构成——在其内部的子装配体和零部件都可以只包含一些从顶层继承的基准和骨架或者复制的几何参考，而不包括任何本身的几何形状或具体的零部件，还可以把子装配体和零部件在没有任何装配约束的情况下加入装配之中。这样做的好处是，这些子装配体和零部件在设计的初期是不确定也不具体的，但是仍然可以在产品规划设计时把它们加入装配中，从而为并行设计做准备。

（3）在整个装配骨架中传递设计意图。

重要零部件的空间位置和尺寸要求都可以作为基本信息，并放在顶层基本骨架中，然后传递给各个子系统，每个子系统就从顶层装配体中获得了所需要的信息，进而在获得的骨架中进行细节设计，因为它们基于同一设计基准。

（4）子装配体和零部件的设计。

当代表顶层装配的骨架确定，设计基准传递下去后，可以进行单个的零部件设计。这里可以采用两种方法进行零部件的详细设计——一种方法是基于已存在的顶层基准，设计好零部件再进行装配；另一种方法是在装配关系中建立零部件模型。零部件模型建立好后，管理零部件之间的相互关联性。用添加方程式的形式来控制零部件与零部件以及零部件与装配件之间的关联性。

### 2. 布局草图的建立

由于自上而下设计是从装配模型的顶层开始，通过在装配环境建立零部件来完成整个装配模型设计的方法，为此，在装配设计的最初阶段，按照装配模型的最基本的功能和要求，在装配体顶层构筑布局草图，用这个布局草图来充当装配模型的顶层骨架。随后的设计过程基本上都是在这个基本骨架的基础上进行复制、修改、细化和完善的，最终完成整个设计过程。

要建立一个装配布局草图，可以在“开始装配体”面板中单击“生成布局”按钮，随后进入3D 草图环境。在特征管理器设计树中将生成一个“布局”文件，如图 5-7 所示。

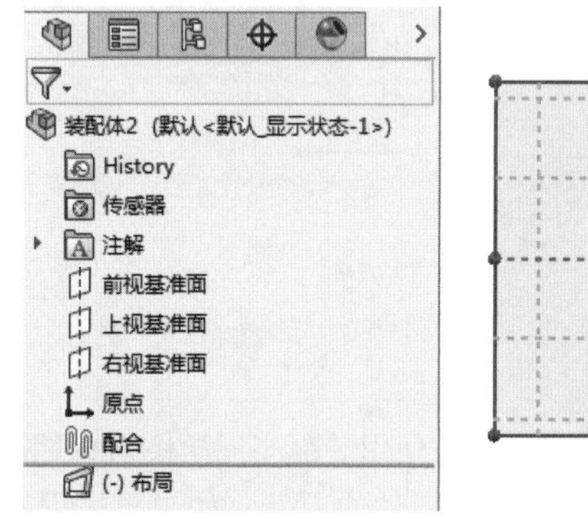


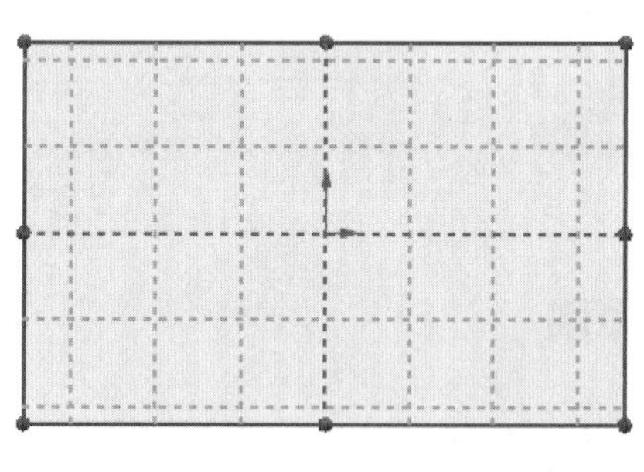

图 5-7

### 3. 基于布局草图的装配体设计

布局草图能够代表装配模型的主要空间位置和空间形状，能够反映构成装配体模型的各个零部件之间的拓扑关系，它是整个自上而下装配设计展开过程的核心，是各个子装配体之间相互联系的中间桥梁和纽带。因此，在建立布局草图时，更注重在最初的装配总体布局中捕获和抽取各子装配体和零部件之间的相互关联性和依赖性。

例如，在布局草图中绘制如图 5-8 所示的草图，完成布局草图绘制后单击“布局”按钮，退出 3D 草图环境。

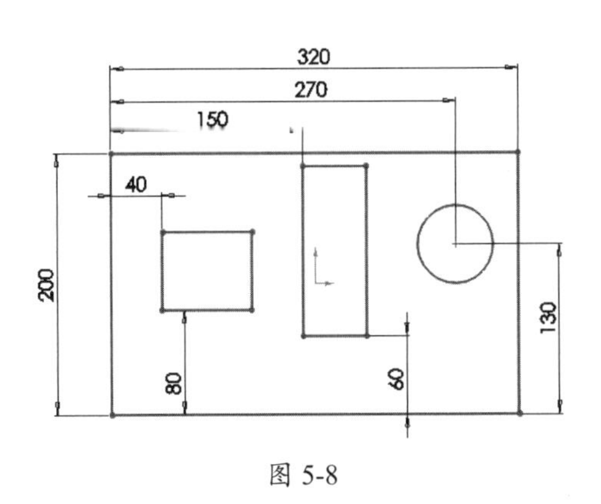


图 5-8

从绘制的布局草图中可以看出，整个装配体由 4 个零部件组成。在“装配体”选项卡中单击“新零部件”按钮，生成一个新的零部件文件。在特征管理器设计树中选中该零部件文件并右击，在弹出的快捷菜单中选择“编辑”选项，即可激活新零部件文件，也就是进入零部件设计模式创建新零部件文件的特征。

单击“特征”选项卡中的“拉伸凸台 / 基体”按钮，利用布局草图的轮廓，重新创建 2D 草图，并创建出拉伸特征，如图 5-9 所示。

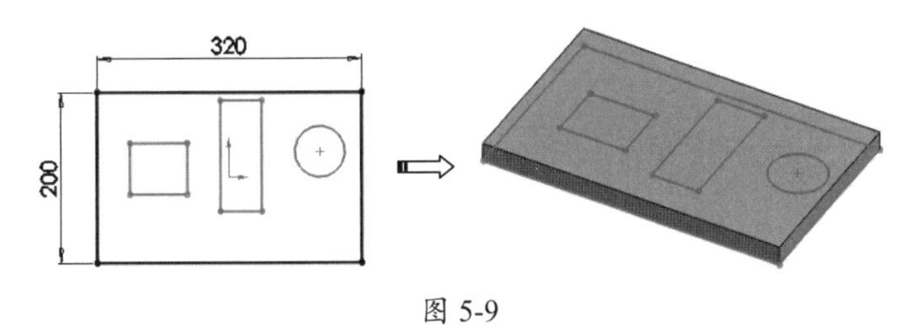


图 5-9

创建拉伸特征后，在“草图”选项卡中单击“编辑零部件”按钮，完成装配体第一个零部件的设计。同理，使用相同操作方法依次创建出其余的零部件，最终设计完成的装配体模型如图 5-10 所示。

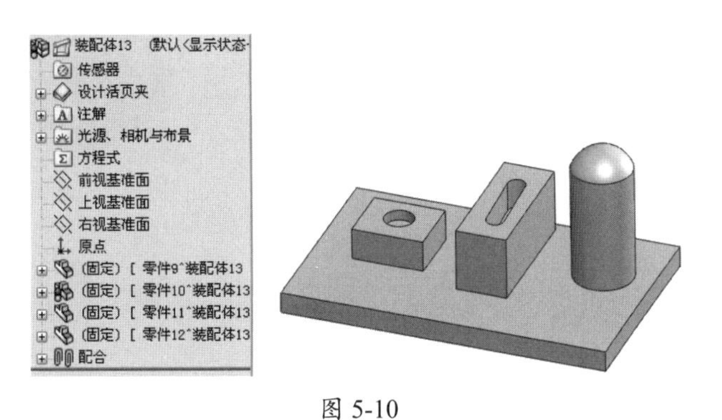


图 5-10

## 5.1.4　装配体检测

零部件在装配环境下完成装配以后，为了找出装配过程中产生的问题，需要使用 SolidWorks 提供的检测工具检测装配体中各零部件之间存在的间隙、碰撞和干涉，使装配设计得到完善。

## 1. 间隙验证

“间隙验证”按钮用来检查装配体中所选零部件之间的间隙。使用该工具可以检查零部件之间的最小距离，并报告不满足指定的“可接受的最小间隙”的间隙。

在“装配体”选项卡中单击“间隙验证”按钮，弹出“间隙验证”面板，如图 5-11 所示。

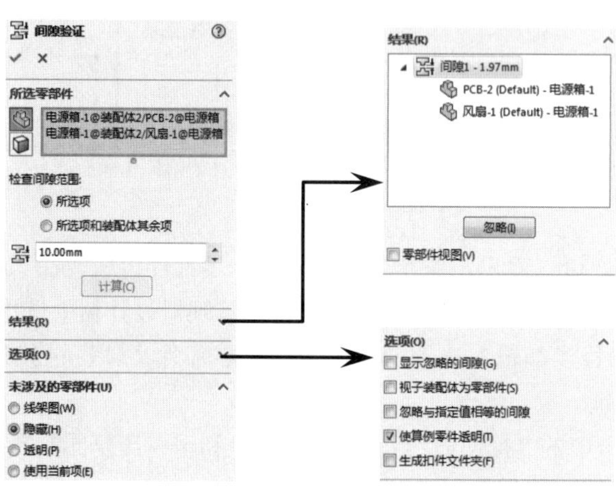


图 5-11

## 2. 干涉检查

单击“干涉检查”按钮，可以检查装配体中所选零部件之间的干涉。在“装配体”选项卡中单击“干涉检查”按钮，弹出“干涉检查”面板，如图 5-12 所示。

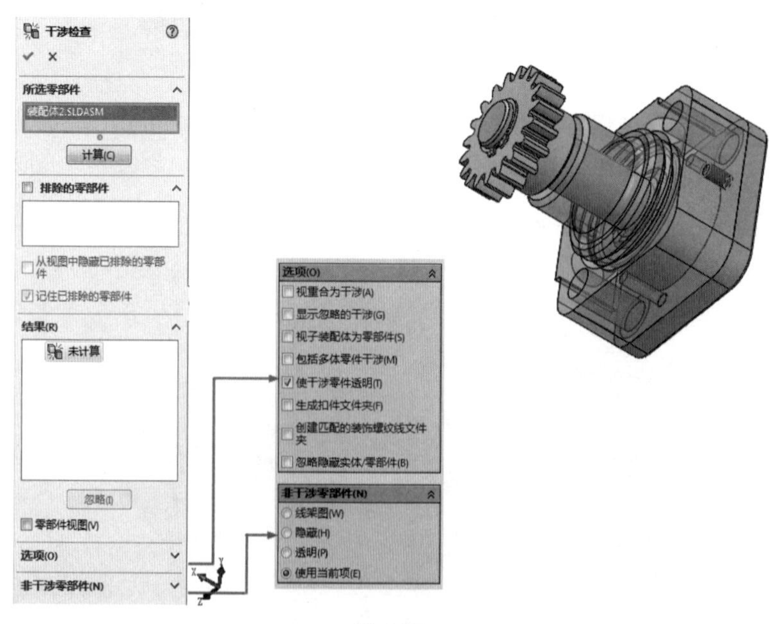


图 5-12

“干涉检查”面板中的设置选项与“间隙验证”面板中的设置选项基本相同，现将“选项”选项区中不同的选项含义介绍如下。

- 视重合为干涉：选中此复选框，将零部件重合视为干涉。

- 显示忽略的干涉：选中此复选框，将在“结果”选项区列表中以灰色图标显示忽略的干涉。反之，则不显示。
- 包括多体零件干涉：选中此复选框，将报告多实体零件中实体之间的干涉。

**技术要点**

在默认情况下，除非预选了其他零部件，否则显示顶层装配体。当检查装配体的干涉情况时，其所有零部件将被检查。如果选取单一零部件，则只报告涉及该零部件的干涉。

### 3. 孔对齐

在装配过程中，单击“孔对齐”按钮，可以检查所选零部件之间的孔是否对齐。在“装配体”选项卡中单击“孔对齐”按钮，弹出“孔对齐”面板。在该面板中设置“孔中心误差”值后，单击“计算”按钮，软件将自动计算整个装配体中是否存在孔中心误差，计算的结果将列于“结果”选项区中，如图 5-13 所示。

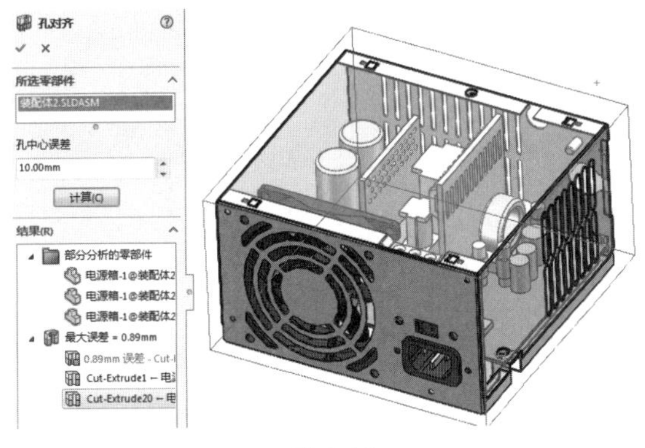


图 5-13

## 5.1.5 创建爆炸视图

装配体爆炸视图是装配模型中组件按装配关系偏离原来位置的拆分图形。爆炸视图可以方便查看装配体中的零部件及其相互之间的装配关系，装配体的爆炸视图如图 5-14 所示。

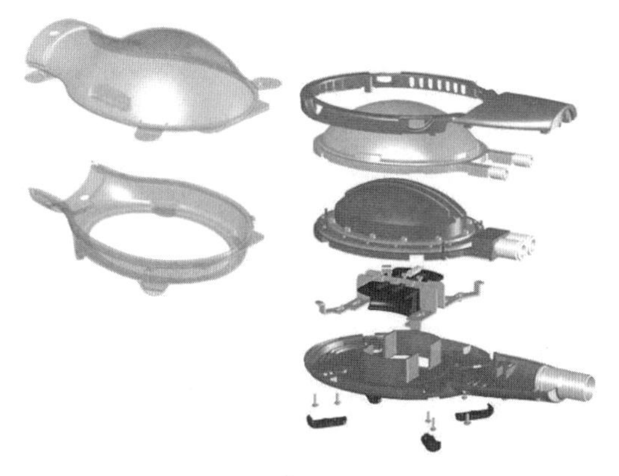

图 5-14

### 1. 生成或编辑爆炸视图

在“装配体”选项卡中单击“爆炸视图”按钮，弹出“爆炸”面板，如图 5-15 所示。

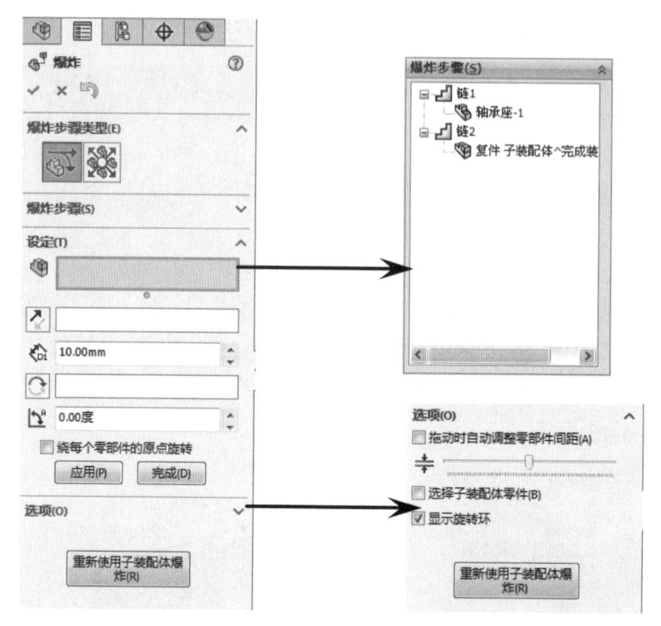


图 5-15

“爆炸”面板中主要选项区及选项含义如下。

- “爆炸步骤”选项区：该选项区用于收集爆炸到单一位置的一个或多个所选零部件。要删除爆炸视图，可以删除爆炸步骤中的零部件。
- “设定”选项区：该选项区用于设置爆炸视图的参数。
  - » 爆炸步骤的零部件：激活此列表，在图形区选择要爆炸的零部件，随后图形区显示三重轴，如图 5-16 所示。

图 5-16

**技术要点**

只有在改变零部件位置的情况下，所选的零部件才会显示在“爆炸步骤”选项区列表中。

- » 爆炸方向：显示当前爆炸步骤所选的方向，可以单击“反向”按钮改变方向。
- » 爆炸距离：输入值以设定零部件的移动距离。
- » 应用：单击此按钮，可以预览移动后的零部件位置。
- » 完成：单击此按钮，保存零部件移动的位置。

- “选项”选项区：
  - » 拖动时自动调整零部件间距：选中此复选框，将沿轴自动、均匀地分布零部件组的间距。
  - » 调整零部件链之间的间距：拖动滑块来调整放置的零部件之间的距离。
  - » 选择子装配体零部件：选中此复选框，可以选择子装配体的单个零部件。反之，则选择整个子装配体。
  - » 重新使用子装配体爆炸：使用先前在所选子装配体中定义的爆炸步骤。

除在面板中设定爆炸参数来生成爆炸视图外，还可以自由拖动三重轴的轴来改变零部件在装配体中的位置，如图 5-17 所示。

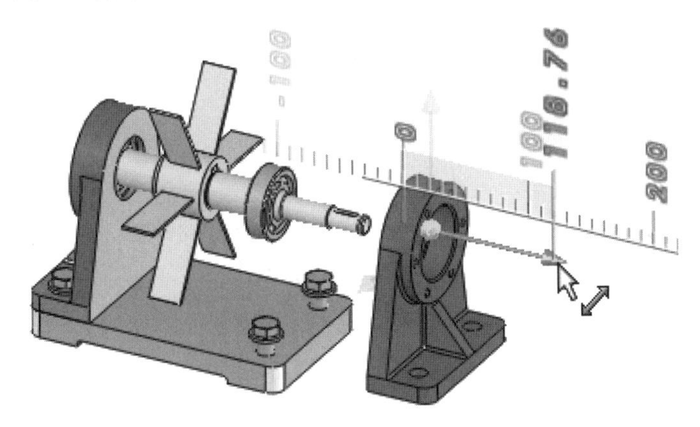


图 5-17

## 2. 添加爆炸直线

在创建爆炸视图后，可以添加爆炸直线来表达零部件在装配体中移动的轨迹。在“装配体”选项卡中单击“爆炸直线草图”按钮，弹出“步路线”面板，并自动进入 3D 草图环境，且弹出“爆炸草图”工具栏，如图 5-18 所示。可以通过单击“步路线”面板中“爆炸草图”选项卡的“步路线”按钮来显示或隐藏爆炸直线。

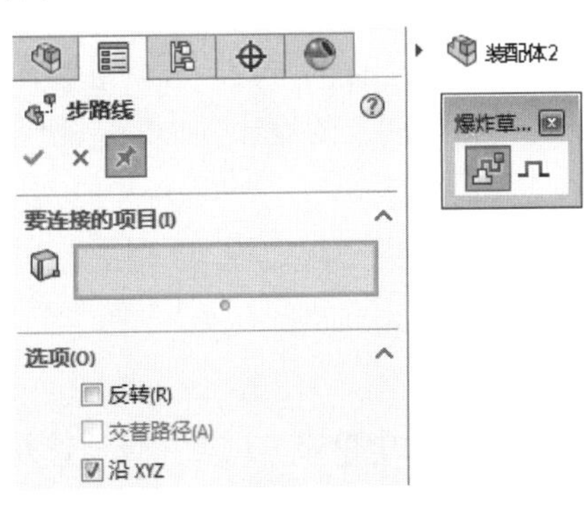


图 5-18

在 3D 草图环境中，单击“直线”按钮来绘制爆炸直线，如图 5-19 所示，绘制后将以幻影线的方式显示。

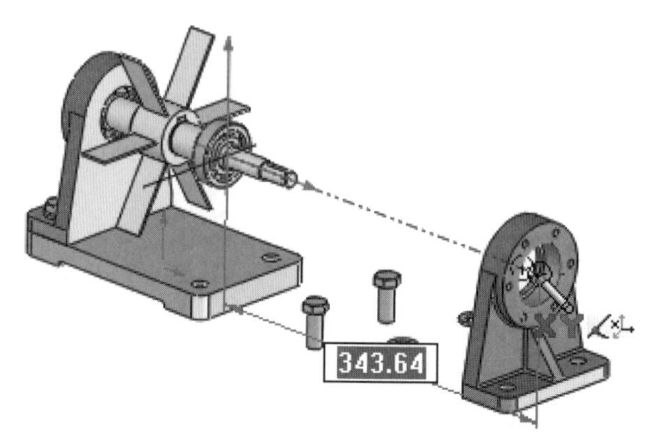


图 5-19

在“爆炸草图”工具栏中单击“转折线”按钮，并在图形区中选择爆炸直线并拖动草图线条，以将转折线添加到该爆炸直线中，如图 5-20 所示。

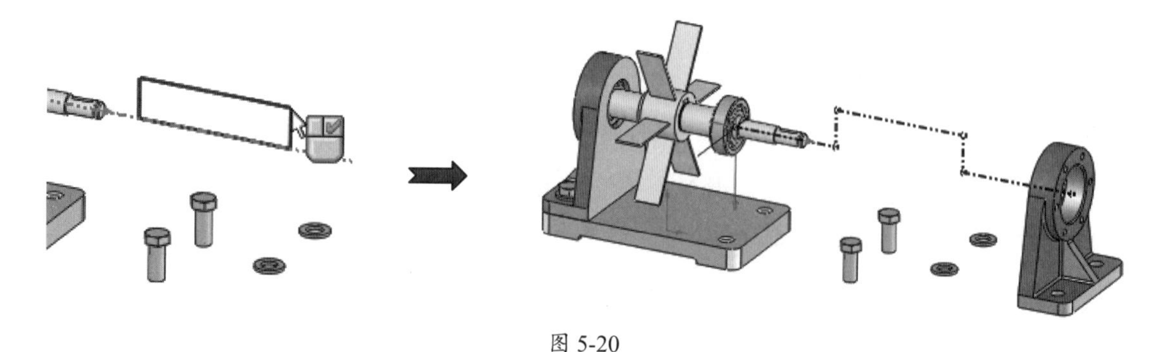

图 5-20

## 5.2 自底向上装配设计案例

“自底向上装配设计”是将前期设计人员完成的零件模型，按照预设的装配关系进行零件组装的设计过程。如果将自底向上装配设计形象地比作金字塔，“底”是金字塔的底层，也就是各零部件，“上”就是金字塔的顶层，也就是最终的产品。

台虎钳是安装在工作台上用于夹稳加工件的工具。台虎钳主要由两大部分构成——固定钳座和活动钳座。本例中将使用装配体的自底向上的设计方法来装配台虎钳，台虎钳装配体如图 5-21 所示。

### 1. 装配活动钳座子装配体

具体的操作步骤如下。

**01** 新建装配体文件，进入装配环境。

**02** 在属性管理器中的“开始装配体”面板中单击“浏览”按钮，并将本例的“活动钳口 .sldprt”零部件文件插入装配环境，如图 5-22 所示。

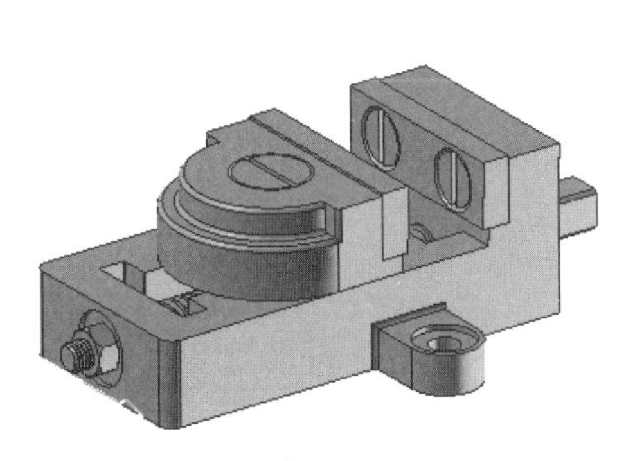

图 5-21

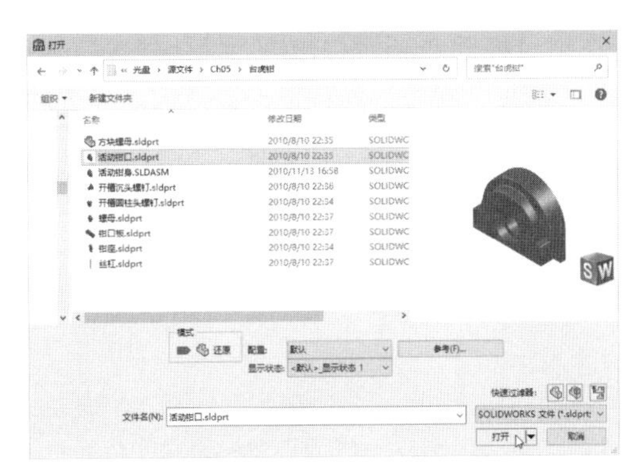

图 5-22

**03** 在“装配体”选项卡中单击“插入零部件”按钮，属性管理器中显示“插入零部件”面板。在该面板中单击“浏览”按钮，将本例的“钳口板 .sldprt”零部件文件插入装配环境并任意放置，如图 5-23 所示。

**04** 同理，依次将“开槽沉头螺钉 .sldprt”和“开槽圆柱头螺钉 .sldprt”零部件插入装配环境，如图 5-24 所示。

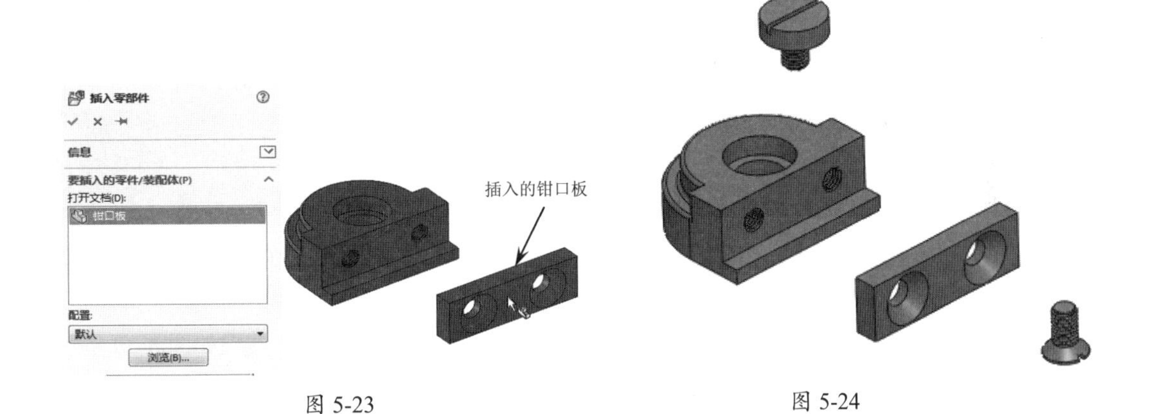


图 5-23　　　　图 5-24

**05** 在“装配体”选项卡中单击“配合”按钮，属性管理器中显示“配合”面板。在图形区中选择钳口板的孔边线和活动钳口中的孔边线作为要配合的实体，如图 5-25 所示。

**06** 钳口板自动与活动钳口孔对齐，并弹出标准配合工具栏。在该工具栏中单击“添加 / 完成配合”按钮，完成“同轴心”配合，如图 5-26 所示。

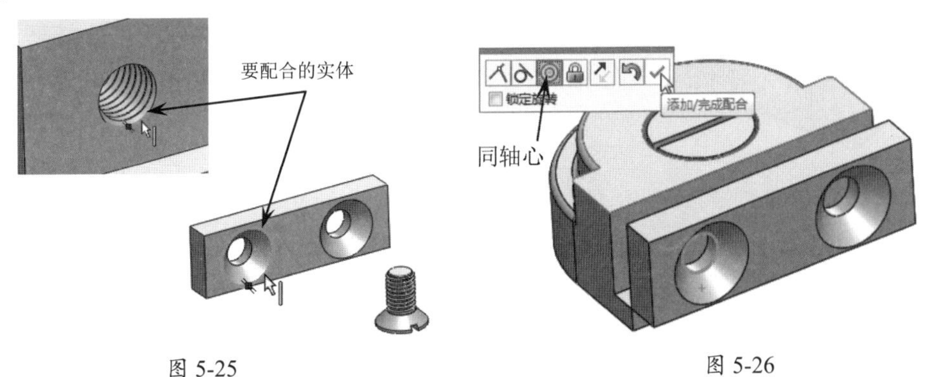


图 5-25　　　　图 5-26

**07** 在钳口板和活动钳口零部件中各选择一个面作为要配合的实体，随后钳口板自动与活动钳口完成“重合”配合，在标准配合工具栏中单击“添加 / 完成配合”按钮，完成配合，如图 5-27 所示。

**08** 选择活动钳口顶部的孔边线与开槽圆柱头螺钉的边线作为要配合的实体，并完成“同轴心”配合，如图 5-28 所示。

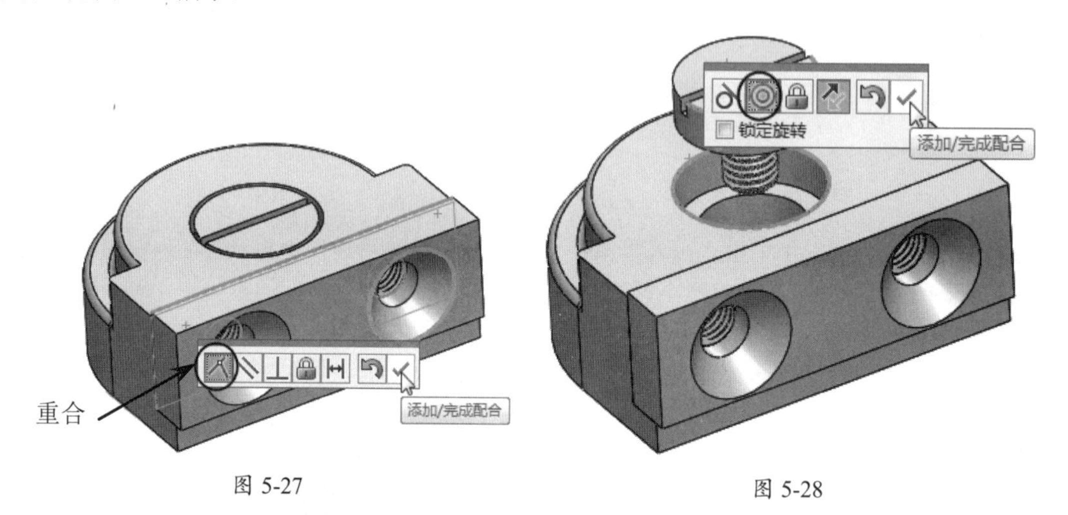


图 5-27　　图 5-28

**技术要点**

在一般情况下，有孔的零部件使用“同轴心”配合、“重合”配合或“对齐”配合；无孔的零部件可以用除“同轴心”外的配合来配合。

**09** 选择活动钳口顶部的孔台阶面与开槽沉头螺钉的台阶面作为要配合的实体，并完成“重合”配合，如图 5-29 所示。

**10** 同理，对开槽沉头螺钉与活动钳口使用“同轴心”配合和“重合”配合，结果如图 5-30 所示。

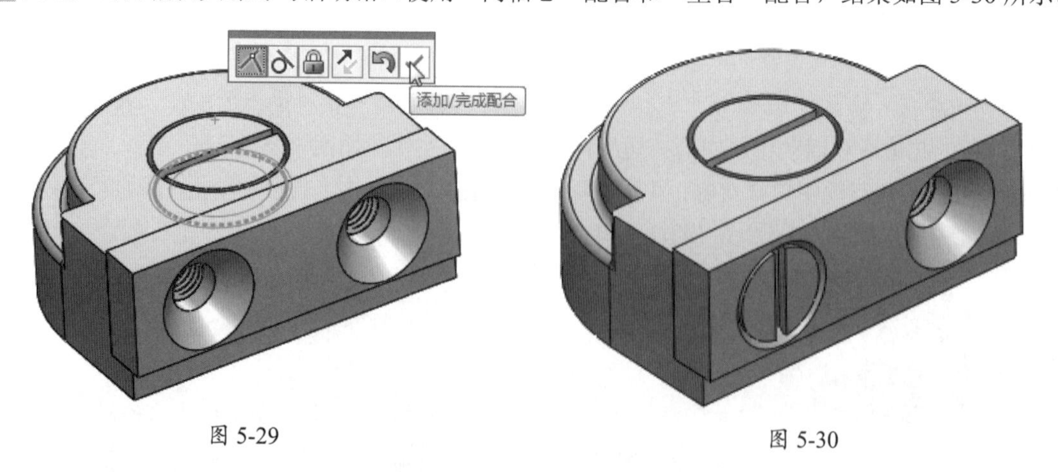


图 5-29　　图 5-30

**11** 在“装配体”选项卡中单击“线性零部件阵列”按钮，属性管理器中显示“线性阵列”面板。在钳口板上选择一边线作为阵列参考方向，如图 5-31 所示。

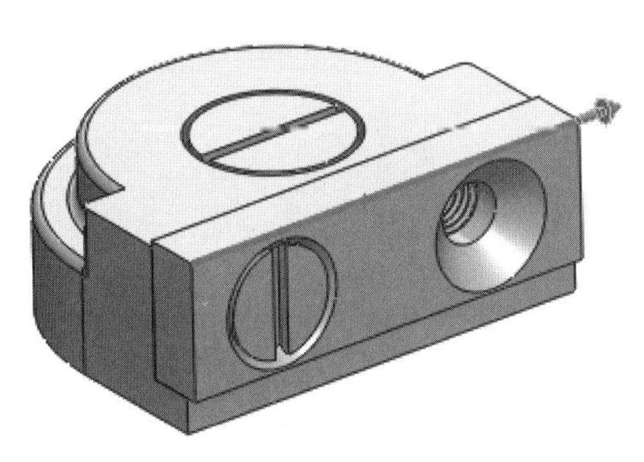

图 5-31

**12** 选择开槽沉头螺钉作为要阵列的零部件，在输入阵列距离及阵列数量后，单击“确定”按钮 ✓，完成零部件的阵列，如图 5-32 所示。

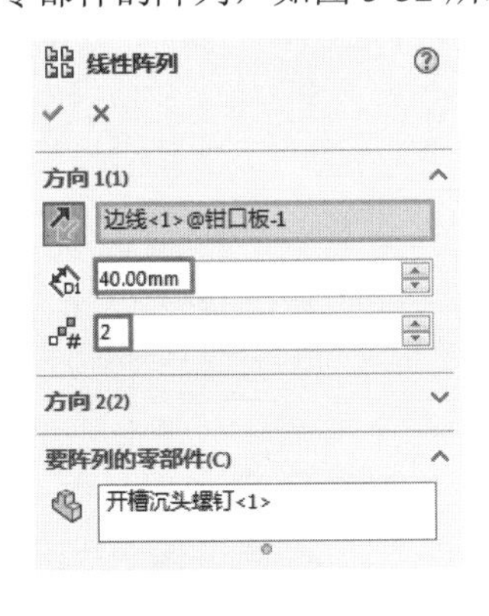


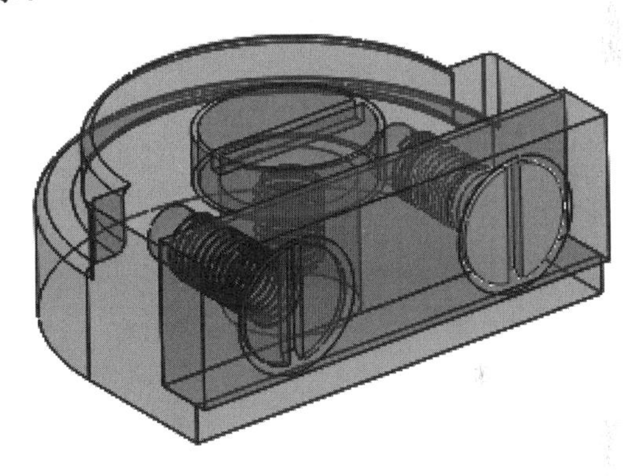

图 5-32

**13** 至此，活动钳座装配体设计完成，最后将装配体文件另存为“活动钳座 .sldasm”文件，并关闭窗口。

## 2. 装配固定钳座

具体的操作方法如下。

**01** 新建装配体文件，进入装配环境。

**02** 在属性管理器的“开始装配体”面板中单击“浏览”按钮，将本例的“钳座 .sldprt”零部件文件插入装配环境，以此作为固定零部件，如图 5-33 所示。

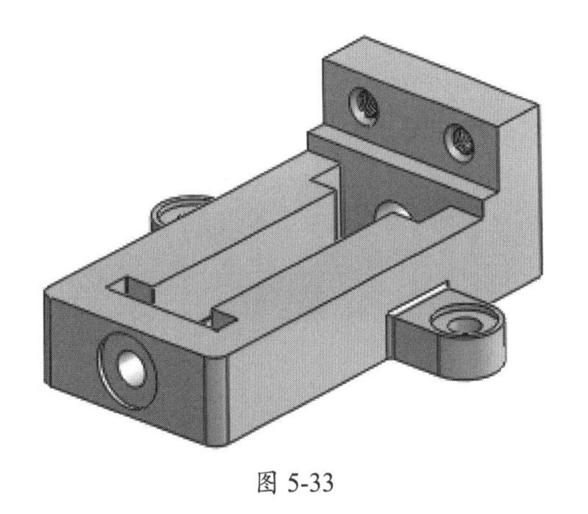

图 5-33

**03** 同理，单击“装配体”选项卡中的“插入零部件”工具，执行相同操作依次将丝杠、钳口板、螺母、方块螺母和开槽沉头螺钉等零部件插入装配环境，如图 5-34 所示。

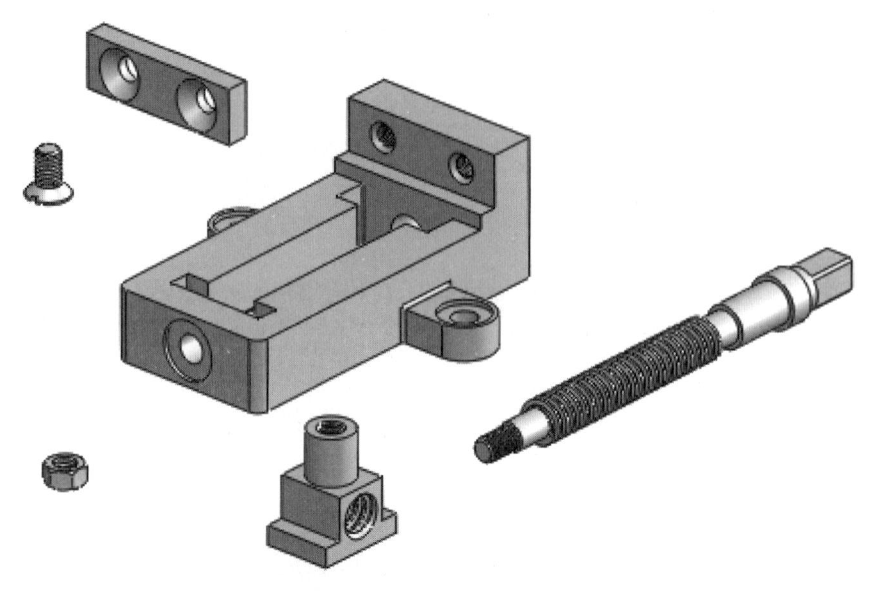

图 5-34

**04** 首先装配丝杠到钳座上。单击“配合”按钮，选择丝杠圆形部分的边线与钳座孔边线作为要配合的实体，使用“同轴心”配合。然后选择丝杠圆形台阶面和钳座孔台阶面作为要配合的实体，并使用“重合”配合，配合的结果如图 5-35 所示。

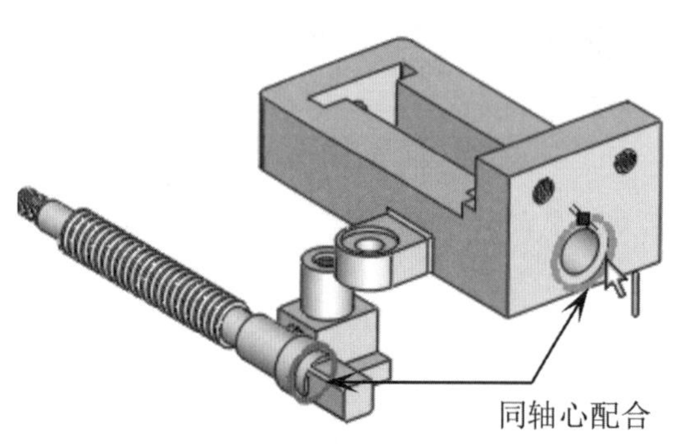


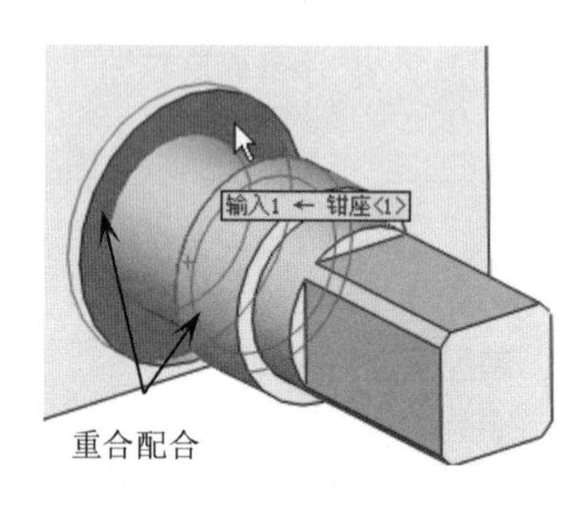


图 5-35

**05** 装配螺母到丝杠上。螺母与丝杠的配合也使用“同轴心”配合和“重合”配合，如图 5-36 所示。

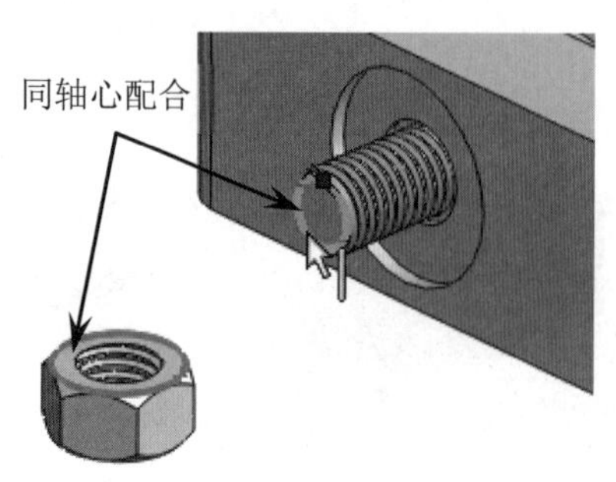


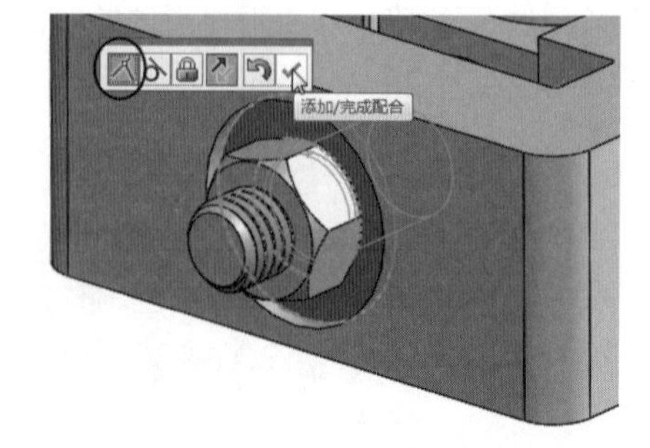


图 5-36

**06** 装配钳口板到钳座上。在装配钳口板时，使用“同轴心”配合和“重合”配合，如图 5-37 所示。

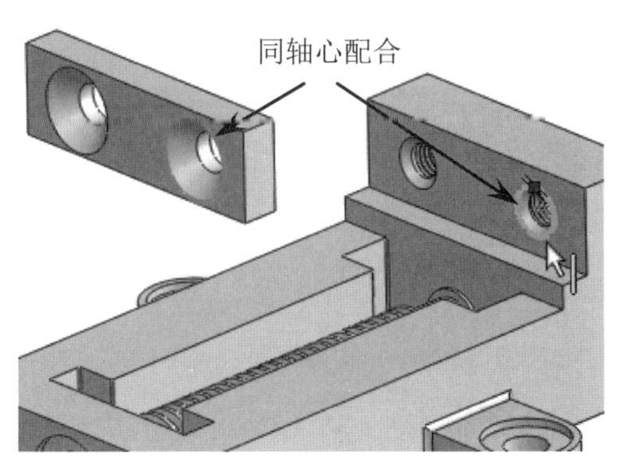


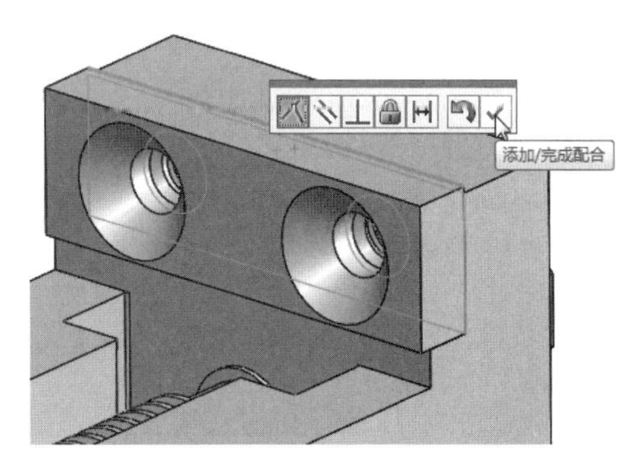


图 5-37

**07** 装配开槽沉头螺钉到钳口板。在装配钳口板时，使用“同轴心”配合和“重合”配合，如图 5-38 所示。

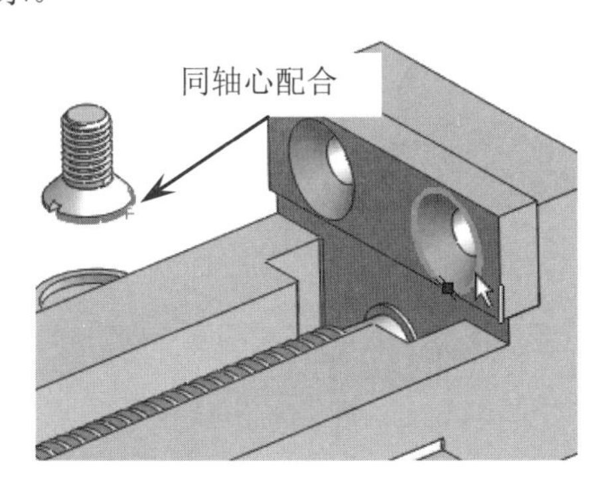


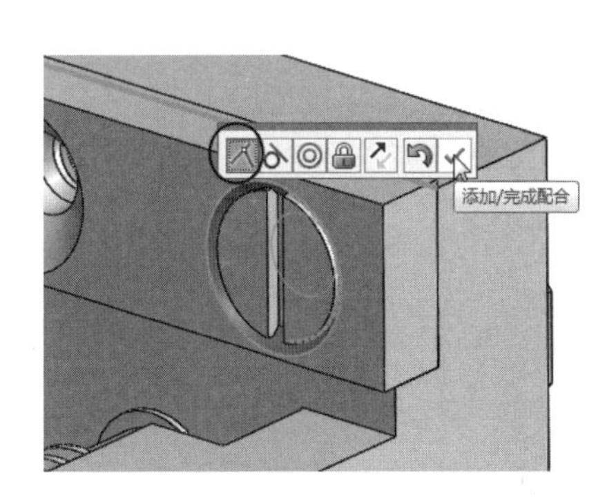


图 5-38

**08** 装配方块螺母到丝杠。在装配时，方块螺母使用“距离”配合和“同轴心”配合。选择方块螺母上的面与钳座面作为要配合的实体后，方块螺母自动与钳座的侧面对齐，如图 5-39 所示。此时，在标准配合工具栏中单击“距离”按钮，然后在距离文本框中输入 70.00 mm，再单击“添加 / 完成配合”按钮，完成距离配合，如图 5-40 所示。

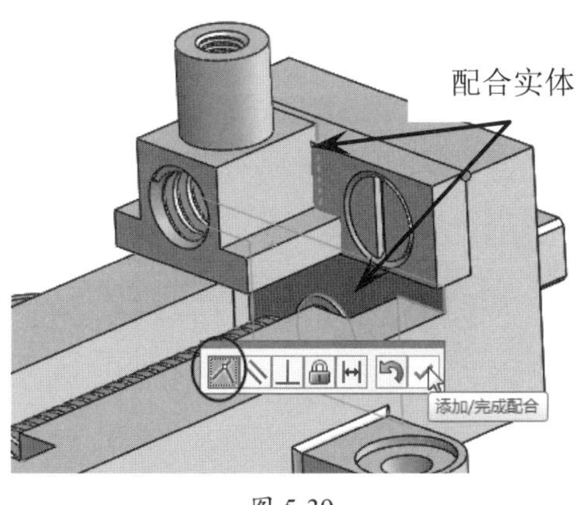


图 5-39

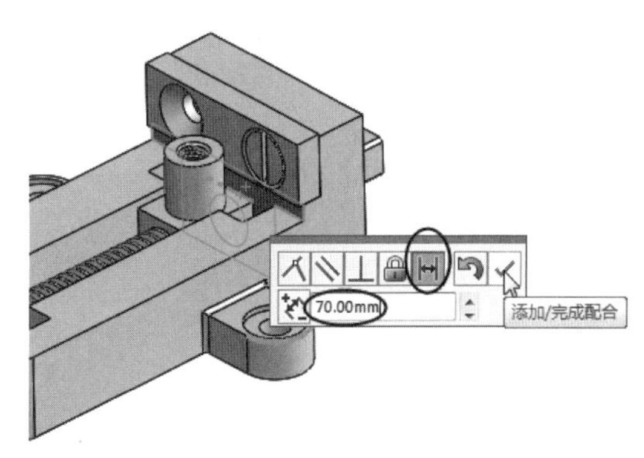


图 5-40

**09** 对方块螺母和丝杠使用“同轴心”配合，配合完成的结果如图 5-41 所示。配合完成后，关闭“配合”面板。

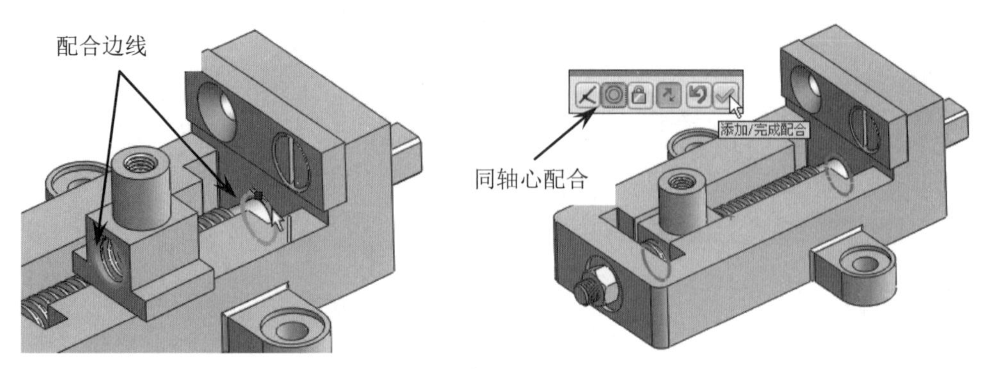


图 5-41

**10** 单击“线性阵列”按钮，阵列开槽沉头螺钉，如图 5-42 所示。

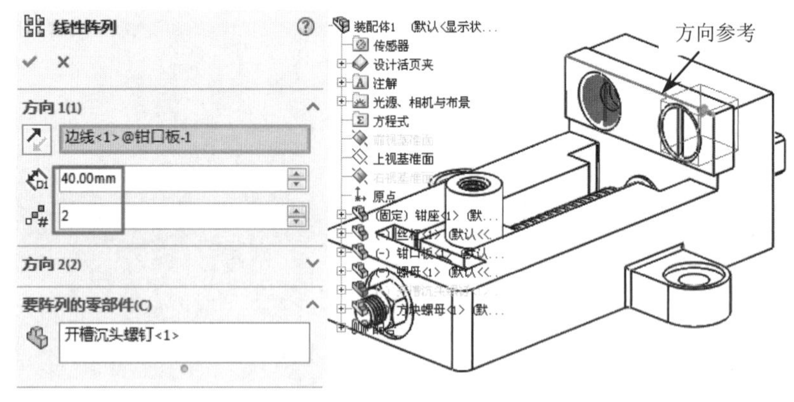


图 5-42

### 3. 插入子装配体

具体的操作步骤如下。

**01** 在“装配体”选项卡中单击“插入零部件”按钮，属性管理器中显示“插入零部件”面板。

**02** 在“插入零部件”面板中单击“浏览”按钮，在“打开”对话框中将先前保存的“活动钳座”的装配体文件打开，如图 5-43 所示。

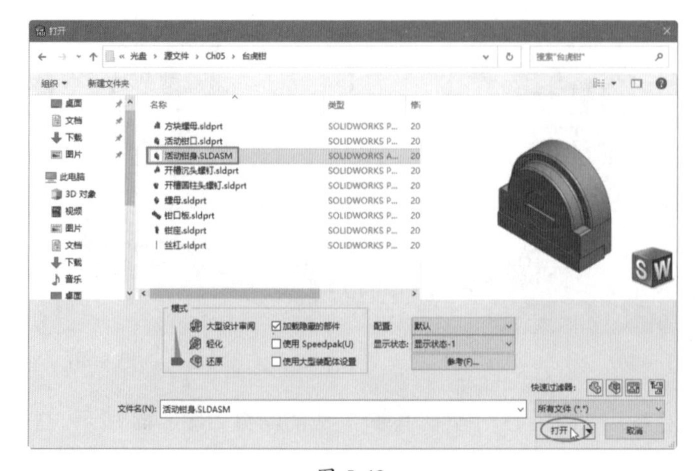

图 5-43

**技术要点**

在“打开”对话框中，需要先将“文件类型”设定为“装配体（*asm,*sldasm）”后，才可以选择子装配体文件。

**03** 打开装配体文件后，将其插入装配环境并任意放置。

**04** 添加配合关系，将活动钳座装配到方块螺母上。在装配活动钳座时，先使用“重合”配合和“角度”配合，将活动钳座的方位调整好，如图 5-44 所示。

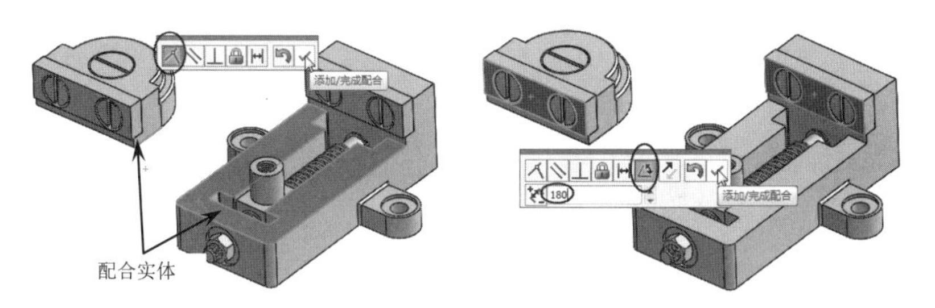


图 5-44

**05** 使用“同轴心”配合，使活动钳座与方块螺母完全同轴配合在一起，如图 5-45 所示。完成配合后关闭“配合”面板。

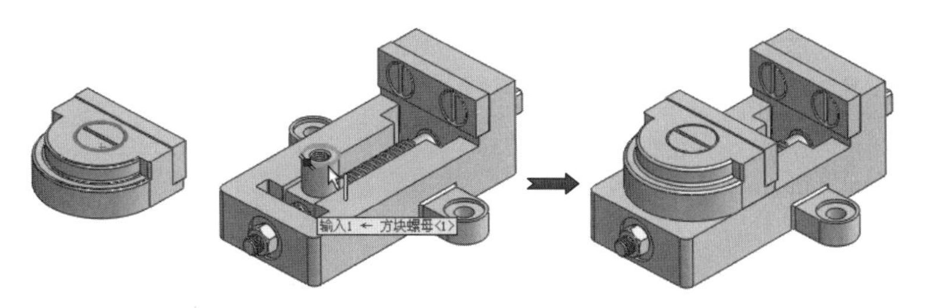


图 5-45

**06** 至此，台虎钳的装配设计工作已全部完成，最后将结果另存为“台虎钳 .sldasm”装配体文件。

## 5.3 自上而下装配设计案例

活动脚轮是工业产品，它由固定板、支承架、橡胶轮、轮轴及螺母构成。活动脚轮也就是万向轮，它的结构允许其 360° 旋转。

活动脚轮的装配设计方式是自上而下，即在总装配体结构中，依次构建各零部件模型。装配设计完成的活动脚轮如图 5-46 所示。

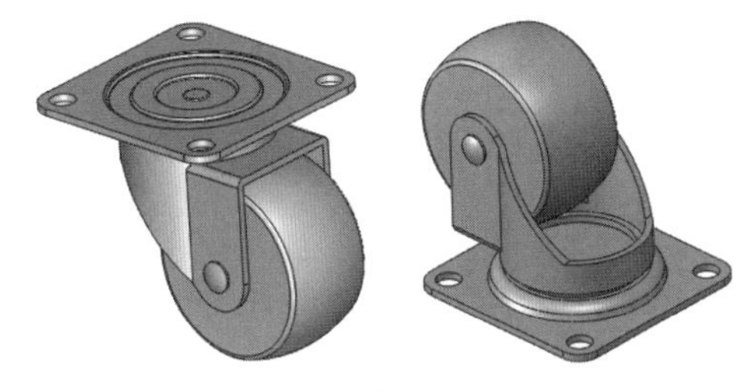

图 5-46

### 1. 创建固定板零部件

具体的操作步骤如下。

**01** 新建装配体文件，进入装配环境，如图 5-47 所示，随后关闭属性管理器中的“开始装配体”面板。

**02** 在“装配体”选项卡中单击“插入零部件”按钮下方的下三角按钮，选择“新零件”命令，随后建立一个新零件文件，将该零件文件重命名为“固定”，如图 5-48 所示。

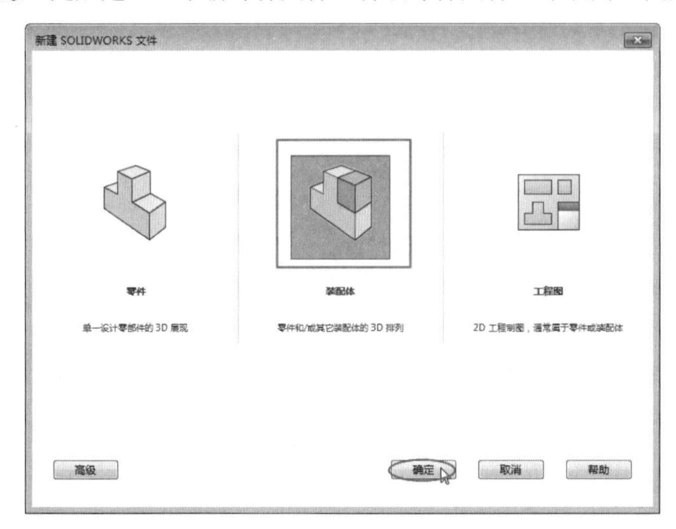


图 5-47

图 5-48

**03** 选择该零部件，在“装配体”选项卡中单击“编辑零部件”按钮，进入零部件设计环境。

**04** 在零部件设计环境中，在“特征”选项卡中单击“拉伸凸台 / 基体”按钮，选择前视基准面作为草图平面，进入草图环境绘制如图 5-49 所示的草图。

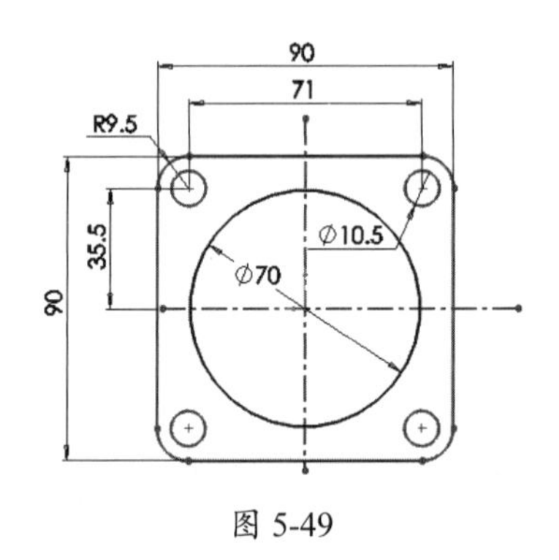


图 5-49

**05** 退出草图环境后，在弹出的“凸台 - 拉伸 1”面板中重新选择轮廓草图，设置如图 5-50 所示的拉伸参数后完成圆形实体的创建。

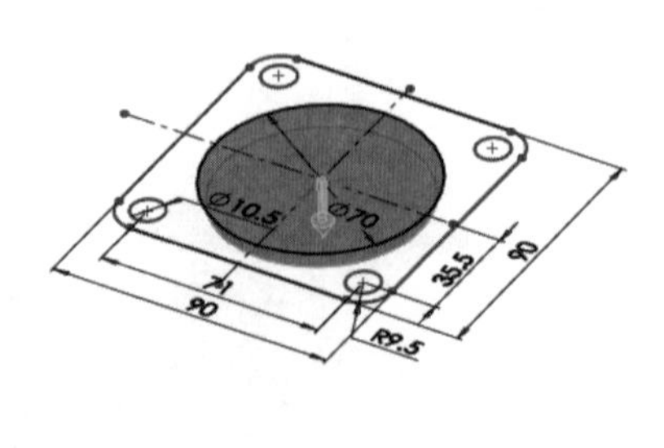


图 5-50

**06** 单击“拉伸凸台 / 基体”按钮，选择余下的草图曲线创建实体特征，如图 5-51 所示。

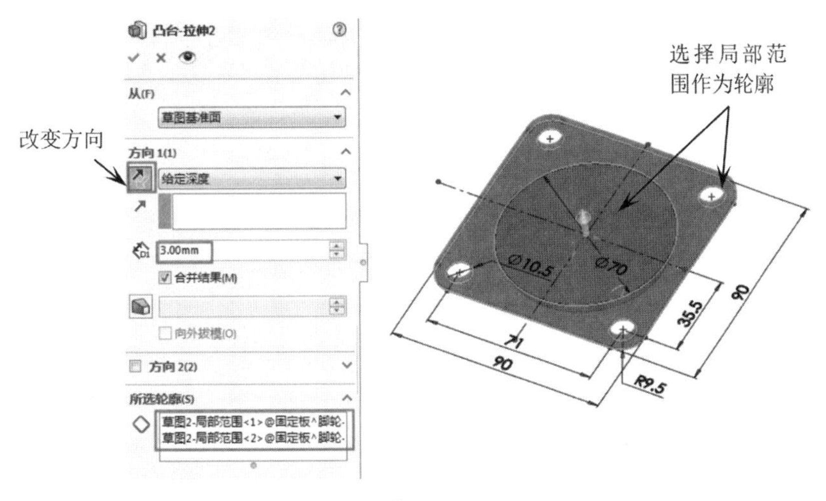


图 5-51

## 技术要点

在创建拉伸实体后，余下的草图曲线被自动隐藏，此时需要显示草图。

**07** 单击“旋转切除”按钮，选择上视基准面作为草图平面，并绘制如图 5-52 所示的草图。

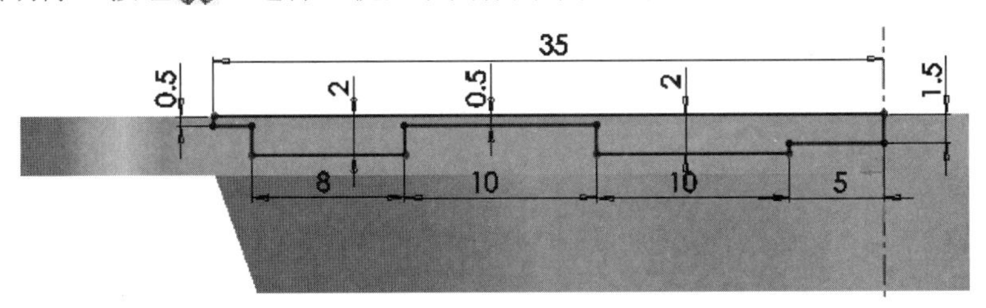


图 5-52

**08** 在退出草图环境后，以默认的旋转切除参数创建旋转切除特征，如图 5-53 所示。

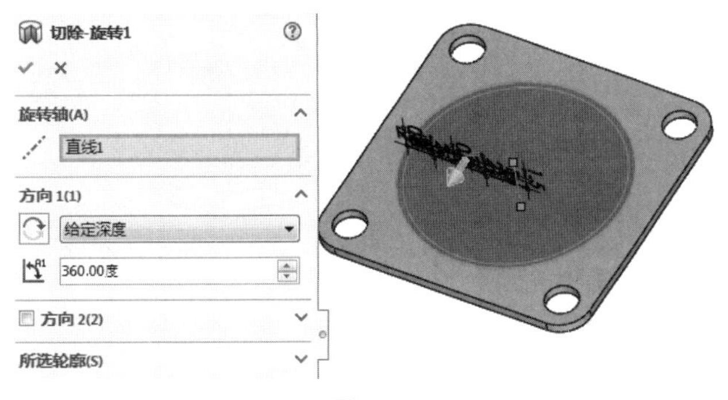


图 5-53

**09** 单击“圆角”按钮，为实体创建半径分别为 5 mm、1 mm 和 0.5 mm 的圆角特征，如图 5-54 所示。

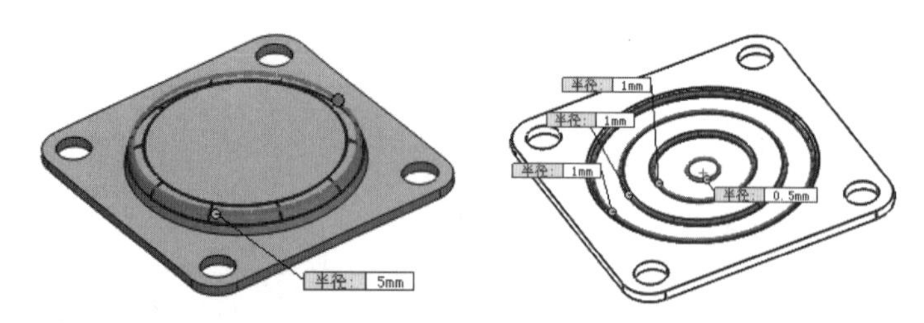


图 5-54

**10** 在选项卡中单击“编辑零部件”按钮，完成固定板零部件的创建。

## 2. 创建支承架零部件

具体的操作步骤如下。

**01** 在装配环境插入第二个新零部件文件，并重命名为“支承架”。

**02** 选择支承架零部件，单击“编辑零部件”按钮，进入零部件设计环境。

**03** 单击“拉伸凸台 / 基体”按钮，选择固定板零部件的圆形表面作为草图平面，然后绘制如图 5-55 所示的草图。

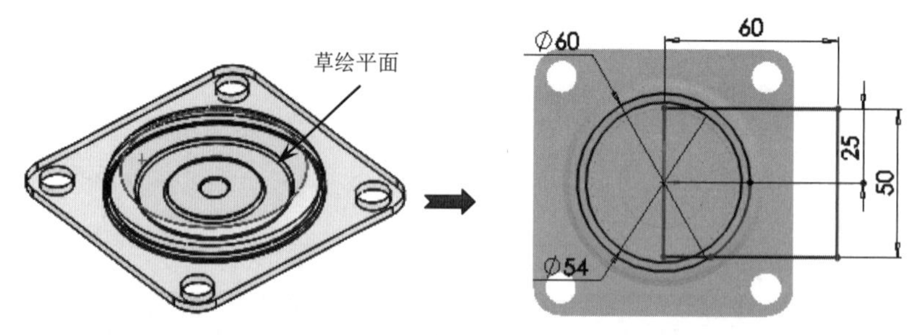


图 5-55

**04** 退出草图环境，在“凸台 - 拉伸 1”面板中重新选择拉伸轮廓（直径为 54 的圆），并输入拉伸深度值为 3.00 mm，如图 5-56 所示，最后关闭面板完成拉伸实体的创建。

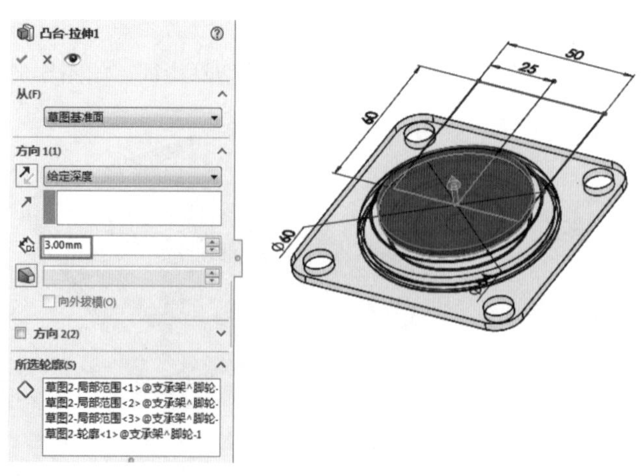


图 5-56

**05** 单击“拉伸凸台 / 基体”按钮，再选择上一个草图中的圆（直径为 60）创建深度为 80.00 mm 的实体，如图 5-57 所示。

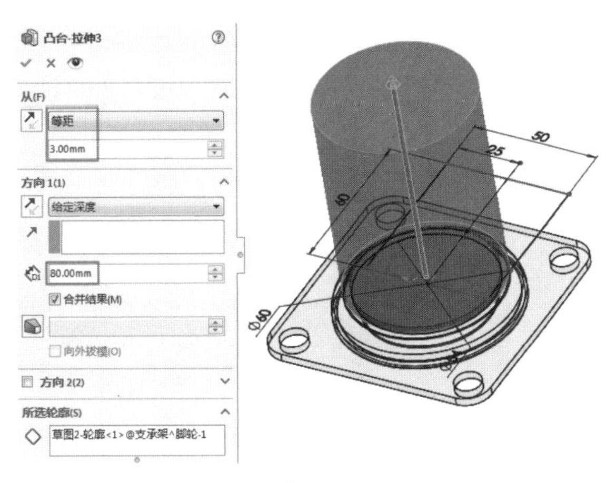


图 5-57

**06** 同理，单击“拉伸凸台 / 基体”按钮，选择矩形来创建实体，如图 5-58 所示。

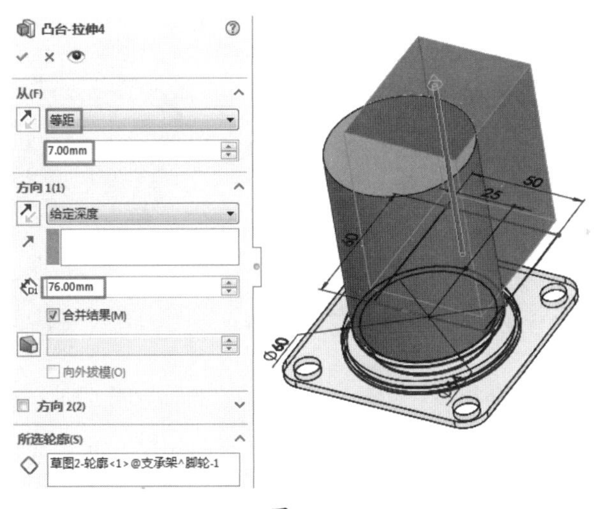


图 5-58

**07** 单击“拉伸切除”按钮，选择上视基准面作为草图平面，绘制轮廓草图后再创建如图 5-59 所示的拉伸切除特征。

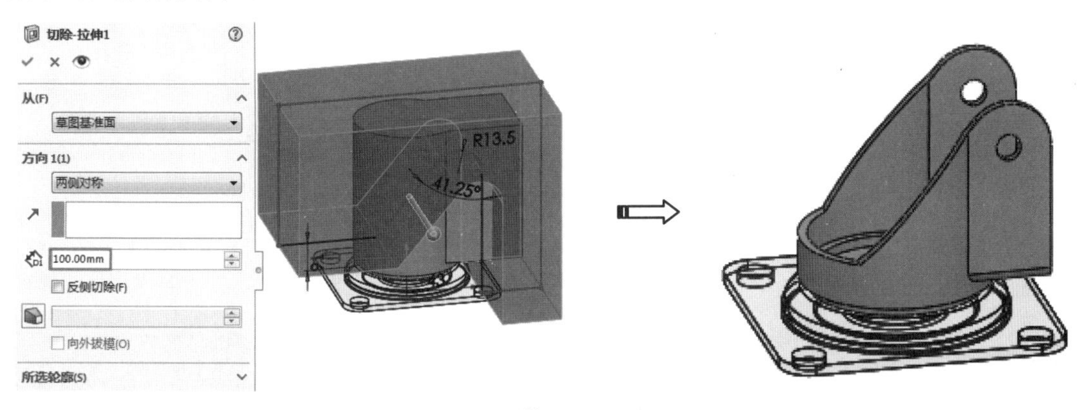


图 5-59

**08** 单击“圆角”按钮，在实体中创建半径为 3 mm 的圆角特征，如图 5-60 所示。

**09** 单击“抽壳”按钮，选择如图 5-61 所示的面来创建厚度为 3.00 mm 的抽壳特征。

图 5-60　　　　图 5-61

**10** 创建抽壳特征后，即完成了支承架零部件的创建，如图 5-62 所示。

**11** 单击“拉伸切除”按钮，在上视基准面上创建支承架的孔，如图 5-63 所示。

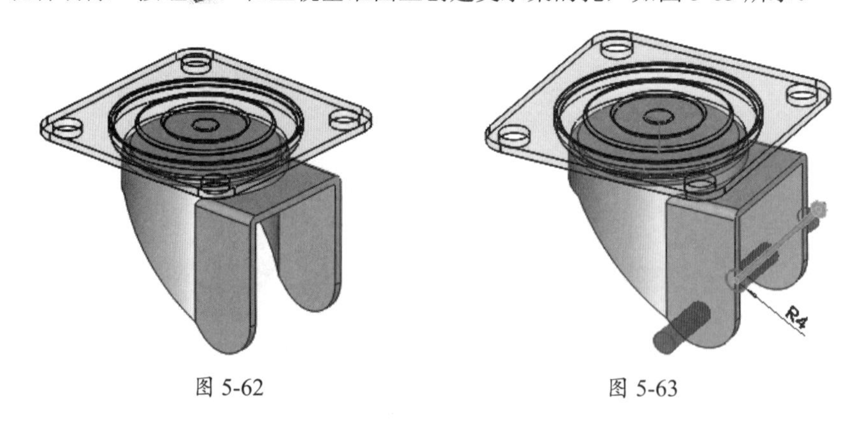


图 5-62　　　　图 5-63

**12** 完成支承架零部件的创建后，单击“编辑零部件”按钮，退出零部件设计环境。

### 3．创建橡胶轮、轮轴及螺母零部件

具体的操作步骤如下。

**01** 在装配环境中插入新零部件并重命名为“橡胶轮”。

**02** 编辑“橡胶轮”零部件进入装配设计环境。单击“点”按钮，在支承架的孔中心创建一个参考点，如图 5-64 所示。

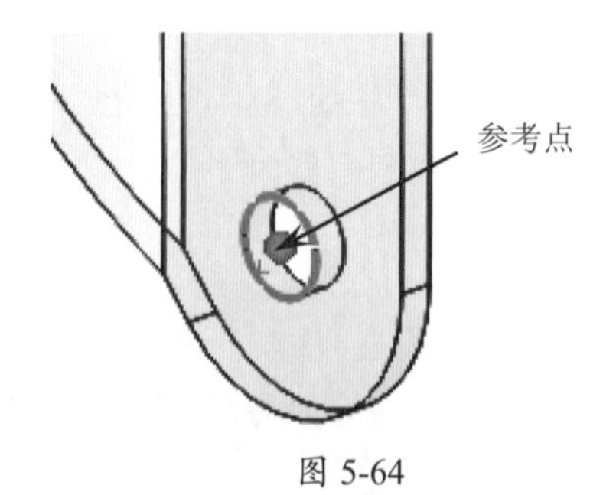


图 5-64

**03** 单击“基准面”按钮，选择右视基准面作为第一参考，选择点作为第二参考，然后创建新基准面，如图 5-65 所示。

**技术要点**

在选择第二参考时，参考点是不可见的，需要展开图形区中的特征管理器设计树，然后再选择参考点。

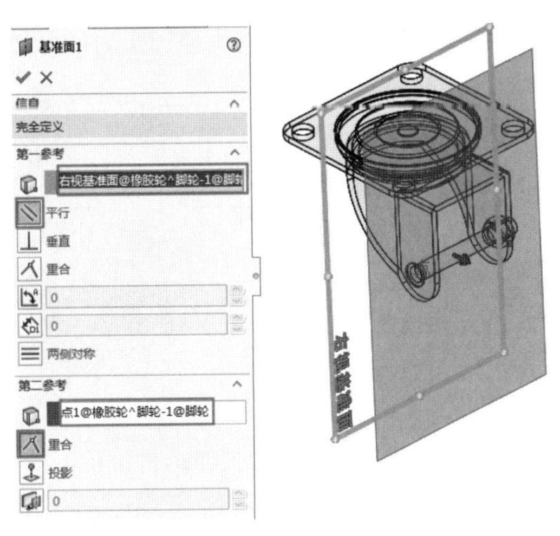


图 5-65

**04** 单击“旋转凸台 / 基体”按钮，选择参考基准面作为草图平面，绘制如图 5-66 所示的草图后，完成旋转实体的创建。

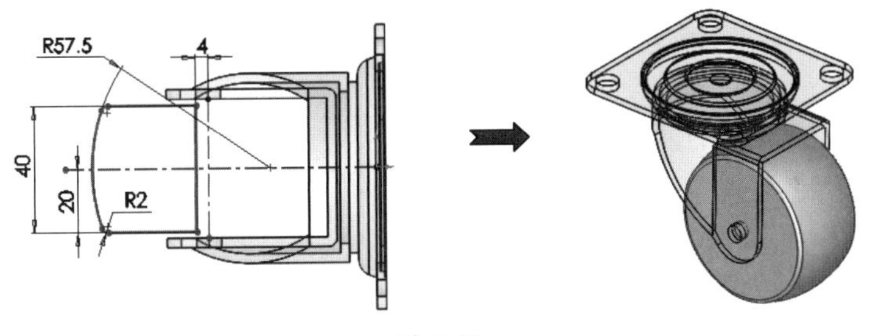


图 5-66

**05** 此旋转实体即橡胶轮零部件。单击“编辑零部件”按钮，退出零部件设计环境。

**06** 在装配环境中插入新零部件并重命名为“轮轴”。

**07** 编辑“轮轴”零部件并进入零部件设计环境，使用“旋转凸台 / 基体”工具，选择“橡胶轮”零部件中的参考基准面作为草图平面，然后创建如图 5-67 所示的旋转实体，此旋转实体即为轮轴零部件。

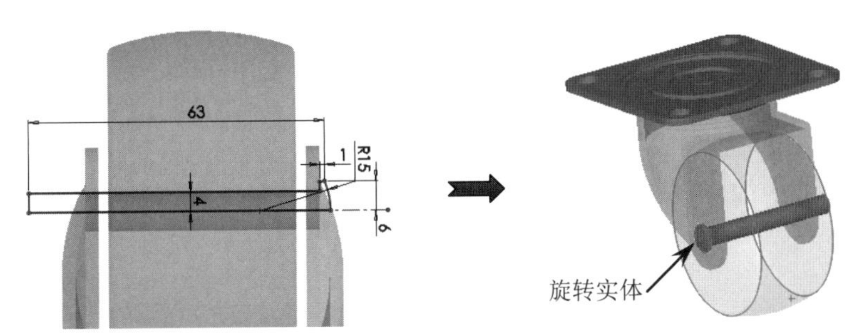


图 5-67

**08** 单击“编辑零部件”按钮，退出零部件设计环境。

**09** 在装配环境中插入新零部件并重命名为“螺母”。

**10** 单击“拉伸凸台/基体”按钮，选择支承架侧面作为草图平面，然后绘制如图5-68所示的草图。

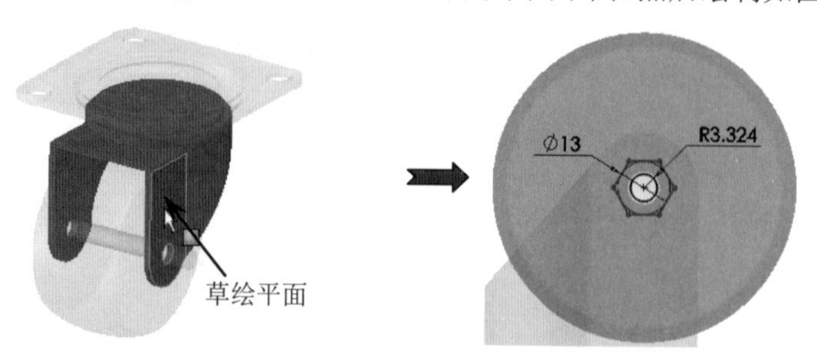


图 5-68

**11** 退出草图环境后，创建出拉伸深度为 7.90 mm 的拉伸凸台特征，如图 5-69 所示。

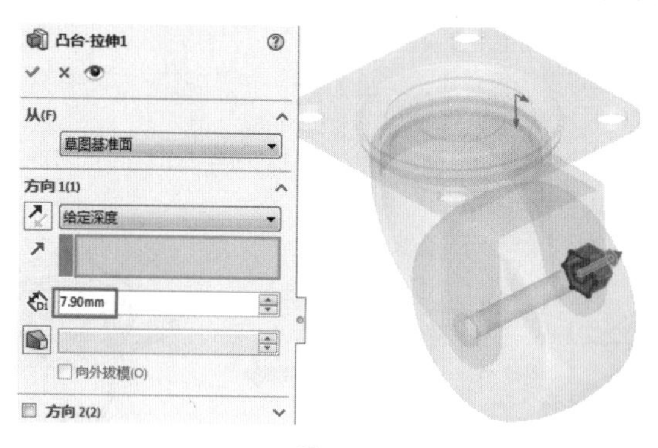


图 5-69

**12** 单击“旋转切除”按钮，选择“橡胶轮”零部件中的参考基准面作为草图平面，进入草图环境后绘制如图 5-70 所示的草图，退出草图环境后创建旋转切除特征。

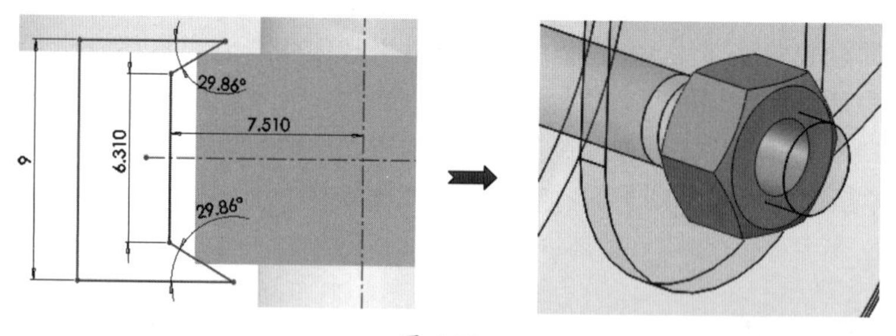


图 5-70

**13** 单击“编辑零部件”按钮，退出零部件设计环境。

**14** 至此，活动脚轮装配体中的所有零部件已全部设计完成。最近将装配体文件保存，并重命名为“脚轮 .sldasm”。

# 第 6 章　机械工程图设计

**项目导读**

任何零件或装配体产品都要进行加工制造，当设计师完成相关机械产品设计后，需要将单个零部件及装配体产品逐一出图（机械工程图），供加工制造人员作为参考以制造出合格的产品。在机械设计与制造行业中，工程图图纸有零件工程图和装配工程图，零件工程图辅助加工制造，装配工程图则用于精细装配。

## 6.1 SolidWorks 工程图设计环境

SolidWorks 工程图包含由零件模型或装配体模型建立的多个视图，也可以由现有的视图建立辅助视图。SolidWorks 工程图设计环境为中国设计师提供了基于国家标准（GB）的图纸模板，使用这些 GB 图纸模板可以轻松完成零件图和装配图的制作。

### 6.1.1 进入工程图设计环境

进入工程图设计环境的过程其实也是创建 SolidWorks 工程图文件的过程。要进入工程图设计环境，有两种途径可供选择。

- 从零件设计环境直接转换进入。当完成零部件的模型创建后，可以在零件设计环境中，执行“文件”|“从零件制作工程图”命令，直接切换到工程图设计环境，如图 6-1 所示。

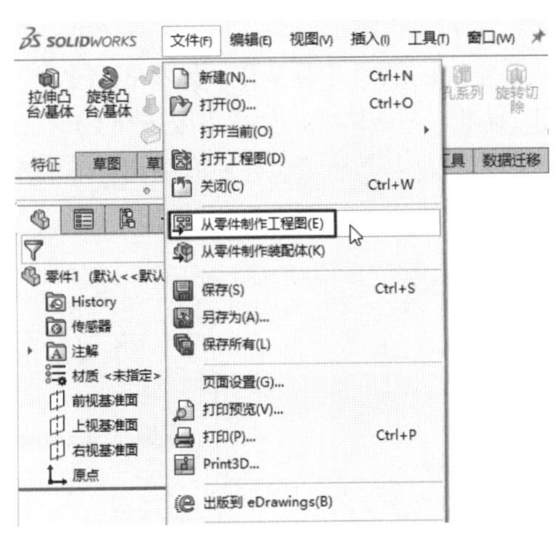


图 6-1

- 通过创建新文件进入。如果零部件或装配体产品事先完成并保存在系统路径中的某个文件夹中，可以单击“新建”按钮，弹出“新建 SOLIDWORKS 文件”对话框，依次单击“工程图”图标和“确定”按钮，完成工程图文件的创建并自动进入工程图设计环境，如图 6-2 所示。

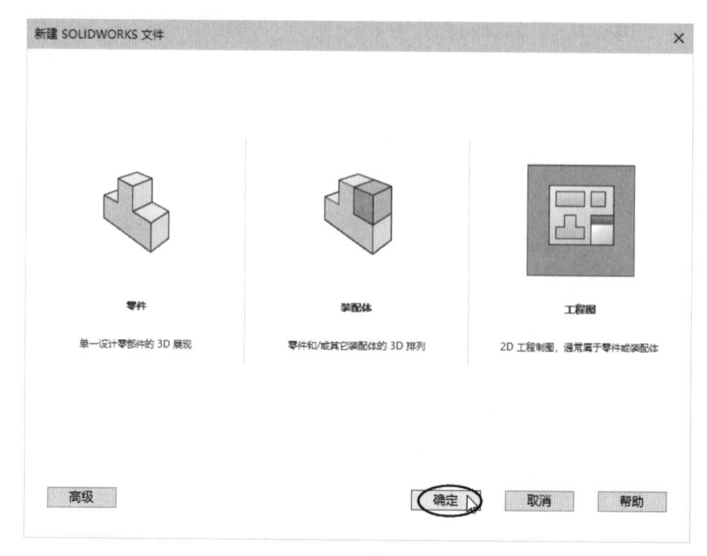


图 6-2

## 6.1.2 工程图的配置设定

国家标准（GB）的工程图图纸除了常见的图纸模板（包含图纸图幅与图框），还包括图形视图、字体、颜色、线型、标注样式、文字样式、填充样式、基准与公差、符号等组成要素。图纸模板可以在进入 SolidWorks 工程图设计环境时从图纸库中选择，而其他要素则需要在工程图设计环境中进行选项配置。

### 1. 选择工程图图纸格式（图纸模板）

当进入工程图设计环境时，会弹出“图纸格式 / 大小”对话框。通过该对话框可以完成选择工程图图纸格式（即图纸模板）、定义图纸尺寸等操作，如图 6-3 所示。在默认情况下，在工程图图纸格式列表中仅显示 ISO（国际标准）图纸格式，如果需要选择 GB 图纸格式，可以取消选中“只显示标准格式”复选框，而图纸格式列表中会显示包含所有制图标准的图纸格式。在一般情况下，选择带有 GB 字样的图纸格式，如图 6-4 所示。

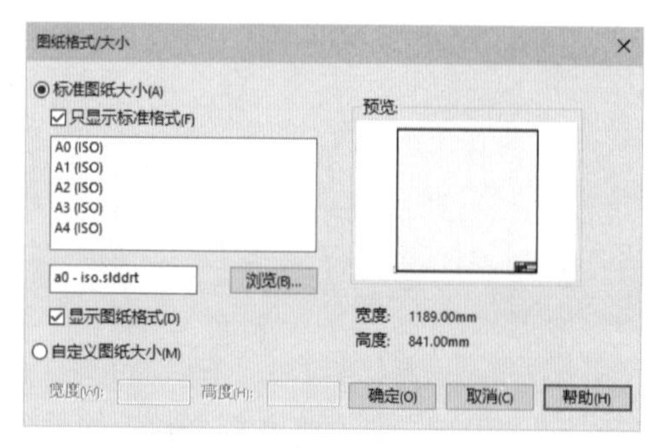


图 6-3

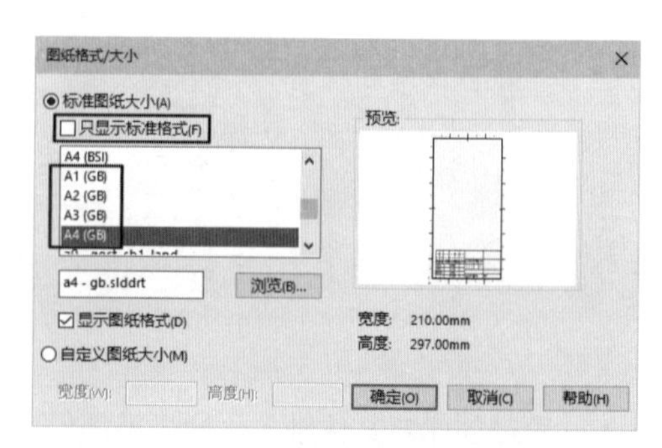


图 6-4

也可以单击“浏览”按钮，到 SolidWorks 系统库路径（X:\ProgramData\SOLIDWORKS\

SOLIDWORKS 2022\lang\Chinese-Simplified\sheetformat）中选择所需的图纸格式文件，如图 6-5 所示。还可以自定义非标准的图纸格式并将其保存在系统库零件中，供后续设计者调用。

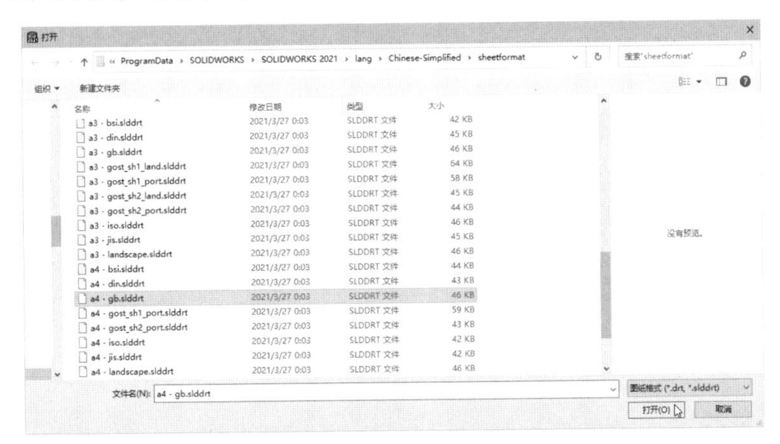


图 6-5

选择合适的图纸格式后，单击“图纸格式 / 大小”对话框中的“确定”按钮，进入工程图设计环境，如图 6-6 所示。

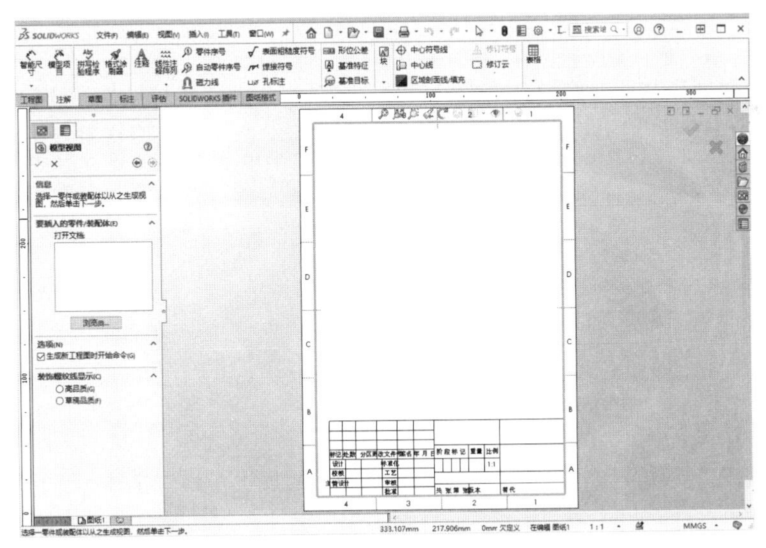

图 6-6

## 2. 工程图制图环境配置

选择 GB 工程图模板后，还要配置工程图环境，以便能使用符合 GB 标准的相关要素来完成工程图图纸的绘制。执行“工具” | “选项”命令，或者在 SolidWorks 软件的标题栏中单击“选项”按钮，弹出“系统选项（S）- 普通”对话框。该对话框包含两个选项卡——“系统选项”选项卡和“文档属性”选项卡，如图 6-7 所示。

在“系统选项”选项卡中可以设置工程图的显示类型、填充图案、工程图背景颜色、纸张颜色、尺寸颜色、文本颜色、模型显示颜色、默认工程图模板等。

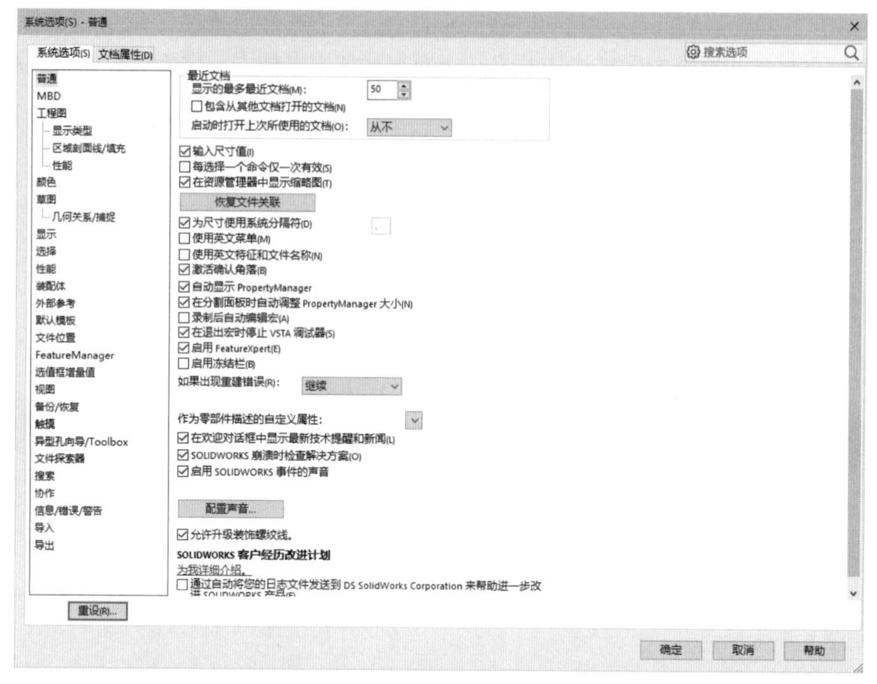


图 6-7

单击“文档属性”选项卡切换到“文档属性”选项卡。在“文档属性”选项卡左侧的文档属性列表中选择“绘图标准”后，可以在右侧的属性选项中选择总绘图标准（制图标准），如选择 GB，如图 6-8 所示。

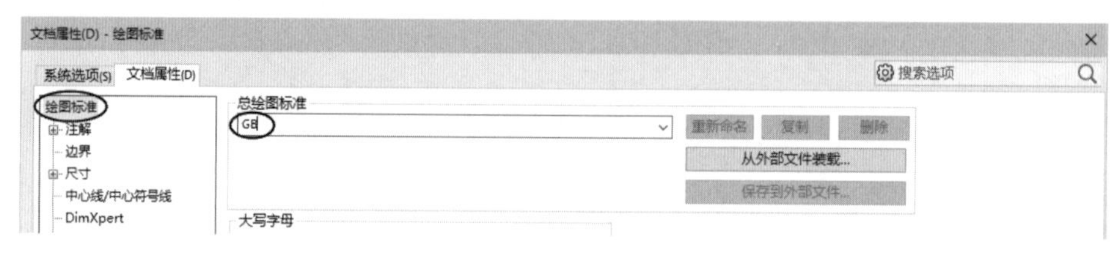


图 6-8

接下来依次在“注解”“尺寸”“表格”“视图”等属性中设置字体为“仿宋 _GB2312”，如图 6-9 所示。如果计算机中没有安装仿宋 _GB2312 字体，应该事先下载并安装这种字体，这种字体不是软件字体，而是计算机系统字体。由于前面选择了制图标准，因此其他组成元素的相关配置无须再设定。

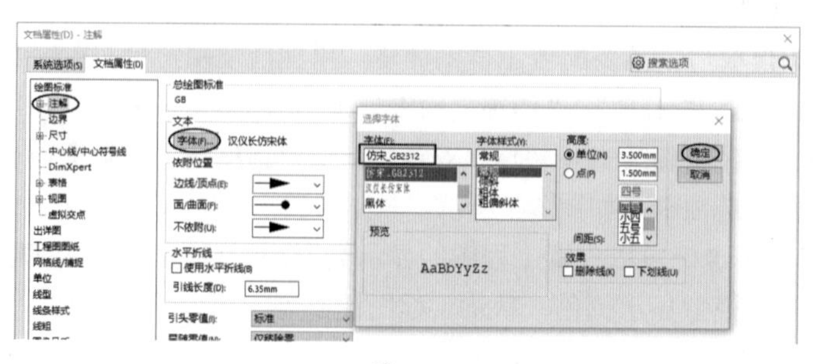


图 6-9

## 6.2 创建工程图视图

在一些常见的零件工程图中，有单个视图表达零件的图纸，也有两个或两个以上视图表达零件的图纸。视图的个数由零件的组成结构所决定，简易结构的零件或许一个视图就能表达清楚设计意图，但外部及内部结构均比较复杂的零件，除了常见的三视图（主视图、俯视图和左视图），可能还需要通过剖视图、向视图及局部放大视图等来辅助表达。

### 6.2.1 标准视图

标准视图即在物体的前、后、左、右、上、下 6 个方向上进行投影而得到的投影视图。一般的零件用前投影视图（也称作“主视图”或“前视图”）、下投影视图（也称作“俯视图”或“下视图”）和右投影视图（也称作“侧视图”或“右视图”）就能完全表达出零件结构与形状。主视图与俯视图及侧视图有固定的对齐关系。俯视图可以竖直移动，侧视图可以水平移动。

#### 上机实践——创建标准三视图

创建标准三视图的操作步骤如下。

**01** 新建工程图文件，选择 A4（GB）工程图模板进入工程图设计环境。

**02** 在弹出的“模型视图”面板中单击“浏览”按钮，选择要创建三视图的零件模型——支撑架，如图 6-10 所示。

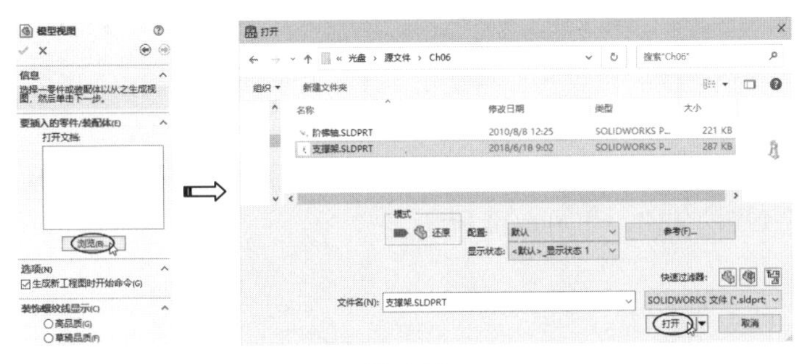


图 6-10

**03** 弹出零件模型后，在“模型视图”面板的“方向”选项区中选中“生成多视图”复选框，依次单击“前视”按钮、“右视”按钮和“下视”按钮，最后单击“确定”按钮，系统自动创建标准三视图，如图 6-11 所示。

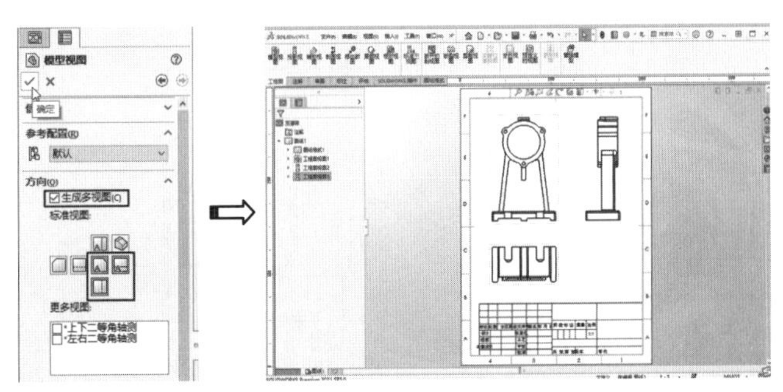


图 6-11

### 6.2.2 派生视图

派生视图是在现有的工程视图基础上建立的视图，也称为“辅助视图”，包括投影视图、剖面视图、辅助视图、剪裁视图、局部视图、断开的剖视图、断裂视图和旋转剖视图等。下面介绍几种常用的派生视图类型。

#### 1. 投影视图

投影视图是利用工程图中现有的视图进行投影所建立的视图。投影视图为正交视图，前面介绍的标准视图其实就是投影视图。当在创建标准视图后发现还不能完全表达零件形状与结构时，就需要添加新的投影视图加以辅助表达。

**上机实践——创建投影视图**

创建投影视图的操作步骤如下。

**01** 打开本例源文件“支撑架工程图 -1.SLDDRW”工程图文件。

**02** 单击“工程图”选项卡中的“投影视图”按钮，弹出“投影视图”面板。

**03** 在图纸中选择用于创建投影视图的主视图，如图 6-12 所示。

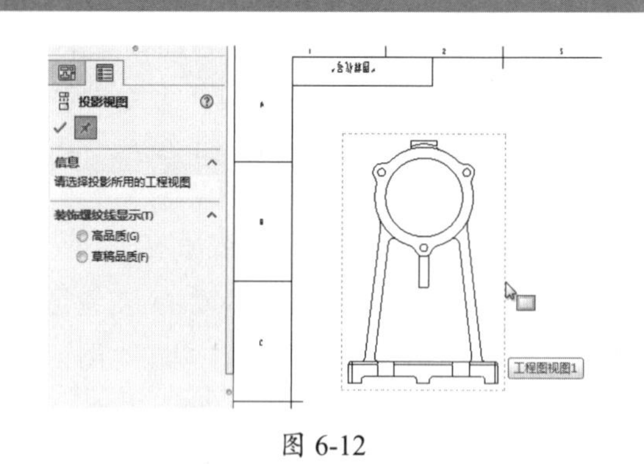


图 6-12

**04** 将投影视图向下移至合适的位置，在默认情况下，投影视图只能沿着投影方向移动，而且与源视图对齐，如图 6-13 所示，单击放置投影视图。

**05** 同理，再将另一投影视图向右平移至合适位置，单击放置投影视图。最后单击“确认”按钮，完成全部投影视图的创建，如图 6-14 所示。

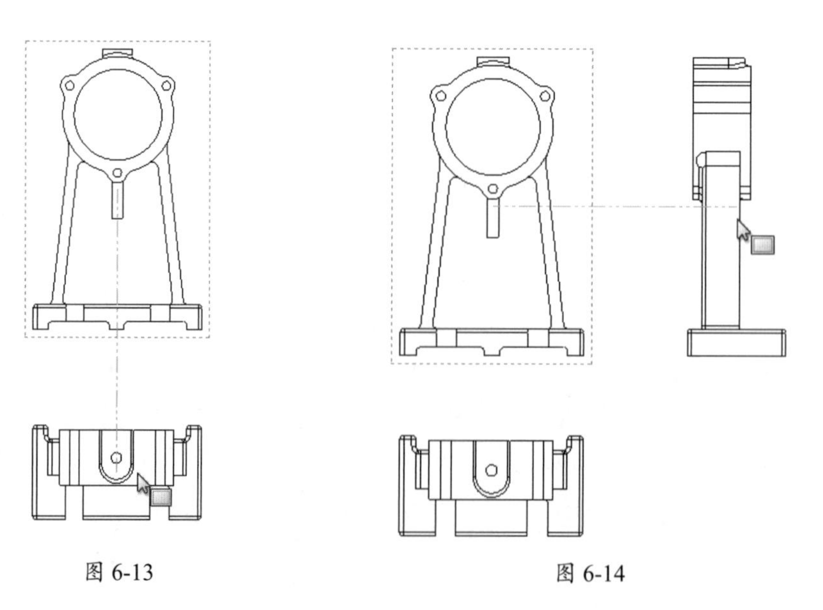

图 6-13　　图 6-14

### 2. 剖面视图

剖面视图主要用来表达零件内部结构及截面形状，可以用一条剖切线来分割父视图，在工程图中生成一个剖面视图。剖面视图可以是直切剖面或者用阶梯剖切线定义的等距剖面。

**上机实践——创建剖面视图**

创建剖面视图的操作步骤如下。

**01** 打开本例源文件“支撑架工程图 -2.SLDDRW”。

**02** 单击“工程图”选项卡中的“剖面视图”按钮，在弹出的“剖面视图辅助”面板中选择“水平”切割线类型，在图纸的主视图中将鼠标指针移至待剖切的位置，鼠标指针处自动显示黄色的辅助剖切线，如图 6-15 所示。

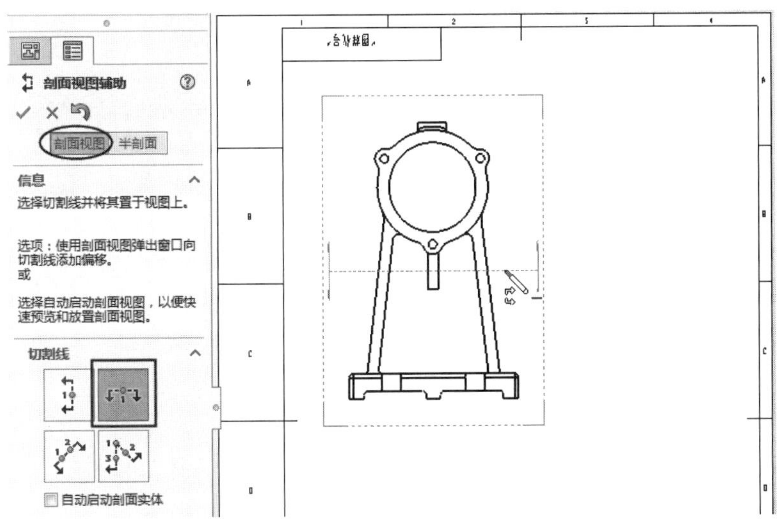


图 6-15

**03** 单击放置切割线，在弹出的选项工具栏中单击“确定”按钮，并在主视图下方放置剖切视图，如图 6-16 所示。最后单击“剖面视图 A-A”面板中的“确定”按钮，完成剖面视图的创建。

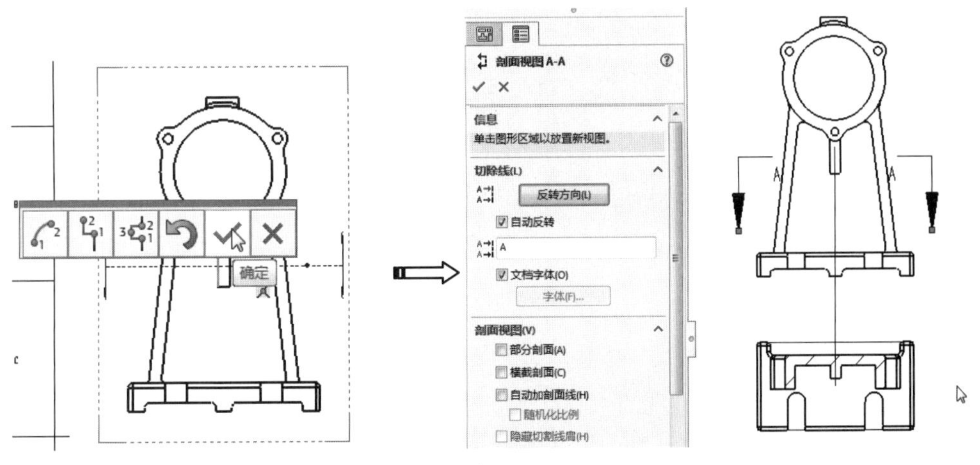


图 6-16

## 技术要点

如果切割线的投影箭头指向上，可以在“剖面视图A-A”面板中单击“反转方向”按钮，改变投影方向。

**04** 单击“剖面视图”按钮，在弹出的“剖面视图辅助”面板中选择“对齐”切割线类型，并在主视图中选取切割线的第一个转折点，如图6-17所示。

**05** 选取主视图中的“圆心”约束点放置第一段切割线，如图6-18所示。

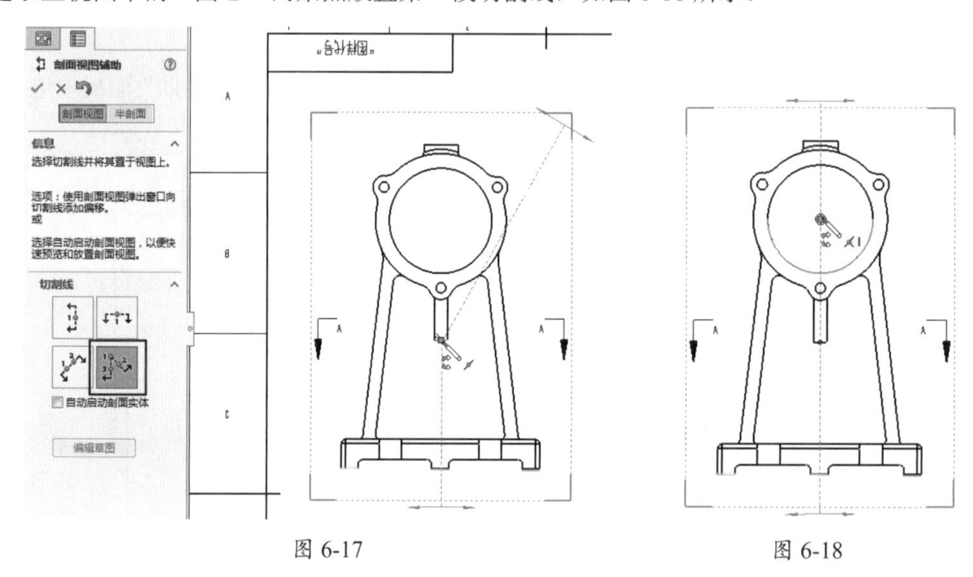


图6-17　　　　图6-18

**06** 在主视图中选取一点来放置第二段切割线，如图6-19所示。

**07** 在弹出的选项工具栏中单击“单偏移”按钮，并在主视图中选取“单偏移”形式的转折点（第二个转折点），如图6-20所示。

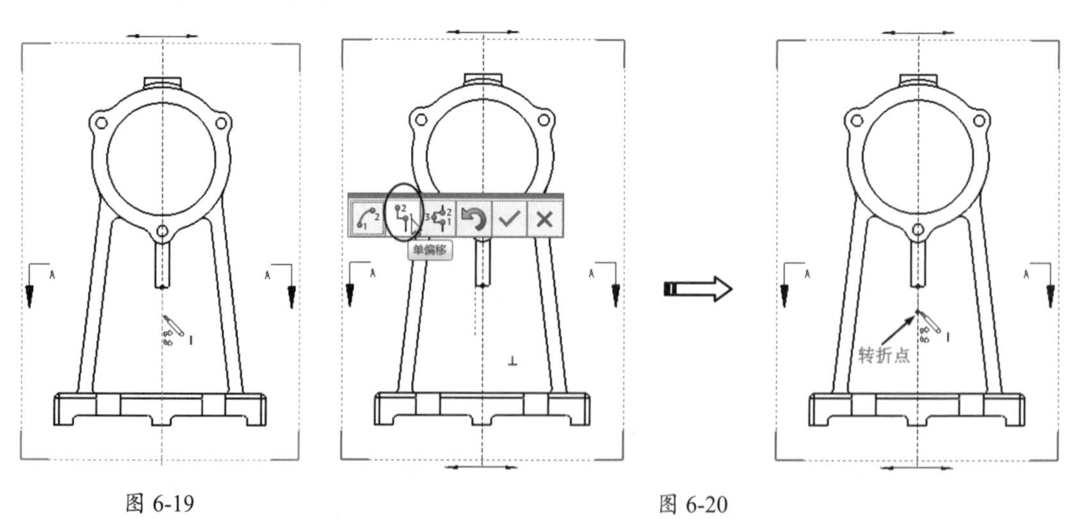


图6-19　　　　图6-20

**08** 水平向左移动鼠标指针来选取孔的中心点来放置切割线，如图6-21所示。

**09** 单击选项工具栏中的“确定”按钮，将B-B剖面视图放置于主视图的右侧，如图6-22所示。

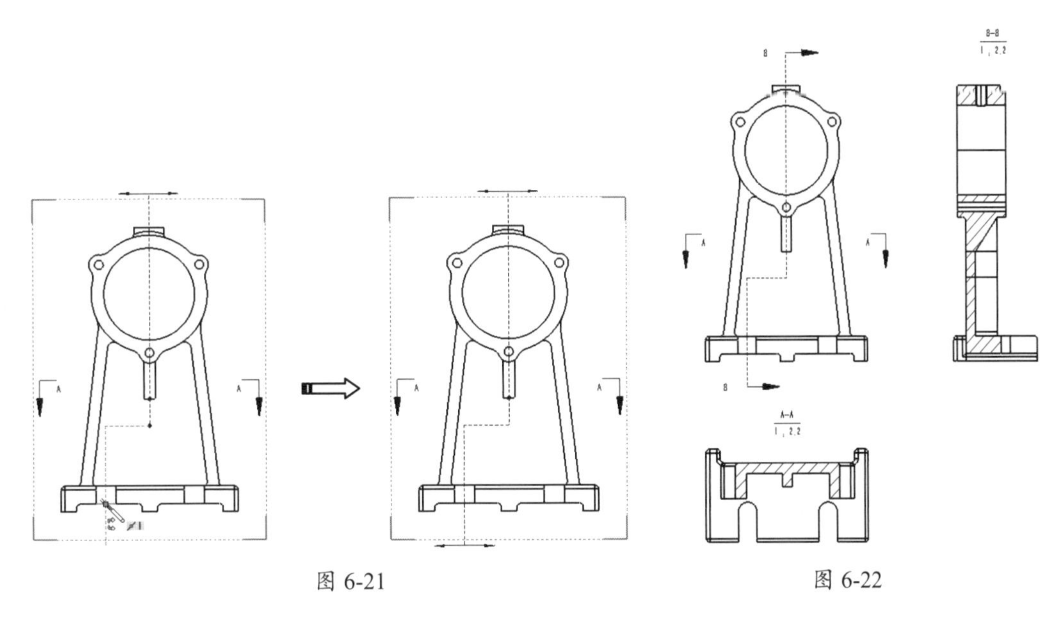

图 6-21　　　　　　　　　　　　图 6-22

### 3. 辅助视图与剪裁视图

辅助视图的用途相当于机械制图中的向视图，它是一种特殊的投影视图，但它是垂直于现有视图中参考边线的展开视图。

创建辅助视图后再使用“剪裁视图”工具来剪裁辅助视图，可以进一步得到所需的向视图。

#### 上机实践——创建向视图

创建零件向视图的步骤如下。

**01** 打开本例工程图源文件“支撑架工程图 -3.SLDDRW”，该工程图中已经创建了主视图和两个剖切视图。

**02** 单击“工程图”选项卡中的“辅助视图”按钮，弹出“辅助视图”面板。在主视图中选择参考边线，如图 6-23 所示。

#### 技术要点

参考边线可以是零件的边线、侧轮廓边线、轴线或者所绘制的直线段。

**03** 将辅助视图暂时放置在主视图下方的任意位置，如图 6-24 所示。

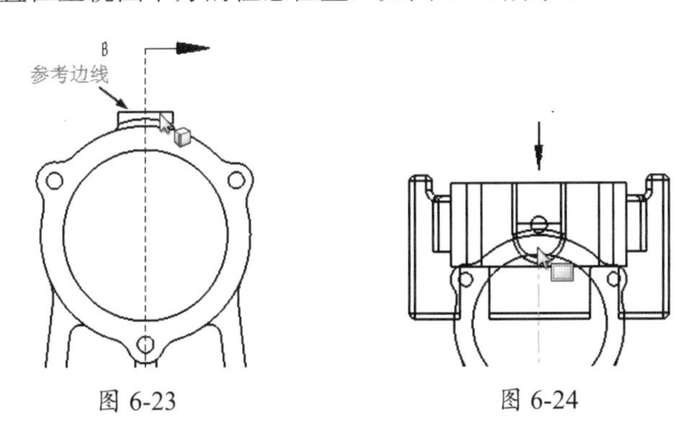


图 6-23　　　　　　　　　　　　图 6-24

**04** 在工程图设计树中，右击“工程图视图 4”，在弹出的快捷菜单中选择“视图对齐”|“解除对齐关系”选项，接着将辅助视图移至合适的位置，如图 6-25 所示。

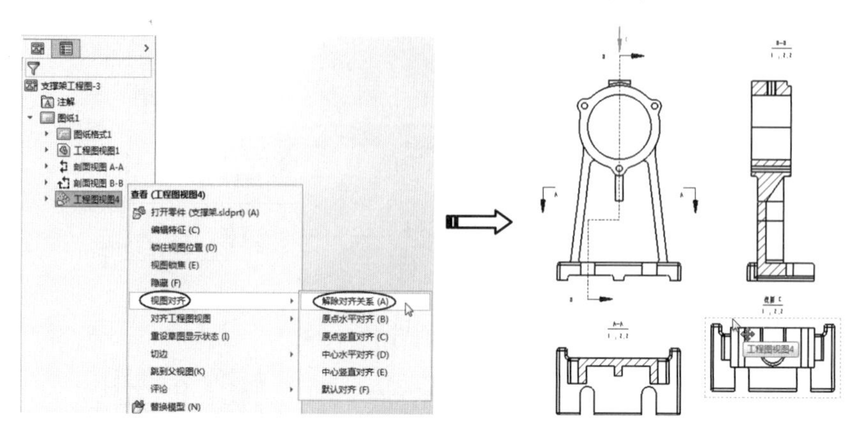

图 6-25

**05** 在“草图”选项卡中单击“边角矩形”按钮，在辅助视图中绘制一个矩形，如图 6-26 所示。

**06** 选中矩形的一条边，再单击“剪裁视图”按钮，完成辅助视图的剪裁，结果如图 6-27 所示。

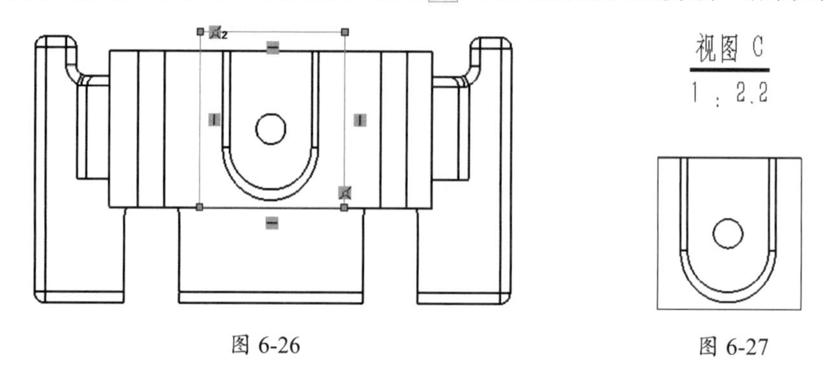


图 6-26　　图 6-27

**07** 选中剪裁后的辅助视图，在弹出的“工程图视图 4”面板中选中“无轮廓”复选框，单击“确定”按钮后取消向视图中草图轮廓的显示，最终完成的向视图如图 6-28 所示。

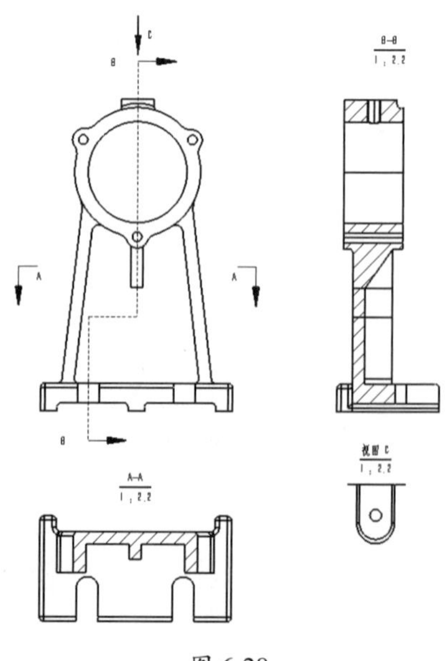

图 6-28

### 4. 断开的剖视图

断开的剖视图为现有工程视图的一部分，而不是单独的视图。用闭合的轮廓定义断开的剖视图，通常闭合的轮廓是样条曲线，材料被移除到指定的深度以展现内部细节。通过设定一个数值或在相关视图中选择一边线来指定深度。

**技术要点**

不能在局部视图、剖面视图中生成断开的剖视图。

**上机实践——创建断开的剖面视图**

创建断开剖视图的操作步骤如下。

**01** 打开本例工程图源文件“支撑架工程图-4.SLDDRW”，该工程图中已经创建了前视图、右视图和俯视图。

**02** 在“工程图”选项卡中单击“断开的剖视图”按钮，按信息提示在右视图中绘制一个封闭轮廓，如图6-29所示。

**03** 在弹出的“断开的剖视图”面板中输入剖切深度值为70.00 mm，并选中“预览”复选框预览剖切位置，如图6-30所示。

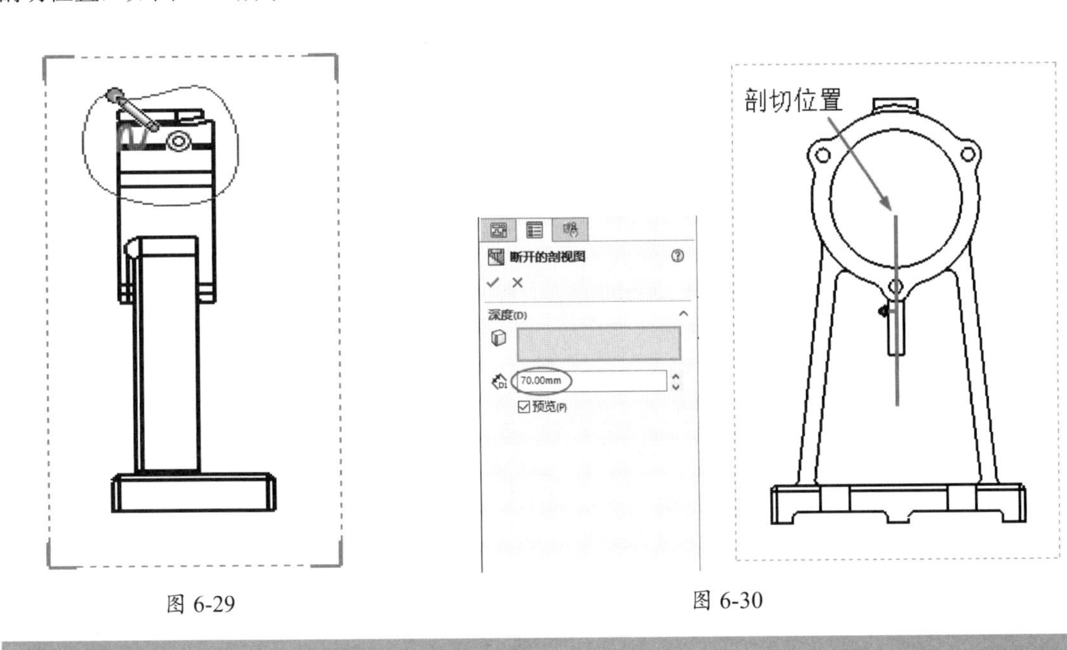


图6-29　　图6-30

**技术要点**

可以选中“预览”复选框来观察所设深度是否合理，不合理需要重新设定，然后再次预览。

**04** 单击“断开的刨面图”面板中的“确定”按钮，生成断开的剖视图。但是默认的剖切线比例不合理，需要单击剖切线进行修改，如图6-31所示。

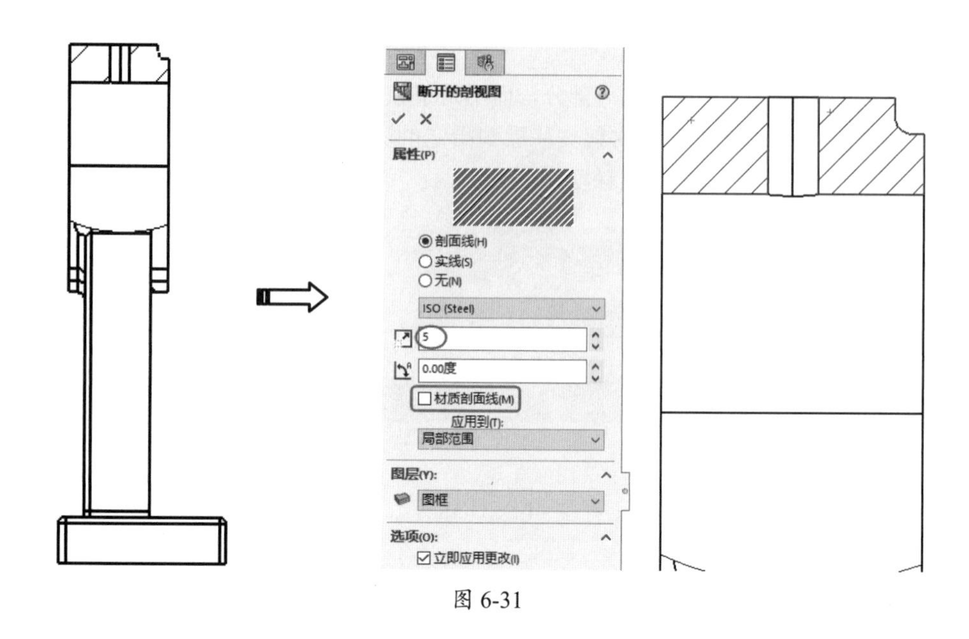


图 6-31

## 6.3 标注图纸

工程图除了包含由模型建立的标准视图和派生视图，还包括尺寸、注解和材料明细表等标注内容。标注是完成工程图的重要环节，通过标注尺寸、公差标注、技术要求注写等将设计者的设计意图和对零部件的要求完整地表达出来。

### 6.3.1 标注尺寸

工程图中的尺寸标注是与模型相关联的，而且模型中的变更会反映到工程图中。通常在生成每个零件特征时即生成尺寸，然后将这些尺寸插入各个工程视图中。在模型中改变尺寸会更新工程图，在工程图中改变插入的尺寸也会改变模型。

系统默认时，插入的尺寸为黑色，还包括零件或装配体文件中以蓝色显示的尺寸（例如拉伸深度），参考尺寸以灰色显示，并带有括号。

当将尺寸插入所选视图时，可以插入整个模型的尺寸，也可以有选择地插入一个或多个零部件（在装配体工程图中）的尺寸或特征（在零件或装配体工程图中）的尺寸。

尺寸只放置于适当的视图中，不会自动插入重复的尺寸。如果尺寸已经插入一个视图中，则不会再插入另一个视图中。

#### 1. 设置尺寸选项

可以设定当前文件中的尺寸选项。执行“工具”|“选项”命令，在弹出的“文档属性（D）-尺寸”对话框的“文档属性”选项卡中设置尺寸选项，如图 6-32 所示。

在工程图图纸区域中，选中某个尺寸后，将弹出该尺寸的面板，如图 6-33 所示。可以选择“数值”“引线”“其他”选项卡进行设置。如在“数值”选项卡中，可以设置尺寸公差 / 精度、自定义新的数值覆盖原来数值、设置双制尺寸等；在“引线”选项卡中，可以定义尺寸线、尺寸边界的样式和显示效果。

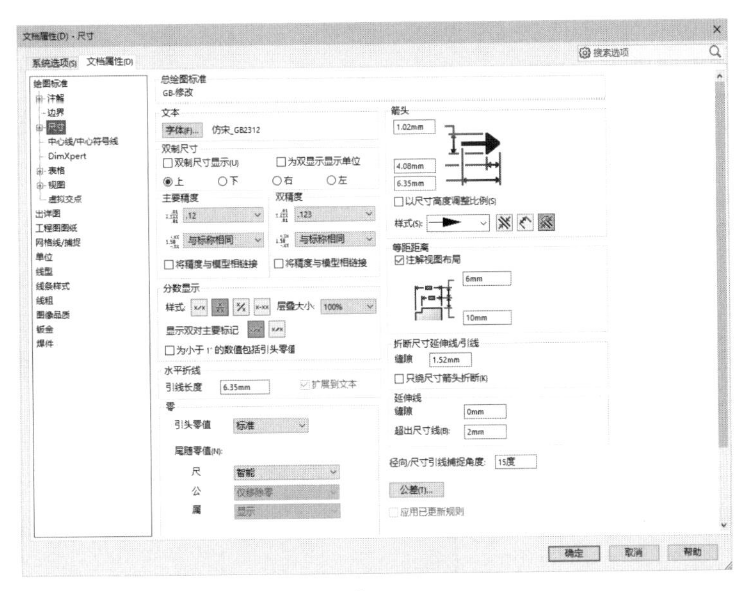


图 6-32

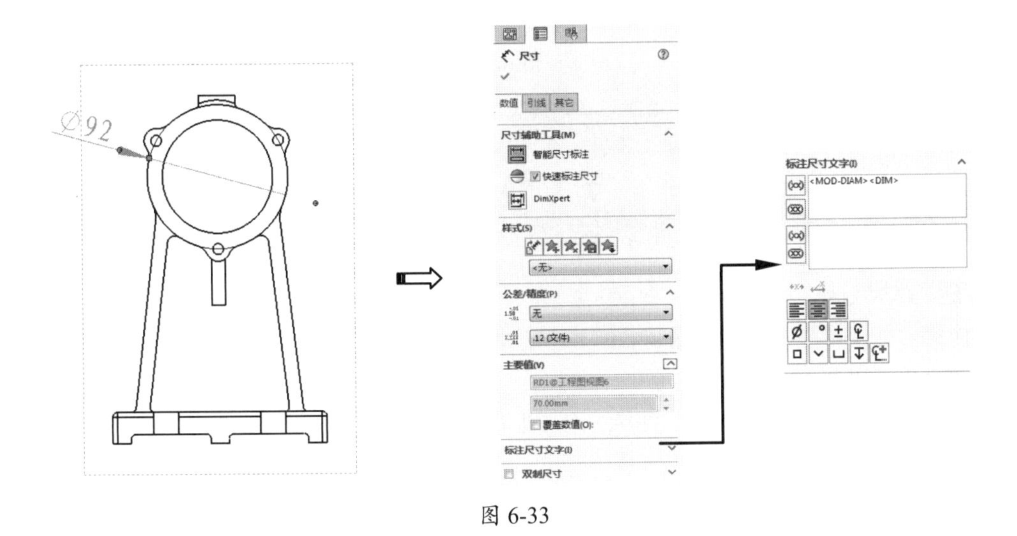


图 6-33

## 2. 自动标注工程图尺寸

可以使用自动标注工程图尺寸工具将参考尺寸作为基准尺寸、链和尺寸插入工程图视图，也可以在工程图视图的草图中使用自动标注尺寸工具。

## 上机实践——自动标注工程图尺寸

自动标注工程图尺寸的操作步骤如下。

**01** 打开本例源文件“键槽支撑件 .SLDDRW”。

**02** 在“注解”选项卡中单击“智能尺寸”按钮，弹出“自动标注尺寸”面板。

**03** 进入“自动标注尺寸”选项卡。

**04** 在“自动标注尺寸”选项卡中设定要标注尺寸的实体、水平尺寸和竖直尺寸的放置等。

**05** 设置完成后，在图纸中任意选择一个视图，并单击“自动标注尺寸”面板中的“确定”按钮，即可自动标注该视图的尺寸，如图 6-34 所示。

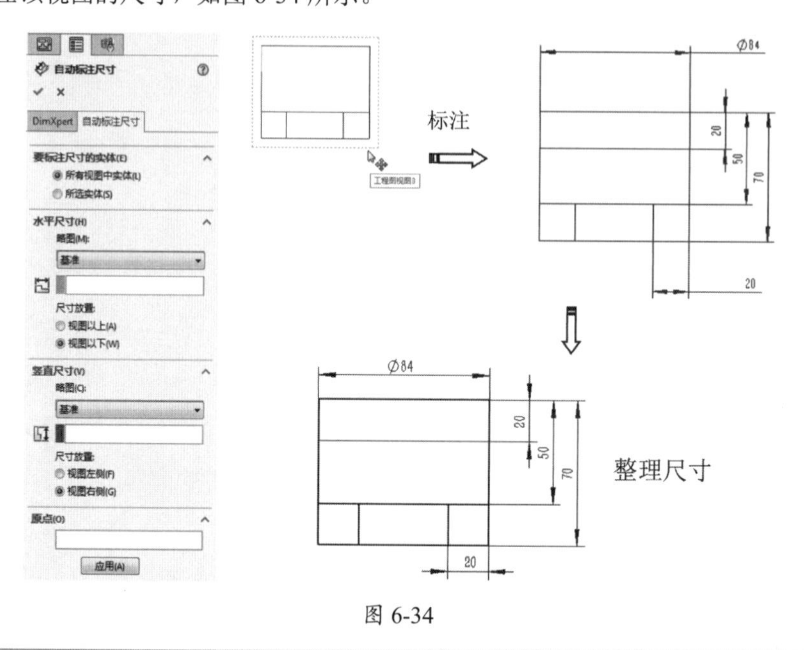


图 6-34

## 技术要点

一般自动标注的工程图尺寸比较散乱，不符合零件表达要求，此时就需要手动整理尺寸，将不要的尺寸删除，再添加一些合理的尺寸，这样就能满足工程图尺寸要求了。

### 3. 标注智能尺寸

智能尺寸显示模型的实际测量值，但并不驱动模型，也不能更改其数值，但是当改变模型时，参考尺寸会相应更新。

可以使用与标注草图尺寸同样的方法添加平行、水平和竖直的参考尺寸到工程图中。标注智能尺寸的操作步骤如下。

**01** 单击“智能尺寸”按钮。

**02** 在工程图视图中，单击要标注尺寸的项目。

**03** 单击以放置尺寸。

## 技术要点

按照默认设置，参考尺寸放在圆括号中，如要防止括号出现在参考尺寸周围，可以执行“工具”|“选项”命令，在弹出的“系统选项”对话框的“文档属性”选项卡的“尺寸”选项区中取消选中“添加默认括号”复选框。

### 4. 插入模型项目的尺寸标注

可以将模型文件（零件或装配体）中的尺寸、注解以及参考几何体插入工程图。

可以将项目插入所选特征、装配体零部件、装配体特征、工程视图或者所有视图中。当插入项目到所有工程图视图时，尺寸和注解会以最适当的视图出现，局部视图或剖面视图会先在这些视图中标注尺寸。

将现有模型视图插入工程图中的过程如下。

**01** 单击“注解”选项卡中的“模型项目”按钮。

**02** 在“模型项目”面板中设置相关的尺寸、注释及参考几何体等选项。

**03** 单击“确定”按钮，完成模型项目的插入。

## 技术要点

按Delete键可以删除模型项目，或者按住Shift键将模型项目拖至另一工程图视图中，或者按住Ctrl键将模型项目复制到另一个工程图视图中。

**04** 通过插入模型项目标注尺寸，如图 6-35 所示。

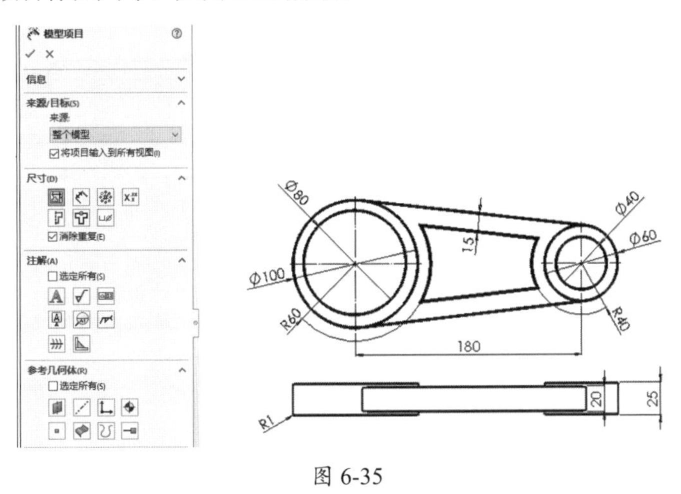


图 6-35

### 5. 尺寸公差标注

通过单击尺寸在弹出的“尺寸”面板的“公差 / 精度”选项区可以定义尺寸公差与精度。

设置尺寸公差的过程如下。

**01** 单击视图中标注的任意一个尺寸，显示“尺寸”面板。

**02** 在“尺寸”面板中设置尺寸公差的各种选项。

**03** 单击“确定”按钮，完成尺寸公差的设置，如图 6-36 所示。

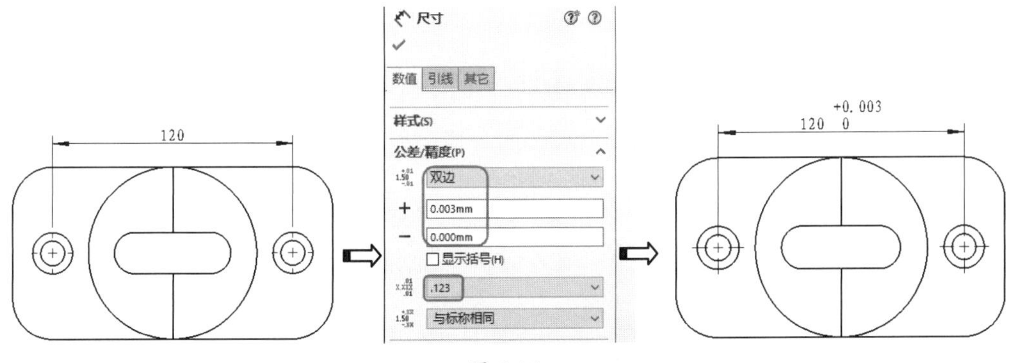


图 6-36

## 6.3.2 图纸注解

可以将所有类型的注解添加到工程图文件中，也可以将大多数类型添加到零件或装配体文档中，然后将其插入工程图文档。在所有类型的 SolidWorks 文档中，注解的行为方式与尺寸相似，可以在工程图中生成注解。

注解包括注释、表面粗糙度、形位公差、零件序号、自动零件序号、基准特征、焊接符号、中心符号线和中心线等内容。图 6-37 所示为轴零件图中除尺寸外的注解内容。

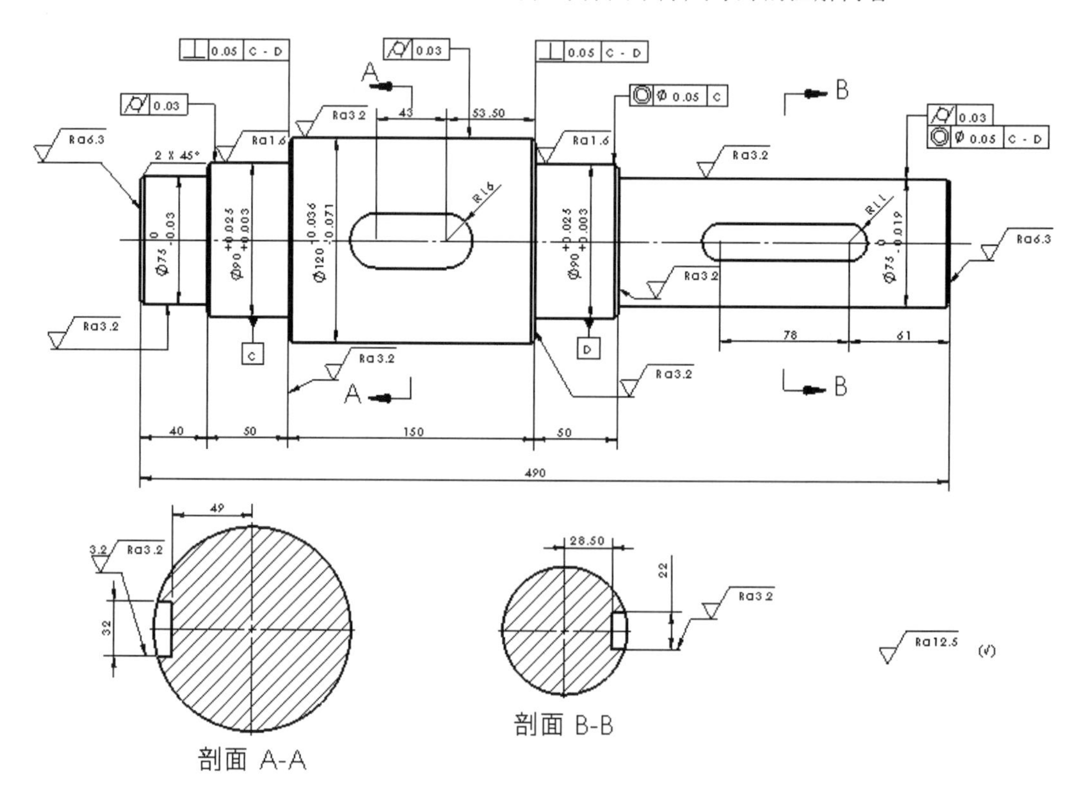


技术要求：
1 零件调质后硬度为40～45HRC。
2 零件加工后去毛刺处理。

图 6-37

### 1. 文本注释

在工程图中，文本注释可以是自由浮动或固定的，也可以带有一条指向面、边线或顶点的引线。文本注释可以包含简单的文字、符号、参数文字或超文本链接。

生成文本注释的过程如下。

**01** 单击“注解”选项卡中的“注释”按钮A，弹出“注释”面板，如图 6-38 所示。

**02** 在“注释”面板中设定相关的选项，并在视图中单击放置文本边界框，同时会弹出“格式化”工具栏，如图 6-39 所示。

**03** 如果注释有引线，在视图中单击以放置引线，再次单击来放置注释。

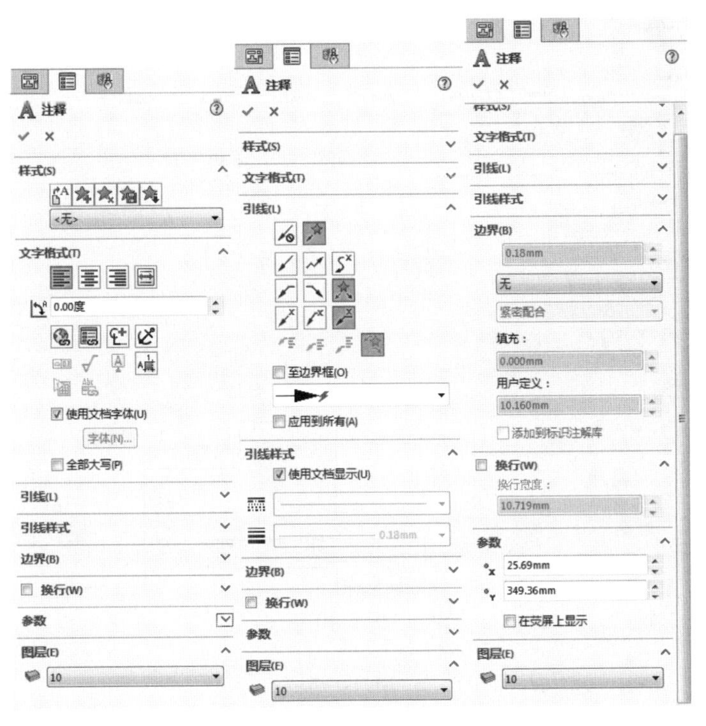

图 6-38

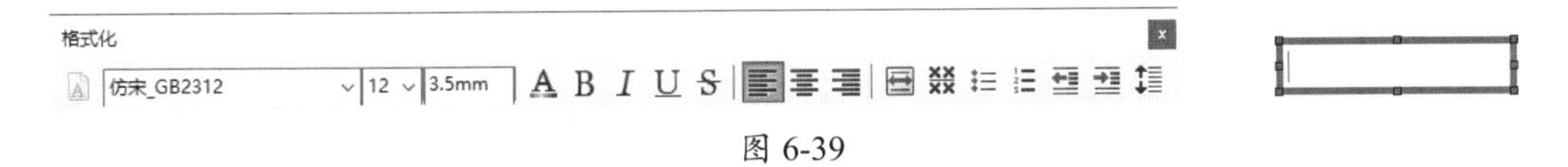

图 6-39

**04** 在输入文字前，拖动边界框以满足文本输入需要，并在文本边界框中输入文字。

**05** 在“格式化”工具栏中设定相关选项，并在文本边界框外单击来完成注释。

**06** 若需要重复添加注释，保持“注释”面板的打开状态，重复上一步即可。

**07** 单击“确定”按钮✓，完成注释。

**技术要点**

*若要编辑注释，则双击注释，即可在面板或对话框中进行相应编辑。*

## 2. 标注表面粗糙度符号

可以使用表面粗糙度符号来指定零件实体面的表面纹理。在零件、装配体或者工程图文档中选择面，输入表面粗糙度的操作过程如下。

**01** 单击“注解”选项卡中的“表面粗糙度”按钮√，弹出“表面粗糙度”面板，如图 6-40 所示。

**02** 在“表面粗糙度”面板中设置参数。

**03** 在视图中单击以放置粗糙度符号。对于多个实例，根据需要多次单击以放置多个粗糙度符号与引线。

**04** 编辑每个实例，可以在“表面粗糙度”面板中更改每个符号实例的文字和其他项目。

**05** 对于引线，如果符号带引线，单击一次放置引线，再次单击放置符号。

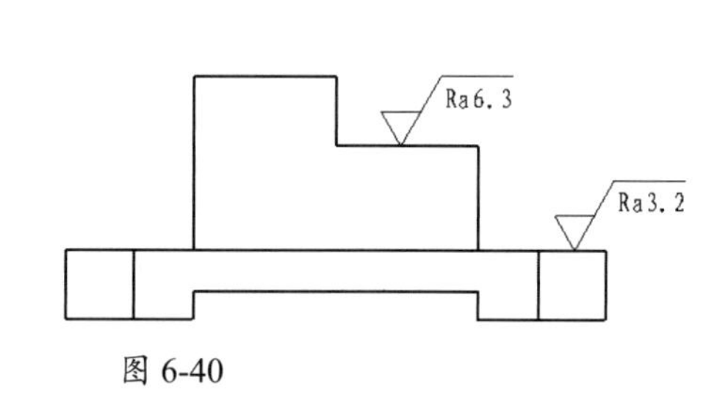


图 6-40

**06** 单击“确定”按钮✓，完成表面粗糙度符号的创建。

### 3. 基准特征符号

在零件或装配体中，可以将基准特征符号附加在模型平面或参考基准面上。在工程图中，可以将基准特征符号附加在显示为边线（不是侧影轮廓线）的曲面或剖面视图面上。插入基准特征符号的操作过程如下。

**01** 单击“注解”选项卡中的“基准特征”按钮，或者执行“插入”|“注解”|“基准特征符号”命令，弹出“基准特征”面板，如图 6-41 所示。

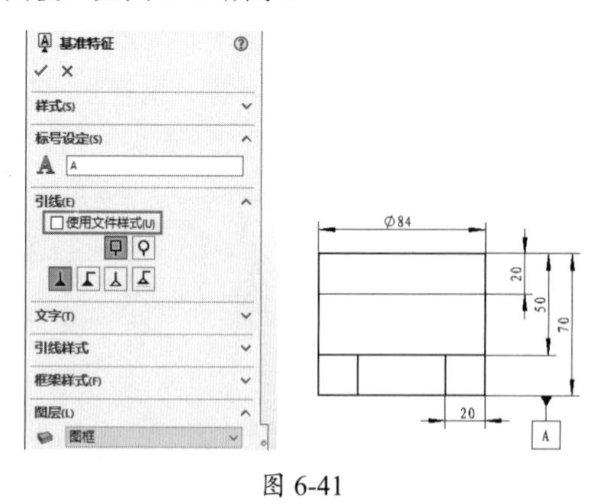


图 6-41

**02** 在“基准特征”面板中设定参数。

**03** 在图形区域中单击以放置附加项，然后放置该符号。如果将基准特征符号拖离模型边线，则会添加延伸线。

**04** 根据需要继续插入多个符号。

**05** 单击“确定”按钮✓，完成基准特征符号的创建。

## 6.3.3　材料明细表

装配体是由多个零部件组成的，需要在工程视图中列出组成装配体的零件清单，可以通过材料明细表来表述，并将材料明细表插入工程图。

生成材料明细表的操作步骤如下。

**01** 执行“插入”|“表格”|“材料明细表”命令，弹出“材料明细表”面板，如图6-42所示。

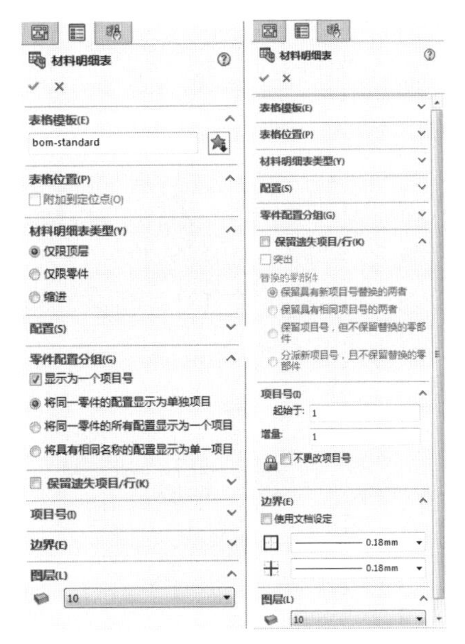


图 6-42

**02** 在图纸中选择主视图为生成材料明细表的指定模型，随后弹出“材料明细表”面板。设置相关属性选项后，在鼠标指针位置会预览显示材料明细表格，如图6-43所示。

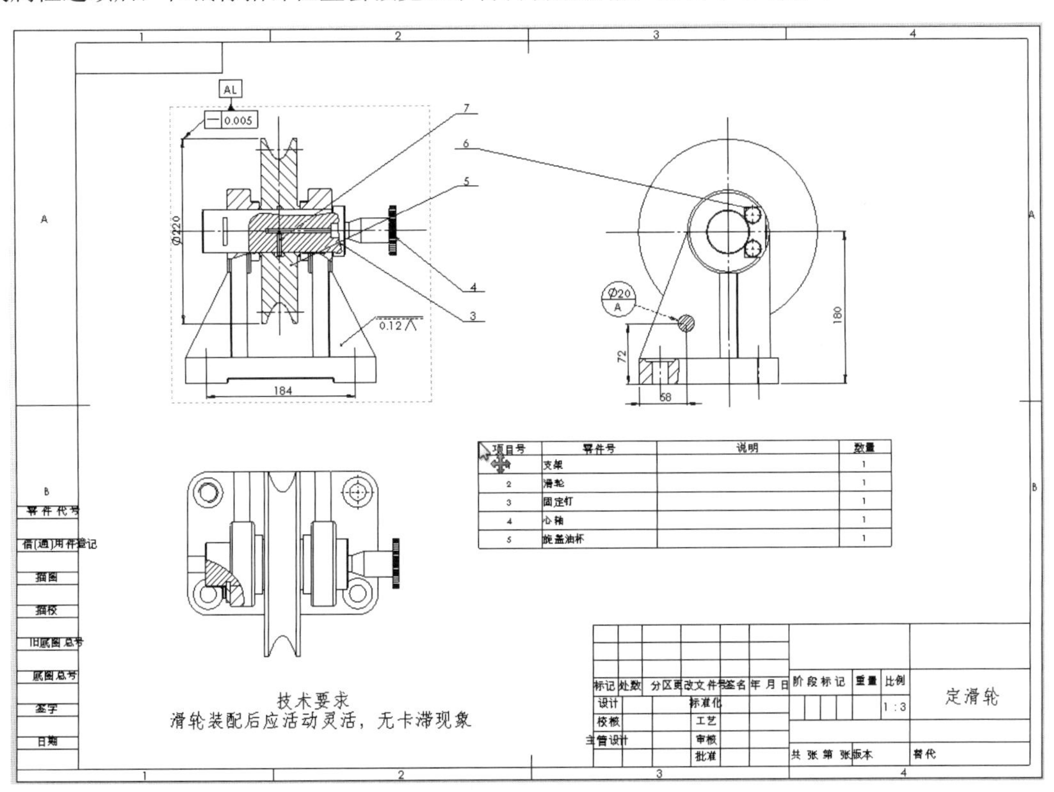


图 6-43

**03** 拖动鼠标指针将材料明细表拖至合适位置，例如让材料明细表与图框中的表格对齐，如图 6-44 所示。

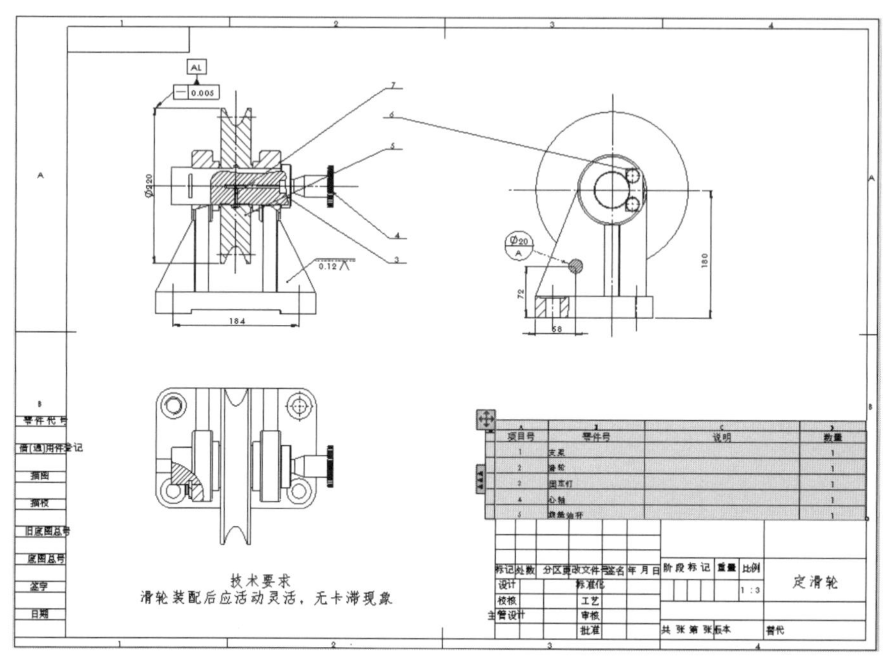


图 6-44

**04** 若材料明细表中的名称或序号需要修改，可以双击材料明细表中的单元格来修改文本内容。修改文本内容后，零件视图会随之更新。

## 6.4 工程图制作案例

学习并掌握了 SolidWorks 工程图设计环境中的相关制图工具后，下面以实际的零件工程图和装配工程图的制作为例，讲述相关制图命令的使用方法。

### 6.4.1 制作涡轮减速器箱体零件图

图 6-45 所示的涡轮减速器箱体与其他诸如阀体、泵体、阀座等均属于箱体类零件，且多为铸件，一般起支承、容纳、定位和密封等作用，其形状较为复杂。

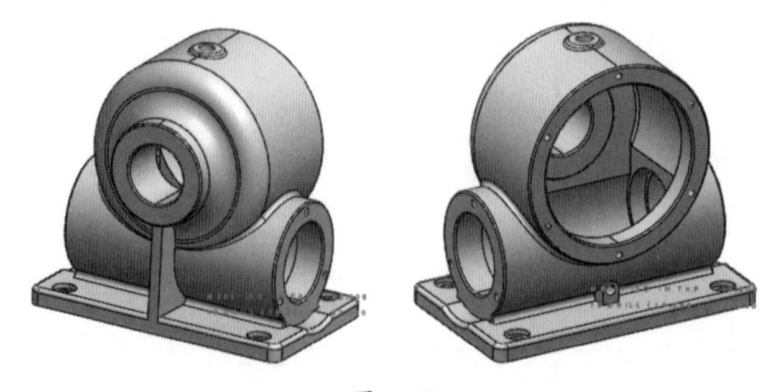

图 6-45

涡轮减速器箱体工程图包括一组视图、尺寸和尺寸公差、形位公差、表面粗糙度和一些必要的技术说明等。本例要绘制的涡轮减速器箱体工程图如图 6-46 所示。

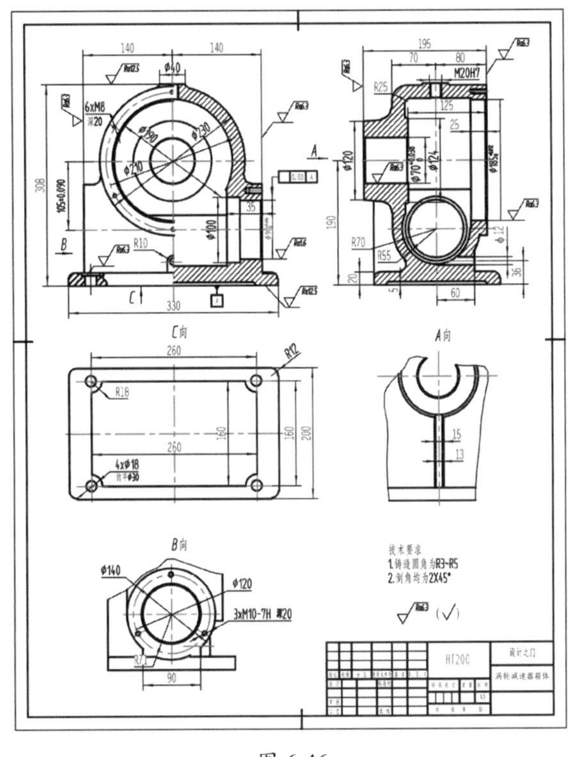


图 6-46

## 1. 零件图分析

首先找到主视图，根据投影关系识别出其他视图的名称和投影方向、局部视图或斜视图的投射部位、剖视图或断面图的剖切位置，从而弄清各视图的表达目的。

该箱体零件共采用了 3 个基本视图（主视图、俯视图、左视图）和 2 个其他视图（向视图 C 和向视图 D）。主视图选择符合“形状特征”和“工作位置”原则，视图数量和表达方法都比较恰当，具体分析如下。

（1）主视图分析。

从俯、左视图可知，主视图是通过该零件的左右对称平面剖切所得到的半剖视图，因其左右对称故未加标注。主视图（半剖视图）反映了箱体空腔的层次，即涡轮轴孔、啮合腔的贯通情况与涡杆轴孔之间的相互关系，以及支撑肋板的形状等。

（2）俯视图分析。

从主、左视图可知，俯视图是从箱体底部向顶部进行投影而得到的，仅表达出涡轮减速器箱体底板的结构，反映了底板下面的外部结构形状及其安装孔的分布情况。

（3）左视图分析。

左视图是通过涡杆轴孔的中轴线剖切所得到的全剖视图，它进一步反映了涡杆轴孔的前后贯通情况以及啮合腔、涡轮轴孔的相对位置关系（涡轮轴孔与涡杆轴孔，其轴线垂直交叉）。

（4）向视图 C。

向视图C反映了支撑肋板的结构形状，此图是在左视图中从左侧进行投影而得到的局部视图。

（5）向视图 D。

向视图 D 反映了侧面底板中部上面的圆柱面凹槽形状及与 M10 螺孔的相对位置关系。

C、D 两个向视图的补充，弥补了基本视图表达的不足。

## 2. 生成新的工程图

生成新的工程图的操作步骤如下。

**01** 单击“新建”按钮，在“新建 SOLIDWORKS 文件”对话框中单击“工程图”图标和“确定”按钮，弹出“图纸格式 / 大小”对话框。

**02** 在“图纸格式 / 大小”对话框中选择 A4（GB）横幅图纸格式，再单击“确定”按钮加载图纸，如图 6-47 所示。

**03** 进入工程图环境后在图纸中右击，在弹出的快捷菜单中选择“属性”选项，在“图纸属性”对话框中进行设置，如图 6-48 所示，名称为“涡轮减速器箱体”，设置比例为 1:5，选择“第一视角”投影类型，再单击“应用更改”按钮完成属性修改。

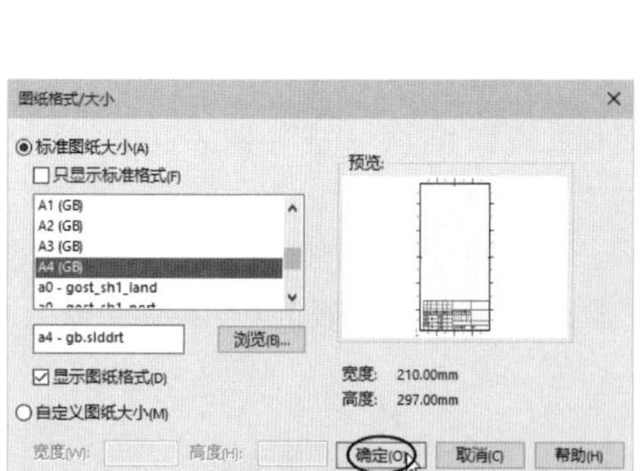


图 6-47

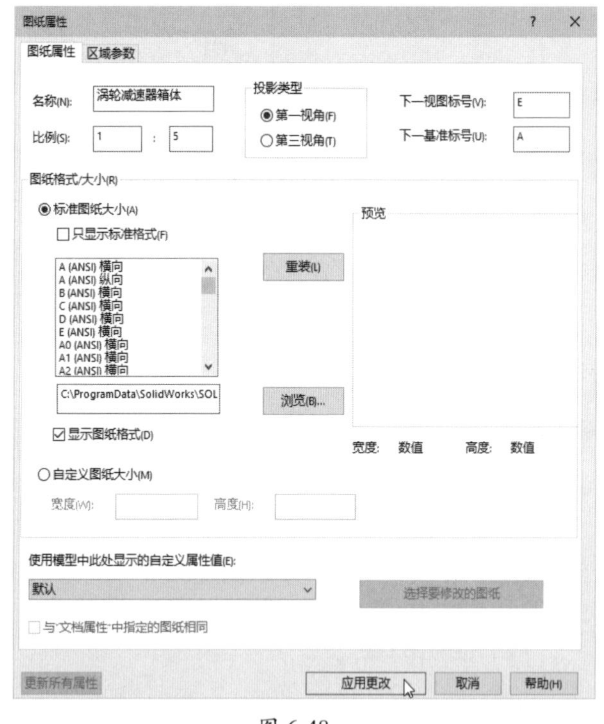


图 6-48

## 3. 将模型视图插入工程图

**01** 单击“工程图”选项卡中的“模型视图”按钮，在弹出的“模型视图”面板中单击“浏览”按钮，将本例源文件夹中的“涡轮减速器箱体 .SLDPRT”文件打开，如图 6-49 所示。

**02** 在“模型视图”面板的“方向”选项区中单击“后视”按钮，单击“确定”按钮，将后视图（作为主视图）插入工程图图纸中，插入后视图后再插入后视图的投影视图，如图 6-50 所示。

## 4. 创建剖面视图

由于后视图（主视图）在该方向上不能完全表达出涡轮减速箱体零件的内部结构，需要利用半剖视图才能清晰表达，因此需要删除后视图，再以后视图的投影视图作为视图创建参考，从而创建能够表达零件内部结构的半剖视图（新主视图）。同理，利用半剖视图作为视图参考再进行全剖，即可得到侧视图（即全剖视图）。

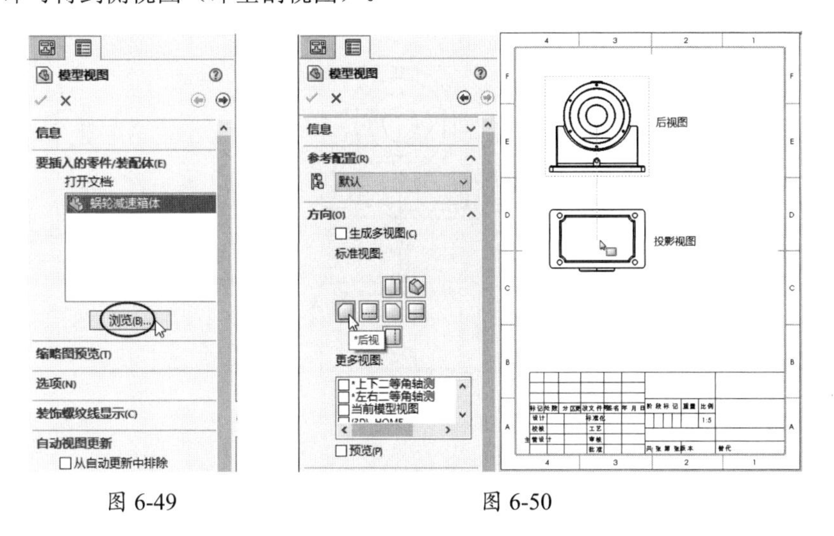


图 6-49　　　　图 6-50

创建剖面视图的操作步骤如下。

**01** 将后视图删除（选中该视图按 Delete 键删除即可），仅保留投影视图，如图 6-51 所示。

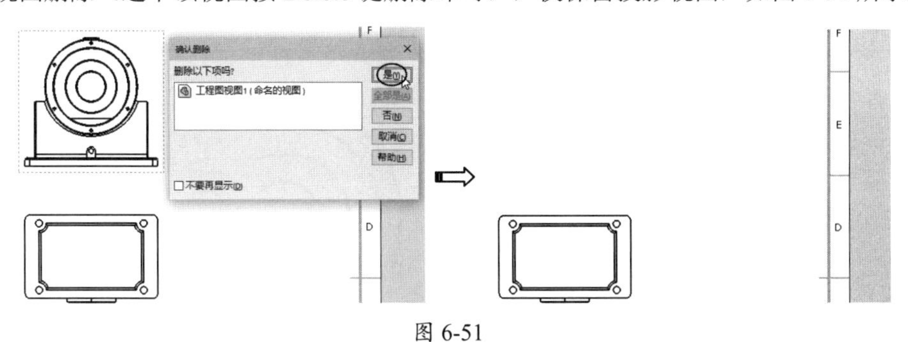


图 6-51

**02** 单击“工程图”选项卡中的“剖面视图”按钮，在弹出的“剖面视图辅助”面板中单击“半剖面”按钮，显示“半剖面”选项区，再单击“右侧向下”按钮，在主视图中选取剖切点并放置半剖视图切割线，如图 6-52 所示。

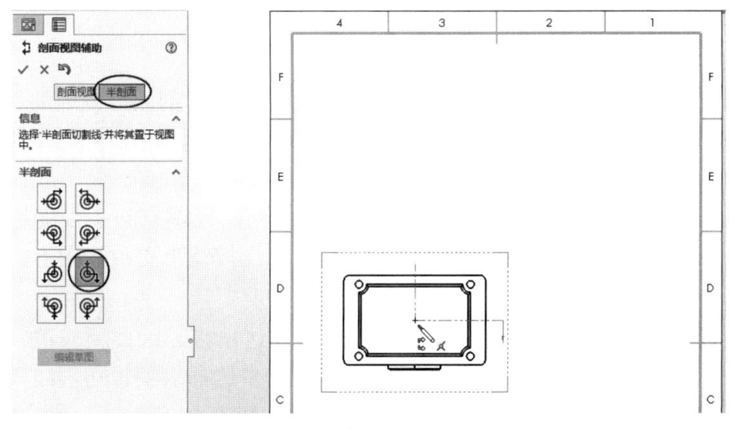


图 6-52

**03** 将半剖视图放置于投影视图的上方，如图 6-53 所示。

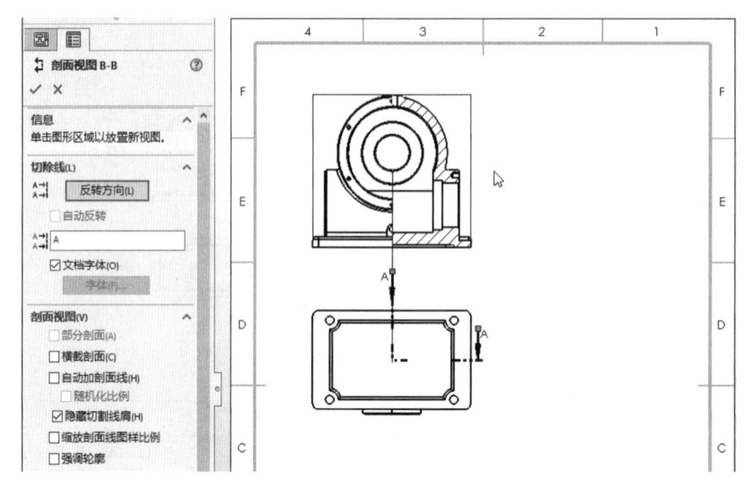


图 6-53

**04** 在工程图设计树中，右击“切除线 A-A”项目，在弹出的快捷菜单中选择“隐藏切割线”选项，将切割线隐藏。在图纸中右击半剖视图中的“剖面 A-A”文字，在弹出的快捷菜单中选择“隐藏”选项，将所选文字隐藏，如图 6-54 所示。

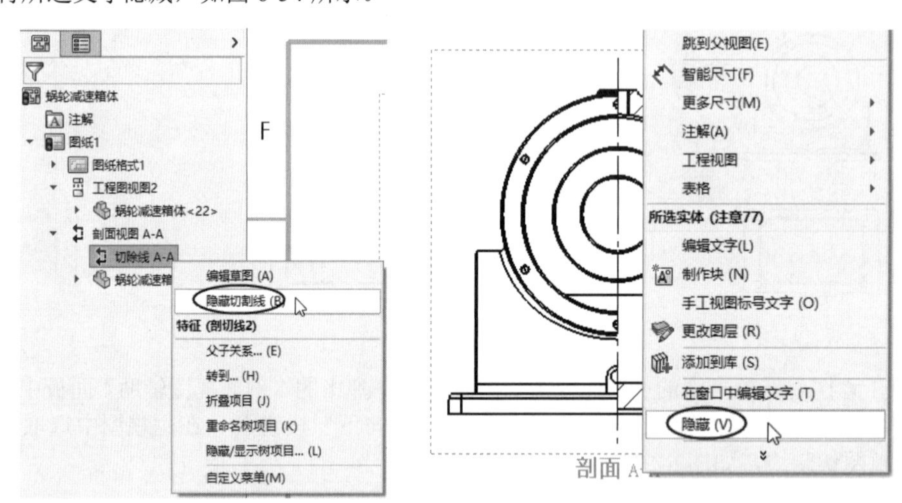


图 6-54

**05** 单击“工程图”选项卡中的“剖面视图”按钮，在弹出的“剖面视图辅助”面板中单击“剖面视图”按钮，显示“切割线”选项区，再单击“竖直”按钮，在主视图中选取剖切点并放置全剖视图切割线，如图 6-55 所示。

**06** 将全剖视图放置于半剖视图的右侧，放置视图前需要判断视图方向是否满足图纸需求，如若不符，则可以在“剖面视图 B-B”面板中单击“反转方向”按钮来更改视图方向，全部视图创建完成的结果如图 6-56 所示。

**07** 按设计意图，全剖视图中需要将加强筋的侧面形状表达出来，因此要修改“切除线 B-B”。在半剖视图中右击“切除线 B-B”，并在弹出的快捷菜单中选择“编辑切割线”选项，随后弹出“剖面视图”工具栏，在其中单击“单偏移”按钮，如图 6-57 所示。

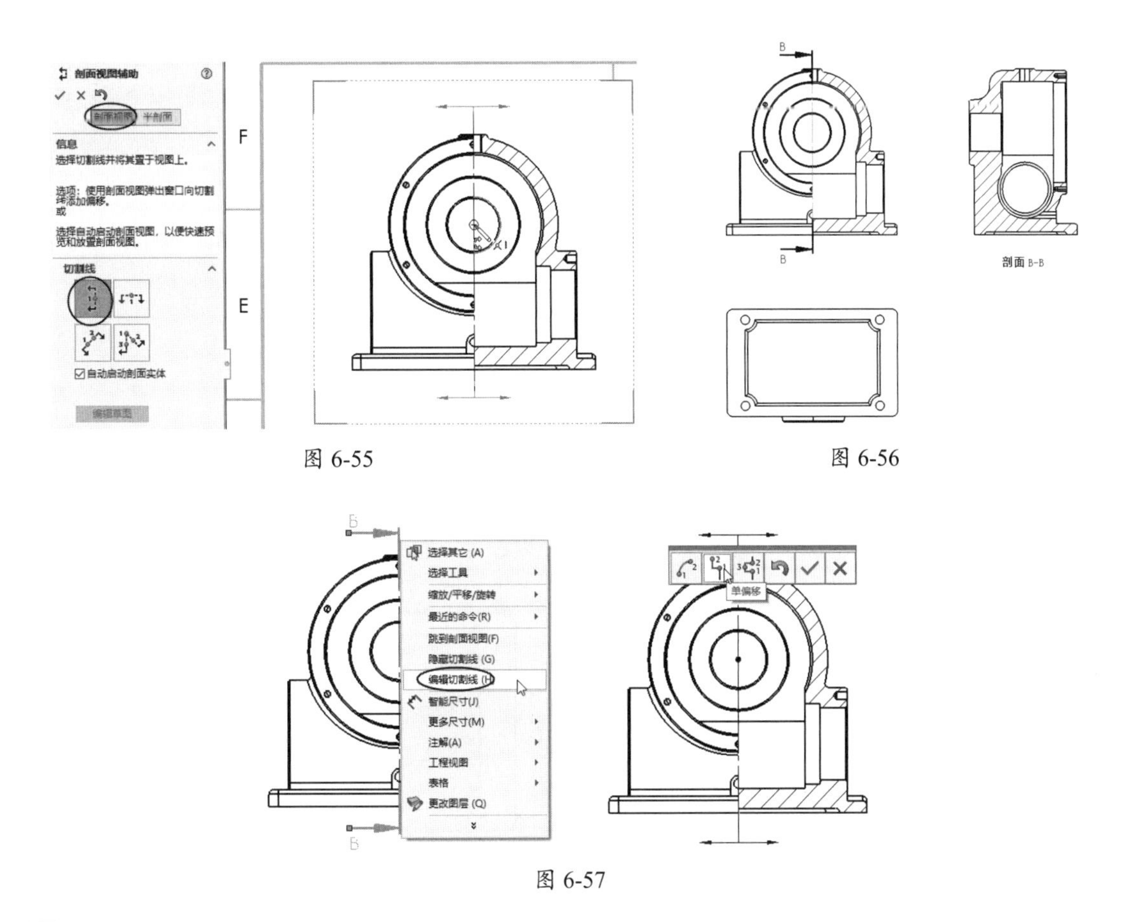


图 6-55

图 6-56

图 6-57

**08** 在切割线上选取一点以使其产生偏移，偏移切割线后单击“剖面视图”对话框中的“确定”按钮✓，完成切割线的编辑，如图 6-58 所示。

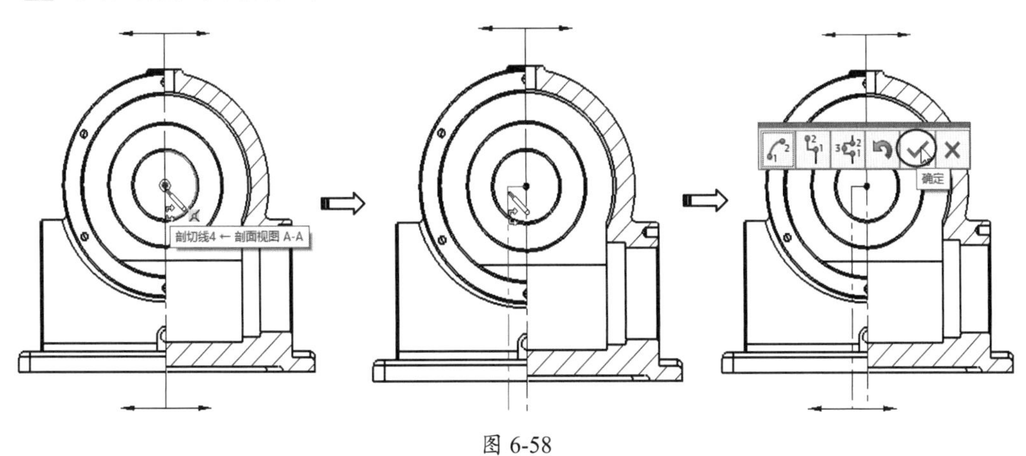


图 6-58

**09** 编辑切割线后，全剖视图随之更新，最后将全剖视图的切割线和“剖面 B-B”视图文字隐藏，如图 6-59 所示。

**10** 对投影视图进行修改（右击要隐藏的边线，在弹出的快捷菜单中选择“隐藏 / 显示边线”选项将其隐藏），结果如图 6-60 所示。

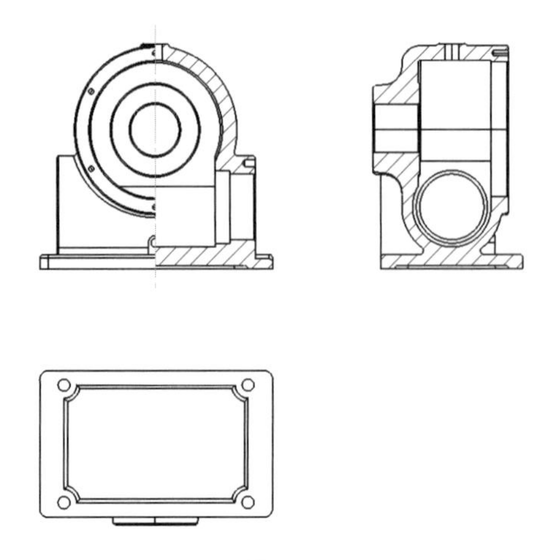

图 6-59

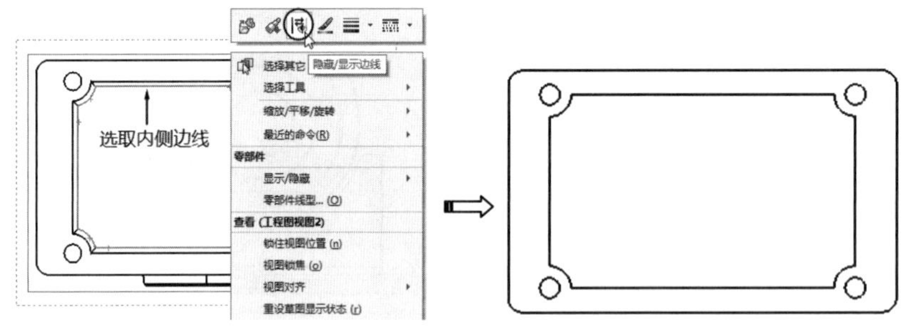


图 6-60

### 5. 创建向视图

鉴于本例涡轮减速箱体零件的结构比较复杂，需要多个辅助视图才能完全表达出设计意图。接下来将依次创建向视图 C 和向视图 D。

**01** 在“工程图”选项卡中单击“辅助视图”按钮，并在全剖视图中的零件左端面选取一条边线作为参考，以此创建出向视图 C，并将向视图 C 移至全剖视图的下方，如图 6-61 所示。

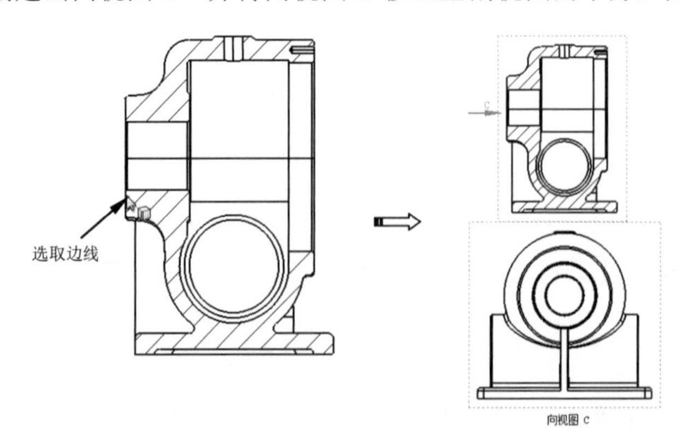


图 6-61

**02** 在“工程图”选项卡中单击“剪裁视图”按钮，单击“草图”选项卡中的“样条曲线”按钮，绘制一条封闭轮廓曲线，以此生成剪裁视图，如图 6-62 所示。

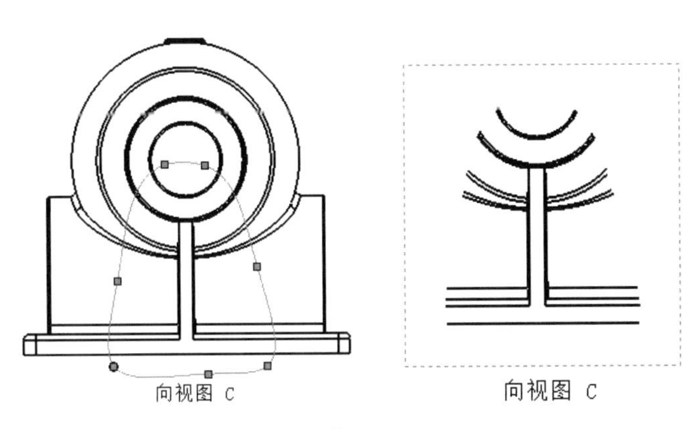


图 6-62

**03** 从生成的剪裁视图中可以看出，封闭轮廓曲线是看不见的，为了保持视图的完整性，需要显示剪裁视图的轮廓线。可以选中向视图 C，在弹出的“向视图 C”面板中取消选中“无轮廓”复选框，即可显示剪裁视图的轮廓线，如图 6-63 所示。

**04** 将向视图 C 中的多余边线隐藏，得到如图 6-64 所示的结果。同理，将其余视图中多余的边线也隐藏。

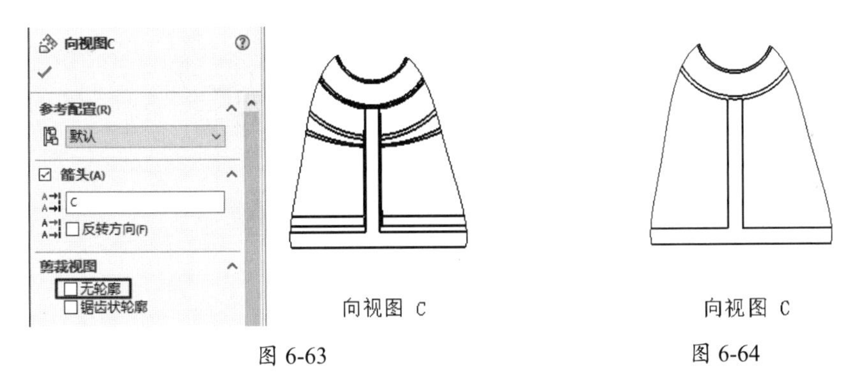


图 6-63　　图 6-64

**05** 采用相同的操作方法，创建向视图 D，结果如图 6-65 所示。

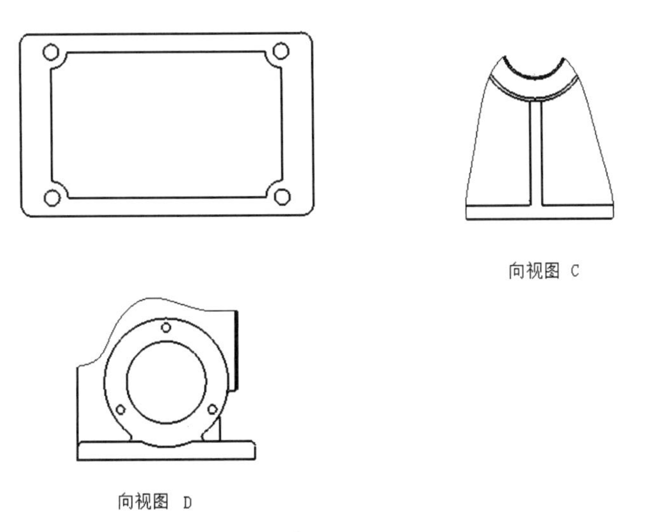


图 6-65

**06** 在“工程图”选项卡中单击“断开的剖视图”按钮，并在向视图 D 中零件底座的右侧绘制封闭轮廓曲线，随后自动生成断开的剖视图，如图 6-66 所示。

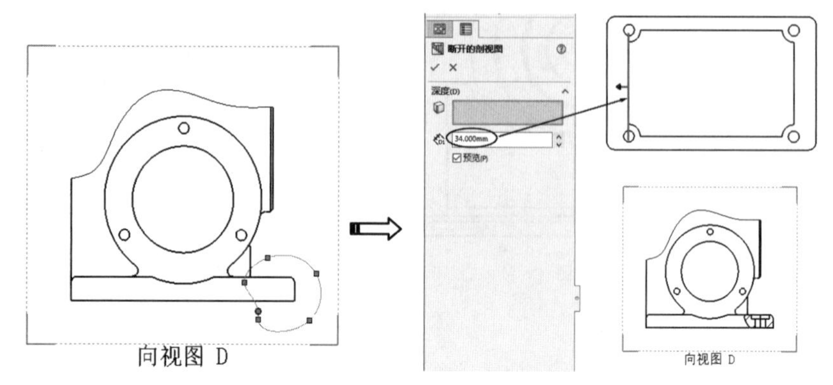


图 6-66

**07** 最后修改剖视图中剖面线的比例，如图 6-67 所示。

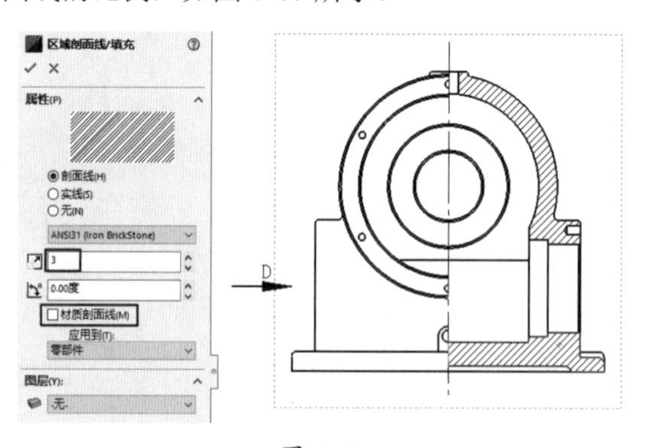


图 6-67

## 6. 添加注解辅助线

注解辅助线包括中心符号线和中心线，具体的操作方法如下。

**01** 在剖面视图中添加中心符号线。单击“注解”选项卡中的“中心符号线”按钮，在弹出的“中心符号线”面板中进行设置，并在各视图中选取圆边线或圆弧边线，从而生成中心符号线，如图 6-68 所示。

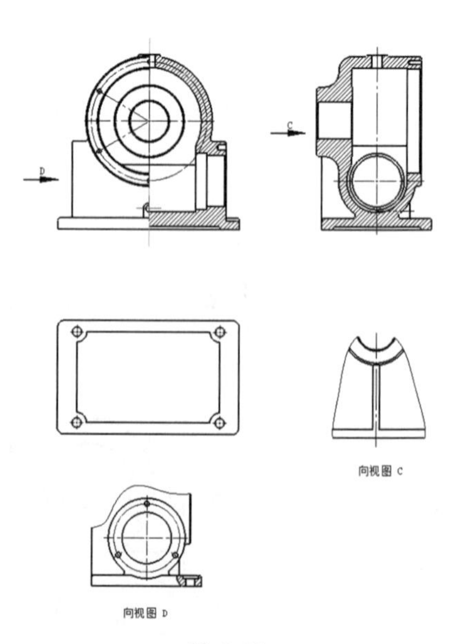


图 6-68

**02** 单击“注解”选项卡中的“中心线”按钮，弹出“中心线”面板。在各剖面视图中选取平行边线生成中心线，用于表示圆孔剖面的轴线，如图 6-69 所示。

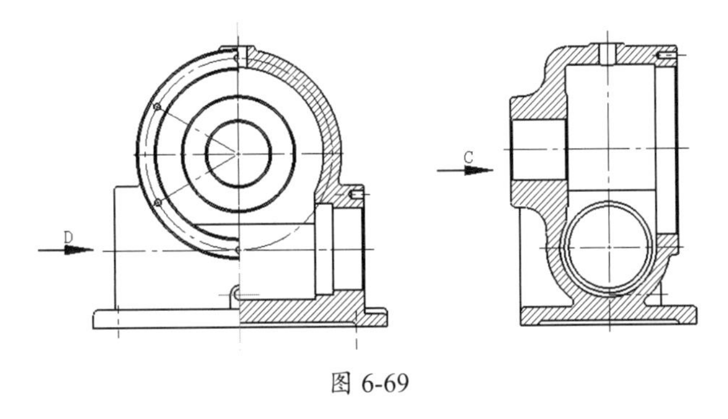


图 6-69

## 7. 尺寸与文字注解

添加尺寸与文字注释的操作方法如下。

**01** 使用“智能尺寸”工具标注基本尺寸。单击选项卡中的“智能尺寸”按钮，在“智能尺寸”面板中设置参数，标注的工程图尺寸如图 6-70 所示。

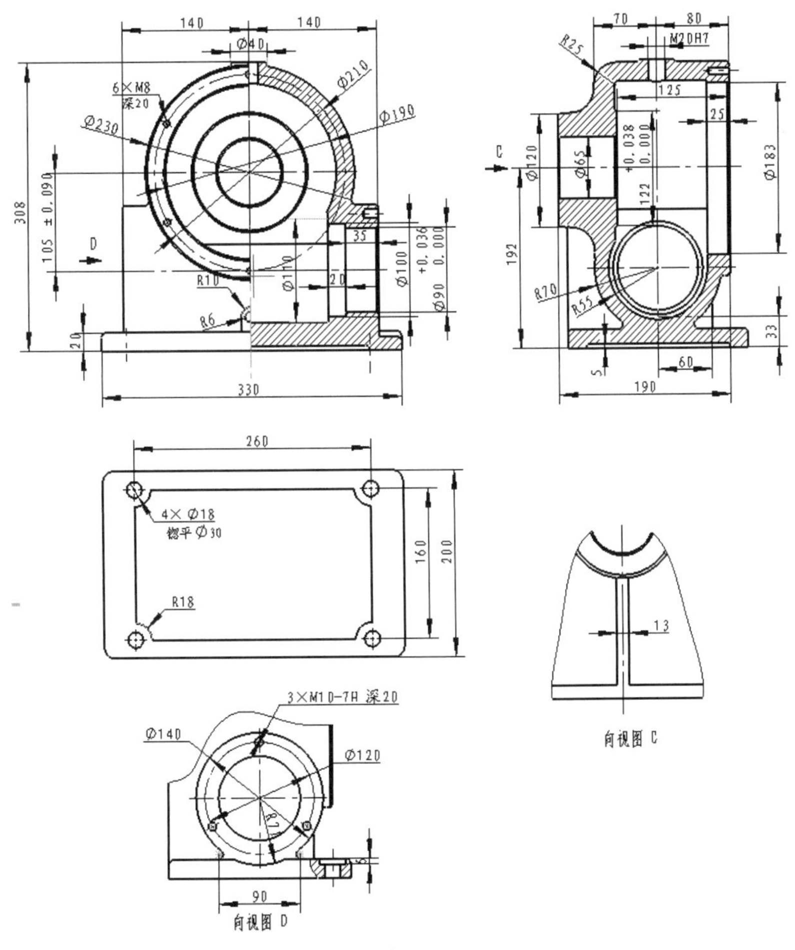


图 6-70

**02** 单击“注解”选项卡中的“基准特征”按钮，在“基准特征”面板中设置参数。在半剖视图中选取底部边线以放置基准特征符号，如图 6-71 所示。

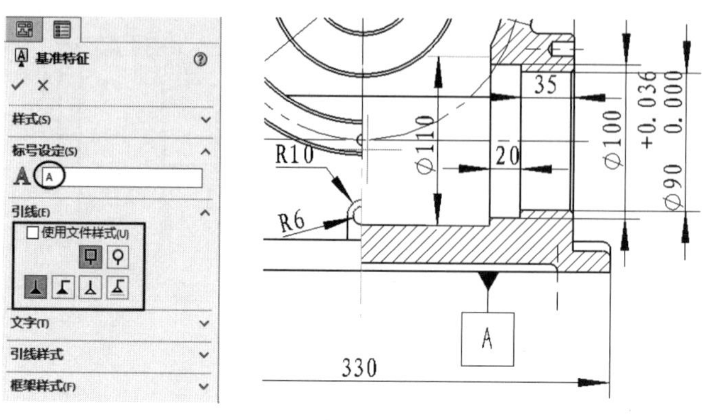


图 6-71

**03** 在“注解”选项卡中单击“形位公差”按钮，在弹出的“属性”对话框和“形位公差”面板中设置参数，如图 6-72 所示。

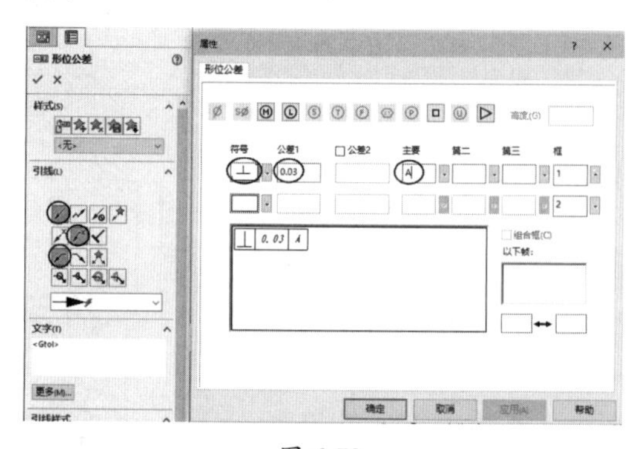

图 6-72

**04** 在半剖视图中选取 Ø90 尺寸，以放置形位公差，如图 6-73 所示。

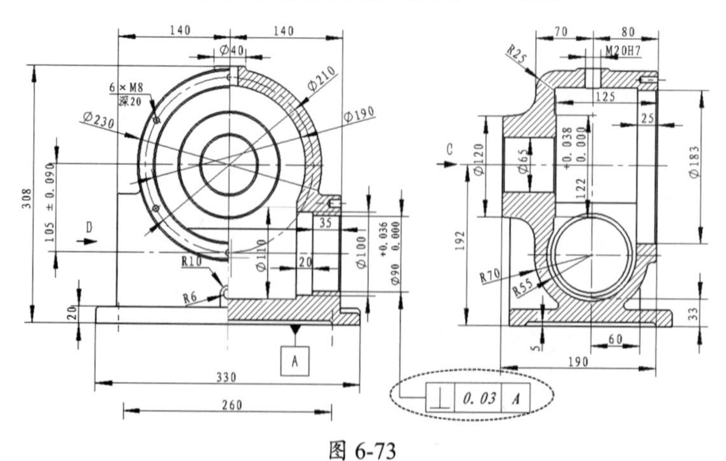


图 6-73

**05** 单击“注解”选项卡中的“表面粗糙度”按钮，在“表面粗糙度”面板中设置参数。在半剖视图中选取边线，以放置粗糙度符号，如图 6-74 所示。

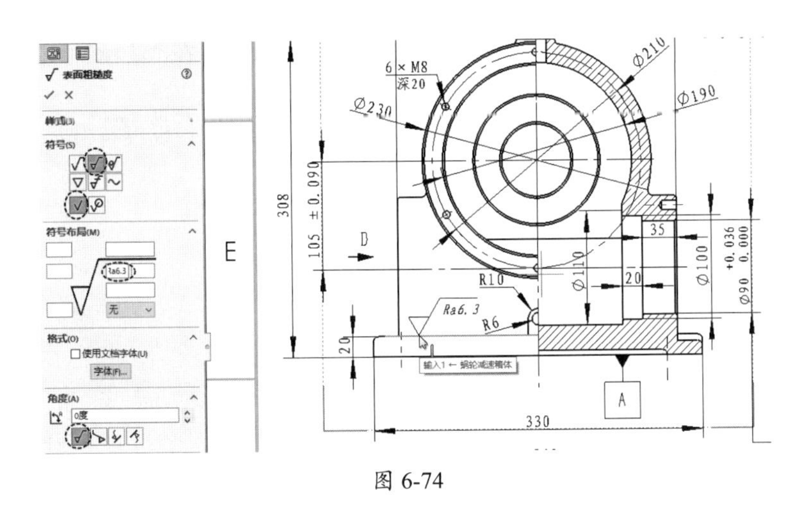

图 6-74

**06** 同理，继续完成其余粗糙度符号的标注，如果需要旋转粗糙度符号，可以在“表面粗糙度”面板的“角度”选项区中定义角度或单击“旋转 90 度”按钮或“垂直”“垂直（反转）”等按钮，最终标注完成的表面粗糙度符号如图 6-75 所示。

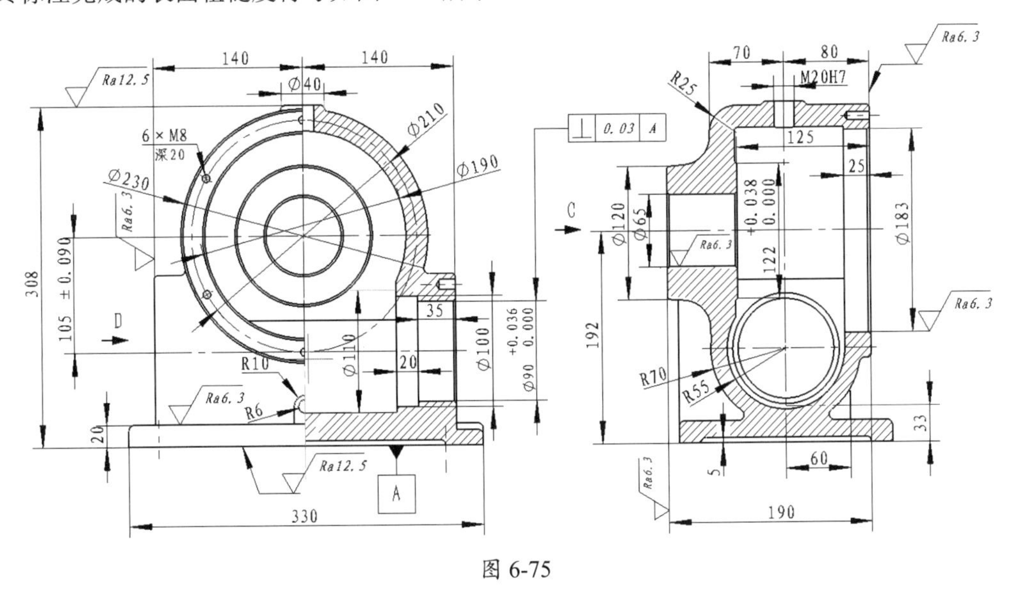

图 6-75

**07** 单击“注解”选项卡中的“注释”按钮，在“注释”面板中设定选项，如图 6-76 所示。单击并拖动注释边界框，使其变大，如图 6-77 所示。

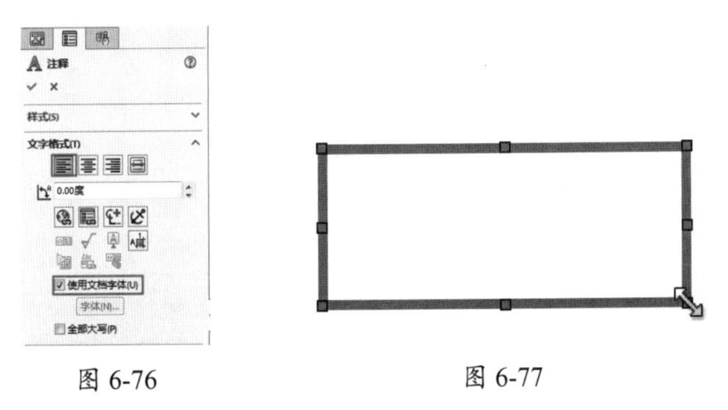

图 6-76　　图 6-77

**08** 在注释边界框中输入“技术要求”等文字，如图 6-78 所示。最后在“注释”面板中单击“确定”按钮✓，完成文本注释。

**09** 在“技术要求”一侧添加粗糙度符号及值，如图 6-79 所示。在粗糙度符号及值的后面添加括号带钩的文本，表示“其余粗糙度”的意思。

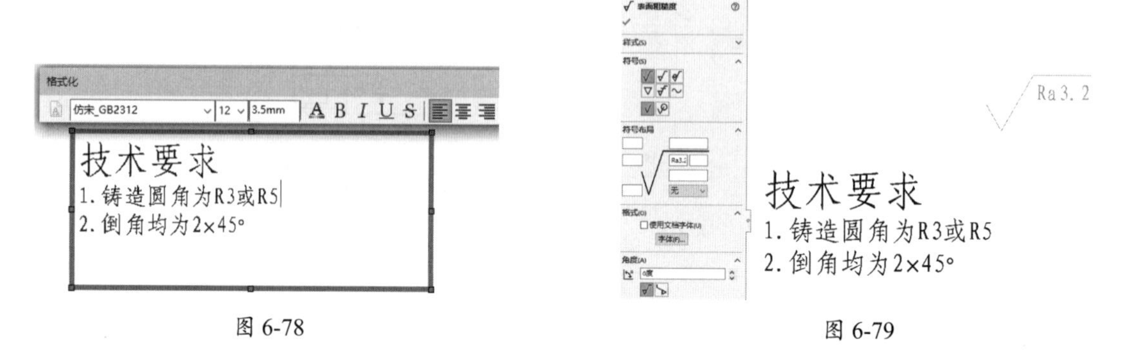


图 6-78　　　　图 6-79

**10** 右击图框，在弹出的快捷菜单中选择“编辑图纸格式”选项，进入图纸格式编辑模式，然后双击图框中的单元格，输入图纸名称，最终完成的涡轮减速箱体零件的工程图，如图 6-80 所示。

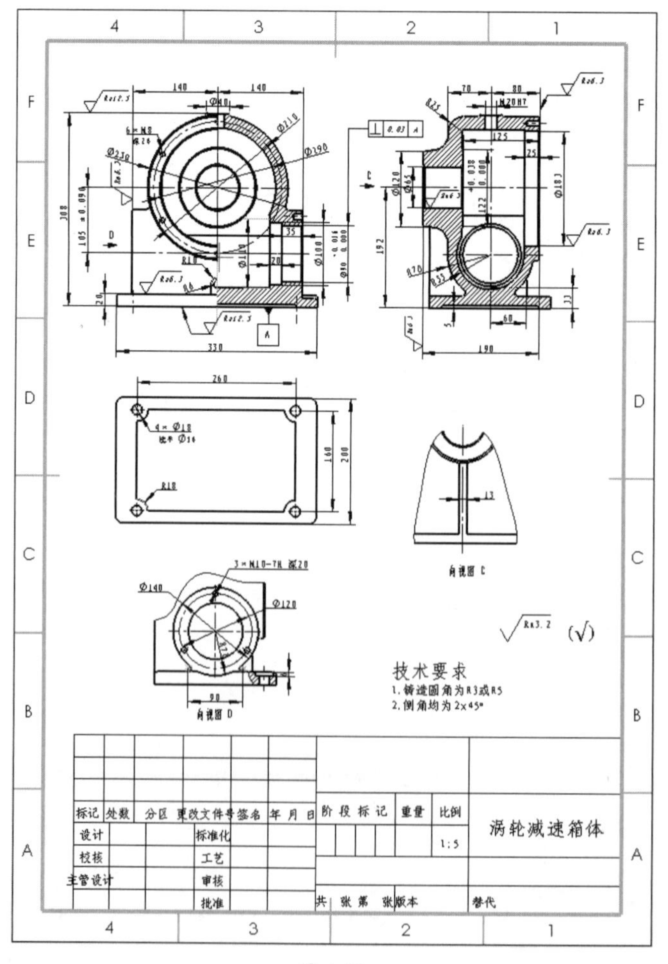


图 6-80

## 6.4.2　制作铣刀头装配工程图

装配图应该包括以下内容。

- 一组视图：表达各组成零件的相互位置、装配关系和连接方式，以及部件（或机器）的工作原理和结构特点等。
- 必要的尺寸：包括部件或机器的规格（性能）尺寸、零件之间的配合尺寸、外形尺寸、部件或机器的安装尺寸和其他重要尺寸等。
- 技术要求：说明部件或机器的性能、装配、安装、检验、调整或运转的技术要求，一般用文字表示。
- 标题栏、零部件序号和明细栏：与零件图相同，无法用图形或不易用图形表示的内容需要用技术要求加以说明。如有关零件或部件在装配、安装、检验、调试以及正常工作中应当达到的技术要求，常用符号或文字进行标注。

装配图上的尺寸应标注清晰、合理，零件上的尺寸不一定全部标出，只要求标注与装配有关的几种尺寸。一般经常标注的有性能（规格）尺寸、装配尺寸、安装尺寸、外形尺寸，以及其他重要尺寸等。

技术要求一般注写在装配图的空白处，对于具体的设备其涉及的专业知识较多，可以参照同类或相近设备，结合具体的情况进行编制。

装配图的图形一般较复杂，包含的零件种类和数量也较多，为了便于在设计和生产过程中查阅有关零件，在装配图中必须对每个零件进行编号。

零件明细栏是说明装配图中每个零件、部件的序号、图号、名称、数量、材料、重量等资料的表格，是看图时根据图中零件序号查找零件名称、零件图图号等内容的重要资料，也是采购外购件、标准件的重要依据。

铣刀头是安装在铣床上的一个部件，用来安装铣刀盘。动力通过皮带轮带动轴转动，轴带动铣刀盘旋转，对工件进行平面铣削加工。轴通过滚动轴承安装在座体内，座体通过地板上的4个沉孔安装在铣床上，如图6-81所示为铣刀头装配体模型。

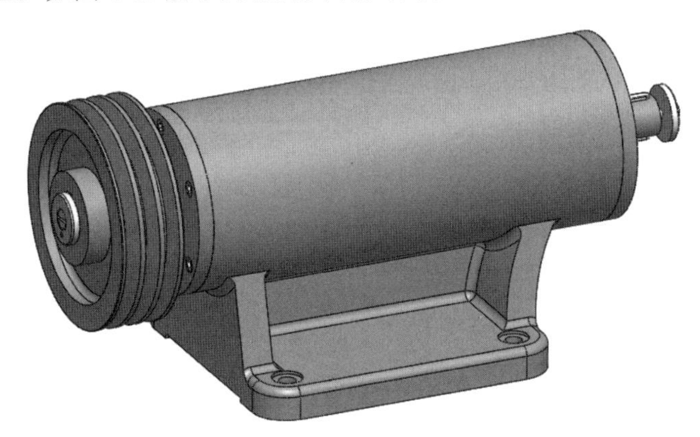

图6-81

图6-82所示为铣刀头装配工程图。主视图是按工作位置也可认为是按习惯位置选取的，采用全剖视图把铣刀头的主要装配关系和外形特征基本表达出来；左视图是拆去皮带轮等零件画出的。

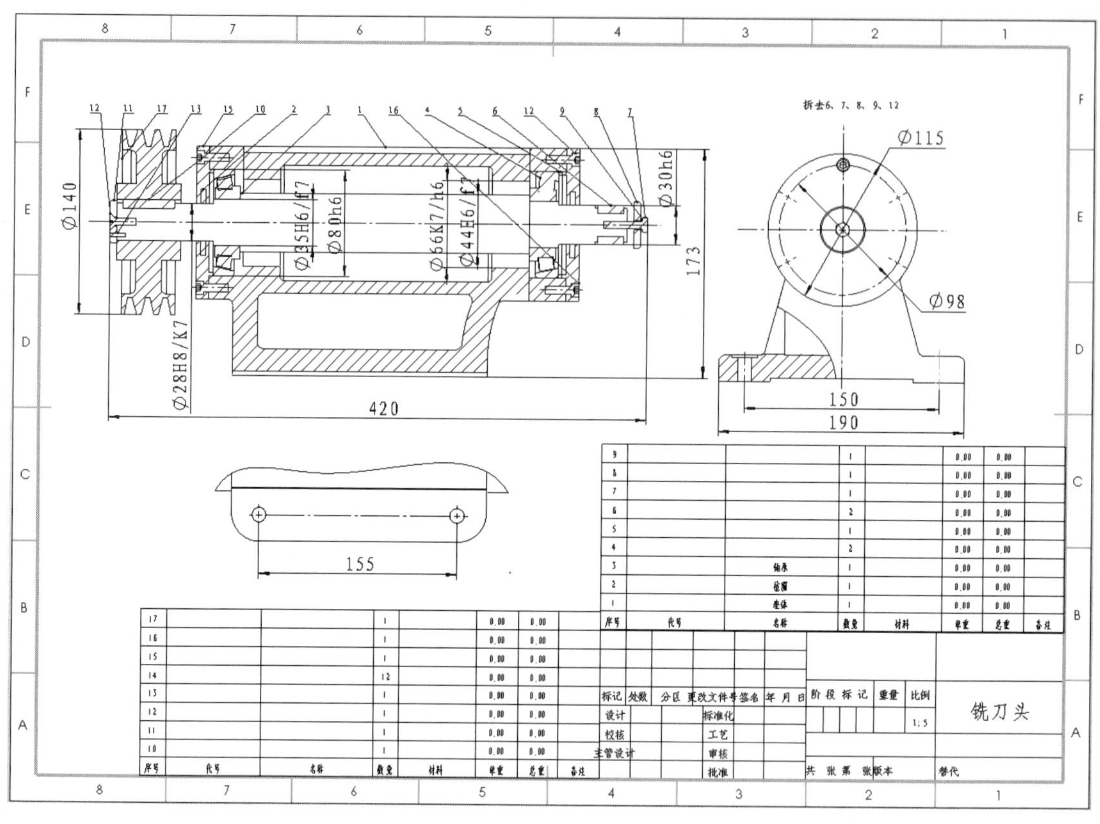


图 6-82

## 1. 创建视图

创建视图的具体操作步骤如下。

**01** 打开本例源文件“铣刀头装配体 .SLDASM”装配体模型。

**02** 执行“文件”|“从装配体制作工程图”命令，弹出“新建 SOLIDWORKS 文件”对话框，直接单击“确定”按钮，弹出“图纸格式 / 大小”对话框，选择 A2（GB）图纸格式后单击“确定”按钮进入工程图设计环境，如图 6-83 所示。

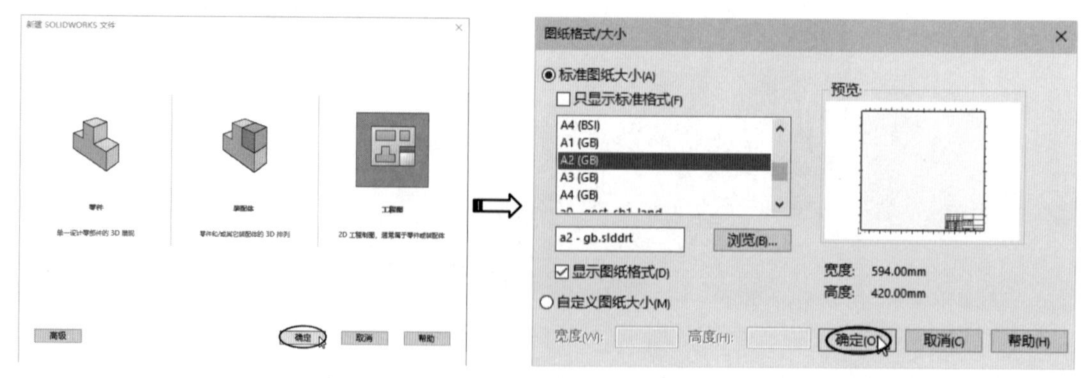


图 6-83

**03** 在“工程图”选项卡中单击“模型视图”按钮，在弹出的“模型视图”面板中选中“生成多视图”复选框，并单击“后视”按钮和“右视”按钮，设置视图比例为1:2，单击“确定”按钮，完成后视图和右视图的插入，如图6-84所示。

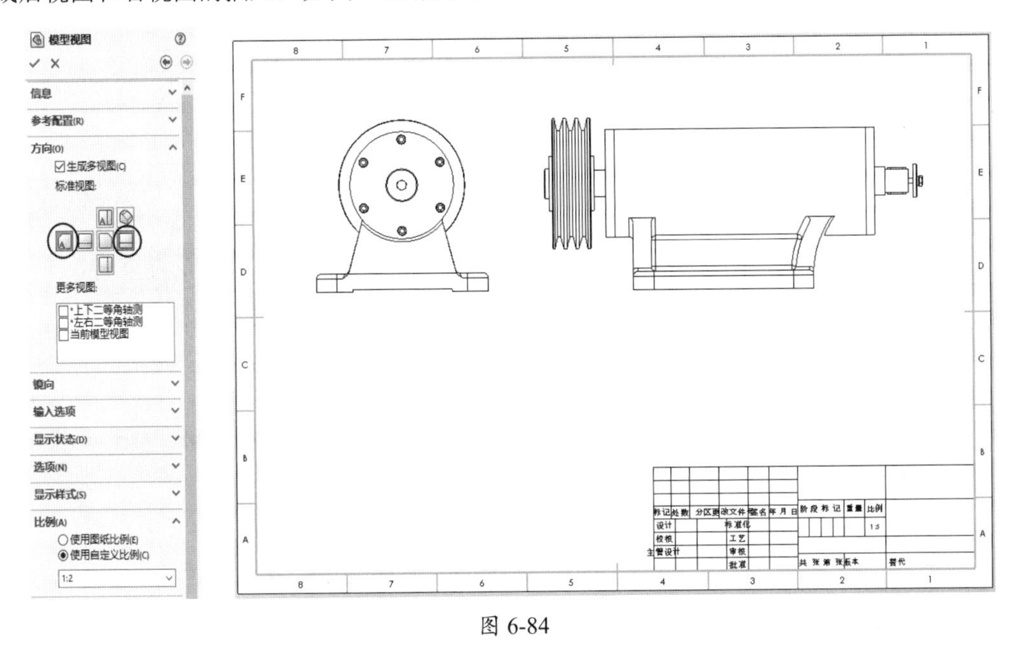


图 6-84

**04** 调换两个视图的位置，再利用“投影视图”工具创建右视图的投影视图，如图6-85所示。

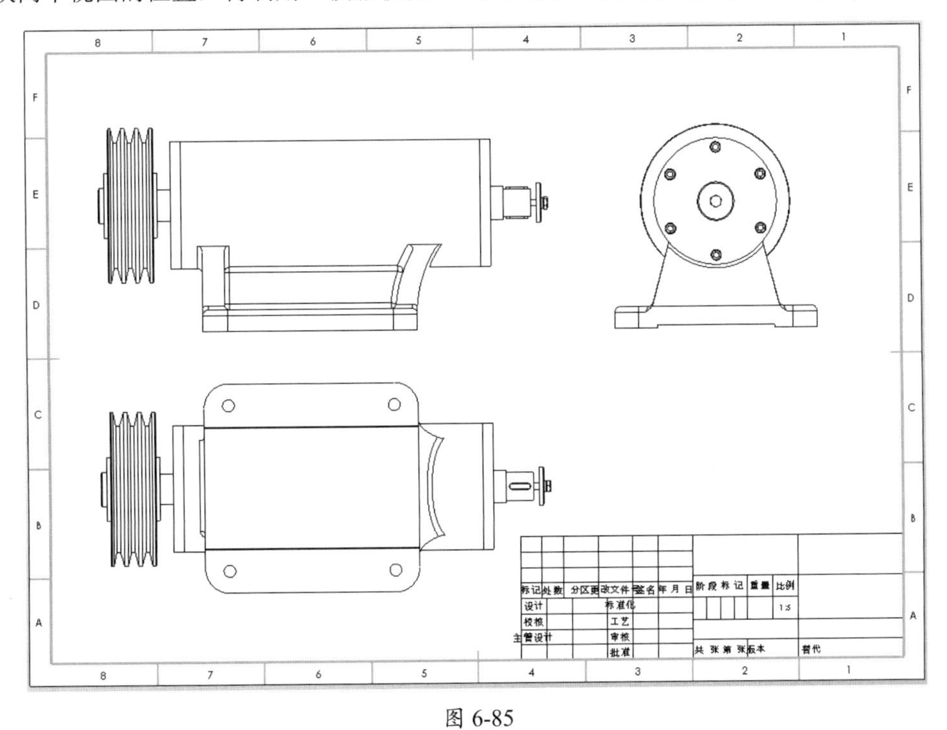

图 6-85

**05** 删除右视图。利用“剖面视图”工具，以投影视图为参考创建全剖视图，将全剖视图置于投影视图的上方，如图6-86所示。

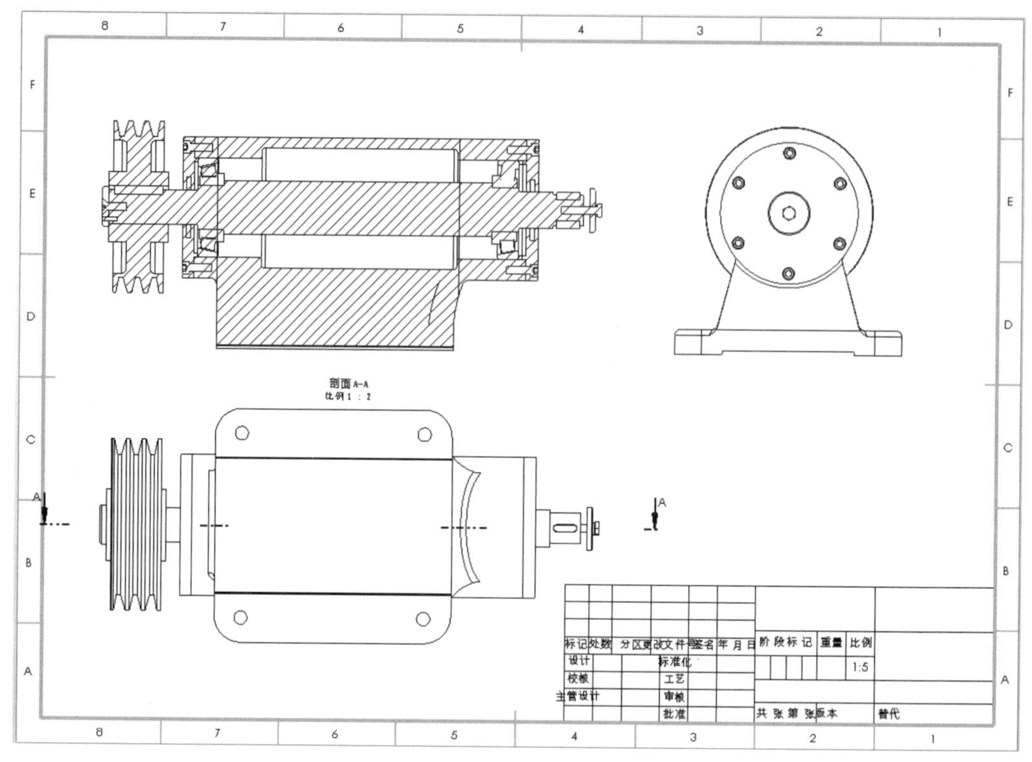


图 6-86

**06** 编辑切割线，全剖视图随之更新，如图 6-87 所示。

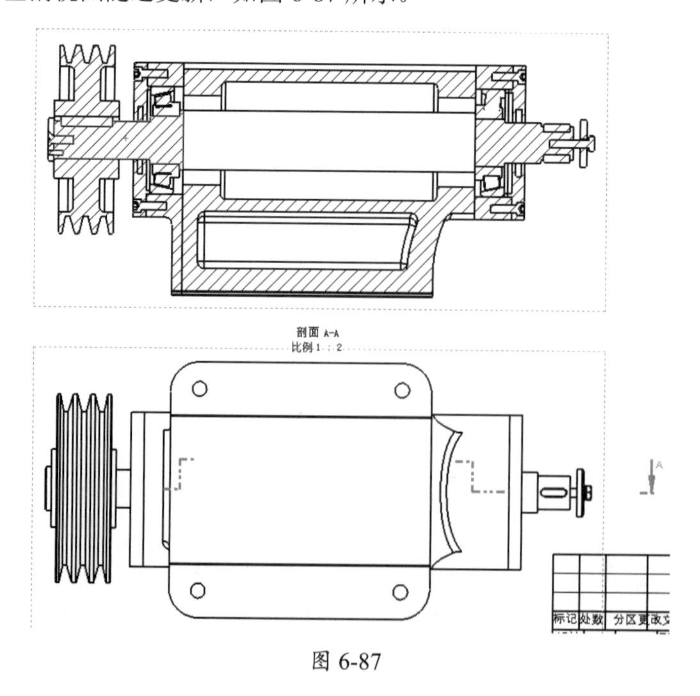


图 6-87

**07** 选取剖视图中轴零件的剖面线，在弹出的“区域剖面线 / 填充”面板中取消选中“材质剖面线”复选框，再选中“无”单选按钮，将轴零件的剖面线隐藏，如图 6-88 所示。

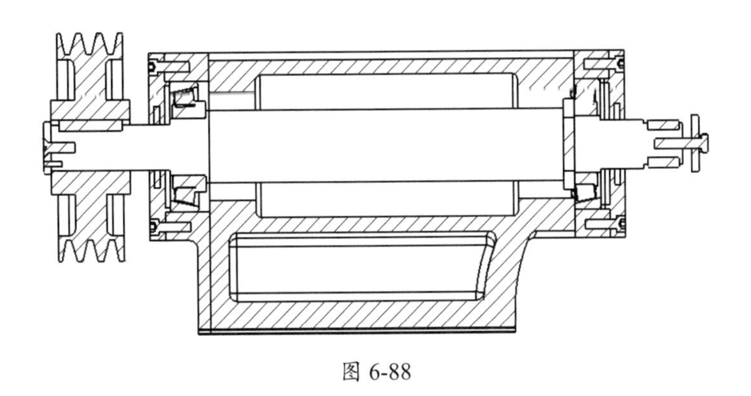

图 6-88

**08** 单击“剪裁视图”按钮，在投影视图中绘制封闭轮廓线，以此创建剪裁视图，如图 6-89 所示。

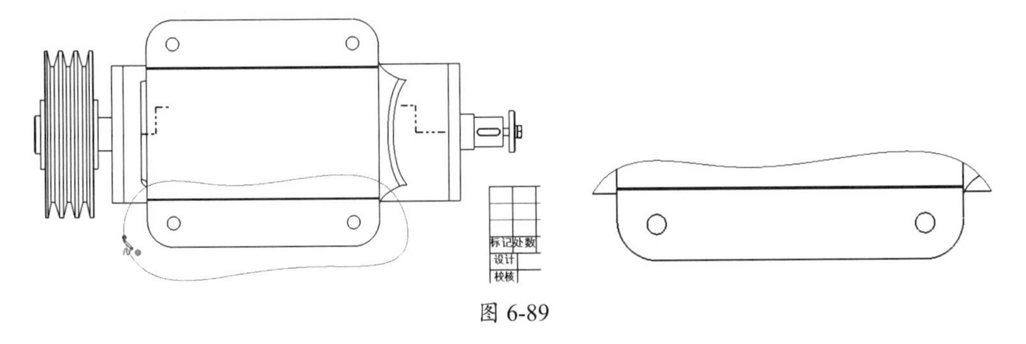


图 6-89

**09** 单击“断开的剖视图”按钮，在后视图中绘制封闭轮廓线，以此创建如图 6-90 所示的断开的剖视图。

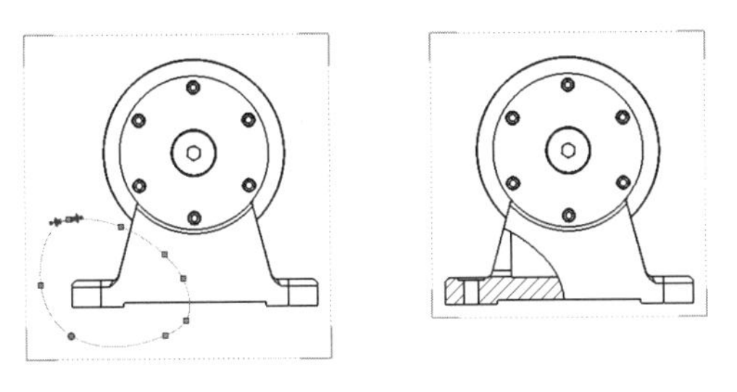

图 6-90

**10** 添加中心线和符号线，如图 6-91 所示。

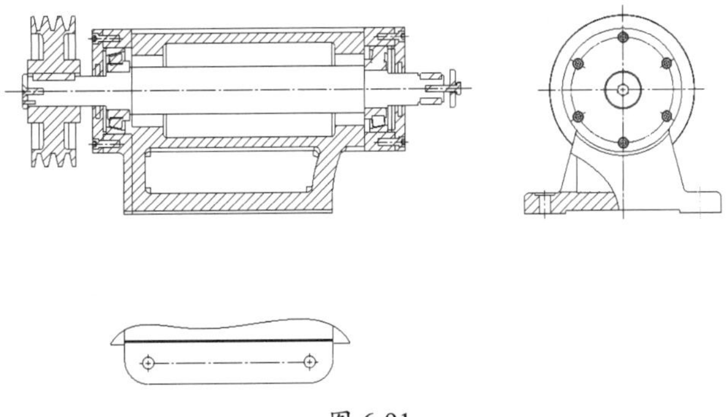

图 6-91

**11** 将几个视图中多余的边线、切割线及视图名称等隐藏，结果如图 6-92 所示。

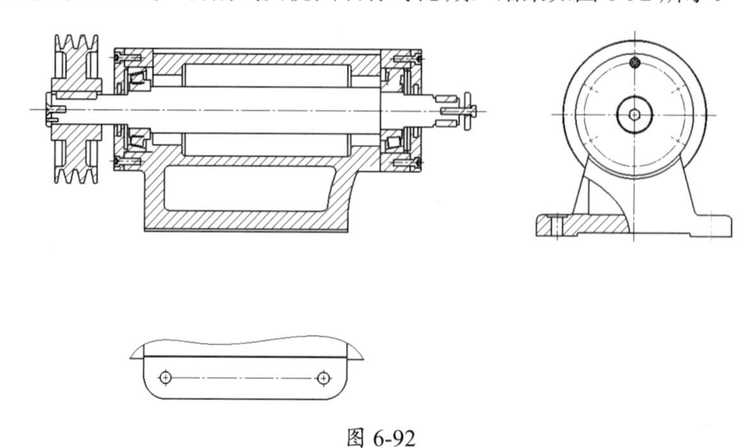

图 6-92

## 2. 创建尺寸标注和零件序号

创建尺寸标注和零件序号的具体操作步骤如下。

**01** 利用“智能尺寸”工具，为 3 个视图标注装配及定位尺寸，如图 6-93 所示。

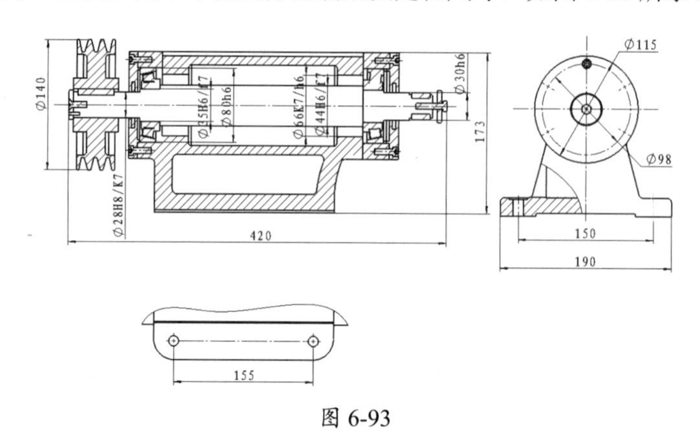


图 6-93

**02** 在“注解”选项卡中单击“自动零件序号”按钮，弹出“自动零件序号”面板。在该面板中设置相关选项，选择全部视图后自动生成零件序号，如图 6-94 所示。

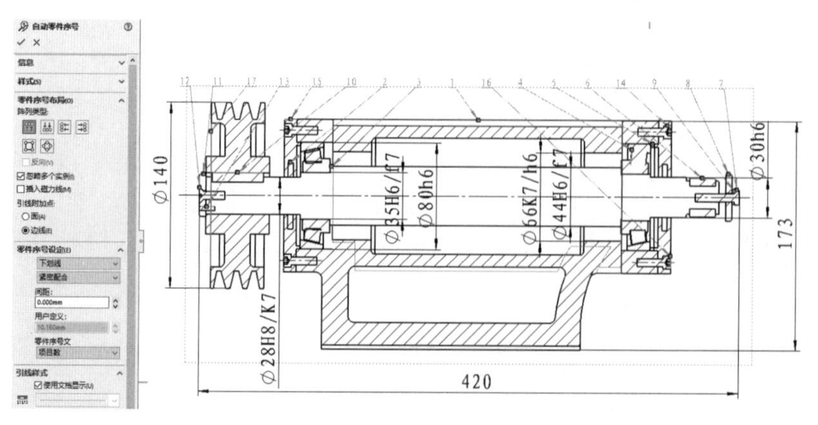


图 6-94

**03** 执行“插入”|“表格”|“材料明细表”命令，然后选择全剖视图以此生成材料明细表，随后弹出“材料明细表”面板，在该面板中选择 gb-bom-material 模板，单击“确定”按钮☑，将材料明细表放置在图框标题栏一侧，如图 6-95 所示。

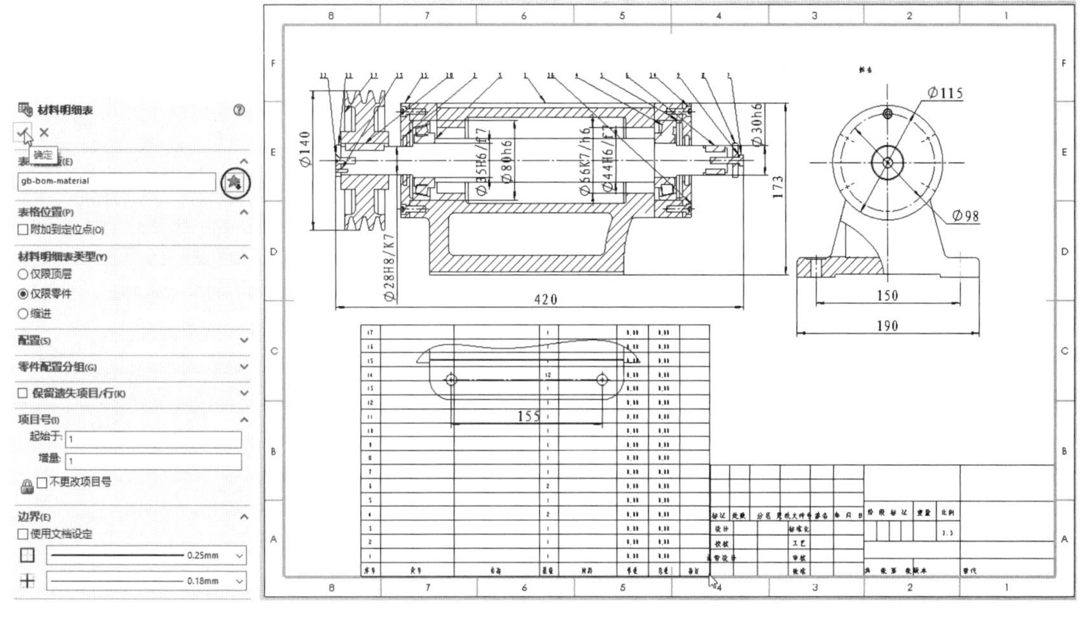


图 6-95

**04** 此时材料明细表的表格行数太多，遮挡了投影视图，需要将表格打断并将打断的部分表格移至图框标题栏的上方。右击明细表，在弹出的快捷菜单中选择“分割”|“水平自动分割”选项，在随后弹出的“水平自动分割”对话框中设置分割选项及参数，单击“应用”按钮，完成明细表的分割操作，如图 6-96 所示。

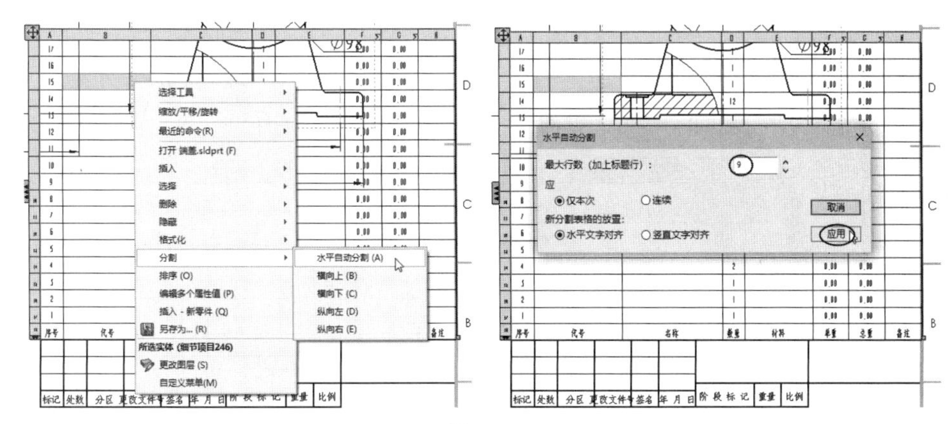


图 6-96

**05** 拖动分割后的部分表格与标题栏对齐，结果如图 6-97 所示。

**06** 在明细表表格的“名称”列中，双击对应某个零件序号的单元格，在此单元格中输入零件名称。采用相同的方法，完成所有零件名称的输入。

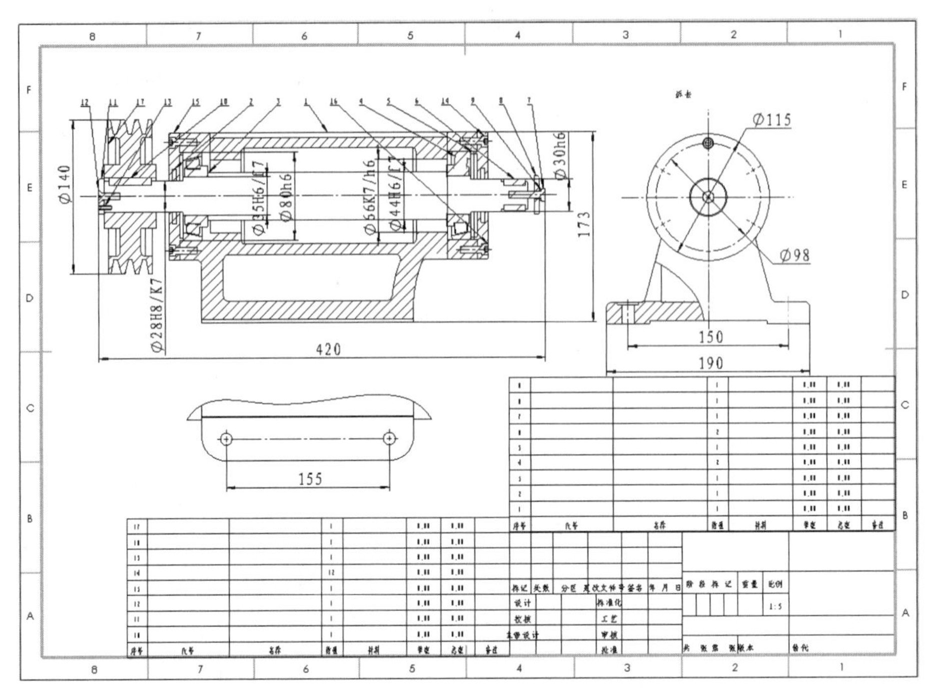


图 6-97

**07** 至此，完成了铣刀头装配工程图的制作，结果如图 6-98 所示。

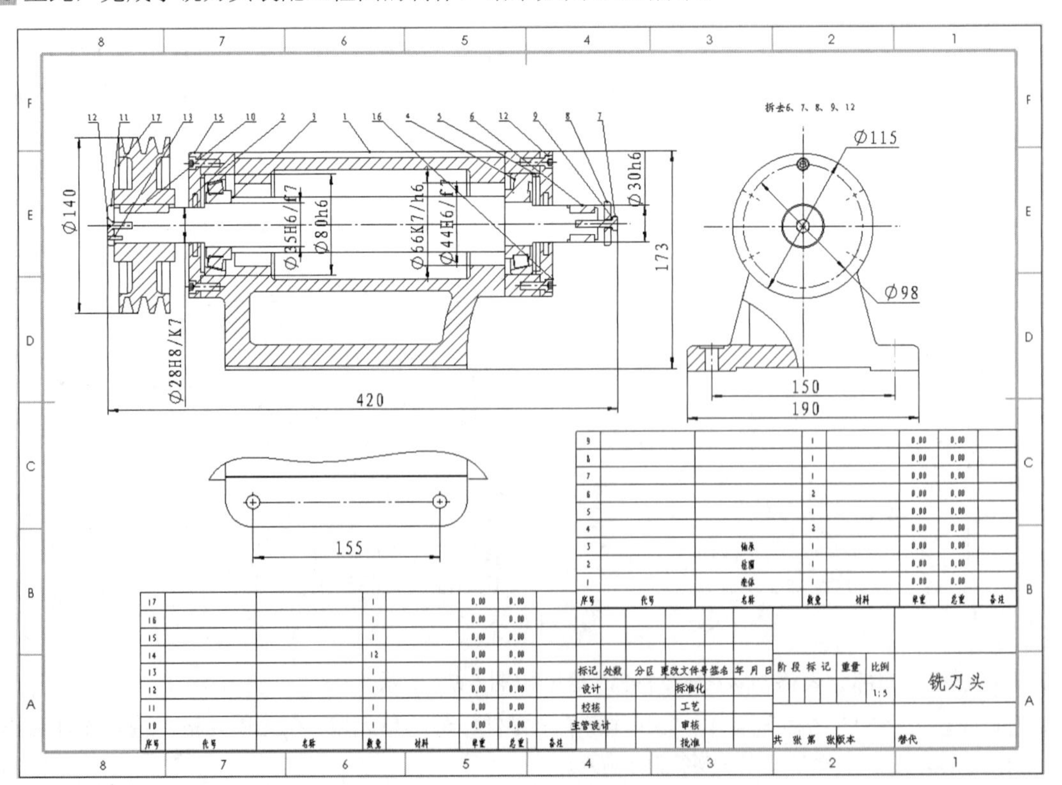


图 6-98

# 第 7 章　Motion 机构运动仿真

**项目导读**

Motion 是一个高级的动画制作与机构运动模拟插件，可以模拟机械产品的装配和拆卸过程，可以模拟机械装置在工作时的运动状态，以生成影片供相关技术人员修改设计或进行产品推广宣传。

## 7.1　Motion 机构运动仿真概述

SolidWorks 将动态装配体运动、物理模拟、动画和 COSMOSMotion（运动分析）整合到一个易于使用的插件中，其在 SolidWorks 中被称为“运动算例工作界面”。运动算例是零件或装配体模型进行机构运动仿真的图形模拟过程，Motion 就是集成到 SolidWorks 且用于创建运动算例的插件。

### 7.1.1　运动算例工作界面

要从模型生成或编辑运动算例，可以在图形区左下角单击“运动算例 1”选项卡，随后软件窗口被水平分割，模型界面在上方，运动算例界面在下方。模型界面主要显示零件模型或装配体模型，运动算例界面被分割成 3 部分，分别是 MotionManager 工具栏，MotionManager 设计树，时间线、时间栏编辑区域，如图 7-1 所示。

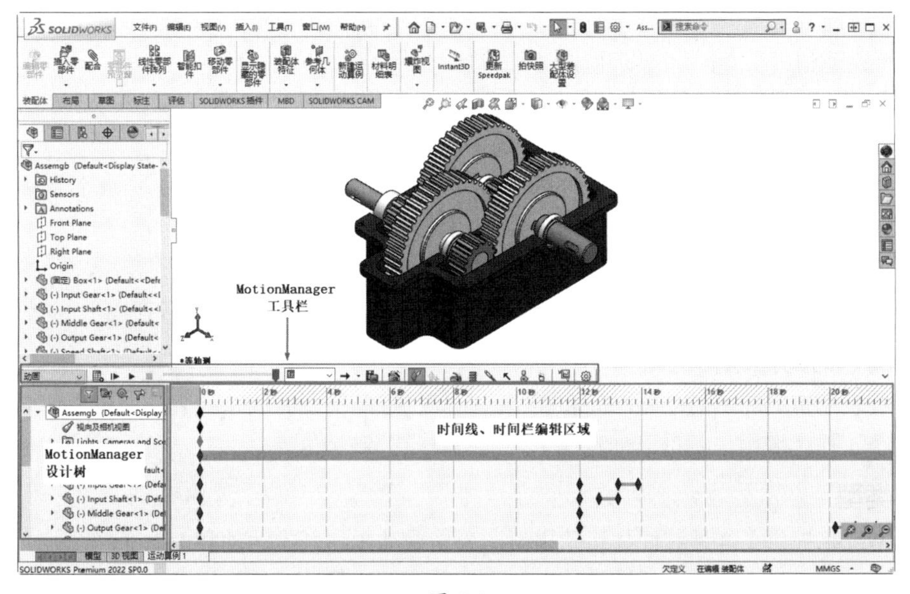


图 7-1

### 1. MotionManager 工具栏

MotionManager 工具栏主要各按钮的功能介绍如下。

- “计算”：计算当前模拟。如果模拟被更改，则再次播放之前必须重新计算。
- “从头播放”：重设部件并播放模拟，在计算模拟后使用。
- “播放”：从当前时间点播放模拟。
- “停止”：停止播放。
- “播放模式 - 正常”：一次性从头到尾播放。
- “播放模式 - 循环”：多次从头到尾连续播放。
- “播放模式 - 往复”：从头到尾播放，然后从尾到头回放，往复播放。
- “保存动画”：将动画保存为 AVI 或其他文件格式。
- “动画向导”：向导生成简单的动画。
- “自动键码”：当该按钮被按下时，会自动为拖动的部件在当前时间栏生成键码。再次单击可以关闭该功能。
- “添加 / 更新键码”：单击该按钮可以添加新键码或更新现有键码的属性。
- “结果和图解”：计算结果并生成图表。
- “运动算例属性”：设置运动算例的属性。

在运动算例中使用模拟单元可以接近实际地模拟装配体中零部件的运动。模拟单元种类包括“马达”、“弹簧”、“阻尼”、“力”、“接触”和“引力”。

### 2. MotionManager 设计树

在设计树的上端有 5 个过滤按钮，其功能介绍如下。

- “无过滤”：显示所有项。
- “过滤动画”：只显示在动画过程中移动或更改的项目。
- “过滤驱动”：只显示引发运动或其他更改的项目。
- “过滤选定”：只显示选中项。
- “过滤结果”：只显示模拟结果项目。

MotionManager 设计树包括如下内容。

- 视向及相机视图。
- 光源、相机及布景。
- 出现在 SolidWorks FeatureManager 设计树中的零部件实体。
- 所添加的马达、力或弹簧之类的任何模拟单元。

选择零件时，可以从装配体的设计树、“运动算例”设计树中选择，或者在图形区域直接选择。

### 3. 时间线、时间栏编辑区域

时间线表示运动算例的动画时间和类型。时间栏控制动画时间，代表当前模型运动的实际时间。在这个工作区域中，还可以创建或更改键码点、关键帧等。

### 4. 算例类型

SolidWorks 提供了 3 种装配体运动模拟，分别是动画、基本运动和 Motion 分析。

- 动画：一种简单的运动模拟，它忽略了零部件的惯性、接触位置、力以及类似的特性，这种模拟很适合用来验证正确的配件。

- 基本运动：将零部件惯性之类的属性考虑在内，能够在一定程度上反映真实情况，但这种模拟不会识别外部施加的力。
- Motion 分析：最高级的运动分析工具，它反映了所有必需的分析特性，例如惯性、外力、接触位置、配件摩擦力等。

### 5．动画、基本运动和 Motion 分析之间的区别及联系

动画是基于 SolidWorks 的一般动画操作，对象可以是零件，也可以是装配体，是仿真运动分析的最基本操作，考虑的因素较少。

基本运动也是基于 SolidWorks 来使用的，单个零件不能使用此动画功能，主要是在装配体上模仿马达、弹簧、碰撞和引力。基本运动在计算运动时考虑到质量。基本运动计算相当快，所以可以将其用来生成基于物理模拟的演示性动画。

Motion 分析是作为 SolidWorks Motion 插件使用的，也就是必须加载 SolidWorks Motion 插件，此功能才可用，如图 7-2 所示。

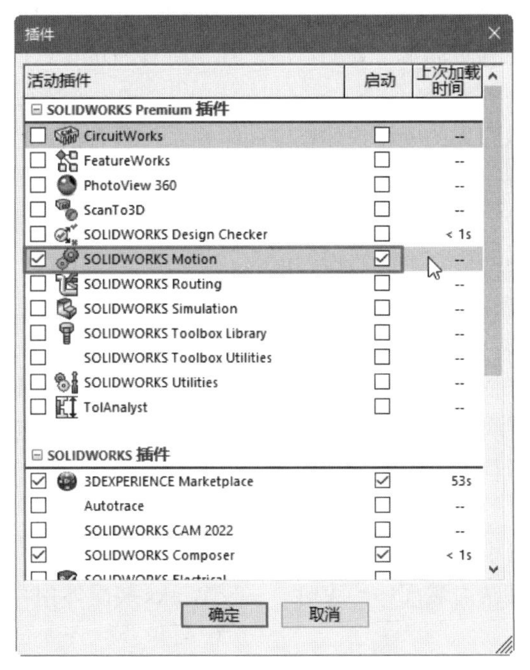


图 7-2

利用“Motion 分析”功能对装配体进行精确模拟和运动单元的分析（包括力、弹簧、阻尼和摩擦）。“Motion 分析”使用计算能力强大的动力学求解器，在计算中考虑到了材料属性、质量及惯性，还可以使用“Motion 分析”来表示模拟结果，供进一步分析。可以根据自己的需要决定使用 3 种算例类型中的哪一种：“动画”可生成不考虑质量或引力的演示性动画；“基本运动”可以生成考虑质量、碰撞或引力且近似实际的演示性模拟动画；“Motion 分析”考虑到装配体物理特性，该算例是 3 种类型中计算能力最强的。对所需运动的物理特性理解越深，则计算结果越准确。

在“SOLIDWORKS 插件”选项卡中单击 SOLIDWORKS Motion 按钮，启用 Motion 运动分析算例，如图 7-3 所示。

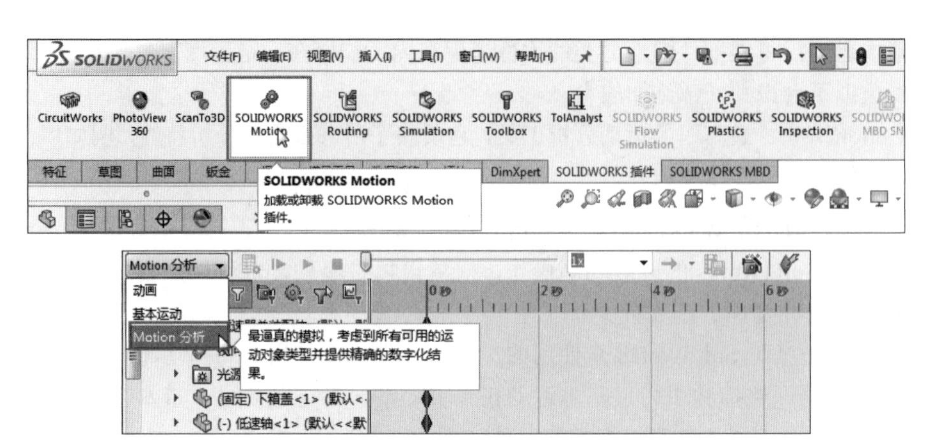

图 7-3

要掌握“Motion 分析”功能必须了解以下基本名词的概念。

- 质量与惯性：惯性定律是经典物理学的基本定律之一。在动力学和运动学系统的仿真过程中，质量和惯性有着非常重要的作用，几乎所有的仿真过程都需要真实的质量和惯性数据。
- 自由度：一个不被约束的刚性物体在空间坐标系中具有沿 3 个坐标轴移动和绕 3 个坐标轴转动，共 6 个独立运动的可能。
- 约束自由度：减少自由度将限制构件的独立运动，这种限制称为“约束”。配合连接两个构件，并限制两个构件之间的相对运动。
- 刚体：在 Motion 中，所有构件被看作理想刚体。在仿真的过程中，机构内部和构件之间都不会出现变形。
- 固定零件：一个刚性物体可以是固定零件或浮动零件。固定零件是绝对静止的，每个固定的刚体自由度为零。在其他刚体运动时，固定零件作为这些刚体的参考坐标系统。当创建一个新的机构并映射装配体约束时，SolidWorks 中固定的部件会自动转换为固定零件。
- 浮动零件：浮动零件被定义为机构中的运动部件，每个运动部件有 6 个自由度。当创建一个新的机构并映射装配体约束时，SolidWorks 装配体中浮动部件会自动转换为运动零件。
- 配合：SolidWorks 配合定义了刚性物体是如何连接和如何彼此相对运动的，配合移除所连接构件的自由度。
- 马达：马达可以控制一个构件在一段时间的运动状况，它规定了构件的位移、速度和加速度为时间函数。
- 引力：当一个物体的重量对仿真运动有影响时，引力是一个很重要的量，例如一个自由落体。引力仅在基本运动和 Motion 分析中设置和应用。
- 引力矢量方向：引力加速度的大小。在“引力属性”对话框中可以设定引力矢量的大小和方向。在该对话框中输入 *x*、*y* 和 *z* 的值可以指定引力矢量。引力矢量的长度对引力的大小没有影响。引力矢量的默认值为（0，-1，0），大小为 385.22 inch/s²，即 9.81 m/ s²（或者为当前激活单位的当量值）。
- 约束映射：约束映射是 SolidWorks 中零件之间的配合（约束）会自动映射为 Motion 中

的配合。

- 力：当在 Motion 中定义不同的约束和力后，相应的位置和方向将被指定。这些位置和方向源自所选择的 SolidWorks 实体，这些实体为草图点、顶点、边或面。

## 7.1.2　时间线、时间栏的编辑与操作

SolidWorks 运动算例是基于键码画面（关键点）的动画，先设定装配体在各个时间点的外观，然后 SolidWorks 运动算例会计算从一个位置移至下一个位置中间所需的过程。创建运动算例的关键在于键码点、关键帧、时间线、时间栏和更改栏的操作及相关选项的设置。

### 1．时间线

时间线是动画的时间界面，位于 MotionManager 设计树的右侧。时间线显示运动算例中动画事件的时间和类型。时间线被竖直网格线均分，这些网格线对应于表示时间的数字标记。数字标记从 00:00:00 开始，其间距取决于窗口大小和缩放等级。例如，沿时间线可能每隔 1s、2s 或 5s 就会有一个标记。其间隔大小可以通过单击时间线编辑区域右下角的、按钮来调整。

### 2．时间栏

时间线上的灰色竖直线即为时间栏，它表示动画当前的时间。沿时间线拖动时间栏到任意位置或单击时间线上的任意位置（关键点除外），都可以移动时间栏。移动时间栏会更改动画的当前时间并更新模型，时间线和时间栏如图 7-4 所示。

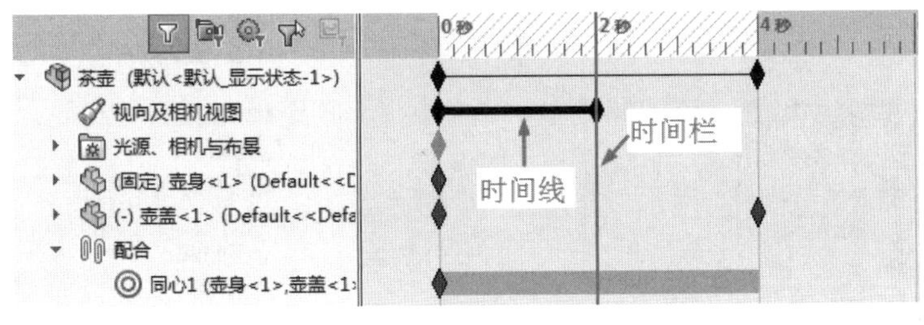


图 7-4

### 3．键码点与键码属性

时间线上的符号被称为“键码点”，可以使用键码点设定动画位置更改的开始、结束或某特定时间的其他特性。无论何时定位一个新的键码点，它都会对应于运动或视象特性的更改。

当在任意一个键码点上拖动鼠标指针时，零件序号将会显示此键码点时间的键码属性。如果零部件在 MotionManager 设计树中折叠，则所有的键码属性都会包含在零件序号中。键码属性中各项的含义如表 7-1 所示。

可以在动画中键码点处定义相机和光源属性。通过在键码点处定义相机位置，生成完整动画。

要在键码点处设定相机或光源属性可以执行下列操作。

**01** 在 MotionManager 设计树中右击“光源、相机与布景”文件夹。

**02** 在弹出的快捷菜单中选择相应选项，如图 7-5 所示。

**03** 右击相机或光源，并在 DisplayManager 中设定目标点、相机位置、相机类型、视野、相机旋转、光源等属性，如图 7-6 所示。

表 7-1　键码属性中各项的含义

钳口板<1> 4.600 秒

该键只在 Animation 算例中才受支持。

| | 键码属性 | 说明 |
|---|---|---|
| 钳口板<1> 4.600 秒 | 零部件 | MotionManager 设计树中时间线内某点处的零部件“钳口板 <1>” |
| | 移动零部件 | 是否移动零部件 |
| | 分解（X） | 爆炸表示某种类型的重新定位 |
| | 外观 | 指定应用到零部件的颜色 |
| | 零部件显示 | 线架图或上色 |

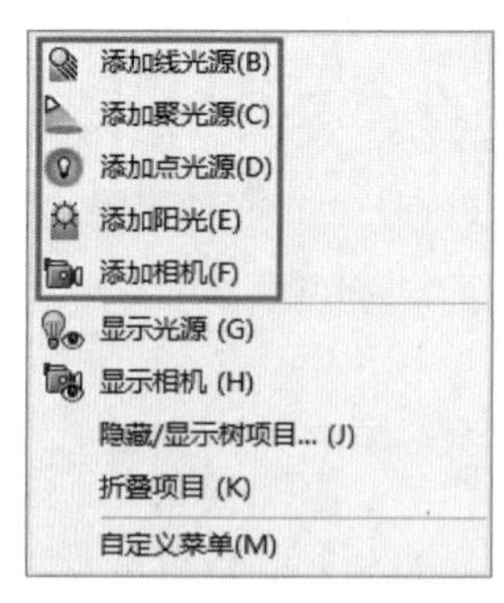


图 7-5

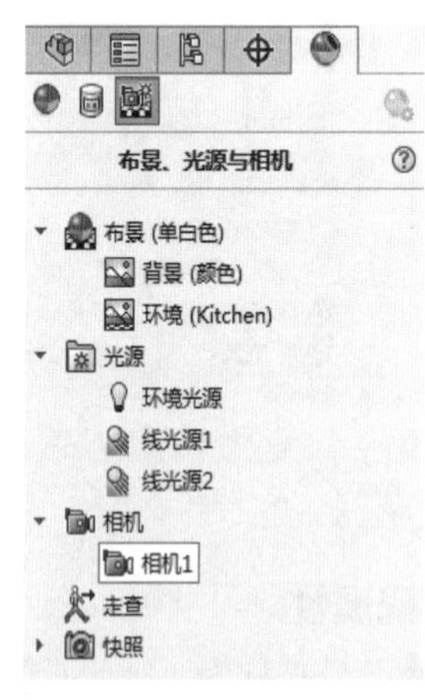


图 7-6

## 4. 关键帧

关键帧是两个键码点之间可以为任何时间长度的区域，此定义表示装配体零部件运动或视觉属性更改所发生的时间，如图 7-7 所示。

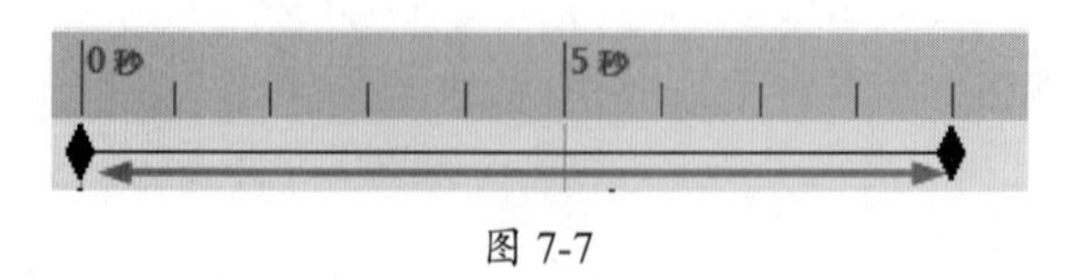


图 7-7

## 5. 更改栏

更改栏是连接键码点的水平栏，它们表示键码点之间的更改。可以更改的内容包括：动画时间长度、零部件运动、模拟单元属性更改、视图定向（如旋转）、视象属性（如颜色或视图隐藏、显示等）。

对于不同的实体，更改栏使用不同的颜色来直观地识别零部件和类型的更改。除颜色外，还可以通过“MotionManager 设计树”中的图标来识别实体。当生成动画时，键码点在时间线上随动画进程增加。水平更改栏以不同颜色显示，以识别动画顺序过程中变更的每个零部件或视觉属性所发生的活动类型。例如，可以使用以下默认颜色来表示相关运动类型。

- 绿色：表示驱动运动。
- 黄色：表示从动运动。
- 橙色：表示爆炸运动。

## 7.2 动画制作案例

在 SolidWorks 中，可以用动画来生成指定零件点到点运动的简单动画，也可以使用动画将基于马达的动画应用到装配体零部件。SolidWorks 运动算例可以生成的动画种类如下。

- 旋转零件或装配体模型动画。
- 爆炸装配体动画。
- 解除爆炸动画。
- 属性动画。装配体零部件的属性包括隐藏和显示、透明度、外观（颜色、纹理）等。
- “视向及相机视图”动画。
- 应用模拟单元实现动画。

### 7.2.1 创建关键帧动画

关键帧动画是最基本的动画，其方法是：沿时间线拖动时间栏到某一时间关键点，然后移动零部件到目标位置。 MotionManager 将零部件从其初始位置移至以特定时间而指定的位置。

具体的操作步骤如下。

**01** 打开本例素材源文件“茶壶 .SLDASM”，如图 7-8 所示。

图 7-8

**02** 在视向及相机视图的时间栏的 0 秒键码点右击，在弹出的快捷菜单中选择“替换键码”选项，如图 7-9 所示。

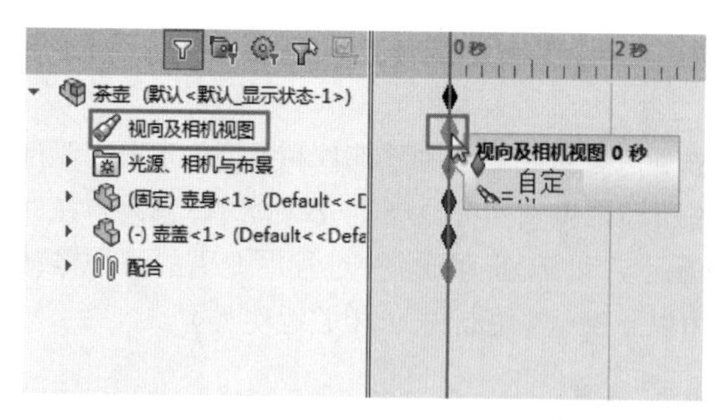


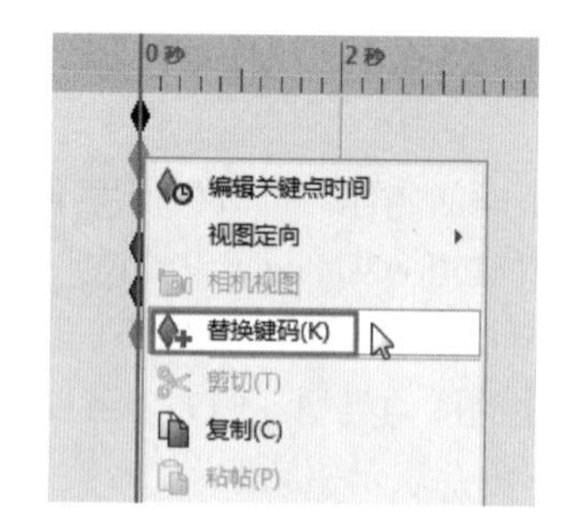


图 7-9

**03** 将键码拖至 2 秒处，并在模型窗口中将茶壶的视图旋转，如图 7-10 所示。

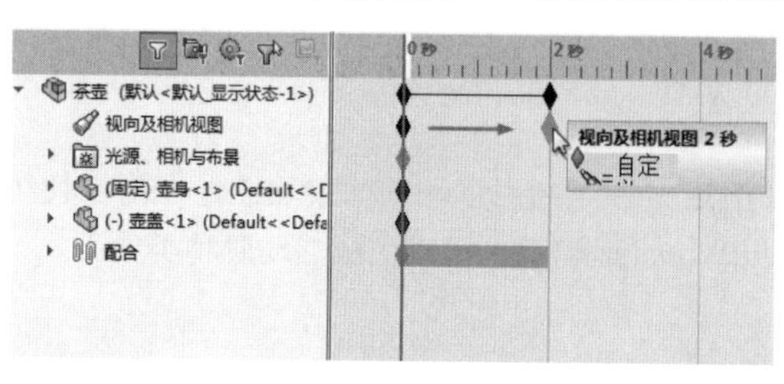


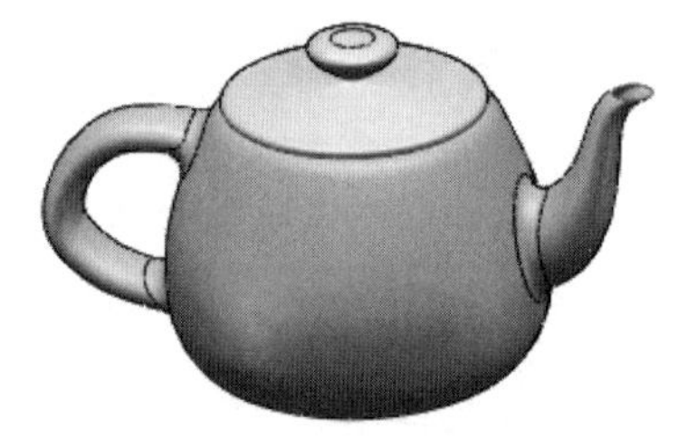

图 7-10

## 技术要点

也可以在2秒的时间线上右击，在弹出的快捷菜单中选择“放置键码”选项，创建键码点。

**04** 在 2 秒位置的键码点上右击，在弹出的快捷菜单中选择“替换键码”选项，以此完成创建动态旋转的时间线，如图 7-11 所示。

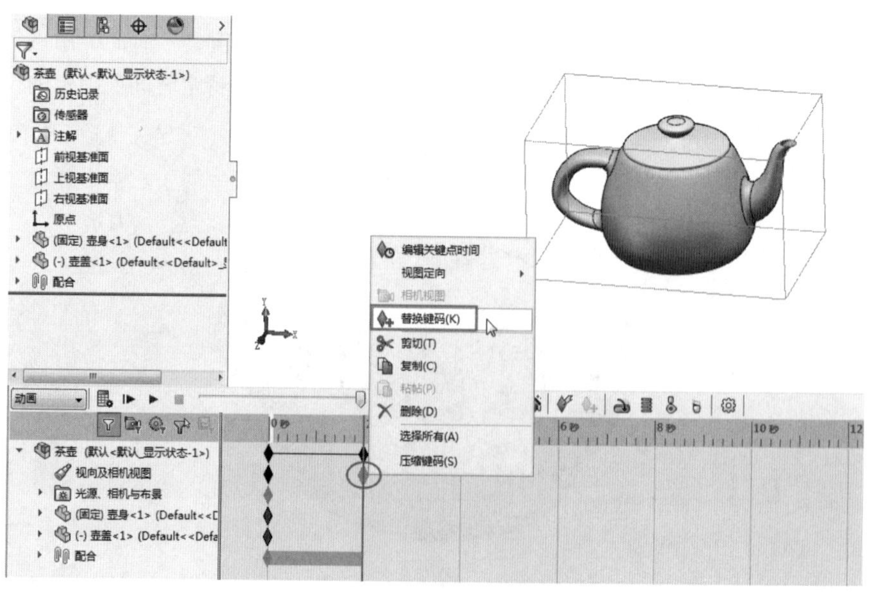


图 7-11

**05** 在 MotionManager 工具栏中单击“计算”按钮，创建动画帧，如图 7-12 所示。

**06** 单击“从头播放”按钮，播放茶壶旋转动画，如图 7-13 所示。

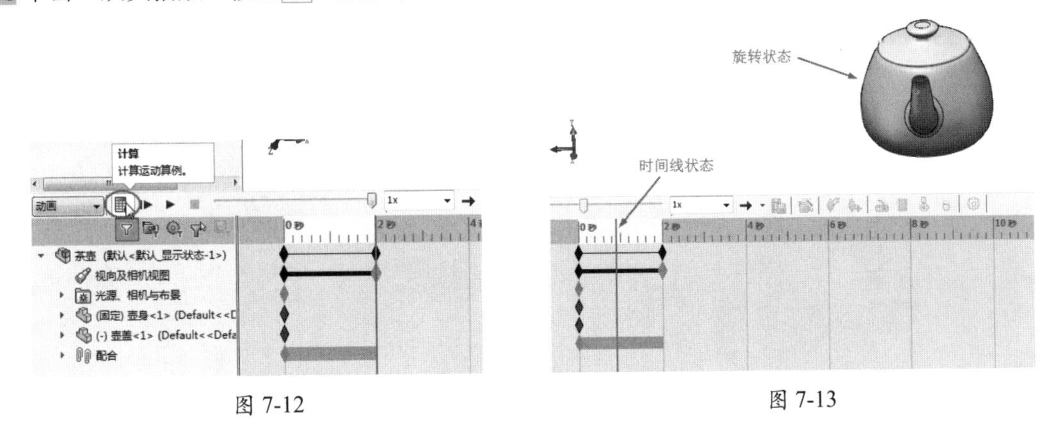


图 7-12　　　　　　　　　　　　图 7-13

**07** 在 MotionManager 设计树中删除“配合”节点下的“重合 1”约束，如图 7-14 所示。

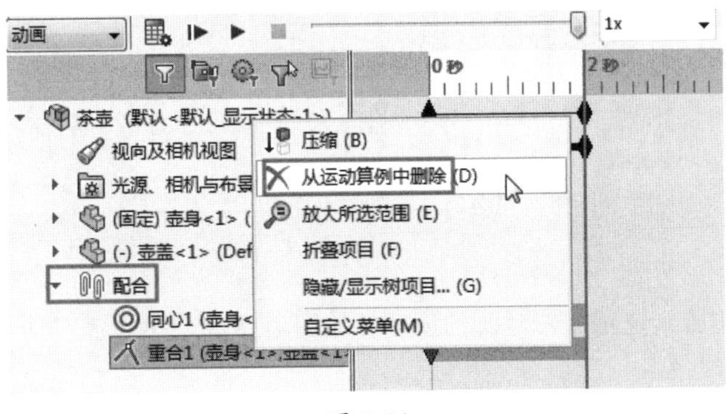


图 7-14

**08** 在茶壶壶盖的时间栏上 4 秒位置处放置键码，或者直接拖动 0 秒处的键码拖至 4 秒位置，如图 7-15 所示。

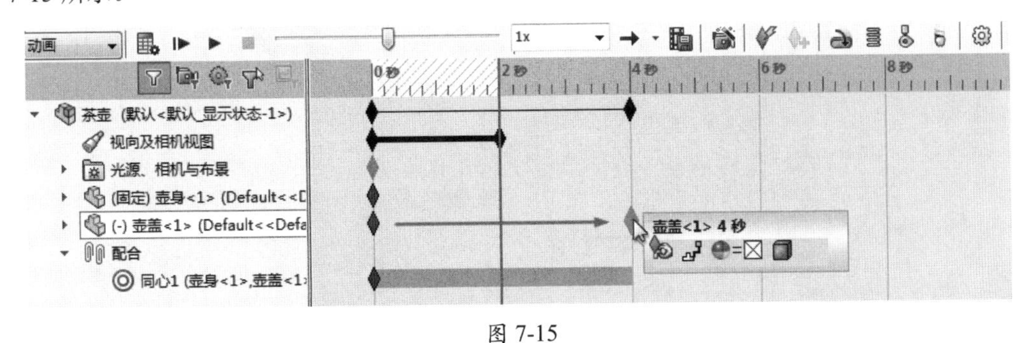


图 7-15

**09** 单击“模型”窗口功能区中“装配体”选项卡的“移动零部件”按钮，将壶盖向上移动一定的距离，如图 7-16 所示。

**10** 移动后在 4 秒处的键码点上右击，在弹出的快捷菜单中选择“替换键码”选项，创建壶盖的时间线，如图 7-17 所示。

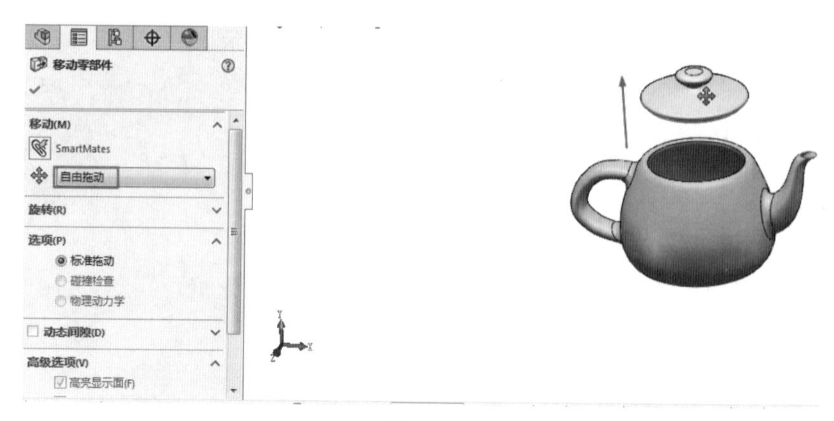


图 7-16

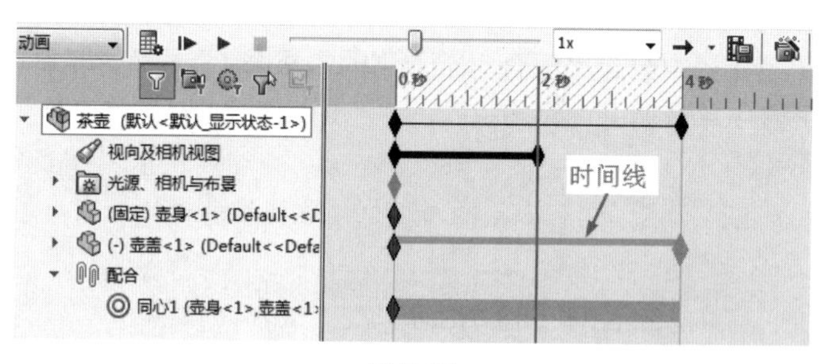


图 7-17

**11** 单击“计算”按钮，完成茶壶动画的创建。如图 7-18 所示为壶盖在动画过程中的状态。

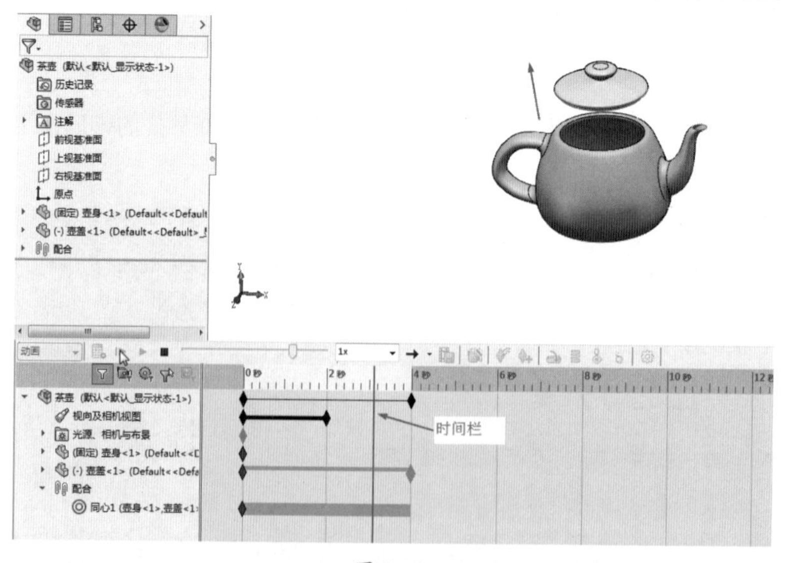


图 7-18

## 7.2.2 创建基于相机的动画

通过更改相机视图或其他属性，可以在运动算例中生成基于相机的动画。使用以下两种方法可以生成基于相机的动画。

- 键码点：使用键码点动画相机属性，如位置、景深、光源。
- 相机撬：附加一个草图实体到相机，并为相机橇定义运动路径。

具体的操作步骤如下。

**01** 新建零件文件。

**02** 选择上视基准面为草图平面，绘制如图 7-19 所示的草图。

**03** 使用“拉伸凸台 / 基体”工具，创建拉伸深度为 15 mm 的拉伸凸台，如图 7-20 所示。

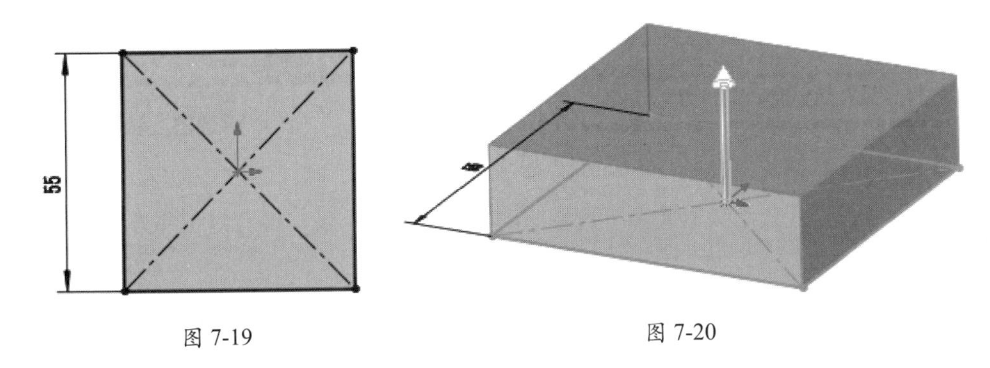


图 7-19　　　　图 7-20

**04** 创建凸台后，将模型另存为“相机撬”。

**05** 打开本例素材源文件“轴承装配体 .SLDASM”。

**06** 在“装配体”选项卡中单击“插入零部件”按钮，并通过单击“浏览”按钮将前面保存的“相机撬”零件插入当前轴承装配体环境，如图 7-21 所示。

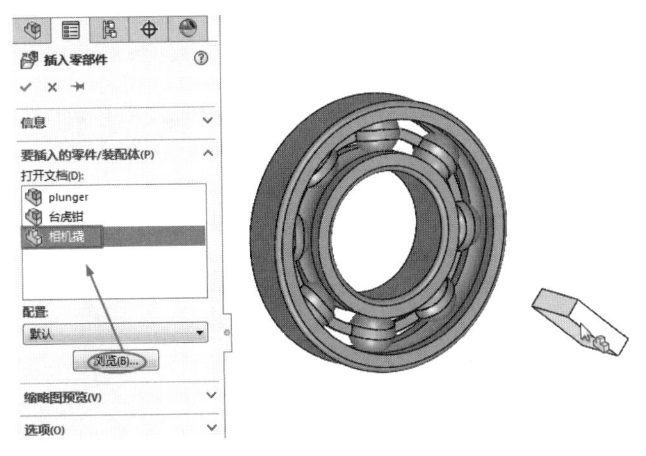


图 7-21

**07** 使用“配合”工具，将轴承端面与相机撬模型表面进行距离约束，约束的距离为 300.00 mm，如图 7-22 所示。

**08** 切换到右视图，利用“移动零部件”工具调整相机撬的位置，如图 7-23 所示。

**09** 保存新的装配体文件为“相机撬 - 轴承装配体”。

**10** 在软件窗口底部单击“运动算例 1”选项卡，展开运动算例界面窗口。在 MotionManager 设计树中右击“光源、相机与布景”文件夹，在弹出的快捷菜单中选择“添加相机”选项，如图 7-24 所示。

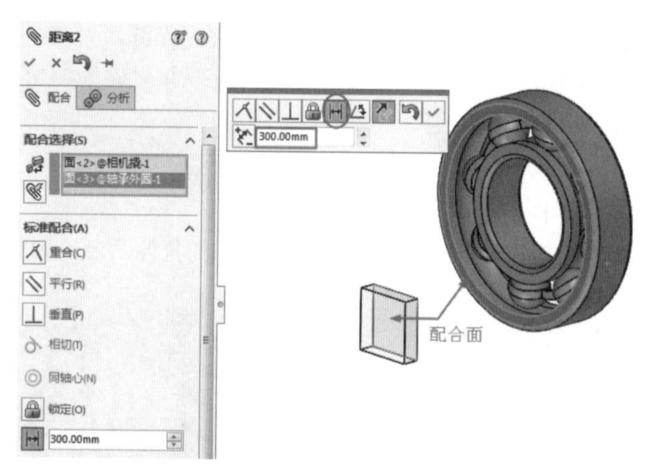


图 7-22

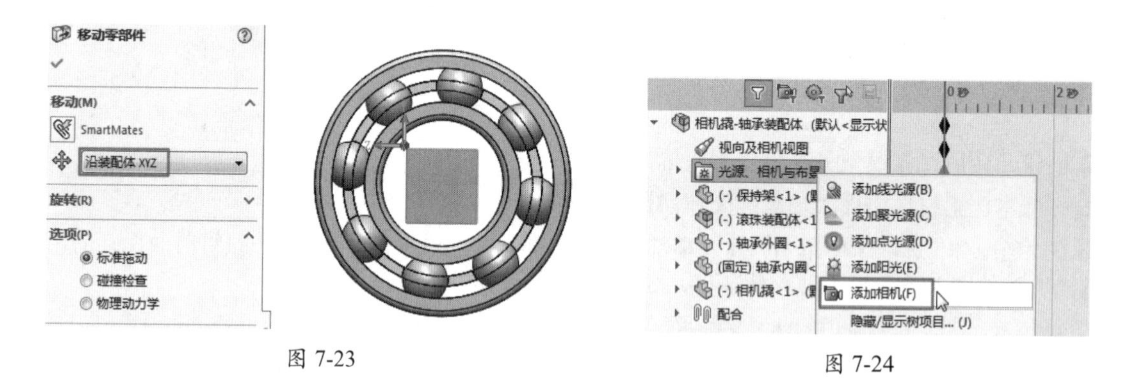


图 7-23　　图 7-24

**11** 软件窗口中显示模型轴侧视图视口和相机1视口，属性管理器中显示“相机1”面板，如图7-25所示。

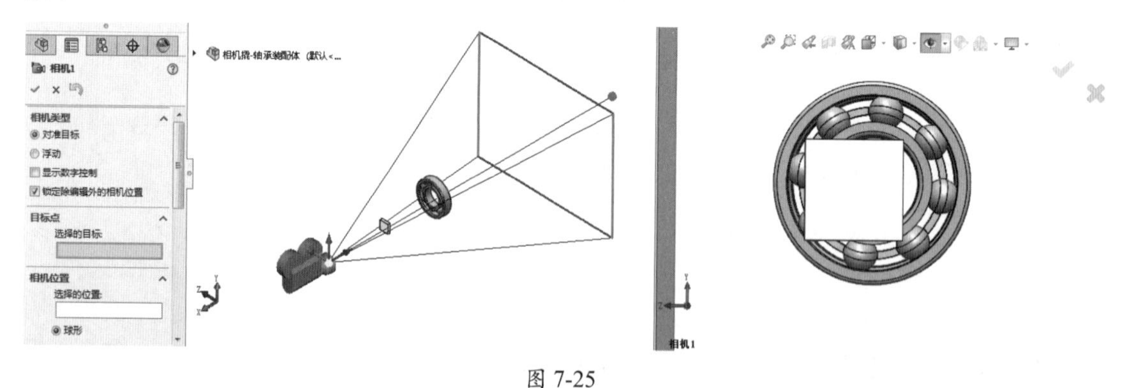


图 7-25

**12** 通过“相机1”面板，选择相机撬顶面前边线的中点作为目标点，如图7-26所示。

**13** 选择相机撬顶面后边线的中点作为相机位置，如图7-27所示。

## 技术要点

在“相机1”面板中必须选中“选择的目标”和“选择的位置”复选框，否则在移动相机视野时相机的位置会产生变动。

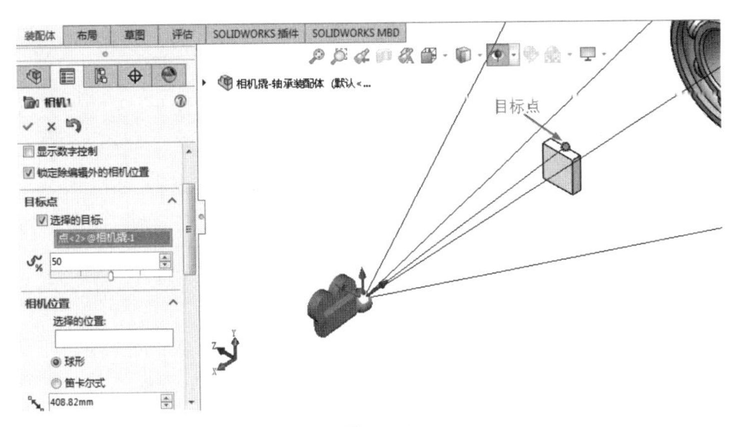


图 7-26

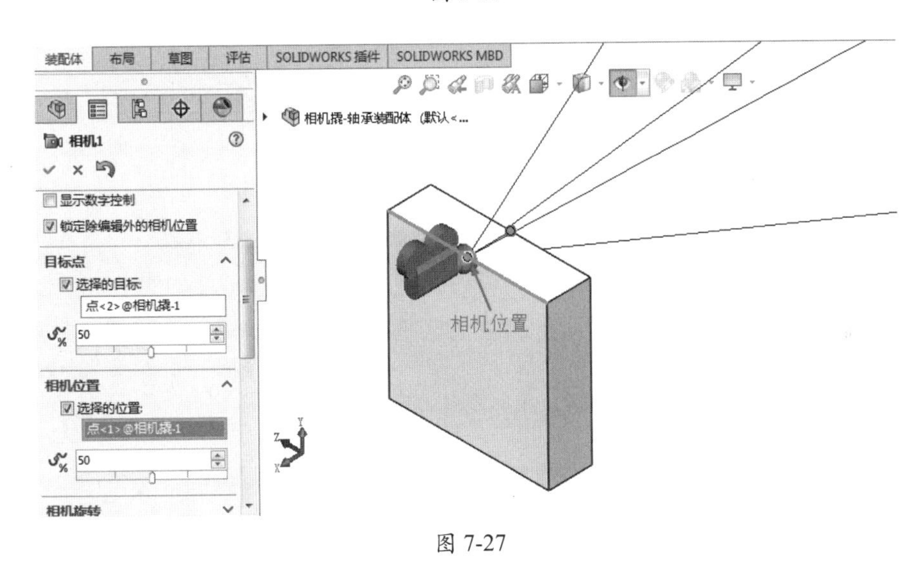


图 7-27

**14** 拖动视野至合适位置并改变相机视口的大小，便于相机拍照，如图 7-28 所示。单击“相机 1”面板中的“确定”按钮✓。

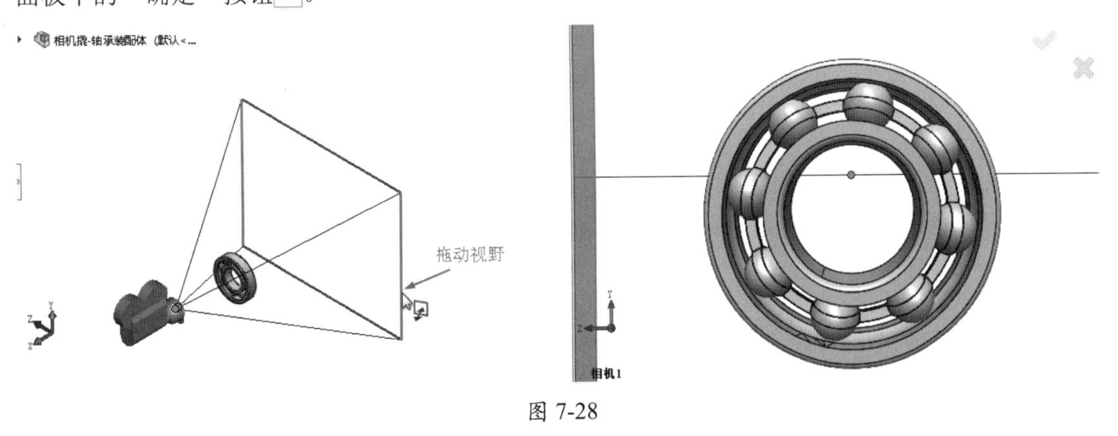


图 7-28

**15** 设置视图为上视视图，如图 7-29 所示。

**16** 在时间线区域中，在“视向及相机视图”的 8 秒位置放置键码，如图 7-30 所示。

图 7-29

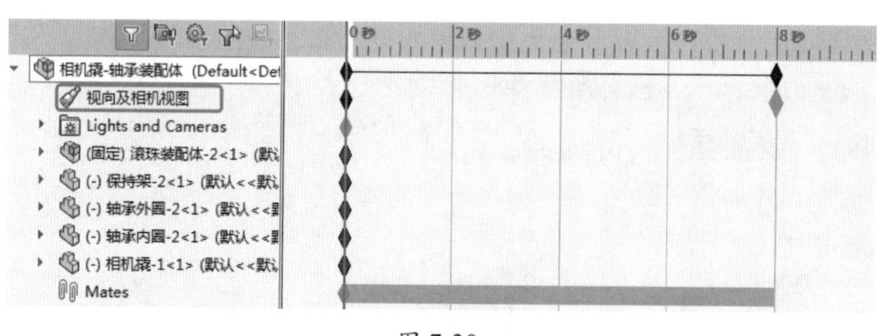


图 7-30

## 技术要点

放置键码后，视图会发生变化，需要再次设置视图为上视图。

**17** 在 MotionManager 设计树中删除相机撬与轴承之间的距离约束，如图 7-31 所示。

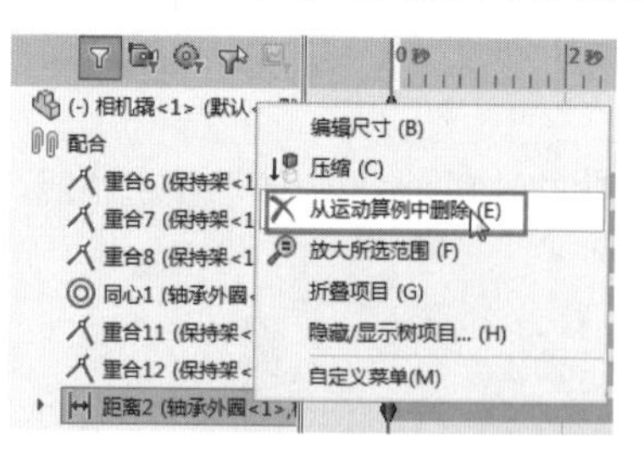


图 7-31

**18** 将时间栏移至 8 秒处，如图 7-32 所示。

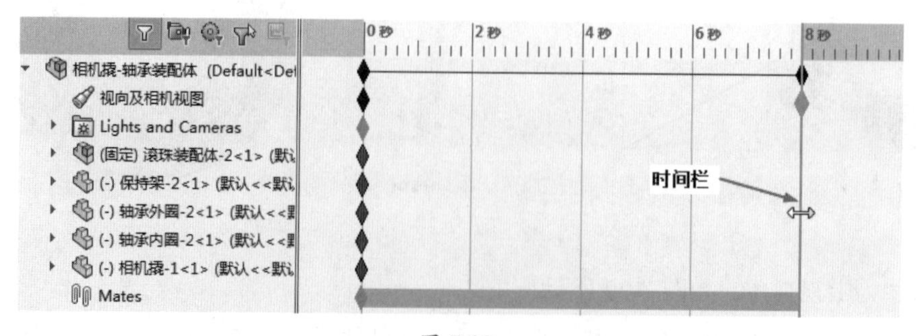


图 7-32

**19** 拖动相机撬0秒处的键码点至8秒处，再通过“移动零部件”工具将相机撬平移至如图7-33所示的位置。

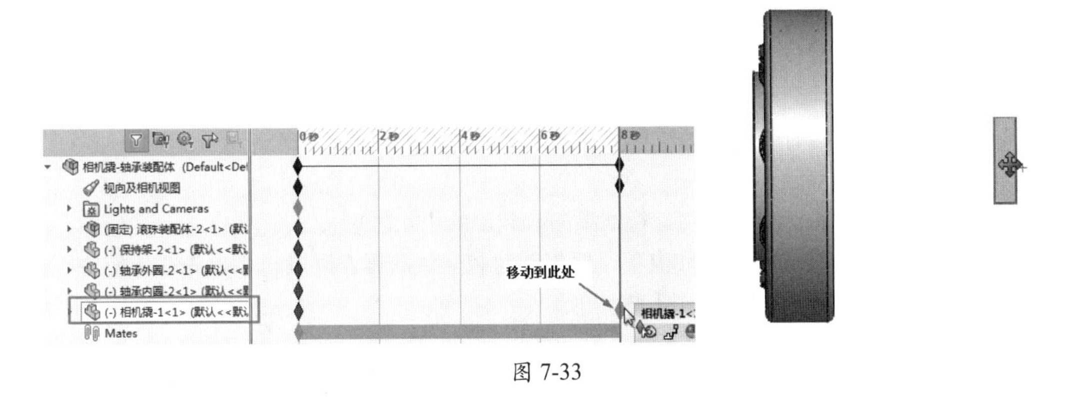


图 7-33

**20** 分别在“视向及相机视图”的0秒位置及8秒位置右击键码点，在弹出的快捷菜单中选择“相机视图”选项，如图7-34所示。

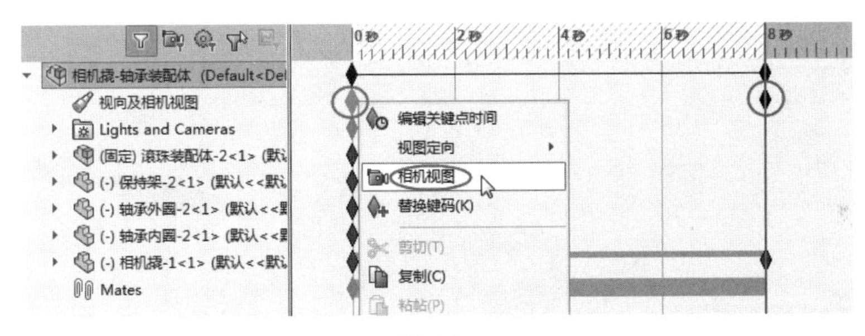


图 7-34

**21** 单击MotionManager工具栏中的“从头播放”按钮，开始播放创建的相机动画，如图7-35所示，最后保存动画文件。

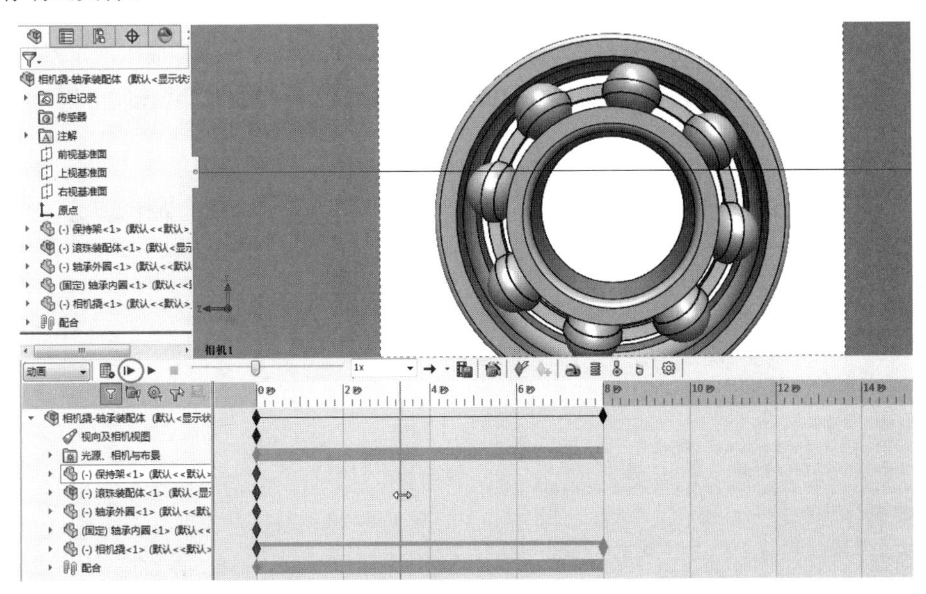


图 7-35

### 7.2.3 利用动画向导创建装配体爆炸动画

借助 MotionManager 工具栏中的“动画向导”工具，可以创建以下动画。

- 旋转零件或装配体。
- 爆炸或解除爆炸装配体。
- 为动画设置持续时间和开始时间。
- 添加动画到现有运动序列中。
- 将计算过的基本运动或运动分析结果输入到动画中。

下面仅介绍装配体爆炸动画制作流程，要想创建装配体的爆炸动画，必须先在装配体环境中制作出装配体爆炸视图，具体的操作步骤如下。

**01** 打开本例的素材源文件“台虎钳 .SLDASM”。

**02** 在“装配体”选项卡中单击“爆炸视图”按钮，并通过“爆炸”面板拖动台虎钳装配体中各零部件在 *X*、*Y*、*Z* 方向上进行平移，完成爆炸视图的创建，如图 7-36 所示。

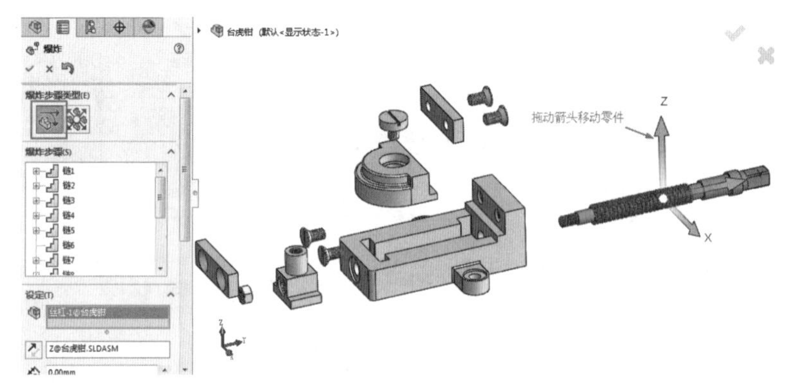


图 7-36

**03** 在 MotionManager 工具栏中单击“动画向导”按钮，弹出“选择动画类型”对话框。

**04** 在“选择动画类型”对话框中选择“爆炸”动画类型，单击“下一步”按钮，如图 7-37 所示。

**05** 在“动画控制选项”对话框中设置时间长度为 30 秒，再单击“完成”按钮，完成整个爆炸动画的创建，如图 7-38 所示。

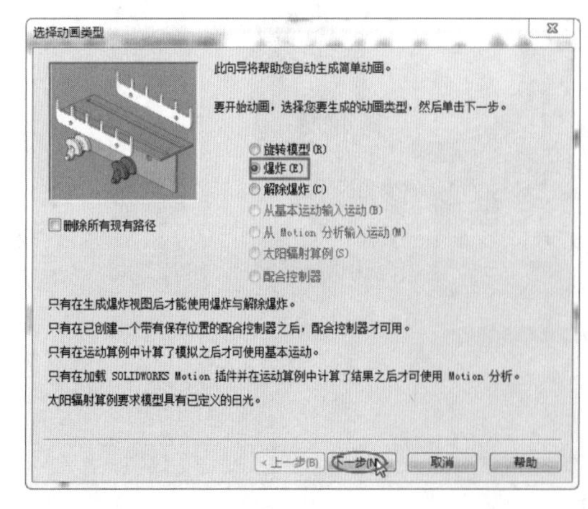


图 7-37

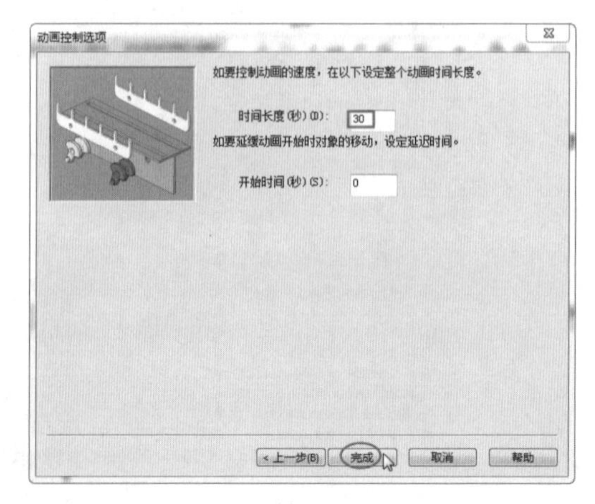


图 7-38

**06** 在 MotionManager 工具栏中单击“从头播放”按钮，播放爆炸动画，如图 7-39 所示。

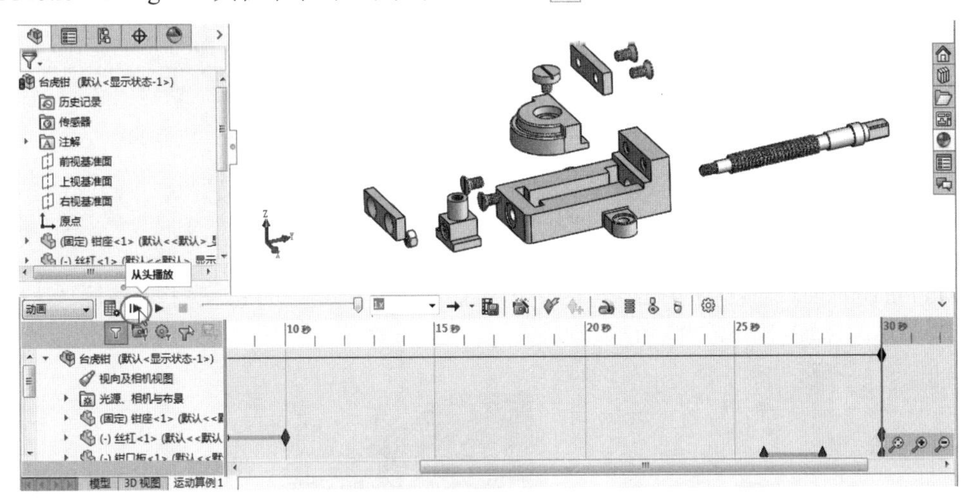


图 7-39

**07** 将动画输出并保存。

## 7.3 创建基本运动案例

使用“基本运动”算例类型可以生成考虑质量、碰撞或引力的运动近似模拟。所生成的动画更接近真实的情形，但求得的结果仍然是演示性的，并不能得到详细的数据和图解。“基本运动”算例类型可以为模型添加马达、弹簧、接触和引力等，以模拟物理环境。

### 7.3.1 创建四连杆机构的基本运动

本例的四连杆机构的建模与装配工作已经完成，下面仅介绍其基本运动的创建过程，具体的操作步骤如下。

**01** 打开本例源文件“四连杆 .SLDASM”，如图 7-40 所示。

**02** 在软件窗口底部单击“运动算例 1”选项卡，打开运动算例界面。

**03** 在 MotionManager 工具栏运动算例类型列表中选择“基本运动”算例，如图 7-41 所示。

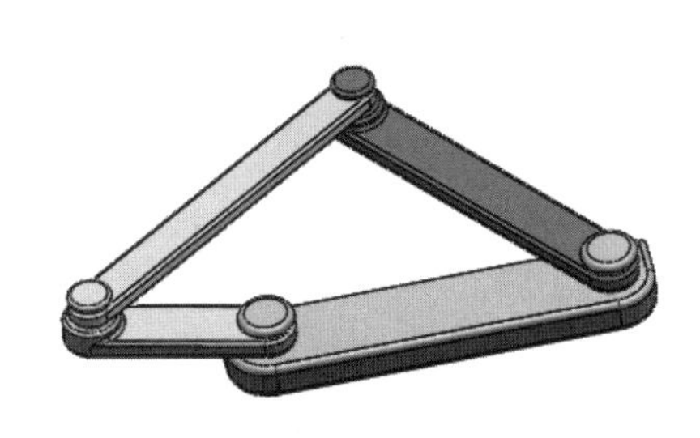

图 7-40

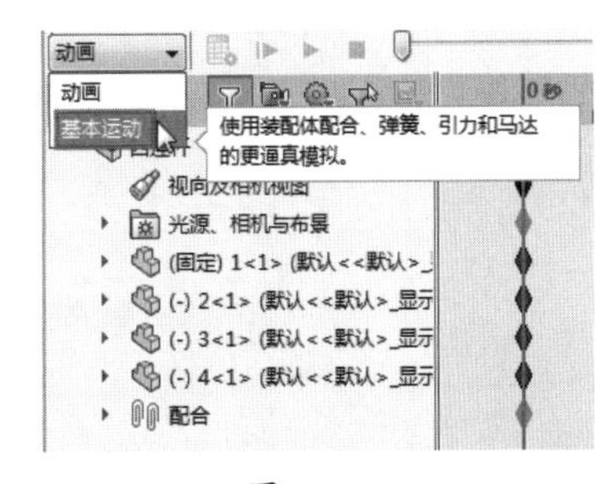


图 7-41

**04** 拖动键码点到 8 秒位置，如图 7-42 所示。

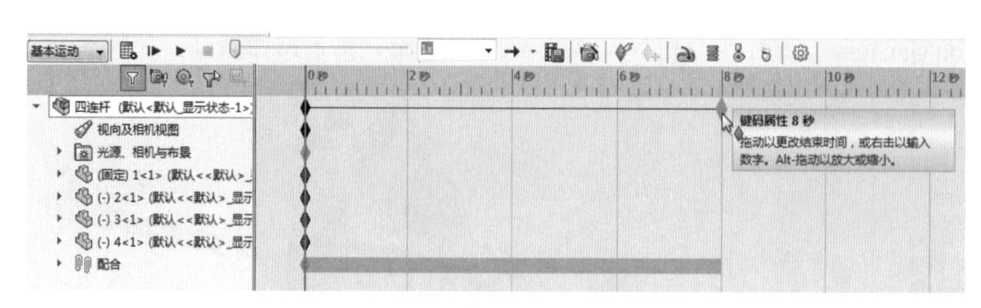

图 7-42

**05** 在 MotionManager 工具栏中单击“马达”按钮，弹出“马达”面板。选择“旋转马达”类型，首先选择马达的位置，如图 7-43 所示。

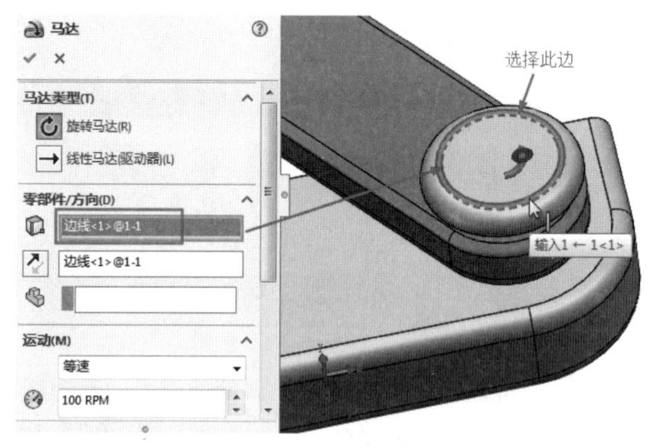


图 7-43

## 技术要点

选择参考可以是边线，也可以是面。放置马达后，注意马达运动的方向箭头，后面的几个马达运动方向必须与此方向一致。

**06** 选择要运动的对象，选择编号为 3 的连杆部件（紫色），如图 7-44 所示。单击“马达”面板中的“确定”按钮，完成马达的添加。

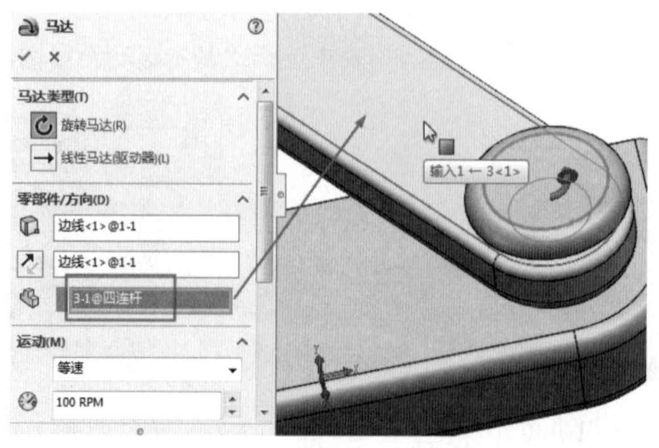

图 7-44

**07** 同理，创建第二个马达（在连杆 3 和连杆 4 之间），如图 7-45 所示。

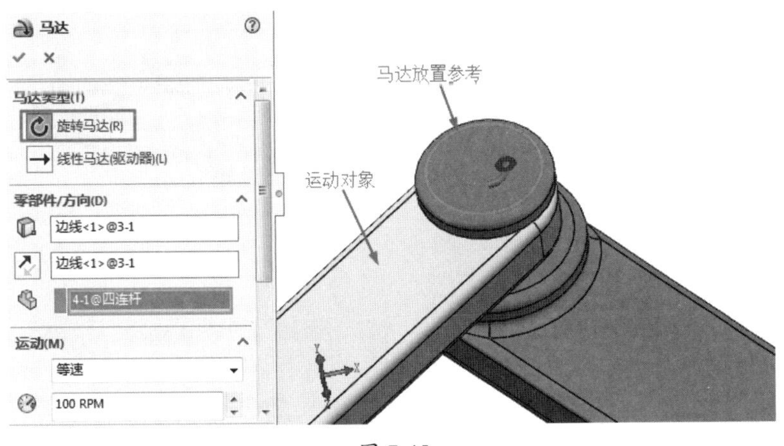


图 7-45

**08** 在连杆 1 和连杆 2 之间创建第三个马达，如图 7-46 所示。

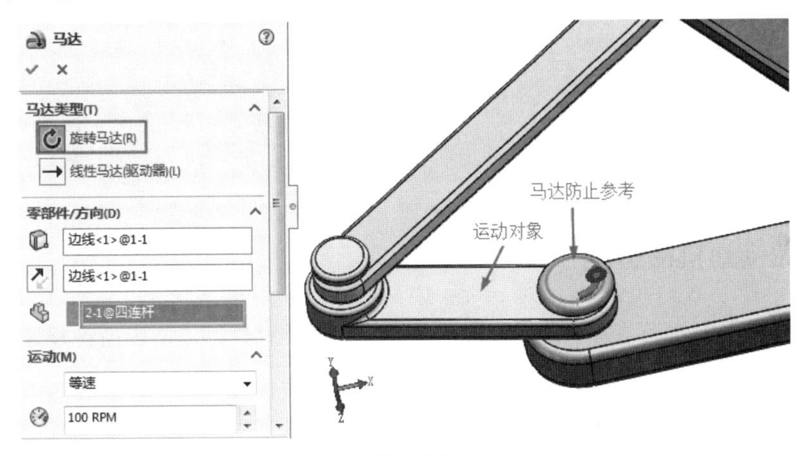


图 7-46

**09** 在连杆 2 和连杆 4 之间创建第四个马达，如图 7-47 所示。

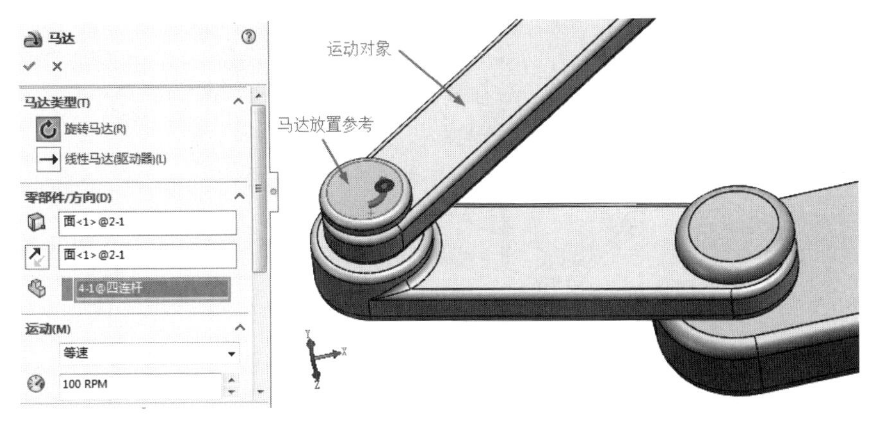


图 7-47

**10** 单击“计算”按钮计算运动算例，完成马达运动动画。单击“从头播放”按钮，播放马达运动仿真动画，如图 7-48 所示。

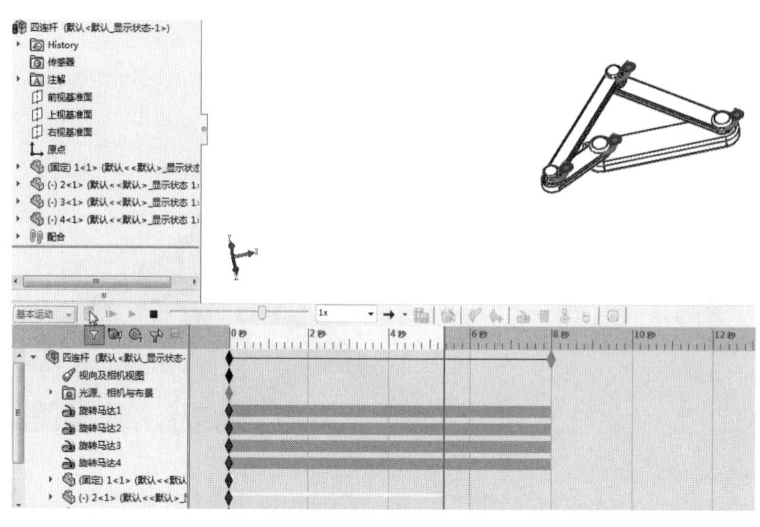


图 7-48

**技术要点**

如果添加马达后，发现时间轨上有部分时间显示为红色，表示该段时间并没有产生任何运动，可以拖动键码点回到黄色区域，重新计算后再播放。最后将键码点移至原时间栏上，再播放就能解决该问题。

## 7.3.2 齿轮传动机构仿真

齿轮是用于机器中传递动力、改变旋向和改变转速的传动件。本例的齿轮减速箱的装配工作已经完成，如图 7-49 所示。

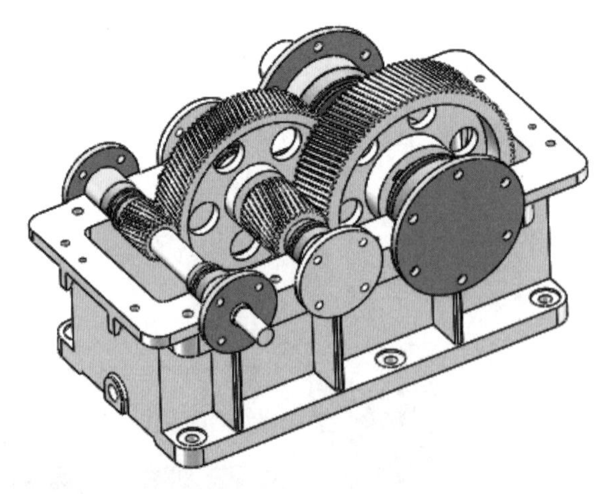

图 7-49

具体的操作步骤如下。

**01** 打开本例源文件“阀门凸轮机构 .SLDASM”。

**02** 单击“运动算例 1”选项卡打开运动算例界面窗口。

**03** 在 MotionManager 工具栏的运动算例类型列表中选择“基本运动”算例。

**04** 首先为凸轮机构添加动力马达。单击“马达”按钮，弹出“马达”面板。本例的齿轮减速箱如果是减速制动的，那么马达就要安装在小齿轮上，如果是提速的，马达则要安装在大齿轮上。

**05** 创建加速动画，创建的马达如图 7-50 所示。

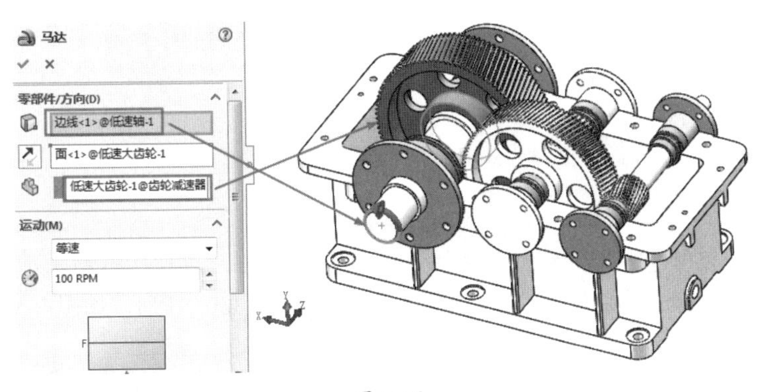


图 7-50

**06** 单击“计算”按钮计算运动算例，完成马达加速运动动画。单击“从头播放”按钮，播放加速运动的仿真动画，如图 7-51 所示。

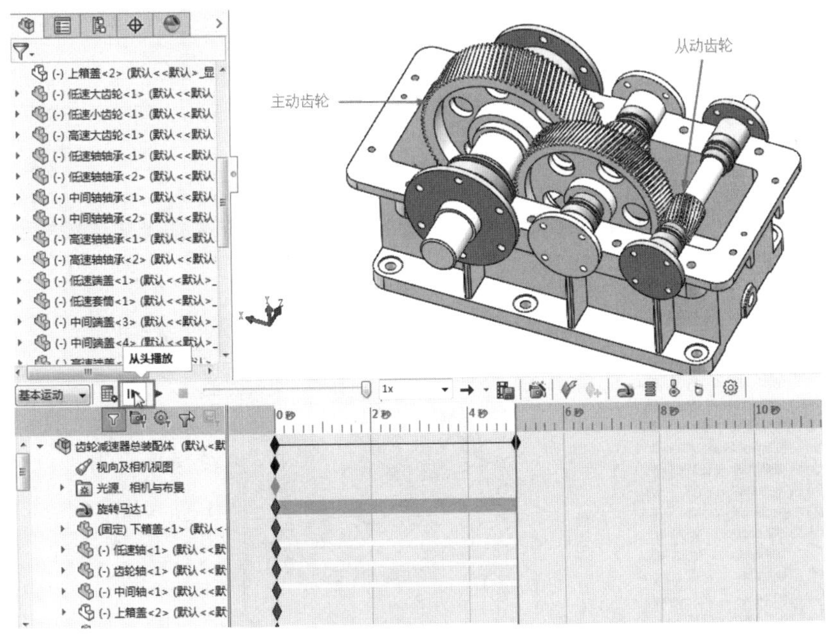


图 7-51

## 技术要点

如果没有设置动画时间，默认的运动时间为5秒。

**07** 单击“保存动画”按钮，保存加速运动的动画仿真视频文件。

**08** 创建减速运动。在软件窗口底部的“运动算例 1”选项卡上右击，在弹出的快捷菜单中选择“生成新运动算例”选项，如图 7-52 所示。

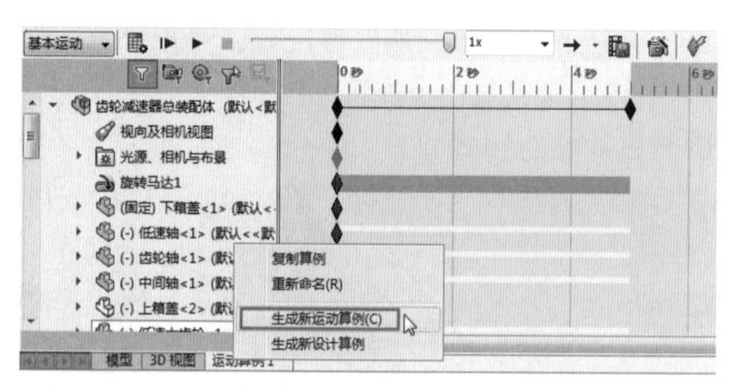


图 7-52

**09** 打开新的“运动算例 2”界面窗口。单击“马达”按钮，将马达添加到小齿轮上（将小齿轮作为主动齿轮，大齿轮作为从动齿轮），设置运动转速为 3000RPM，如图 7-53 所示。

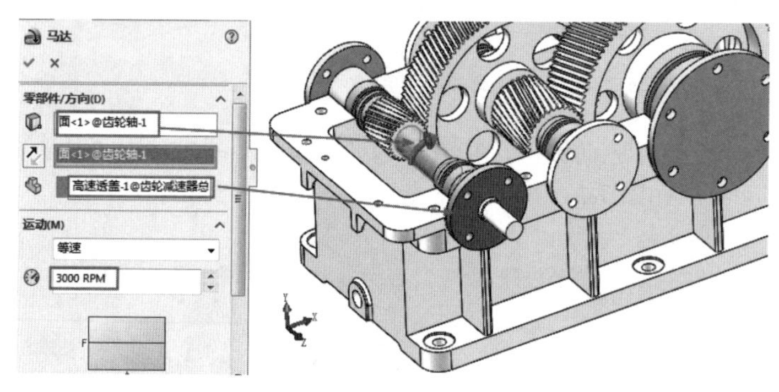


图 7-53

**10** 单击“计算”按钮计算运动算例，完成马达减速运动动画。单击“从头播放”按钮，播放减速运动的仿真动画，如图 7-54 所示。

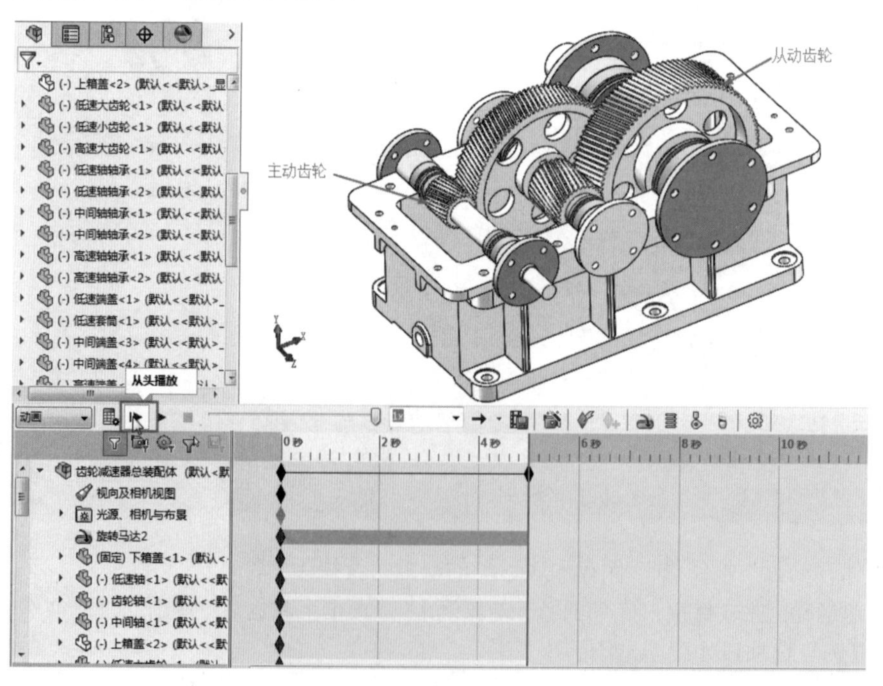


图 7-54

**11** 单击“保存动画”按钮，保存减速运动的动画仿真视频文件。

## 7.4 Motion 运动分析案例

本节通过阀门凸轮机构的运动仿真案例讲述 Motion 运动分析的用法及操作流程。

凸轮传动是通过凸轮与动件之间的接触来传递运动和动力的，它是一种常见的高副机构，其结构简单，只要设计出适当的凸轮轮廓曲线，即可使从动件实现预定的复杂运动。阀门凸轮机构的装配工作已经完成，下面进行仿真操作。

**01** 打开本例源文件“阀门凸轮机构 .SLDASM”，如图 7-55 所示。

**02** 单击“运动算例 1”选项卡，打开运动算例界面窗口。

**03** 在 MotionManager 工具栏运动算例类型列表中选择“Motion 分析”算例。

**04** 首先为阀门凸轮机构添加动力马达。将动画时间设置为 1 秒。单击“马达”按钮，为凸轮添加旋转马达，如图 7-56 所示。

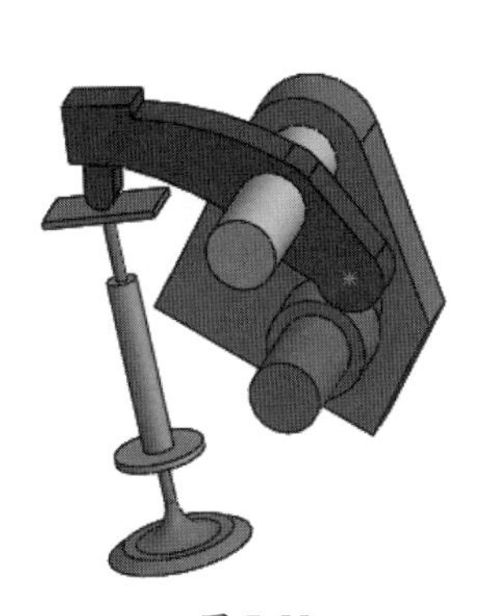

图 7-55

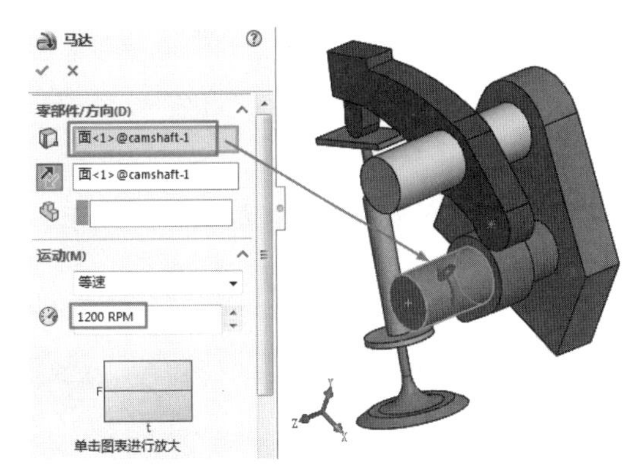


图 7-56

**05** 在凸轮接触的另一个机构中需要添加压缩弹簧，以保证凸轮运动过程中实时接触。单击“弹簧”按钮，弹出“弹簧”面板，并设置弹簧参数，如图 7-57 所示。

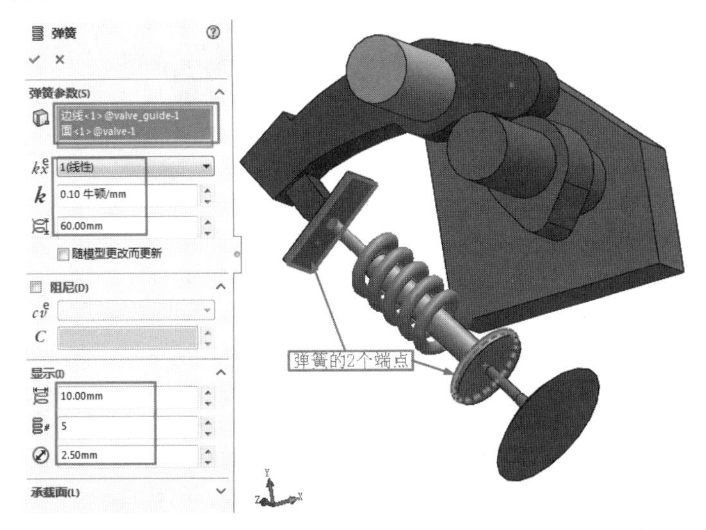


图 7-57

**06** 设置两个实体接触，一是凸轮接触，二是打杆与弹簧位置接触。单击“接触”按钮，在凸轮位置添加第一个实体接触，如图 7-58 所示。

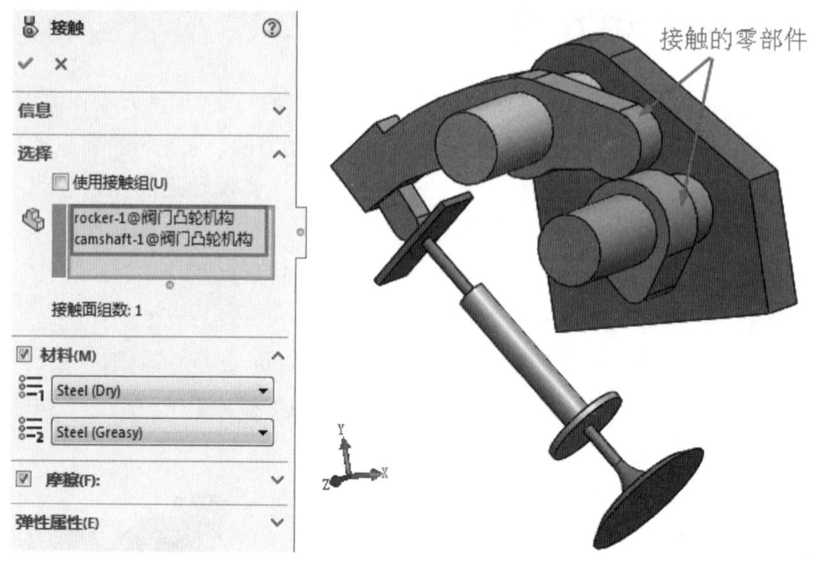


图 7-58

**07** 同理，再添加弹簧端的实体接触，如图 7-59 所示。

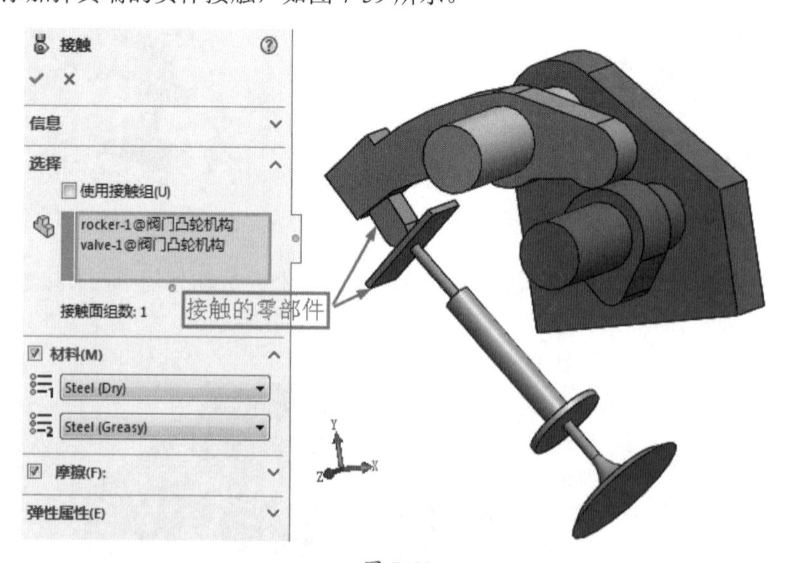


图 7-59

**08** 单击“计算”按钮，计算运动算例，完成马达减速运动动画。单击“从头播放”按钮，播放减速运动的仿真动画，如图 7-60 所示。

**09** 单击“保存动画”按钮，保存减速运动的动画仿真视频文件。

**10** 当完成模型动力学的参数设置后，即可进行仿真分析。单击 MotionManager 工具栏的“运动算例属性”按钮，弹出“运输算例属性”面板，设置运动算例属性参数，如图 7-61 所示。

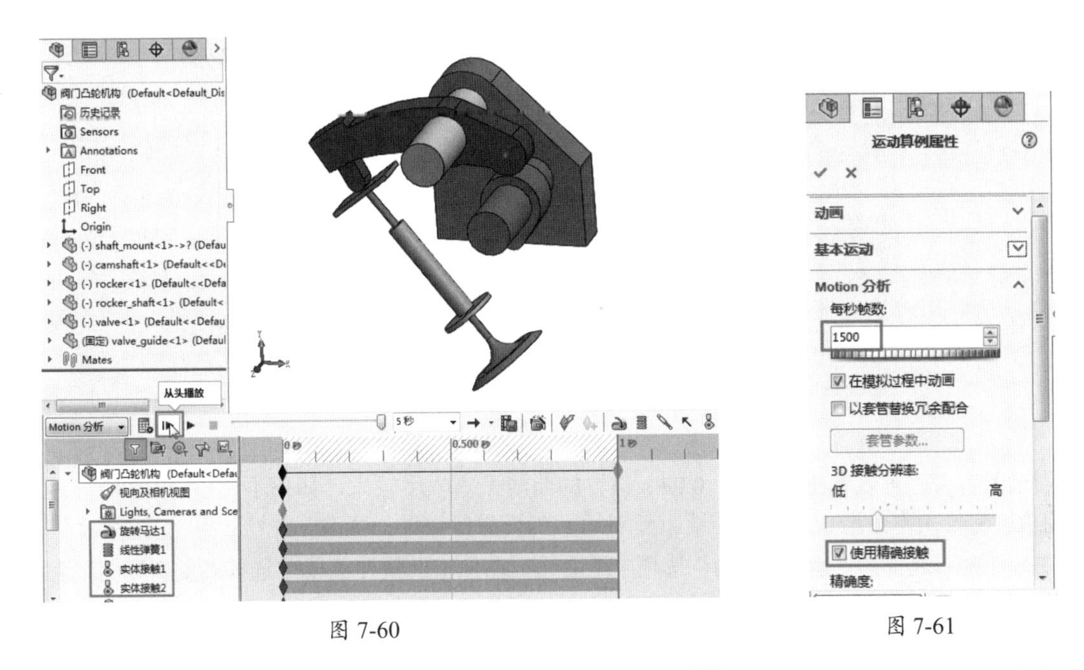


图 7-60　　　　　　　　　　　　　　　　　　　图 7-61

**11** 将时间栏拖到0.100秒位置，并单击右下角的“放大”按钮，如图7-62所示，从头播放动画。

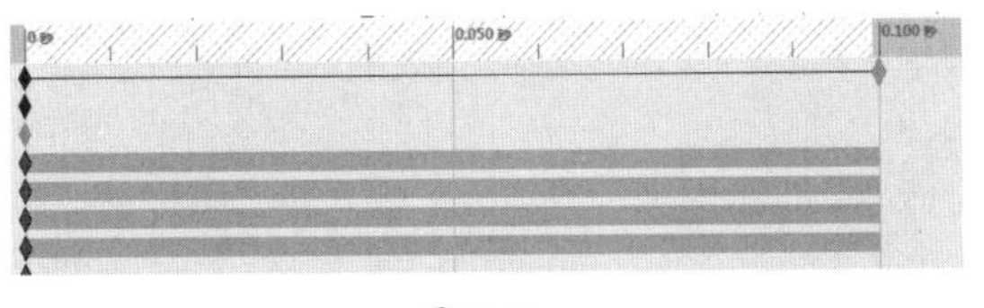

图 7-62

**12** 修改播放时间为5秒，并重新单击“计算”按钮，生成新的动画，如图7-63所示。

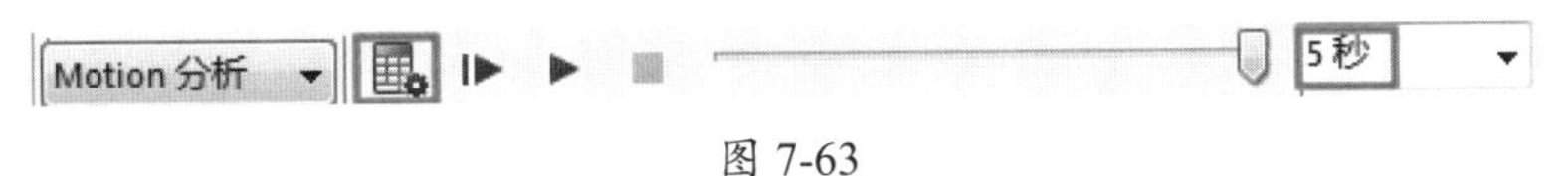


图 7-63

**13** 单击“结果和图解”按钮，弹出“结果”面板。在选取类型列表中选择“力”类型，选择子类型为“接触力”，选择结果分量为“幅值”，然后选择凸轮接触部位的两个面作为接触面，如图7-64所示。

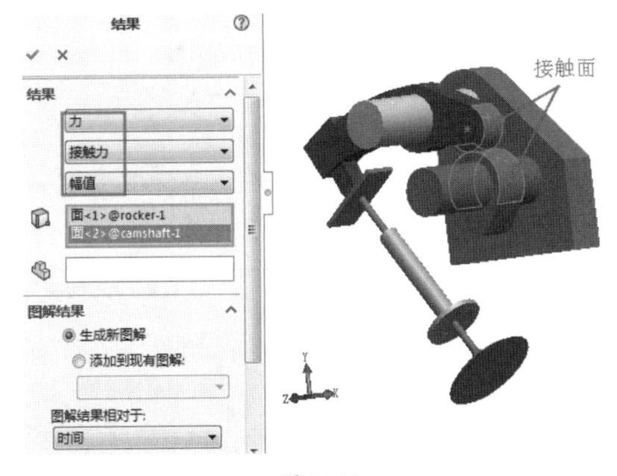


图 7-64

**14** 单击“结果”面板中的“确定”按钮✓，生成运动算例图解，如图 7-65 所示。

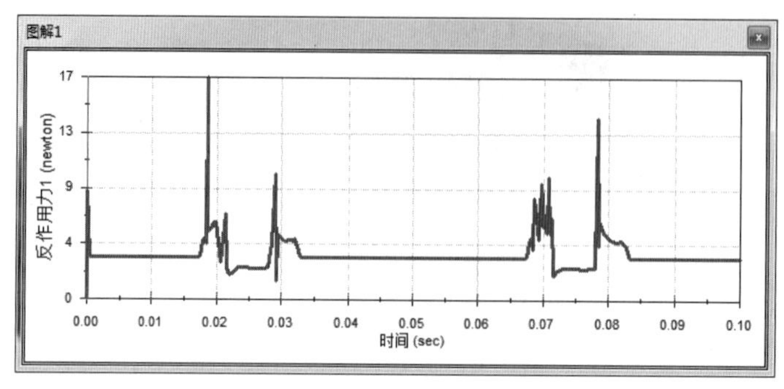


图 7-65

**15** 通过图解表，可以看出 0.02 s、0.08 s 位置的曲线振荡幅度较大，如果不调整，时间一长会对凸轮机构的使用寿命造成影响，需要重新对运动仿真的参数进行修改。

**16** 在软件窗口底部的“运动算例 1”选项卡上右击，在弹出的快捷菜单中选择“复制算例”选项，将运动算例整个项目复制，如图 7-66 所示。

**17** 在复制的运动算例中，编辑旋转马达 2，如图 7-67 所示。

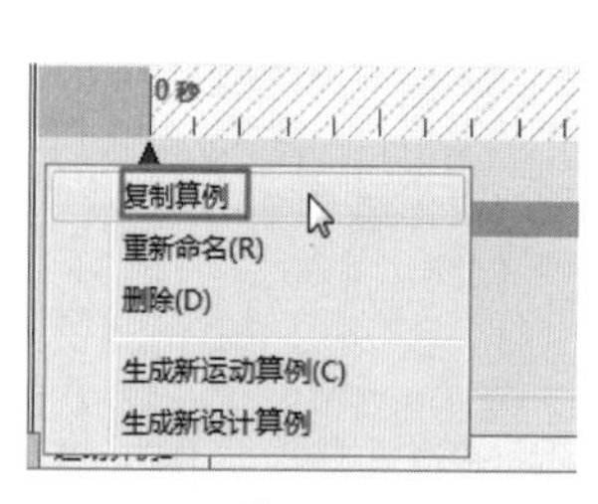


图 7-66

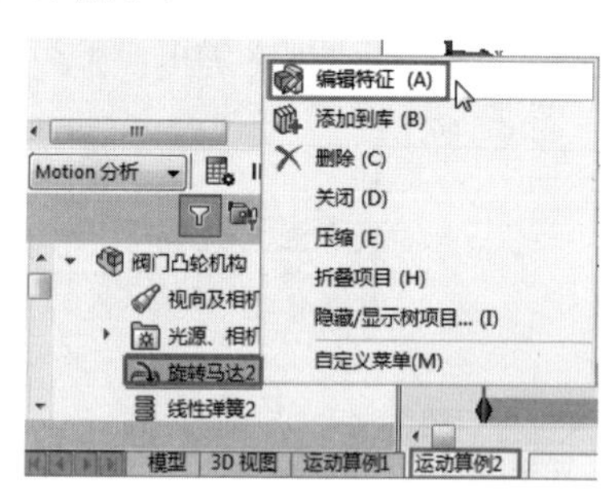


图 7-67

**18** 更改马达的转速为 2000 RPM，如图 7-68 所示。

**19** 更改弹簧。鉴于弹簧的强度不够会导致运动过程中接触力不足，所以按照修改马达参数的方法修改弹簧参数为 10.00 牛顿 / mm，如图 7-69 所示。

图 7-68

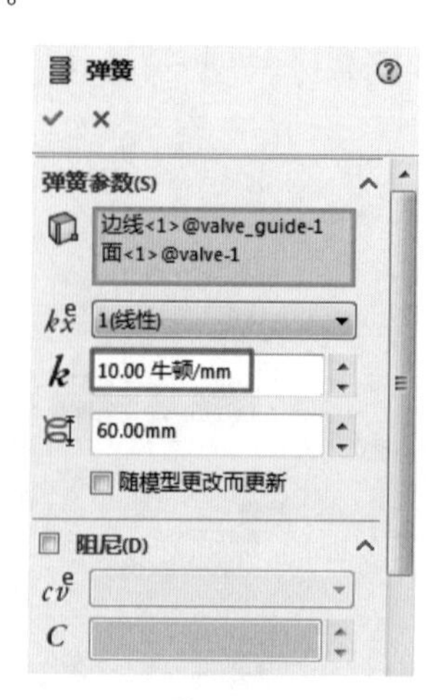


图 7-69

**20** 更改马达转速和弹簧参数后，单击“计算”按钮，重新仿真分析计算。

**21** 在 MotionManager 设计树中的“结果”项目下右击“图解 2< 反作用力 2>”，在弹出的快捷菜单中选择“显示图解”选项，查看新的运动仿真图解，如图 7-70 所示。

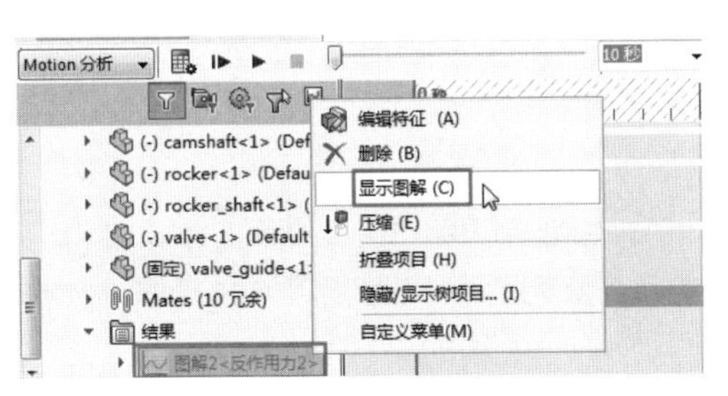


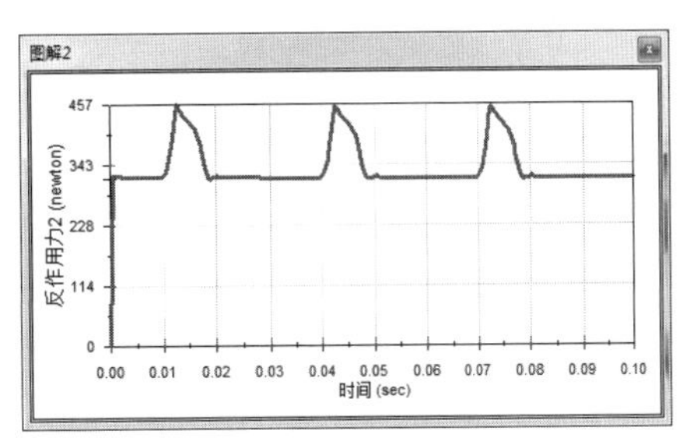


图 7-70

**22** 从新的图解表中可以看到，运动曲线的振动幅度不再那么大，显示较为平缓，说明运动过程中的力度比较稳定。

**23** 最后保存动画和结果文件。

# 第 8 章　Simulation 有限元分析

项目导读

在 CAE 技术中，有限元分析（Finite Element Analysis，FEA）是应用最广泛，也最成功的一种数值分析方法。SolidWorks Simulation 是一款基于有限元（即 FEA 数值）技术的分析软件，通过与 SolidWorks 的无缝集成，在工程实践中发挥了非常大的作用。

## 8.1 Simulation 有限元分析概述

有限元分析的基本概念是用较简单的问题代替复杂问题后再求解。有限元法的基本思路可以归结为“化整为零，积零为整”，它将求解域看成由有限个称为“单元”的互连子域组成，对每一个单元假定一个合适的近似解，然后推导出求解这个总域的满足条件（如结构的平衡条件），从而得到问题的解。这个解不是准确解而是近似解，因为实际问题被较简单的问题所代替。由于大多数实际问题难以得到准确解，而有限元不仅计算精度高，而且能够适应各种复杂形状，因而成为行之有效的工程分析手段，甚至成为 CAE 的代名词。

### 8.1.1 SolidWorks Simulation 有限元简介

Simulation 是 SolidWorks 公司的黄金合作伙伴之一——SRAC（Structural Research & Analysis Corporation）公司推出的一套功能强大的有限元分析软件。SRAC 成立于 1982 年，是将有限元分析带入微型计算机上的典范。1995 年，SRAC 公司与 SolidWorks 公司合作开发了 COSMOSWorks 软件，从而进入工程界主流有限元分析软件的市场，并成为 SolidWorks 公司的金牌产品之一。它作为嵌入式分析软件与 SolidWorks 无缝集成，成为顶级销量产品。2001 年，整合了 SolidWorks CAD 软件的 COSMOSWorks 软件在商业上所取得的成功，使其获得了 Dassault Systems（达索公司，SolidWorks 的母公司）的认可。2003 年，SRAC 与 SolidWorks 公司合并，COSMOSWorks 更名为 SolidWorks Simulation。

Simulation 与 SolidWorks 全面集成，从一开始就是专为 Windows 操作系统开发的，因而具有许多与 SolidWorks 相同的优点，如功能强大、易学易用。运用 Simulation，普通的工程师就可以进行工程分析，并可以迅速得到分析结果，从而最大限度地缩短产品设计周期，降低测试成本，提高产品质量，加大利润空间。其基本模块能够提供广泛的分析工具来检验和分析复杂零件和装配体，它能够进行应力分析、应变分析、热分析、设计优化、线性和非线性分析等。

Simulation 有不同的软件包，以适应不同用户的需求。除 SolidWorks SimulationXpress 程序包是 SolidWorks 的集成部分外，其他所有的 Simulation 软件程序包都是插件形式的。不同程序包的主要功能介绍如下。

### 1. SolidWorks SimulationXpress

能对带有简单载荷和支撑的零件进行静态分析，只有在 Simulation 插件未启动时才能使用。

### 2. SolidWorks Simulation

能对零件和装配体进行静力分析。Simulation 是专门为那些非设计验证领域专业人士的设计师和工程师量身定做的，该软件可以在 SolidWorks 模型制造之前指明其运行特性，从而保证产品质量。

Simulation 完全嵌入在 SolidWorks 界面中，因此任何能够运用 SolidWorks 设计零件的人都可以对零件进行分析。使用 Simulation 可以实现以下功能。

- 轻松快速地比较备选设计方案，从而选择最佳方案。
- 研究不同装配体零件之间的交互作用。
- 模拟真实运行条件，以查看模型如何处理应力、应变和位移。
- 使用简化验证过程的自动化工具，节省在细节方面所花费的时间。
- 使用功能强大且直观的可视化工具来解释结果。
- 与参与产品开发过程的所有人员协作并分享结果。

### 3. SolidWorks Simulation Professional

能进行零件和装配体的静态、热力、扭曲、频率、掉落、优化和疲劳分析，使用 Simulation Professional 可以实现以下功能。

- 分析运动零件和接触零件在装配体内的行为。
- 执行掉落测试分析。
- 优化模型，以满足预先指定的设计指标。
- 确定设计是否会因扭曲或振动而发生故障。
- 减少因制造物理原型而造成的成本和时间延误。
- 找出潜在的设计缺陷，并在设计过程中尽早纠正。
- 解决复杂的热力模拟问题。
- 分析设计中因循环载荷产生的疲劳而导致的故障。

### 4. SolidWorks Simulation Premium

除包含 Simulation Professional 的全部功能外，还能进行非线性和动力学分析。它为经验丰富的分析员提供了多种设计验证功能，以应对棘手的工程问题，例如非线性分析等。使用 Simulation Premium 可以实现以下功能。

- 对塑料、橡胶、聚合物和泡沫执行非线性分析。
- 对非线性材料之间的接触进行分析。
- 研究设计在动态载荷下的性能。
- 了解复合材料的特性。

## 8.1.2 SolidWorks Simulation 分析类型

### 1. 线性静态分析

当载荷作用于物体表面上时，物体发生变形，载荷的作用将传到整个物体。外部载荷会引起内力和反作用力，使物体进入平衡状态。如图 8-1 所示为某托架零件的静态应力分析效果。

线性静态分析有两个假设，具体如下。

- 静态假设。所有载荷被缓慢且逐渐应用，直到它们达到其完全量值。在达到完全量值后，载荷保持不变（不随时间变化）。
- 线性假设。载荷和所引起的反应力之间的关系是线性的。例如，如果将载荷加倍，模型的反应（位移、应变及应力）也将加倍。

## 2. 频率分析

每个结构都有以特定频率振动的趋势，这一频率也称为自然频率或共振频率。每个自然频率都与模型以该频率振动时趋向于呈现的特定形状相关，称为“模式形状”。

当结构被频率与其自然频率一致的动态载荷正常刺激时，会承受较大的位移和应力。这种现象被称为“共振”。对于无阻尼的系统，共振在理论上会导致无穷的运动，但阻尼会限制结构因共振载荷而产生的反应，如图 8-2 为某轴装配体的频率分析。

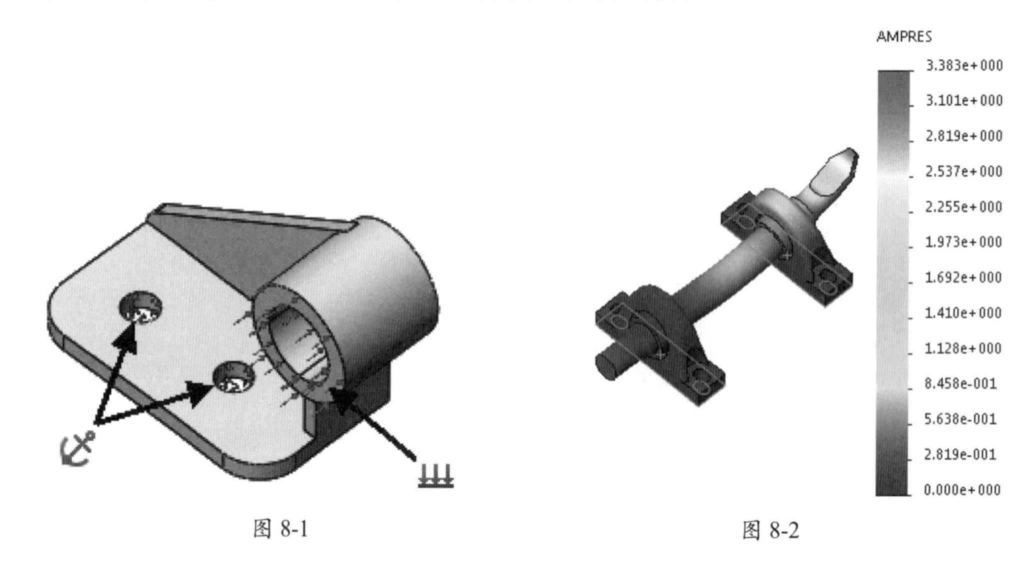


图 8-1　　图 8-2

## 3. 线性动力分析

静态算例假设载荷是常量或者在达到其全值之前按非常慢的速度应用。由于这一假设，模型中每个微粒的速度和加速度均假设为零。其结果是，静态算例将忽略惯性力和阻尼力。

但在很多实际情形中，载荷并不会缓慢应用，而且可能会随时间或频率而变化。在这样的情况下，可使用动态算例。一般而言，如果载荷频率比最低（基本）频率高 1/3，就应使用动态算例。

线性动态算例以频率算例为基础，本软件将通过累积每种模式对负载环境的贡献来计算模型的作用。在大多数情况下，只有较低的模式会对模型的响应发挥主要作用。模式的作用取决于载荷的频率内容、量、方向、持续时间和位置。

动态分析的目标包括以下两种。

- 设计要在动态环境中始终正常工作的结构体系和机械体系。
- 修改系统的特性（几何体、阻尼装置、材料属性等），以削弱振动效应。

如图 8-3 所示为篮圈对扣篮动作产生的冲击载荷的响应波谱分析。响应图表清晰地描述了篮圈在扣篮过程中的振动情况。

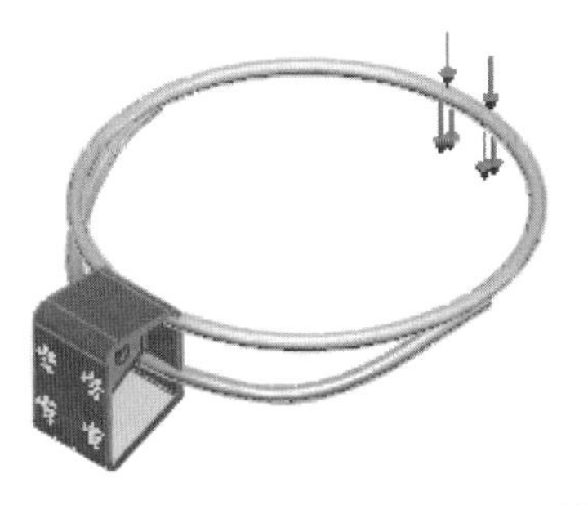

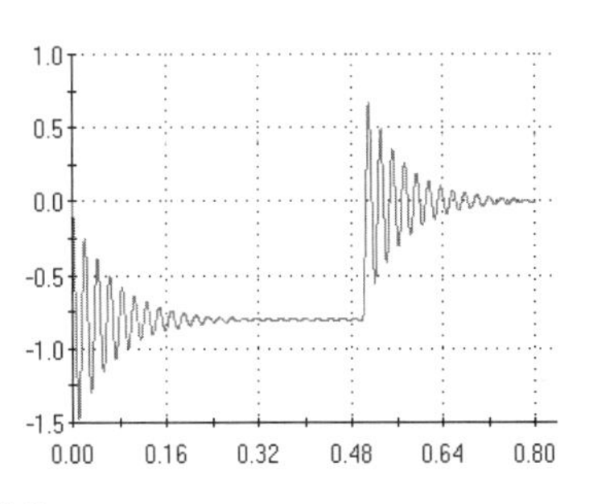


图 8-3

## 4. 热分析

热传递包括传导、对流和辐射 3 种传热方式。热分析计算物体中由于以上部分或全部机制所引起的温度分布。在所有 3 种机制中，热能从具有较高温度的介质流向具有较低温度的介质。传导和对流传热需要有中间介质，而辐射传热则不需要。

传热分析根据与时间的相关程度分为两种类型。

- 稳态热力分析：在这种分析中，只关心物体达到热平衡状态时的热力条件，而不关心达到这种状态所用的时间。达到热平衡时，进入模型中每个点的热能与离开该点的热能相等。一般来说，稳态分析所需的唯一材料属性是热导率，如图 8-4 所示为某零件的稳态热力分析结果图解。
- 瞬态热力分析：在这种分析中，只关心模型的热力状态与时间的函数关系。例如，热水瓶设计师知道其中的流体温度最终将与室温相等（稳态），但设计师感兴趣的是找出流体的温度与时间的函数关系。在指定瞬态热分析的材料属性时，需要指定热导率、密度和比热。此外，还需要指定初始温度、求解时间和时间增量。如图 8-5 所示为某零件的瞬态热力分析结果图解。

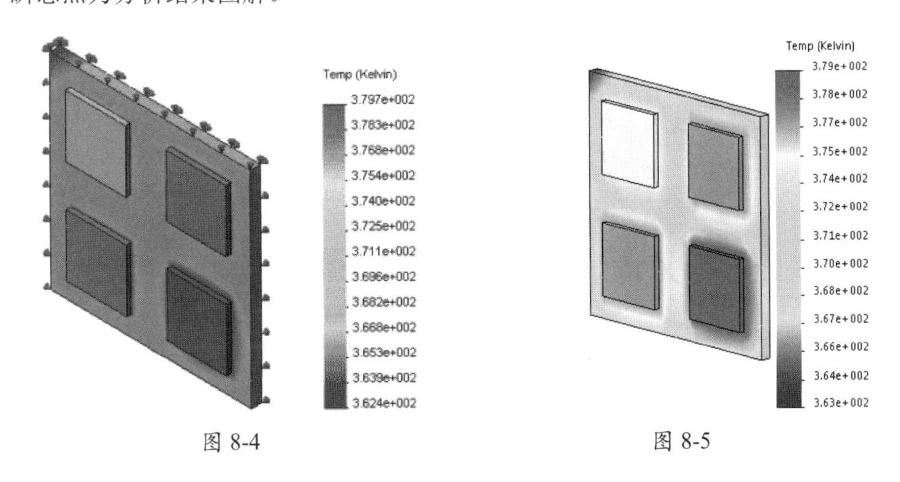


图 8-4　　　　图 8-5

## 5. 线性扭曲分析

细长模型在轴载荷下趋向于扭曲。扭曲是指当存储的膜片（轴）能量转换为折弯能量而外部应用的载荷没有变化时，所发生的突然变形。从数学上讲，发生扭曲时，刚度矩阵变成奇异矩阵。此处使用的线性化扭曲方法可以解决特征值问题，以估计关键性扭曲因子和相关的扭曲模式形状。

模型在不同级别的载荷下可扭曲为不同的形状，模型扭曲的形状称为“扭曲模式形状”，载荷则称为“临界”或“扭曲载荷”。扭曲分析会计算“扭曲”对话框中所要求的模式数。设计师通常对最低模式（模式 1）感兴趣，因为它与最低的临界载荷相关。当扭曲是临界设计因子时，计算多个扭曲模式有助于找到模型的脆弱区域。模式形状可以帮助修改模型或支持系统，以防止特定模式下的扭曲。

如图 8-6 所示为 3 块尺寸均为 10 英寸 ×2 英寸的矩形板按图中方式连接。中间的板厚度为 0.4 英寸。 其他两块板厚度为 0.2 英寸。

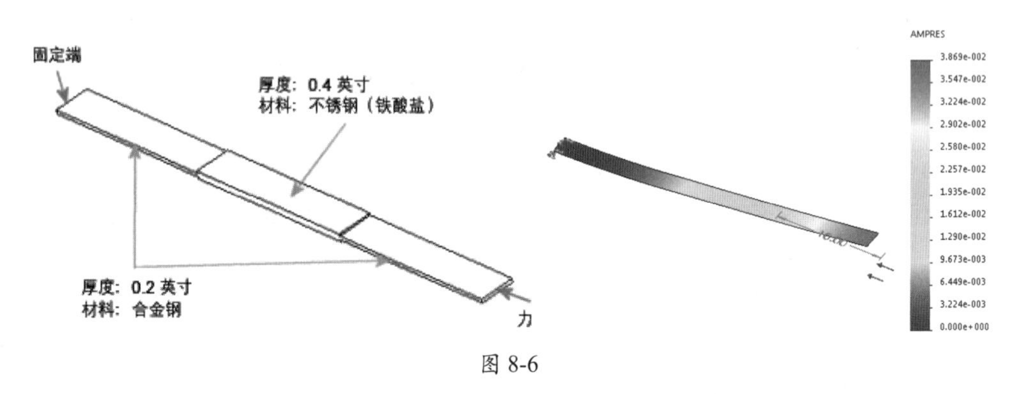


图 8-6

## 6. 非线性静态分析

线性静态分析假设载荷和所引发的反应之间的关系是线性的。例如，如果将载荷量加倍，反应（位移、应变、应力及反作用力等）也将加倍。

如图 8-7 所示为线性静态分析和非线性静态分析的反应图解。

所有实际结构在某个水平的载荷作用下都会以某种方式发生非线性变化。在某些情况下，线性分析可能已经足够。在其他许多情况下，由于违背了所依据的假设条件，因此线性求解会产生错误结果，造成非线性的原因包括材料行为、大型位移和接触条件。

如图 8-8 所示为平板的几何体非线性分析结果图解。

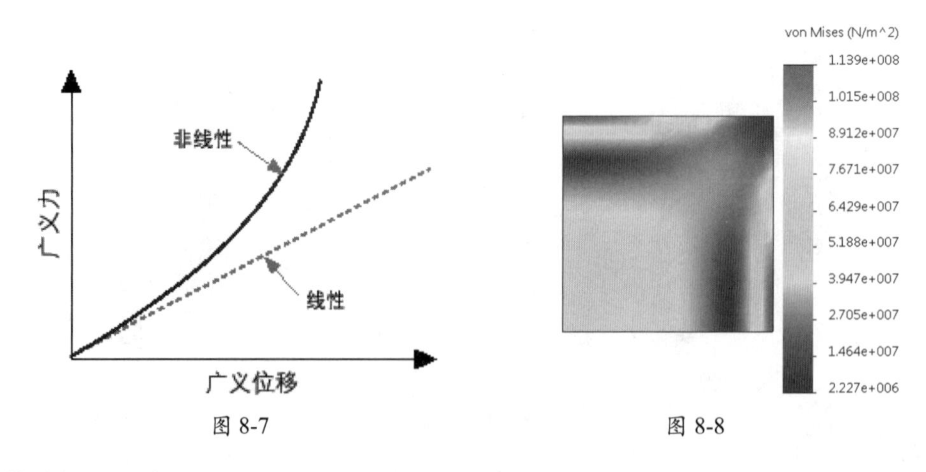


图 8-7　　图 8-8

## 7. 疲劳分析

注意到，即使引发的应力比所允许的应力极限要小很多，反复加载和卸载在过一段时间后也会削弱物体，这种现象称为“疲劳”。每个应力波动周期都会在一定程度上削弱物体。在数个周期之后，物体会因为太疲劳而失效。疲劳是许多物体失效的主要原因，特别是那些金属物体。因疲劳而失效的典型实例包括旋转机械、螺栓、机翼、消费产品、海上平台、船舶、车轴、桥梁和骨架。

如图 8-9 所示为小型飞机的起落架疲劳分析结果图解。

### 8. 跌落测试分析

跌落测试算例会评估对具有硬或软平面的零件或装配体的冲击效应。跌落物体到地板上是一种典型的应用，该算例也由此而得名。软件会自动计算冲击和引力载荷，不允许其他载荷或约束。如图 8-10 所示为硬盘跌落测试结果图解。

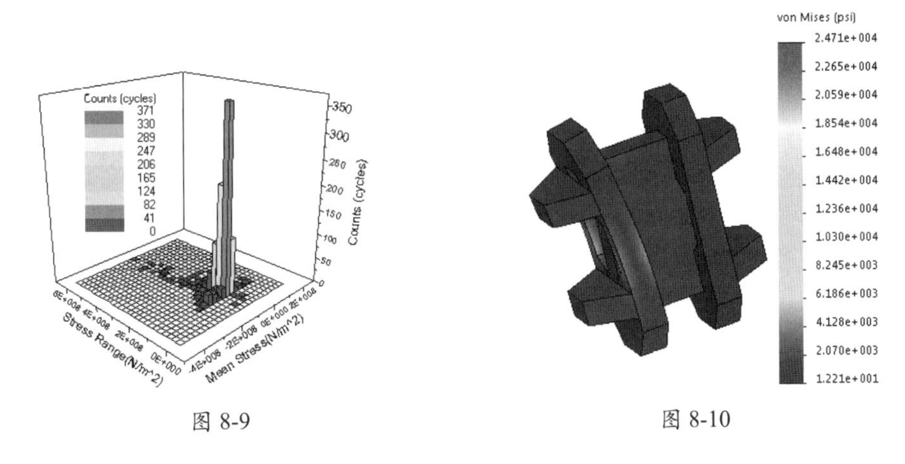


图 8-9　　　　图 8-10

### 9. 压力容器设计

在压力容器设计算例中，将静态算例的结果与所需因素组合，每个静态算例都具有不同的一组可以创建相应结果的载荷。这些载荷可以是恒载、动载（接近于静态载荷）、热载、振载等。压力容器设计算例会使用线性组合或平方和平方根法（SRSS），以代数方法合并静态算例的结果。如图 8-11 所示为压力容器设计算例分析案例。

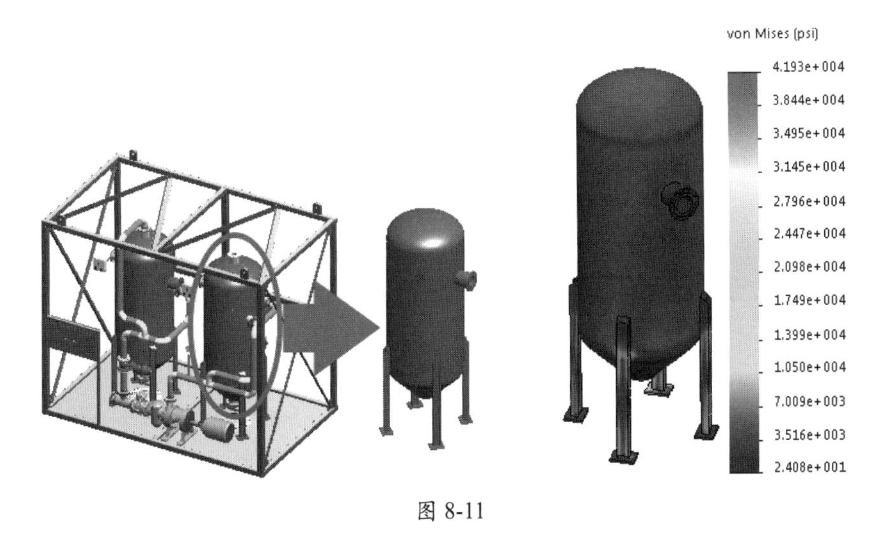


图 8-11

### 8.1.3 Simulation 有限元分析的一般步骤

无论项目多复杂或应用领域多广，是结构、热传导还是声学分析，对于不同物理性质和数学模型的问题，有限元求解法的基本步骤都是相同的，只是具体公式推导和运算求解不同。

#### 1. 有限元求解问题的基本思想

（1）建立数学模型。

Simulation 对来自 SolidWorks 的零件或装配体的几何模型进行分析。该几何模型必须能够用正确的、适度小的有限单元进行网格划分。对于小的概念，并不是指它的单元尺寸小，而是表示网格中单元的数量少。对网格的这种要求，有着极其重要的意义。必须保证 CAD 几何模型的网格划分，并且通过所产生的网格能得到正确的数据，如位移、应力、温度分布等。

在通常情况下，需要修改CAD几何模型以满足网格划分的要求。这种修改可以采取特征消隐、理想化或清除等方法，具体如下。

- 特征消隐：特征消隐指合并或消除分析中认为不重要的几何特征，如外倒角、圆边、标志等。
- 理想化：理想化是更具有积极意义的工作，它也许偏离了 CAD 几何模型的原貌，如将一个薄壁模型用一个面来代替。
- 清除：清除有时是必需的，因为可划分网格的几何模型必须满足比实体建模更高的要求。可以使用 CAD 质量控制工具来检查问题所在。例如，CAD 模型中的细长面（即长比宽大很多的面，好像是一条线的面）或多重实体（即多个实体），会造成网格划分困难甚至无法划分网格。在通常情况下，对能够进行正确网格划分的模型进行简化，是为了避免由于网格过多而导致分析过程太慢。修改几何模型是为了简化网格，从而缩短计算时间。成功的网格划分不仅依赖于几何模型的质量，而且还依赖于操作者对 FEA 软件网格划分技术的熟练使用。

（2）建立有限元模型。

通过离散化过程，将数学模型剖分成有限单元，这一过程称为“网格划分”。离散化在视觉上是将几何模型划分为网格。然而，载荷和支撑在网格完成后也需要离散化，离散化的载荷和支撑将施加到有限元网格的节点上。

（3）求解有限元模型。

创建了有限元模型后，使用 Simulation 的求解器来得出一些感兴趣的数据。

（4）结果分析。

总体来说，结果分析是最困难的一步。有限元分析提供了非常详细的数据，这些数据可以用各种格式表达。对结果的正确解释需要熟悉和理解各种假设、简化约定以及在前面 3 步中产生的误差。

创建数学模型和离散化为有限元模型会产生不可避免的误差——形成数学模型会导致建模误差，即理想化误差；离散数学模型会带来离散误差；求解过程会产生数值误差。在这 3 种误差中，建模误差是在 FEA 之前引入的，只能通过正确的建模技术来控制；求解误差是在计算过程中积累的，难于控制，所幸它们通常都很小；只有离散化误差是 FEA 特有的，也就是说，只有离散化误差能够在使用 FEA 时被控制。

简言之，有限元分析可分为 3 个阶段：前处理、求解和后处理。前处理是建立有限元模型，完成单元网格划分；求解是计算基本未知量；后处理则是采集处理分析结果，方便提取信息，了解计算结果。

### 2. Simulation 分析步骤

以上介绍了 Simulation 有限元分析的基本思想，在实际应用 Simulation 进行分析时，一般遵循以下步骤。

（1）创建算例。对模型的每次分析都是一个算例，一个模型可以有多个算例。

（2）应用材料。向模型添加包含物理信息（如屈服强度）的材料。

（3）添加约束。模拟真实的模型装夹方式，对模型添加夹具（约束）。

（4）施加载荷。载荷反映了作用在模型上的力。

（5）划分网格。模型被细分为有限个单元。

（6）运行分析。求解计算模型中的位移、应变和应力。

（7）分析结果。分析解释计算所得数据。

## 8.1.4 Simulation 使用指导

### 1. 启动 Simulation 插件

如果已正确安装 Simulation，但在 SolidWorks 的菜单栏中没有 Simulation 菜单，可以执行“工具”|“插件”命令或单击“选项”按钮右边的倒三角图标并选择“插件”选项，弹出“插件”对话框，在该对话框中选中 SOLIDWORKS Simulation 复选框，如图 8-12 所示。

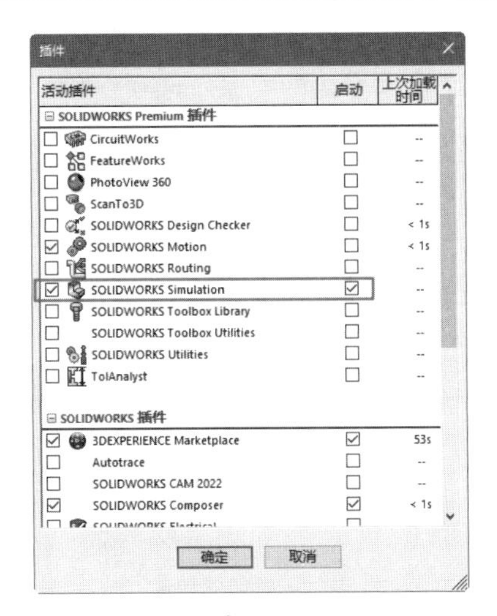


图 8-12

或者进入建模环境或装配体环境，在功能区的“SOLIDWORKS 插件”选项卡中单击 SOLIDWORKS Simulation 按钮，也可以启用 Simulation 有限元分析插件，如图 8-13 所示。

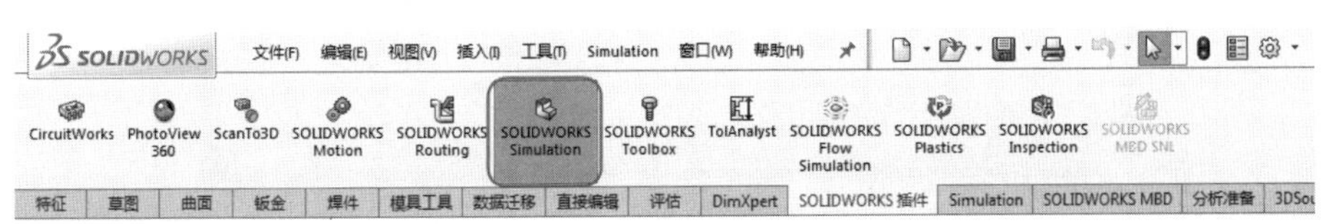


图 8-13

功能区中新增 Simulation 选项卡，SOLIDWORKS Simulation 的工作界面如图 8-14 所示。

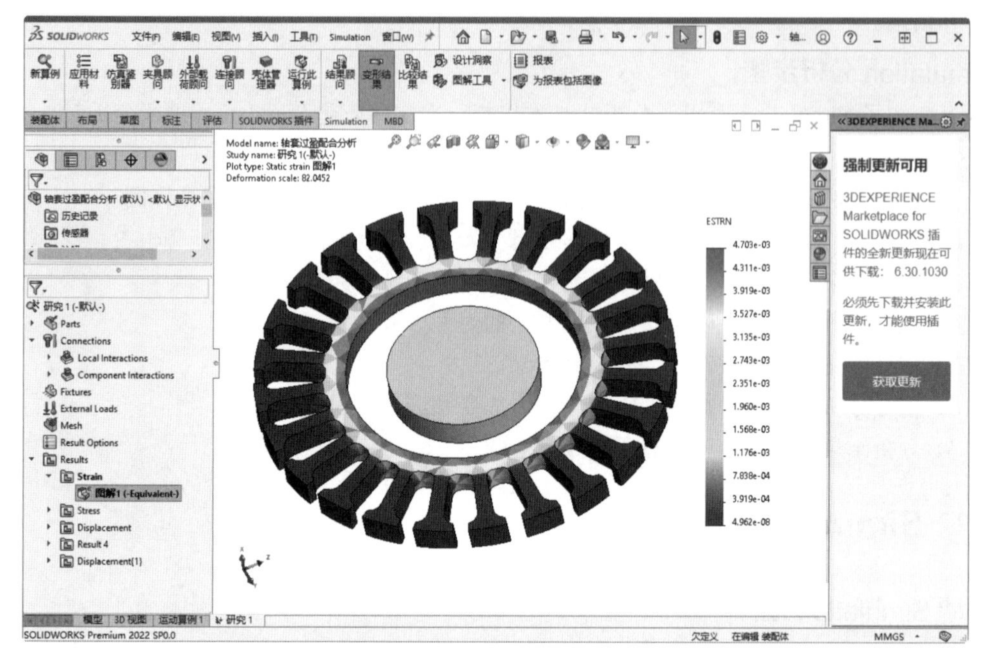


图 8-14

## 2. SOLIDWORKS Simulation 选项设置

执行 Simulation|“选项”命令，弹出“系统选项 - 一般”对话框。可以在该对话框中定义分析中使用的标准。该对话框有两个选项卡，即“系统选项”和“默认选项”，如图 8-15 所示。

图 8-15

（1）“系统选项”选项卡。

系统选项面向所有算例，包含出错信息、夹具符号、网格颜色、结果图解、字体设置和默认数据库的存放位置等。

（2）“默认选项”选项卡。

默认选项只针对当前建立的算例。在此可以设置单位、载荷 / 夹具、网格、结果、图解和报告等。以“图解”设置为例，在静态分析后，Simulation 会自动生成 3 个结果图解：应力 1、位移 1 和应变 1。可以通过“图解”设置自动生成哪些结果图解及显示格式，并且可以通过右击算例结果项添加新图解，如图 8-16 所示。

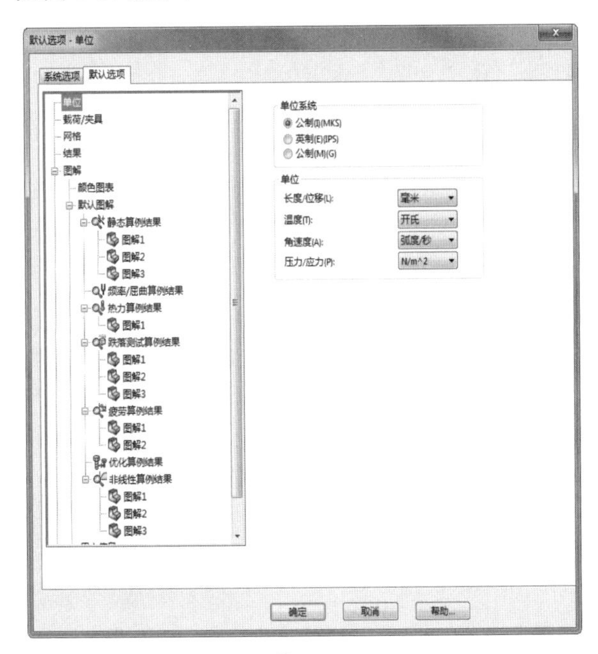


图 8-16

## 8.2 Simulation 分析工具介绍

本节按照 Simulation 分析步骤对涉及的分析工具进行简要介绍。

### 8.2.1 分析算例

分析算例是由一系列参数定义的，这些参数完整地表述了物理问题的有限元分析。当对一个零件或装配体进行分析时，想得到它在不同工作条件下的反应就要求运行不同类型的分析。一个算例的完整定义包括：分析类型、材料、负荷、约束、网格等方面。

要创建一个新算例，需要先载入要进行有限元分析的模型。

#### 1. 新建算例

如果能熟练地操作 Simulation，可以直接单击“新算例”按钮，弹出“算例”面板。选择对应的算例类型，单击“确定”按钮，完成算例的创建，如图 8-17 所示。

## 2. 模拟顾问

模拟顾问可以帮助新手建立一个适当的算例。对于零件和装配体的基本静态算例，模拟顾问可以提供信息并驱动界面引导用户完成模拟过程。

**技术要点**

要使用模拟顾问，需要先创建新算例。

单击“模拟顾问”按钮，图形区右侧的任务窗格中增加“Simulation 顾问”窗格，如图 8-18 所示。模拟顾问可以帮助完成正确的有限元分析操作并选择适当的算例。

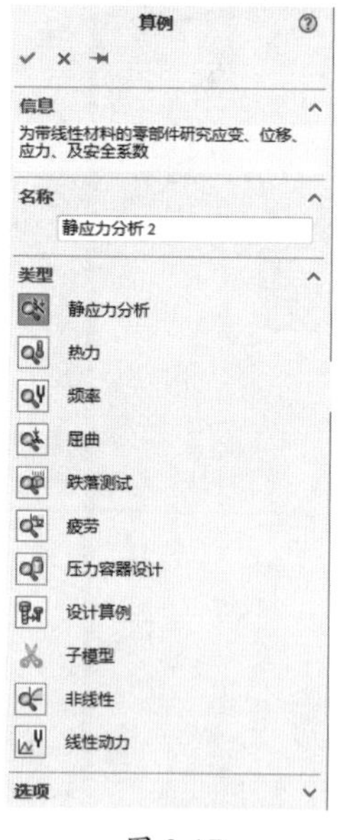


图 8-17

图 8-18

## 3. 复制已有算例

在图形区底部右击想要复制的算例选项卡，在弹出的快捷菜单中选择“复制”选项，此时弹出“复制算例”面板，将算例重命名并选择所需的配置，如图 8-19 所示，单击“确定”按钮，完成新算例的创建。这种方法在本质上是复制一个完全相同的算例并粘贴到一个空白算例中。

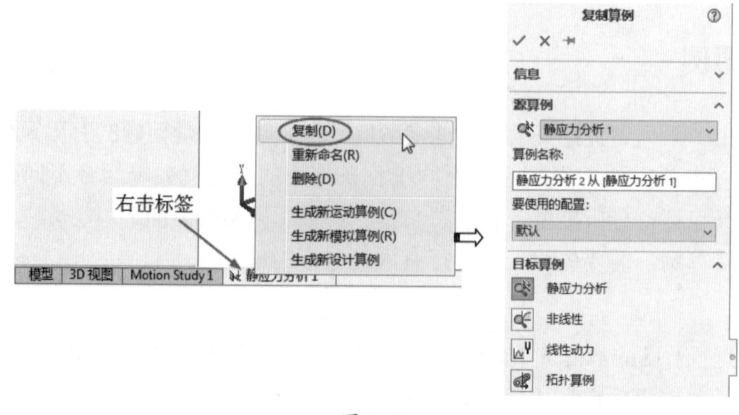


图 8-19

不仅可以复制算例，还可以从已有的算例中复制材料、夹具、外部载荷等。这要比在新算例中重新定义方便得多，也可以直接将欲复制的参数用鼠标拖至新算例的选项卡中。

## 8.2.2 应用材料

在运行算例之前，必须定义相关分析类型和指定的材料模型所要求的所有材料属性。材料模型描述了材料的行为并确定所需的材料属性。线性各向同性和正交各向异性材料模型可以用于所有结构算例和热力算例。其他材料模型可用于非线性应力算例。材料属性可以指定为温度的函数。

在 Simulation 中，可以将材料应用到零件、多体零件中的一个或多个实体，或者装配体中的一个或多个零部件。定义材料不会更新已在 SolidWorks 中为 CAD 模型分配的材料，在装配体中，每一个零件可以指定不同的材料。

单击“应用材料”按钮，弹出“材料”对话框，如图 8-20 所示。

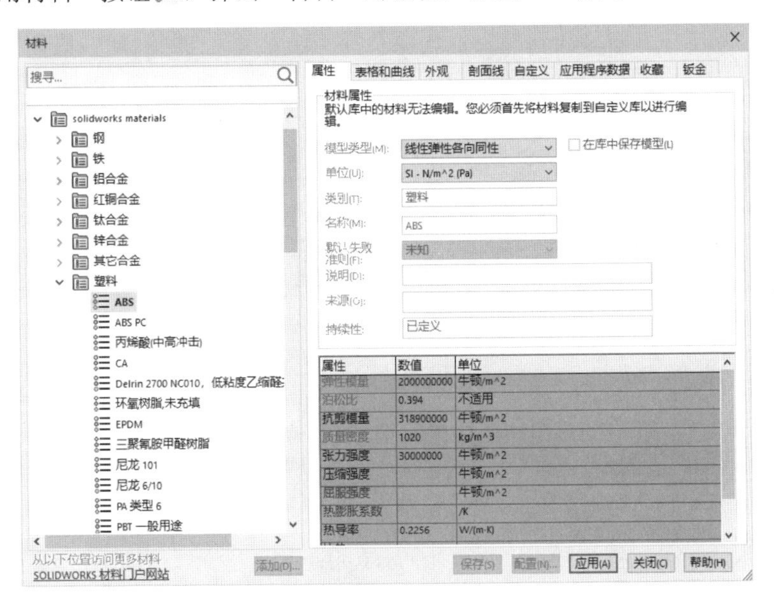


图 8-20

有 3 种方法可以选择材料来源，具体如下。

- 使用 SolidWorks 材质：Simulation 将使用在 SolidWorks 中分配给零件的材料。
- 自定义：允许手工输入材料属性。
- 自库文件：库文件可以来自 Simulation materials 或自定义的材料库。

库文件包含了非常丰富的材料，在一般情况下，可以在库文件中找到所需的材质，但如果材质库中没有所需的材料，可以自定义材质。

### 上机操作——创建自定义的新材料

**01** 在“材料”对话框左侧的材料库列表中，右击选中“自定义材料”选项，在弹出的快捷菜单中选择“新类别”选项，创建一个名称为“钢”的材料类别，如图 8-21 所示。

**02** 右击“钢”类别，在弹出的快捷菜单中选择“新材料”选项，新建名称为“45 钢”的材料，如图 8-22 所示。

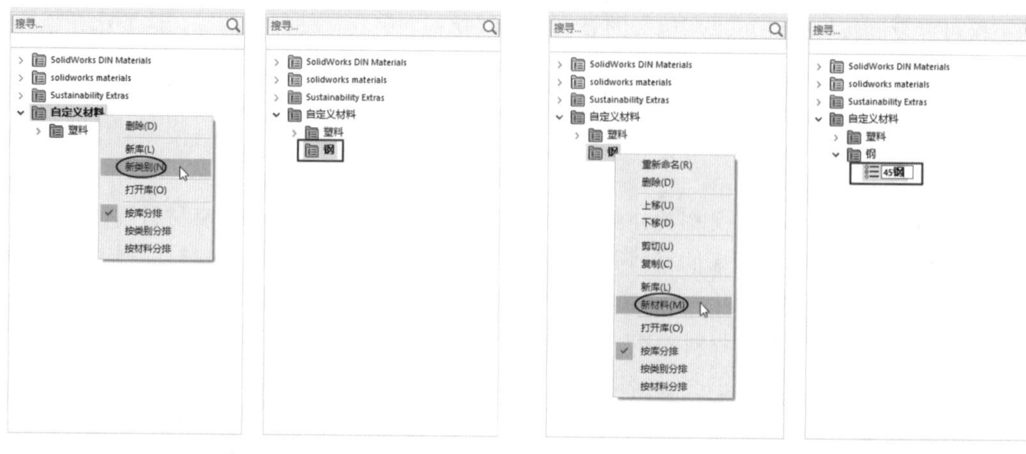


图 8-21　　　　　　　　图 8-22

**03** 在“属性”选项卡中显示新材料的属性选项设置。输入所需的材料属性值，或者先选中一种库文件中的材料，然后编辑材料属性值。

## 技术要点

值得注意的是，我国的GB（标准）45钢在德国DIN（标准）称为C45钢；在日本JIS（标准）称为S45C钢；在美国AISI（标准）称为1045钢、ASTM标准下称为1045钢或者080M46钢。表8-1给出材料参数比较，从表中可以看出，在不同标准中45钢的叫法不同，其实材料性能参数也是有细微差别的。

表 8-1　材料参数比较

| | 中国 GB 45 钢 | 美国 AISI 1045 钢 | 德国 DIN C45 钢 |
|---|---|---|---|
| 弹性模量 | 2131193.9 kgf/cm$^2$ | 2090405.5 kgf/cm$^2$ | 2141391.032 kgf/cm$^2$ |
| 中泊松比 | 0.269 | 0.29 | 0.28 |
| 中抗剪模量 | 839221.33 kgf/cm$^2$ | 815768 kgf/cm$^2$ | 805570.9 kgf/cm$^2$ |
| 质量密度 | 0.00789 kg/cm$^3$ | 0.00785 kg/cm$^3$ | 0.0078 kg/cm$^3$ |
| 张力强度 | 6118.26 kgf/cm$^2$ | 6373.1875 kgf/cm$^2$ | 7647.825 kgf/cm$^2$ |
| 屈服强度 | 3619.9705 kgf/cm$^2$ | 5404.463 kgf/cm$^2$ | 5914.318 kgf/cm$^2$ |
| 热膨胀系数 | 1.17×10$^{-5}$/oC | 1.15×10$^{-5}$oC | 1.1×10$^{-5}$/oC |
| 热导率 | 0.114723 cal/(cm·sec·oC) | 0.119025 cal/(cm·sec·oC) | 0.0334608 cal/(cm·sec·oC) |
| 比热 | 107.553 cal/(kg·oC) | 116.157 cal/(kg·oC) | 105.163 cal/(kg·oC) |

**04** 在“材料”对话框右侧的“属性”选项卡中单击“选择”按钮，在弹出的“匹配 Sustainability 信息”对话框的 SolidWorks DIN Materials（德国金属材料库）中选择“DIN 钢（非合金）”下的 1.0503（C45）材料，此材料性能参数与 GB45 钢接近，如图 8-23 所示。完成后，单击“材料”对话框底部的“保存”按钮即可。

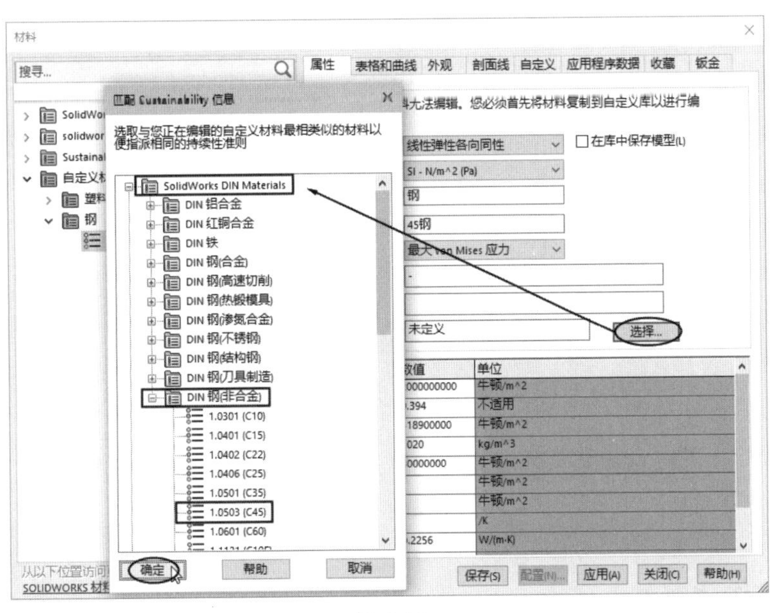


图 8-23

**05** 本例源文件夹中提供了专属 GB 的 SolidWorks GB materials.sldmat 材料库文件。将 SolidWorks GB materials.sldmat 文件复制到“X:\ProgramData\SOLIDWORKS\SOLIDWORKS 2022\ 自定义材料”路径下。

**06** 在“材料”对话框左侧列表的空白位置处右击，在弹出的快捷菜单中选择“打开库”选项，然后找到存放GB材料库文件的路径，选择并打开SolidWorks GB materials.sldmat库文件，如图8-24所示。

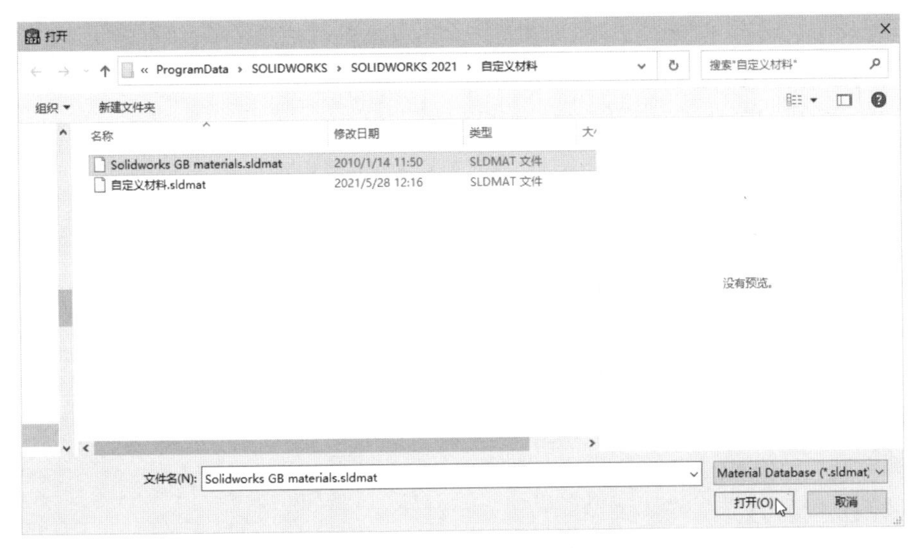


图 8-24

**07** 打开后，可以在“材料”对话框左侧的材料库列表中找到 SolidWorks GB materials 材料库，如图 8-25 所示。

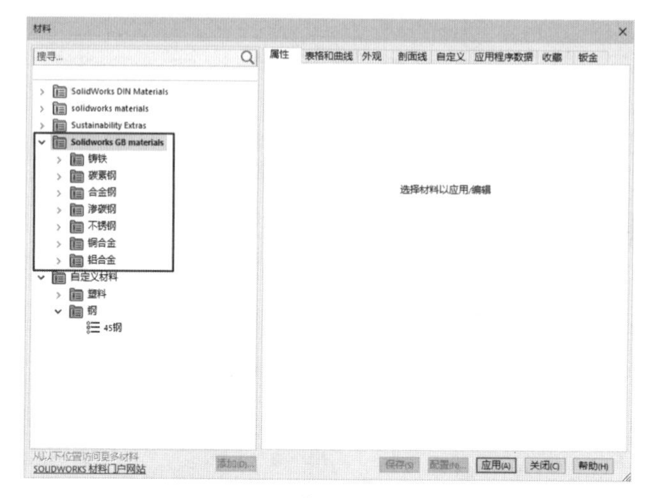


图 8-25

## 8.2.3 设定边界条件

为分析模型添加约束、连接状态（装配关系）和外部载荷，称为“设定边界条件”。SOLIDWORKS Simulation 中的边界条件类型包括连接和夹具。

### 1. 连接约束

单个零件模型是不需要连接的，“连接”是针对装配体的各零部件之间的连接状态，连接类型又细分为接触约束和刚性连接约束。

**技术要点**

连接约束是针对要模拟的对象状态而言的，也就是说，当分析对象是单个实体模型时，不需要为其假定一个连接状态。若是装配体，那么肯定是存在连接约束的。

（1）接触状态。

接触是描述最初接触或在装载过程中接触的零件边界之间的交互作用，可以在装配体和多实体零件文件中使用接触功能。接触分“相触面组”和“零部件接触”两种具体如下。

- 相触面组：“相触面组”是针对面与面之间的接触关系。可以定义实体算例、壳体算例及混合网格中的横梁之间的迭代，为接触组件自动完成横梁到壳体或实体面的黏合。单击“相触面组”按钮，弹出如图 8-26 所示的“相触面组”面板。
- 零部件接触：“零部件接触”是针对装配体中组件与组件之间的接触关系。单击“零部件接触”按钮，将弹出“零部件接触”面板，如图 8-27 所示。

（2）刚性连接约束。

刚性连接是一种用来定义某个实体（顶点、边线、面）与另一个实体的连接装置。使用刚性连接可简化建模，因为在许多情况下，可以直接模拟所需的行为，而不必创建详细的几何体或定义接触条件。刚性连接包括表 8-2 所示的类型。

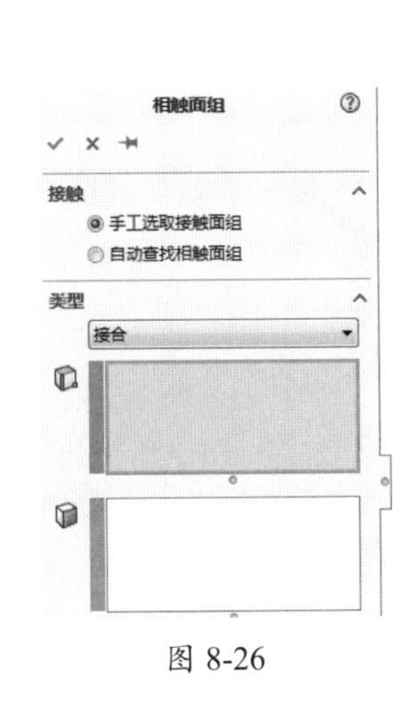

图 8-26

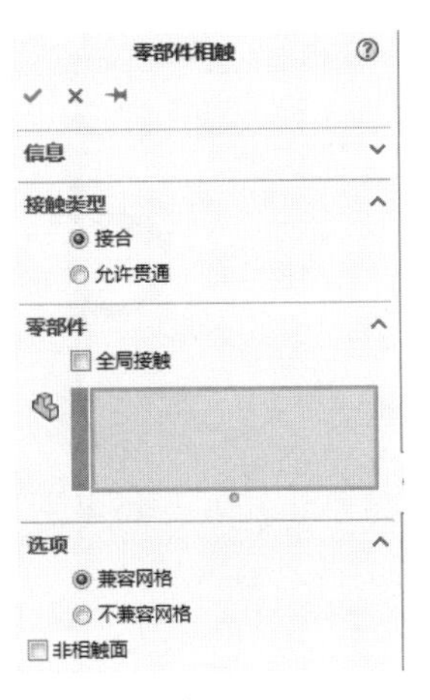

图 8-27

表 8-2　刚性连接类型

| 图标 | 类型 | 说明 |
| --- | --- | --- |
|  | 刚性 | 定义两个截然不同的实体中，面之间的刚性连接 |
|  | 弹簧 | 定义只抗张力（电缆）、只抗压缩或者同时抗张力和压缩的弹簧 |
|  | 销钉 | 连接两个零部件的圆柱面 |
|  | 螺栓 | 在两个零部件之间或零部件与地之间定义一个螺栓接头 |
|  | 连杆 | 通过一个在两端铰接的刚性杆，将模型上的任意两个位置捆扎在一起 |
|  | 边焊缝 | 估计焊接两个金属零部件所需的适当焊缝大小 |
|  | 点焊 | 不使用任何填充材料而在小块区域（点）上连接两个或更多薄壁重叠钣金件 |
|  | 轴承 | 在杆和外壳零部件之间应用轴承接头 |

## 2. 夹具

“夹具”约束就是限制物体自由度的工具，包括固定几何体、滚柱 / 滑杆和固定铰链 3 种标准模式，具体如下。

（1）“固定几何体”约束。

“固定几何体”是完全限制物体 6 个自由度的约束工具，也就是 3 个平面的平移自由度和 3 个绕轴旋转自由度，如图 8-28 所示。

（2）“滚柱 / 滑杆”约束。

“滚柱 / 滑杆”约束控制物体（针对装配体）在指定平面上进行滚动（圆柱形物体）和滑动，但不能在垂直于指定平面的垂直方向上运动。

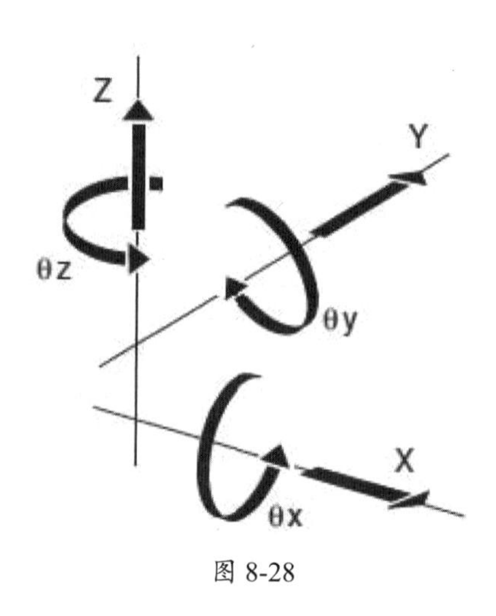


图 8-28

（3）“固定铰链”约束。

“固定铰链”约束控制物体（存在圆柱面或者圆柱体）绕自身的轴进行旋转。在载荷下，圆柱面的半径和长度保持恒定。

当然，除了上述3种标准约束工具，还可以使用“高级夹具”工具针对复杂对象进行约束设定。

### 3. 外部载荷

载荷和约束在定义模型的服务环境时是不可或缺的。分析结果直接取决于指定的载荷和约束。载荷和约束作为特征被应用到几何实体中，它们与几何体完全关联，并可以自动调整以适应几何体的变化。

SOLIDWORKS Simulation 在不同分析类型环境下，可以施加的外部载荷也会有所不同。SOLIDWORKS Simulation 的载荷主要是结构载荷和热载荷。

结构载荷如图 8-29 所示，热载荷如图 8-30 所示。

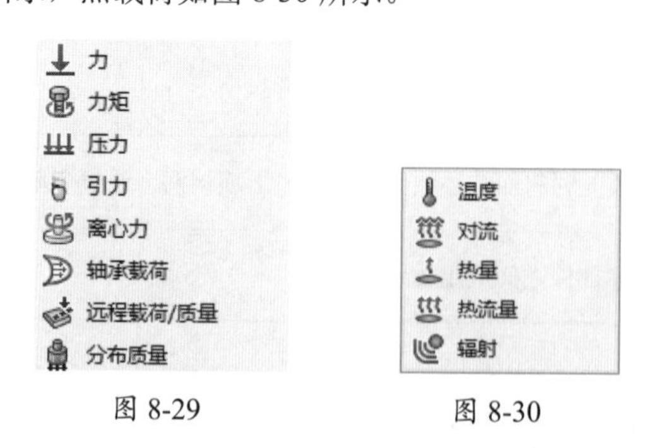


图 8-29　　图 8-30

## 8.2.4 网格单元

网格是构成有限元分析模型的重要组成元素，也是有限元分析计算的基础。网格的划分是将理想化模型拆分成有限数量的区域，这些区域被称为“单元”，单元之间由节点连接。

### 1. 网格类型

按网格单元的测量方法进行划分，Simulation 可以创建的网格类型包括如下几种。

- 3D 四面实体单元，如图 8-31 所示。

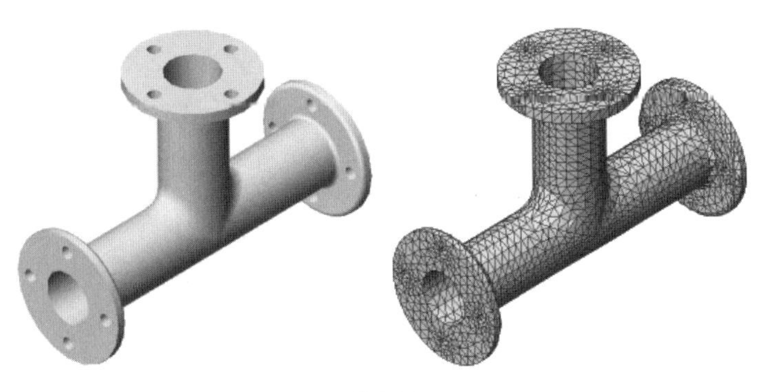

图 8-31

- 2D 三角形壳体单元，如图 8-32 所示。

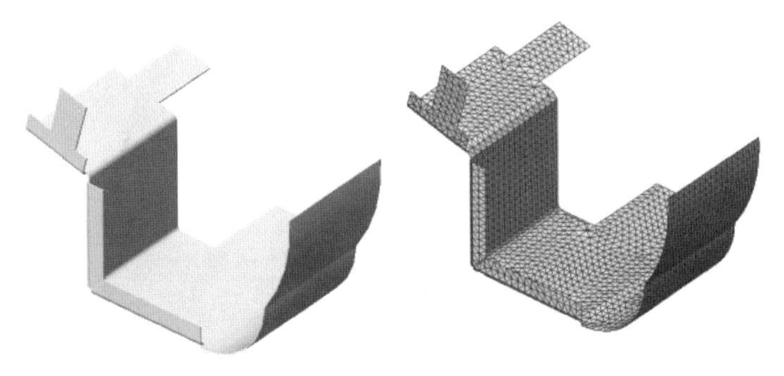

图 8-32

- 1D 横梁单元，如图 8-33 所示。

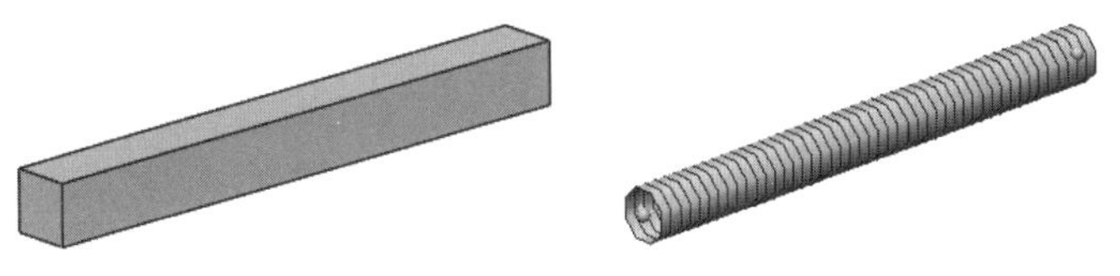

图 8-33

按网格单元形状进行划分，Simulation 中有 4 种单元类型：一阶实体四面体单元、二阶实体四面体单元、一阶三角形壳单元和二阶三角形壳单元。在 SOLIDWORKS Simulation 中，称一阶单元为“草稿品质”单元，二阶单元为“高品质”单元。

## 技术要点

线性单元也称作一阶或低阶单元。抛物线单元也称作二阶或高阶单元。

由于二阶单元具有较好的绘图能力和模拟能力，推荐对最终结果和具有曲面几何体的模型使用高品质选项，并且 Simulation 默认选择即为高品质。在进行快速评估时，可以使用草稿品质网格化，以缩短运算时间。

线性四面单元由 4 个通过 6 条直边线连接的边角节来定义。抛物线四面单元由 4 个边角节、6 个中侧节和 6 条边线来定义，如图 8-34 所示为线性和抛物线四面实体单元的示意图。

如图 8-35 所示为一阶、二阶的线性和抛物线三角形壳体单元的示意图。

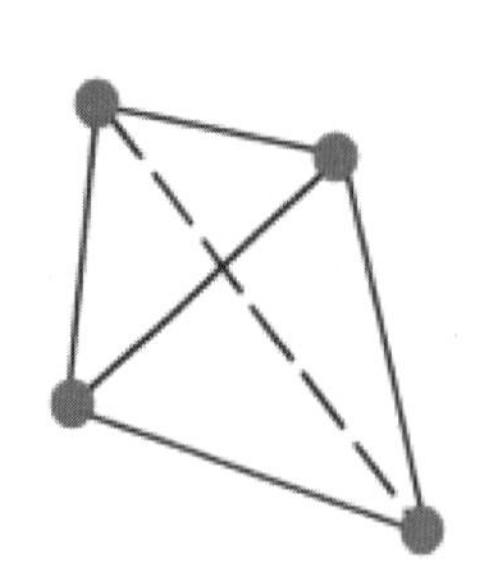


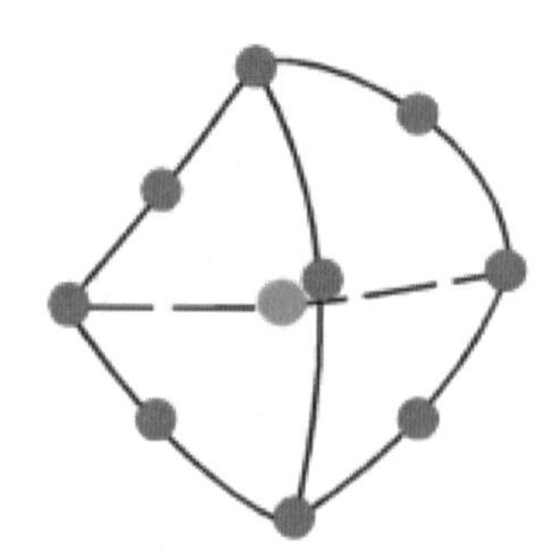


图 8-34

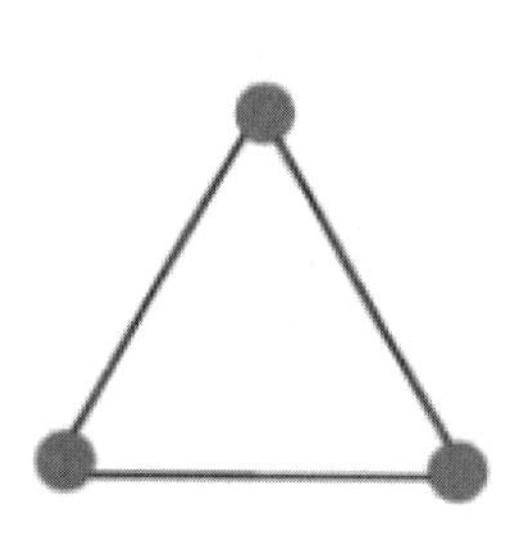


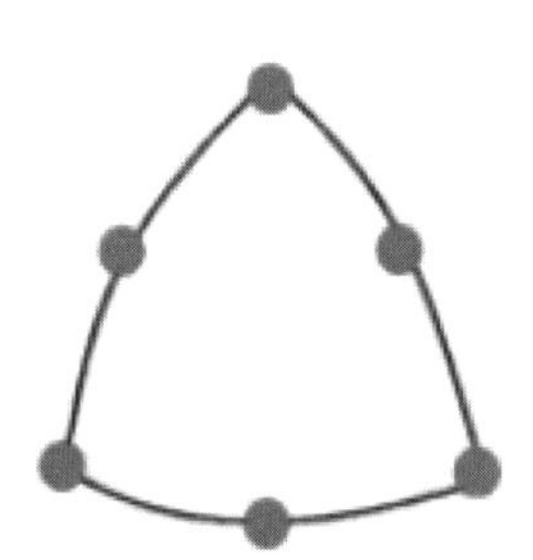


图 8-35

## 2. 网格划分要注意的问题

在划分网格时，需要注意以下几个问题。

（1）网格密度。

有限元方法是数值近似算法，在一般情况下，网格密度越大，其计算结果与精确解的近似程度越高。但是，在已经获得比较精确计算结果的情况下，再加大网格密度也就没有任何意义。

一般而言，网格密度（单元数）相同时，抛物线单元产生的结果的精度高于线性单元，原因如下。

- 它们能更精确地表现曲线边界。
- 它们可以创建更精确的数学近似结果。但是与线性单元相比，抛物线单元需要占用更多的计算资源。

对不同的研究对象，其单元格长度的取值是不同的，确定单元格长度可以采用以下 3 种方法。

- 数据实验法，即分别输入不同的单元格相比较，选取计算精度可以达到要求，且计算时间较短、效率较高，是收敛半径的单元格长度最小值，这种方法较复杂，往往用于无同类数据可参考的情况。
- 同类项比较法，即借鉴同类产品的分析数据。例如，在对摩托车铝车轮进行网格划分时，可以适当借鉴汽车铝车轮有限元分析时的单元格长度。
- 根据研究对象的特点，结合国家标准规定的要求，与实验数据相结合。 例如，对车轮有限元分析模型，有许多边界参数可参考 QC/ T 212—1996 标准的要求，同时结合铝车轮制造公司的实验数据取得。

（2）网格形状。

对于平面网格而言，有三角形网格和抛物线网格可供选择。对于三维网格，可以选择的网格形状有四面体与混合网格。选择网格形状，很大程度上取决于计算所使用的分析类型。例如，线性分析和非线性分析对网格形状要求不同，模态分析和应力分析对网格形状的要求也不同。

（3）网格维数。

在网格维数方面，一般有 3 种方案可供选择。一是线性单元，有时也称为“低阶单元”。其形函数是线性形式，表现在单元结构上，可以用是否具有中间节点来判断是否是线性单元。无中间节点的单元即线性单元。在实际应用中，线性单元的求解精度一般不如阶次高的单元，尤其是要求峰值应力结果时，低阶单元往往不能得到比较精确的结果。二是二次单元，有时也称为“高阶单元”。其函数是线性形式的，表现在单元结构上，带有中间节点的单元即二次单元。如果要求得到精确的峰值应力结果时，高阶单元往往更能够满足要求。而且，二次单元对于非线性特性的支持比低阶单元更好，如果求解涉及较复杂的非线性状态，则选择二次单元可以得到更好的收敛特性。三是选择所谓的 p 单元，其形函数一般是大于 2 阶的，但阶次一般不会大于 8 阶。这种单元应用局限性较大，这里就不详细讲述了。

### 3. 网格划分工具

要创建网格，可以执行 Simulation |“网格”|“生成”命令，或者在 Simulation 算例树中，右击“网格”项目，在弹出的快捷菜单中选择“生成网格”选项，即可弹出“网格”面板，如图 8-36 所示。

如果需要在模型中创建不同单元大小的网格，可以使用“应用网格控制”工具，弹出如图 8-37 所示的“网格控制”面板。可以选择模型上的面、边线、顶点或装配体中的某个零部件，分别设置不同的网格密度。

图 8-36

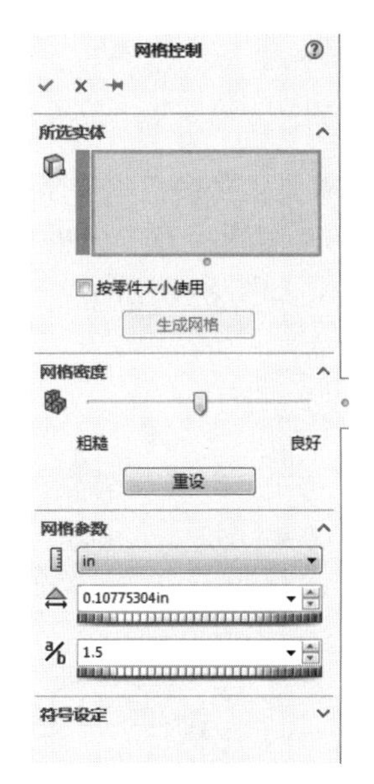


图 8-37

下面以上机实践操作来演示，如何创建 1D 横梁单元和 2D 壳体单元，源模型均采用相同的模型。

## 上机实践——创建 1D 横梁单元

**01** 打开本例源文件 8-1.sldprt，如图 8-38 所示。

**02** 单击“新算例”按钮，新建“静应力分析”算例，如图 8-39 所示。

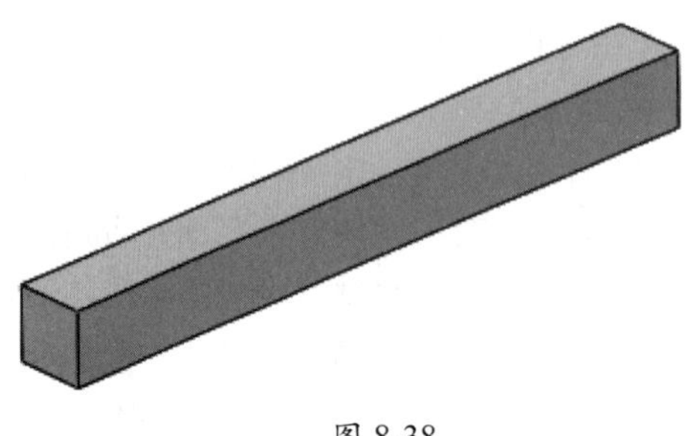

图 8-38

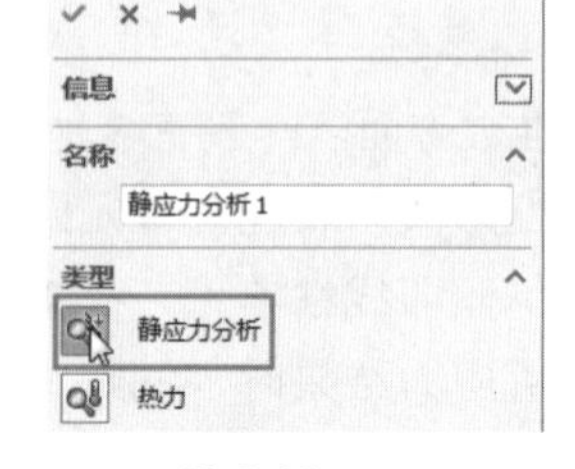


图 8-39

**03** 要创建 1D 梁单元，必须将模型设为横梁。在 Simulation 设计树中右击 8-1 零件项目，在弹出的快捷菜单中选择“视为横梁”选项，将 3D 实体设为 1D 线性几何，如图 8-40 所示。

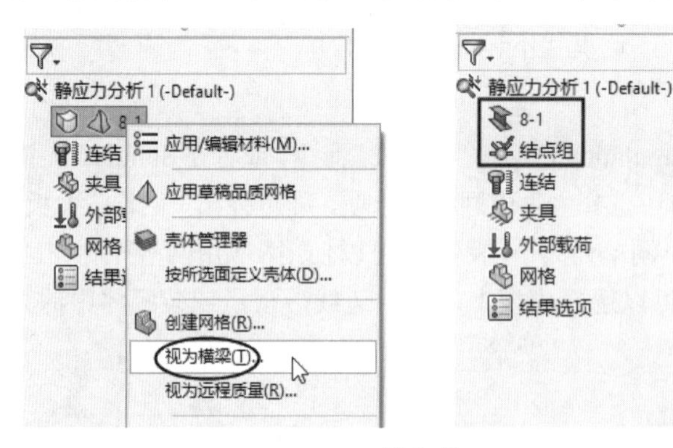


图 8-40

**04** 1D 线性横梁单元需要建立接点（接榫点）。右击“结点组”项目，弹出的快捷菜单中选择“编辑”选项，在弹出的“编辑接点”面板中单击“计算”按钮，计算模型中是否存在接点，如果存在将显示在接榫上，如图 8-41 所示。

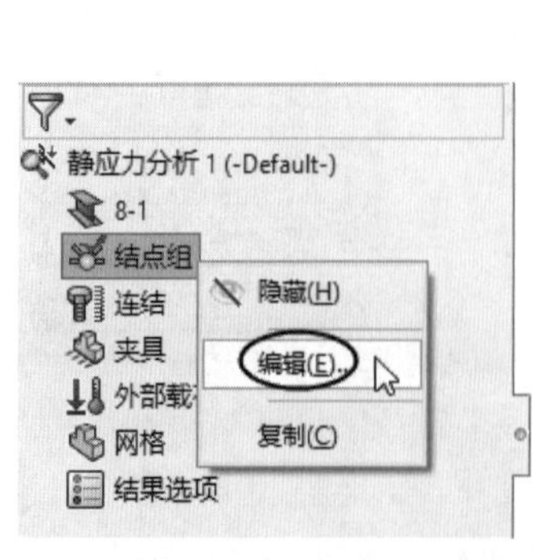


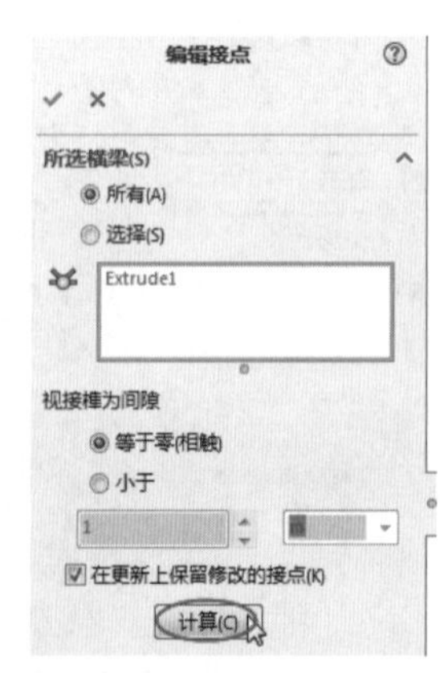


图 8-41

**05** 稍后计算结果会显示在“结果”列表中，同时在模型两端显示接点，如图 8-42 所示。单击“确定”按钮☑，结束操作。

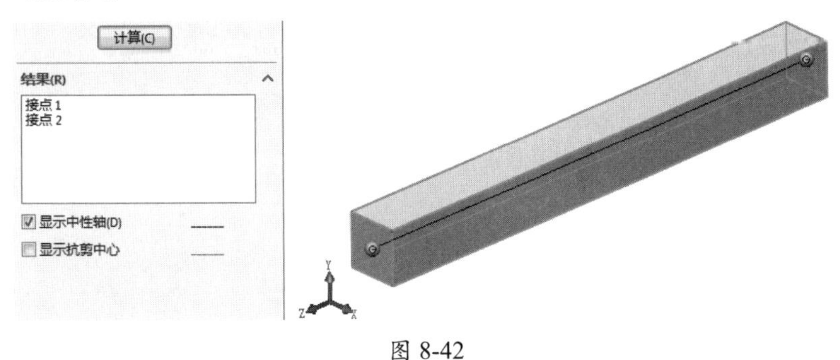


图 8-42

**06** 执行“生成网格”命令，Simulation 自动生成 1D 横梁单元，如图 8-43 所示。

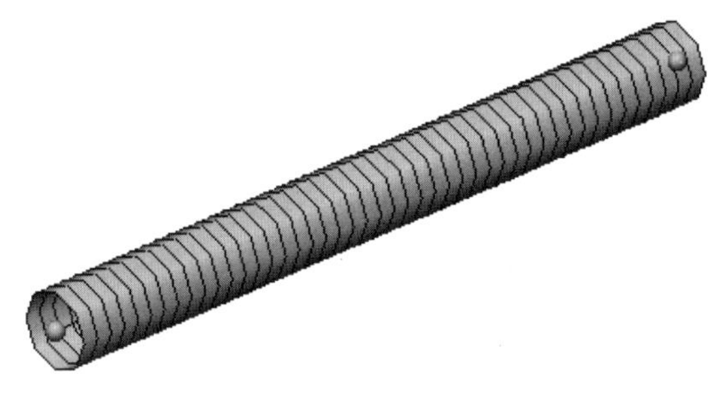

图 8-43

## 上机实践——创建 2D 壳体单元

有些结构比较简单的零件，完全可以建立 2D 壳体单元来替代 3D 实体单元，以此减少分析计算的时间。

**01** 继续前面的案例。右击 8-1 零件项目，在弹出的快捷菜单中选择“视为实体”选项，将横梁线性几何转换成实体几何，如图 8-44 所示。

**02** 转换成实体几何后，原先的 1D 网格也不复存在，接下来需要创建中性层面。在“曲面”选项卡中单击“中面”按钮，选择两个面创建中面，如图 8-45 所示。

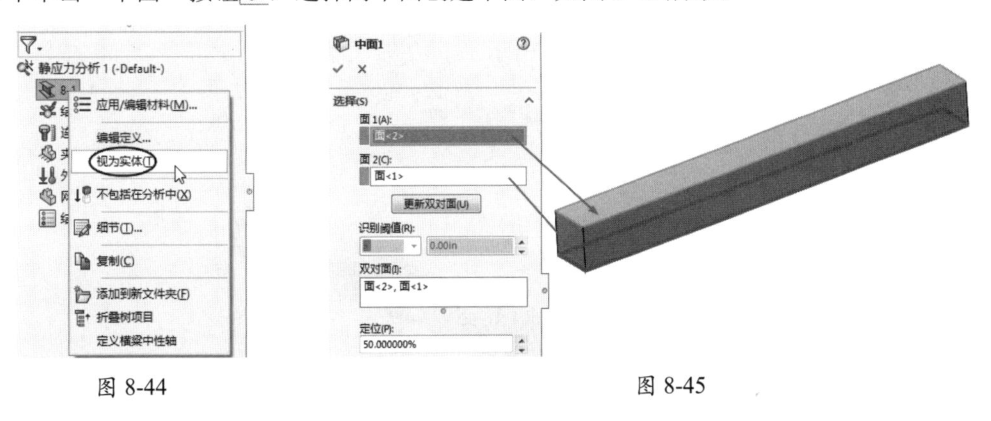


图 8-44　　图 8-45

**03** 创建中面特征后，在 Simulation 设计树中可以找到此特征，如图 8-46 所示。

**04** 右击创建的中面，在弹出的快捷菜单中选择“按所选面定义壳体”选项，弹出“壳体定义”面板。选择中面，并设置壳体厚度为 0.05 mm，单击“确定”按钮✓，完成壳体定义，如图 8-47 所示。

## 技术要点

如果不方便选择中面，可以将实体模型隐藏后再选择。

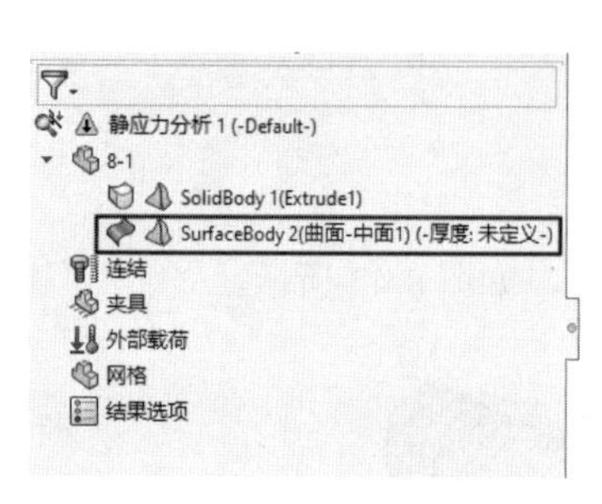


图 8-46

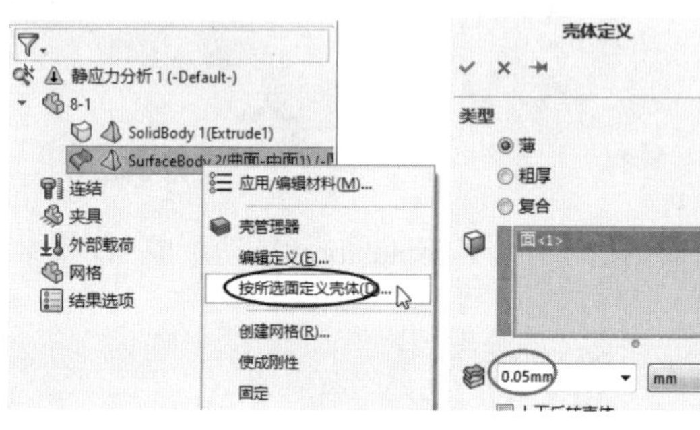


图 8-47

**05** 右击“网格”项目，在弹出的快捷菜单中选择“生成网格”选项，在弹出的“网格”面板中单击“确定”按钮，系统自动创建网格，如图 8-48 所示。

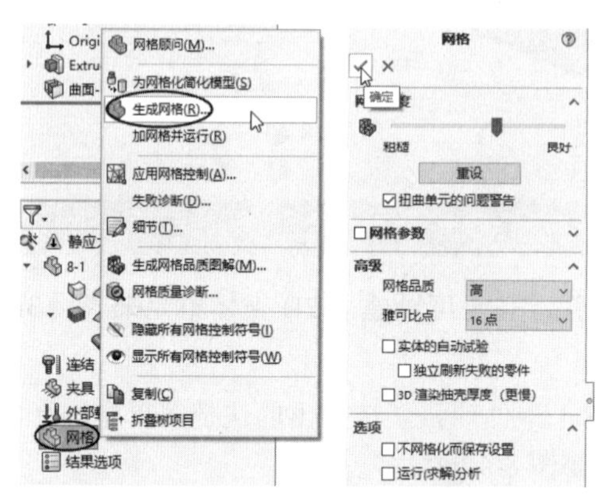


图 8-48

**06** 事实上，由于源模型与中面曲面属于两个实体特征，那么建立的网格也是两种：实体网格和壳体网格，合称为“混合网格”，如图 8-49 所示。

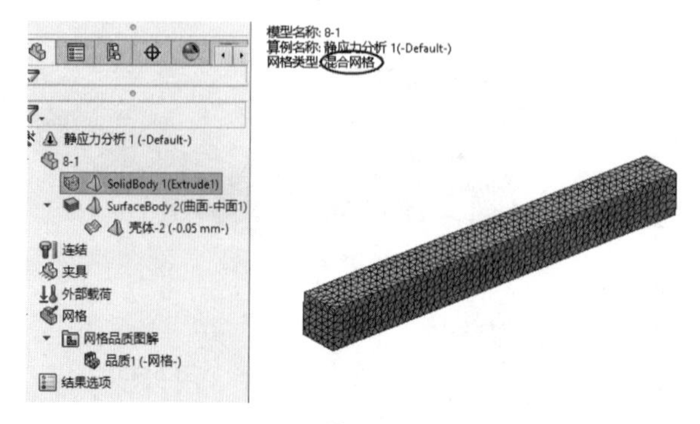


图 8-49

**07** 此时，需要对实体网格和壳体网格进行取舍。如果要用实体网格，可以在 Simulation 设计树中右击壳体网格，在弹出的快捷菜单中选择“不包括在分析中”选项，那么壳体网格就被压缩，不再用于有限元分析，只保留实体网格数据，如图 8-50 所示。

**08** 反之，如果要用壳体网格，可以将实体网格设置成“不包括在分析中”，如图 8-51 所示。

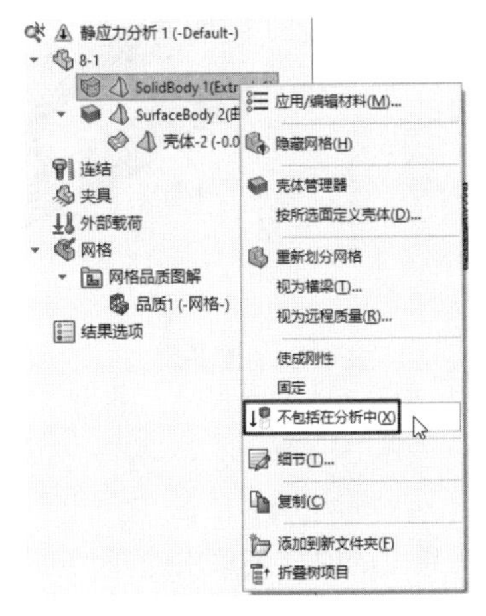


图 8-50

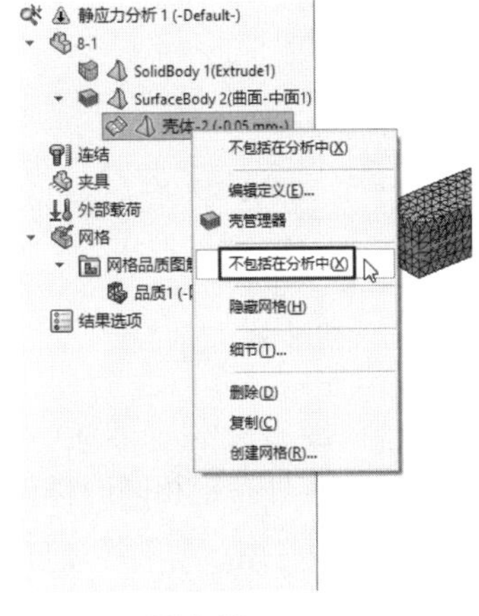


图 8-51

## 8.3 有限元分析案例：静应力分析

本节将通过一个“夹钳”装配体的静态分析，帮助读者熟悉装配体静态分析的一般步骤和方法。

“夹钳”装配体模型由 4 部分组成：两只相同的钳臂、一个销钉和夹钳夹住的螺钉，如图 8-52 所示。

本例的目的是计算当一个 300 N 的压力作用在夹钳臂末端时钳臂上的应力分布。分析时，将零部件“螺钉”压缩，钳口处用“平行”配合并添加“固定几何体”的夹具约束，来模拟平板被夹住时的情形，如图 8-53 所示。本例中“夹钳”材料为 45 钢，屈服强度 355 MPa，设计强度 150 MPa，大约为材料屈服强度的 42%。

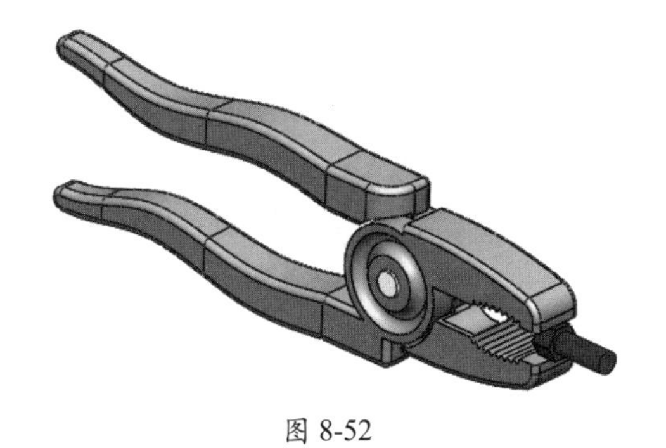

图 8-52

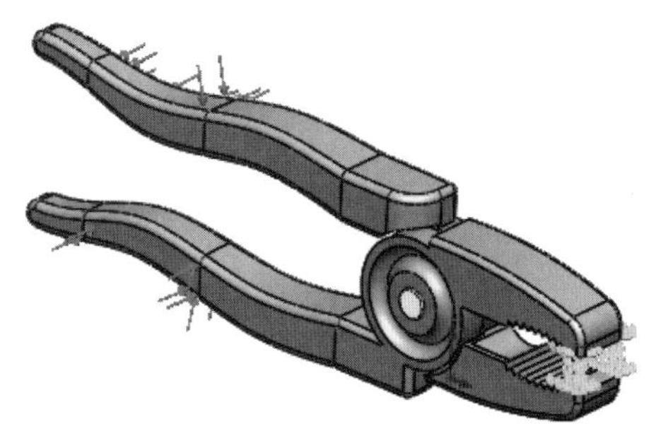

图 8-53

### 1. 建立算例

**01** 打开 pliers.sldasm 夹钳装配体文件，并将零部件 bolt.sldprt 压缩，如图 8-54 所示。

**02** 单击“新算例”按钮，创建名为“静应力分析 1”的静态算例，如图 8-55 所示。

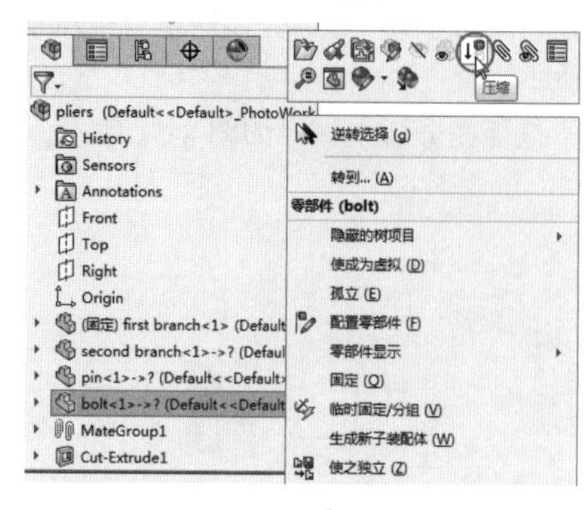


图 8-54

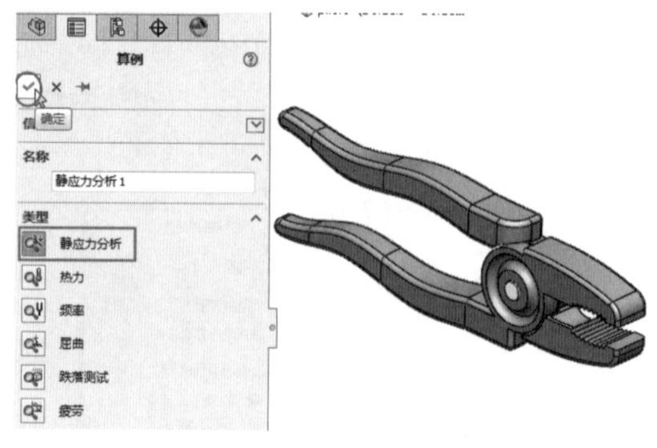


图 8-55

## 2. 应用材料

为“夹钳”的所有零件指定相同的材料。

**01** 在 Simulation 设计树中右击“零件”项目图标，在弹出的快捷菜单中选择“应用材料到所有”选项，弹出“材料”对话框。

**02** 在 SolidWorks GB materials 材料库中选择“碳素钢”的 45 碳钢材料，将其应用于当前装配体模型，如图 8-56 所示。

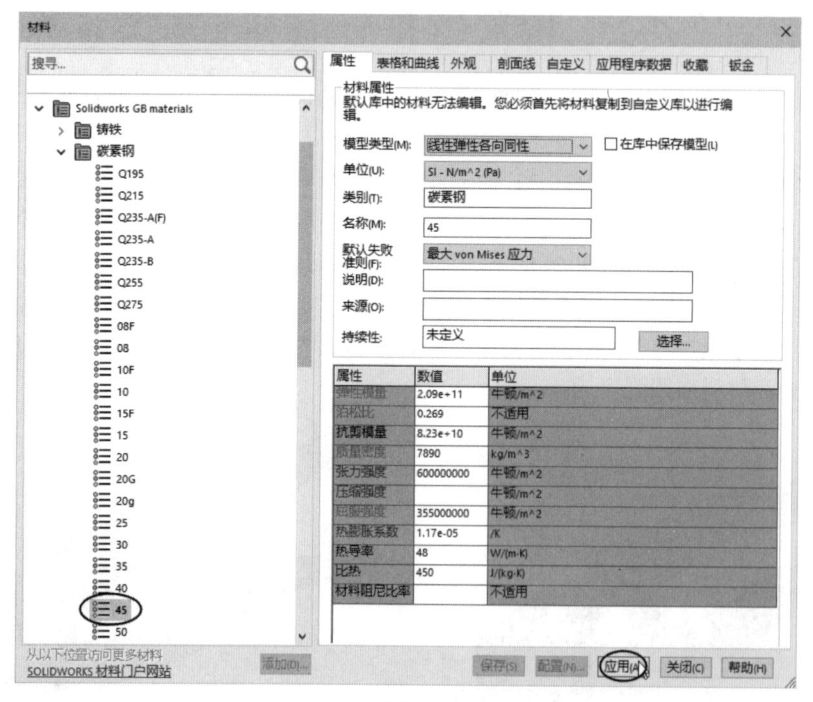


图 8-56

## 3. 添加约束和接触

**01** 在夹钳的两个钳口表面上添加“固定几何体”的约束条件，该约束条件能模拟出平板零件的作用，假定夹钳夹紧时平板无滑移，如图 8-57 所示。

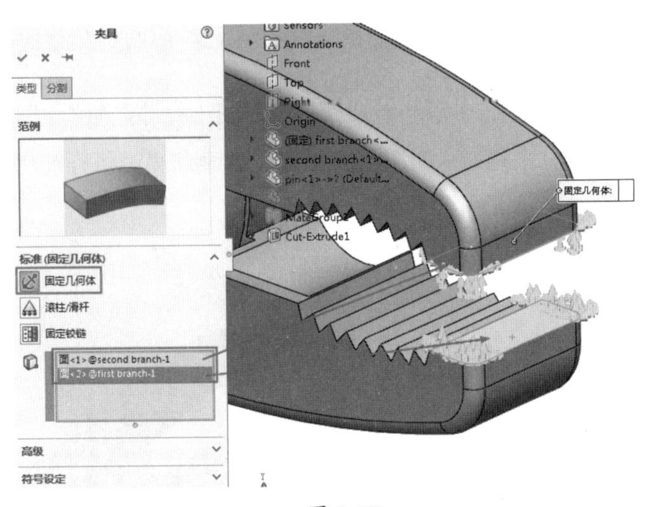


图 8-57

## 技术要点

如果新建算例时，在Simulation设计树的“连结”项目下就自动生成了零部件接触，需要将其删除，重新创建零部件接触。否则，会影响分析的成功。

**02** 为了允许模型因加载而产生变形时钳臂有相对的移动，应该设定全局接触条件为“无穿透”。右击“连结”图标，在弹出的快捷菜单中选择“零部件接触”选项，弹出“零部件相触”面板。选择装配体模型作为接触对象，在“零部件相触”面板中设置如图 8-58 所示的参数。

### 4. 添加载荷

右击 Simulation 设计树中的“外部载荷”图标，在弹出的快捷菜单中选择“力”选项，弹出“力 / 扭矩”面板。选择法向，力的大小为 300，如图 8-59 所示。

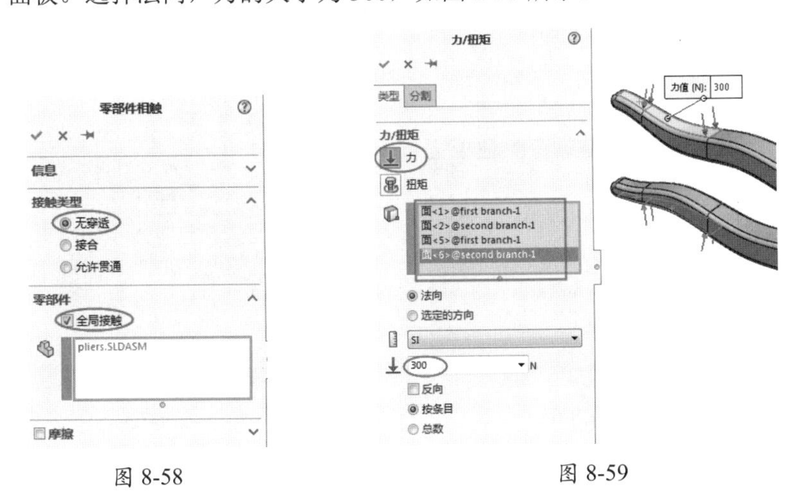


图 8-58　　图 8-59

### 5. 划分网格

由于装配体中零件几何尺寸差别很大，因此装配体分析时需要对个别零部件使用网格控制。本例中需要对“销”进行网格控制。

**01** 在 Simulation 设计树中右击“网格”项目，在弹出的快捷菜单中选择“生成网格”选项，弹出“网格”面板。

**02** 设置网格大小为 2.500 mm，单击“确定”按钮，完成网格划分，如图 8-60 所示。

**03** 从生成的网格看，网格划分不均匀，如图 8-61 所示。需要将模型进行简化，再重新生成网格。

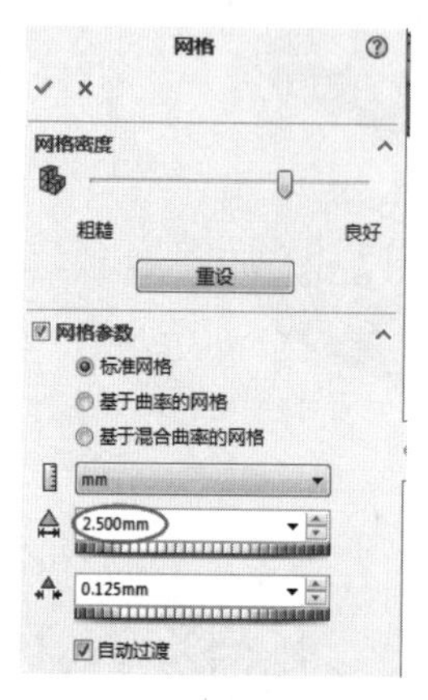


图 8-60

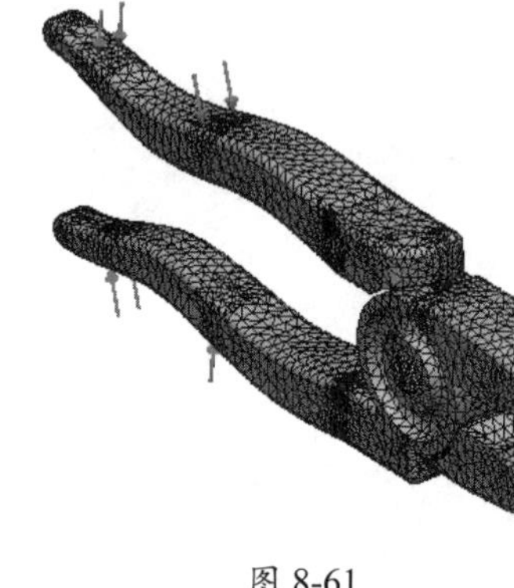

图 8-61

**04** 在 Simulation 设计树中右击“网格”项目，在弹出的快捷菜单中选择“为网格化简化模型”选项，弹出“简化”任务窗格，如图 8-62 所示。

**05** 在“简化”任务窗格的“特征”下拉列表中选择“圆角，倒角”选项，输入“简化因子”为 1.000000，单击“现在查找”按钮，查找装配体中所有的圆角和倒角特征，并将结果列出，如图 8-63 所示。

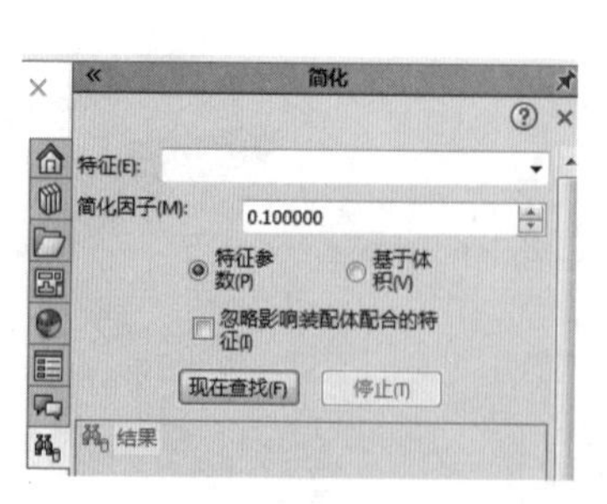


图 8-62

图 8-63

**06** 选中“所有”复选框选择所有列出的结果，单击“压缩”按钮，将这些圆角和倒角特征压缩，得到图 8-64 所示的新装配体。

**07** 编辑外部载荷的“力”，重新选择受力面，但是受力面太大了，会影响到分析效果，因为不可能在钳子前端施加作用力，因此需要将面重新分割，如图 8-65 所示。

**08** 在特征管理器设计树中，依次将第一个零部件和第二个零部件分别进行编辑。绘制草图曲线，创建分割线，得到如图 8-66 所示的效果。

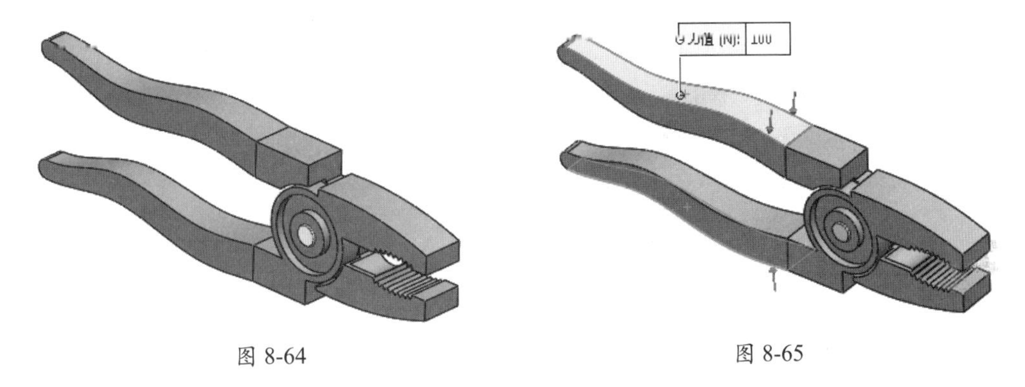


图 8-64　　图 8-65

**09** 编辑外部载荷，重新选择受力面，如图 8-67 所示。

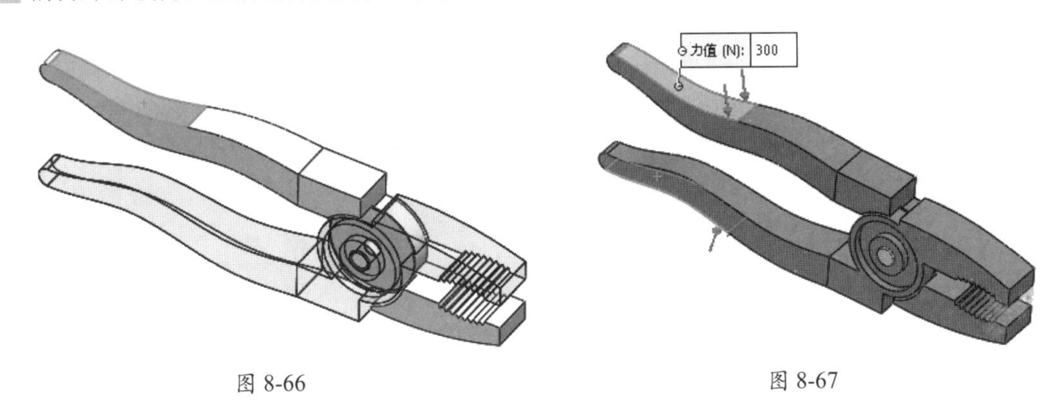


图 8-66　　图 8-67

**10** 最后重新生成网格，得到比较理想的网格密度，如图 8-68 所示。

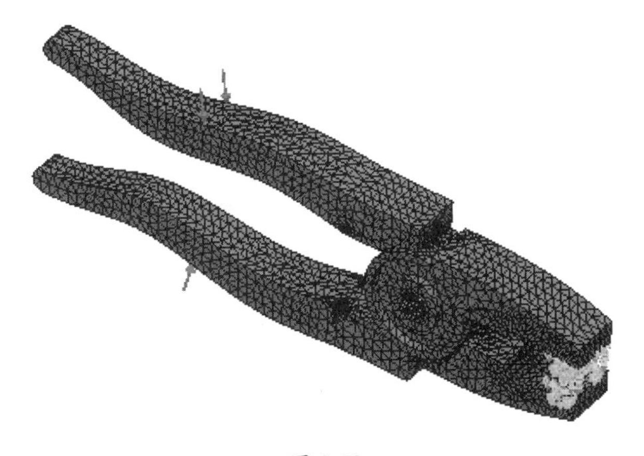

图 8-68

### 6. 运行分析与结果查看

**01** 右击 Simulation 设计树的“静应力分析 1”图标，在弹出的快捷菜单中选择“运行”选项，运行算例，如图 8-69 所示。

**02** 经过一段时间的分析后，在 Simulation 设计树“结果”节点项目中列出了应力、位移和应变分析结果。双击“应力 1”结果，绘图区会显示 von Mises 应力图解，如图 8-70 所示。

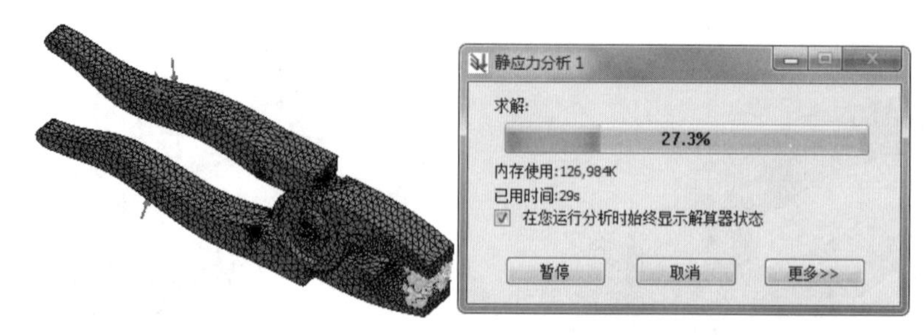


图 8-69

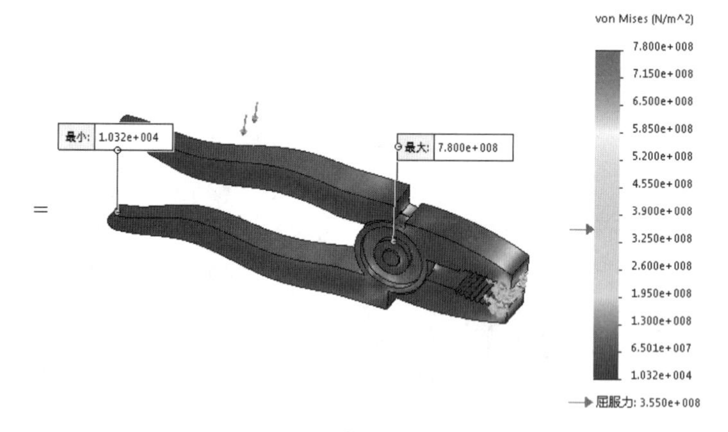


图 8-70

**03** 更改图解。右击“应力 1”图标，在弹出的快捷菜单中选择“图表选项”选项，弹出“应力图解”面板。在“图表选项”选项卡中选中部分复选框，单击“确定”按钮，完成操作，如图 8-71 所示。

**04** 随后在图解中可以清楚地看到变形比例及变形效果，如图 8-72 所示。施加了 300 N 的力，变形还是比较小，说明钳子本身的强度及刚度符合设计要求。

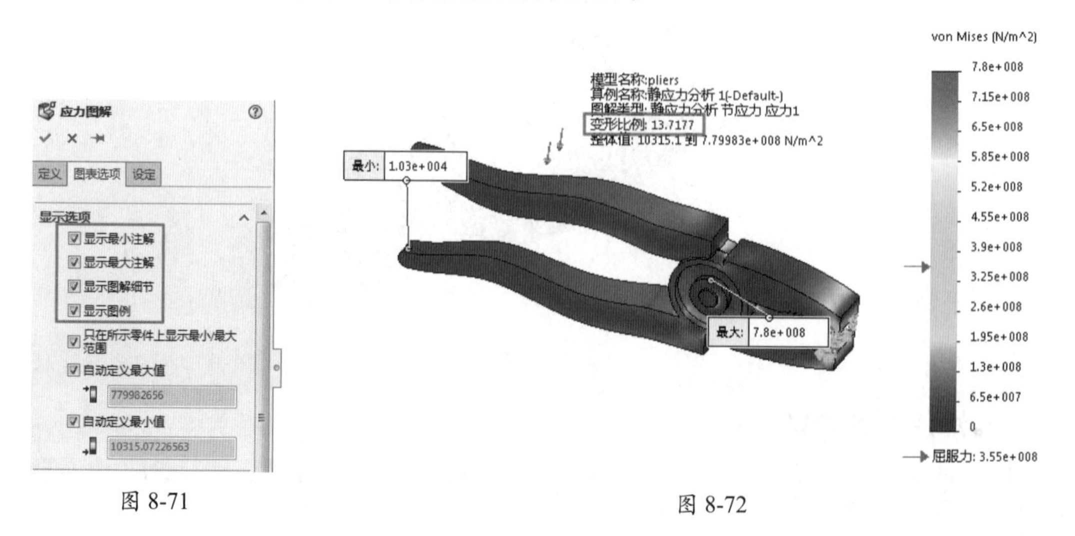


图 8-71　　　　图 8-72

**05** 从“位移 1”图解中可以看出，钳子手柄末端的位移量最大，为 1.133 mm，如图 8-73 所示。

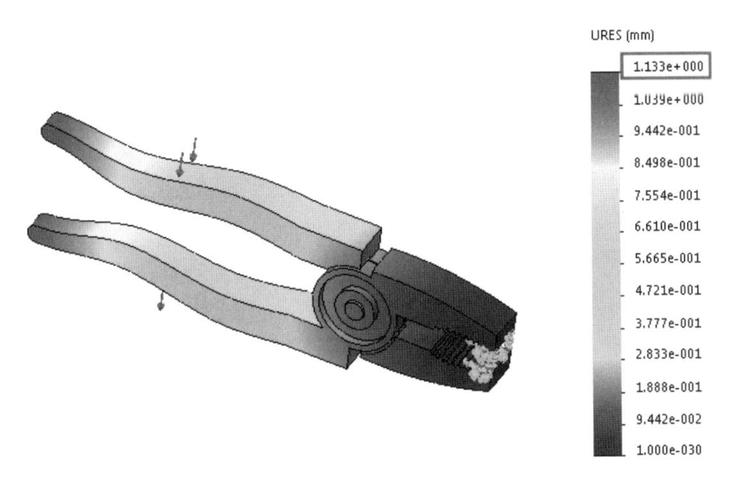


图 8-73

**06** 保存分析结果。

# 第 9 章　零件质量评估与分析

在利用 SolidWorks 进行机械零部件、模具、钣金以及机械电气化设计时，需要利用相关的特征识别、修复与精细化分析工具，帮助工程师完成设计与管理。

## 9.1 FeatureWorks 特征识别

FeatureWorks 用来识别 SolidWorks 零件文件中输入实体的特征，特征识别后将与 SolidWorks 生成的特征相同，并带有某些设计特征的参数。

要应用 FeatureWorks 插件，可以在“插件”对话框中选中 FeatureWorks 复选框，单击“确定”按钮即可，如图 9-1 所示。

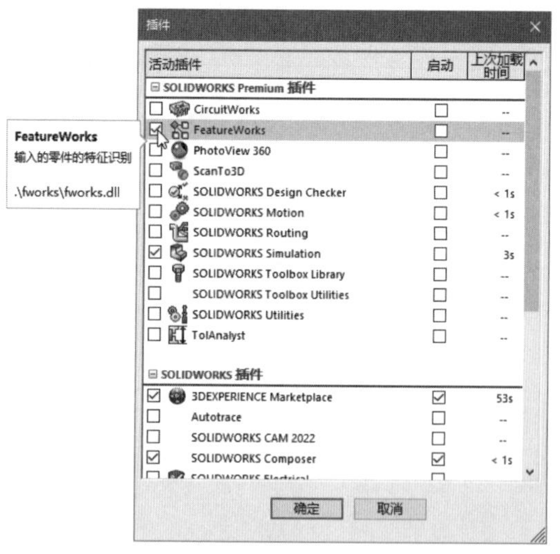


图 9-1

FeatureWorks 有 2 个功能：识别特征和 FeatureWorks 选项。

### 9.1.1 设置 FeatureWorks 选项

执行“插入”| FeatureWorks |“选项”命令，弹出“FeatureWorks 选项”对话框，如图 9-2 所示。

“FeatureWorks 选项”对话框有 4 个设置页面，具体如下。

- “普通”页面：此页面主要设置弹出其他格式文件时需要做出的动作，选中“零件打开时提示识别特征”复选框可以对模型进行诊断，并对诊断出现的错误进行修复。
- “尺寸 / 几何关系”页面：此页面主要控制输入模型的尺寸标注和几何约束关系，如图 9-3 所示。

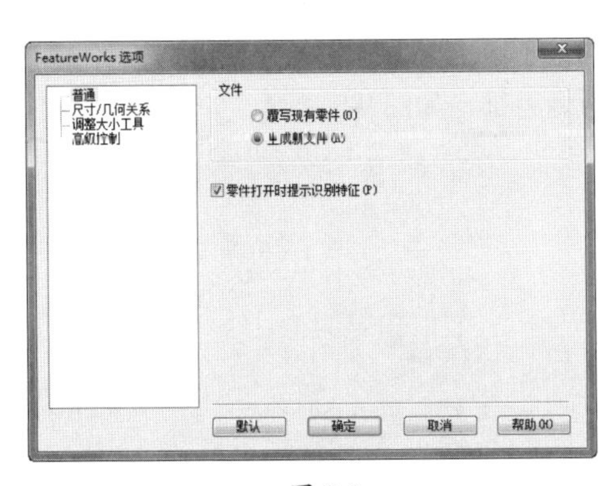


图 9-2

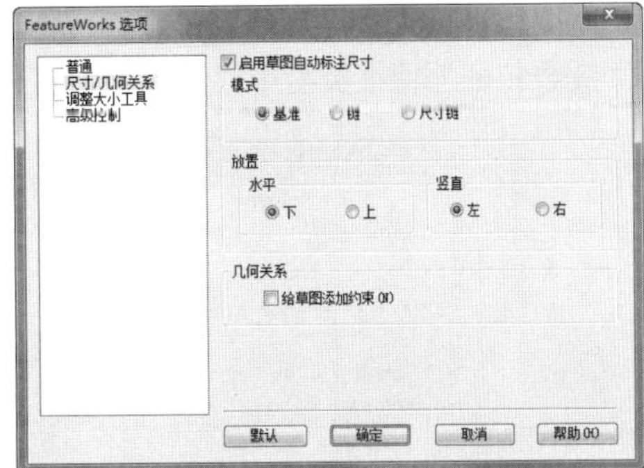


图 9-3

- “调整大小工具”页面：此页面用来控制模型识别后，特征属性管理中所显示特征的排列顺序，排序的方法为凸台 / 基体特征→切除特征→其他子特征，如图 9-4 所示。
- “高级控制”页面：此页面控制识别特征的方法和结果显示，如图 9-5 所示。

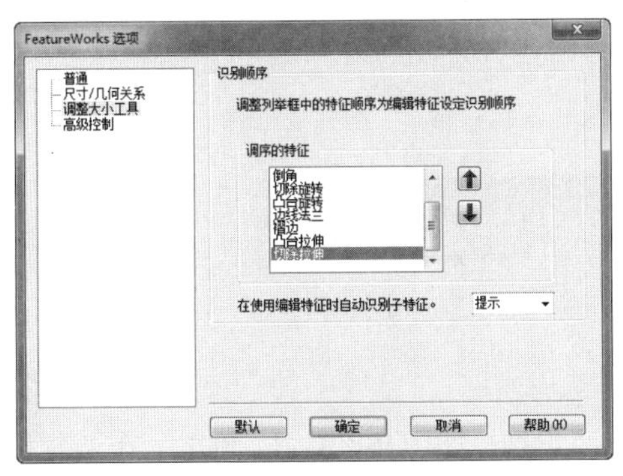


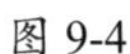

图 9-4

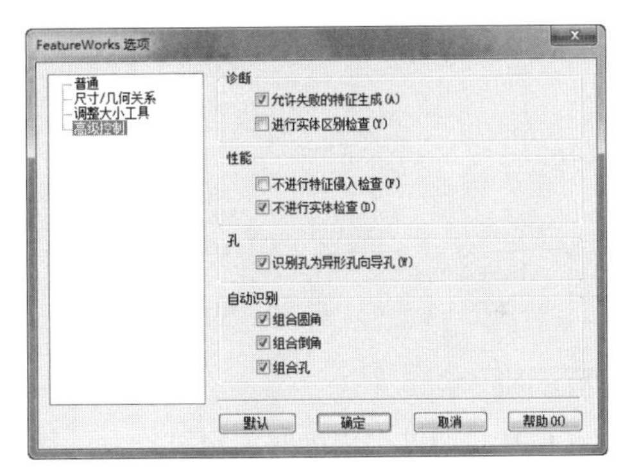


图 9-5

## 9.1.2 识别特征

对于软件初学者来说，此功能无疑极大地帮助你参考识别后的数据进行建模训练学习。

**技术要点**

但此功能并非能将所有特征都识别出来，例如在输入文件时，没有进行诊断或者诊断后没有修复错误的模型，是不能完全识别出所包含特征的。

输入其他格式的文件模型后，执行“插入”| FeatureWorks |“识别特征”命令，弹出 FeatureWorks 面板，如图 9-6 所示。通过该面板，可以识别标准特征（即在建模环境中创建的模型）和钣金特征。

### 1. 自动识别

自动识别是根据用户在“FeatureWorks 选项”对话框中设置的识别选项进行的识别操作。自动识别的“标准特征”的特征类型在“自动特征”选项区中，包括拉伸、体积、拔模、旋转、孔、圆角 / 倒角、筋等常见特征。

若不需要识别某些特征，可以在“自动特征”选项区中取消选中相应复选框即可。在“钣金特征”特征类型中，可以修复多种钣金特征，如图 9-7 所示。

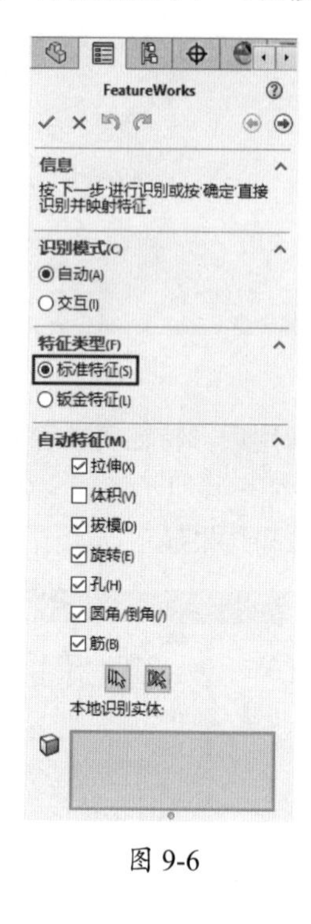


图 9-6

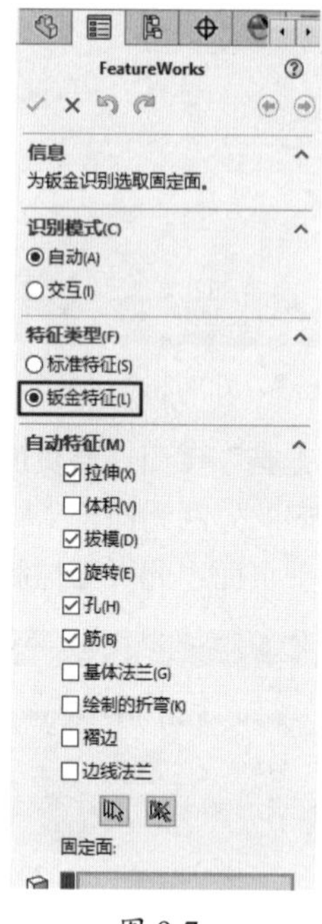


图 9-7

## 2. 交互识别

交互识别是通过手动选取识别对象后进行的自我识别，如图 9-8 所示。例如，在“交互特征”选项区的“特征类型”下拉列表中选择其中一种特征类型，然后选取整个模型，SolidWorks 会自动甄别模型中是否有识别的特征。如果能识别，可以单击该面板中的“下一步”按钮，查看识别的特征。例如，选择一个模型来识别圆角，如图 9-9 所示。

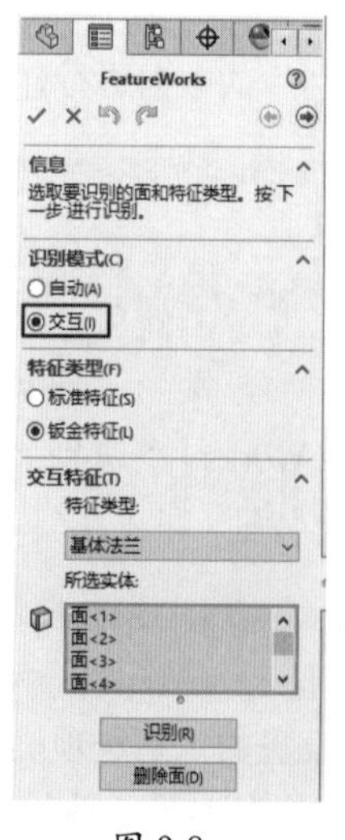


图 9-8

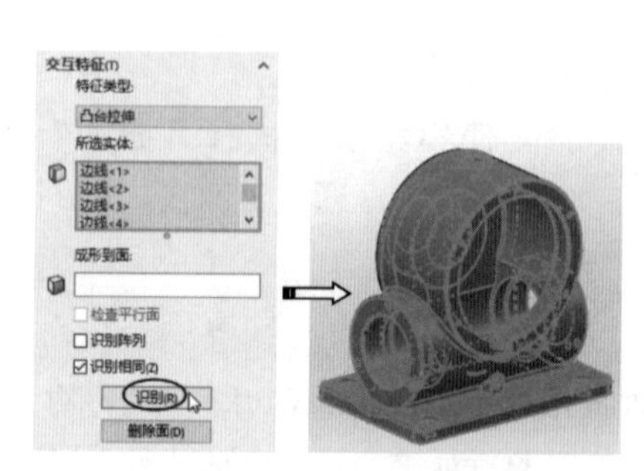


图 9-9

## 技术要点

如果选择了一种特征类型，而模型中没有这种特征，那么是不会识别成功的，会弹出识别错误提示，如图9-10所示。

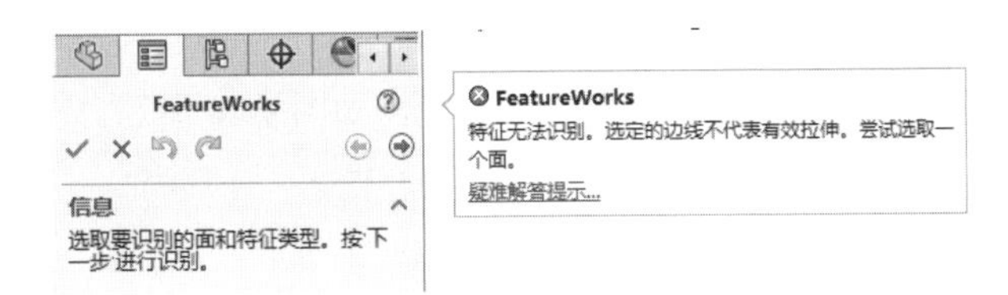


图 9-10

## 上机实践——识别特征并修改特征

**01** 打开本例的“零件 .prt”文件，如图 9-11 所示。

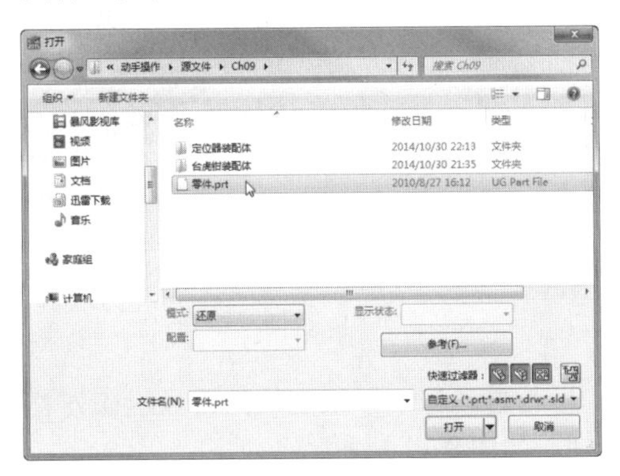


图 9-11

**02** 弹出 SolidWorks 信息提示对话框，单击“是”按钮，自动对载入的模型进行诊断，如图 9-12 所示。

## 技术要点

进行诊断，也是为了使特征的识别工作进行得更加顺利，“诊断”知识会在后面详细介绍。

**03** 弹出“输入诊断”面板，该面板中显示无错误，单击“确定”按钮✔，完成诊断并载入零件模型，如图 9-13 所示。

图 9-12

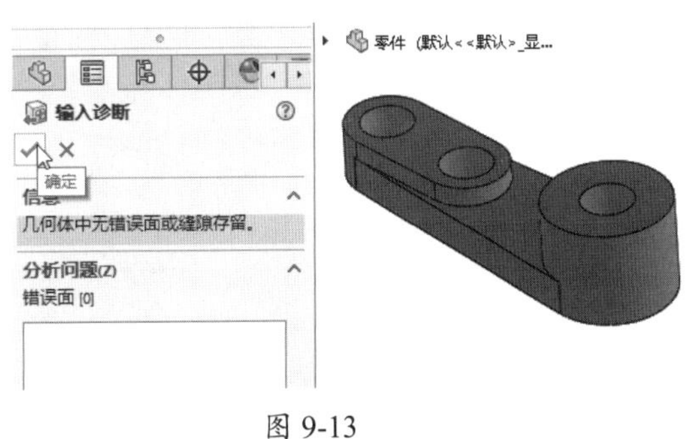


图 9-13

### 技术要点

在一般情况下，实体模型在转换时是不会产生错误的，而其他格式的曲面模型则会出现错误，包括前面交叉、缝隙、重叠等，需要及时进行修复。

**04** 执行“插入”| FeatureWorks |“识别特征”命令，弹出 FeatureWorks 面板。

**05** 选择“自动”识别模式，并全部选中模型中的特征，如图 9-14 所示。

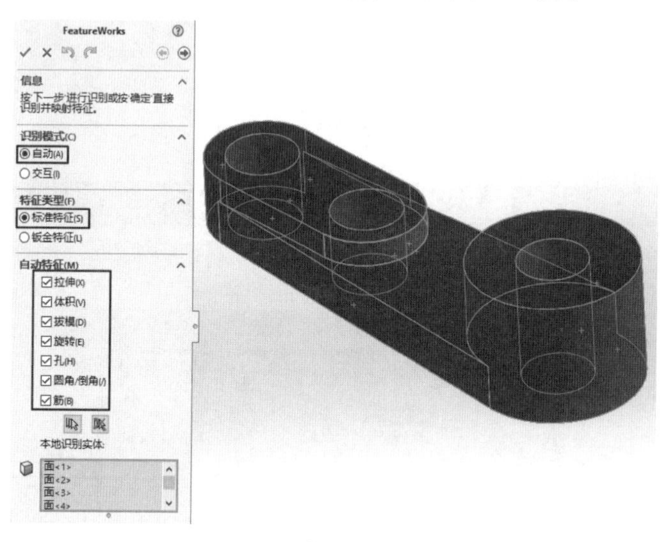


图 9-14

**06** 单击“下一步”按钮，运行自动识别，识别的结果显示在列表中。从结果中可以看出，此模型中有 5 个特征被成功识别，如图 9-15 所示。

**07** 单击“确定”按钮，完成特征识别操作，特征设计树中显示识别的特征，如图 9-16 所示。

图 9-15

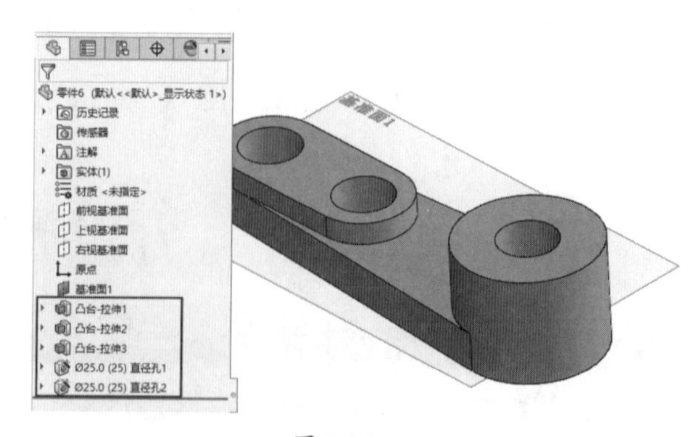


图 9-16

**08** 右击“凸台 - 拉伸 2”特征，在弹出的快捷菜单中选择“编辑特征”选项，在弹出的“凸台 / 拉伸 2”面板中更改高度值为 15.000 mm，单击“确定”按钮应用修改，如图 9-17 所示。

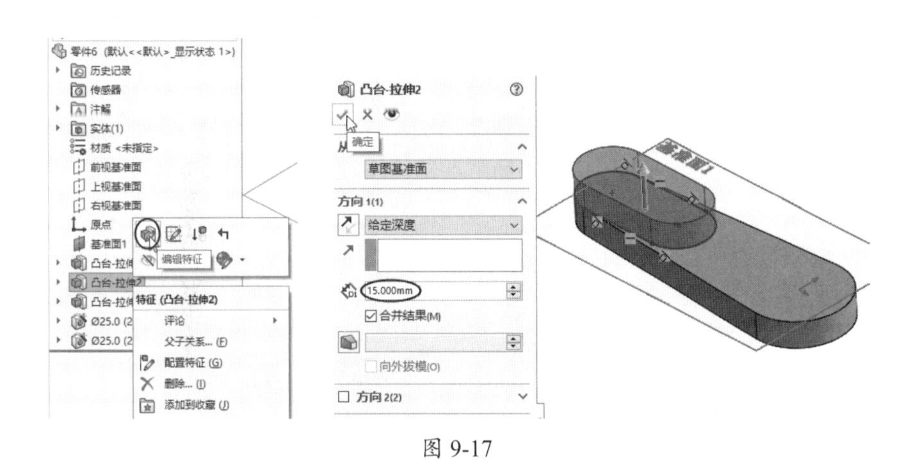


图 9-17

**09** 完成后将结果保存。

## 9.2 零件特征的修复

利用 SolidWorks 提供的基于实体特征的检查工具，可以帮助统计特征数量，找出特征错误并解决。

### 9.2.1 检查零件几何体

“检查”工具可以检查实体几何体并识别出不良几何体。在“评估”选项卡中单击“检查”按钮，弹出“检查实体”对话框。单击该对话框底部的“检查”按钮，系统自动检查当前模型，并将结构列在“结果清单”列表中，如图 9-18 所示。

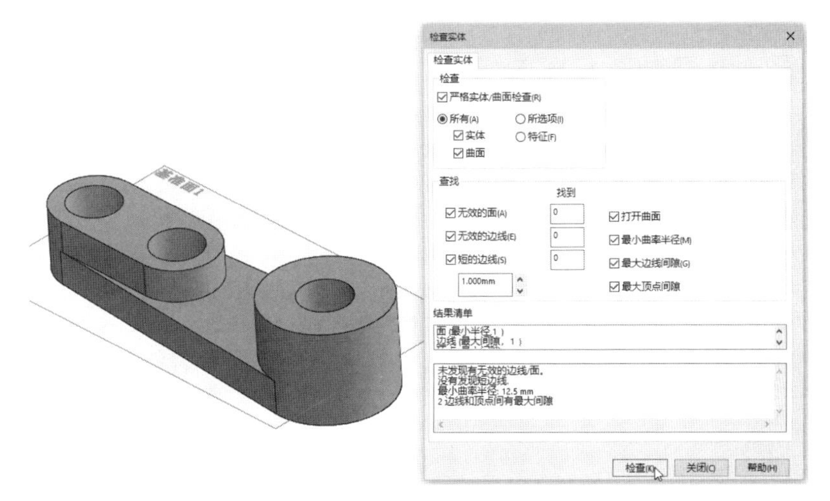


图 9-18

**技术要点**

在“结果清单”列表中选中一个项目以在图形区域高亮显示，并在信息区域显示额外信息。

### 9.2.2 输入诊断

“输入诊断”工具可以修复检查实体后所找出的错误。当导入外部数据文件后（非 SolidWorks 模型），在“评估”选项卡中单击“输入诊断”按钮，属性管理器中将显示“输入诊断”面板，如图 9-19 所示。

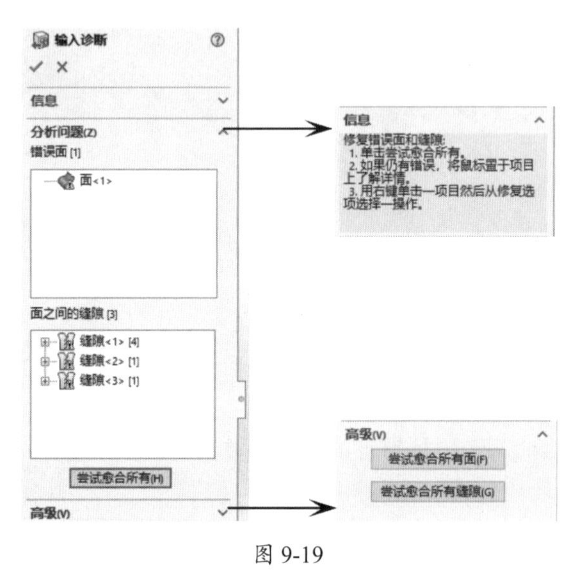


图 9-19

“输入诊断”面板中主要选项及选项区含义如下。

- “信息”选项区：该选项区显示有关模型状态和操作结果。
- “分析问题”选项区：该选项区显示错误面数和面之间的间隙数。面有错误时，图标为 。当面被修复时，图标则变为 。选择一个错误面并右击，会弹出快捷菜单，如图 9-20 所示。根据需要可以选择快捷菜单中的命令进行相应的操作。修复所有错误面后，错误面将以序编号，如图 9-21 所示。

**技术要点**

此快捷菜单中的命令与在图形区中的快捷菜单命令相同，图形区中的快捷菜单命令如图9-22所示。

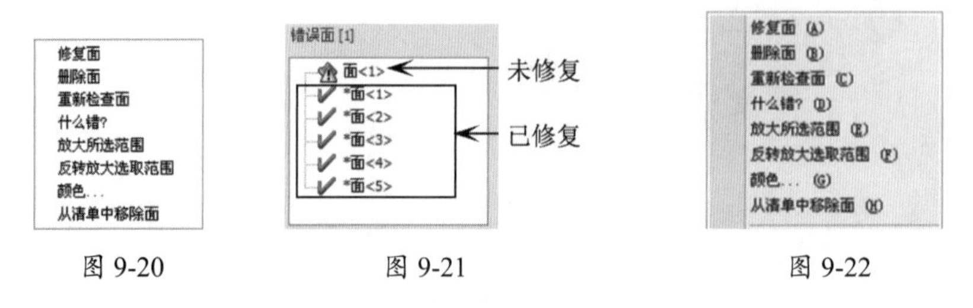


图 9-20　　图 9-21　　图 9-22

- 尝试愈合所有：单击此按钮，软件会尝试着修复错误面和面间隙。
- “高级”选项区：当出现的错误面和面间隙较多时，可以使用“高级”选项区中的“尝试愈合所有面”和“尝试愈合所有间隙”功能来修复错误，修复的错误将不再显示在“分析问题”选项区中。

# 9.3 尺寸及公差分析

SolidWorks 的 DimXpert 插件和 TolAnalyst 插件专用于机械零件的尺寸及公差分析，按照 ISO 和 ASME 标准的要求应用尺寸和公差。

## 9.3.1 应用 DimXpert 提升产品质量

DimXpert（尺寸专家）主要根据 ASME Y14.41–2003 和 ISO 16792 两项 GD&T（全球尺寸与公差规定）标准在 SolidWorks 中自动生成尺寸标注和形位公差，避免了设计人员由于设计经验不足及 GD&T 知识的欠缺而导致产品质量下降及成本增高的问题。

SolidWorks DimXpert 可以直接在 3D 图形中按照标准生成标注，还可以帮助查找图形是否缺少尺寸，并在工程图中直接根据标注生成图样，而出图时尺寸完全无须再标注。

在尺寸公差设计过程中，一部分设计人员可以通过装配关系查找手册，确定基本偏差及公差，另一部分设计人员则是按照公差的标准进行标注，这两种方式已经在企业中存在了很多年，并且一直沿用至今。而形状位置公差却是设计人员的一道门槛，大部分都是根据经验标注，有时甚至没有标注，如图 9-23 所示。

DimXpert 可以根据规范或提供详细的在线资源，帮助设计人员自动、准确地标注形状位置公差，如图 9-24 所示。

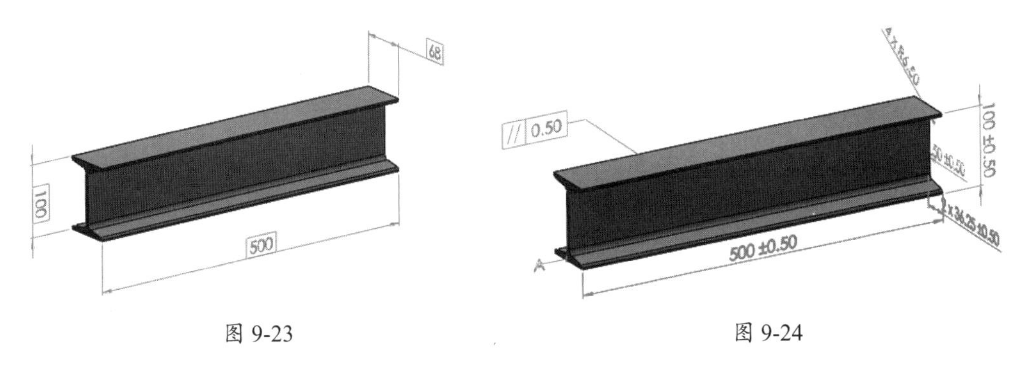


图 9-23　　　　图 9-24

SolidWorks DimXpert 尺寸专家的标注工具在 DimXpert 选项卡中，如图 9-25 所示。

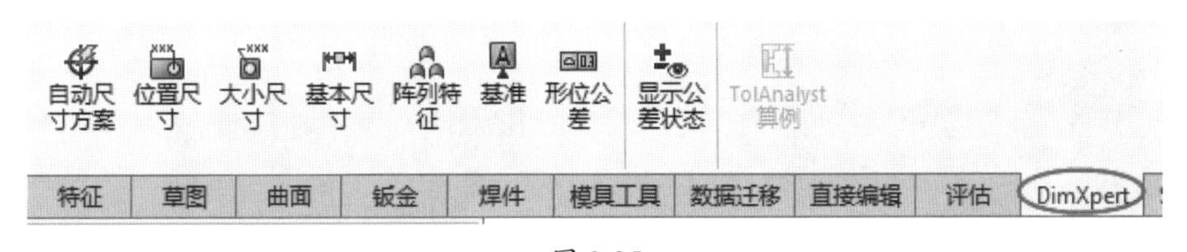


图 9-25

### 上机实践——手动和自动标注装配体中的组件

**01** 打开本例源文件 advdimxpert\Drum_Pedal.sldasm，如图 9-26 所示。

**02** 选择如图 9-27 所示的零组件（锤头），并在自动弹出的工具栏中单击“在当前位置打开零件”按钮，进入锤头零件的建模环境。

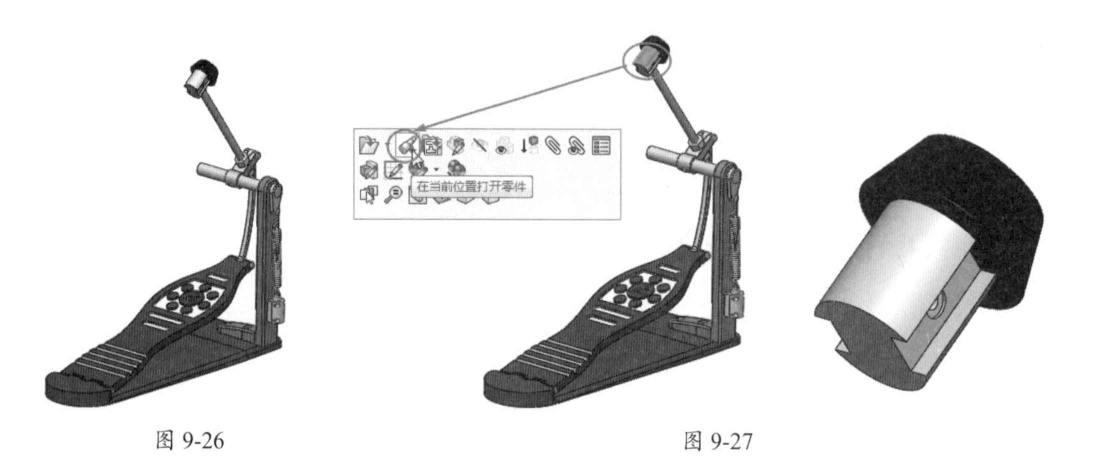


图 9-26　　　　图 9-27

**03** 在 DimXpert 选项卡中单击“大小尺寸”按钮，选择孔进行标注，随后弹出识别特征的特征选择器，单击特征选择器再单击“生成复合孔”按钮，接着选择另一侧的孔面，如图 9-28 所示。

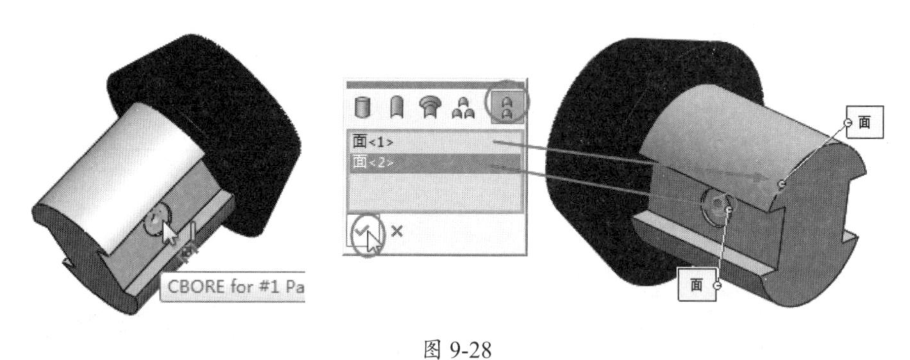


图 9-28

**04** 单击“确定”按钮后，在空白区域放置尺寸，完成大小尺寸的标注，如图 9-29 所示。

**05** 在 DimXpert 选项卡中单击“位置尺寸”按钮，先选择零件的一个端面，如图 9-30 所示。

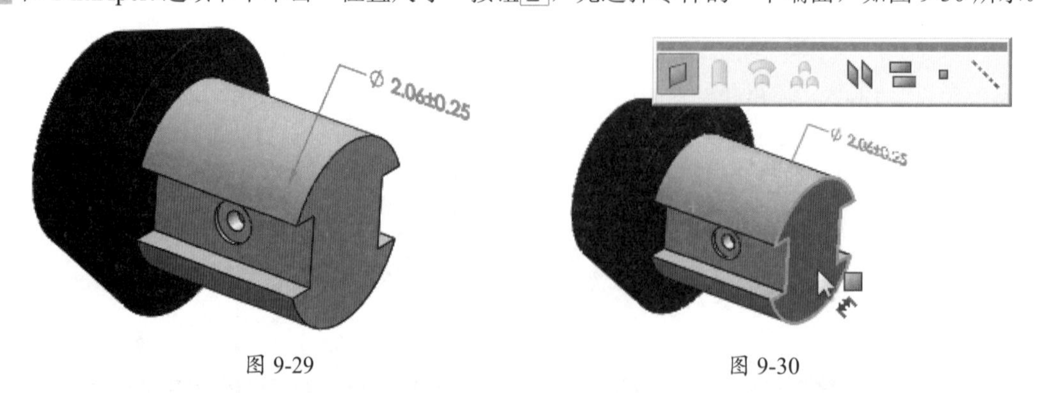


图 9-29　　　　图 9-30

**06** 再选择相对的另一端面，并将位置尺寸放置在下方，如图 9-31 所示。保持默认设置，关闭 DimXpert 面板。

**07** 同理，再添加一个位置尺寸，如图 9-32 所示。

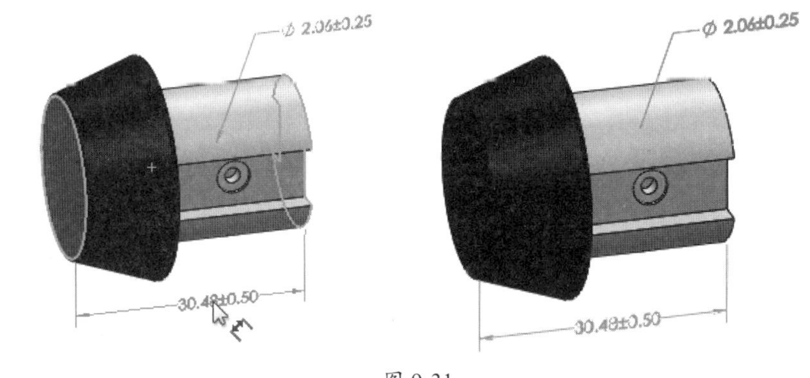


图 9-31

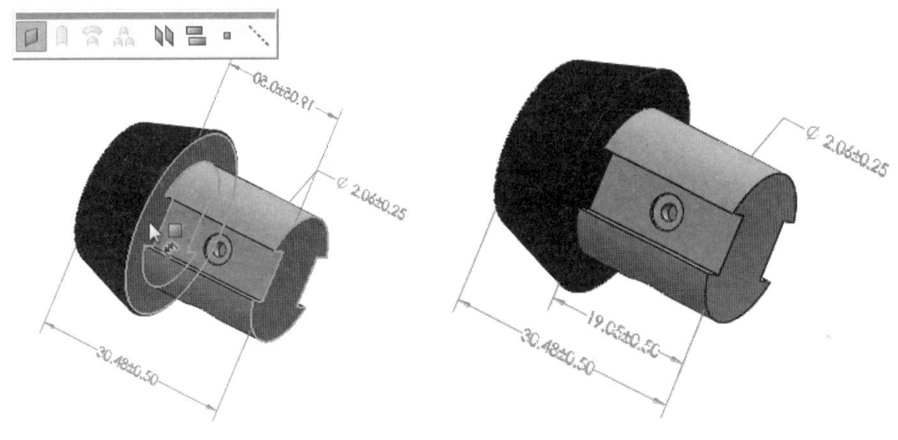


图 9-32

**08** 继续添加端面至复合孔的位置尺寸，如图 9-33 所示。

**09** 在零件的锥面添加大小尺寸（选择锥面即可），如图 9-34 所示。

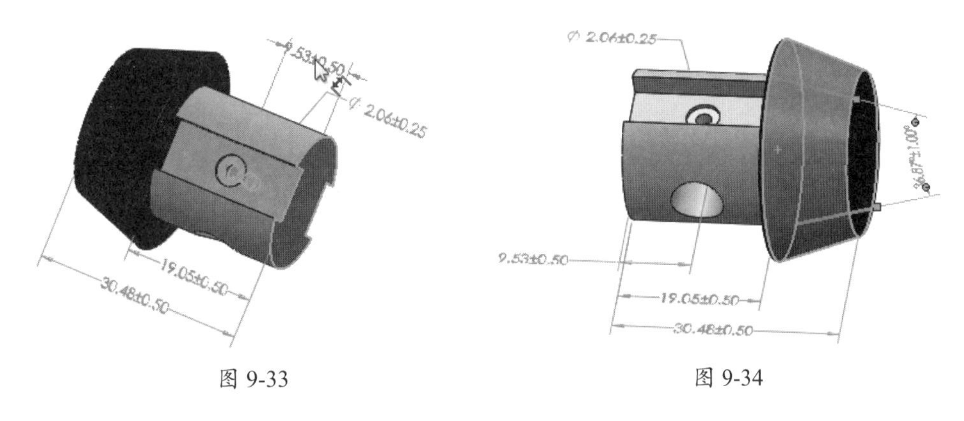


图 9-33　　　　　　　　　　　　图 9-34

**10** 添加位置尺寸到凹槽，如图 9-35 所示。

**11** 选择“窗口”|1 drum_Pedal.sldasm 选项，进入装配模式。选择弹簧系统的圆柱体零件在当前位置打开，如图 9-36 所示。

**12** 单击“自动尺寸方案”按钮，设置“自动尺寸方案”面板中的选项，并选择主要基准如图 9-37 所示。

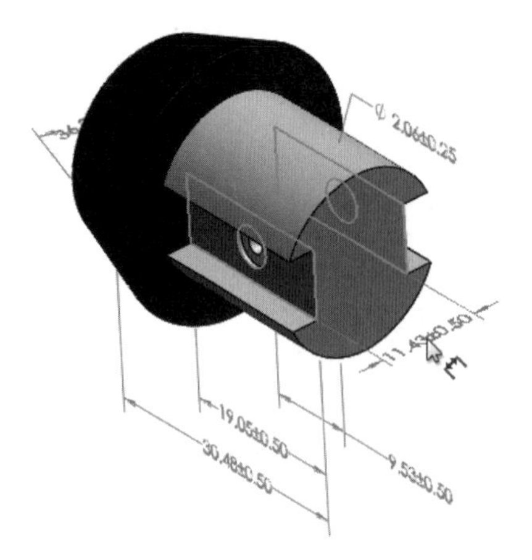


图 9-35

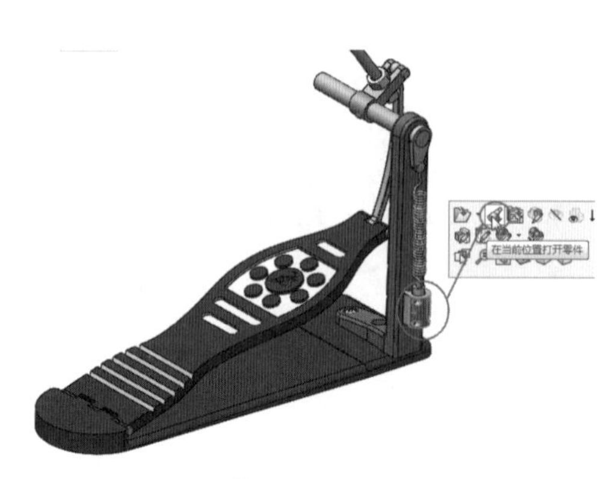


图 9-36

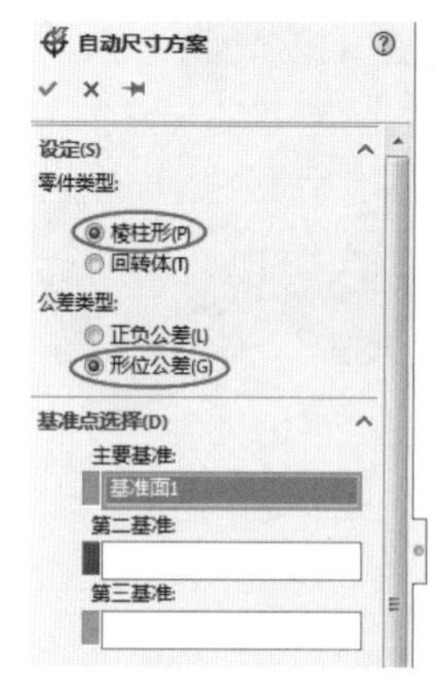


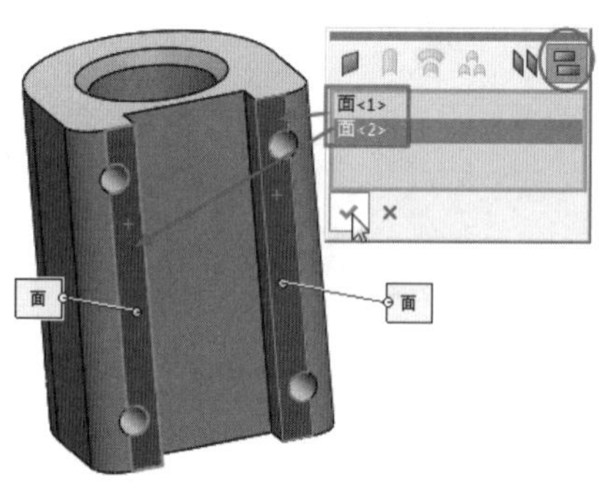


图 9-37

**13** 选择第二基准（选中孔后右击确认）和第三基准（选择最大圆柱孔面），如图 9-38 所示。

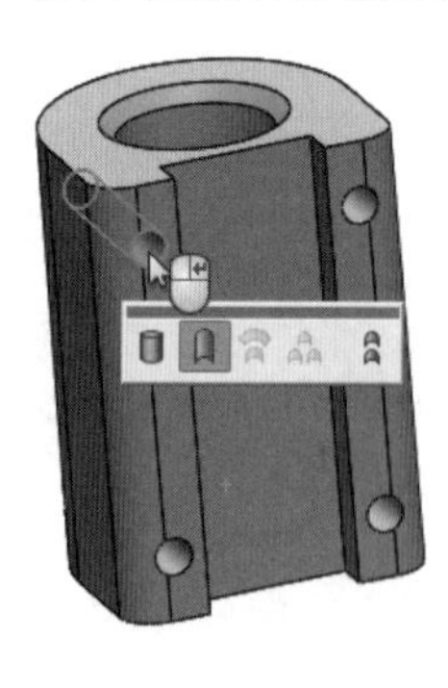

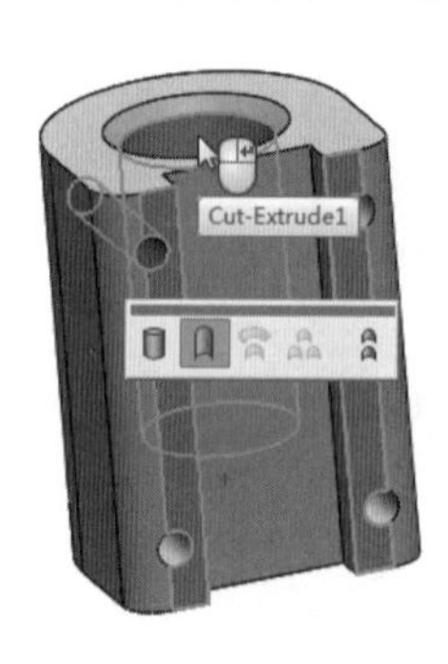


图 9-38

**14** 在“自动尺寸方案”面板的“范围”选项组中选中“所选特征”单选按钮，然后选择以下面，如图 9-39 所示。

- 背面的较大部分圆柱（圆柱）。
- 较大圆柱旁的两个面（基准面、基准面）。
- 顶面和底面（基准面、基准面）。

- 右上角的小孔（孔阵列）。
- 内部右侧面（凹口）。

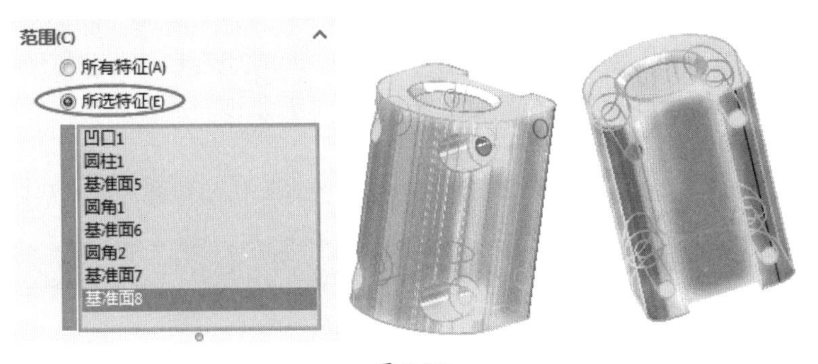


图 9-39

**15** 单击面板中的“确定”按钮☑，完成自动标注，结果如图 9-40 所示。

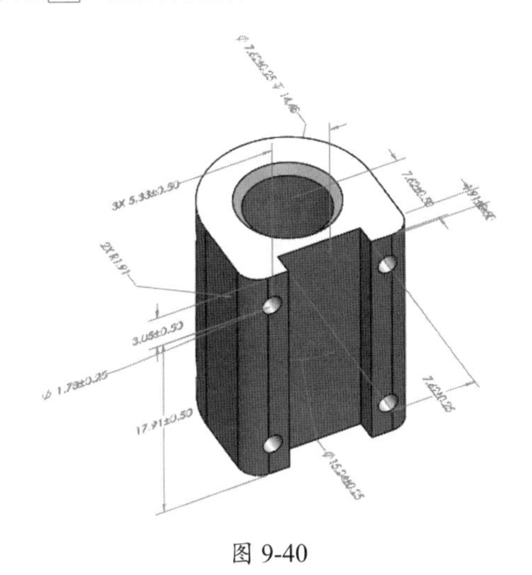


图 9-40

## 9.3.2　应用 TolAnalyst 得到更好的产品

在 SolidWorks 中，DimXpert 和 TolAnalyst 正好构成一个公差设计系统，而尺寸专家的标准直接关联到公差分析中，因此能够更直观、更方便地帮助设计师设计出更好的产品。

由于标准规范与企业标准不匹配，设计师往往会在尺寸标注过程中，使用试验中获得的精度或配合方式，但是这样无法对批量生产的产品性能进行控制。

而 TolAnalyst 主要作用之一就是解决公差设计的问题，TolAnalyst 可以帮助设计师完成以下工作。

- 尺寸公差链的推导：依据蓝图上的规格，表示出各零件的加工顺序，以及相互之间的依存关系，即可找出相关的线性公差累积，以方便公差设计。
- 几何公差模式：指工件上某一部位的几何公差或所在位置的允许变化量。若工件的几何公差超出设定范围，可能会造成功能缺失或无法装配。
- 统计与概率公差模式：统计公差是设计者所给的尺寸误差范围，同时考虑上限与下限区间范围内其尺寸误差值的发生概率，在大量生产时更能发挥其效益。但是，统计公差分析数学运算较烦琐，对于复杂产品的累积公差分析比较困难。

- 以分析和合成为基础的公差模式：公差设计基本程序包含公差分析与公差合成。公差分析的主要目的是确定每一组件的公差与尺寸，以确保组合后的公差与尺寸的可行性。而公差合成是将组合后的公差在特定要求（如成本最低或产品对环境改变最小等）下，选定或分配到各组件中，以达到公差设计的目的。
- 成本 - 公差演算模式：利用数学规划的方法配置各零件的公差，以求最低的制造成本。

## 上机实践——TolAnalyst 等距公差与最小间隙分析

（1）启用插件。

**01** 在快速访问选项卡的“选项”中展开下拉列表，选择“插件”命令，弹出“插件”对话框。在“插件”对话框中选中 TolAnalyst 复选框，单击“确定”按钮启用插件，如图 9-41 所示。

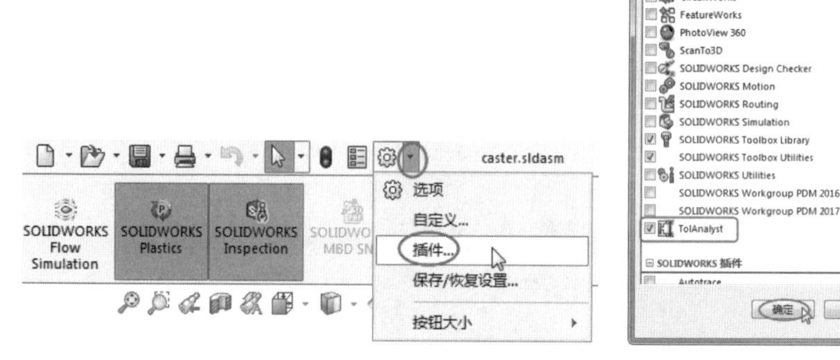

图 9-41

**02** 在“SolidWorks 插件”选项卡中单击 TolAnalyst 按钮，激活 TolAnalyst 插件。此时，在图形区左侧的管理器中列出 DimXpert Manager 管理器，该管理器中列出了“TolAnalyst 算例”工具，如图 9-42 所示。

（2）审核 DimXpert 尺寸。

**01** 打开本例素材源文件 offset \caster.sldasm，如图 9-43 所示。

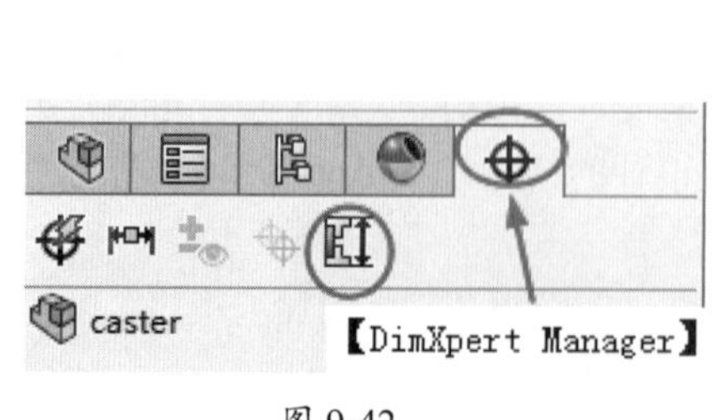


图 9-42

图 9-43

**02** 选择滚轮装配体中的一块底座板，并在当前位置打开，进入该座板零件的建模环境，如图 9-44 所示。

**03** 在 DimXpert Manager 管理器中单击“显示公差状态”按钮，显示该零件的尺寸公差，如图 9-45 所示。

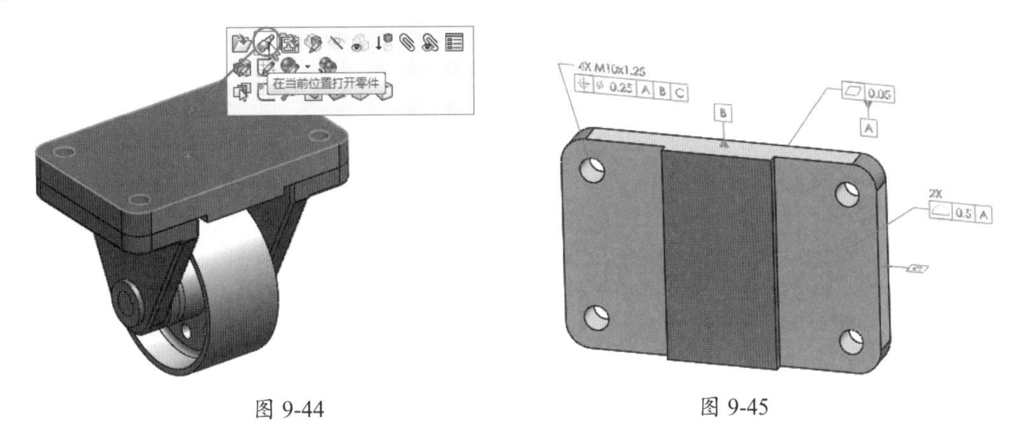


图 9-44　　　　图 9-45

**04** 零件中并没有完全标注尺寸或公差。TolAnalyst 不要求完全约束每个零件，以便估算算例。然而，TolAnalyst 在估算算例的公差链不完整或断开时会弹出警告信息。

**05** 关闭零件返回到装配模式。

**06** 同理，再单独打开支架零件，观察其尺寸标注情况，如图 9-46 所示。

（3）定义测量。

**01** 在 DimXpert Manager 管理器中单击“TolAnalyst 算例”按钮，显示“测量”面板。

**02** 在图形区域中右击轴的中心，选择“选择其它”命令，然后选择 Axle_support<1> 上镗孔的面，如图 9-47 和图 9-48 所示。

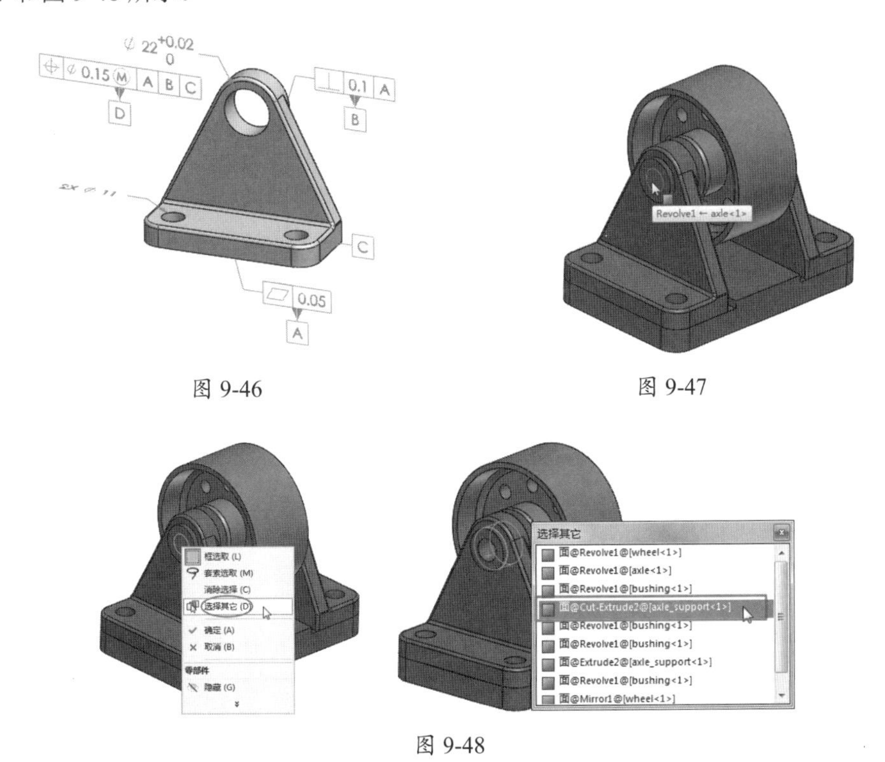


图 9-46　　　　图 9-47

图 9-48

**03** 在面板中激活“测量到”收集框，并在对称的另一边按上一步的方法选择“测量到”的面（Axle_support<2> 上镗孔的面），如图 9-49 所示。

**04** 在图形区域中单击以放置尺寸（在两个镗孔之间沿 Z 轴应用长度为零的尺寸），如图 9-50 所示。

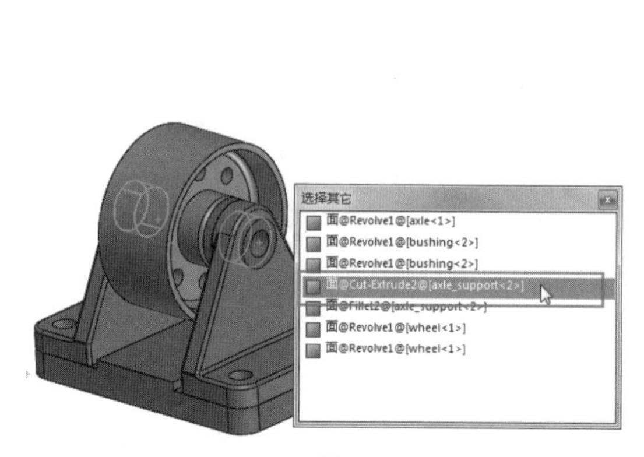


图 9-49

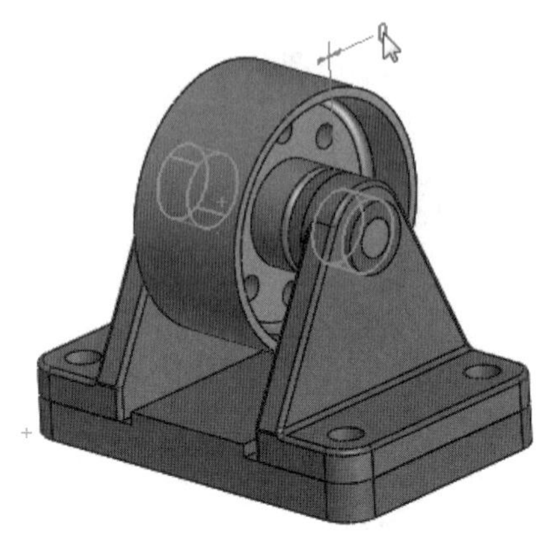

图 9-50

**05** 在“测量方向”组中单击[Y]按钮，改变测量方向，如图 9-51 所示。

（4）定义装配顺序。

**01** 在显示的“装配体顺序”面板单击“下一步”按钮，并选择底座板作为公差装配体，如图 9-52 所示。

图 9-51

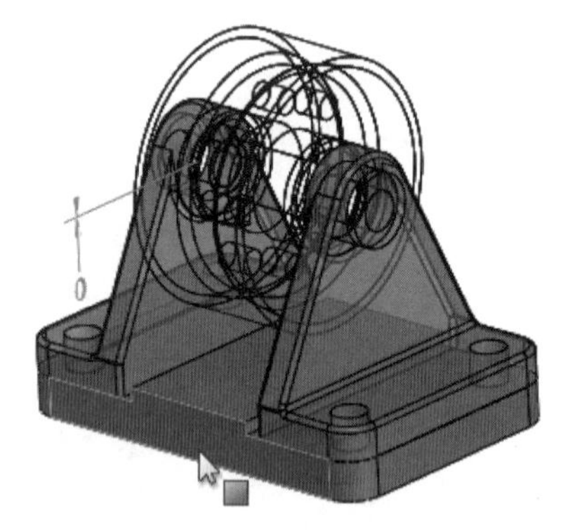

图 9-52

## 技术要点

Top_plate-1@Caster（底座板）作为基体零件出现在公差装配体之下，并作为第一个零部件出现在零部件和顺序之下。基体的相邻零件变成透明并出现在PropertyManager装配管理器中的相邻内容之下，所有其他零件以线架图形式显示。

**02** 在“装配体顺序”面板的“相邻内容”列表中选择 axle_support-1 并添加，如图 9-53 所示。再选择 axle_support-2 并添加，添加完成后单击“下一步”按钮，如图 9-54 所示。

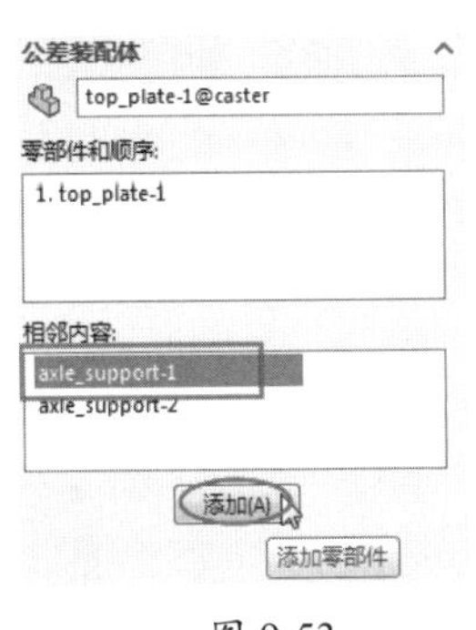

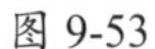

图 9-53

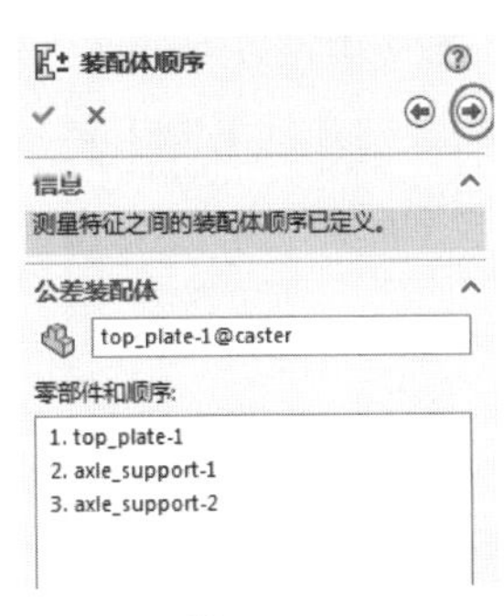


图 9-54

（5）定义装配约束。

**01** 进入“装配体约束”步骤。图形区显示约束标注，每个标注代表可以在轴支撑和顶盘上在DimXpert 特征之间应用的约束。

**02** 在“零部件”表中选择 axle_support-2 零部件，图形区显示该零件的全部约束（P1、P2）。在 P1 约束中单击 1 按钮，如图 9-55 所示。

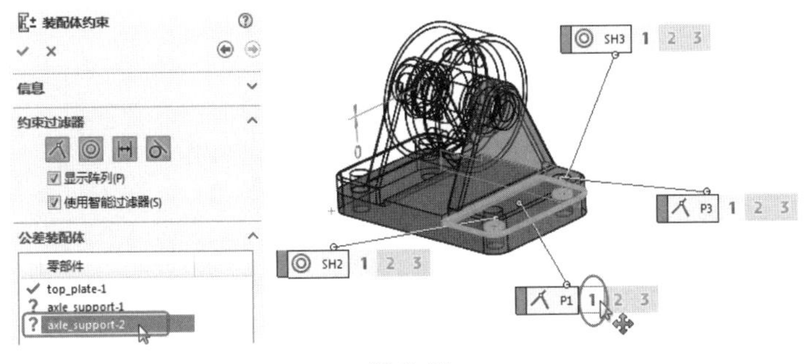


图 9-55

**03** 同理，选择 axle_support-1 零部件，在 P1 约束中单击 1 按钮，显示该零部件的主要约束。完成后单击“下一步”按钮，如图 9-56 所示。

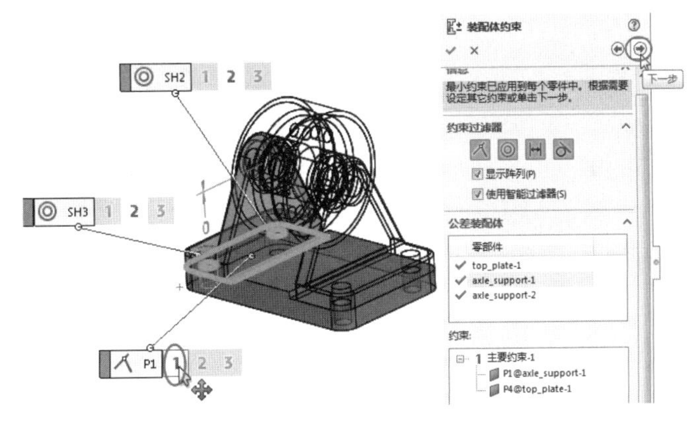


图 9-56

（6）显示结果并修改促进公差。

**01** 显示 TolAnalyst 计算的最糟情形结果。图形窗格中的标注显示镗孔之间的最糟情形最大尺寸为 0.67 mm。

**02** 从“分析摘要”列表中可以看到最大公差 0.67 和最小公差-0.67，如图 9-57 所示。

**03** 在“促进值”列表中选择 P4@Top_Plate-1=37.31%）或者 P5@Top_plate-1=37.31%，零部件上会显示公差值，如图 9-58 所示。

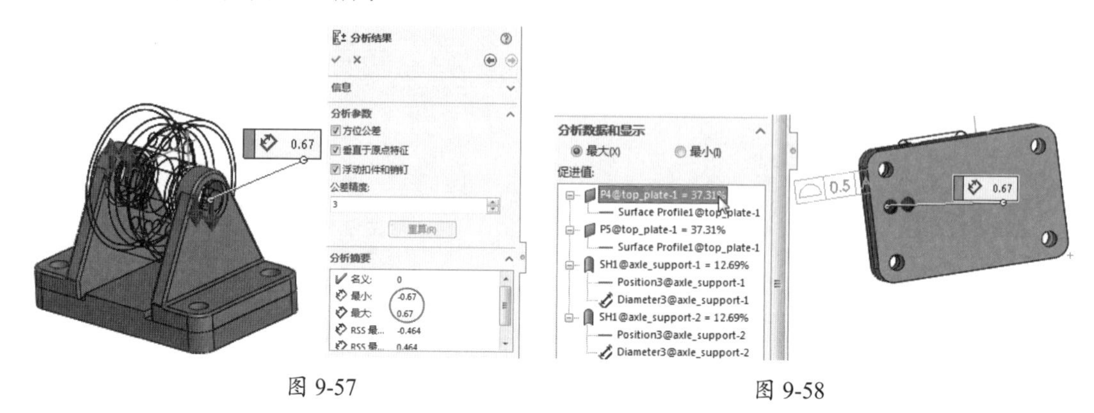


图 9-57　　　　图 9-58

**04** 在 P4@Top_plate-1 或者 P5@Top_plate-1 之下双击 Surface Profile1@Top_plate-1，可以修改公差值，将 0.5 修改为 0.2，如图 9-59 所示。

图 9-59

**05** 在“分析参数”选项组下单击“重算”按钮，重新计算，结果如图 9-60 所示。

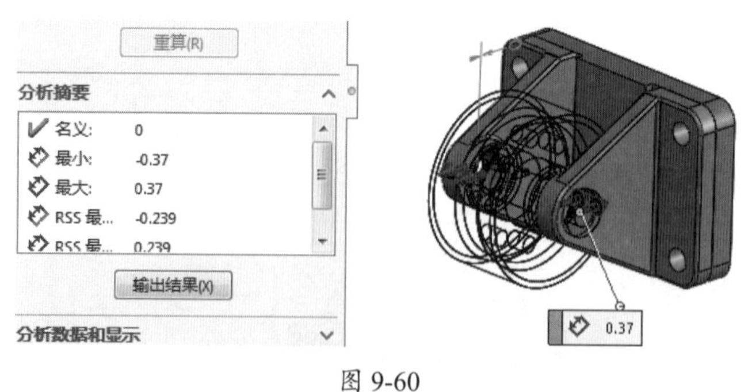


图 9-60

**06** 关闭面板，最后保存装配体文件。

## 9.4 产品质量分析案例

与其他 3D 软件相同，SolidWorks 也可以载入由其他 3D 软件生成的数据文件，如 UG、Pro/E、CATIA、Auto CAD 等。但打开的模型有可能因精度（每个 3D 软件设置的精度不一样）问题而导致产生一些交叉面、重叠面或间隙面，这就需要利用SolidWorks的修复功能进行模型的修复。

本例中，将从导入UG零件文件开始，依次进行输入诊断、检查实体、几何体分析、厚度分析等操作，并将分析后出现的错误进行修复。本例练习模型如图9-61所示。

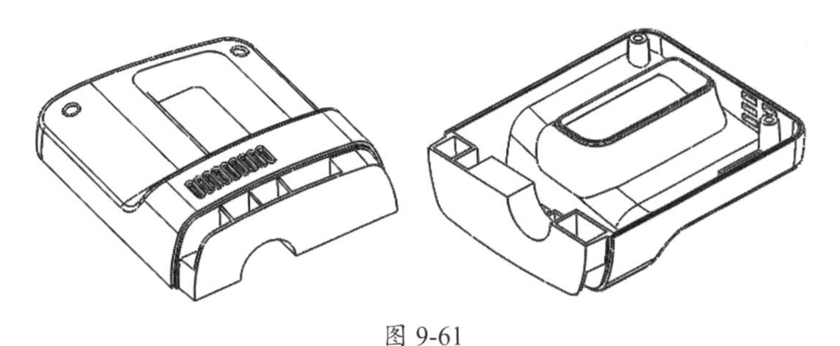

图 9-61

### 1. 输入诊断

**01** 新建一个零件文件。

**02** 在零件设计模式下，在“标准”工具栏中单击“打开”按钮，弹出“打开”对话框。在“文件类型”下拉列表中选择Unigraphics II（*.prt）选项，并将路径下的本例模型文件打开，如图9-62所示。

**技术要点**

UG零件文件仅在选择了UG文件类型后才会显示，或者文件类型选择为“所有文件”。没有安装UG软件，此文件将不会显示软件图标。

**03** 单击SOLIDWORKS对话框中的“是”按钮，如图9-63所示。

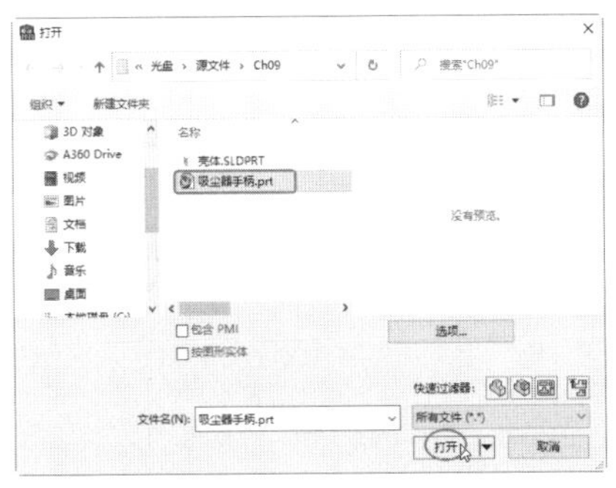

图 9-62

图 9-63

**技术要点**

如果在SolidWorks对话框中单击“否”按钮，那么可以在“评估”选项卡中单击“输入诊断”按钮，然后再进行诊断分析。若选中“不要再显示”复选框，如果再打开其他格式文件时，此对话框将不再显示。

**04** 图形区显示打开的模型，同时自动对模型进行诊断分析，并在属性管理器中显示“输入诊断”面板。该面板中列出了关于模型的“面错误”，选择“面错误”，模型中高亮显示错误的面。但根据“信息”选项区中的信息提示：“此实体无法修改，必须将自身特征解除链接才可启用愈合操作”，如图9-64所示。

**05** 先关闭“输入诊断”面板。在特征树中右击“吸尘器手柄”实体模型，并在弹出的快捷菜单中选择“断开链接”选项，将此实体模型与源外部文件的链接关系解除，如图 9-65 所示。

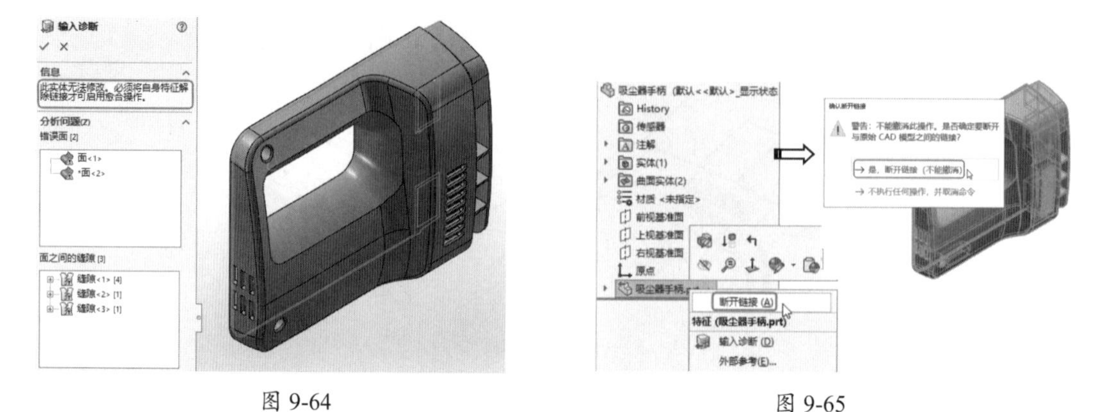


图 9-64　　　　图 9-65

**06** 重新打开“输入诊断”面板。单击“尝试愈合所有”按钮，软件自动将错误面修复。修复问题后，错误面的图标由变为，“信息”选项区则显示修复的信息，如图 9-66 所示。

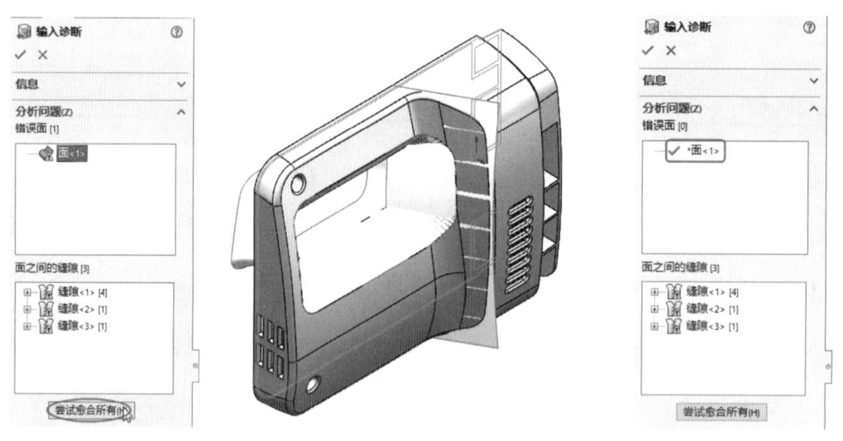


图 9-66

**07** 单击“确定”按钮，完成模型的修复操作。

## 2. 检查实体与几何体分析

为了检验 SolidWorks 程序对模型是否做出了合理的诊断分析，下面用“检查”工具复查模型中是否有其他类型的错误。

**01** 在“评估”选项卡中单击“检查”按钮，弹出“检查实体”对话框。

**02** 在该对话框中选中“严格实体 / 曲面检查”复选框，并单击“检查”按钮进行检查。软件将检查结果显示在信息区域，如图 9-67 所示。信息区域中显示“未发现无效的边线 / 面”，说明模型无错误。

**03** 在“评估”选项卡中单击“几何体分析”按钮，属性管理器显示“几何体分析”面板。在该面板中选中所有的复选框，并单击“计算”按钮，软件开始计算且将分析结果列表于“分析结果”选项区中，如图 9-68 所示。

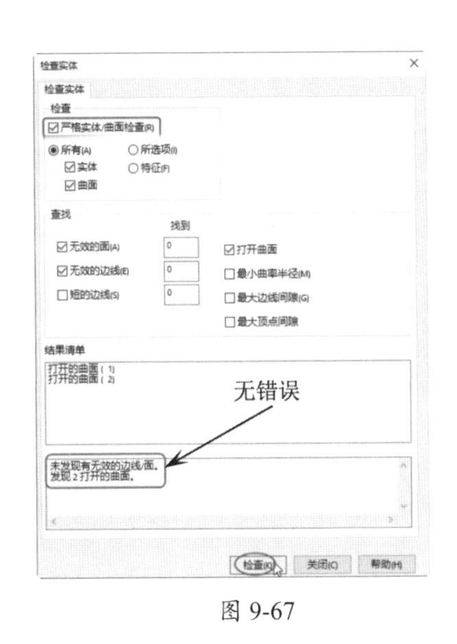


图 9-67

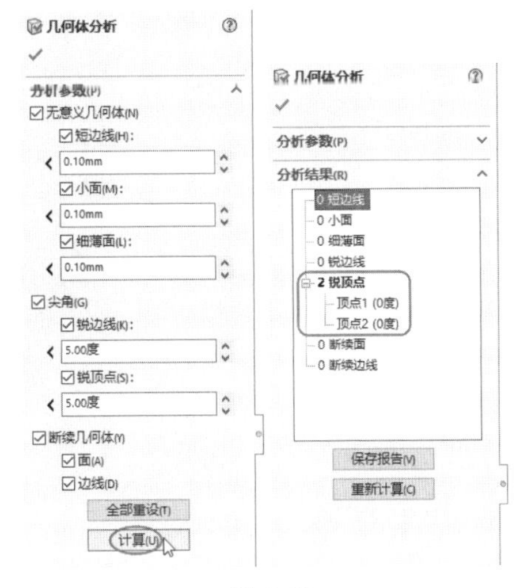


图 9-68

**04** 从几何体分析结果中看出，模型中出现了两个锐角顶点。选择“顶点 1”和“顶点 2”，模型中将高亮显示 2 个锐顶点，如图 9-69 所示。

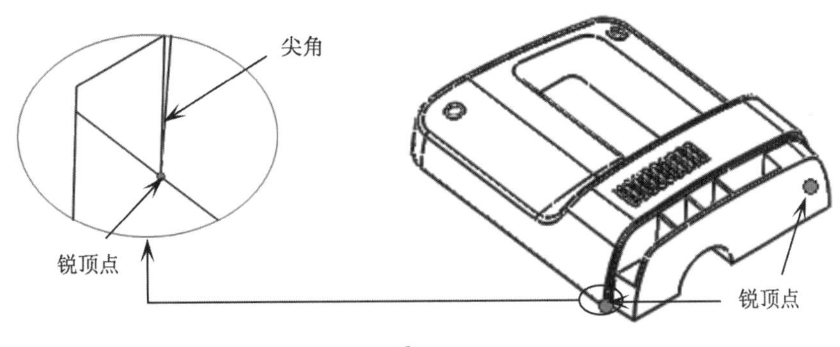


图 9-69

现在对出现的尖角（锐顶点）进行表述，模型中的尖角并非模型出现的错误而导致的，而是由于设计造型的需要。当用来做分模设计（模具的分模）时，由于在拔模方向上，并不影响产品的脱模，只是在数控加工这个区域时需要使用电极，的确增加了制造难度。因此，出现的锐边无须修改。

### 3. 厚度分析

模型的厚度分析结果主要用于参考塑料产品的结构设计。最理想的壁厚分布无疑是切面在任何一个地方都是均匀的厚度。均匀的壁厚可以避免注塑在过程中出现翘曲、气穴现象。过厚的产品不但增加物料成本，而且延长生产周期（冷却时间）。

**01** 在“评估”选项卡中单击“厚度分析”按钮，属性管理器中显示“厚度分析”面板。

**02** 在“分析参数”选项区输入目标厚度为 3.00 mm，并选中“显示厚区”单选按钮。在单击“计算”按钮后，开始计算模型的厚度，如图 9-70 所示。

**03** 计算完成后，将结果以颜色表达并显示在模型中，如图 9-71 所示。从分析结果看，模型有 3 处位置属于“过厚”，因此需要对模型进行修改。修改的方法是，对两侧的过厚区域做“拔模”

处理，对中间过厚区域作“拉伸切除”处理。

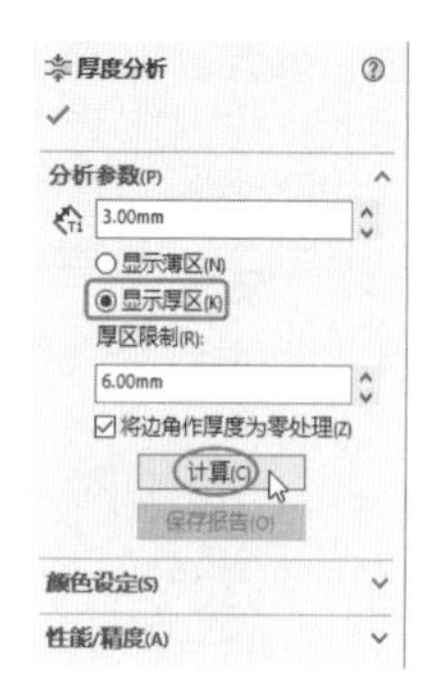


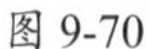
图 9-70

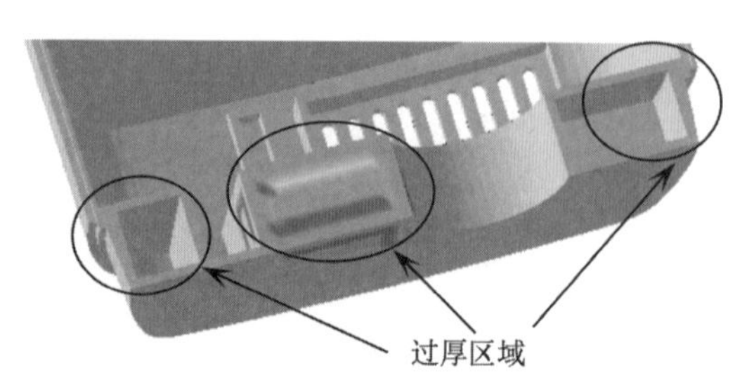


图 9-71

**04** 单击“确定”按钮✔，关闭面板。

**05** 在“特征”选项卡中单击“拔模”按钮，属性管理器显示 Draftxpert 面板。在该面板中设置拔模角度为 4.50 度，在图形区选择中性面和拔模面后，再在面板中单击“应用”按钮，软件将拔模应用于模型中，如图 9-72 所示。

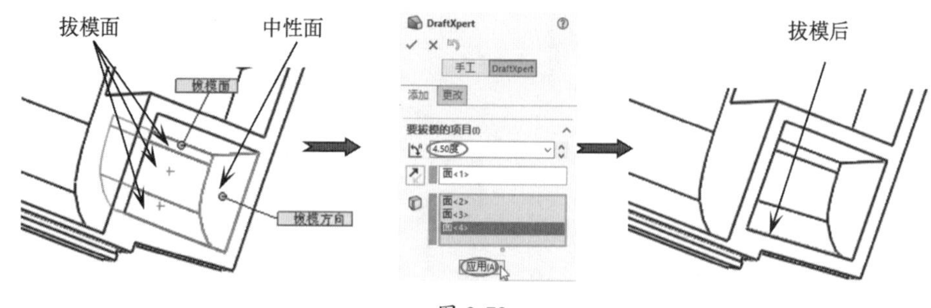


图 9-72

**06** 单击“确定”按钮✔，关闭面板。

**07** 同理，对另一侧的过厚区域也做相同的拔模处理。

**08** 在“特征”选项卡中单击“拉伸切除”按钮，属性管理器中显示“拉伸”面板。选择模型的底面作为草绘平面并进入草图环境，如图 9-73 所示。

**09** 使用“边角矩形”工具，在过厚区域绘制一个矩形，如图 9-74 所示。

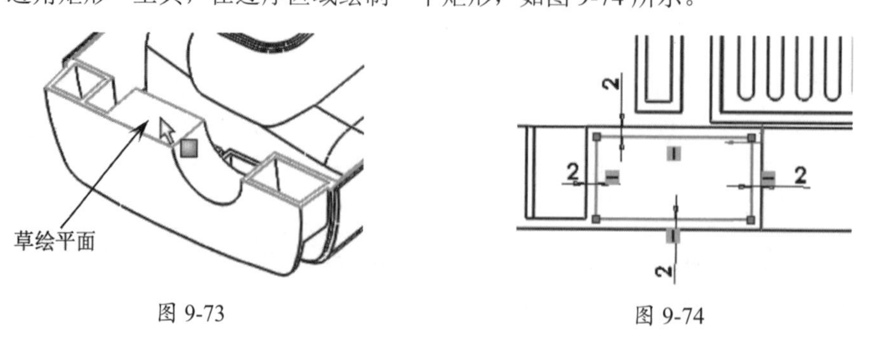


图 9-73　　图 9-74

**10** 退出草图模式，并在“切除 - 拉伸”面板的“方向 1”选项区中输入深度为 17.00 mm，单击“确定”按钮✔后，完成过厚区域的拉伸切除处理，如图 9-75 所示。

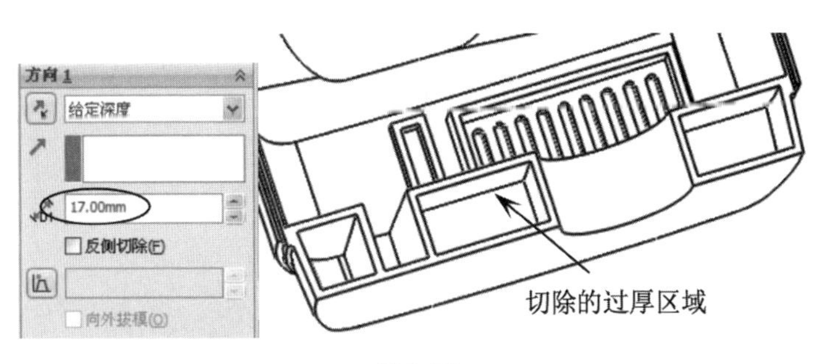


图 9-75

**11** 至此，本例的模型检查与诊断操作已全部完成，最后将操作的结果保存。

# 第 10 章　钣金零件设计

项目导读

钣金是生活中常见的一种金属制品方式，如计算机机箱、电源箱、电气控制箱体、建筑门窗、餐具等都使用钣金成型方法来制造整个产品或其中一部分。在 SolidWorks 中可利用钣金设计功能进行板件结构件的设计与仿真制造。本章主要介绍 SolidWorks 的钣金设计工具及其钣金零件的设计方法。

## 10.1　SolidWorks 2022 钣金设计工具

功能区中的“钣金”选项卡如图 10-1 所示。

图 10-1

SolidWorks 2022 的钣金设计工具主要包括钣金法兰工具、折弯工具、成形工具、剪裁工具、展开 / 折叠工具和转换到钣金工具等。

### 10.1.1　钣金法兰工具

在 SolidWorks 钣金设计环境中有 4 种工具用来生成钣金法兰，创建法兰特征可以按预定的厚度增加材料。这 4 种法兰特征依次是：基体法兰、薄片（凸起法兰）、边线法兰和斜接法兰，具体见表 10-1。

表 10-1　法兰特征列表

| 法兰特征 | 定义解释 | 图例 |
|---|---|---|
| 基体法兰 | 基体法兰可以为钣金零件生成基体特征。它与基体拉伸特征相似，只不过用指定的折弯半径增加了折弯 | |
| 薄片（凸起法兰） | 薄片特征为钣金零件添加相同厚度薄片，薄片特征的草图必须产生在已存在的表面上 | |

| 法兰特征 | 定义解释 | 图例 |
|---|---|---|
| 边线法兰 | 边线法兰特征可以将法兰添加到钣金零件的所选边线上，它的弯曲角度和草图轮廓都可以修改 | |
| 斜接法兰 | 斜接法兰特征可以将一系列法兰添加到钣金零件的一条或多条边线上，可以在需要的地方加上相切选项，生产斜接特征 | |

## 1. 基体法兰

基体法兰是钣金零件的第一个特征，也称为“钣金第一壁”。基体法兰被添加到零件后，就会将该零件标记为钣金零件。折弯添加到适当位置，并且特定的钣金特征被添加到特征树中。

基体法兰特征是由草图生成的。生成基体法兰特征的草图可以是单一开环轮廓、单一封闭轮廓或多重封闭轮廓。表 10-2 中列出 3 种草图类型来创建基体法兰。

表 10-2 三种不同草图来建立的基体法兰

| 草 图 | 说 明 | 图 解 |
|---|---|---|
| 单一开环轮廓 | 单一开环的草图轮廓可以用于拉伸、旋转、剖面、路径、引线以及钣金 | |
| 单一封闭轮廓 | 单一闭环的草图轮廓可以用于拉伸、旋转、剖面、路径、引线以及钣金 | |
| 多重封闭轮廓 | 多重封闭草图轮廓可以用于拉伸、旋转以及钣金 | |

## 2. 薄片

利用“基体法兰 / 薄片”命令还可以为钣金基体法兰零件添加薄片。软件会自动将薄片特征的深度设置为钣金零件的厚度。至于深度的方向，软件会自动将其设置为与钣金零件重合，从而避免脱节。

**技术要点**

在生成薄片特征时，需要注意的是，草图可以是单一闭环、多重闭环和多重封闭轮廓。草图必须绘制在垂直于钣金零件厚度方向的基准面或平面上。薄片特征可以编辑草图，但不能编辑定义。其原因是已将深度、方向及其他参数设置为与钣金零件参数相匹配。

### 3. 边线法兰

使用“边线法兰”工具可以将法兰添加到一条或多条边线上。添加边线法兰时，所选边线必须为线性。系统自动将褶边厚度链接到钣金零件的厚度上。轮廓的一条草图直线必须位于所选边线上。

在钣金基体法兰上创建的边线法兰特征，如图 10-2 所示。

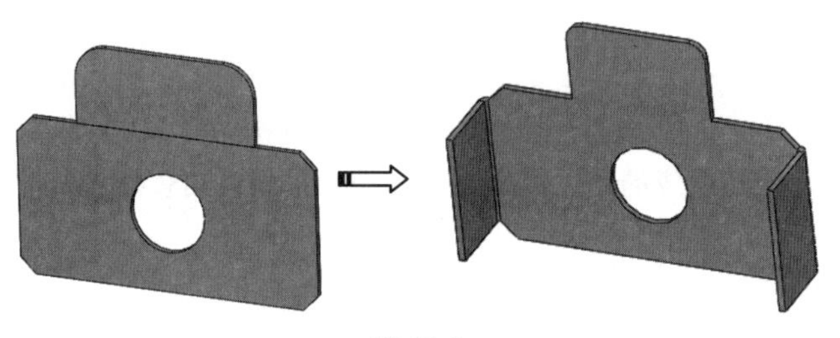

图 10-2

### 4. 斜接法兰

使用“斜接法兰”工具可以将一系列法兰添加到钣金零件的一条或多条边线上。在生成“斜接法兰”特征的时候首先要绘制一个草图，斜接法兰的草图可以是直线或圆弧，使用圆弧草图生成斜接法兰的时候，圆弧是不能与钣金件厚度边线相切的，但可以与长边线相切，或在圆弧和厚度边线之间由一条直线相连。

在钣金零件上创建的斜接法兰特征，如图 10-3 所示。

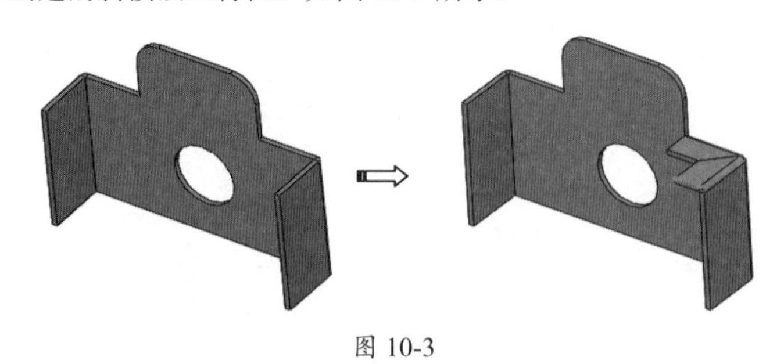

图 10-3

## 10.1.2 折弯钣金工具

SolidWorks 2022 钣金模块有 6 种不同的折弯特征工具，用来设计钣金的折弯，这 6 种折弯特征工具分别是：“绘制的折弯”“褶边”“转折”“展开”“折叠”和“放样的折弯”。

### 1. 绘制的折弯

“绘制的折弯”命令可以在钣金零件处于折叠状态时绘制草图，将折弯线添加到零件。草图中只允许使用直线，可以为每个草图添加多条直线。折弯线的长度不一定要与被折弯的面的长度相等。

在钣金零件上创建的绘制的折弯特征，如图 10-4 所示。

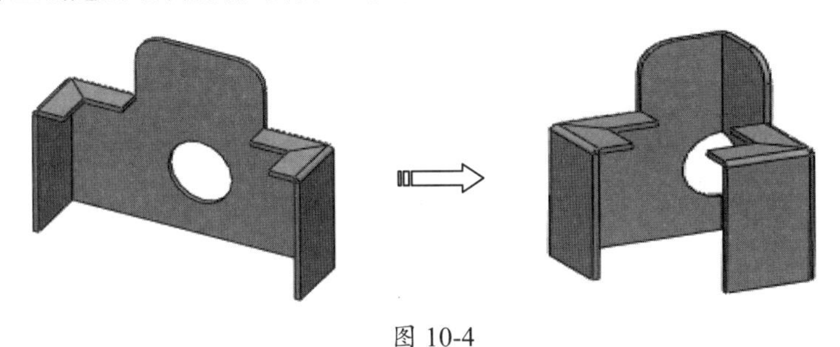

图 10-4

## 2．褶边

“褶边”命令可以将褶边添加到钣金零件的所选边线上。在生产褶边特征时，所选边线必须为直线。斜接边角被自动添加到交叉褶边上。

**技术要点**

如果选择多条要添加褶边的边线，则这些边线必须在同一个面上。

在钣金零件上创建的褶边特征，如图 10-5 所示。

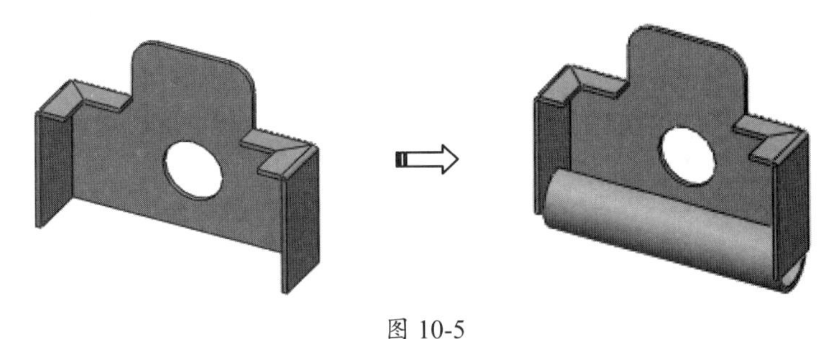

图 10-5

## 3．转折

使用“转折”特征工具可以在钣金零件上通过草图直线生成两个折弯。生成转折特征的草图只能包含一条直线。直线可以不是水平和垂直的直线，折弯线的长度不一定要与被折弯面的长度相等。

在钣金零件上创建的褶边特征，如图 10-6 所示。

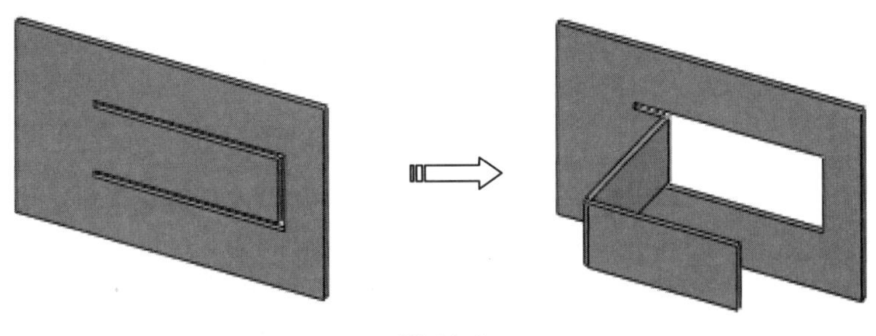

图 10-6

### 4. 放样的折弯

使用放样折弯特征工具可以在钣金零件中生成放样的折弯。放样的折弯和零件实体设计中的放样特征类似，需要有两个草图才可以进行放样操作。

**技术要点**

放样折弯的草图必须为开环轮廓，轮廓开口应同向对齐，以使平板型式更精确，而且草图不能有尖角边线。

用两个草图轮廓创建的放样钣金零件，如图 10-7 所示。

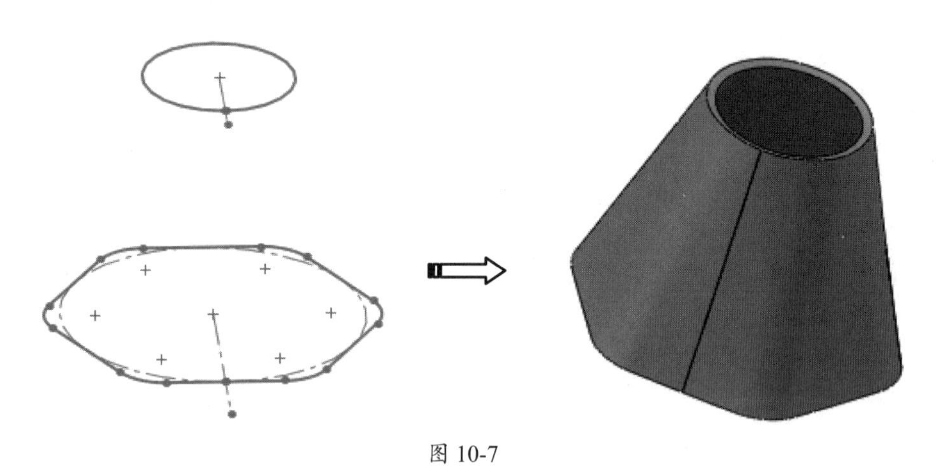

图 10-7

## 10.1.3 钣金成形工具

利用钣金成形工具可以生成各种钣金成形特征，如 embosses（凸包）、extruded flanges（冲孔）、louvers（百叶窗）、ribs（筋）和 lances（切口）成形特征等。

### 1. 使用 forming tools 工具

forming tools 工具是一个多种特征的工具集，可以在钣金零件上生成特殊的形状特征。使用 forming tools 工具可以在一个长为 200 mm，宽为 100 mm，厚度为 2 mm 的钣金上创建百叶窗，如图 10-8 所示。

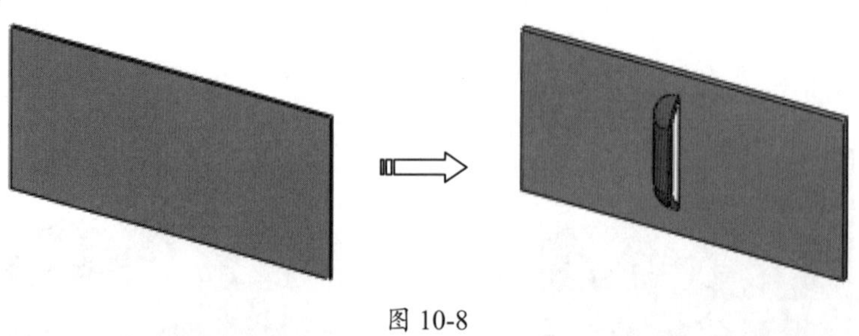

图 10-8

**技术要点**

初次使用forming tools工具，需要将SolidWorks设计库的路径指向X:\ProgramData\SolidWorks\SolidWorks 2022\design library，否则设计库中找不到想要的成型工具，如图10-9所示。

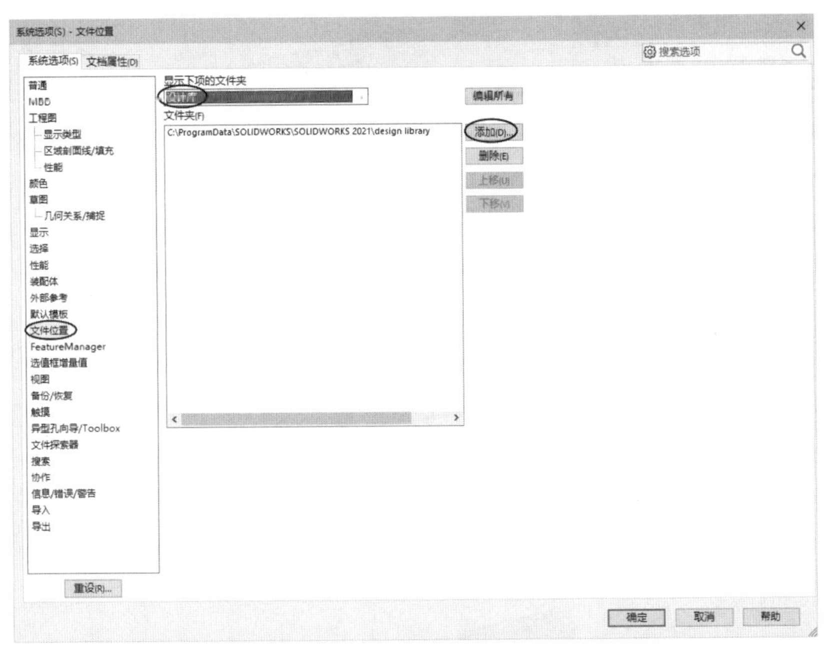


图 10-9

**01** 新建 SolidWorks 零件文件。利用“钣金”选项卡中的“基体法兰 / 薄片”工具，在前视基准面中创建一个长为 200.000 mm、宽为 100.000 mm、厚度为 2.000 mm 的钣金基体法兰，如图 10-10 所示。

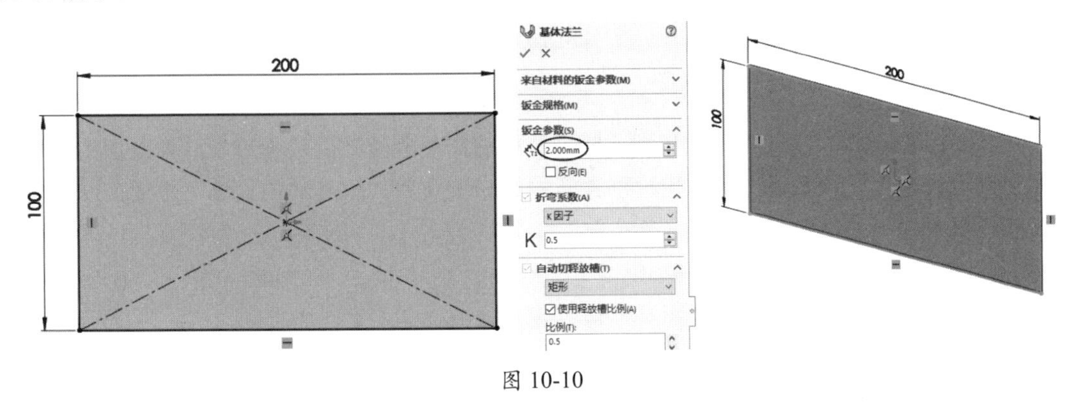


图 10-10

**02** 在图形区右侧的任务窗格中单击“设计库”窗格按钮，展开“设计库”任务窗格。在“设计库”任务窗格中进入库路径 Design Library/forming tools/louver，可以找到 5 种钣金标准成型工具的文件夹，在每个文件夹中都有许多种成型工具。

**03** 在 louver 文件夹中将 louver（百叶窗）成型工具拖至窗口的钣金表面上，并在“成型工具特征”面板或者在特征中设置其定位参数，如图 10-11 所示。

**04** 单击“成型工具特征”对话框中的“完成”按钮，完成成型工具的放置，如图 10-12 所示。

## 技术要点

使用forming tools工具时，在默认情况下，成形工具向下进行，即成形的特征方向是向下凹的。如果要使成形特征的方向向上，则需要在拖入成形特征的同时按下Tab键。

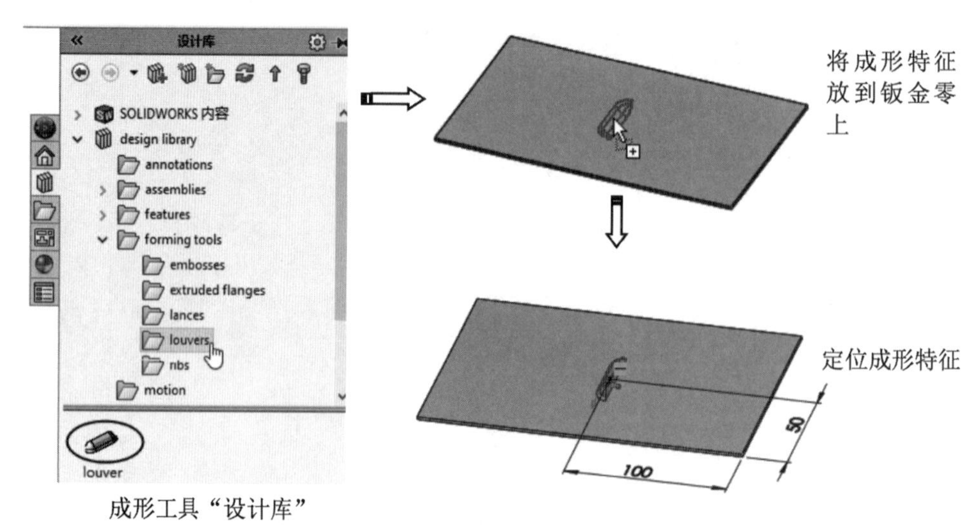

成形工具“设计库”

图 10-11

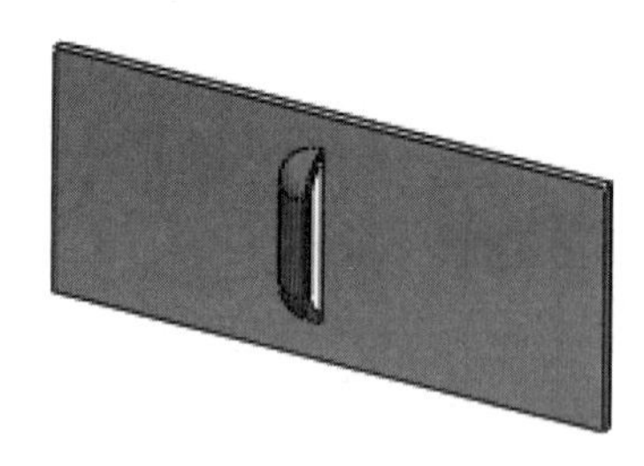

图 10-12

## 2. 创建新成形工具

在 SolidWorks 中，设计师可以根据实际设计中的需要创建新的成形工具，并把新的成形工具添加到设计库中，以备设计中使用。创建新的成形工具和创建其他的实体零件的方法类似，操作步骤如下。

**01** 首先创建钣金件，如图 10-13 所示。

**02** 在“钣金”选项卡中单击“成形工具”按钮，弹出“成形工具”面板。

**03** 在“成形工具”面板的“类型”选项卡中，为“停止面”选项和“要移除的面”选项选择相应的停止面和移除面，如图 10-14 所示。

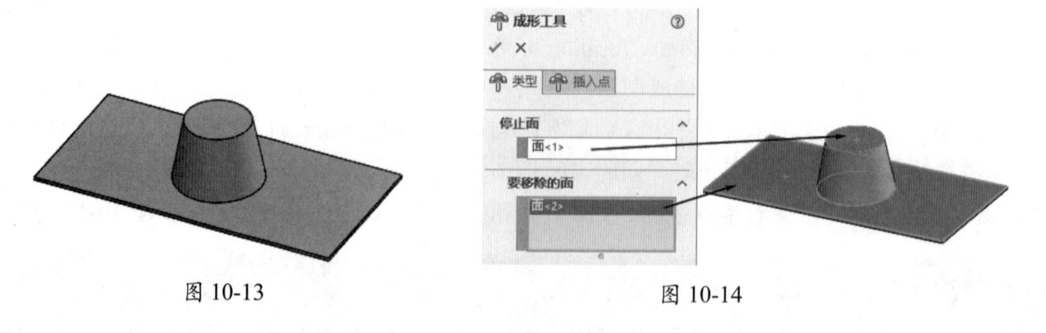


图 10-13　　图 10-14

**04** 切换到“成形工具”面板的“插入点”选项卡，并选取凸台的圆心作为插入点（此时已经自动进入草图环境），如图 10-15 所示。

**05** 退出草图环境后自动创建成形工具，如图 10-16 所示。

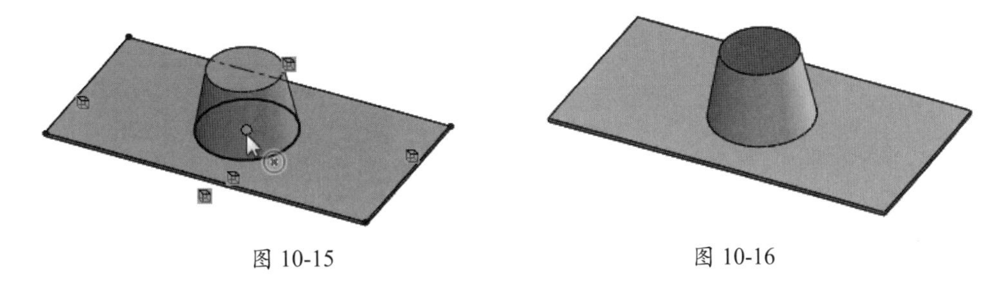

图 10-15　　　　图 10-16

### 3. 编辑成形工具

在“设计库”中标准“成形”工具的形状或大小与实际需要的形状或大小有差异时，需要对“成形”工具进行编辑，使其达到实际所需的形状或大小。

## 10.1.4　钣金剪裁工具

SolidWorks 钣金环境中有 6 种不同的编辑钣金特征工具，这 6 种编辑钣金特征分别是“切除拉伸”“边角剪切”“闭合角”“断裂边角”“将实体零件转换成钣金件”和“镜像”，使用这些编辑钣金特征可以对钣金零件进行编辑。

### 1. 边角 - 剪裁

使用“边角剪切”工具可以把材料从展开的钣金零件的边线或面切除。“边角剪切”工具需要通过自定义命令将其调出来。

**技术要点**

“边角剪切”工具只能在展平（并非展开）的钣金零件上使用，当钣金零件被折叠后，所生成的“边角剪切”特征将自动隐藏。

在钣金零件上创建的边角剪切特征，如图 10-17 所示。

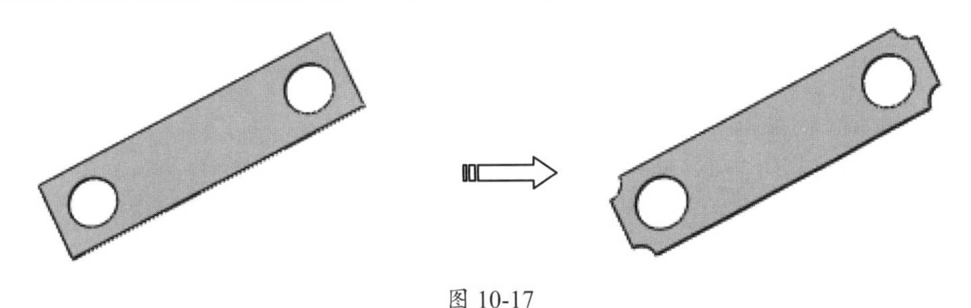

图 10-17

### 2. 闭合角

使用“闭合角”工具可以为两个相交的钣金法兰之间添加闭合角，即在两个相交钣金法兰之间添加材料。

在钣金零件上创建的闭合角特征，如图 10-18 所示。

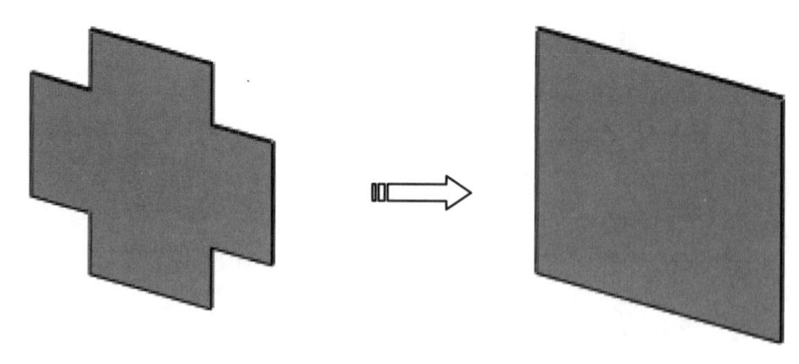

图 10-18

### 3. 断裂边角

使用“断裂边角 / 边角剪裁”工具可以把材料从折叠的钣金零件的边线或面切除。

在钣金零件上创建的断裂边角特征，如图 10-19 所示。

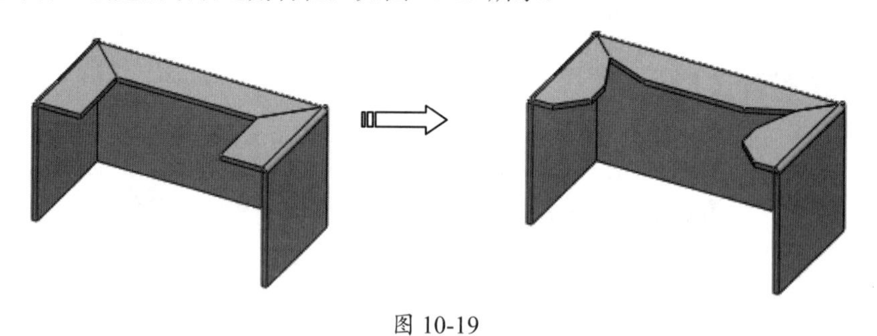

图 10-19

## 10.1.5 展开与折叠

钣金的展开与折叠工具是将钣金零件进行展开或折叠的操作。

### 1. 展开

使用“展开”工具可以在钣金零件中展开一个、多个或所有法兰与折弯。

在钣金零件上创建的展开特征，如图 10-20 所示。

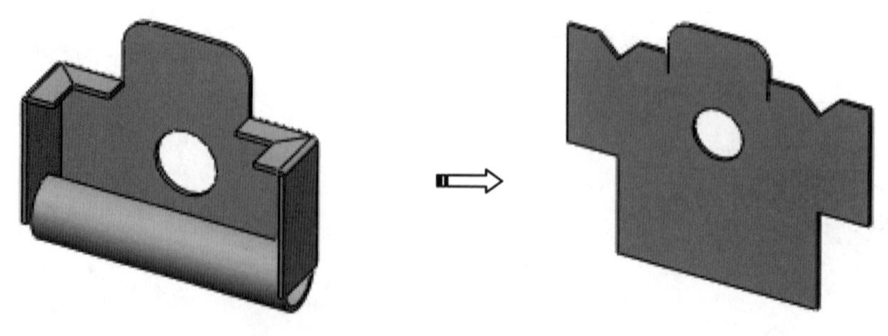

图 10-20

### 2. 折叠

使用折叠特征工具可以在钣金零件中折叠一个、多个或所有法兰及折弯特征。在钣金零件上创建的折叠特征，如图 10-21 所示。

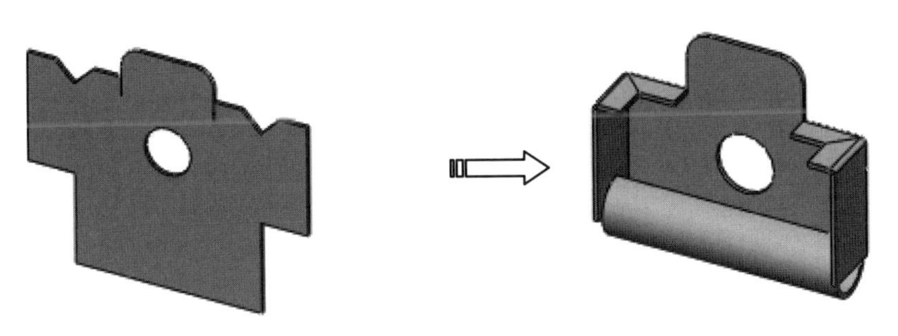

图 10-21

### 3. 展平

“展平”工具是一个显示钣金原型（创建法兰及折弯之前的平板形式）的开关。展平与展开不同，展开是通过手工操作将折弯法兰等特征进行展开操作，也就是说，展开可以对单个折弯或法兰进行展开或者全部展开，而展平则会全部展开。当创建第一个钣金特征时，系统会自动创建一个“平板型式”的特征，“平板型式”特征在默认状态下是隐藏的，它会全程记录创建的法兰及折弯特征，如图 10-22 所示。所以，展平是展开工具的一种特殊情形。

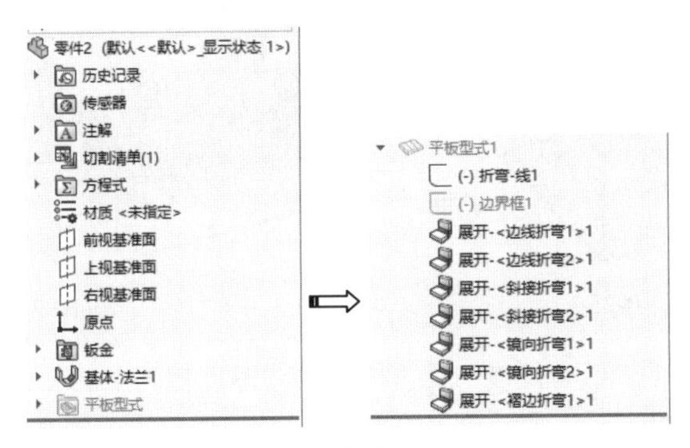


图 10-22

## 10.1.6　将实体零件转换成钣金件

先以实体的形式将钣金零件的最终形状大概画出来，然后将实体零件转换成钣金零件，这样就方便得多。实现这个操作的工具叫作“转换到钣金”。

将实体零件转换成的钣金零件，如图 10-23 所示，具体的操作步骤如下。

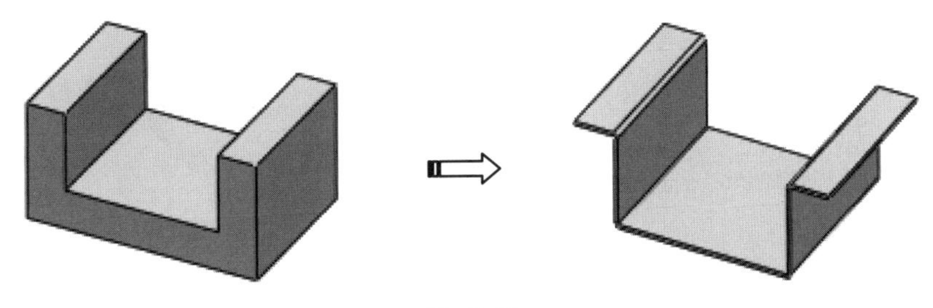

图 10-23

**01** 新建一个零件文件，用“拉伸凸台 / 基体”工具创建一个实体，如图 10-24 所示。

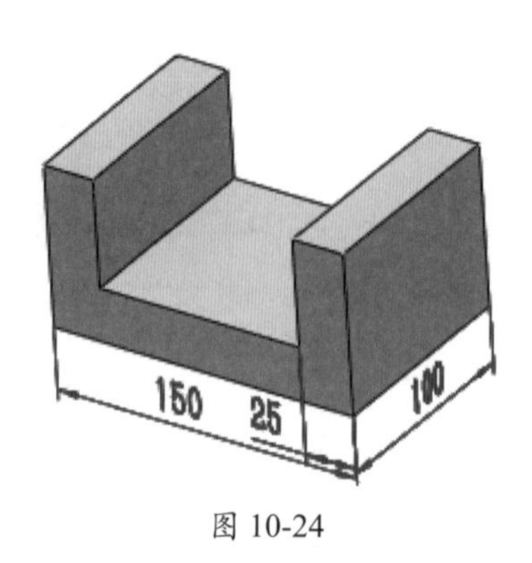


图 10-24

**02** 在“钣金”选项卡中单击“转换到钣金”按钮，弹出“转换到钣金”面板。在实体零件上选择一个固定面作为固定实体，如图 10-25 所示。再在实体零件上选取 4 条代表折弯的边线，如图 10-26 所示。

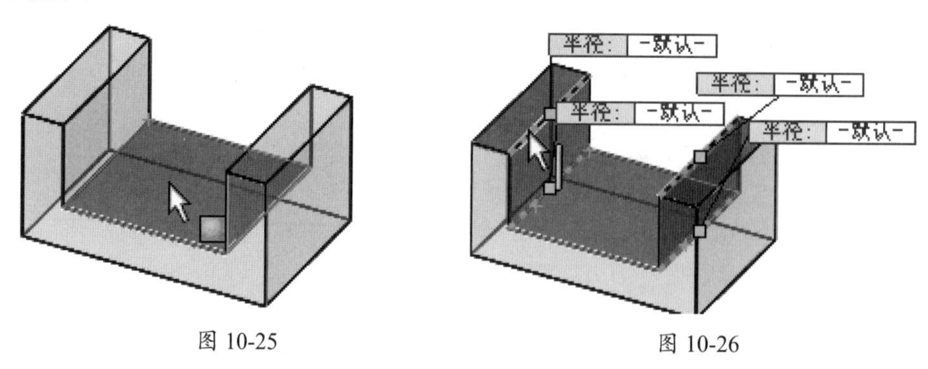


图 10-25　　图 10-26

**03** 在“转换到钣金”面板的“钣金厚度”文本框中输入厚度值为 2.00 mm，在“折弯的默认半径”文本框中输入半径值为 0.20 mm。最后单击“确定”按钮，生成钣金零件，如图 10-27 所示。

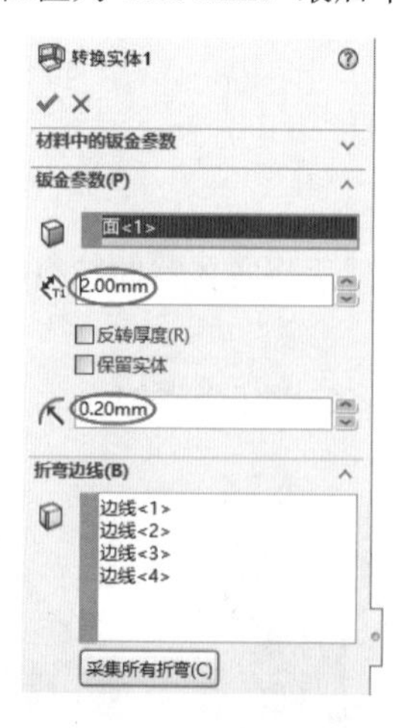


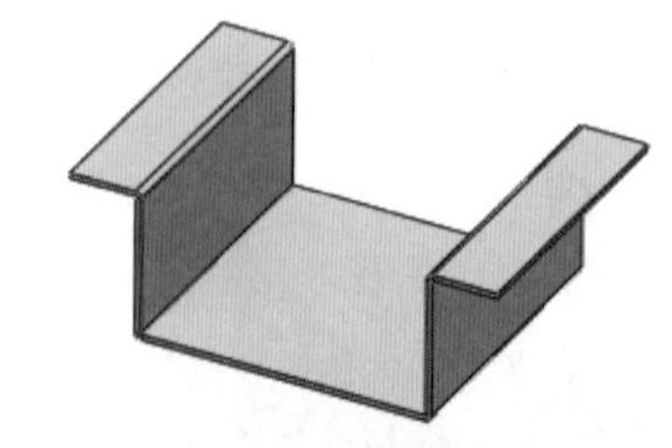

图 10-27

## 技术要点

在为“选取代表折弯的边线/面”选取边线或面时，所选取的边线或面与固定面一定要处于同一边，否则将无法选取。

## 10.2 钣金零件设计案例

ODF 单元箱是一种光纤配线设备，其主要作用是用来装纳一体化熔配模块，然后再将其固定到配线架上，起个中转作用。ODF 单元箱主体模型，如图 10-28 所示。

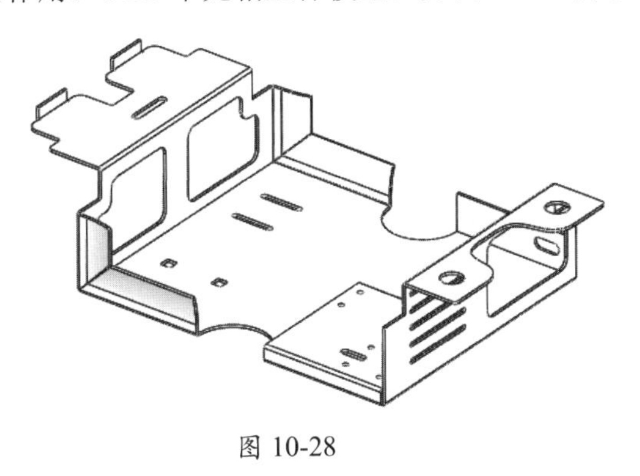

图 10-28

**01** 新建 SolidWorks 零件文件。

**02** 在“钣金”选项卡中单击“基体 / 法兰薄片”按钮，选择前视基准面作为草图平面，进入草图环境并绘制草图，如图 10-29 所示。

**03** 退出草图环境后，在“基体 - 法兰 1”面板中设置钣金参数，单击“确定”按钮，完成基体法兰的创建，如图 10-30 所示。

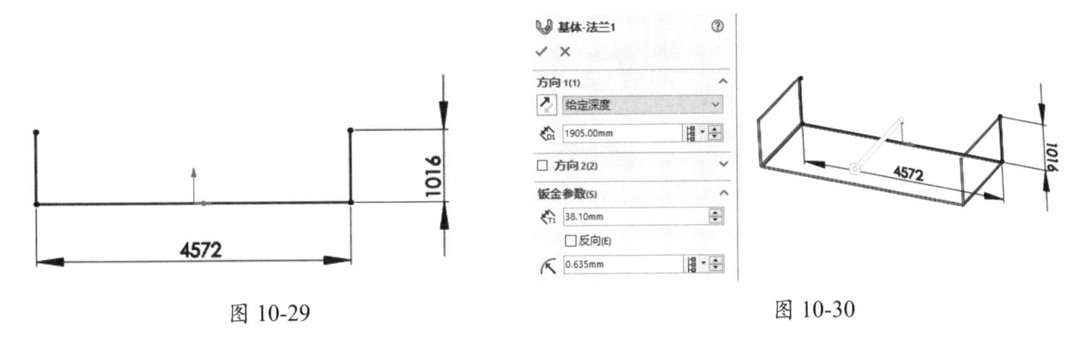


图 10-29　　　　图 10-30

**04** 在“钣金”选项卡中单击“拉伸切除”按钮，在上视基准面上绘制草图 2，退出草图环境后，在“切除 - 拉伸 1”面板中设置拉伸方向，单击“确定”按钮，完成拉伸切除特征的创建，如图 10-31 所示。

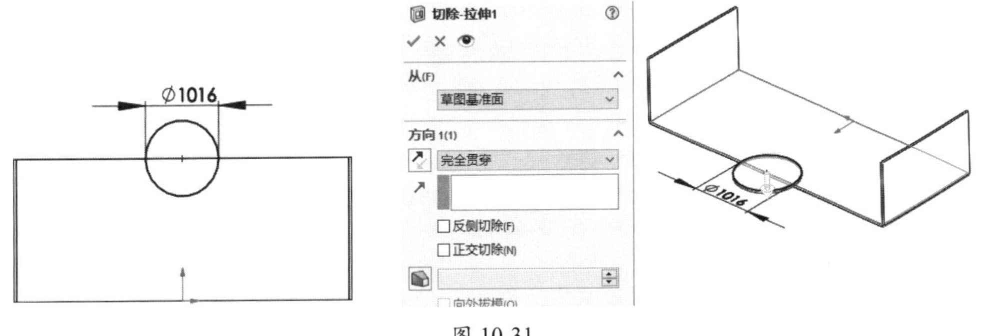


图 10-31

**05** 在“钣金”选项卡中单击“斜接法兰”按钮，选取基体法兰特征上的一个面作为草图平面，绘制如图 10-32 所示的草图 3（一条水平直线和一条圆弧）。

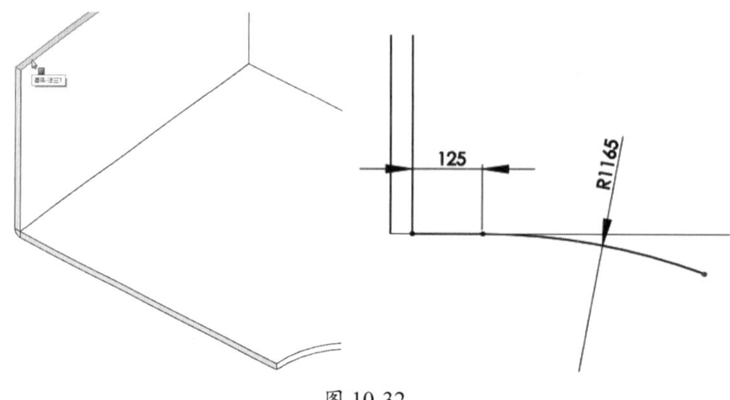


图 10-32

**06** 退出草图环境后，在弹出的“斜接法兰 1”面板中设置相关选项及参数，单击“确定”按钮，完成斜接法兰特征的创建，如图 10-33 所示。

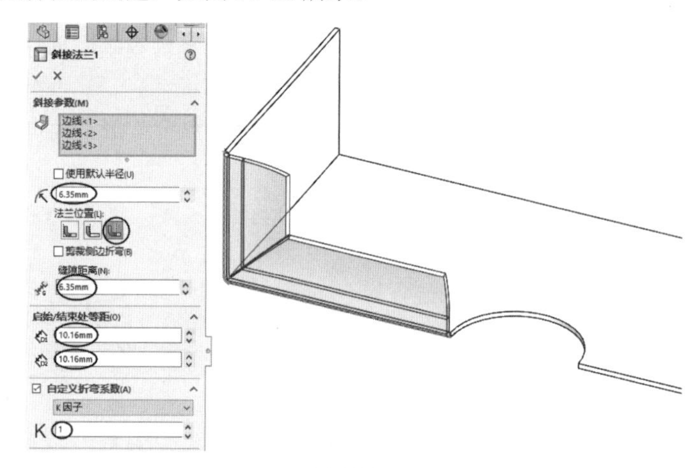


图 10-33

**07** 在“特征”选项卡中单击“镜像”按钮，弹出“镜像 1”面板。选择斜接法兰作为要镜像的对象，选择基体 - 法兰特征的一个侧面（在前视基准面上）为镜像面，单击“确定”按钮，完成斜接法兰和基体法兰特征的镜像复制，如图 10-34 所示。

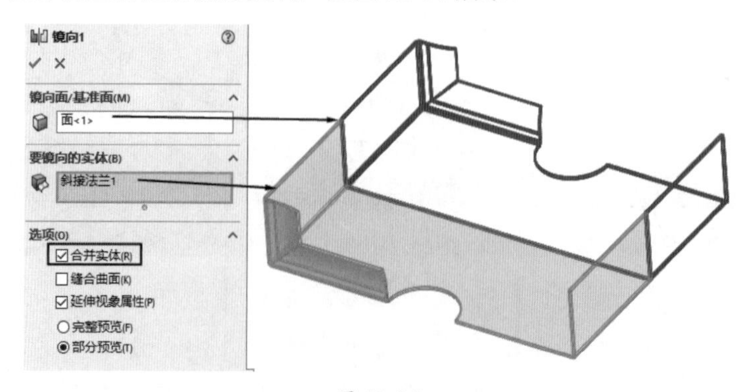


图 10-34

**08** 在“特征”选项卡中单击“边线法兰”按钮，弹出“边线 - 法兰 1”面板。选取一条边以创建边线法兰，如图 10-35 所示。

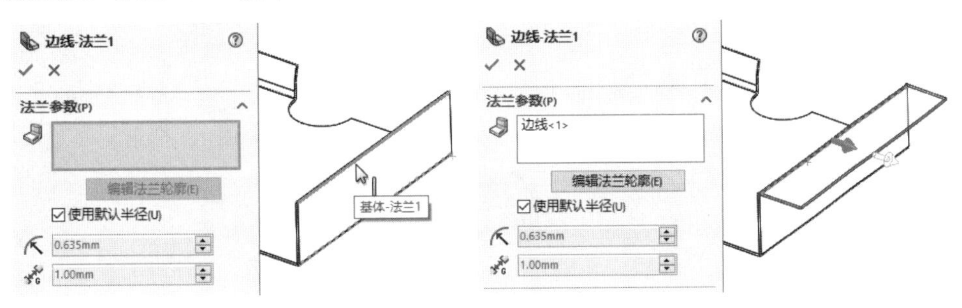


图 10-35

**09** 单击“编辑法兰轮廓”按钮，并编辑法兰的轮廓图形（草图 4），如图 10-36 所示。

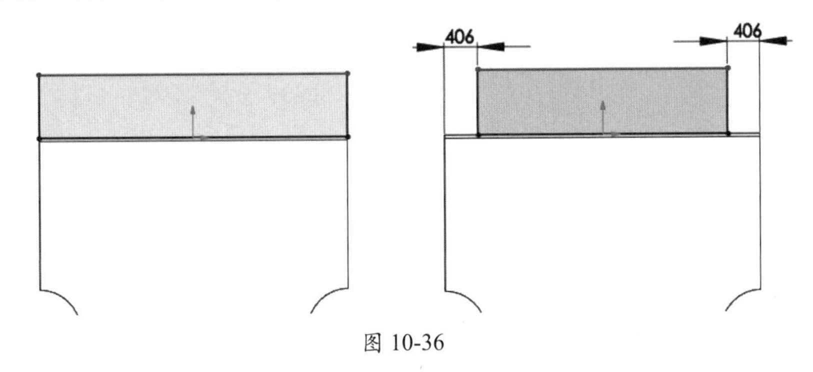


图 10-36

**10** 编辑轮廓图形后，单击“轮廓草图”对话框中的“完成”按钮，退出草图环境，并返回“边线 - 法兰 1”面板中设置相关参数及选项，最后单击“确定”按钮，完成边线法兰 1 的创建，如图 10-37 所示。

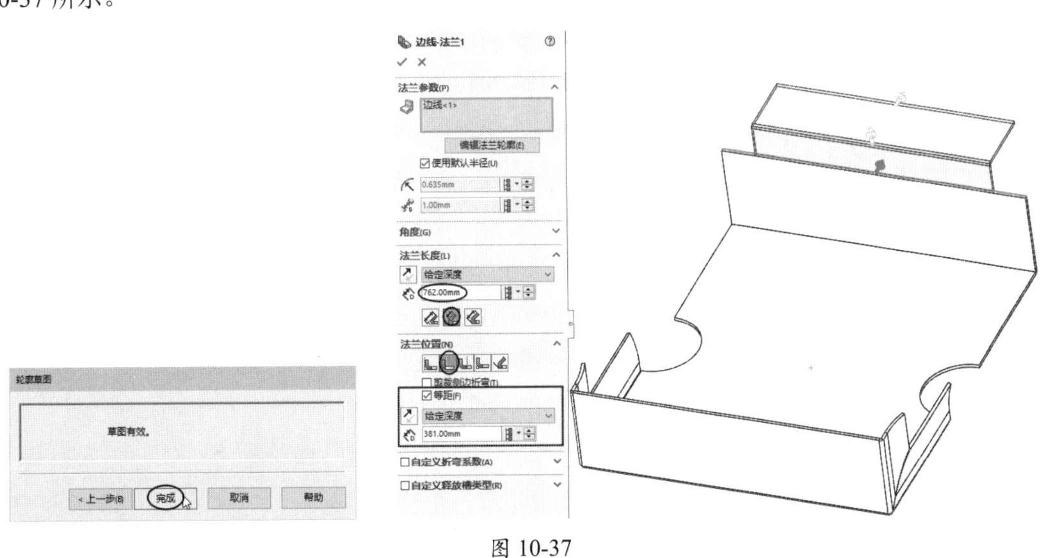


图 10-37

**11** 利用“镜像”工具，将变边线法兰镜像至右视基准面的另一侧，如图 10-38 所示。

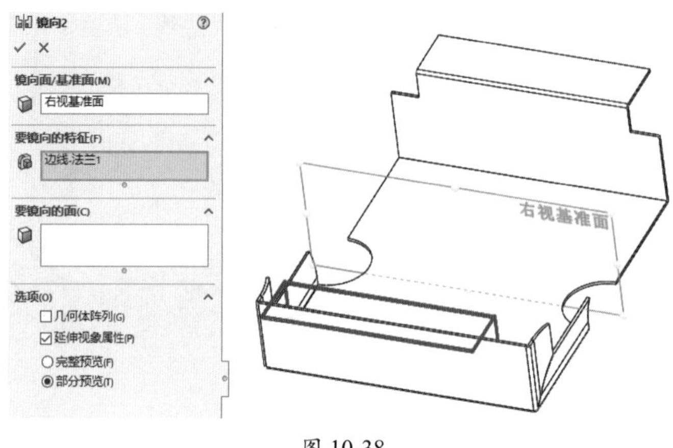


图 10-38

**12** 单击“基体法兰 / 薄片”按钮，选择边线法兰上的一个面作为草图平面绘制草图 5。退出草图环境后，保留“基体法兰”面板中的默认设置，单击“确定”按钮，完成薄片的创建，如图 10-39 所示。

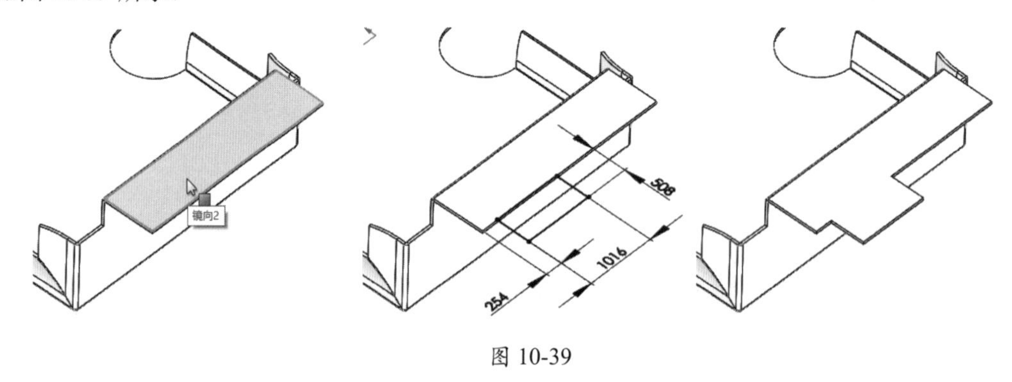


图 10-39

**13** 单击“特征”选项卡中的“圆角”按钮，或者单击“钣金”选项卡中的“边角”|“断裂边角 / 边角剪裁”按钮，在薄片上创建半径为 127.00 mm 的圆角特征 1，如图 10-40 所示。

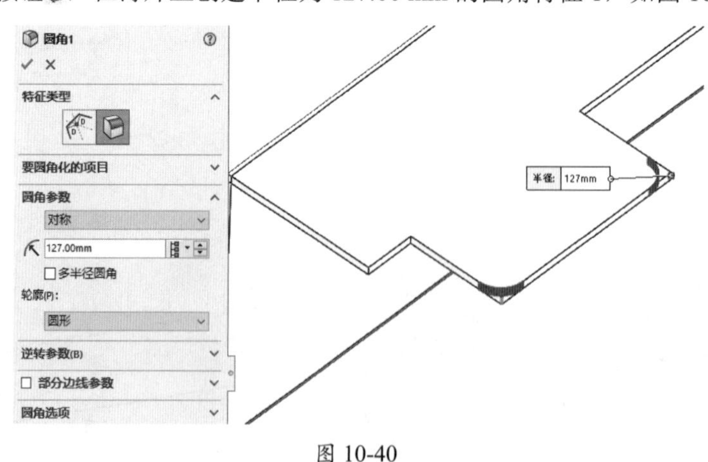


图 10-40

**14** 利用“边线 - 法兰”工具，在薄片前端边缘创建如图 10-41 所示的边线法兰特征 2（需要编辑法兰轮廓）。

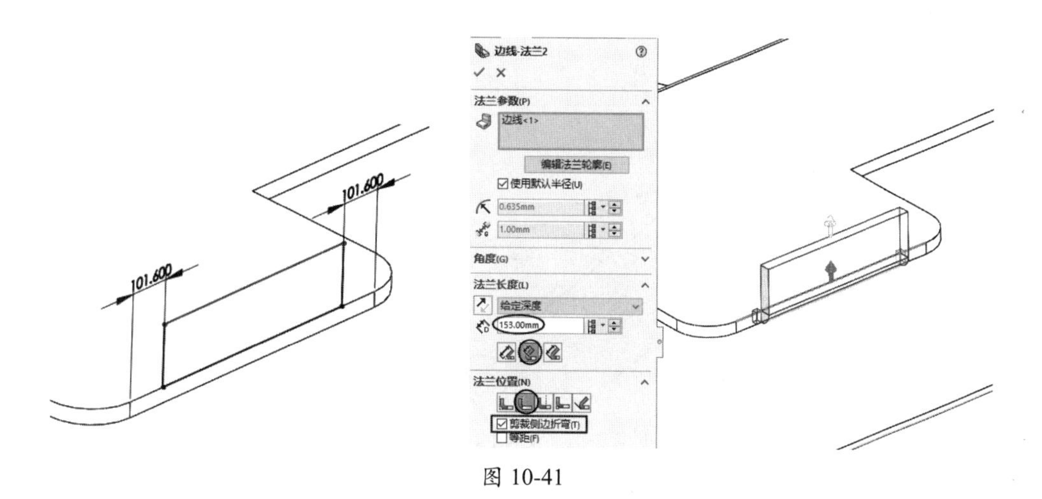


图 10-41

**15** 利用“边线 - 法兰”工具，创建如图 10-42 所示的边线法兰特征 3。

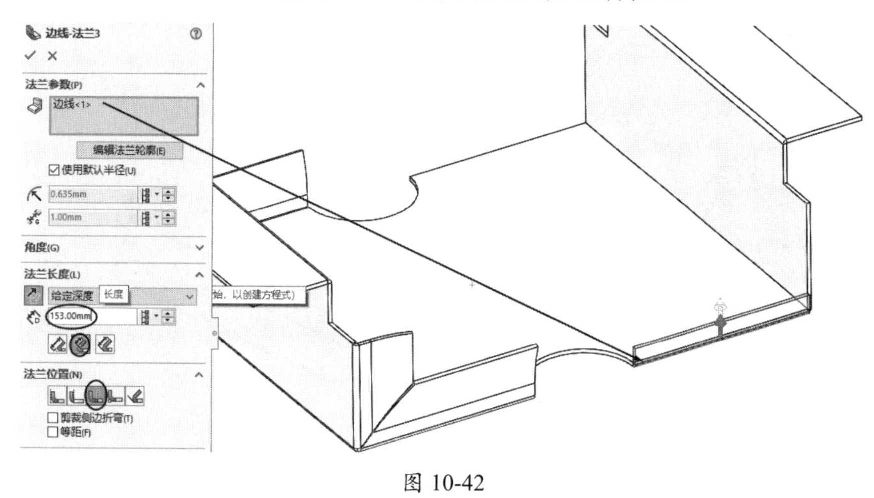


图 10-42

**16** 继续选取边线，创建边线法兰特征 4 和边线法兰特征 5，如图 10-43 和图 10-44 所示。

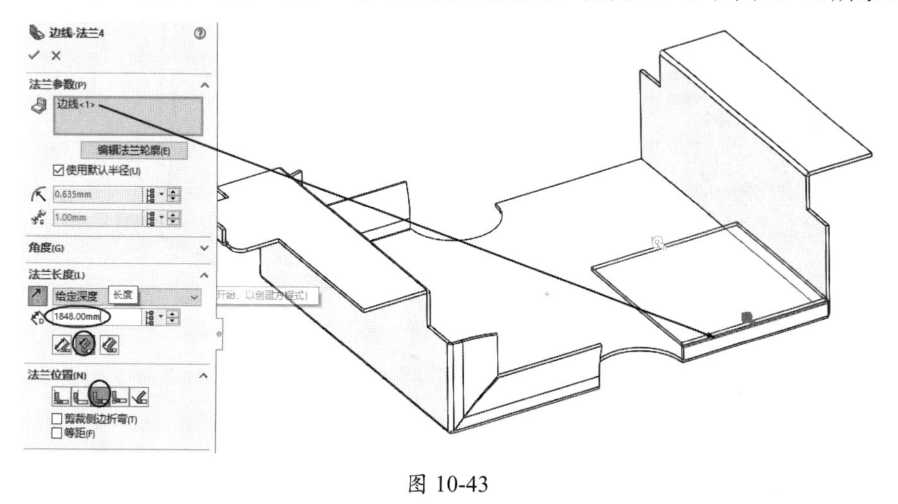


图 10-43

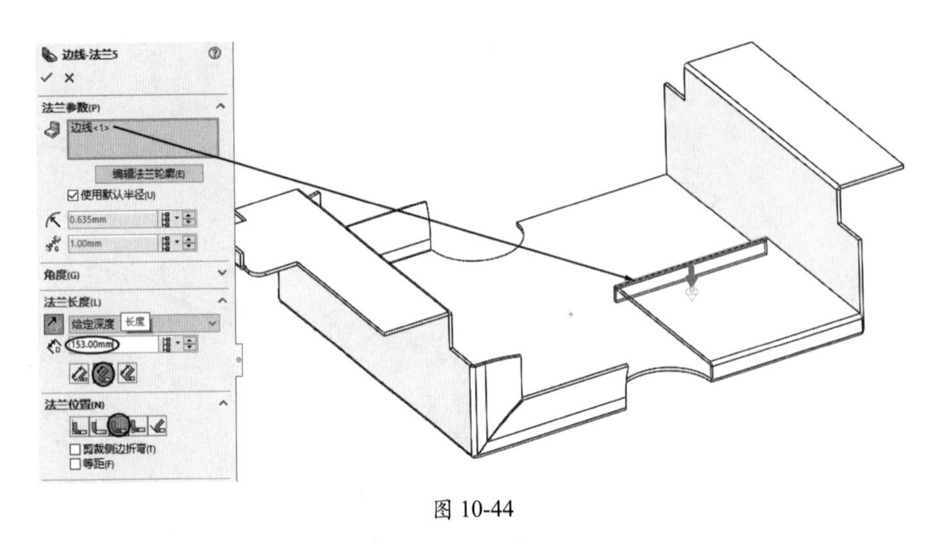


图 10-44

**17** 单击“拉伸切除”按钮，在边线法兰上创建拉伸切除特征 2（圆孔），如图 10-45 所示。

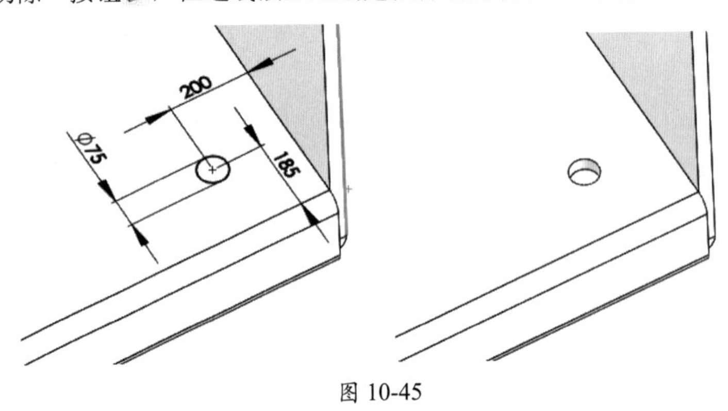


图 10-45

**18** 利用“线性阵列”工具，将圆孔线性阵列，如图 10-46 所示。

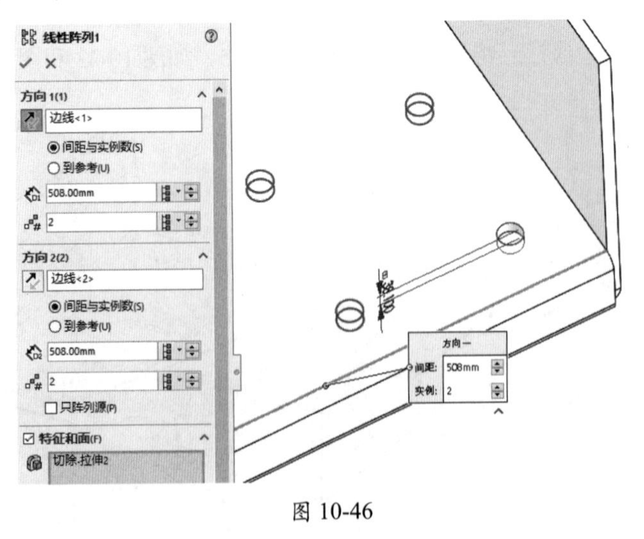


图 10-46

**19** 同理，继续创建拉伸切除特征 3，如图 10-47 所示。

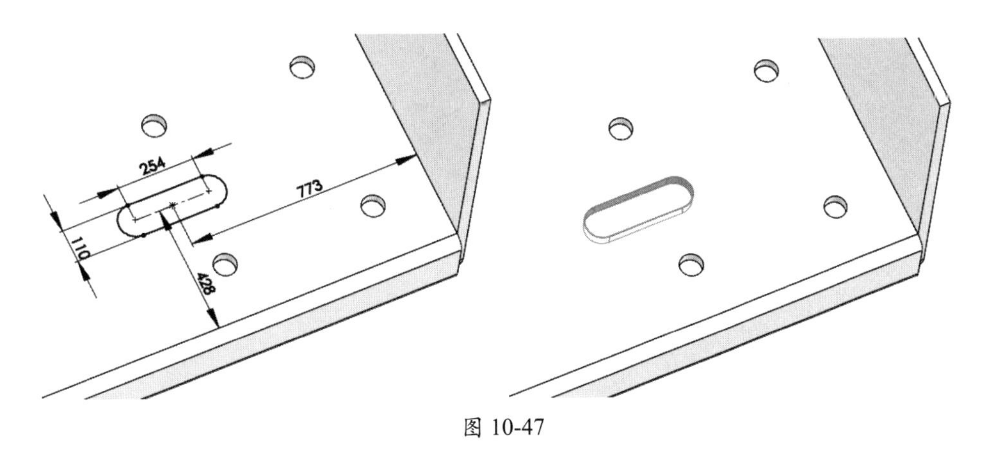


图 10-47

**20** 利用“镜像”工具，选择前视基准面为镜像平面，创建薄片特征、边线 - 法兰 2 特征和圆角 1 特征的镜像，如图 10-48 所示。

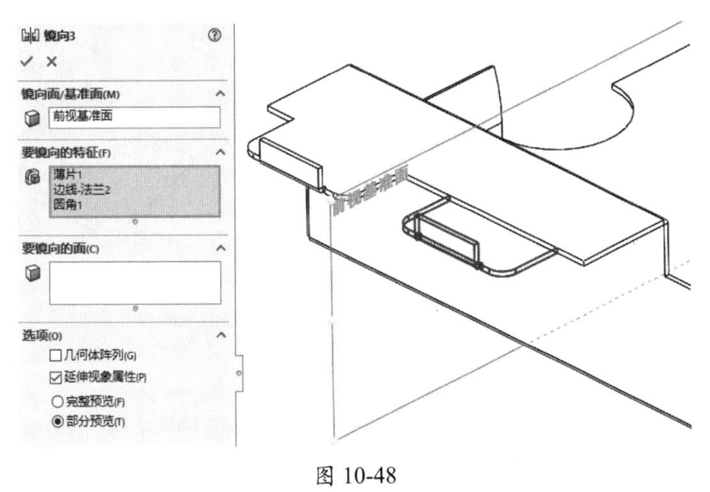


图 10-48

**21** 创建拉伸切除特征 4，如图 10-49 所示。

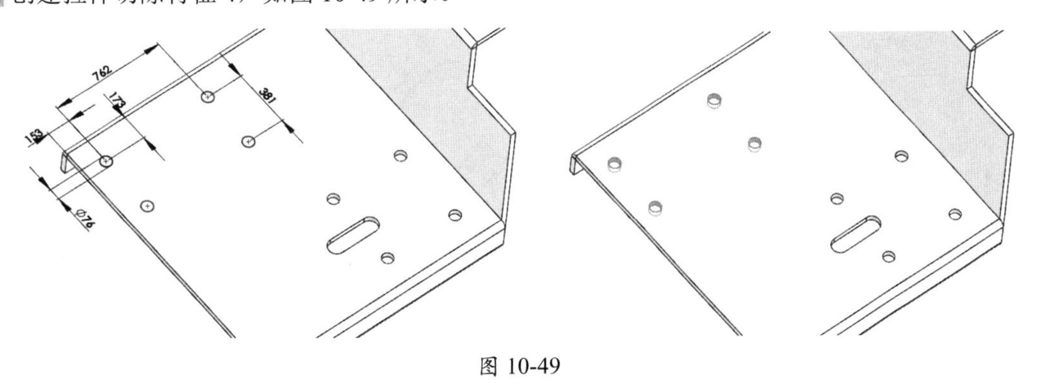


图 10-49

**22** 继续创建拉伸切除特征 5、拉伸切除特征 6 和拉伸切除特征 7，如图 10-50 ～图 10-52 所示。

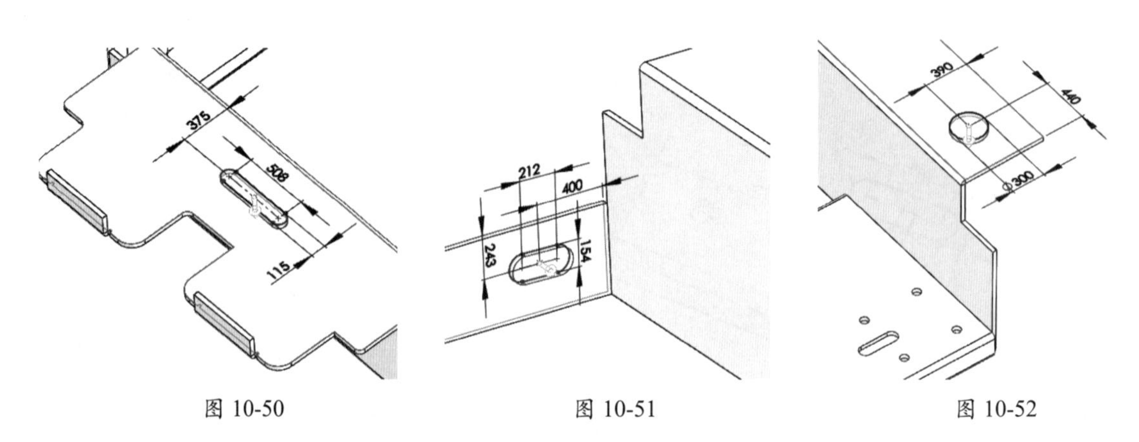


图 10-50　　图 10-51　　图 10-52

**23** 将拉伸切除特征 7 镜像，如图 10-53 所示。

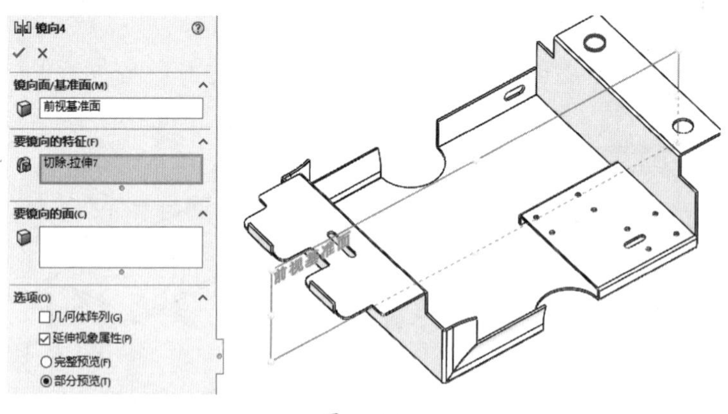


图 10-53

**24** 利用“拉伸切除”工具，创建拉伸切除特征 8，如图 10-54 所示。

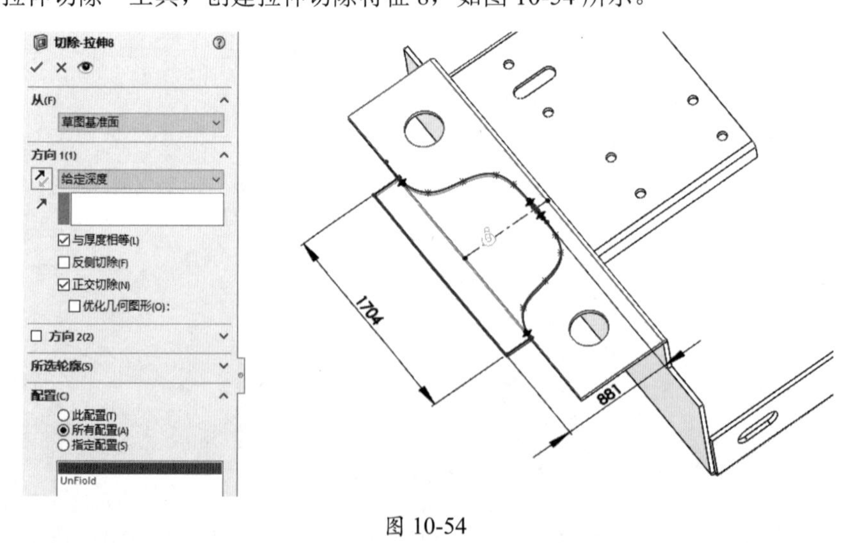


图 10-54

**25** 同理，创建拉伸切除特征 9 和拉伸切除特征 10，如图 10-55 和图 10-56 所示。

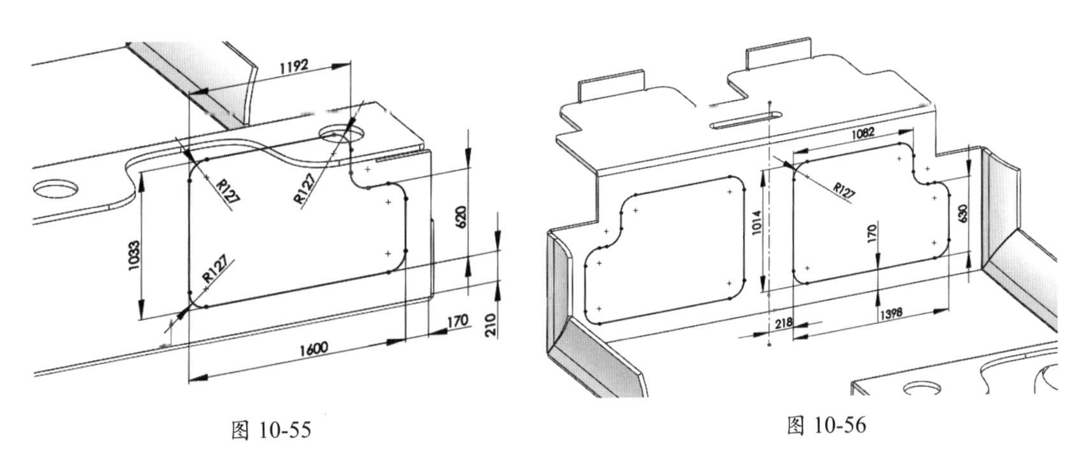


图 10-55　　图 10-56

**26** 创建拉伸切除特征 11，如图 10-57 所示。

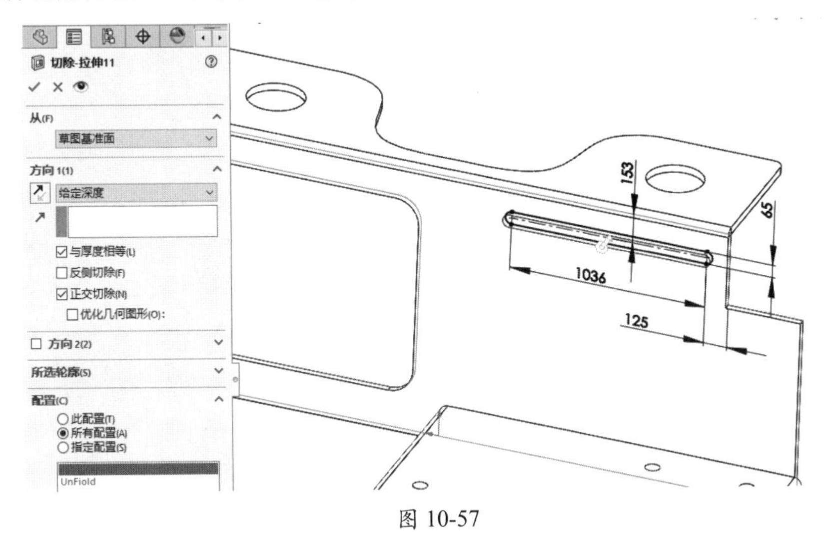


图 10-57

**27** 利用“线性阵列”工具，将拉伸切除特征 11 线性阵列，结果如图 10-58 所示。

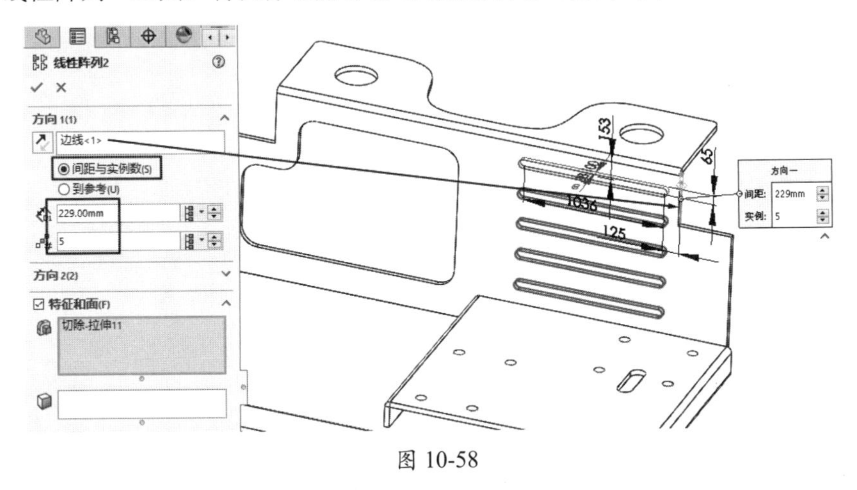


图 10-58

至此，完成了本例 ODF 单元箱的钣金零件设计，结果如图 10-59 所示。

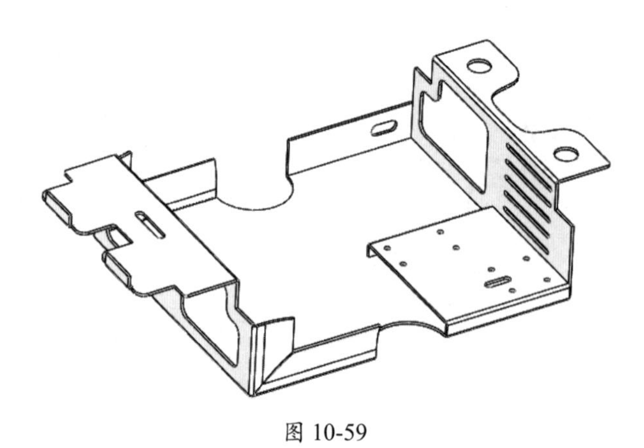

图 10-59

# 第 11 章 CAM 零件加工与制造

项目导读

在机械制造过程中，数控加工的应用可提高生产率、稳定加工质量、缩短加工周期、增加生产柔性、实现对各种复杂精密零件的自动化加工。

数控加工中心易于在工厂或车间实行计算机管理，还可以减少车间设备总数、节省人力、改善劳动条件，有利于加快产品的开发和更新换代，提高企业对市场的适应能力并提高企业综合经济效益。

## 11.1 SolidWorks CAM 数控加工基本知识

在机械制造过程中，数控加工的应用可提高生产率、稳定加工质量、缩短加工周期、增加生产柔性、实现对各种复杂精密零件的自动化加工，如图 11-1 所示的数控加工中心。

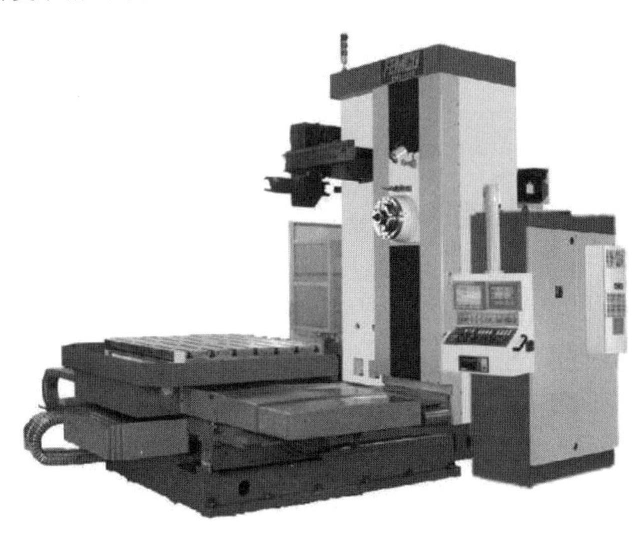

图 11-1

### 11.1.1 数控机床的组成与结构

采用数控技术进行控制的机床，称为“数控机床”（NC 机床）。

数控机床是一种高效的自动化数字加工设备，它严格按照加工程序，自动对被加工件进行加工。数控系统外部输入的直接用于加工的程序（手工输入、网络传输、DNC 传输）称为“数控程序”。执行数控程序对应的是数控系统内部的数控系统软件，数控系统是用于数控机床工作的核心部分。

数控机床主要由机床本体、数控系统、驱动装置、辅助装置等部分组成。

- 机床本体：是数控机床用于各种切割加工的机械部分，主要包括支承部件（床身、立柱等）、主运动部分（主轴箱）、进给运动部件（工作台滑板、刀架）等。
- 数控系统（CNC 装置）：是数控机床的控制核心，一般是一台专用的计算机。
- 驱动装置：是数控机床执行机构的驱动部分，包括主轴电动机、进给伺服电动机等。
- 辅助装置：指数控机床的一些配套部件，包括刀库、液压装置、启动装置、冷却系统、排屑装置、夹具、换刀机械手等。

如图 11-2 所示为常见的立式数控铣床。

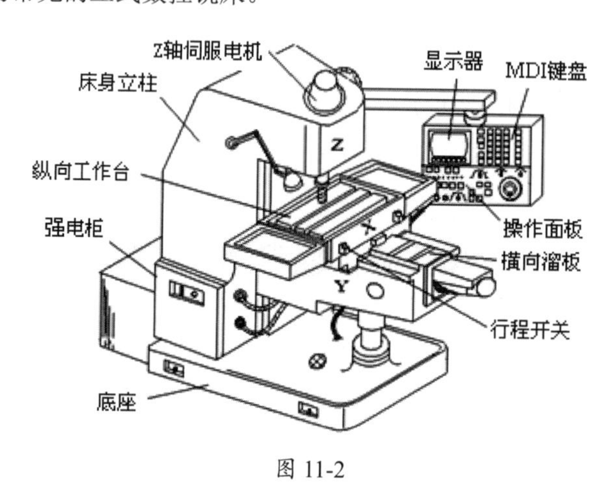


图 11-2

## 11.1.2 数控加工原理

当操作人员使用机床加工零件时，通常都需要对机床的各种动作进行控制，一是控制动作的先后次序，二是控制机床各运动部件的位移量。采用普通机床加工时，这种开车、停车、走刀、换向、主轴变速和开关切削液等操作都是由人工直接控制的。

### 1. 数控加工的一般工作原理

采用自动机床和仿形机床加工时，上述操作和运动参数则是通过设计好的凸轮、靠模和挡块等装置以模拟量的形式来控制的，它们虽能加工比较复杂的零件，且有一定的灵活性和通用性，但是零件的加工精度受凸轮、靠模制造精度的影响，且工序准备时间较长。数控加工的一般工作原理如图 11-3 所示。

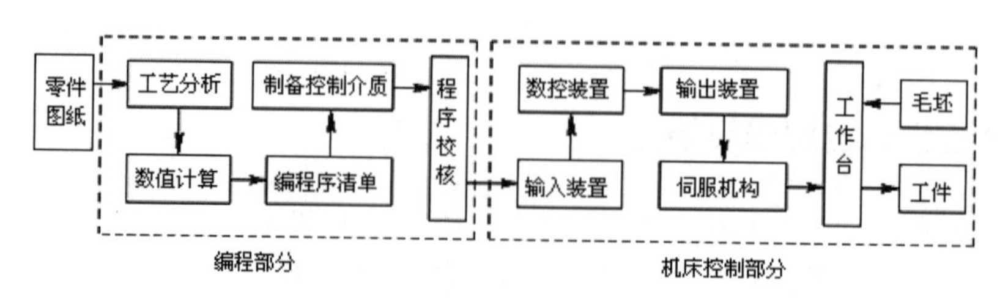


图 11-3

机床上的刀具和工件之间的相对运动称为“表面成形运动”，简称“成形运动”或“切削运动”。数控加工是指数控机床按照数控程序所确定的轨迹（称为数控刀轨）进行表面成形运动，从而加工出产品的表面形状。如图 11-4 所示为平面轮廓加工示意图；如图 11-5 所示为曲面加工的切削示意图。

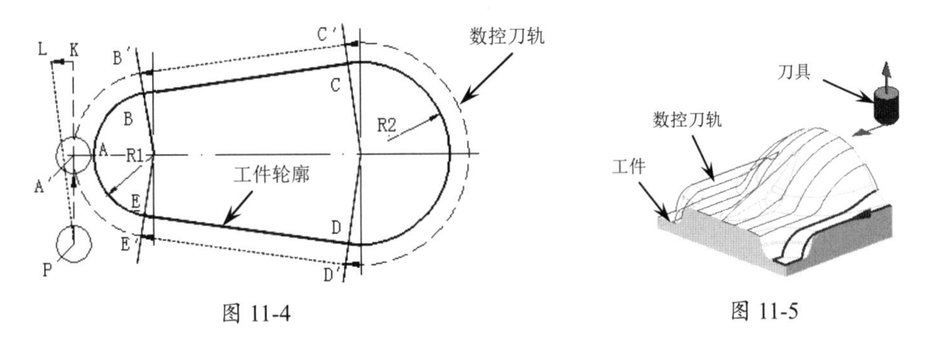


图 11-4　　　　图 11-5

## 2. 数控刀轨

数控刀轨是由一系列简单的线段连接而成的折线，折线上的节点称为刀位点。刀具的中心点沿着刀轨依次经过每一个刀位点，从而切削出工件的形状。

刀具从一个刀位点移至下一个刀位点的运动称为“数控机床的插补运动”。由于数控机床一般只能以直线或圆弧这两种简单的运动形式完成插补运动，因此，数控刀轨只能是由许多直线段和圆弧段将刀位点连接而成的折线。

数控编程的任务是计算出数控刀轨，并以程序的形式输出到数控机床，其核心内容就是计算出数控刀轨上的刀位点。

在数控加工误差中，与数控编程直接相关的主要有两部分。

- 刀轨的插补误差：由于数控刀轨只能由直线和圆弧组成，因此，只能近似地拟合理想的加工轨迹，如图 11-6 所示。
- 残余高度：在曲面加工中，相邻两条数控刀轨之间会留下未切削区域，如图 11-7 所示，由此造成的加工误差称为“残余高度”，它主要影响加工表面的粗糙度。

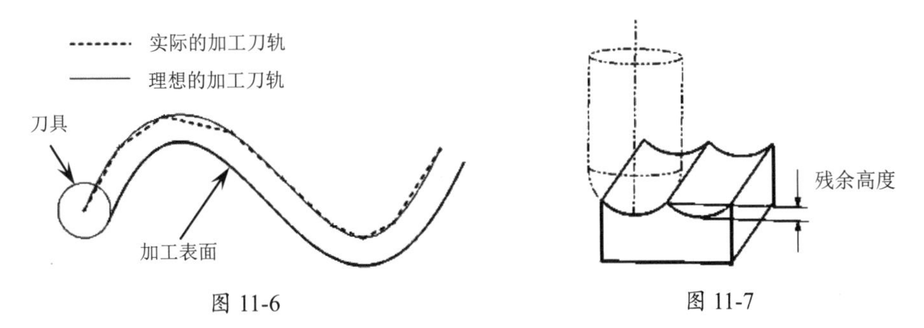


图 11-6　　　　图 11-7

### 11.1.3 SolidWorks CAM 简介

从 SolidWorks 2018 版本起，世界级 CAM 技术将设计和制造领先者软件 CAMWorks 集成到 SolidWorks 软件平台中。它是一个经过生产验证的、与 SolidWorks 无缝集成的 CAM，提供了基于规则的加工和自动特征识别功能，可以大幅简化和自动化 CNC 制造操作。

SOLIDWORKS CAM 提供了两个版本，一个是基础标准版本（SOLIDWORKS CAM Standard），另一个是专业版（SOLIDWORKS CAM Professional，可在官网下载）。在 Solidworks 2022 中嵌入的 CAMWorks 是基础标准版本（SOLIDWORKS CAM Standard），标准版本中只能进行 2.5/3 轴铣削、孔加工和车削加工。

CAMWorks 基于知识的规则分配适当的加工特征，此工艺数据库包含加工过程计划数据，而且可以按照加工设备类型的加工方法进行自定义。

工艺技术数据库中的加工信息分为以下几类。

- 机床：包括 CNC 设备、相应控制器及刀具库提供虚拟机床。
- 刀具：刀具库可以包括设备中的所有刀具。
- 特征与操作：为特征类型、终止条件及规格的任意组合提供加工顺序和操作。
- 切削参数：计算进给率、主轴转速、毛坯材料和刀具材料的信息。

SolidWorks 2022 的 CAMWorks 加工工具在 SOLIDWORKS CAM 选项卡中，如图 11-8 所示。

图 11-8

CAM 的最终目的是产生具有刀具路径的 NCI 文件，此数据文件中包括切削刀具路径、机床进给量、主轴转速及 CNC 舠具补正等数据，并由后处理器产生相应机床应用的控制器的 NC 指令。CAMWorks 在 SolidWorks 2022 中的数控加工流程如下。

（1）导入加工模型。

（2）定义加工类型（定义机床）。

（3）定义加工刀具。

（4）定义加工坐标系。

（5）定义毛坯。

（6）定义可加工特征。

（7）选择加工操作并调整加工参数。

（8）产生刀具轨迹并模拟仿真。

（9）加工程序文件输出。

## 11.2 通用参数设置

在使用 CAMWorks 进行数控编程时，无论选择何种加工切削方式来加工零件，前期都相应做一些相同的准备工作，这些工作就是通用加工切削的参数设置。

### 11.2.1 定义加工机床

机床的定义其实就是定义加工类型，常见的数控加工类型包括铣削、车削、钻削、线切割等。其中钻削与线切割已并入铣削加工类型中。

在 SOLIDWORKS CAM 选项卡中单击“定义机床”按钮，或者在 SOLIDWORKS CAM

刀具树中右击“机床”项目，在弹出的快捷菜单中选择“编辑定义”选项，弹出“机床”对话框，如图 11-9 所示。

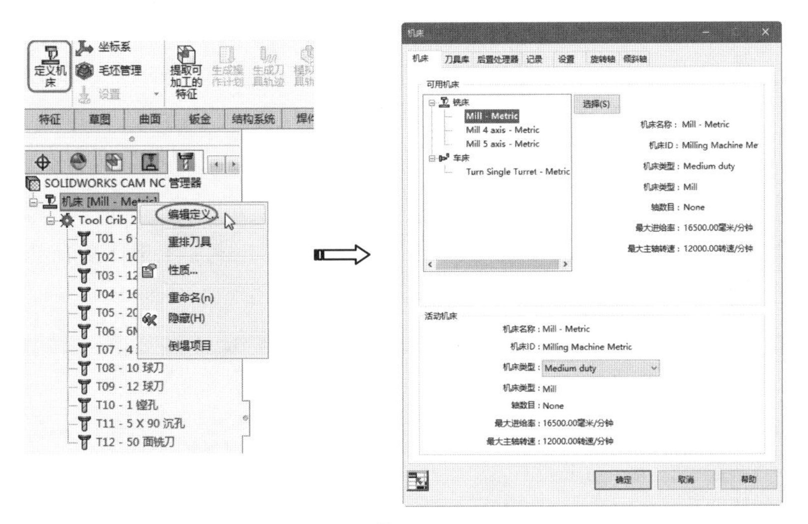


图 11-9

## 1. 选择可用机床

通过“机床”对话框，可以定义机床类型、刀具、加工后处理设置及加工轴等设置。在“机床”选项卡的“可用机床”列表中选择可用机床后，必须单击“选择”按钮加以确认，如图 11-10 所示。默认的机床类型为 Mill–Metric（包括 2.5 轴、3 轴和孔加工）。

## 2. 定义刀具库

可以在“刀具库”选项卡中定义刀具库刀具，刀具库中的刀具供各铣削加工操作时选用，图 11-11 所示为“刀具库”选项卡。

图 11-10

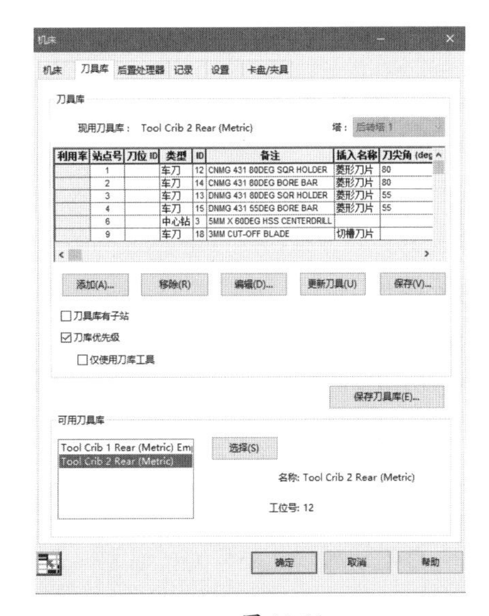


图 11-11

在“刀具库”选项卡中可以新建刀具到库中，也可以在库中选择刀具进行编辑定义，或者删除库中的刀具、保存刀具库等。

### 3. 后置处理器

后置处理器是将生成的刀轨通过选择合适的数控系统生成所需的 NC 程序代码。图 11-12 所示为“后处理器”选项卡，能够提供的数控系统包括法拉科 FANUC、艾科瑞 ANILAM、AllenBradley、西门子、东芝等。

在后置处理器列表中选择合适的后置处理器后，必须单击“选择”按钮加以确认。

### 4. 设置旋转轴和倾斜轴

图 11-13 所示为“设置”选项卡。可在“设置”选项卡中定义加工坐标系、主轴转速与方向、车削加工的加工工作面及是否显示代码坐标的刀路、刀具补偿等选项。

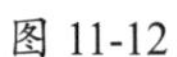
图 11-12

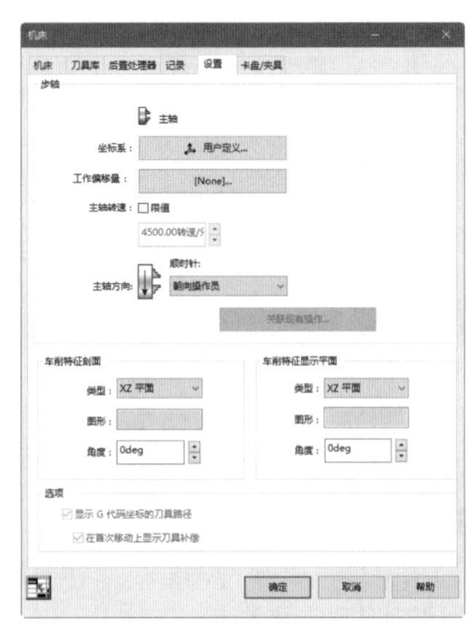


图 11-13

## 11.2.2 定义毛坯

毛坯是用来加工零件的坯料，默认的毛坯是能够包容零件的最小立方体。可以通过对这个包容块进行补偿或者使用草图和高度来定义坯料。当前，草图可以是一个长方形或者圆形。

### 1. 毛坯管理

在 SOLIDWORKS CAM 选项卡中单击“毛坯管理”按钮，或者在 SOLIDWORKS CAM 特征树\SOLIDWORKS CAM 操作树\SOLIDWORKS CAM 刀具树中右击“毛坯管理”项目，在弹出的快捷菜单中选择“编辑定义”选项（也可以双击“毛坯管理”项目），弹出“毛坯管理器”面板，如图 11-14 所示。

“毛坯管理器”面板中提供了 6 种定义毛坯的方法，具体如下。

- 包络块：此类型为包络零件边界而形成矩形块，其边与 X、Y 和 Z 轴对齐。可以在下方的“边界框偏移”选项区中定义矩形块的偏移量。
- 预定义的包络块：通过选择系统预定义的包络块尺寸来创建毛坯。预定义的尺寸也称“规格型号”，选择某种型号后，可以更改尺寸。

- 拉伸草图：此类型适合外形不规则的零件毛坯。通过绘制草图并进行拉伸，得到自定义的毛坯。

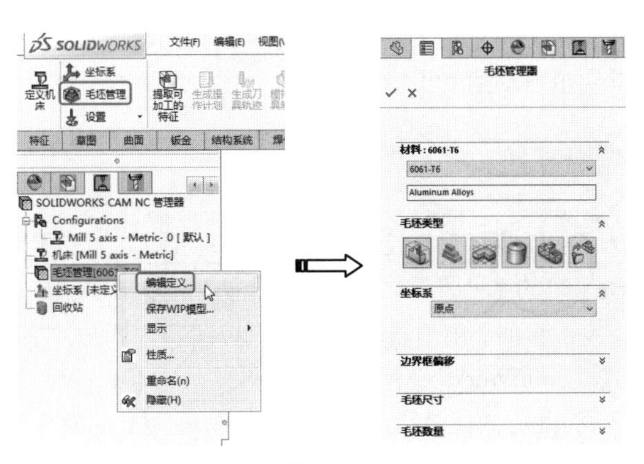

图 11-14

- 圆柱的：此种类型针对圆柱形的加工零件，可以节省毛坯原材料。
- STL 文件：如果选择此类型，则可以从外部载入 STL 文件定义毛坯，该文件是从外部 CAD 系统创建的。
- 零件文件：若选择此类型，可以从外部载入 SolidWorks 零件模型作为毛坯使用。

## 2. 铣削零件设置（定义加工平面）

铣削零件设置就是铣削工件的加工面设置，也就是定义进行工件切削时与刀具轴垂直的加工平面，其正确的轴向定义为刀具向下铣削的向量，如图 11-15 所示。

当定义了毛坯零件后，在 SOLIDWORKS CAM 选项卡中单击“设置”|“铣削设置”按钮，弹出“铣削设置”面板，如图 11-16 所示。

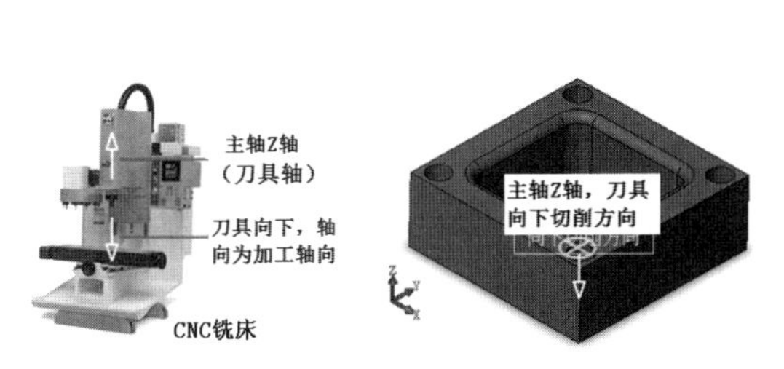


图 11-15

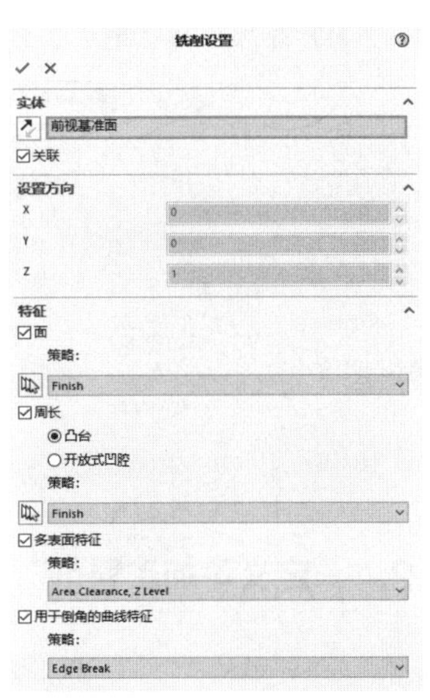

图 11-16

“铣削设置”面板中的主要选项区的作用如下。

- “实体”选项区：用于拾取工件中已有的平面作为机床主轴 Z 轴向。
- “设置方向”选项区：用于定义机床主轴 Z 轴刀具向下方向在工件绝对坐标系的轴向。
- “特征”选项区：用于设置加工模型的特征，包括面、周长和多表面特征。建立铣削加工面的同时，其实也自动建立了特征。

## 11.2.3 定义夹具坐标系统

夹具坐标系统也称为“加工坐标系”或“后置输出坐标系”。加工零件必须定义夹具坐标系，夹具坐标系可以在定义机床时的“机床”对话框的“设置”选项卡中创建，也可以后续独立创建。

在 SOLIDWORKS CAM 选项卡中单击“坐标系”按钮，弹出“夹具坐标系统”面板。定义夹具坐标系有两种方式：SolidWorks 坐标系和用户定义。

- SolidWorks 坐标系：此方式就是指定利用基准坐标系建立的参考坐标系作为加工坐标系，如图 11-17 所示。

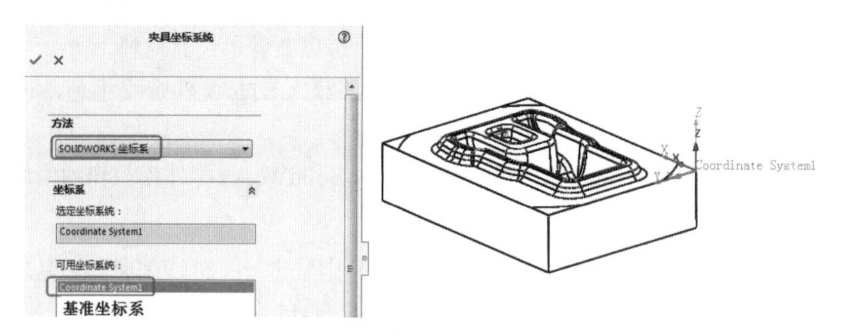


图 11-17

- 用户定义：此种方式需要拾取主模型中的某个点（或参考点）来定义夹具坐标系的原点，再根据模型形状来定义夹具坐标系的轴向，如图 11-18 所示。

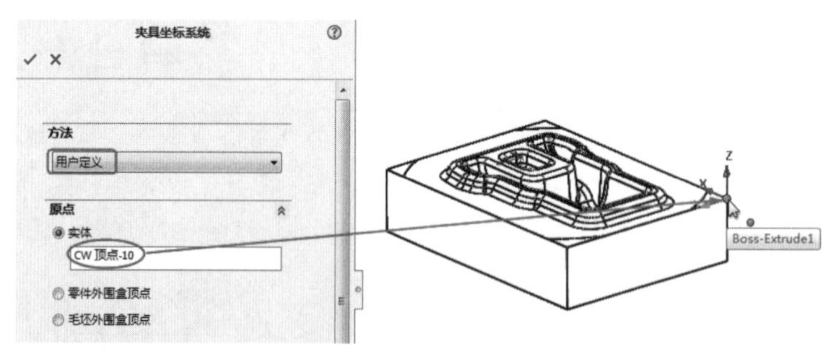


图 11-18

## 11.2.4 定义可加工特征

在 CAMWorks 中，只有可加工特征能够进行加工，可以使用下面两种方法来定义可加工特征。

### 1. 自动特征识别

自动特征识别可以分析零件形状，并尝试识别最常见的可进行铣削、车削加工的特征，按照零件的复杂度，自动特征识别可以节省大量时间。图 11-19 所示为利用“提取可加工的特征”工具进行自动提取的铣削加工特征。

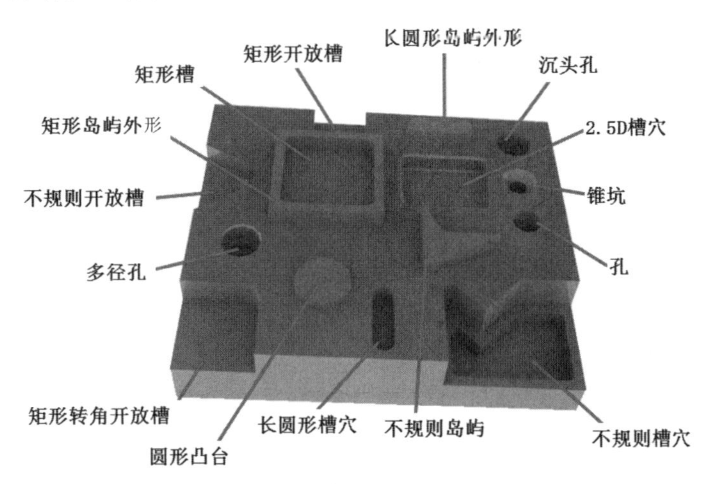


图 11-19

自动识别可加工特征的操作方法是：在 SOLIDWORKS CAM 选项卡中单击“提取可加工的特征”按钮，软件会自动识别当前模型中所有可加工的特征，如图 11-20 所示。

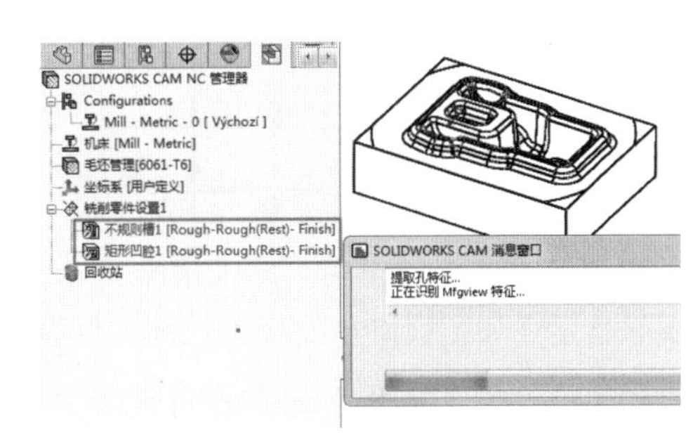


图 11-20

## 2. 交互添加新特征

当使用“提取可加工的特征”工具不能正确识别所要加工的特征时，可以在CAM特征树的“铣削零件设置”项目位置右击，在弹出的快捷菜单中选择“2.5 轴特征”“零件周长”或“多曲面特征”选项，或者在 SOLIDWORKS CAM 选项卡的“特征”命令菜单中执行相应的命令，以此手动识别出所需的可加工特征，如图 11-21 所示。

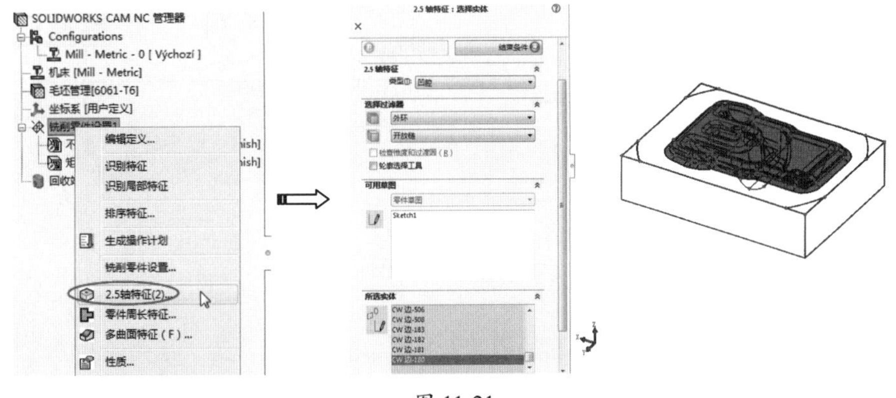


图 11-21

## 11.2.5　生成操作计划

当 SOLIDWORKS CAM 正确地提取出可加工特征后，会对可加工特征自动根据工艺技术数据库中的信息来建立相应的加工操作。

在某些情况下，根据工艺技术数据库中定义的加工操作还不足以满足零件加工需求时，需要添加附加操作，也就是在 SOLIDWORKS CAM 选项卡中使用“2.5 轴铣削操作”“孔加工操作”“3 轴铣削操作”或“车削操作”等工具来创建新操作。

在 SOLIDWORKS CAM 选项卡中单击“生成操作计划”按钮，SOLIDWORKS CAM 会自动创建铣削加工操作来完成零件的加工，生成的操作在“铣削零件设置”项目组中，如图 11-22 所示。

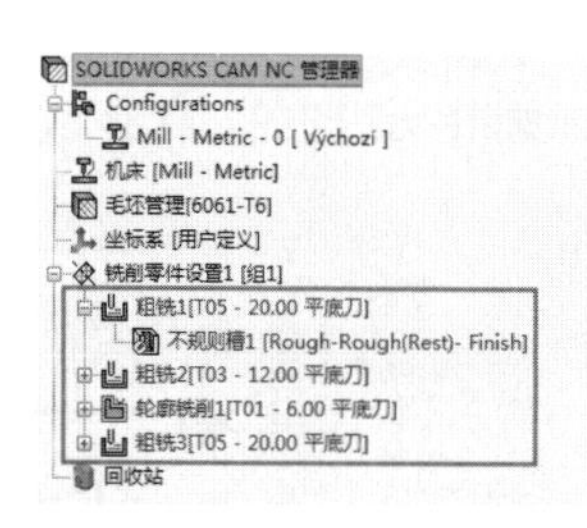

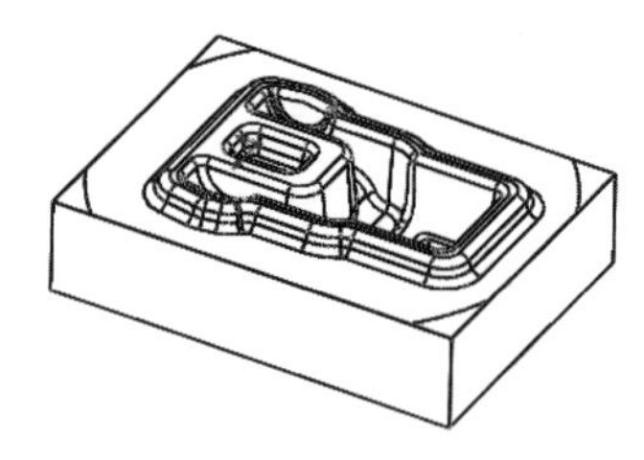

图 11-22

在生成的这些操作中，可以根据实际加工情况来自定义加工操作参数。在“铣削零件设置”项目组中双击某一个操作，会弹出“操作参数”对话框，如图 11-23 所示。

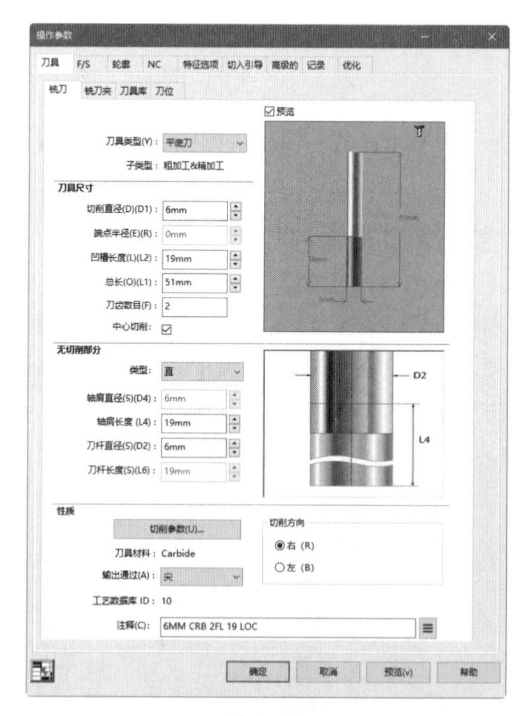


图 11-23

## 11.2.6　生成刀具轨迹

完成加工操作的参数设置后，可以单击“生成刀具轨迹”按钮，自动生成所有加工操作的刀具轨迹，如图 11-24 所示。

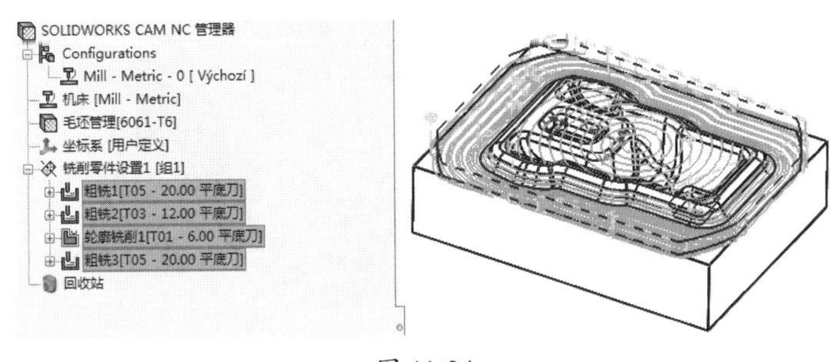


图 11-24

## 11.2.7　模拟刀具轨迹

生成刀具轨迹后，在 SOLIDWORKS CAM 选项卡中单击“模拟刀具轨迹”按钮，会弹出“模拟刀具轨迹”面板，同时系统自动应用毛坯。单击“运行”按钮，自动播放实体模拟仿真，如图 11-25 所示。

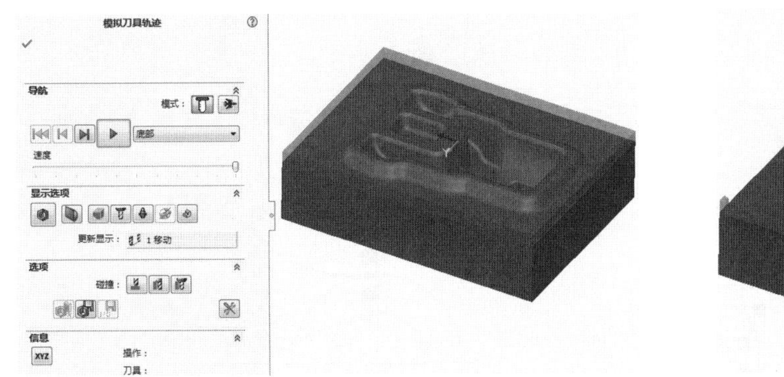

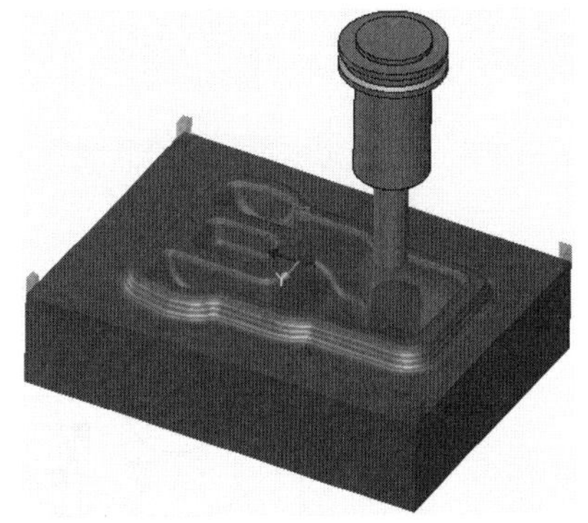

图 11-25

# 11.3　数控加工案例

下面以 2.5 轴、3 轴及车加工系统的实际加工为例，详细介绍铣削加工刀路创建的方法。

## 11.3.1　案例一：2.5 轴铣削加工

2.5 轴铣削包括自动产生粗加工、精加工、螺纹铣（单点或多点）、钻孔、镗孔、铰孔、螺丝攻等加工特征。

2.5 轴铣削加工提供快速切削循环及过切保护，支持使用端铣刀、球刀、锥度刀、锥孔刀、螺纹铣刀以及圆角铣刀。

下面以一个典型的机械零件的数控加工案例介绍几种常见的 2.5D 铣削加工操作，要加工的机械零件如图 11-26 所示。

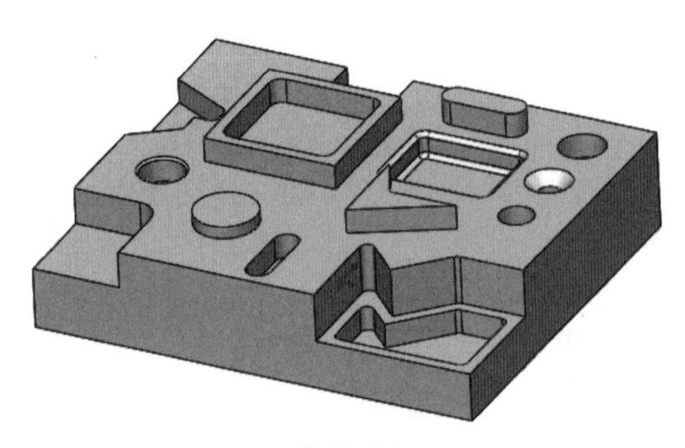

图 11-26

### 1. 创建加工操作前的准备工作

**01** 打开本例源文件 mill2ax_2.sldprt。由于 SOLIDWORKS CAM 使用的是默认 2.5/3 轴铣削机床，所以无须再重新定义机床。

**02** 单击“坐标系”按钮，弹出“夹具坐标系统”面板。在模型中拾取一个顶点作为夹具坐标系原点，如图 11-27 所示。单击“确定”按钮，完成夹具坐标系的建立。

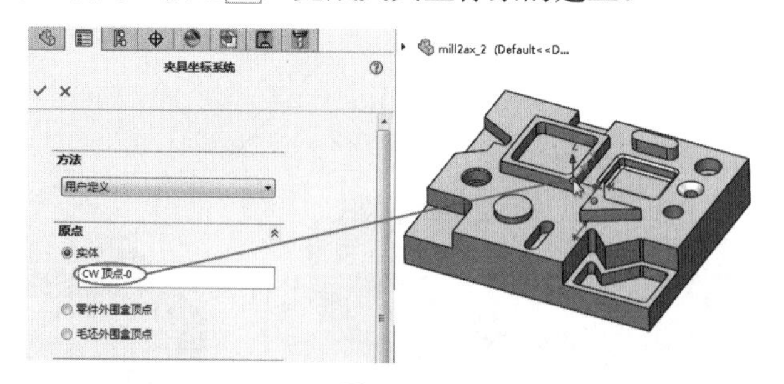


图 11-27

**03** 单击“毛坯管理”按钮，在弹出的“毛坯管理器”面板中，保留默认的“包络块”类型，在“边界框偏移”选项区中设置 Z+ 参数为 2.0000 mm，再单击“确定”按钮，完成毛坯的创建，如图 11-28 所示。

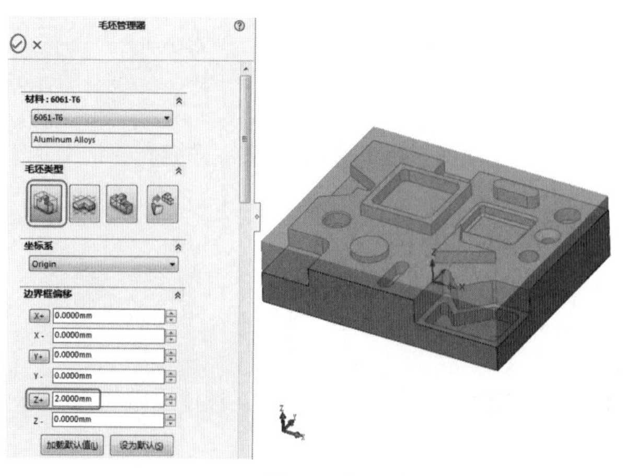


图 11-28

**04** 单击“提取可加工特征”按钮，CAM 自动识别零件模型中所有能加工的特征，识别的结果如图 11-29 所示。

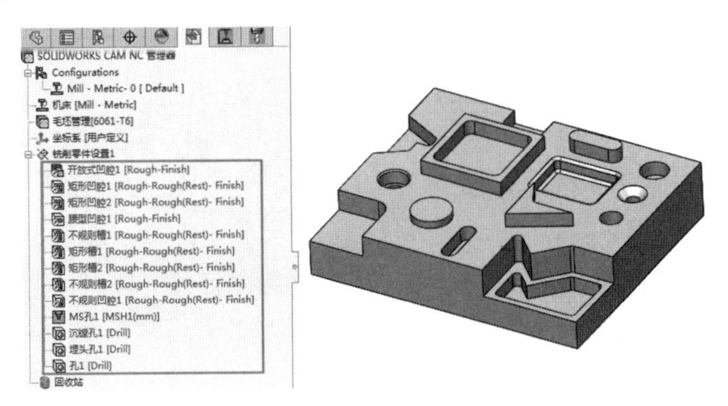


图 11-29

## 2. 创建加工操作并模拟仿真

**01** 单击“生成操作计划”按钮，CAM自动完成对提取特征创建合适的加工操作，如图11-30所示。

**02** 从生成的操作来看，有些操作的图标有黄色的警示符号，这说明此操作存在一定的问题。右击此图标，在弹出的快捷菜单中选择“哪儿错了？”选项，如图 11-31 所示。

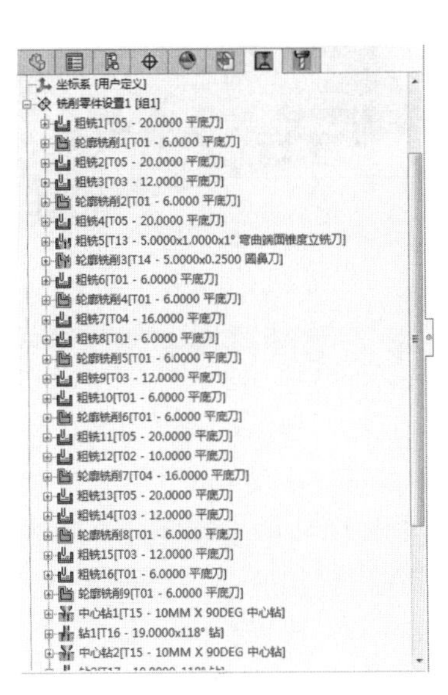

图 11-30

图 11-31

**03** 弹出“错误”对话框，从中可以找到问题所在，单击“清除”按钮，如图 11-32 所示。同理，对于其他出错的操作，也执行此操作。

图 11-32

**04** 单击“生成刀具轨迹”按钮，CAM 自动创建所有加工操作的刀具轨迹，如图 11-33 所示。

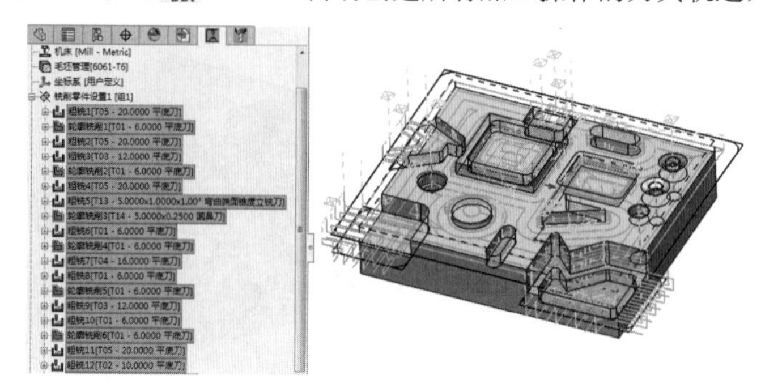

图 11-33

**05** 在 CAM 操作树中选中所有加工操作，再单击“模拟刀具轨迹”按钮，弹出“模拟刀具轨迹”面板，单击“运行”按钮，进行刀具轨迹的模拟仿真，效果如图 11-34 所示。

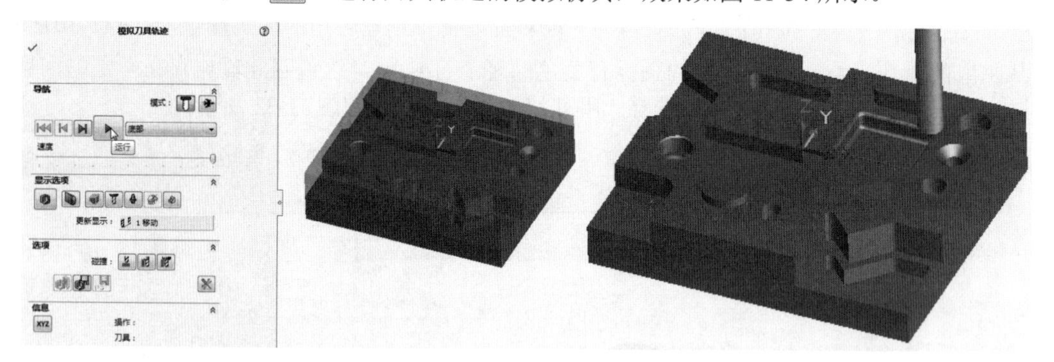

图 11-34

**06** 单击“保存”按钮保存数控加工文件。

## 11.3.2　案例二：3 轴铣削加工

3 轴加工主要用于对各种零件的粗加工、半精加工及精加工，特别是 2.5 轴铣削不能解决的曲面零件的粗加工，例如图 11-35 所示的模具成型零件。

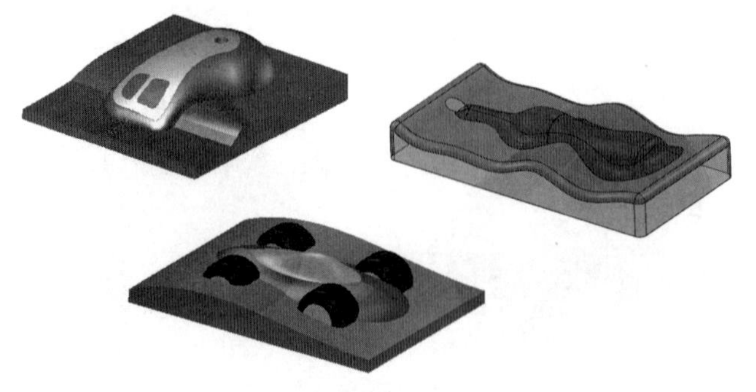

图 11-35

下面以一个典型模具零件的粗加工过程来详解 SOLIDWORKS CAM 的 3 轴铣削加工技术，要加工的零件如图 11-36 所示。

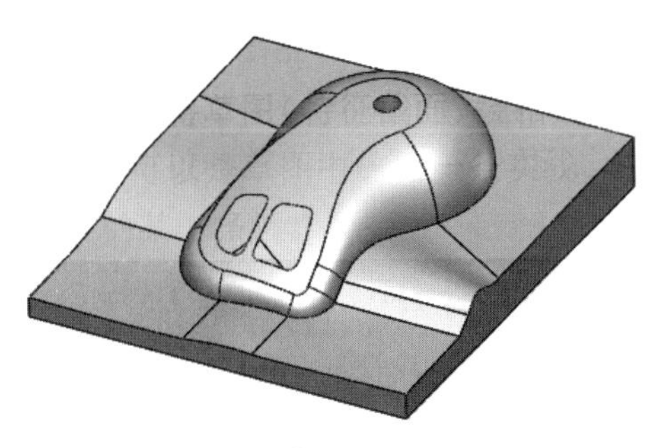

图 11-36

## 1. 创建加工操作前的准备工作

**01** 打开本例源文件 mill3ax_4.sldprt。

**02** 单击“坐标系”按钮，弹出“夹具坐标系统”面板。选中“零件外围盒顶点”单选按钮，并在预览显示的零件外围盒顶面拾取中间点作为夹具坐标系原点，再在“轴”选项区中激活 Z 轴收集框，在零件模型上选择竖直边作为参考，单击按钮更改方向，结果如图 11-37 所示。最后单击“确定”按钮，完成夹具坐标系的建立。

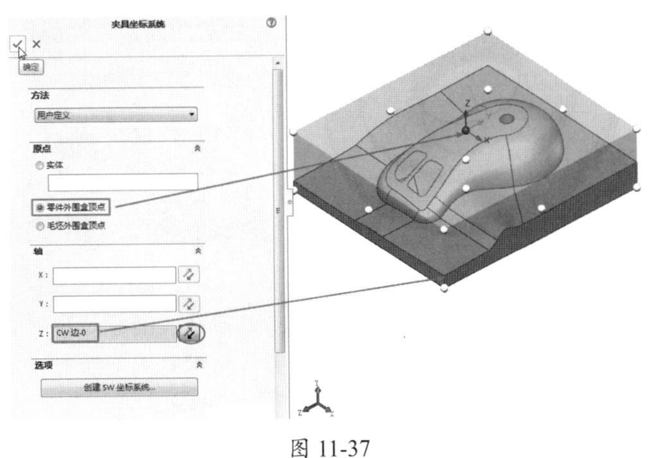


图 11-37

**03** 单击“毛坯管理”按钮，在弹出的“毛坯管理器”面板中保留默认的“包络块”类型，单击“确定”按钮，完成毛坯的创建，如图 11-38 所示。

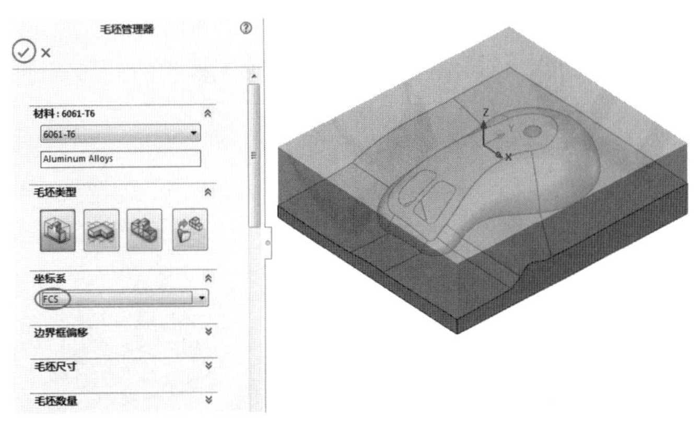


图 11-38

**04** 单击“设置”|“铣削设置”按钮，弹出“铣削设置”面板，在图形区中展开特征树，选择Plane2平面作为加工平面，单击“反向所需实体”按钮更改方向，如图11-39所示。

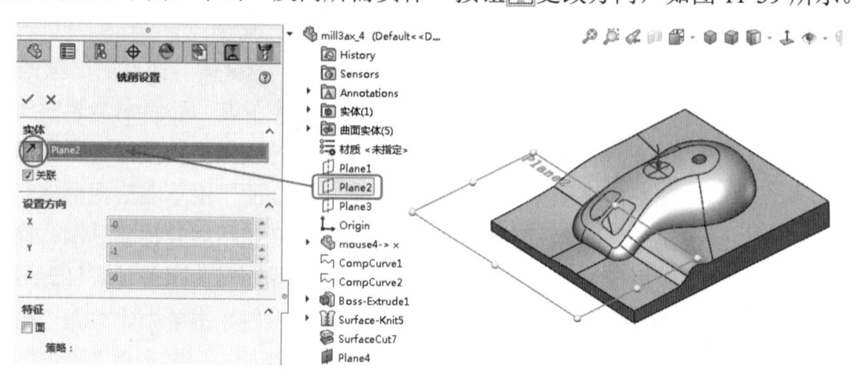

图 11-39

**05** 在CAM特征树或CAM操作树中选中“铣削零件设置”项目，在SOLIDWORKS CAM选项卡中单击“特征”|“多表面特征”按钮，弹出“多表面特征”面板。

**06** 在“面选择选项”选项区中单击“选择所有面”按钮，自动选取成型零件中的所有面，再单击“清除表面”按钮，将“选择的面”列表中的几个面（排在后面的是零件的4个侧面和一个底面）清除，结果如图11-40所示。

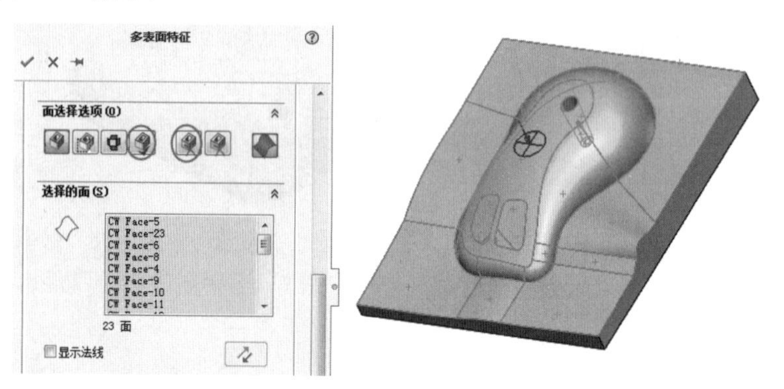

图 11-40

## 2. 创建加工操作并模拟仿真

**01** 单击“生成操作计划”按钮，CAM自动创建针对所选曲面的加工操作，如图11-41所示。

**02** 单击“生成刀具轨迹”按钮，CAM自动创建所有加工操作的刀具轨迹，如图11-42所示。

图 11-41

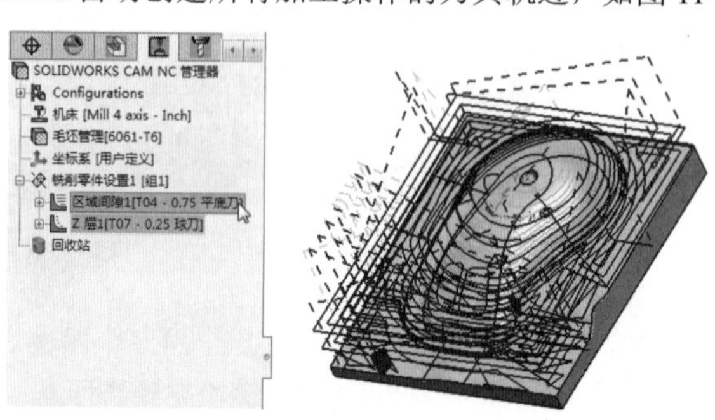

图 11-42

**03** 在 CAM 操作树中选中所有加工操作，再单击“模拟刀具轨迹”按钮，弹出“模拟刀具轨迹”面板，单击“运行”按钮，进行刀具轨迹的模拟仿真，效果如图 11-43 所示。

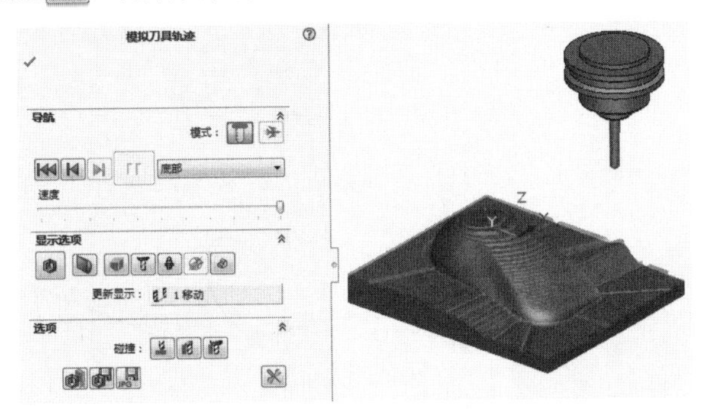


图 11-43

**04** 单击“保存”按钮保存数控加工文件。

## 11.3.3　案例三：车削加工

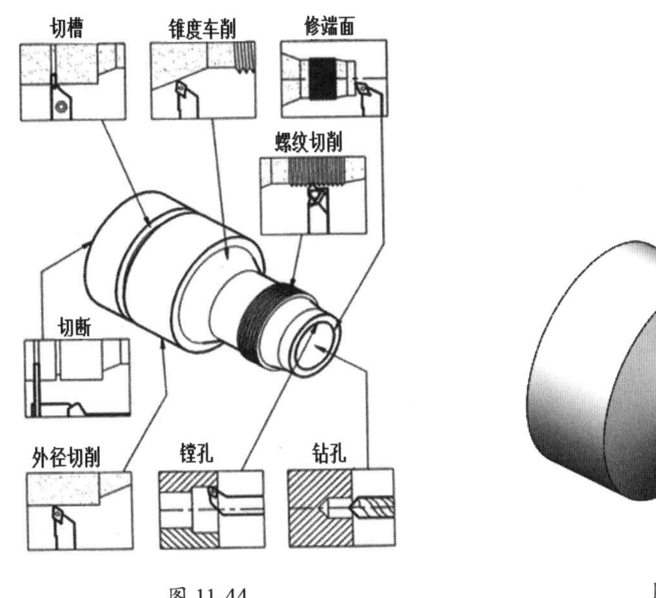


图 11-44

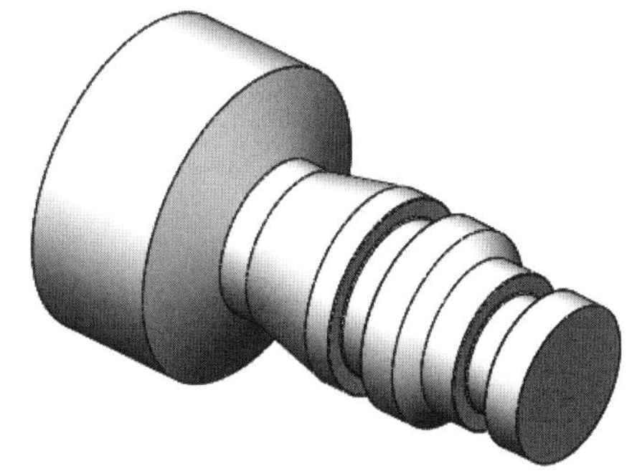

图 11-45

### 1．创建加工操作前的准备工作

**01** 打开本例源文件 turn2ax_1.sldprt。

**02** 由于 SOLIDWORKS CAM 使用的是 2.5\3 轴铣削机床，所以需要重新定义机床。单击“定义机床”按钮，弹出“机床”对话框。

**03** 在“机床”选项卡的“可用机床”列表中，选择 Turn Single Turret – Metric 车床，并单击“选择”按钮确认，单击“确定”按钮，完成机床的定义，如图 11-46 所示。

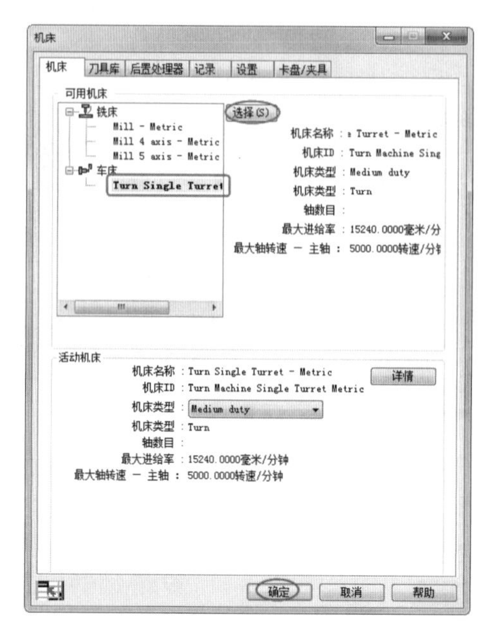


图 11-46

**04** 当定义机床后，CAM 自动完成毛坯和夹具坐标系的创建，如图 11-47 所示。

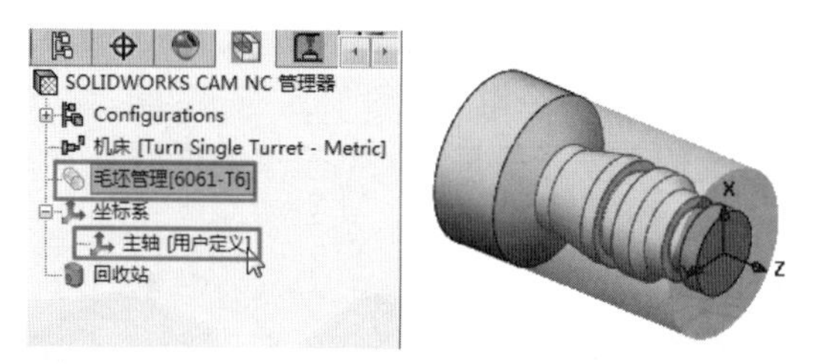


图 11-47

**05** 毛坯是根据零件形状自动生成的，却不包括夹具夹持部分的毛坯，所以需要在 CAM 操作树中双击“毛坯管理”项目，在弹出的“毛坯管理器”面板中修改“棒料参数”选项区的参数，如图 11-48 所示。

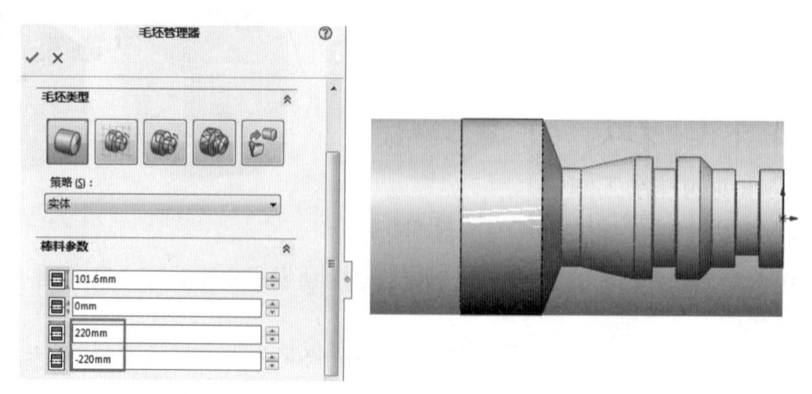


图 11-48

**06** 单击“提取可加工特征”按钮，CAM 自动识别轴零件中所有能车削加工的特征，识别的结果如图 11-49 所示。

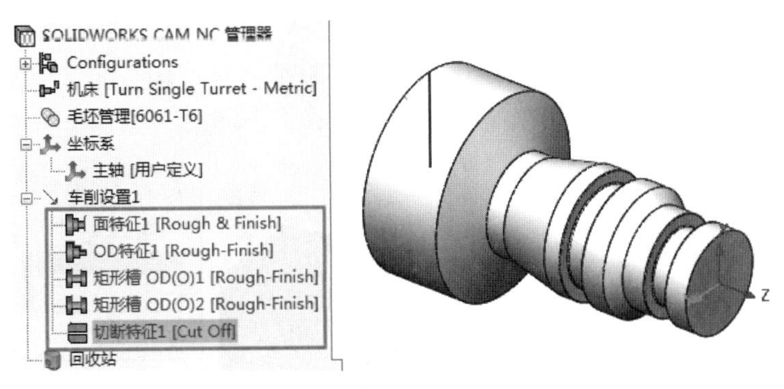


图 11-49

## 2. 创建加工操作并模拟仿真

**01** 单击“生成操作计划”按钮，CAM 自动完成对提取特征创建合适的加工操作，如图 11-50 所示。

**02** 从生成的操作来看，有 4 个槽加工操作的图标有黄色的警示符号，说明操作存在问题。选中 4 个操作并右击，在弹出的快捷菜单中选择“哪儿错了？”选项，如图 11-51 所示。

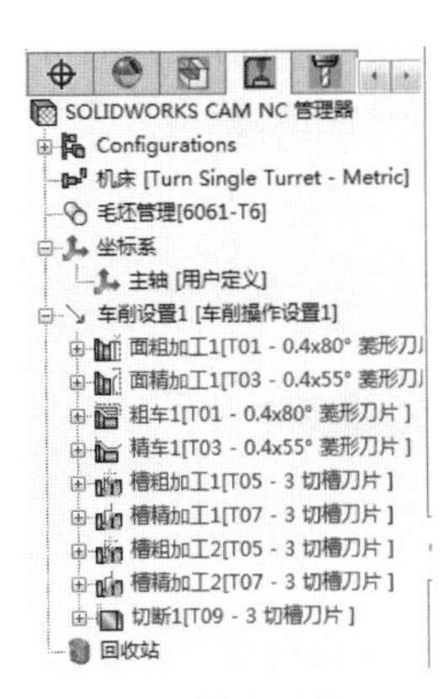


图 11-50

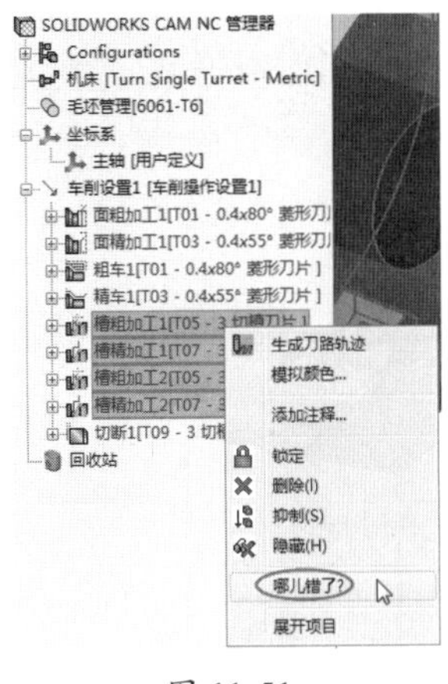


图 11-51

**03** 弹出“错误”对话框，从中可以找到问题所在，单击“清除”按钮，如图 11-52 所示。同理，对于其他出错的操作，也执行此操作。

图 11-52

**04** 单击“生成刀具轨迹”按钮，CAM 自动创建所有车削加工操作的刀具轨迹，如图 11-53 所示。

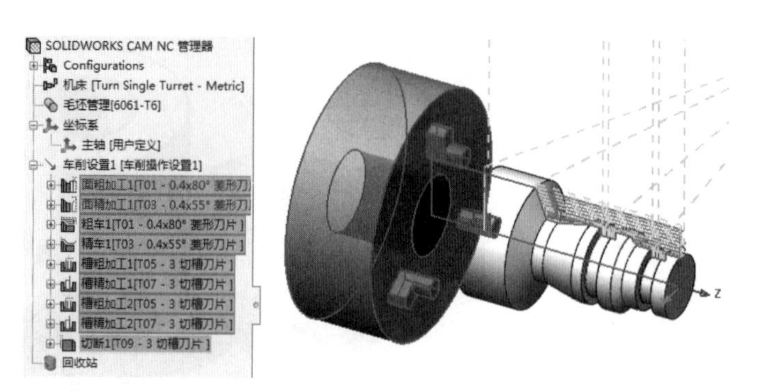


图 11-53

**05** 在 CAM 操作树中选中所有加工操作，再单击“模拟刀具轨迹”按钮，弹出“模拟刀具轨迹”面板，单击“运行”按钮，进行刀具轨迹的模拟仿真，效果如图 11-54 所示。

图 11-54

**06** 单击“保存”按钮，保存数控加工文件。